现代物理基础丛书 95

电磁理论的现代数学基础

王长清　李明之　编著

科学出版社

北京

内 容 简 介

本书以现代数学尤其是泛函分析和分布论为主线，与电磁理论紧密结合并以电磁理论为对象论述现代数学的基本知识。绪论中着重论述了数学，尤其是近现代数学在电磁理论发展中的重要作用。第 2 章和第 3 章中首先讨论了现代数学的基本概念，着重讨论了抽象空间——线性空间、度量空间、赋范空间和内积空间的基本理论。第 4 章讨论了线性算子和线性泛函，着重讨论了电磁理论中常见的线性算子，并用算子形式对麦克斯韦方程加以表述。第 5 章讨论了算子方程的基本理论，着重讨论了算子的本征值问题和谱论，讨论了求解算子方程的本征值展开法及近似求解的加权余量法。第 6 章讨论了广义函数的基本理论和 δ 函数的基本性质。第 7 章集中讨论了算子方程的格林函数解法，并以平行板分层介质波导为例讨论了本征值方法在电磁理论中的应用。第 8 章讨论了微分算子方程的变分原理及其在电磁理论中的应用。第 9 章专门讨论了积分算子方程及其在电磁理论中的应用，特别讨论了奇异积分算子方程及其在微带线分析中的应用。第 10 章讨论了小波分析基本理论及其在电磁理论中的应用，重点讨论了小波矩量法和电磁场计算的时域多分辨分析法。

本书可供高等院校理工类学科的研究生和高年级本科生阅读使用，也可供对现代数学或现代电磁理论感兴趣的科技工作者参考。

图书在版编目（CIP）数据

电磁理论的现代数学基础 / 王长清，李明之编著 .—北京：科学出版社，2021.10

（现代物理基础丛书）

ISBN 978-7-03-069964-0

Ⅰ.①电… Ⅱ.①王… ②李… Ⅲ.①电磁理论 Ⅳ.①O441

中国版本图书馆 CIP 数据核字（2021）第 203992 号

责任编辑：钱 俊 崔慧娴 / 责任校对：杨 然
责任印制：赵 博 / 封面设计：陈 敬

科学出版社 出版

北京东黄城根北街 16 号
邮政编码：100717
http://www.sciencep.com

北京富资园科技发展有限公司印刷
科学出版发行 各地新华书店经销

*

2021 年 10 月第 一 版 开本：720×1000 B5
2024 年 4 月第三次印刷 印张：26
字数：500 000

定价：158.00 元

（如有印装质量问题，我社负责调换）

前　言

在 2017 年出版的《现代电磁理论基础》一书中，我们试图用现代数学的理论、观点和方法阐述电磁理论，对现代数学本身只做了提纲挈领式的介绍，这可能会使得缺少现代数学基础的读者在阅读该书时感到一定的困难。为了弥补这一不足，我们产生了撰写《电磁理论的现代数学基础》的想法，希望读者把这两本书结合起来阅读，更有益处。

在以往的数学和科研工作中，我们已深深地认识到数学知识对掌握电磁理论的重要性。当我们想要提高理论水平、需要理解较高水平的电磁理论文献时，遇到的最大困难往往是数学知识的不足。现代水平的电磁理论往往以现代数学为基础，因此掌握现代数学的基本理论知识已成为提高现代电磁理论水平不可或缺的。可以说，不掌握现代数学的必要知识，就无法深刻理解现代水平的电磁理论，更谈不上从事现代水平的电磁理论研究，甚至参加国际交流都会遇到困难。

本书与《现代电磁理论基础》一书的主要区别是，本书以现代数学为主线，与电磁理论紧密结合，并以其为对象来论述现代数学的基础知识，不仅说明了现代数学在电磁理论中的重要作用，也有利于从现代数学的高度来理解现代电磁理论。这样，也就把本书与一般的数学书籍区分开来。可以说，本书既是关于数学的又是关于物理的，这样更有利于理解高度抽象的现代数学。

本书从筹划到出版都是在科学出版社钱俊编辑的大力协助下完成的，他为本书的出版付出了很多精力，在此特别向他表示衷心的感谢。还要特别感谢本书的合著者李明之博士，他除了参与本书的筹划和写作，还承担了出版过程中的繁重工作。没有他的全力合作，也就没有本书的顺利出版。

在此要对林毅君博士表示衷心感谢。然后通过他的父母林岳林先生和夏宝芬女士传递给我。他从麻省理工学院（MIT）图书馆借阅了好多书籍，这些宝贵资料对我的写作提供了很大帮助。

我要感谢祝西里教授，她为本书的写作和出版做了很多工作。

从 2007 年到 2019 年即将满 12 年，我主要旅居在美国，在这期间包括本书在内共出版了四本有关电磁理论的著作。之所以能完成这样繁重的工作，是因为儿子王海波、儿媳鹿军和女儿王海云为我创造了良好的生活条件，并给予许多具体的帮助。此外，我的孙女 Anne、Claire 和外孙女 Grace 的优秀表现，使我幸福地感到一代更比一代强，我作为长辈就更不敢懈怠。

在旅居美国期间，尤其是住进老年公寓之后，我结交了很多老年朋友，经常得到他们的帮助和鼓励。最近几年，我又常去彩虹老年日间健康护理中心参加活动，结识了更多朋友。这里丰富多彩的生活方式提高了我的健康水平，使我能有更大的精力投入工作。

出版这样的一本书，完全是出自一种良好愿望，不敢奢望其效果能与初衷完全一致。我希望这是一次有益的尝试，更希望能得到读者的批评指正。

王长清

2020 年 7 月于美国波士顿 Sharon

目　　录

第1章 绪　　论

麦克斯韦宏观电磁理论的诞生过程与正确的数学表达相关，该理论的发展更是有赖于各种数学方法的正确应用。也可以说，电磁理论与数学科学的发展总是相伴而行。本章中我们将对这一过程进行简要的回顾，也为后续各章所涉及内容的叙述作一些必要的准备。

1.1 麦克斯韦宏观电磁理论要点及其数学表述

在当代，麦克斯韦宏观电磁理论由四个方程组成的方程组表示，它们是(本书在涉及电磁理论时，均采用MKSA单位制)

$$\nabla\times\boldsymbol{E}(\boldsymbol{r},t)=-\frac{\partial}{\partial t}\boldsymbol{B}(\boldsymbol{r},t) \tag{1.1.1}$$

$$\nabla\times\boldsymbol{H}(\boldsymbol{r},t)=\frac{\partial}{\partial t}\boldsymbol{D}(\boldsymbol{r},t)+\boldsymbol{J}(\boldsymbol{r},t) \tag{1.1.2}$$

$$\nabla\cdot\boldsymbol{D}(\boldsymbol{r},t)=\rho(\boldsymbol{r},t) \tag{1.1.3}$$

$$\nabla\cdot\boldsymbol{B}(\boldsymbol{r},t)=0 \tag{1.1.4}$$

对式（1.1.2）两侧求散度，并利用式（1.1.3）就可得到电荷连续性方程

$$\nabla\cdot\boldsymbol{J}(\boldsymbol{r},t)+\frac{\partial\rho(\boldsymbol{r},t)}{\partial t}=0 \tag{1.1.5}$$

这里的几个方程并不是完全相互独立的。通常我们把式（1.1.1）和式（1.1.2）看成是独立的，而式（1.1.3）和式（1.1.4）则是辅助方程。

麦克斯韦方程组建立在宏观实验所获得的规律之上，因此其适用范围应该是宏观电磁现象。的确如此，自20世纪初发现量子效应并建立了量子论，人们

就认识到微观世界的物理规律与宏观世界大不相同，不能把在宏观世界中建立的物理规律简单地应用到微观世界中。但是，以上所列出的麦克斯韦方程组是用微分方程形式来表达的，并要求在它应用的每个空间点上方程成立。这实际上是要方程中的各物理量在空间和时间上都是连续变化的，并可取值于无限小的空间点。这样看来，方程组所要求的条件与量子论的微观现象是不一致的。那么，这里所用的数学表述的合理性又该如何理解呢?

为了正确理解以上问题，我们先来了解实际的物理现象。在微观上，电磁场是以光子为基本单位，是分立的。但是，单个光子的能量是非常微小的。例如，当频率为 10^8 Hz 时，5 μV/cm 均方根场强相当于 10^{12} 个光子/（$\mathrm{cm}^2 \cdot \mathrm{s}$）的流量。宏观测量到的是许多光子的积累效应，少数光子的起伏在一般宏观测量中是观察不到的，从而可以认为在宏观上电磁场的变化是连续的。

此外，作为电磁场之源的电荷及其运动也是分立的，其基本单元为 e，它的量级是

$$e=1.60217733\times 10^{-19}\,\mathrm{C}$$

任何实际电荷的电量只能是 e 的整数倍。但是，从宏观上看，基本电荷 e 的电量是足够小的，所以完全可以认为从宏观上看电荷的变化是连续的。例如，在 1V 电压下 1 μF 的电容器每一极板上至少要有 10^{12} 个基本电荷的电量，而 1 μA 的电流就相当于 6.2×10^{12} 个基本电荷/秒，这说明在宏观上可以认为电流也是连续变化的。

根据以上所述，我们可以这样理解，在量子效应不起明显作用的情况下，描述宏观电磁场规律的麦克斯韦方程组是成立的，它适用的空间点只限于宏观区域。从宏观上看，区域的尺度可视为无限小，以致在数学上也可以接受。即使如此，麦克斯韦方程组也只能是宏观电磁现象的一种数学模型，它的正确性还必须接受实践的检验。

当应用麦克斯韦方程组解决各种电磁问题时，往往还需要对方程组中的物理量进行求导或积分运算。为了保证数学运算的顺利进行，要求它们具有必要的数学性质。我们将假设这些物理量是单值有限的，有足够的连续性和连续可微性，可以自由地交换微分和积分的顺序。当这些条件不满足时，要做特殊处理。

此外，在以下的讨论中我们总是假定介质是静止的，其特性参数不随时间而变化。

显然，上面的麦克斯韦方程组不是完备的，因为其中未知量的个数多于方程的个数。为了保证方程组的完备性，还需要知道介质空间的电磁性质，也就是要知道介质的本构关系。对于线性介质，一般地可以表示为

$$\begin{cases}\boldsymbol{D}=\bar{\bar{\varepsilon}}\cdot\boldsymbol{E}\\ \boldsymbol{B}=\bar{\bar{\mu}}\cdot\boldsymbol{H}\end{cases}\tag{1.1.6}$$

其中，$\bar{\bar{\varepsilon}}$ 和 $\bar{\bar{\mu}}$ 为并矢，表示介质为各向异性的。这样，两个旋度方程就成为

$$\nabla\times\boldsymbol{E}(\boldsymbol{r},t)=-\bar{\bar{\mu}}\cdot\frac{\partial}{\partial t}\boldsymbol{E}(\boldsymbol{r},t)\tag{1.1.7}$$

$$\nabla\times\boldsymbol{H}(\boldsymbol{r},t)=\bar{\bar{\varepsilon}}\cdot\frac{\partial}{\partial t}\boldsymbol{H}(\boldsymbol{r},t)+\boldsymbol{J}(\boldsymbol{r},t)\tag{1.1.8}$$

如果采用下列形式的傅里叶变换：

$$\boldsymbol{E}(\boldsymbol{r},\omega)=\int_{-\infty}^{\infty}\boldsymbol{E}(\boldsymbol{r},t)\mathrm{e}^{-\mathrm{i}\omega t}\mathrm{d}t$$

$$\boldsymbol{E}(\boldsymbol{r},t)=\frac{1}{2\pi}\int_{-\infty}^{\infty}\boldsymbol{E}(\boldsymbol{r},\omega)\mathrm{e}^{\mathrm{i}\omega t}\mathrm{d}\omega$$

则相应的方程可以变为频域的形式：

$$\nabla\times\boldsymbol{E}(\boldsymbol{r},\omega)=-\mathrm{i}\omega\bar{\bar{\mu}}\cdot\boldsymbol{H}(\boldsymbol{r},\omega)\tag{1.1.9}$$

$$\nabla\times\boldsymbol{H}(\boldsymbol{r},\omega)=\mathrm{i}\omega\bar{\bar{\varepsilon}}\cdot\boldsymbol{E}(\boldsymbol{r},\omega)+\boldsymbol{J}(\boldsymbol{r},\omega)\tag{1.1.10}$$

$$\nabla\cdot\boldsymbol{J}(\boldsymbol{r},\omega)+\mathrm{i}\omega\rho(\boldsymbol{r},\omega)=0\tag{1.1.11}$$

为了应用方便，有时也把麦克斯韦方程表示成对称的形式：

$$\nabla\times\boldsymbol{E}(\boldsymbol{r},\omega)=-\mathrm{i}\omega\bar{\bar{\mu}}\cdot\boldsymbol{H}(\boldsymbol{r},\omega)-\boldsymbol{M}(\boldsymbol{r},\omega)\tag{1.1.12}$$

$$\nabla\times\boldsymbol{H}(\boldsymbol{r},\omega)=\mathrm{i}\omega\bar{\bar{\varepsilon}}\cdot\boldsymbol{E}(\boldsymbol{r},\omega)+\boldsymbol{J}(\boldsymbol{r},\omega)\tag{1.1.13}$$

其中，$\boldsymbol{M}$ 称为磁流源。

从方程（1.1.12）和（1.1.13）中分别消去 $\boldsymbol{H}$ 或 $\boldsymbol{E}$，就可得到电场和磁场分别满足的方程

$$\begin{aligned}&\nabla\times\bar{\bar{\mu}}^{-1}\cdot\nabla\times\boldsymbol{E}(\boldsymbol{r},\omega)-\omega^2\bar{\bar{\varepsilon}}\cdot\boldsymbol{E}(\boldsymbol{r},\omega)\\&=-\mathrm{i}\omega\boldsymbol{J}(\boldsymbol{r},\omega)-\nabla\times\bar{\bar{\mu}}^{-1}\cdot\boldsymbol{M}(\boldsymbol{r},\omega)\end{aligned}\tag{1.1.14}$$

$$\begin{aligned}&\nabla\times\bar{\bar{\varepsilon}}^{-1}\cdot\nabla\times\boldsymbol{H}(\boldsymbol{r},\omega)-\omega^2\bar{\bar{\mu}}^{-1}\cdot\boldsymbol{H}(\boldsymbol{r},\omega)\\&=-\mathrm{i}\omega\boldsymbol{M}(\boldsymbol{r},\omega)+\nabla\times\bar{\bar{\varepsilon}}^{-1}\cdot\boldsymbol{J}(\boldsymbol{r},\omega)\end{aligned}\tag{1.1.15}$$

如果介质是均匀各向同性的，则上面两个方程变为

$$\nabla\times\nabla\times\boldsymbol{E}(\boldsymbol{r},\omega)-k^2\boldsymbol{E}(\boldsymbol{r},\omega)=-\mathrm{i}\omega\mu\boldsymbol{J}(\boldsymbol{r},\omega)-\nabla\times\boldsymbol{M}(\boldsymbol{r},\omega)\tag{1.1.16}$$

$$\nabla\times\nabla\times\boldsymbol{H}(\boldsymbol{r},\omega)-k^2\boldsymbol{H}(\boldsymbol{r},\omega)=-\mathrm{i}\omega\mu\boldsymbol{M}(\boldsymbol{r},\omega)+\nabla\times\boldsymbol{J}(\boldsymbol{r},\omega)\tag{1.1.17}$$

在电磁理论中，对有界域问题，电磁场在边界上还必须满足必要的边界条件。当边界为理想电导体或理想磁导体时，分别有以下边界条件：

理想电导体

$$\begin{cases}\boldsymbol{n}\times\boldsymbol{E}(\boldsymbol{r},t)|_s=0\\ \boldsymbol{n}\times\nabla\times\boldsymbol{H}(\boldsymbol{r},t)|_s=0\end{cases}\tag{1.1.18}$$

理想磁导体

$$\begin{cases} \boldsymbol{n}\times\boldsymbol{H}(\boldsymbol{r},t)|_s=0 \\ \boldsymbol{n}\times\nabla\times\boldsymbol{E}(\boldsymbol{r},t)|_s=0 \end{cases} \tag{1.1.19}$$

其中，s 为有界域的边界。

在求解电磁场时，有时也使用势函数作为辅助，其中有电型矢势 $\boldsymbol{A}$ 和标势 φ。对于均匀各向同性介质空间，它们与电磁场的关系为

$$\boldsymbol{B}=\nabla\times\boldsymbol{A} \tag{1.1.20}$$

$$\boldsymbol{E}+\frac{\partial}{\partial t}\boldsymbol{A}=-\nabla\varphi \tag{1.1.21}$$

在规范条件

$$\nabla\cdot\boldsymbol{A}+\varepsilon\mu\frac{\partial}{\partial t}\varphi=0 \tag{1.1.22}$$

下，$\boldsymbol{A}$ 和 φ 分别满足方程

$$\nabla^2\boldsymbol{A}-\varepsilon\mu\frac{\partial^2}{\partial t^2}\boldsymbol{A}=-\mu\boldsymbol{J} \tag{1.1.23}$$

$$\nabla^2\varphi-\varepsilon\mu\frac{\partial^2}{\partial t^2}\varphi=-\rho/\varepsilon \tag{1.1.24}$$

在频域，这些方程变为

$$\nabla^2\boldsymbol{A}(\boldsymbol{r},\omega)+k^2\boldsymbol{A}(\boldsymbol{r},\omega)=-\mu\boldsymbol{J}(r,\omega) \tag{1.1.25}$$

$$\nabla^2\varphi(\boldsymbol{r},\omega)+k^2\varphi(\boldsymbol{r},\omega)=-\rho(\boldsymbol{r},\omega)/\varepsilon \tag{1.1.26}$$

而电场与 $\boldsymbol{A}$ 和 φ 的关系为

$$\boldsymbol{E}(\boldsymbol{r},\omega)=-\mathrm{i}\omega\boldsymbol{A}(\boldsymbol{r},\omega)-\nabla\varphi(\boldsymbol{r},\omega) \tag{1.1.27}$$

在这种情况下，先通过解方程（1.1.25）和（1.1.26）求得 $\boldsymbol{A}$ 和 φ。可通过式（1.1.27）求得电场，再求得磁场。一般来讲，解方程（1.1.25）和（1.1.26）要比直接求解方程（1.1.16）和（1.1.17）容易些，这也是采用辅助函数的直接意义。当然，其中的物理含义要深刻得多。

1.2 经典数学之于麦克斯韦电磁理论

为摸清各种深奥复杂、难以捉摸的电磁物理现象的运动变化规律，并创立严谨、完备自洽的系统理论，除了有反映现象本质的正确概念和原理之外，还必须寻找到恰当的数学工具给予定量表述。现在以历史的进程简要地回顾这一问题是怎样解决的，从而了解经典数学在电磁理论的建立中所起的作用。

牛顿力学是最先发展起来的物理学科，同时开始了微积分的发明、发展和应用。早在1777年，拉格朗日（Lagrange）就开始用引力势描述引力场。他定义了引力势 $v(x,y,z)$，并把引力 $\boldsymbol{F}$ 表示为

$$\boldsymbol{F}(x,y,z)=-\nabla v(x,y,z) \tag{1.2.1}$$

其中，∇ 为梯度算符，且 $\nabla=\hat{x}\frac{\partial}{\partial x}+\hat{y}\frac{\partial}{\partial y}+\hat{z}\frac{\partial}{\partial z}$。

1789年拉普拉斯（Laplace）给出了直角坐标系中引力势满足的微分算子方程：

$$\nabla^2 v(x,y,z)=0 \tag{1.2.2}$$

其中，$\nabla^2=\nabla\cdot\nabla$。后来，上式被称为拉普拉斯方程。

1831年泊松（Poisson）指出，如果点 (x,y,z) 在物体内部，则方程（1.2.2）应该修改为

$$\nabla^2 v(x,y,z)=-4\pi\rho(x,y,z) \tag{1.2.3}$$

其中，ρ 为质量密度。该方程就是著名的泊松方程。

以上就是引力问题的势理论，它提供了引力问题求解的新途径，即用求解偏微分方程的方法解决引力问题，尽管直到19世纪20年代以前人们还不知道这些方程解的一般性质。

1785年确立了点电荷之间相互作用的库仑（Coulomb）定律，开启了静电学研究的新纪元。

库仑定律表明，电力与引力类似，都是与距离的平方成反比。泊松首先注意到了这一点，他把引力势理论移植到静电学中，认为可把式（1.2.3）中的 v 视为电势，$\boldsymbol{F}$ 就是电力，其中 ρ 为电荷密度。这样，原来用于引力势的泊松方程（1.2.3）也成了静电学中的一个基本方程。1824年泊松还以磁荷的观点，使以上方程也适用于静磁问题。到此，泊松方程就成了静电磁学的数学理论。

1828年，格林（Green）把势函数概念引入静电磁学中，把满足泊松方程的函数称为势函数，并给出了一般公式：

$$v(x,y,z)=\iiint\frac{\rho(x',y',z')\mathrm{d}x'\mathrm{d}y'\mathrm{d}z'}{r} \tag{1.2.4}$$

其中，$\rho(x',y',z')$ 是点 (x',y',z') 上的体电荷密度；r 是点 (x,y,z) 到点 (x',y',z') 的距离；势函数 $v(x,y,z)$ 后来又被称为格林函数。与此同时，格林还给出了以下公式：

$$\iiint u\Delta v\mathrm{d}\tau+\iint u\frac{\partial v}{\partial n}\mathrm{d}\sigma=\iiint v\Delta u\mathrm{d}\tau+\iint v\frac{\partial u}{\partial n}\mathrm{d}\sigma \tag{1.2.5}$$

其中，u 和 v 是 (x,y,z) 的两个任意函数，它们的导数在任何点上都是有限

的；$\boldsymbol{n}$ 为区域表面的内法向单位矢量；$\Delta=\nabla^2$ 为拉普拉斯算符。式（1.2.5）称为格林定理，格林利用它讨论了许多静电磁学问题。

1839 年高斯（Gauss）从平方反比定律出发证明了静电学的高斯定律，把库仑定律提高到了新的高度，其表述为

$$\oint\!\!\oint_S \boldsymbol{E}\cdot \mathrm{d}\boldsymbol{s}=Q/\varepsilon_0 \tag{1.2.6}$$

此外，早在 1831 年奥斯特洛格拉德斯基（Ostrogradsky）就已给出了公式：

$$\iiint \nabla\cdot \boldsymbol{F}\mathrm{d}v=\oint\!\!\oint \boldsymbol{F}\cdot \boldsymbol{n}\mathrm{d}s \tag{1.2.7}$$

其中，$\boldsymbol{F}$ 为矢量函数；$\boldsymbol{n}$ 为面元 $\mathrm{d}s$ 的法向单位矢量。

1854 年斯托克斯（Stokes）提出了后来被称为斯托克斯定理的公式：

$$\iint (\nabla\times \boldsymbol{F})\cdot \boldsymbol{n}\mathrm{d}s=\oint \boldsymbol{F}\cdot \mathrm{d}\boldsymbol{l} \tag{1.2.8}$$

该公式由麦克斯韦给出证明。

公式（1.2.7）和（1.2.8）为矢量分析的基本定理，它们奠定了矢量分析的基础，也是电磁理论的初步数学理论基础，为麦克斯韦创立电磁理论准备了必要的数学理论基础。

麦克斯韦正是在继承并发展了法拉第的力线思想，在提出涡旋电场等的基础上，利用已发展起来的数学理论表达出了关于电磁理论的新体系。

麦克斯韦通过三篇重要论文，即“论法拉第力线”（1855～1856）、“论物理力线”（1861～1862）和“电磁场的动力学理论”（1865），逐步完善了他的电磁场的普遍理论。

麦克斯韦认真审查了在他之前已知的电磁学定理和定律，在弄清它们正确含义和成立条件的基础上，根据他对电磁场本质特性的深刻理解和应有的内在联系的认识，经过修正、补充和推广给出了电磁理论的普遍方程组，在其中引进了关于涡旋电场的概念，并以位移电流的形式加入到安培定律中进行修正。他的方程组中设了 20 个变量，其中有总电流 p'、q'、r'，传导电流 p、q、r，电位移 f、g、h，磁强度 α、β、γ，电磁动量 F、G、H，电动力 P、Q、R，自由电量 e 和电势 ψ。麦克斯韦所提出的方程组为分量形式并可分为八组，分别为

$$\begin{cases} p'=p+\dfrac{\mathrm{d}f}{\mathrm{d}t} \\ q'=q+\dfrac{\mathrm{d}g}{\mathrm{d}t} \\ r'=r+\dfrac{\mathrm{d}h}{\mathrm{d}t} \end{cases} \tag{1.2.9}$$

$$\begin{cases} \mu\alpha=\dfrac{\mathrm{d}H}{\mathrm{d}y}-\dfrac{\mathrm{d}G}{\mathrm{d}z} \\ \mu\beta=\dfrac{\mathrm{d}F}{\mathrm{d}z}-\dfrac{\mathrm{d}H}{\mathrm{d}x} \\ \mu\gamma=\dfrac{\mathrm{d}G}{\mathrm{d}x}-\dfrac{\mathrm{d}F}{\mathrm{d}y} \end{cases} \tag{1.2.10}$$

$$\begin{cases} \dfrac{\mathrm{d}\gamma}{\mathrm{d}y}-\dfrac{\mathrm{d}\beta}{\mathrm{d}z}=4\pi p' \\ \dfrac{\mathrm{d}\alpha}{\mathrm{d}z}-\dfrac{\mathrm{d}\gamma}{\mathrm{d}x}=4\pi g' \\ \dfrac{\mathrm{d}\beta}{\mathrm{d}x}-\dfrac{\mathrm{d}\alpha}{\mathrm{d}y}=4\pi r' \end{cases} \tag{1.2.11}$$

$$\begin{cases} P=\mu\left(\gamma\dfrac{\mathrm{d}y}{\mathrm{d}t}-\beta\dfrac{\mathrm{d}z}{\mathrm{d}t}\right)-\dfrac{\mathrm{d}F}{\mathrm{d}t}-\dfrac{\mathrm{d}\varphi}{\mathrm{d}x} \\ Q=\mu\left(\alpha\dfrac{\mathrm{d}z}{\mathrm{d}t}-\gamma\dfrac{\mathrm{d}x}{\mathrm{d}t}\right)-\dfrac{\mathrm{d}G}{\mathrm{d}t}-\dfrac{\mathrm{d}\varphi}{\mathrm{d}y} \\ R=\mu\left(\beta\dfrac{\mathrm{d}x}{\mathrm{d}t}-\alpha\dfrac{\mathrm{d}y}{\mathrm{d}t}\right)-\dfrac{\mathrm{d}H}{\mathrm{d}t}-\dfrac{\mathrm{d}\varphi}{\mathrm{d}z} \end{cases} \tag{1.2.12}$$

$$\begin{cases} P=kf \\ Q=kg \\ R=kh \end{cases} \tag{1.2.13}$$

$$\begin{cases} P=-\rho p \\ Q=-\rho q \\ R=-\rho r \end{cases} \tag{1.2.14}$$

$$e+\frac{\mathrm{d}f}{\mathrm{d}x}+\frac{\mathrm{d}g}{\mathrm{d}y}+\frac{\mathrm{d}h}{\mathrm{d}z}=0 \tag{1.2.15}$$

$$\frac{\mathrm{d}e}{\mathrm{d}t}+\frac{\mathrm{d}p}{\mathrm{d}x}+\frac{\mathrm{d}q}{\mathrm{d}y}+\frac{\mathrm{d}r}{\mathrm{d}z}=0 \tag{1.2.16}$$

20 个变量满足 20 个方程，构成一个完备的方程组。在矢量符号还没有完全确定的年代选择用标量函数描述矢量场是可以理解的。

我们现在所采用的矢量形式的麦克斯韦方程组是由以上 20 个标量方程得来的。1880 年，赫兹（Hertz）和赫维赛德（Heaviside）各自独立地完成了麦克斯韦方程组的矢量表示，并简化为四个方程组。下面我们就来讨论这一简化过程。

如果令 $\boldsymbol{j}'=(p',q',r')$ 表示总电流密度矢量，$\boldsymbol{j}=(p,q,r)$ 表示传导电流密度矢量，$\boldsymbol{D}=(f,g,h)$ 表示电位移矢量，$\boldsymbol{\alpha}=(F,G,H)$ 表示电磁动量，

$\boldsymbol{H}=(\alpha,\beta,\gamma)$ 表示磁场强度，$\boldsymbol{E}=(P,Q,R)$ 表示电动力，$\boldsymbol{v}=\left(\frac{\mathrm{d}x}{\mathrm{d}t},\frac{\mathrm{d}y}{\mathrm{d}t},\frac{\mathrm{d}z}{\mathrm{d}t}\right)$ 表示速度，则以上八组方程可以依次表示为矢量形式

$$\boldsymbol{j}'=\boldsymbol{j}+\frac{\partial \boldsymbol{D}}{\partial t} \tag{1.2.17}$$

$$\mu\boldsymbol{H}=\nabla\times\boldsymbol{\alpha} \tag{1.2.18}$$

$$\nabla\times\boldsymbol{H}=4\pi\boldsymbol{j}' \tag{1.2.19}$$

$$\boldsymbol{E}=\mu\boldsymbol{v}\times\boldsymbol{H}-\frac{\mathrm{d}\boldsymbol{\alpha}}{\mathrm{d}t}-\nabla\varphi \tag{1.2.20}$$

$$\boldsymbol{E}=k\boldsymbol{D} \tag{1.2.21}$$

$$\boldsymbol{E}=-\rho\boldsymbol{j} \tag{1.2.22}$$

$$e+\nabla\cdot\boldsymbol{D}=0 \tag{1.2.23}$$

$$\frac{\mathrm{d}e}{\mathrm{d}t}+\nabla\cdot\boldsymbol{j}=0 \tag{1.2.24}$$

现在把式（1.2.17）代入式（1.2.19），当采用 MKSA 单位制时就成为

$$\nabla\times\boldsymbol{H}=\boldsymbol{j}+\frac{\partial \boldsymbol{D}}{\partial t} \tag{1.2.25}$$

这是修正了的安培（Ampère）定律，所增加的一项被麦克斯韦称为位移电流。其中，$\boldsymbol{H}$ 为作用于单位磁极的力，现在称为磁场强度；$\boldsymbol{D}$ 为电通密度。式（1.2.18）中的 μ 为介质中磁感应与相同极化力作用下空气中的磁感应比值，现在称为磁导率；$\boldsymbol{\alpha}$ 表示电磁动量，即法拉第所说的电紧张状态，现在称为电磁场的矢势。因为 $\boldsymbol{B}=\mu\boldsymbol{H}$ 为磁感应强度或磁通密度，故有

$$\boldsymbol{B}=\nabla\times\boldsymbol{\alpha} \tag{1.2.26}$$

式（1.2.20）是法拉第电磁感应定律，其中 $\boldsymbol{E}$ 为电动力，现在称为电场强度。由该式可以看出，它由三部分组成：第一项 $\mu\boldsymbol{v}\times\boldsymbol{H}=\boldsymbol{v}\times\boldsymbol{B}$，表示由导体本身运动而造成的电磁动量的变化所引起的电动力；第二项是感应电动力或涡旋电场，它是当导体不动时因磁体或电流强度变化所引起的电动力；第三项是导体不动时因产生磁场的磁体或电流的位置变化所引起的电动力，φ 称为电势。

如果导体回路静止，则 $\boldsymbol{v}=0$，于是第一项成为 $\mu\boldsymbol{v}\times\boldsymbol{H}=0$。然后对式（1.2.20）两侧取旋度，即成为

$$\nabla\times\boldsymbol{E}=-\frac{\partial \boldsymbol{B}}{\partial t} \tag{1.2.27}$$

式（1.2.21）的现代形式是

$$\boldsymbol{D}=\varepsilon\boldsymbol{E} \tag{1.2.28}$$

其中，$\varepsilon=1/k$，为介电常数。

式（1.2.22）的现代形式是

$$\boldsymbol{j}=\sigma\boldsymbol{E} \tag{1.2.29}$$

它是微分形式的欧姆定律。

式（1.2.23）的现代形式则是

$$\nabla\cdot\boldsymbol{D}=\rho \tag{1.2.30}$$

式（1.2.24）是连续性方程，其现代形式是

$$\nabla\cdot\boldsymbol{j}+\frac{\partial\rho}{\partial t}=0 \tag{1.2.31}$$

再对式（1.2.26）两侧取散度就得到

$$\nabla\cdot\boldsymbol{B}=0 \tag{1.2.32}$$

现在已可以看出，式（1.2.25），式（1.2.27），式（1.2.30）和式（1.2.32）正是现代通用的麦克斯韦方程组的矢量微分形式。

进一步还可以利用斯托克斯定理（1.2.8）和高斯定理（1.2.6）把以上微分形式转换为积分形式：

$$\oint_c \boldsymbol{E}\cdot\mathrm{d}\boldsymbol{l}=-\frac{\partial}{\partial t}\iint_A \boldsymbol{B}\cdot\mathrm{d}\boldsymbol{s} \tag{1.2.33}$$

$$\oint_c \boldsymbol{H}\cdot\mathrm{d}\boldsymbol{l}=\frac{\partial}{\partial t}\iint_A \boldsymbol{D}\cdot\mathrm{d}\boldsymbol{s}+\iint_A \boldsymbol{J}\cdot\mathrm{d}\boldsymbol{s} \tag{1.2.34}$$

$$\oiint_s \boldsymbol{D}\cdot\mathrm{d}\boldsymbol{s}=\iiint_V \rho\,\mathrm{d}V \tag{1.2.35}$$

$$\oiint_s \boldsymbol{B}\cdot\mathrm{d}\boldsymbol{s}=0 \tag{1.2.36}$$

到此我们已看到，$\boldsymbol{\alpha}$ 和 ψ 已经从方程中消失。但当 $\boldsymbol{v}=0$ 时，由式（1.2.26）和式（1.2.20）可知

$$\boldsymbol{B}=\nabla\times\boldsymbol{\alpha}$$

$$\boldsymbol{E}+\frac{\mathrm{d}\boldsymbol{\alpha}}{\mathrm{d}t}=-\nabla\psi$$

把它们与式（1.1.20）和式（1.1.21）比较可以看出，这里的 $\boldsymbol{\alpha}$ 就是电型矢势 $\boldsymbol{A}$，而 ψ 正是电型标势 φ。它们本来包含在麦克斯方程组中，但实践证明，它们只起辅助作用，故不必要包含在基本方程组中。尽管如此，这两个势函数还是有其特殊意义。由于它们具有规范不变性，在其启发下发展出了规范场论，并在粒子物理学中发挥了重要作用。

在以上所用的数学方法中，对所处理的函数都是随意地进行微分或积分，这些都暗含着对这些函数连续性的要求。我们已在 1.1 节中概述了实际物理过程中连续性的含义。

这里我们已看到，正是有了数学方面关于微积分和场论的必要知识，才使得电磁理论能够用简单而优美的形式给予精确的表达。但是还是要强调一点，数学和物理各有其自身的规律和演绎的规则，而且都是有条件的。数学表达的物理规律只能是数学模型，只有当数学演绎的条件被物理事实所满足时，数学上的结论才能代表真实的物理过程。由于物理规律的抽象性和复杂性，没有恰当的数学工具，很多物理规律无法清晰简洁地表达出来，更不用说复杂问题的推演了。正因如此，数学与物理的结合才越来越密切。

1.3 电磁理论发展中数学的重要作用

和其他物理学领域一样，在电磁理论的发展中，从初期开始数学就发挥了关键的作用，这在 1.2 节的论述中已经很清楚。事实上，数学的这种作用在电磁理论的后继发展中依然十分明显。

已经说明，在电磁理论的创立过程中，不同物理领域的对比研究起了重要作用。类比研究的成果表明，在不同的物理现象中的物理量之间的一些关系和变化规律可用相同或类似的数学形式描述。这不仅说明某些物理规律之间所具有的某些内部统一性，也说明数学方法的某种普遍性。这也说明电磁理论的研究可以借用在其他更早发展的物理领域（如力学、热学等）中行之有效的很多数学方法。

事实上，电磁理论发展的较早一段时期，也正是其他一些物理学科已得到较早发展的阶段。同时，物理各领域的发展也推动了高等数学的发展与应用。也可以说，正是因为有了高等数学的发展才保证了同时期物理学的迅速发展，这是一种相伴发展的过程。这一点可以从当时对数学的发展起了关键作用的数学家同时也是伟大的物理学家这一事实看出，如欧拉（L. Euler，1707—1783），拉格朗日（J. Lagrange，1736—1813），拉普拉斯（P. S. Laplace，1749—1827），傅里叶（J. Fourier，1768—1830），高斯（Gauss，1777—1855），格林（G. Green，1793—1841）和亥姆霍兹（H. Helmholtz，1821—1894），等等。当时已经形成了一些用高等数学解决物理问题的典型方法，即根据物理规律构造相应的数学模型或用数学语言表达物理规律，并出现了有关微分方程和积分方程的理论和应用

C. Muller 在 1969 年出版的 *Foundation of the Mathematical Theory of Electromagnetic Waves* 一书中简略地描述了这一段历程。

电磁场的数学理论的研究与发展主要始于赫兹和赫维赛德，他们在1880～1890年期间发表的文章把麦克斯韦的电磁理论组织成很多一般性的数学问题，并给出了很多电磁现象的理论解释，而这些又是基于很好定义的数学问题的解。

电磁理论的更迅速发展开始于狄利克雷（Dirichlet）和诺伊曼（Neumann）对势理论的发展，接下来弗雷德霍姆（Fredholm）于1904年发表了关于线性积分方程的文章，从而解决了许多数学物理问题，并由希尔伯特（D. Hilbert）和庞加莱（H. Poincaré）作进一步发展。

后来关于边值问题和本征值问题的研究深刻地影响了电磁理论的发展，这方面的数学理论研究与经典势论密切相关。这个时期最重要的是关于洛伦兹假设的研究，谐振腔本征频率的渐近特性由外尔（H. Weyl）于1910～1915年给出。到这时已经很明显，电磁理论问题不能简单地理解为势理论的简单延伸，这一点由麦克斯韦方程组的特殊形式所决定。

受势理论研究的启发，在电磁理论中发展了变数分离方法，从而得到了麦克斯韦方程的一些特殊解，例如，梅（G. Mie）在1908年解决了球体的绕射问题；索末菲（A. Sommerfeld）解决了劈和平面的绕射问题。

在索末菲的文章中已看出电磁理论与势理论的本质区别，这主要在无限远处的特性中表现出来。1898年索末菲发现了辐射条件，可作为电磁场在无限远处的边界条件。这些问题的严格数学处理始于1943年，当时瑞利希（F. Rellich）证明了简化波动方程外部边值问题的唯一性，而解的存在性则到1953年才由外尔和穆勒（C. Muller）证明，类似的结果也由苏联的W. D. Kuprodse获得。这些研究进一步夯实了电磁理论的数学基础。

到第二次世界大战时期，出现了电磁理论的又一个大发展的阶段。由于雷达、通信等军事装备的需要，必须研究各种必要的功能部件，这就需要求解各种复杂的电磁场问题。这时遇到的很多复杂问题已不可能求得严格解，因此发展和应用了各种求近似解的方法，如微扰法、变分法、渐近展开法、解析函数法和有限差分法等。

在不同阶段总会有一些关于电磁理论的著作发表，它们会对以前的发展状况进行系统的总结，明确反映出数学在电磁理论发展中的作用。Stratton的著作*Electromagnetic Theory*于1941年出版，是对之前电磁理论发展水平的最全面、最系统的一次总结。1960年，R. F. Harrington的*Harmonic Electromagnetic Fields*一书则总结了稳态电磁场的理论。R. E. Collin 1960出版的*Theory of Guided Waves*一书偏重总结与波导有关的电磁理论，而且在理论深度上更进了一步。在这一时期以及稍后还有不少很好的有关电磁理论的书籍出版，在不同方面补充了电磁理论中的其他数学方法。

我国电磁理论的研究主要开始于中华人民共和国成立以后。由于当时国防和科技发展的需要，很快成长起一支具有一定规模的团队，从事与电磁理论有关的研究工作。他们除了很快学习掌握了已有的电磁理论之外，还不断取得了具有一定水平的研究成果。几十年来，这些成果多散见于各种刊物。当然也有一些书籍出版，例如，黄宏嘉于1963年出版的《微波原理》，特别突出了耦合波理论；任朗所著的《天线理论基础》(1980) 则非常系统地总结了天线的分析计算方法，在一定程度上反映出一些研究成果并突出了积分方程方法的应用；而方大纲所著的《电磁理论中的谱域方法》(1995) 则论述了谱域方法的理论和应用；张善杰的《工程电磁理论》(2009) 以及鲁述和徐鹏根的《电磁场边值问题解析方法》(2005) 系统地论述了典型电磁场问题的解析分析方法。以上所列著作从不同角度反映了数学在电磁理论中所起的重要作用。

1.4　现代数学与现代电磁理论

通常人们把数学的发展历史分为三个阶段，即初等数学、高等数学和现代数学。从17世纪初到19世纪末为高等数学的发展阶段。一般认为现代数学从19世纪末开始，而把这之前的数学称为经典数学。

一般认为现代数学开始的标志为康托尔 (G. Cantor) 1874年创立了集合论，被认为是现代数学的基础。

现代数学是在经典数学高度发展的基础上建立起来的。由于数学的发展已经是分支繁多，所以需要对其进行系统整理，建立更高层次的数学理论，以便对数学各分支的本质有更深刻的理解，促使数学向更高水平发展。

现代数学具有高度抽象和高度统一的特点。抽象和统一应视为一个完整概念的两个方面，因为只有高度抽象才能对各种不同对象共同的本质进行比较研究，得到共同具有的反映本质的规律，从而把原来许多不同的对象统一起来，成为更高水平上的研究对象。

集合论就是对数学所研究的各种对象进行高度抽象概括的结果。现代数学正是把一般集合作为研究的对象，从而把数学的不同领域或分支统一起来，同时也极大地扩大了数学的研究范围。也正是由于高度的抽象和统一更深入地揭示了数学各分支的本质联系，所以现代数学获得了更广泛的应用。

现代数学采用公理化的方法和系统结构分析。所谓公理化方法，就是以尽量少的原始概念和不加证明的几条公理作为出发点，运用逻辑推理演绎来建立一种科学理论。希尔伯特创立了现代公理化方法，他指出原始概念是完全不加定义的，而对公理系统有三个基本要求，即相容性、独立性和完备性。公理化方法不仅能系统地总结数学知识，还能清楚地揭示数学的理论基础，也有利于揭示各个数学分支的本质联系和异同。数学家们运用希尔伯特公理化思想方法，以康托尔的集合论为出发点，用结构的观点深入考察了已有的数学成果，在更高的水平上以全局的观点分析和比较了各个数学分支的公理体系结构，对数学按结构的异同及其内在联系进行分类和重建，将其构建成为一个有序的理论体系，使数学成为研究抽象结构的理论。

以上所提数学结构是指由遵从共同公理的集合和映射所组成的系统。数学中的一些基本结构如有序结构、代数结构、拓扑结构和测度结构等，也可以由其派生出各种不同的复合结构。把结构作为一种工具来划分和概括数学各分支的研究领域，这不仅使数学形成一个统一的整体，也能清楚地看出不同分支的相互联系，也有助于发展数学理论和解决数学问题。

现代数学完全改变了经典数学中代数、几何和分析三足鼎立的局面，把三者结合起来，综合运用三种研究方法。在现代数学的重要基础之一的泛函分析中就充分地显示出这三种方法综合运用的卓越成效。

现代科学技术所面对的问题越来越复杂，需要数学解决的问题也越来越复杂，于是需要研究的数学模型和要解决的数学问题也越来越复杂，主要表现为从有限维到无限维、从线性到非线性、从连续到间断等，这为现代数学的发展提出了越来越高的要求。

电子计算机的出现和高度发展对现代数学产生了很大冲击，不仅促进了现代数学的发展，也改变了数学学科本身的特点和面貌。过去求解数学问题追求的是获得解析表达式，在无法做到这一点的情况下，现在是用计算机求得所需的数值解。计算改变了数学应用的方式，很多科学研究问题可以通过数学模型来模拟，以便通过计算对各种理论进行检验，而且在科学技术中正在大量应用数学。计算机一方面给数学理论提出了一系列的新课题，另一方面又为数学研究提供了一种新的有力工具。

正是现代数学的高度抽象和高度综合的特点，使其适应和使用的范围越来越广泛。现代数学不仅已成为科学技术发展的强大动力和工具，而且也日益深入到社会科学的多个领域。人们认识到人类社会已进入数学工程技术的新时代，现代数学正深刻地影响着科学技术的各个领域的各个层面。

由上面的论述已经知道，电磁理论从诞生起就已经与数学紧密地结合在一起，而且电磁理论的发展和应用就是在各种条件下求解麦克斯韦方程能力的不断提高，也就是说这依赖于数学理论方法的不断发展。因此，可以说电磁理论的发展与数学理论的发展相伴而行。不难推想，现代数学的发展也必然会深刻地影响电磁理论的发展。事实也正是这样，自20世纪后半叶以来，电磁理论的文献中逐渐增加了近现代数学的观点和方法。对电磁理论影响最突出的是泛函分析和分布论。随着计算电磁学的发展，这种影响就更加明显，甚至20世纪80年代才发展起来的小波分析也很快地在计算电磁学中得到了很多应用。现代数学观点和方法的应用使电磁场理论更加系统严谨，也更加深刻地揭示了电磁现象的本质。

现代数学对电磁理论的影响不仅出现在期刊的文献中，也有不少专著或教材越来越系统地总结和论述在这方面所取得的成果。例如，汉森和雅可夫列夫（G. W. Hanson and A. B. Yakovlev）所著的《电磁学的算子理论》（*Operator Theory for Electromagnetics*）就是典型的一种，其中用泛函分析的理论梳理了一系列重要的电磁理论问题；而周永祖（W. C. Chew）的《非均匀介质中的场与波》（*Waves and Fields in Inhomogeneous Media*）和穆若兹奥夫斯基（M. Mrozowski）的《被导电磁波》（*Guided Electromagnetic Waves*）则大量地运用泛函分析的观点和方法论述了很多复杂的电磁理论问题；布雷戴尔（Van Bladel）的《奇异电磁场和源》（*Singular Electromagnetic Fields and Sources*）中则用分布论的方法讨论了诸多奇异边界的电磁场问题。虽然这只是类似书籍的一部分，但已经反映出现代数学对电磁理论的影响。

在国内也有不少书籍讨论现代数学在电磁理论中的应用。章文勋的《电磁场工程中的泛函方法》是较早的一本（1985年出版），连汉雄的《电磁理论的数学方法》介绍了电磁理论中的很多现代数学方法，文舸一的《电磁理论的新进展》则比较全面地介绍了国际上用现代数学发展电磁理论的新进展和发展趋势。

更值得一提的是宋文淼等的《现代电磁场理论的数学基础——矢量偏微分算子》和《电磁场基本方程组》，特别强调了现代数学对电磁理论的关键作用。他们认为用现代数学可以建立有别于（建立在经典数学基础上的）经典电磁理论的现代电磁理论。

当然，到现在为止我们还没有看到不是经典电磁理论的现代宏观电磁理论，却已经清楚地看到了现代数学对电磁理论的深刻影响，而且已经到了这样的程度：如果不具备足够的现代数学的知识，很难读懂当代关于电磁理论的文献，也很难参与高水平的国际交流，更谈不上从事现代水平的电磁理论研究。

现在，中国已经进入科学技术大发展的新时代。由于电磁理论在科学技术中的重要地位和全面巨大的影响，对现代电磁理论和现代数学的学习和研究必将出现新的局面。

第 2 章 线性函数空间

现代分析数学的最基本概念是集合和映射，集合又是现代数学研究最基本的素材，所以，本章从集合开始讨论。给集合赋予代数结构就成为线性空间。空间概念在现代数学中起着极为重要的作用，我们将对几种主要抽象空间逐渐展开讨论。因为电磁场理论的研究对象都是空间位置和时间的函数，所以我们最感兴趣的就是以这些函数为元素构成的各种空间。为了强调这一点，把线性函数空间作为本章的重点。

2.1 集合与映射

2.1.1 集合的概念

一般认为，现代数学以康托尔建立的集合论（1874 年）为起点。现代数学的研究对象是一般集合、各种抽象空间和流形，它们都能用集合与映射的概念统一起来，因此，集合是现代分析中的一个基本概念。甚至可以说，集合论是现代数学的理论基础。

任何一个理论系统都包含一些不加定义而直接引入的基本概念，集合就是集合论中的这样一个基本概念。对任何一个基本概念下定义，必须借助于比它更基本的概念。因此，总有一些概念只能通过举例、打比方或说明进行描述，一切想对集合作出所谓严谨的、合乎数学要求的定义的尝试都是徒劳的，而且会引出一系列悖论。

康托尔对集合这一概念做过如下的描述：“把一些明确的（确定的）、彼此有区别的、具体的或想象中抽象的东西看成一个整体，便叫做集合”；另一种较明确的描述是：“当我们把一些确切的对象汇集在一起而当成一个单一的总体来考虑时，这一总体就被称为集合”；还有一种更扼要的提法为：“集合是具有一定范围的确定的对象的全体”。

由以上描述可知，集合是指由一些对象构成的集体，这些对象既有明确的范围，又能明确地与其他对象相区分，而并不限制对象的类型。更确切地说，每个集合都要满足三个要求：

(1) 集合中所包含的元素是明确规定的；

(2) 同一集合中的任何两个元素都不相同；

(3) 每个集合本身又是这个集合的元素。

2.1.2 集合的表示和常见的集合

为了方便，需要用简明的方式把集合表示出来，让人一目了然地了解所表示的是什么样的集合，其功能是把集合所包含的对象或元素明确无误地表达出来，既确定了范围又不遗漏任何应包含的元素。通常，集合用单个大写字母 A、B、C 等代表，有时也用花括号表示。集合所包含的元素则常用小写字母 a、b、c 等表示。集合的表示方法最常用的有两种：

(1) 枚举法。把集合中的元素逐个列出，这仅适用于元素不多或元素之间有明确关系的集合。例如，集合 A 包含三个元素 a、b 和 c，即可表示为 $A=\{a,b,c\}$。

(2) 描述法。把集合中所有元素共有的性质或应该满足的条件用语言描述或数学形态表达出来。例如，集合 B 是函数 $f(x)$ 所有零点的集合，或 $B=\{x \mid f(x)=0,-\infty<x<\infty\}$。

下面列出一些常用的集合：

(1) 全体整数之集合 Z；

(2) 全体自然数所构成之集合 N；

(3) 全体有理数之集合 Q；

(4) 全体无理数之集合 Ω；

(5) 全体实数之集合 R；

(6) 全体复数之集合 C；

(7) 在区间 $[a,b]$ 上有定义且连续的全体函数之集合 $C[a,b]$，即

$$C[a,b]=\{f(x)|a\leqslant x\leqslant b\text{ 时连续}\}$$

(8) 在区间 $[a,b]$ 上具有直至 k 阶连续微商的函数全体所构成之集合

$C^k[a,b]$，即

$$C^k[a,b]=\{f(x)|f^{(l)}(x)\text{ 连续},a\leqslant x\leqslant b,1\leqslant l<k\}$$

（9）在区域Ω中连续的多元函数全体之集合$C(\Omega)$，即

$$C(\Omega)=\{f(\boldsymbol{t})|f(\boldsymbol{t})\text{ 连续},\boldsymbol{t}\in\Omega,\Omega\subset R^n,\boldsymbol{t}=(t_1,t_2,\cdots,t_n)\}$$

（10）在区域Ω中具有直至k阶连续偏微商的多元函数全体之集合$C^k(\Omega)$，即

$$C^k(\Omega)=\{f(\boldsymbol{t})|D^\alpha f(\boldsymbol{t})\text{ 连续},\boldsymbol{t}=(t_1,t_2,\cdots,t_n),\boldsymbol{t}\in\Omega,\Omega\subset R^n,|\alpha|\leqslant k\}$$

其中

$$D^\alpha f(\boldsymbol{t})=-\frac{\partial^{|\alpha|}f(\boldsymbol{t})}{\partial t_1^{\alpha_1}\partial t_2^{\alpha_2}\cdots\partial t_n^{\alpha_n}}$$

$|\alpha|=\alpha_1+\alpha_2+\cdots+\alpha_n$，而$\alpha_1$，$\alpha_2$，…，$\alpha_n\geqslant 0$。

假设A和B为两个集合，如果集合A中的每一个元素都属于集合B，就称A是B的子集，并记作$A\subset B$或$B\supset A$，读作A含于B或B包含A。如果A是B的子集，但B中至少有一个元素不属于A，则A就叫做B的真子集，并记作$A\subseteq B$，B叫做A的扩集。显然有

$$C^\infty(a,b)\subset\cdots\subset C^k(a,b)\subset C^{k-1}(a,b)\subset\cdots\subset C^1(a,b)\subset C(a,b)$$

一个元素也没有的集合称为空集，用$\varnothing$表示，或用$\{\}$表示。需注意的是，空集不是只有零元素的集合，因为零也是一个元素，这种集合记作$\{0\}$。

如果集合所包含的元素的个数是有限的，就称为有限集；如果集合所包含的元素是无限多个，就称为无限集。

2.1.3　集合的简单运算

设A和B为两个集合，由集合A与集合B的一切元素所构成的集合称为A与B的并集，记为$A\cup B$，即

$$A\cup B=\{x\mid x\in A\text{ 或 }x\in B\}$$

由集合A与集合B共有的元素所组成之集合称为A与B的交集，并记作$A\cap B$，即

$$A\cap B=\{x\mid x\in A\text{ 且 }x\in B\}$$

由属于集合A但不属于集合B的元素所组成之集合称为集合A与B的差集，并记作$A-B$或$A\setminus B$，即

$$A\setminus B=\{x\mid x\in A\text{ 但 }x\notin B\}$$

很容易证明，集合之间具有如下运算性质：设A、B、C均为集合，则

（1）交换律。$A\cup B=B\cup A$，$A\cap B=B\cap A$

（2）结合律。$(A\cup B)\cup C=A\cup(B\cup C)$

$$(A\cap B)\cap C=A\cap(B\cap C)$$

(3) 分配律。$A\cap(B\cup C)=(A\cap B)\cup(A\cap C)$

$$A\cup(B\cap C)=(A\cup B)\cap(A\cup C)$$

(4) $A\cup A=A$，$A\cap A=A$

(5) $A\cap B\subset A$，$A\cap B\subset B$

(6) $A\cup B\supset A$，$A\cup B\supset B$

如果 E 为基本集，且 $A\subset E$，则 $E-A$ 叫做 A 的余集（或补集），并记作 A^C。例如

$$Q\cup\Omega=R,\quad Q\cap\Omega=\varnothing$$

若 R 作为基本集，则有

$$Q^C=\Omega,\quad \Omega^C=Q$$

如果 $A\subset C$ 且 $B\subset C$，则存在以下对偶律：

$$(A\cap B)^C=A^C\cup B^C$$

$$(A\cup B)^C=A^C\cap B^C$$

设 A 和 B 为两个任意集合，对于 $x\in A$，$y\in B$，以 (x,y) 表示有序元素时，则所有有序元素对组成之集合称为 A 与 B 的笛卡儿积，记作 $A\times B$，即

$$A\times B=\{(x,y)\mid x\in A,y\in B\}$$

当 A 和 B 中有一个为空集时，规定 $A\times B=\varnothing$。

上述笛卡儿积的定义可推广为一般的情况。设 A_1，A_2，…，A_n 为 n 个集合，$x_i\in A_i$，$i=1, 2, \cdots, n$，则它们的笛卡儿积定义为

$$A_1\times A_2\times\cdots\times A_n$$

$$=\{(x_1,x_2,\cdots,x_n)|x_i\in A_i,i=1,2,\cdots,n\}$$

由此可知，两个实直线 R 的笛卡儿积就是实平面 R^2，表示为 $R\times R=R^2$，类似地，n 个实直线 R 的笛卡儿积成为 n 维实空间 R^n。

2.1.4 映射

定义 2.1（映射） 设 A 和 B 为两个非空集合。如果对于集合 A 的任一元素，按照某种确定的法则 φ，集合 B 中都有确定的元素与之对应，则称 φ 为一个从集合 A 到集合 B 的映射，并记作

$$\varphi:A\rightarrow B$$

当映射使 x 与 y 对应，$x\in A$，$y\in B$ 时，记作

$$\varphi:x\mapsto y$$

或

$$y=\varphi(x)$$

并称 y 是 x 在映射 φ 下的像，x 为 y 的原像。集合 A 称为映射 φ 的定义域，记作 $D(\varphi)$。B 的某个子集 $\varphi(A)=\{\varphi(x) \mid x\in A\}$ 称为映射 φ 的值域，并记作 $R(\varphi)$。

如果 $A=R$，$B=R$，则映射 $f:R\to R$ 就是通常意义下的实函数 f。例如，$f(x)=\sin x$ 即为

$$f:R\to R$$
$$D(f)=R=(-\infty,\infty)$$
$$R(f)=[-1,1]\subset R$$

当然，现在定义的映射具有更加广泛的意义。

定义 2.2（单射、满射和双射）　设有映射 $\varphi:A\to B$，$x\in A$，$y\in B$。

（1）如果 $\varphi(x_1)=\varphi(x_2)$，就有 $x_1=x_2$，即 $\varphi(A)$ 中的任何一个元素在 A 中有唯一的元素与之对应，则 φ 是单射；

（2）如果 $\forall y\in B$，$\exists x\in A$，使 $y=\varphi(x)$，即 $\varphi(A)=B$，则 φ 为满射；

（3）如果 φ 既是单射又是满射，则称 φ 为双射，也称为一一对应的映射。

如果 φ 为双射，即 $\varphi:A\to B$ 建立了 A 与 B 之间一一对应的关系，从而有从 A 到 B 和从 B 到 A 的映射，把从 B 到 A 的映射称为 φ 的逆映射，记作

$$\varphi^{-1}:B\to A$$

即对 $\forall x\in A$，如 $y=\varphi(x)$，则 $x=\varphi^{-1}(y)$。

有了映射的概念，我们就可以讨论集合之间的其他关系。

定义 2.3（对等）　若存在映射 φ，是集合 A 到集合 B 的双射，则称集合 A 与 B 对等，并记作 $A\sim B$。对等关系具有下列性质：

（1）自反律，即 $A\sim A$；

（2）对称性，若 $A\sim B$，则 $B\sim A$；

（3）传递性，若 $A\sim B$ 且 $B\sim C$，则 $A\sim C$。

值得注意的是，对等与相等是不同的概念。两个集合相等是指它们含有完全相同的元素，即若 $A=B$，则必有 $A\subset B$ 且 $B\subset A$。对等的两个集合不必是相等的。对于有限集合 A 和 B 而言，$A\sim B$ 说明它们的元素个数相等，但并不要求所有的元素相同。

2.1.5　可数集、不可数集和集合的基数

定义 2.4（可数集、不可数集）　凡与自然数 N 对等的集合就称为可数集，非可数的无限集称为不可数集。

由定义可知，奇数的全体所成之集合，偶数的全体所成之集合，以及整数

的全体所成之集合都是可数集合。显然，有限集都是可数集合。

根据定义，若集合A可数，则$A \sim N$，从而应存在双射$f: N \to B$，使得对每一个$n \in N$都对应一个且只对应一个A中的元素，如记作a_n，这说明可以对a_n中的所有元素用自然数进行编号。于是A中的所有元素可排列成无穷序列的形式，即

$$A = \{a_1, a_2, \cdots, a_n, \cdots\}$$

另外，若一集合A的元素可以排成上述序列，则存在映射f，使

$$f: n \mapsto a_n$$

且是N到A的双射，从而有$N \sim A$，从而A为可数集。因此可以说，A为可数集的充分必要条件是A的元素可以排列成如上的无穷序列。据此可以证明，可数集的子集是可数集，任何无穷可数集必含有可数子集。可数个可数集的并仍是可数集。

根据对等关系可以把集合分为两类，彼此对等的集合归为一类，不对等的集合归于另一类。属于同一类的一切集合称其具有相同的基数或势。集合A的基数或势记作$\mathrm{card}(A)$。若集合A是具有n个元素的有限集，则与其对等的所有集合的元素数也是n，这样n就是这类集合的基数或势，即有$\mathrm{card}(A)=n$，由此可知$\mathrm{card}(\varnothing)=0$。由此看来，集合的基数或势是“元素个数”这一概念的推广。虽然无穷集的势已不是一个数，但仍可以比较不同类集合势的大小。

2.2 线性空间

集合还只是现代数学的基础。为了使集合发挥应有的巨大作用，必须使其具有更强的功能，为此需要给集合赋予各种结构。赋予了代数运算规则这种结构的集合称为线性空间，它是最基本的一种抽象数学空间。

2.2.1 线性空间

线性空间是我们讨论各种问题时所遇到的最基本的抽象数学空间。在现代分析中，抽象空间是赋予了一定结构的一般集合。所谓线性空间就是赋予了代数结构的集合，即在集合的元素间定义了代数运算的规则，它是我们在线性代数中所熟悉的n维线性空间概念的推广，称为一般线性空间，使之具有了更加广泛的意义。

定义 2.5（线性空间） 设X为一非空集合，K为数域（实数R或复数C），

定义 X 中两元素之间加法运算和数与 X 中元素之间的乘法运算，如果这两种运算遵守以下条件，就称 X 为数域 K 上的线性空间或矢量空间：

（1）加法运算满足：

①$x+y=y+x$，$\forall x, y\in X$；

②$(x+y)+z=x+(y+z)$，$\forall x, y, z\in X$；

③$\exists 0\in X$，使得 $0+x=x$，$\forall x\in X$，0 为零元素；

④$\forall x\in X$，$\exists x'\in X$，使得 $x+x'=0$，称 x' 为 x 的逆元素，并记作 $x'=-x$。

（2）乘法运算满足：

①$\lambda(\mu x)=(\lambda\mu)x$，$\forall \lambda, \mu\in K$，$\forall x\in X$；

②$\lambda(x+y)=\lambda x+\lambda y$，$\forall \lambda\in K$，$\forall x, y\in X$；

③$(\lambda+\mu)x=\lambda x+\mu x$，$\forall \lambda, \mu\in K$，$\forall x\in X$；

④$1x=x$，$\forall x\in X$，1 称为单位元素。

当 $K=R$ 时，X 称为实线性空间，当 $K=C$ 时，X 称为复线性空间。常常把线性空间中的元素称为点或矢量，不管元素本身实际代表的是什么。

下面给出几种常见的线性空间，其证明并不复杂，这里不予赘述。

1. n 维矢量空间 K^n(R^n 或 C^n)

$$K^n=\{x \mid x=(\xi_1,\xi_2,\cdots,\xi_n),\xi_k\in K,k=1,2,\cdots,n\}$$

设其中的任意两个元素为

$$x=(\xi_1,\xi_2,\cdots,\xi_n)$$
$$y=(\eta_1,\eta_2,\cdots,\eta_n)$$

若定义元素之间满足以下关系：

$$x+y=(\xi_1+\eta_1,\xi_2+\eta_2,\cdots,\xi_n+\eta_n)$$
$$\lambda x=(\lambda\xi_1,\lambda\xi_2,\cdots,\lambda\xi_n)$$

则 K^n 就称为 n 维线性空间。其中 R^n 为 n 维实线性空间，C^n 为复 n 维线性空间。

2. p 方可和数列空间 $\ell^p(p\geqslant 1)$

数列 $\{\xi_k\}$ 全体所组成的集合，满足条件

$$\sum_{k=1}^{\infty}|\xi_k|^p<+\infty$$

即

$$\ell^p=\left\{x \mid x=\{\xi_k\},\quad \sum_{k=1}^{\infty}|\xi_k|^p<+\infty\right\}$$

如果定义

$$x+y=\{\xi_k\}+\{\eta_k\}=\{\xi_k+\eta_k\}$$

$$\lambda x = \lambda\{\xi_k\} = \{\lambda\xi_k\}$$

则 ℓ^p 称为一线性空间。

3. 连续函数空间 $C[a,b]$

$C[a,b]$ 为连续函数集合，设 x 和 y 为其中的任意两个连续函数。若定义

$$\begin{cases}(x+y)(t) = x(t) + y(t), \\ (\lambda x)(t) = \lambda x(t),\end{cases} \quad t \in [a,b]$$

则 $C[a,b]$ 称为连续函数线性空间。

显然，按照类似的方法可以定义 k 阶连续导数函数线性空间 $C^k[a,b]$，连续多元函数线性空间 $C(\Omega)$，以及 k 阶连续导数多元函数线性空间 $C^k[\Omega]$ 等。

2.2.2 矢量函数线性空间

以上讨论的线性函数空间都是由标量函数构成的。从本质上讲，电磁场都是矢量函数，因此电磁理论必然是有关矢量函数的理论。但是，矢量函数的分量又是标量函数，所以矢量函数的理论基础仍然是标量函数理论。在电磁理论中有时也直接处理矢量函数问题，故有些问题还需要直接用矢量函数来表达，这就有必要建立矢量函数线性空间。

在变换域，电磁场是空间变量的矢量函数。在三维空间的直角坐标系中，电场强度 $\boldsymbol{E}(\boldsymbol{r})$ 可用分量形式表示为

$$\boldsymbol{E}(\boldsymbol{r}) = (E_x(x,y,z), E_y(x,y,z), E_z(x,y,z))$$

这表示电场 $\boldsymbol{E}$ 有三个分量，每个分量都是空间变量的函数。如果用 Ω 表示三维空间 R^3 中的一个区域，即 $\Omega \subset R^3$，在该区域中的电场是空间坐标的连续函数，则这种电场矢量函数所属的函数类可表示为 $C(\Omega)^3$，其中上标 3 表示其中的元素是有三个分量的矢量函数。以后我们就用这种符号表示定义于区域 Ω 且有三个分量的连续矢量函数的集合。

现在讨论一般的矢量函数。令变量 $\boldsymbol{t}$ 为 n 维空间 R^n 中的矢量，即

$$\boldsymbol{t} = (t_1, t_2, \cdots, t_n)$$

而矢量函数 $\boldsymbol{x}(\boldsymbol{t})$ 有 m 个分量，即

$$\boldsymbol{x}(\boldsymbol{t}) = (x_1(\boldsymbol{t}), x_2(\boldsymbol{t}), \cdots, x_m(\boldsymbol{t}))$$

其定义域为 $\Omega \subset R^n$。设 $\boldsymbol{x}$ 为连续矢量函数，则这类函数的全体所组成的集合可以表示为 $C(\Omega)^m$。

如果我们把 $C(\Omega)^m$ 中的另一任意矢量函数表示为

$$\boldsymbol{y}(\boldsymbol{t}) = (y_1(\boldsymbol{t}), y_2(\boldsymbol{t}), \cdots, y_m(\boldsymbol{t}))$$

并定义

$$\boldsymbol{x}(t)+\boldsymbol{y}(t)=(x_1(t)+y_1(t),x_2(t)+y_2(t),\cdots,x_m(t)+y_m(t))$$
$$\lambda\boldsymbol{x}(t)=(\lambda x_1(t),\lambda x_2(t),\cdots,\lambda x_m(t))$$
$$\forall\,\boldsymbol{x},\boldsymbol{y}\in C(\Omega)^m,\lambda\in K$$

则 $C(\Omega)^m$ 为一线性连续矢量函数空间。

如果以上矢量函数的每一分量都是 k 阶连续可导的，就称这种矢量函数为 k 阶连续可导的，由这类矢量函数之全体所形成的集合可表示为 $C^k(\Omega)^m$。

显然，如果我们按上面方法定义 $C^k(\Omega)^m$ 中任意元素的加法和数乘，则 $C^k(\Omega)^m$ 称为 k 阶连续可导矢量函数线性空间。

2.2.3　线性空间的维数、线性子空间

为了讨论线性空间具有的维数，我们需要线性相关性的概念，并把它建立在一般线性空间中。

定义 2.6（线性相关与线性无关）　设 X 是线性空间，$M(x_1,x_2,\cdots,x_p)\subset X$。如果要使

$$\alpha_1x_1+\alpha_2x_2+\cdots+\alpha_rx_r=0 \tag{2.2.1}$$

只有 $\alpha_1=\alpha_2=\cdots=\alpha_r=0$，则称 M 是线性无关的。如果存在 r 个数使式（2.2.1）成立，则称 M 是线性相关的。若 M 是 X 的任意子集，M 的每个非空子集都是线性无关的，就称 M 是线性无关集合，否则 M 就是线性相关的。

定义 2.7（线性空间的维数）　设 X 是线性空间，如果存在正整数 n，X 中有 n 个矢量 x_1，x_2，$\cdots$，x_n 线性无关，但任何 $n+1$ 个矢量均线性相关，则称 X 是有穷维线性空间，其维数为 n，记作 $\dim X=n$。一个特例是，如果 $X=\{\}$，仍规定 X 为有穷维线性空间，但 $\dim\{\}=0$。自然，非有穷维的线性空间就称为无穷维的线性空间。若 X 为无穷维的，则记作 $\dim X=\infty$。

显然，前面提到的线性空间 R^n 和 C^n 都是 n 维的线性空间，而 $C[a,b]$ 和 $C^k[a,b]$ 则都是无穷维的线性空间。

设 X 为 n 维线性空间，$\{e_1,e_2,\cdots,e_n\}$ 是 X 中的一个线性无关矢量组，则称无关组为 X 的一个基。在更一般的情况下，如果 X 是有穷维或无穷维的线性空间，M 是 X 的一个线性无关子集，且 $\mathrm{Span}M=X$，则称 M 为 X 的一个 Hamel 基，其中 $\mathrm{Span}M$ 表示 M 中向量的线性组合的全体。

线性空间的 Hamel 基不是唯一的，但每个 Hamel 基的基数必是相同的，这个基数就是线性空间的维数。

设 X 是数域 K 上的线性空间，M 是 X 的一个非空子集，如果对任意的 x，$y\in M$ 都有 $x+y\in M$，对任意的 $\alpha\in K$ 都有 $\alpha x\in M$，则称 M 是 X 的一个线性子

空间。显然，X 是它自己的线性子空间，仅含 0 元素的单点集也是 X 的线性子空间。一般来讲，X 的任意多个线性子空间的交仍是 X 的线性子空间，但 X 的两个线性子空间的并却可能不是 X 的线性子空间。

我们知道，$R \subset C$，但 R 不是线性空间 C 的线性子空间，因为 R 在复数线性空间内关于数乘运算并不是封闭的，R^3 中过原点的直线和过原点的平面都是 R^3 的线性子空间。

若 x_1，x_2，…，x_m 是 X 中的 m 个矢量，而 α_1，α_2，…，$\alpha_m \in K$，则称

$$x = \alpha_1 x_1 + \alpha_2 x_2 + \cdots + \alpha_m x_m$$

为矢量 x_1，x_2，…，x_m 的一个线性组合。对于非空子集 $M \subset X$，M 中矢量线性组合的全体称为 M 的张成，用 $\mathrm{Span}M$ 表示。显然 $M \subset \mathrm{Span}M$，$\mathrm{Span}M$ 是 X 的一个线性子空间。

2.3 度量空间

赋予距离或度量结构的集合就称为度量空间。由于有了距离，这种结构在度量空间中就可以建立起极限的概念，并进而讨论连续性等问题，所以度量空间在泛函分析中占有重要的地位。如果度量空间又是线性空间，就称为线性度量空间。

2.3.1 度量空间

定义 2.8（度量空间） 设 X 为非空集合，任意 x，y，$z \in X$，如果在元素之间定义距离或度量 $d(x,y)$ 且满足以下条件：

(1) $d(x,y) \geqslant 0$；

(2) $d(x,y)=0$，当且仅当 $x=y$；

(3) $d(x,y)=d(y,x)$；

(4) $d(x,y) \leqslant d(x,z)+d(z,y)$；

则 X 称为度量空间，并记作 (X,d)，或简单地记作 X。

以上四个条件也称为距离（或度量）公理。下面用一个简单的实例作一些说明。

考虑 $X=R \times R=R^2$，它是所有有序实数对组成的集合。令 $x=(\xi_1,\xi_2)$，$y=(\eta_1,\eta_2) \in X$ 为 X 中的任意两个元素。定义

$$d(x,y)=|\xi_1-\eta_1|+|\xi_2-\eta_2| \tag{2.3.1}$$

就可证明，这样的（X,d）为度量空间，亦即这样定义的 d 符合距离公理。

由于 ξ_i，$\eta_i(i=1,2)$ 都是实数，则前三条公理显然都能得到满足，关键是要证明第四条也能得到满足。为证明此点，设任意一点 $z=(\zeta_1,\zeta_2)\in X$，则有

$$\begin{aligned} d(x,y) &= |\xi_1-\eta_1|+|\xi_2-\eta_2| \\ &= |(\xi_1-\zeta_1)+(\zeta_1-\eta_1)|+|(\xi_2-\zeta_2)+(\zeta_2-\eta_2)| \\ &\leqslant |\xi_1-\zeta_1|+|\zeta_1-\eta_1|+|\xi_2-\zeta_2|+|\zeta_2-\eta_2| \\ &= (|\xi_1-\zeta_1|+|\xi_2-\zeta_2|)+(|\zeta_1-\eta_1|+|\zeta_2-\eta_2|) \\ &= d(x,z)+d(z,y) \end{aligned}$$

这就证明了按式（2.3.1）定义的距离在 R^2 中符合距离四公理，即（R^2,d）称为度量空间。因为 R^2 也是一个线性空间，故（R^2,d）是一个线性度量空间。

值得指出的是，一个集合可以定义不同的距离，从而称为不同的度量空间。

2.3.2　度量空间的拓扑性质

度量空间是拓扑空间的一个特例，在其中已经存在确切定义相邻概念的结构，从而在其中可研究连续形态的数学系统，可以把数学分析中有关极限、收敛、连续等概念推广到一般抽象空间。

下面利用度量空间中距离的概念把集合视作点集来研究，所用的术语大都与欧氏空间中常用术语相同，但其含义更加广泛。

定义 2.9（开球、闭球和球面）　设（X,d）为一度量空间，$x_0\in X$，r 为一正实数。称点集

$B(x_0,r)=\{x \mid x\in X \text{ 且 } d(x,x_0)<r\}$ 为以 x_0 为中心，r 为半径的开球。

$\widetilde{B}(x_0,r)=\{x \mid x\in X \text{ 且 } d(x,x_0)\leqslant r\}$ 为以 x_0 为中心，r 为半径的闭球。

$S(x_0,r)=\{x \mid x\in X \text{ 且 } d(x,x_0)=r\}$ 为以 x_0 为中心，r 为半径的球面。

它们之间显然存在以下关系：

$$S(x_0,r)=\widetilde{B}(x_0,r)-B(x_0,r)$$

虽然我们把以上点集都称为球，但实际上在不同的空间具有完全不同的含义。若 X 是直线 R，开球就是以 x_0 为中心的开区间（x_0-r,x_0+r）；若 X 为二维平面 R^2，且按距离定义 $d(x,y)=\sqrt{(x_1-y_1)^2+(x_2-y_2)^2}$，则开球 $B(0,1)$ 就是以原点为中心的单位圆 $\sqrt{x^2+y^2}=1$ 的内部，而且开球的形状还与距离的定义有密切关系。在 R^2 中若以（2.3.1）定义距离，则开球 $B(0,1)$ 变成正方形。

开球 $B(x_0,\varepsilon)$ 称为点 x_0 的 ε-邻域，其特点是在该球内所有的点与 x_0 属于同一集合。如果 $A\subset X$ 包含 x_0 的某一 ε-邻域，则也称 A 为 x_0 的邻域。进而，若 A 是 x_0 的邻域且 $A\subset B$，那么 B 也是 x_0 的邻域。

由开球可以引入有界集的概念。在度量空间 X 中有集合 $M\subset X$，若存在 $x_0\in X$ 和一个正数 r，使得 $M\subset B(x_0,r)$，则称 M 为 X 中的一个有界集。

定义 2.10（内点和开集） 设 X 是度量空间，$G\subset X$，$x_0\in X$，如果存在 x_0 的邻域 $B(x_0,0)\subset G$，则称 x_0 为 G 的内点。若 G 的每一点都是内点，就称 G 为开集。所以，开集是由内点组成的集合。开集的另一种说法是，若 G 是 G 中每一点的邻域，就称 G 为开集。显然，开球 $B(x_0,r)$ 是一个开集，就像实直线 R 中的开区间 (a,b) 是开集一样，其中 a、b 为实数。

定义 2.11（开集的性质） 度量空间 X 中的开集具有下列性质：

(1) 空集 $\varnothing$ 和全空间 X 是开集；

(2) 任意多个开集的并是开集；

(3) 有限个开集的交是开集。

证明 (1) 因为空集 $\varnothing$ 也不含任何点，当然也就不包含非内点的点，也就是全由内点组成，故与开集的定义不矛盾，因而可认为是开集。全空间 X 当然不包含 X 以外的点，它是其中每一点的邻域，故也可以认为是开集。

(2) 设 G_i ($i\in I$，I 为指标集，一般为 N) 是 X 中的任一族开集。令 $G=\bigcup\limits_{i\in I}G_i$，对任意的 $x\in G$ 总存在 $i_0\in I$，使得 $x\in G_{i_0}$。因为 G_{i_0} 是 X 中的开集，故必存在 $B(x,\varepsilon)\subset G_{i_0}\subset G$，亦即 x 是 G 的内点，G 是 x 的邻域。由于 x 的任意性，可知 G 为开集。

(3) 设 G_1，G_2，…，G_n 是 X 中的有限个开集。任取 $x\in\bigcap\limits_{k=1}^{n}G_k$，则 $x\in G_k$ $(k=1,2,\cdots,n)$。由于 G_k 是开集，所以存在

$$B(x,\varepsilon_k)\subset G_k\quad(k=1,2,\cdots,n)$$

取 $\varepsilon=\min\limits_{1\leqslant k\leqslant n}\varepsilon_k$，则 $B(x,\ \varepsilon)\subset G_k(k=1,2,\cdots,n)$，因此，$B(x,\varepsilon)\subset\bigcap\limits_{k=1}^{n}G_k$。也就是说，$G=\bigcap\limits_{k=1}^{n}G_k$ 是 x 的邻域。

定义 2.12（聚点、闭包和闭集）

(1) 聚点。设 X 为度量空间，A 是 X 的子集，$x_0\in X$。x_0 可以属于 A，也可以不属于 A。如果对任意的 $\varepsilon>0$，$B(x_0,\varepsilon)$ 中总含有 A 中异于 x_0 的点，则称 x_0 为 A 的聚点，A 的聚点的全体称为 A 的导集，记作 A'。

(2) 闭包。A 的聚点的全体与 A 的并集称为 A 的闭包，记作 $\overline{A}$，即 $\overline{A}=A\cup A'$。

(3) 闭集。如果 A 是度量空间 X 的子集，而 $A'\subset A$，则称 A 为闭集。

由此定义很容易理解以下结论：

(1) $\overline{A}$ 是闭集（因为 $A'\subset\overline{A}$）；

(2) A 是闭集的充要条件是 $A=\overline{A}$；

(3) 闭球 $\overline{B}(x_0,r)$ 是闭集。

定理 2.1　闭集具有以下性质：

(1) 空集与全空间是闭集；

(2) 任意多闭集的交是闭集；

(3) 有限个闭集的并是闭集。

定理 2.2　开集和闭集之间存在着对偶关系，开集的余集是闭集，闭集的余集是开集。

证明　(1) 开集的余集是闭集。设 $A\subset X$ 是开集，x_0 是 $A^C=X-A$ 的任一聚点，则 x_0 的任一邻域都有不属于 A 的点。这样，x_0 就不可能是 A 的内点。由于 A 为开集，故 $x_0\notin A$，因而只能是 $x_0\in A^C$。x_0 是任意的，说明所有的 A^C 的聚点都属于 A^C，亦即有 $(A^C)'\subset A^C$，故根据定义得知，A^C 为闭集。

(2) 闭集的余集是开集。设 A 是闭集，给定任一 $x_0\in A^C$，假如 x_0 不是 A^C 的内点，则 x_0 的邻域至少有一个属于 A 但不属于 A^C 的点，且该点必异于 x_0（因为 x_0 已假定属于 A^C）。这样，x_0 只能是 A 的聚点。已设 A 为闭集，故 $x_0\in A$，这与假定 $x_0\in A^C$ 相矛盾。因此，x_0 只能是 A^C 的内点。于是，由于 x_0 的任意性，A^C 的点都是内点，故 A^C 为开集。

2.3.3　连续映射

由于度量空间中有了距离的概念，我们可以据此定义映射的连续性，把它看成数学分析中函数连续概念的推广，并用拓扑语言来表述。

定义 2.13（连续映射）　设 (X,d) 和 (Y,ρ) 为两个度量空间，f 为这两个空间之间的一个映射，$f:X\to Y$，$x_0\in X$，如果对任意 $\varepsilon>0$，存在 $\delta>0$，使得 X 中所有满足 $d(x,x_0)<\delta$ 的 x，都有

$$\rho(f(x),f(x_0))<\varepsilon$$

则称映射 f 在 x_0 点连续。若 f 在 X 的每一点都连续，则称映射 f 在 X 上连续。

如果对任意 $\varepsilon>0$，存在 $\delta=\delta(\varepsilon)>0$，使得对所有满足 $d(x,y)<\delta$ 的 x 和 y，其中 $x\in X$，$y\in Y$，都有

$$\rho(f(x),f(y))<\varepsilon$$

则称映射 f 在 X 上一致连续。

由定义可以看出这样的简单事实，若 $f:X\to Y$，在 X 上一致连续，则 f 在 X 上必连续，但逆命题不成立。

定理 2.3（映射连续的充要条件）　度量空间 X 到 Y 的映射连续的充分必要

条件是，Y 的任何开子集的原像是 X 的开子集，而闭子集的原像是闭子集。

证明 （1）必要性。设 $f:X\to G\subset Y$ 是连续映射，$G\subset Y$ 是开集。若 f 的原像 $f^{-1}(G)=\varnothing$，$\varnothing$ 为开集，则定理得证。若 $f^{-1}(G)\neq\varnothing$，则任取 $x_0\in f^{-1}(G)$，有 $y_0=f(x_0)\in G$。因 G 是开集，故 y_0 是 G 的内点，于是存在 $\varepsilon>0$，使得 $B(y_0,\varepsilon)\subset G$。由于 f 的连续性，则在 $f^{-1}(G)$ 中仍存在 x_0 的领域 $B(x_0,\delta)$ 满足

$$f(B(x_0,\delta))\subset B(y_0,\varepsilon)\subset G$$

故 $B(x_0,\delta)\subset f^{-1}(G)$，即 x_0 是 $f^{-1}(G)$ 的内点。由 x_0 的任意性可知，$f^{-1}(G)$ 是开集。

（2）充分性。如果映射 $f:X\to G\subset Y$，G 为开集时，$f^{-1}(G)$ 也是开集。任取 $x_0\in X$，$\varepsilon>0$，令 $G=B(x_0,\varepsilon)$，若 $x_0\in f^{-1}(G)$，则存在 $\delta>0$，使得$B(x_0,\delta)\subset f^{-1}(G)$，即

$$f(B(x_0,\delta))\subset G=B(f(x_0),\varepsilon)$$

因而 f 在 x_0 连续。由于 x_0 是任意的，故 f 在 X 上是连续的。

用类似的方法可以证明，连续映射把闭集映射为闭集。

2.4 度量空间可分性、完备性和紧性

下面讨论度量空间可能有的几个特性。具有不同特性的度量空间有很大差异，故由此可对度量空间有更深刻的认识。

2.4.1 度量空间的可分性

定义 2.14（稠密集） 设 X 为度量空间，A，$B\in X$ 为两个任意集合。若 $\overline{A}\supset B$，则称 A 在 B 中稠密。特别地，若 $\overline{A}=X$，则称 A 在 X 中稠密或 A 为 X 中的一个稠密子集。

例如，在实数集合中，无理数是有理数的聚点，故有理数的闭包就是实数全体，亦即 $\overline{Q}=R$。因此，有理数 Q 是实数集 R 中的稠密子集。

定义 2.15（可分度量空间） 设 X 是一度量空间，如果存在一个可数子集 M 在 X 中稠密（即有 $\overline{M}=X$），则称 X 为一个可分的度量空间，否则为不可分的。

以上面所举 R 空间为例，其中子集 Q 稠密，而且是可数的，故度量空间 R 是可分的。其他可分度量空间还有：复平面 C，因为有理数 Q 也是 C 的可数子集，而且是稠密的。此外，连续函数空间 $C[a,b]$ 也是可分的度量空间，因为有理系数多项式为其中稠密的可数子集。

2.4.2　序列的收敛和极限

在直线 R 和复平面 C 上可讨论数学分析中数列的收敛问题。现在我们把这些概念推广到一般抽象度量空间中，讨论其中元素序列的收敛和极限问题。

定义 2.16　(收敛序列)，设 $\{x_n\}$ 是度量空间 X 中的序列，若存在 $x\in X$，使得

$$\lim_{n\to\infty} d(x_n,x)=0$$

则称序列 $\{x_n\}$ 在 X 中收敛，x 则称为序列 $\{x_n\}$ 在 X 中的极限，并记作

$$\lim_{n\to\infty} x_n=x$$

或简记为 $x_n\to x$。若 $\{x_n\}$ 不收敛，就称序列 $\{x_n\}$ 是发散的。

以上所定义的序列收敛问题也可以应用如下的描述方式。序列 $\{x_n\}$，如果对任意 $\varepsilon>0$，存在正整数 N，使得对一切的 $n>N$，有

$$d(x_n,x)<\varepsilon$$

则序列 $\{x_n\}$ 收敛，且其极限为 x。

定理 2.4　设 (X,d) 是度量空间，则

(1) 在 X 中收敛的序列是有界的；

(2) 在 X 中收敛的序列是唯一的；

(3) 若在 X 中 $x_n\to x$，$y_n\to y$，则 $d(x_n,y_n)\to d(x,y)$。

证明　(1) 设在 X 中有 $x_n\to x$，若取 $\varepsilon=1$，则存在 N，使对一切 $n>N$ 有 $d(x_n,x)<1$。若令

$$r=\max\{d(x_i,x),i=1,2,\cdots,n\}$$

则对所有的 $n\in N$，有 $d(x_n,x)<r+1$，这说明 x_n 落在开球 $B(x,\ \rho)(\rho=r+1)$ 内，故 $\{x_n\}$ 有界。

(2) 若 $x_n\to x$，同时又有 $x_n\to y$，则由于

$$d(x,y)\leqslant d(x,x_n)+d(x_n,y)\to 0\quad (n\to\infty)$$

有 $d(x,y)\ =0$，从而有 $x=y$。

（3）由于

$$|d(x_n,y_n)-d(x,y)|\leqslant d(x_n,x)+d(y_n,y)$$

而 $d(x_n,x)\to 0$，$d(y_n,y)\to 0$（$n\to\infty$），故

$$d(x_n,y_n)\to d(x,y)\quad(n\to\infty)$$

定理 2.5 若 A 是度量空间 X 的子集，

（1）$x\in\overline{A}$，当且仅当存在 A 中的序列 $\{x_n\}$，使得 $x_n\to x$；

（2）A 是闭集，当且仅当对 A 中任意序列 $\{x_n\}$，若 $x_n\to x$，则 $x\in A$。

值得注意的是，以上所讨论的收敛问题是建立在距离这一概念之上的，但一个空间可以按不同的定义构成度量空间，根据不同距离所定义的收敛，其具体含义可能是不同的。

定义 2.17（基本柯西序列） 设 (X,d) 为度量空间，$\{x_n\}$ 是 X 中的序列。如果对于任意的 $\varepsilon>0$，存在 $N=N(\varepsilon)>0$，当 m，$n>N$ 时，有

$$d(x_m,x_n)<\varepsilon$$

就称 $\{x_n\}$ 为度量空间 (X,d) 中的基本柯西（Cauchy）序列，简称柯西序列或基本列。

定理 2.6 在度量空间 (X,d) 中基本列具有以下性质：

（1）收敛列是基本列；

（2）基本列是有界的；

（3）若基本列含一收敛子列，则该基本列为收敛列，其极限为该子列的极限。

证明 （1）设 X 中的序列 $\{x_n\}$ 收敛于 x，亦即有

$$x_n\to x$$

则对任意的 $\varepsilon>0$，存在正整数 N，使得对一切 $m,n>N$ 有 $d(x_m,x)<\varepsilon/2$ 和 $d(x_n,x)<\varepsilon/2$，于是

$$d(x_m,x_n)\leqslant d(x_m,x)+d(x,x_n)<\frac{\varepsilon}{2}+\frac{\varepsilon}{2}=\varepsilon$$

因此 $\{x_n\}$ 是一基本列。

（2）设 $\{x_n\}$ 为 X 中的一个基本列，则存在正整数 N，使当 $m,n\geqslant N$ 时有 $d(x_m,x_n)<1$。当取 $m=N$ 时，有 $d(x_n,x_N)<1(n\geqslant N)$。于是对任意的 n 有

$$d(x_n,x_N)<\max\{d(x_1,x_N),d(x_2,x_N),\cdots,d(x_{N-1},x_N),1\}$$

故 $\{x_n\}$ 有界。

（3）设 $\{x_n\}$ 是基本列，并有一收敛的子序列 $\{x_{n_k}\}$ 且 $x_{n_k}\to x(k\to\infty)$。

对任意的 $\varepsilon>0$，由于有 $x_{n_k}\to x$，则存在正整数 N_1，使得对一切 $n_k>N_1$ 有 $d(x_{n_k},x)<\varepsilon/2$。又由于 $\{x_n\}$ 是基本列，则存在正整数 N_2，使得对一切 m，

$n>N_2$ 有 $d(x_m,x_n)<\varepsilon/2$。

令 $N=\max(N_1,N_2)$，则对一切 $n>N$ 及任取的一个 $n_k>N$，有

$$d(x_n,x)\leqslant d(x_n,x_{n_k})+d(x_{n_k},x)<\frac{\varepsilon}{2}+\frac{\varepsilon}{2}=\varepsilon$$

因此有 $x_n\to x(n\to\infty)$。

2.4.3 度量空间的完备性

定义 2.18（完备度量空间）　如果度量空间 X 中的每个柯西序列均收敛于 X 中的点，就称 X 为完备的度量空间。

按柯西收敛准则，直线 R 按欧氏距离的定义是一完备的度量空间，但有理数全体所构成的 R 的子空间 Q 却不是完备的。如果已知一个度量空间是完备的，当讨论其子空间的完备性时，要用到下面的定理。

定理 2.7　设 M 为完备的度量空间（X,d）中的非空子集，$\overline{M}$ 是 M 的闭包，则：

（1）$x\in\overline{M}$ 当且仅当 M 中存在序列 $\{x_n\}$，使得 $x_n\to x$；

（2）M 为闭的充分必要条件是：若 $x_n\in M$，$x_n\to x$，则 $x\in M$。

证明　因为 $\overline{M}$ 包括全部内点和聚点，故必存在 $x_n\to x\in\overline{M}$。若 $\overline{M}$ 为闭的，则必包括聚点，即 $M=\overline{M}$。所以，凡 $x_n\in M$，必 $x_n\to x\in M$，而且所有 $x_n\in M$，必有 $x_n\to x\in M$，即 M 包含所有内点和聚点，故 M 是闭的。

定理 2.8　完备的度量空间 X 的子空间 M 是完备的，当且仅当 M 在 X 中是闭的。

证明　设 M 是完备的，$x_n\in M$，$x_n\to x$。由于每个收敛序列必为柯西序列，M 是完备的，则 $x\in M$。由定理 2.7 可知，M 为闭的。

设 M 在 X 中为闭的，且 $\{x_n\}$ 是 M 中任意的序列。由于 X 是完备的，则存在 $x\in X$，使得 $x_n\to x$。又因 M 是闭的，则由定理 2.7 可知，必有 $x\in M$。也就是说，M 中的任何柯西序列均在 M 中收敛，因为 M 是完备的。

当把数学分析中数列 $\{x_n\}$ 收敛的准则移植于度量空间时，发现有的度量空间中满足柯西准则的序列并不收敛，这是因为这样的空间不具完备性。一个集合依距离的定义不同，构成不同的度量空间。有的距离的定义能使集合成为完备的度量空间，有的则不能。

2.4.4 度量空间的完备化

如前所述，直线 R 在欧氏距离下是完备的度量空间，但有理数集合 Q 在同样的距离定义下却是不完备的。但是，Q 在 R 中是稠密的，如果把 R 视作其中

的稠密集的扩充，则扩充后的 Q 成为完备的。经过深入的研究发现，以上现象在抽象空间中具有一定的普遍意义，并形成了度量空间的完备化理论。为了对此作简单介绍，首先需要说明两个相关的概念。

定义 2.19（等距映射，等距空间） 设 (X,d) 和 (Y,ρ) 是度量空间。

（1）如果 X 到 Y 的映射 T 保持距离不变，即对所有 x，$y\in X$ 有

$$\rho(Tx,Ty)=d(x,y)$$

则称 T 为等距映射。

（2）如果存在 X 到 Y 上的等距双射 T，则称 X 与 Y 是等距空间。

由以上定义可知，从距离的角度去看等距度量空间，至多是两个空间的元素的属性不同，但可看成是同一抽象空间的两个不同的模型，从而可以不加区别。有了这样的概念，再考虑到上面提到的度量空间扩充为完备空间的事例，则有关于完备化空间的以下定义。

定义 2.20（完备化空间） 设 X 是一个度量空间，如果存在一个完备的度量空间 Y，使得 X 与 Y 的一个稠密子空间等距，则称 Y 为 X 的一个完备化空间。关于完备化空间的存在问题，有下面的重要定理。

定理 2.9（完备化空间的存在唯一性） 每一度量空间 X，必存在它的完备化度量空间 Y，并且在等距意义下，Y 是唯一的。

度量空间的完备性在很多方面起着重要作用。首先，在完备的度量空间中我们可以大胆地讨论柯西序列的极限，因为它肯定存在。如果空间不完备，讨论极限时就会遇到很大障碍。由于不完备度量空间确实存在，完备化理论可帮助克服这一困难。此外，空间的完备性在方程解的存在性、唯一性、近似解的收敛性以及算子理论等方面都有重要意义。

2.4.5 度量空间的紧性

由数学分析可知，在空间 R 中，定义在有界区间上的连续函数一定能达到最大值和最小值，而且一致连续。这是基于 R 上闭区间的紧性，其表现主要在于有界集的每一个序列都有收敛子列。在具有类似性质的抽象空间中讨论类似的数学问题，也会有类似的结果。由于这种性质很有意义，因而有必要把紧性这种概念推广到抽象空间中。

定义 2.21（紧集） 设 M 是度量空间 X 中的一个集合。若 M 中的任意序列都有一个收敛于 M 中的子列，则称 M 是 X 中的一个紧集。如果 X 本身是紧的，就称 X 为紧空间。

可以证明，紧集具有以下基本性质：

（1）紧集 M 本身是一个完备的度量空间。事实上，任取一个基本序列 $\{x_n\}$

$\in M$，由定义知，必存在子列 $\{x_{n_k}\}$，$x_{n_k}\to x\in M(k\to\infty)$。由此推知，$x_n\to x(n\to\infty)$，故 M 是完备的。

（2）紧集一定是闭集。设 M 是紧集，$x\in\overline{M}$。如果 x 是孤立点，则 $x\in M$；如果 x 是聚点，则必有 $\{x_n\}\subset M$，使得 $x_n\to x(n\to\infty)$。由紧集的定义和极限的唯一性可推知，$x\in M$，从而有 $\overline{M}\subset M$。而 $M\subset\overline{M}$ 是显然的，所以有 $M=\overline{M}$，按定义 M 是紧的。

（3）紧集一定是有界集。假设 M 为紧集，但无界，则任取 $x_0\in M$，一定存在 $x_1\notin(x_0,1)$，$x_1\in M$，于是

$$r_1=d(x_0,x_1)\geqslant 1$$

又必然存在 $x_2\in M$，但 $x_2\notin B(x_0,\ r_1+1)$，且 $d(x_1,\ x_2)\geqslant 1$。由于假定 M 无界，可将以上过程无限继续下去，得到一个序列 $\{x_n\}\subset M$，其中任意两点之间的距离必大于或等于 1，从而其中不可能包含收敛的子序列，这与 M 为紧的假设相矛盾，故 M 必有界。

定义 2.22（列紧集）　设 A 是度量空间 X 中的一个子集。如果 A 中的任意序列必有 X 中收敛的子序列，则称 A 为列紧集（也称致密集）。如果 X 本身列紧，则称 X 为列紧空间。

显然，紧集必是列紧的，且具有下列性质：

（1）有限集合是列紧集，也是紧集；

（2）有限个列紧集的并是列紧集，有限个紧集的并是紧集；

（3）列紧集的闭包是紧集；

（4）列紧集中的基本序列必收敛，列紧的度量空间是完备的；

（5）集合 A 紧集的充分必要条件是，A 为列紧的闭集；

（6）列紧集一定是有界集。

2.5　常见的度量空间

上面介绍了度量空间的一些基本属性，下面举一些常见的度量空间，以后讨论的问题将会涉及这些空间。首先，需要证明几个重要不等式。

2.5.1　几个重要不等式

为了证明在无穷集合中所定义的距离满足距离公理，需要借助几个重要的不等式。由于在其他地方也要用到，这里集中加以证明。

1. 柯西不等式

设 $a_k, b_k (k=1,2,\cdots,n)$ 为任意实数，由于

$$\left[\frac{a_k}{\left(\sum_{k=1}^{n} a_k^2\right)^{\frac{1}{2}}}-\frac{b_k}{\left(\sum_{k=1}^{n} b_k^2\right)^{\frac{1}{2}}}\right]^2 \geqslant 0$$

故有

$$\frac{2a_k b_k}{\left(\sum_{k=1}^{n} a_k^2\right)^{\frac{1}{2}}\left(\sum_{k=1}^{n} b_k^2\right)^{\frac{1}{2}}} \leqslant \frac{a_k^2}{\sum_{k=1}^{n} a_k^2}+\frac{b_k^2}{\sum_{k=1}^{n} b_k^2}$$

由此又得

$$\sum_{k=1}^{n} \frac{2a_k b_k}{\left(\sum_{k=1}^{n} a_k^2\right)^{\frac{1}{2}}\left(\sum_{k=1}^{n} b_k^2\right)^{\frac{1}{2}}} \leqslant 1+1=2$$

于是

$$\sum_{k=1}^{n} a_k b_k \leqslant \left(\sum_{k=1}^{n} a_k^2\right)^{\frac{1}{2}}\left(\sum_{k=1}^{n} b_k^2\right)^{\frac{1}{2}}$$

两边再平方就得到

$$\left(\sum_{k=1}^{n} a_k b_k\right)^2 \leqslant \left(\sum_{k=1}^{n} a_k^2\right)\left(\sum_{k=1}^{n} b_k^2\right) \tag{2.5.1}$$

这就是柯西不等式。

2. 赫尔德（Hölder）不等式

设

$$\sum_{k=1}^{n} |\xi_k|^p < \infty, \quad \sum_{k=1}^{n} |\eta_k|^q < \infty$$

其中

$$p \geqslant 1, \quad \frac{1}{p}+\frac{1}{q}=1 \tag{2.5.2}$$

则有赫尔德不等式

$$\sum_{k=1}^{\infty} |\xi_k \eta_k| \leqslant \left(\sum_{k=1}^{\infty} |\xi_k|^p\right)^{\frac{1}{p}}\left(\sum_{k=1}^{\infty} |\eta_k|^q\right)^{\frac{1}{q}} \tag{2.5.3}$$

成立。

证明 设有 $a \geqslant 0$，$b \geqslant 0$，在 x-y 平面上有曲线 $y=x^{p-1}$。由于有式

(2.5.2)，故 $p-1=\frac{p}{q}$，$q-1=\frac{q}{p}$，因此有 $x=y^{q-1}$，因为

$$\int_0^a x^{p-1}\mathrm{d}x=\frac{a^p}{p},\quad \int_0^b y^{q-1}\mathrm{d}y=\frac{b^q}{q}$$

从而有

$$ab\leqslant\frac{a^p}{p}+\frac{b^q}{q} \tag{2.5.4}$$

设有 $\{\bar{\xi}_i\}$ 和 $\{\bar{\eta}_i\}$ 满足

$$\sum_{i=1}^{\infty}|\bar{\xi}_i|^p=1,\quad \sum_{i=1}^{\infty}|\bar{\eta}_i|^q=1$$

并令 $a=|\bar{\xi}_i|$，$b=|\bar{\eta}_i|$，则由式 (2.5.4) 可得

$$|\bar{\xi}_i\bar{\eta}_i|\leqslant\frac{1}{p}|\bar{\xi}_i|^p+\frac{1}{q}|\bar{\eta}_i|^q$$

对上式求和即得

$$\sum_{i=1}^{\infty}|\bar{\xi}_i\bar{\eta}_i|\leqslant\frac{1}{p}\sum_{i=1}^{\infty}|\bar{\xi}_i|^p+\frac{1}{q}\sum_{i=1}^{\infty}|\bar{\eta}_i|^q \tag{2.5.5}$$

令

$$\bar{\xi}_i=\frac{\xi_i}{\left(\sum_{i=1}^{\infty}|\xi_i|^p\right)^{\frac{1}{p}}},\quad \bar{\eta}_i=\frac{\eta_i}{\left(\sum_{i=1}^{\infty}|\eta_i|^q\right)^{\frac{1}{q}}}$$

把它们代入式 (2.5.5) 即得到赫尔德不等式 (2.5.3)。

3. 柯西-施瓦茨 (Cauchy-Schwarz) 不等式

在式 (2.5.3) 中令 $p=2$，则 $q=2$，于是式 (2.5.3) 成为

$$\sum_{i=1}^{\infty}|\xi_i\eta_i|\leqslant\left(\sum_{i=1}^{\infty}|\xi_i|^2\right)^{\frac{1}{2}}\left(\sum_{i=1}^{\infty}|\eta_i|^2\right)^{\frac{1}{2}} \tag{2.5.6}$$

此式称为柯西-施瓦茨不等式。显然，柯西不等式 (2.5.1) 是它的一个特例。

4. 闵可夫斯基 (Minkowski) 不等式

设 $p\geqslant1$，$\sum_{i=1}^{\infty}|\xi_i|^p<\infty$，$\sum_{i=1}^{\infty}|\eta_i|^p<\infty$，则有

$$\left(\sum_{i=1}^{\infty}|\xi_i+\eta_i|^p\right)^{\frac{1}{p}}\leqslant\left(\sum_{i=1}^{\infty}|\xi_i|^p\right)^{\frac{1}{p}}+\left(\sum_{i=1}^{\infty}|\eta_i|^p\right)^{\frac{1}{p}} \tag{2.5.7}$$

并称为闵可夫斯基不等式。

证明　当 $p=1$ 时，上式显然是成立的。

设 $p>1$ 且 $\frac{1}{p}+\frac{1}{q}=1$，令 $\omega_i=\xi_i+\eta_i$，则

$$|\omega_i|^p=|\xi_i+\eta_i||\omega_i|^{p-1}\leqslant|\xi_i||\omega_i|^{p-1}+|\eta_i||\omega_i|^{p-1}$$

从 1 到 n 求和便有

$$\sum_{i=1}^{n}|\omega_i|^p \leqslant \sum_{i=1}^{n}|\xi_i||\omega_i|^{p-1}+\sum_{i=1}^{n}|\eta_i||\omega_i|^{p-1}$$

利用关系 $p=q(p-1)$ 及赫尔德不等式（2.5.3）可得

$$\begin{aligned}\sum_{i=1}^{n}|\omega_i|^p &\leqslant \left(\sum_{i=1}^{n}|\xi_i|^p\right)^{\frac{1}{p}}+\left(\sum_{i=1}^{n}|\omega_i|^{q(p-1)}\right)^{\frac{1}{q}} \\ &\quad +\left(\sum_{i=1}^{n}|\eta_i|^p\right)^{\frac{1}{p}}+\left(\sum_{i=1}^{n}|\omega_i|^{q(p-1)}\right)^{\frac{1}{q}} \\ &=\left[\left(\sum_{i=1}^{n}|\xi_i|^p\right)^{\frac{1}{p}}+\left(\sum_{i=1}^{n}|\eta_i|^p\right)^{\frac{1}{p}}\right]\left(\sum_{i=1}^{n}|\omega_i|^p\right)^{\frac{1}{q}}\end{aligned}$$

考虑到$\dfrac{a}{a^{\frac{1}{q}}}=a^{1-\frac{1}{q}}=a^{\frac{1}{p}}$，上式可写成

$$\left(\sum_{i=1}^{n}|\omega_i|^p\right)^{\frac{1}{p}} \leqslant \left(\sum_{i=1}^{n}|\xi_i|^p\right)^{\frac{1}{p}}+\left(\sum_{i=1}^{n}|\eta_i|^p\right)^{\frac{1}{p}}$$

根据条件

$$\sum_{i=1}^{n}|\xi_i|^p \text{ 和} \sum_{i=1}^{n}|\eta_i|^p \text{ 收敛}$$

上式可令 $n\to\infty$，再代入 $\omega_i=\xi_i+\eta_i$ 即可得到式（2.5.7）。

2.5.2 几种常见的度量空间

（1）R^n 中定义距离

$$d(x,y)=\left[\sum_{i=1}^{n}(\xi_i-\eta_i)^2\right]^{\frac{1}{2}} \tag{2.5.8}$$

其中，$x=(\xi_1,\xi_2,\cdots,\xi_n)$，$y=(\eta_1,\eta_2,\cdots,\eta_n)$ 为 R^n 中的任意两点，则 R^n 成为度量空间。

式（2.5.8）是我们早已熟悉的欧氏空间中的欧氏距离。可以证明，这样定义的距离满足距离公理。公理的前三条能得到满足很容易理解。为了证明第四条也能得到满足，只需运用柯西不等式（2.5.1）。因为

$$\begin{aligned}\sum_{k=1}^{n}(a_k+b_k)^2 &= \sum_{k=1}^{n}a_k^2+2\sum_{k=1}^{n}a_kb_k+\sum_{k=1}^{n}b_k^2 \\ &\leqslant \sum_{k=1}^{n}a_k^2+2\left(\sum_{k=1}^{n}a_k^2\right)^{\frac{1}{2}}\left(\sum_{k=1}^{n}b_k^2\right)^{\frac{1}{2}}+\sum_{k=1}^{n}b_k^2 \\ &=\left[\left(\sum_{k=1}^{n}a_k^2\right)^{\frac{1}{2}}+\left(\sum_{k=1}^{n}b_k^2\right)^{\frac{1}{2}}\right]^2\end{aligned}$$

在 R^n 中任取三点 x，y 和 z，其中

$$z=(\zeta_1,\zeta_2,\cdots,\zeta_n)$$

令 $a_k=\xi_k-\zeta_k$，$b_k=\zeta_k-\eta_k$，代入上式便得

$$\left[\sum_{k=1}^{n}(\xi_k-\eta_k)^2\right]^{\frac{1}{2}}\leqslant\left[\sum_{k=1}^{n}(\xi_k-\zeta_k)^2\right]^{\frac{1}{2}}+\left[\sum_{k=1}^{n}(\zeta_k-\eta_k)^2\right]^{\frac{1}{2}}$$

亦即有

$$d(x,y)\leqslant d(x,z)+d(z,y)$$

这正是距离公理的第四条，也就是说，在 R^n 中定义了欧氏距离（2.5.8），R^n 就成为一个度量空间。进一步还可以证明，这样定义的度量空间是完备的，因为设 $\{x_k\}$ 是 R^n 中的任意柯西序列

$$x_k=(\xi_1^{(k)},\xi_2^{(k)},\cdots,\xi_n^{(k)})$$

于是对于任意 $\varepsilon>0$，存在正整数 N，使得 k，$m>N$ 时，有

$$d(x_k,\ x_m)=\left(\sum_{i=1}^{n}(\xi_i^{(k)}-\xi_i^{(m)})\right)^{\frac{1}{2}}<\varepsilon \tag{2.5.9}$$

从而对每一个 $i(i=1,2,\cdots,n)$ 有 $(\xi_i^{(k)}-\xi_i^{(m)})^2<\varepsilon^2$，或

$$|\xi_i^{(k)}-\xi_i^{(m)}|<\varepsilon$$

这表明对每一个 $i(i=1,2,\cdots,n)$，$\{\xi_i^{(k)}\}$ 是 R 中的柯西序列。由于 R 是完备的，可设 $k\to\infty$时

$$\xi_i^{(k)}\to\xi_i\quad(i=1,2,\cdots,n)$$

令 $x=(\xi_1,\xi_2,\cdots,\xi_n)$，则 $x\in R^n$，并在式（2.5.9）中令 $m\to\infty$，则得到

$$d(x_k,x)\leqslant\varepsilon$$

这说明 $x_k\to x$，从而证明 R^n 是完备的。

（2）p 方可和数列空间 $e^p(p\geqslant1)$，定义距离

$$d(x,\ y)=\left(\sum_{i=1}^{\infty}|\xi_i-\eta_i|^p\right)^{\frac{1}{p}} \tag{2.5.10}$$

其中 $x=(\xi_1,\xi_2,\cdots)$，$y=(\eta_1,\eta_2,\cdots)$，则 e^p 为一度量空间。只需证明这样定义的距离符合第四条距离公理，其他三条是显然的。

设其中的任意第三点为 $z=(\zeta_1,\zeta_2,\cdots)$，由于它们的可和性，满足闵可夫斯基不等式，从而有

$$\begin{aligned}d(x,y)&=\left(\sum_{i=1}^{\infty}|\xi_i-\eta_i|^p\right)^{\frac{1}{p}}\\&\leqslant\left(\sum_{i=1}^{\infty}|\xi_i|^p\right)^{\frac{1}{p}}+\left(\sum_{i=1}^{\infty}|\eta_i|^p\right)^{\frac{1}{p}}<\infty\end{aligned}$$

而且

$$d(x,y)=\left[\sum_{i=1}^{\infty}|(\xi_i-\zeta_i)+(\zeta_i-\eta_i)|^p\right]^{\frac{1}{p}}$$
$$\leqslant\left(\sum_{i=1}^{\infty}|\xi_i-\zeta_i|^p\right)^{\frac{1}{p}}+\left(\sum_{i=1}^{\infty}|\zeta_i-\eta_i|^p\right)^{\frac{1}{p}}$$
$$=d(x,z)+d(z,y)$$

亦即式（2.5.10）所定义的距离满足距离公理第四条。

按照对 R^n 证明的同样方法也可证明 e^p 是一完备的度量空间。

（3）连续函数空间 $C[a,b]$ 中定义距离

$$d(x,y)=\max_{t\in[a,b]}|x(t)-y(t)| \tag{2.5.11}$$

就称为一度量空间，而且是完备的。其完备性的证明如下：

设 $\{x_n\}$ 为 $C[a,b]$ 中任意柯西序列。对任意 $\varepsilon>0$，存在正整数 N，使得一切 m，$n>N$ 时，有

$$d(x_m,x_n)=\max_{t\in[a,b]}|x_m(t)-x_n(t)|<\varepsilon$$

从而对每一点 $a\leqslant t\leqslant b$，有

$$|x_m(t)-x_n(t)|<\varepsilon,\quad m,\ n>N \tag{2.5.12}$$

这表明对每一点 $a\leqslant t\leqslant b$，$\{x_n(t)\}$ 是 R（或 C）中的柯西序列。由于 R（或 C）是完备的，故可设当 $n\to\infty$时

$$x_n(t)\to x(t)$$

当 t 在 $[a,b]$ 上变动时，就得到一个定义在 $[a,b]$ 上的函数 $x(t)$。可证明 $x\in C[a,b]$ 且 $x_n\to x$。

事实上，在式（2.5.12）中令 $m\to\infty$时得

$$|x(t)-x_n(t)|\leqslant\varepsilon,\quad n>N,\ t\in[a,\ b]$$

因此，$\{x_n\ (x)\}$ 在 $[a,b]$ 上一致收敛于 $x(t)$，并且 $x(t)$ 是 $[a,b]$ 上的连续函数。

显然，按同样的距离定义 $C^k[a,b]$ 也是完备的度量空间。

（4）矢量函数空间 $C^k(\Omega)^m$ 中定义距离

$$d(\boldsymbol{x},\ \boldsymbol{y})=\sup_{t\in\Omega}|\boldsymbol{x}(t)-\boldsymbol{y}(t)| \tag{2.5.13}$$

其中

$$|\boldsymbol{x}(t)|=(\boldsymbol{x}(t)\cdot\boldsymbol{x}^*(t))^{\frac{1}{2}} \tag{2.5.14}$$

而 * 表示复共轭，则 $C^k(\Omega)^m$ 是一度量空间。

2.5.3 p 次方勒贝格可积函数空间 $L^p[a,b]$

在经典数学分析中一般讨论的是黎曼（Riemann）积分，这种积分有一定的

局限性，它只适用于连续函数或仅存在有限个间断点的情况。在现代的科学技术中我们需要处理一些非连续函数，如阶跃函数、方波函数等。为了解决包括不连续函数在内的更广泛函数类的积分问题，勒贝格（Lebesgue）给出了一种新的积分定义，它建立在测度概念基础之上，这种积分就称为勒贝格积分。

在直线 R 上测度是长度概念的推广。若 X 为 R 上的一个集合，其测度表示为 mX。如果 E 是 R 上的有界点集，若其内测度和外测度相等，就称 E 为可测集。

设 $f(x)$ 是定义在 E 上的实值函数。如果对于任何实数 a，集合

$$E(f \geqslant a)=\{x \mid f(x) \geqslant a, x \in E\}$$

都是可测的，则称 $f(x)$ 为 E 上的可测函数。

设 $f(x)$ 是 E 上的有界可测函数，$mE<\infty$，$\alpha<f(x)<\beta$。任取分组点 $\Delta=\{y_0, y_1, \cdots, y_n\}$ 分割区间 $[\alpha,\beta]$，令

$$\alpha=y_0<y_1<y_2\cdots<y_n=\beta$$

$$\lambda(\Delta)=\max_{1\leqslant i\leqslant n}(y_i-y_{i-1})$$

$$mE_i=E(y_{i-1}\leqslant f<y_i)$$

任取 $\xi_i \in [y_{i-1}, y_i]$，作和式

$$\sigma(\Delta)=\sum_{i=1}^{n}\xi_i mE_i$$

如果不论 $[\alpha,\beta]$ 如何分割和 ξ_i 如何选择，当 $n\to\infty$ 且 $\lambda(\Delta)\to 0$ 时，$\sigma(\Delta)$ 的极限存在且相等，就称 $f(x)$ 在 E 上是勒贝格可积的，$\sigma(\Delta)$ 的极限值就称为 $f(x)$ 在 E 上的勒贝格积分或 L 积分，并记作

$$\int_E f(x)\mathrm{d}m=\lim_{\substack{\lambda(\Delta)\to 0\\ n\to\infty}}\sum_{i=1}^{n}\xi_i mE_i \tag{2.5.15}$$

勒贝格积分保持了黎曼积分的重要性质。总地来讲，凡在区间 $[a,b]$ 上黎曼可积的函数，必定是 L 可积的，并且积分值相等。但存在黎曼不可积却 L 可积的函数，故 L 可积类要广泛得多。在区间 $[a,b]$ 上 L 可积函数全体所组成之集合表示为 $L[a,b]$。

以上 L 可测集的概念可推广到多元函数，在区域 Ω 上 L 可积的函数全体组成的集合表示为 $L(\Omega)$。如果 $|f(x)|^p$ 在 $[a,b]$ 上 L 可积，则其全体所组成之集合记作 $L^p[a,b]$。

可以证明 $L^p[a,b]\subset L[a,b]$。设 f，$g\in L^p[a,b]$，令

$$a=\frac{|f|}{\left(\int_E |f|^p\mathrm{d}m\right)^{\frac{1}{p}}},\quad b=\frac{|g|}{\left(\int_E |g|^q\mathrm{d}m\right)^{\frac{1}{q}}},\quad E=[a,b]$$

代入式（2.5.4）可得

$$\frac{|f||g|}{\left(\int_E |f|^p \mathrm{d}m\right)^{\frac{1}{p}}\left(\int_E |g|^q \mathrm{d}m\right)^{\frac{1}{q}}} \leqslant \frac{|f|^p}{p\int_E |f|^p \mathrm{d}m} + \frac{|g|^q}{q\int_E |g|^q \mathrm{d}m}$$

对上式两边求 L 积分，并考虑到$\frac{1}{p}+\frac{1}{q}=1$，则可得到赫尔德不等式的积分形式

$$\int_E |fg| \mathrm{d}m \leqslant \left(\int_E |f|^p \mathrm{d}m\right)^{\frac{1}{p}}\left(\int_E |g|^q \mathrm{d}m\right)^{\frac{1}{q}} \tag{2.5.16}$$

令 $g=1$，则由式（2.5.16）得到

$$\begin{aligned}\int_a^b |f(x)| \mathrm{d}m &\leqslant \left(\int_a^b |f(x)|^p \mathrm{d}m\right)^{\frac{1}{p}}\left(\int_a^b \mathrm{d}m\right)^{\frac{1}{q}} \\ &= (b-a)^{\frac{1}{q}}\left(\int_a^b |f(x)|^p \mathrm{d}m\right)^{\frac{1}{p}} < \infty\end{aligned}$$

这说明 $|f(x)|\in L[a,b]$，从而有 $f(x)\in L[a,b]$。

现在我们证明 $L^p[a,b]$ 是一个线性空间，为此首先需要把闵可夫斯基不等式推广为积分的形式。设 f，$g\in L^p(E)$，且有$\frac{1}{p}+\frac{1}{q}=1$，故 $p=q(p-1)$。由于

$$\begin{aligned}\int_E (|f|+|g|)^p \mathrm{d}m &= \int_E (|f|+|g|)(|f|+|g|)^{p-1} \mathrm{d}m \\ &= \int_E |f|(|f|+|g|)^{p-1} \mathrm{d}m \\ &\quad + \int_E |g|(|f|+|g|)^{p-1} \mathrm{d}m\end{aligned}$$

对上式右边利用式（2.5.16）可得

$$\begin{aligned}\int_E (|f|+|g|)^p \mathrm{d}m &\leqslant \left(\int_E |f|^p \mathrm{d}m\right)^{\frac{1}{p}}\left[\int_E (|f|+|g|)^{(p-1)q} \mathrm{d}m\right]^{\frac{1}{q}} \\ &\quad + \left(\int_E |g|^p \mathrm{d}m\right)^{\frac{1}{p}}\left[\int_E (|f|+|g|)^{(p-1)q} \mathrm{d}m\right]^{\frac{1}{q}} \\ &= \left[\left(\int_E |f|^p \mathrm{d}m\right)^{\frac{1}{p}} + \left(\int_E |g|^p \mathrm{d}m\right)^{\frac{1}{p}}\right]\cdot\left[\int_E (|f|+|g|)^p \mathrm{d}m\right]^{\frac{1}{q}}\end{aligned}$$

由此便得

$$\left\{\int_E (|f|+|g|)^p \mathrm{d}m\right\}^{\frac{1}{p}} \leqslant \left(\int_E |f|^p \mathrm{d}m\right)^{\frac{1}{p}} + \left(\int_E |g|^p \mathrm{d}m\right)^{\frac{1}{p}} \tag{2.5.17}$$

据此可知

$$\left\{\int_E |\alpha f+\beta g|^p \mathrm{d}m\right\}^{\frac{1}{p}} \leqslant |\alpha|\left(\int_E |f|^p \mathrm{d}m\right)^{\frac{1}{p}} + |\beta|\left(\int_E |g|^p \mathrm{d}m\right)^{\frac{1}{q}} < \infty$$

当 $E=[a,b]$ 时，就有 $\alpha f+\beta g\in L^p[a,b]$，$\alpha$，$\beta\in K$。这就说明 $L^p[a,b]$ 是一线性空间。

如果在 $L^p[a,b]$ 中定义距离

$$d(x,y)=\left(\int_a^b |x(t)-y(t)|^p \mathrm{d}m\right)^{\frac{1}{p}},\quad x,y\in L^p[a,b] \tag{2.5.18}$$

则 $L^p[a,b]$ 为一个度量空间。由于前三条距离公理显然能满足，只需证明满足第四条。

根据式（2.5.17）立即可得

$$\begin{aligned}d(x,y)&=\left[\int_a^b |(x(t)-z(t))+(z(t)-y(t))|^p \mathrm{d}m\right]^{\frac{1}{p}}\\&\leqslant\left[\int_a^b |x(t)-z(t)|^p \mathrm{d}m\right]^{\frac{1}{p}}+\left[\int_a^b |z(t)-y(t)|^p \mathrm{d}m\right]^{\frac{1}{p}}\\&=d(x,z)+d(z,y),\quad x,y,z\in L^p[a,b]\end{aligned}$$

这就证明了按距离定义（2.5.18）$L^p[a,b]$ 为一个度量空间。

类似的方法可用于讨论多元函数空间 $L^p(\Omega)$，其中的任意函数 $x(\boldsymbol{t})$ 满足 $\int_\Omega |x(\boldsymbol{t})|^p \mathrm{d}\Omega<\infty$，而且类似的距离定义 $L^p(\Omega)$ 也是一个线性度量空间。为了方便，当黎曼积分与勒贝格积分相等时，我们仍用黎曼积分的形式来表述。

对于矢量函数 $\boldsymbol{x}(\boldsymbol{t})$，如果有

$$\int_\Omega |\boldsymbol{x}(\boldsymbol{t})|^p \mathrm{d}\Omega<\infty$$

就是 p 次方勒贝格可积的。如果它有 m 个分量，则这类函数的全体所成之集合记作 $L^p(\Omega)^m$。按距离定义

$$d(\boldsymbol{x},\ \boldsymbol{y})=\left[\int_\Omega |\boldsymbol{x}(\boldsymbol{t})-\boldsymbol{y}(\boldsymbol{t})|^p\right]^{\frac{1}{p}} \tag{2.5.19}$$

$L^p(\Omega)^m$ 也构成一度量空间。

第 3 章
赋范空间和内积空间

在第 2 章，我们把代数运算引入集合的元素之间，使之成为线性空间，又通过引入距离这一结构使集合成为度量空间。在度量空间中通过距离概念定义了序列的收敛和极限，从而把微积分中数列的极限关系推广到抽象空间中。但是，仅有距离结构的空间，其几何性质还是远远不够的，这会限制许多数学问题的展开。

本章将从线性空间出发，在其中引入范数结构，作为矢量长度概念的推广，得以构成赋范空间。再由范数诱导出距离，并由序列的收敛讨论赋范空间的完备性，完备的赋范空间就叫巴拿赫（Banach）空间。在赋范的线性空间中既有代数运算又有极限运算，再加上范数概念，就可在其中讨论无穷级数问题。如果在线性空间中再引入内积结构就成为内积空间，完备的内积空间叫做希尔伯特空间。希尔伯特空间是最接近欧氏空间的一种抽象空间，它保持了欧氏空间的各种重要性质，因此在现代数学中发挥着非常重要的作用。

3.1 赋范空间

3.1.1 赋范线性空间、巴拿赫空间

定义 3.1（赋范空间） 设 X 是数域 K 上的线性空间。在 X 中使每一个元素 $x\in X$ 对应一个实数 $\|x\|$，对任意的 x，$y\in X$ 和 $\alpha\in K$，满足以下条件：

（1） $\|x\|\geqslant 0$；

（2） $\|x\|=0$，仅当 $x=0$；

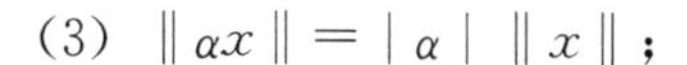

(3) $\|\alpha x\| = |\alpha| \, \|x\|$；

(4) $\|x+y\| \leqslant \|x\| + \|y\|$。

则称 $\|x\|$ 为 x 的范数，称 X 为赋范空间，并记作（X，$\|x\|$），或简单地记作 X。

若在 X 中定义距离

$$d(x,y)=\|x-y\| \tag{3.1.1}$$

并称其为由范数诱导的距离。可以证明，这样定义的距离满足距离公理。因此，按范数诱导的距离使赋范空间同时也成为度量空间。

由范数诱导的距离具有平移不变性和绝对齐次性。设 X 为赋范空间，d 为按式（3.1.1）定义的距离，则对任意 x，$y \in X$ 和任意 $a \in K$，有

(1) $d(x+a,y+a)=d(x,y)$(平移不变性)；

(2) $d(ax,ay)=|a|\,d(x,y)$(绝对齐次)。

证明　按式（3.1.1）定义有

$$\begin{aligned} d(x+a,y+a) &= \|(x+a)-(y+a)\| \\ &= \|x-y\| = d(x,y) \\ d(ax,ay) &= \|ax-ay\| = |a| \, \|x-y\| \\ &= |a| \, d(x,y) \end{aligned}$$

这些性质可以用作是否为范数诱导距离的检验准则。

由于赋范空间按照诱导距离也是度量空间，如果这样的度量空间是完备的，就称相应的赋范空间是完备的。完备的赋范空间又称巴拿赫空间。

3.1.2　常见赋范线性空间

1. R^n（或 C^n）空间

定义范数

$$\|x\| = \left(\sum_{i=1}^{n} |\xi_i|^2\right)^{\frac{1}{2}}, \quad x \in R^n, x=(\xi_1,\xi_2,\cdots,\xi_n) \tag{3.1.2}$$

则 R^n 为赋范线性空间。

显然，这样定义的范数满足前三个条件，直接引用闵可夫斯基不等式可证明第四条也得到满足。

如果考虑任意的 $y=(y_1,y_2,\cdots,y_n) \in R^n$，则有

$$\mathrm{d}(x,y) = \|x-y\| = \left(\sum_{i=1}^{n} |\xi_i - y_i|^2\right)^{\frac{1}{2}}$$

显然，这样由范数诱导出的距离就是式（2.5.8）。而且已经证明这样的度量空间是完备的，所以 R^n 又是一个完备的赋范空间，即巴拿赫空间。同理，C^n 按式

(3.1.2) 定义也是一个巴拿赫空间。

2. $\ell^p(p\geqslant 1)$ 空间

定义

$$\| x \| = \left(\sum_{i=1}^{n} | \xi_i |^p\right)^{\frac{1}{p}} \tag{3.1.3}$$

$$\mathrm{d}(x,y) = \|x-y\| = \left(\sum_{i=1}^{n} | \xi_i - y_i |^p\right)^{\frac{1}{p}}, \quad x,y \in \ell^p$$

则 ℓ^p 称为赋范线性空间，而且在 2.5.2 中已经证明，按范数（3.1.3）定义的范数所诱导的距离 ℓ^p 也是一度量空间，而且是完备的，故 ℓ^p 是巴拿赫空间。

3. $C[a,b]$ 和 $C^k[a,b]$ 空间

定义

$$\|x\| = \max_{t\in[a,b]} | f(x) | \tag{3.1.4}$$

$$d(x,y) = \|x-y\| = \max_{t\in(a,b)} | x(t) - y(t) |$$

则 $C[a,b]$ 和 $C^k(a,b)$ 称为赋范空间。

前面已经证明，在这一定义下，它们称为完备的度量空间，因此它们也是巴拿赫空间。

4. $L^p[a,b]$ 和 $L^p(\Omega)$ $(p\geqslant 1)$ 空间

定义

$$\| x \| = \left[\int_a^b | x(t) |^p \mathrm{d}t\right]^{\frac{1}{p}} \tag{3.1.5}$$

$$d(x,y) = \|x-y\| = \left[\int_a^b | x(t) - y(t) |^p \mathrm{d}t\right]^{\frac{1}{p}}$$

则 $L^p[a,b]$ 称为赋范空间，也是巴拿赫空间。类似地 $L^p(\Omega)$ 也是这样，只需仿照上面方法定义范数。

5. $L^p(\Omega)^m$ $(p\geqslant 1)$

这是一个更一般的函数空间。定义

$$\| \boldsymbol{x}(\boldsymbol{t}) \| = \left(\int_\Omega | \boldsymbol{x}(\boldsymbol{t}) |^p\right)^{\frac{1}{p}} \tag{3.1.6}$$

$$d(\boldsymbol{x},\boldsymbol{y}) = \|\boldsymbol{x}-\boldsymbol{y}\| = \left(\int_\Omega | \boldsymbol{x}(\boldsymbol{t}) - \boldsymbol{y}(\boldsymbol{t}) |^p \mathrm{d}\Omega\right)^{\frac{1}{p}}$$

则 $L^p(\Omega)^m$ 称为赋范空间。

3.1.3 赋范空间中序列和级数的收敛

关于赋范空间中序列的收敛性及相关概念，只需把度量空间中的相应定义

距离换成导出距离即可，何况这两种距离往往是相同的。

定义 3.2（序列依范数收敛）　设 $\{x_n\}$ 是赋范空间 X 中的序列，$x\in X$，如果

$$\lim_{n\to\infty}\|x_n-x\|\to 0 \tag{3.1.7}$$

则称序列 $\{x_n\}$ 依范数收敛于 x，记作

$$\lim_{n\to\infty}x_n=x \text{ 或 } x_n\to x$$

显然，由于 $d(x_n,x)=\|x_n-x\|$，故范数收敛就是依距离收敛。

这样定义的序列的极限具有如下线性运算性质。

（1）加法。若 $x_n\to x$，$y_n\to y$，则 $x_n+y_n\to x+y$。

证明　由于

$$\begin{aligned}\|(x_n+y_n)-(x+y)\|&=\|(x_n-x)+(y_n-y)\|\\&\leqslant\|x_n-x\|+\|y_n-y\|\end{aligned}$$

故当 $n\to\infty$ 时有

$$\|(x_n+y_n)-(x+y)\|\to 0$$

从而有

$$x_n+y_n\to x+y$$

（2）数乘。若 $\alpha_n\to\alpha$，$x_n\to x$，则

$$\alpha_n x_n\to\alpha x$$

证明　由于

$$\begin{aligned}\|\alpha_n x_n-\alpha x\|&=\|(\alpha_n x_n-\alpha x_n)+(\alpha x_n-\alpha x)\|\\&\leqslant\|\alpha_n x_n-\alpha x_n\|+\|\alpha x_n-\alpha x\|\\&=|\alpha_n-\alpha|\,\|x_n\|+|\alpha|\,\|x_n-x\|\end{aligned}$$

故当 $n\to\infty$ 时，有

$$|\alpha_n-\alpha|\to 0,\quad \|x_n-x\|\to 0$$

从而有

$$\|\alpha_n x_n-\alpha x\|\to 0$$

即有

$$\alpha_n x_n\to\alpha x$$

序列及其极限的范数具有有界性和连续性：

设 X 为赋范空间，x_n，$x\in X$，

（1）若 $x_n\to x$，则 $\{\|x_n\|\}$ 有界；

（2）若 $x_n\to x$，则 $\|x_n\|\to\|x\|$。

证明 由于

$$\| x_n \| = \| x_n - x + x \| \leqslant \| x_n - x \| + \| x \| \tag{3.1.8}$$

因 $\| x_n - x \| \to 0$，$\| x \|$ 为一常数，故 $\{ \| x_n \| \}$ 有界。

又由式（3.1.8）立即得到

$$\| x_n \| - \| x \| \leqslant \| x_n - x \| \tag{3.1.9}$$

再由

$$\|x\| = \|x - x_n + x_n\| \leqslant \|x - x_n\| + \|x_n\|$$

故又有

$$\| x \| - \| x_n \| \leqslant \| x - x_n \| \tag{3.1.10}$$

由式（3.1.9）和式（3.1.10）立即可得

$$| \|x_n\| - \|x\| | \leqslant \|x - x_n\|$$

即有

$$| \| x_n \| - \| x \| | \to 0$$

这就证明了 $\| x_n \| \to \| x \|$。

3.1.4 赋范空间中的无穷级数

在赋范空间中，既能进行代数运算，又能进行极限运算，于是可以引进无穷级数的概念。

定义 3.3（无穷级数） 设 $\{x_n\}$ 是赋范线性空间 X 中的序列，表示式为

$$\sum_{i=1}^{\infty} x_i = x_1 + x_2 + \cdots + x_n + \cdots \tag{3.1.11}$$

称为 X 中的无穷级数。

$$S_n = x_1 + x_2 + \cdots + x_n \tag{3.1.12}$$

称 S_n 为级数 $\sum_{i=1}^{\infty} x_i$ 的部分和。如果存在 $S \in X$，使得

$$\| S_n - S \| \to 0$$

就称级数（3.1.11）收敛，S 叫做级数（3.1.11）的和，并记作

$$S = \sum_{i=1}^{\infty} x_i \tag{3.1.13}$$

若级数 $\sum_{i=1}^{\infty} \| x_i \|$ 收敛，则称级数 $\sum_{i=1}^{\infty} x_i$ 绝对收敛。当且仅当 X 为完备时绝对收敛才蕴涵收敛。

定义 3.4（绍德尔基） 若赋范线性空间 X 中包含序列 $\{e_n\}$，对每个 $x \in X$ 都存在唯一的数 $\{\alpha_n\}$，使得当 $n \to \infty$ 时有

$$\|x-(\alpha_1e_1+\alpha_2e_2+\cdots+\alpha_ne_n)\|\to 0$$

则称 $\{e_n\}$ 为 X 空间的一个绍德尔（Schauder）基，而把其和为 x 的级数 $\sum_{i=1}^{\infty}\alpha_ie_i$ 叫做 x 的级数表达式或级数展开式，并记作

$$x=\sum_{i=1}^{\infty}\alpha_ie_i$$

可以证明，若赋范空间 X 有一个绍德尔基，则 X 一定是一个可分空间。

顺便提一下，在赋范线性空间中所有有限维子空间都是完备的。特别地，每个有限维赋范空间都是完备的。

3.2 内 积 空 间

内积空间是欧氏空间的自然推广，并保留了它的许多重要特性，其核心是正交概念。正交是通过定义内积而引入，由正交概念产生投影和傅里叶级数的一般理论。这些性质是赋范空间所不具备的。但通过内积可诱导出范数和距离，从而使内积空间又是赋范空间和度量空间，因而有非常广泛和重要的应用。

3.2.1 内积空间和希尔伯特空间

定义 3.5（内积空间） 设 X 是数域 K 上的线性空间，在其中定义 $\langle\cdot,\cdot\rangle$，对任意的 x，y，$z\in X$ 及 $\alpha\in K$ 满足：

(1) $\langle x+y,z\rangle=\langle x,z\rangle+\langle y,z\rangle$；

(2) $\langle\alpha x,y\rangle=\alpha\langle x,y\rangle$；

(3) $\langle x,y\rangle=\langle y,x\rangle^*$；

(4) $\langle x,x\rangle\geqslant 0$，当且仅当 $x=0$ 才有 $\langle x,x\rangle=0$。

则称 $\langle x,y\rangle$ 为 x 与 y 的内积。定义了内积的线性空间 X 称为内积空间，并记作 $(X,\langle\cdot,\cdot\rangle)$ 或简记为 X。称 (1) ～ (4) 为内积公理。

当数域 K 为 R 时，称为实内积空间，而当数域 K 为 C 时，则称为复内积空间。对实内积空间有 $\langle x,y\rangle=\langle y,x\rangle$，即内积具有对称性。

由内积公理不难推知，如果 X 为内积空间，x，y，$z\in X$ 和 α，$\beta\in K$，则有

$$\begin{aligned}\langle\alpha x+\beta y,z\rangle&=\langle\alpha x,z\rangle+\langle\beta y,z\rangle\\&=\alpha\langle x,z\rangle+\beta\langle y,z\rangle\end{aligned}\tag{3.2.1}$$

$$\langle x,\alpha y\rangle=\langle\alpha y,x\rangle^*=\alpha^*\langle y,x\rangle^*$$

$$=\alpha^*\langle x,y\rangle \tag{3.2.2}$$

$$\langle x,\alpha y+\beta z\rangle=\alpha^*\langle x,y\rangle+\beta^*\langle x,z\rangle \tag{3.2.3}$$

这说明内积对第一因子是线性的，对第二因子则是共轴线性的，也称之为半线性的。

另外，内积还满足施瓦茨不等式。若 X 为内积空间，则对任意 x，$y\in X$，有

$$|\langle x,y\rangle|^2\leqslant\langle x,x\rangle\langle y,y\rangle \tag{3.2.4}$$

证明 若 $x=0$ 或 $y=0$，则式（3.2.4）中的等号成立。若 $y\neq0$，则对任意 $\alpha\in K$，由内积的性质可得

$$\begin{aligned}0&\leqslant\langle x+\alpha y,x+\alpha y\rangle\\&=\langle x,x+\alpha y\rangle+\langle\alpha y,x+\alpha y\rangle\\&=\langle x,x\rangle+\alpha^*\langle x,y\rangle+\alpha\langle y,x\rangle+\alpha\alpha^*\langle y,y\rangle\end{aligned}$$

令

$$\alpha=\frac{\langle x,y\rangle^*}{\langle y,y\rangle}$$

代入上式即可得

$$\langle x,x\rangle-\frac{\langle x,y\rangle^*}{\langle y,y\rangle}\langle x,y\rangle\geqslant0$$

显然，由此立即可得施瓦茨不等式（3.2.4）。

定理 3.1（诱导范数） 设 X 为内积空间，对任意 $x\in X$，令

$$\|x\|=\sqrt{\langle x,x\rangle} \tag{3.2.5}$$

则 $\|\cdot\|$ 是 X 上的范数，使 X 成为赋范空间。

这样定义的范数称为由内积导出的范数。

证明 由式（3.2.5）定义范数满足前三个条件是显然的，主要是证明第四条也得到满足。设 x，$y\in X$，由于

$$\begin{aligned}\|x+y\|^2&=\langle x+y,x+y\rangle\\&=\langle x,x\rangle+\langle x,y\rangle+\langle y,x\rangle+\langle y,y\rangle\\&=\langle x,x\rangle+\langle y,y\rangle+2\mathrm{Re}\langle x,y\rangle\end{aligned} \tag{3.2.6}$$

由施瓦茨不等式（3.2.4）可得

$$\mathrm{Re}\langle x,y\rangle\leqslant|\langle x,y\rangle|\leqslant\|x\|\|y\|$$

把这一结果代入式（3.2.6）即有

$$\begin{aligned}\|x+y\|^2&\leqslant\|x\|^2+\|y\|^2+2\|x\|\|y\|\\&=(\|x\|+\|y\|)^2\end{aligned} \tag{3.2.7}$$

该式平方即是范数的第四个条件。

这样，利用内积导出的范数，使内积空间 X 同时也是赋范空间。进一步，

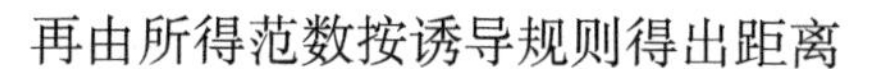

再由所得范数按诱导规则得出距离

$$d(x,y)=\|x-y\|,\quad x,y\in X$$

则 X 又是一个度量空间。由于按这一方式把内积空间与度量空间联系了起来，便可由此按以前的方式讨论内积空间的完备性问题。

定义 3.6（希尔伯特空间）　若内积空间 X 在由内积导出的范数下是完备的赋范空间，就称 X 为完备的内积空间，也称之为希尔伯特空间。

在内积空间中，根据由内积导出的范数，可以讨论序列的收敛问题。有了序列的收敛性就可讨论内积的连续性问题。

定理 3.2　设 X 为内积空间，x，$y\in X$，若 $x_n\to x$，$y_n\to y$，则有 $\langle x_n,y_n\rangle\to\langle x,y\rangle$。

证明

利用施瓦茨不等式可得

$$\begin{aligned}|\langle x_n,y_n\rangle-\langle x,y\rangle|&=|\langle x_n,y_n\rangle-\langle x,y_n\rangle+\langle x,y_n\rangle-\langle x,y\rangle|\\&\leqslant|\langle x_n,y_n\rangle-\langle x,y_n\rangle|+|\langle x,y_n\rangle-\langle x,y\rangle|\\&=|\langle x_n-x,y_n\rangle|+|\langle x,y_n-y\rangle|\\&\leqslant\|x_n-x\|\|y_n\|+\|x\|\|y_n-y\|\end{aligned}$$

由于有 $\|x_n-x\|\to 0$，$\|y_n-y\|\to 0$，而 $\|x\|$ 为常数，$\|y_n\|$ 有界，则由上可知

$$|\langle x_n,y_n\rangle-\langle x,y\rangle|\to 0$$

从而定理 3.2 得证。

定理 3.3　设 X 是内积空间，$\|\cdot\|$ 是由内积导出的范数，则对于任意 x，$y\in X$，存在平行四边形公式

$$\|x+y\|^2+\|x-y\|^2=2(\|x\|^2+\|y\|^2)\tag{3.2.8}$$

证明　该式可经直接计算来验证。如

$$\begin{aligned}\|x+y\|^2+\|x-y\|^2&=\langle x+y,x+y\rangle+\langle x-y,x-y\rangle\\&=\langle x,x+y\rangle+\langle y,x+y\rangle+\langle x,x-y\rangle\\&\quad+\langle -y,x-y\rangle\\&=[\langle x,x+y\rangle+\langle x,x-y\rangle]\\&\quad+[\langle y,x+y\rangle-\langle y,x-y\rangle]\\&=2\langle x,x\rangle+2\langle y,y\rangle\\&=2\|x\|^2+2\|y\|^2\end{aligned}$$

由此可见，若赋范空间 X 上的范数不满足平行四边形公式（3.2.8），就说明 X 上不存在这样的内积，由它导出的范数构成一赋范空间。换句话说，若导出的范数不满足平行四边形公式的内积，就不能构成内积空间。

由内积导出的范数还有以下性质：

（1）在实内积空间中有

$$\langle x,y\rangle=\frac{1}{4}(\|x+y\|^2-\|x-y\|^2) \tag{3.2.9}$$

（2）在复内积空间中则有

$$\langle x,y\rangle=\frac{1}{4}(\|x+y\|^2-\|x-y\|^2+\mathrm{i}\|x+\mathrm{i}y\|^2-\mathrm{i}\|x-\mathrm{i}y\|^2) \tag{3.2.10}$$

这些性质都可以通过直接计算加以验证。

3.2.2 常见的内积空间

现在我们在一些线性空间中定义适当的内积，使之成为内积空间，并考察在什么条件下成为希尔伯特空间。

（1）R^n（或 C^n）。设 x，$y\in K^n$（R^n 或 C^n），

$$x=(\xi_1,\xi_2,\cdots,\xi_n),\quad y=(\eta_1,\eta_2,\cdots,\eta_n)$$

定义内积

$$\langle x,y\rangle=\sum_{i=1}^{n}\xi_i\eta_i^* \tag{3.2.11}$$

并由此导出范数和距离分别为

$$\|x\|=\left(\sum_{i=1}^{n}|\xi_i|^2\right)^{\frac{1}{2}} \tag{3.2.12}$$

$$d(x,y)=\|x-y\|=\left(\sum_{i=1}^{n}|\xi_i-\eta_i|^2\right)^{\frac{1}{2}} \tag{3.2.13}$$

可以证明这样定义的内积（3.2.11）满足内积公理，所以在此定义下 K^n 成为内积空间。R^n 为实内积空间，C^n 为复内积空间。由内积所诱导出的距离（3.2.13）使 R^n 和 C^n 成为完备的度量空间，从而使 R^n 和 C^n 成为完备的内积空间，即都是希尔伯特空间。

（2）$\ell^p(p=2)$ 空间。定义内积

$$\langle x,y\rangle=\sum_{i=1}^{n}\xi_i\eta_i^* \tag{3.2.14}$$

及导出范数和距离

$$\|x\|=\left(\sum_{i=1}^{n}|\xi_i|^2\right)^{\frac{1}{2}} \tag{3.2.15}$$

$$d(x,y)=\|x-y\|=\left(\sum_{i=1}^{n}|\xi_i-\eta_i|^2\right)^{\frac{1}{2}} \tag{3.2.16}$$

则 ℓ^2 成为内积空间且是希尔伯特空间。

(3) $L^2[a,b]$ 空间和 $L^2(\Omega)$ 空间。定义内积

$$\langle x,y\rangle=\int_a^b x(t)y^*(t)\mathrm{d}t \tag{3.2.17}$$

及导出范数和距离

$$\|x\|=\left(\int_a^b |x(t)|^2\mathrm{d}t\right)^{\frac{1}{2}}$$

$$d(x,y)=\|x-y\|=\left(\int_a^b |x(t)-y(t)|^2\mathrm{d}t\right)^{\frac{1}{2}} \tag{3.2.18}$$

称为内积空间且为希尔伯特空间。

类似地，对于多元函数 $L^2(\Omega)$，相应的定义为

$$\langle x,y\rangle=\int_\Omega x(\boldsymbol{t})y^*(\boldsymbol{t})\mathrm{d}\Omega \tag{3.2.19}$$

$$\| x(\boldsymbol{t}) \| =\left(\int_\Omega |x(\boldsymbol{t})|^2\mathrm{d}\Omega\right)^{\frac{1}{2}} \tag{3.2.20}$$

$$d(x,y)=\|x-y\|=\left(\int_\Omega |x(\boldsymbol{t})-y(\boldsymbol{t})|^2\right)^{\frac{1}{2}} \tag{3.2.21}$$

则 $L^2(\Omega)$ 称为希尔伯特空间。

(4) $L^2(\Omega)^m$ 空间。考虑到 $L^2(\Omega)$ 与 $L^2(\Omega)^m$ 之间的关系，定义

$$\langle \boldsymbol{x},\boldsymbol{y}\rangle=\int_\Omega \boldsymbol{x}(\boldsymbol{t})\cdot\boldsymbol{y}^*(\boldsymbol{t})\mathrm{d}t \tag{3.2.22}$$

$$\| \boldsymbol{x}(\boldsymbol{t}) \| =\left(\int_\Omega |\boldsymbol{x}(\boldsymbol{t})|^2\mathrm{d}\Omega\right)^{\frac{1}{2}} \tag{3.2.23}$$

$$d(\boldsymbol{x},\boldsymbol{y})=\|\boldsymbol{x}-\boldsymbol{y}\|=\left(\int_\Omega |\boldsymbol{x}(\boldsymbol{t})-\boldsymbol{y}(\boldsymbol{t})|^2\mathrm{d}\Omega\right)^{\frac{1}{2}} \tag{3.2.24}$$

则矢量函数空间 $L^2(\Omega)^m$ 成为内积空间，也是希尔伯特空间。

由电磁理论知道，任何有限空间内电磁场的能量都是有限的。对于频域电场 $\boldsymbol{E}(\boldsymbol{r})$ 和磁场强度 $\boldsymbol{H}(\boldsymbol{r})$ 都应该满足条件

$$\int_\Omega \boldsymbol{E}(\boldsymbol{r})\cdot\boldsymbol{E}^*(\boldsymbol{r})\mathrm{d}\Omega=\int_\Omega |\boldsymbol{E}(\boldsymbol{r})|^2\mathrm{d}\Omega<\infty \tag{3.2.25}$$

$$\int_\Omega \boldsymbol{H}(\boldsymbol{r})\cdot\boldsymbol{H}^*(\boldsymbol{r})\mathrm{d}\Omega=\int_\Omega |\boldsymbol{H}(\boldsymbol{r})|^2\mathrm{d}\Omega<\infty \tag{3.2.26}$$

也就是说 $\boldsymbol{E}(\boldsymbol{r})$ 和 $\boldsymbol{H}(\boldsymbol{r})$ 都属于 $L^2(\Omega)^3$ 矢量函数空间，而 $L^2(\Omega)^3$ 是一个希尔伯特空间。相应地，$\boldsymbol{E}$ 和 $\boldsymbol{H}$ 的每个分量都应该属于 $L^2(\Omega)$ 空间。

对于电磁理论中遇到的其他矢量函数和标量函数都可以进行类似讨论。因此，我们可以假定，在电磁理论中所遇到的场量都可以认为是希尔伯特空间中的元素。也就是说，电磁理论可建立在希尔伯特空间之上。

(5) $C[a,b]$ 空间。定义内积

$$\langle x,y\rangle=\int_a^b x(t)y^*(t)\mathrm{d}t$$

$C[a,b]$ 成为内积空间，但不是希尔伯特空间。

对 $L^p[a,b]$，$p\geqslant1$ 但 $p\neq2$，按范数

$$\|x\|=\left(\int_a^b |x(t)|^p\mathrm{d}t\right)^{\frac{1}{p}}$$

就不是内积空间，对 $L^p(\Omega)$ 和 $L^p(\Omega)^m$ 也是一样。

3.2.3 索伯列夫空间

索伯列夫（Sobolev）空间包含一系列非常重要的赋范空间和内积空间，这些空间在科学技术的很多领域（包括电磁理论）中都有重要作用，它的理论使泛函分析的方法能应用于偏微分方程理论的研究，使之得到很大发展。

定义 3.7（索伯列夫空间 $W_p^k(\Omega)$） 令 Ω 为 R^n 中的开集，函数集合

$$W_p^k(\Omega)=\{u\mid u\in L^p(\Omega),\ \partial^\alpha u\in L^p(\Omega),\ |\alpha|\leqslant k\}\tag{3.2.27}$$

在通常的加法和数乘意义下构成线性空间。在其中定义范数

$$\|u\|=\left(\int_\Omega\sum_{|\alpha|\leqslant k}|\partial^\alpha u|^p\mathrm{d}x\right)^{\frac{1}{p}}\tag{3.2.28}$$

则 $W_p^k(\Omega)$ 成为赋范线性空间。这样的空间 $W_p^k(\Omega)$ 就称为索伯列夫空间。

由定义可知，$W_p^k(\Omega)$ 是 $L^p(\Omega)$ 的子空间。特别地有

$$W_p^o(\Omega)=L^p(\Omega)\tag{3.2.29}$$

而且，如果 $1\leqslant p<q\leqslant\infty$，则有

$$W_q^k(\Omega)\subset W_p^q(\Omega)$$

为了正确理解索伯列夫空间中范数定义式（3.2.28）的含义，下面给出简单情况下的表达形式。设 $\Omega\subset R^2$，当 $p=2$，$k=1$ 时，我们有

$$W_2^1(\Omega)=\{u\mid u\in L^2(\Omega),\partial^\alpha u\in L^2(\Omega),|\alpha|\leqslant1\}$$

其范数为

$$\|u\|=\left[\int_\Omega\left(|u|^2+\left|\frac{\partial u}{\partial t_1}\right|^2+\left|\frac{\partial u}{\partial t_2}\right|^2\right)\mathrm{d}t_1\mathrm{d}t_2\right]^{\frac{1}{2}}$$

若 $p=3$，$k=2$，则有

$$W_3^2(\Omega)=\{u\mid u\in L^3(\Omega),\partial^\alpha u\in L^3(\Omega),|\alpha|\leqslant2\}$$

这时的范数为

$$\|u\|=\left[\int_\Omega\left(|u|^3+\left|\frac{\partial u}{\partial t_1}\right|^3+\left|\frac{\partial u}{\partial t_2}\right|^3+\left|\frac{\partial^2 u}{\partial t_1^2}\right|^3+\left|\frac{\partial^2 u}{\partial t_2^2}\right|^3+\left|\frac{\partial^2 u}{\partial t_1\partial t_2}\right|^3\right)\mathrm{d}t_1\mathrm{d}t_2\right]^{\frac{1}{3}}$$

其中

$$u(t)=u(t_1,t_2)$$

定理 3.4（$W_p^k(\Omega)$ 为巴拿赫空间）　按范数定义（3.2.28），索伯列夫空间 $W_p^k(\Omega)$ 为巴拿赫空间。

证明略。

根据前面关于希尔伯特函数空间的讨论，在索伯列夫空间中，当 $p=2$ 时具有特殊重要的意义，所以对 $W_2^k(\Omega)$ 要给予特别关注。

当 $p=2$ 时，我们给予特别记号，即令

$$H^k(\Omega)=W_2^k(\Omega) \tag{3.2.30}$$

显然，$H^k(\Omega)$ 为 $L^2(\Omega)$ 的子空间，在其中若定义内积

$$\langle u,v\rangle=\sum_{|\alpha|\leqslant k}\int_\Omega \partial^\alpha u\cdot(\partial^\alpha v)^*\,\mathrm{d}\Omega \tag{3.2.31}$$

则其导出范数成为

$$\|u\|=\left(\int_\Omega\sum_{|\alpha|\leqslant k}|\partial^\alpha u|^2\mathrm{d}\Omega\right)^{\frac{1}{2}} \tag{3.2.32}$$

这正是式（3.2.28）当 $p=2$ 时的情形。

由于按导出范数（3.2.32）$H^k(\Omega)$ 为巴拿赫空间，故按（3.2.31）的内积定义 $H^k(\Omega)$ 为希尔伯特空间。标量函数索伯列夫空间的概念可以推广到矢量函数空间的情形，对 m 个分量的矢量函数我们记作 $W_p^k(\Omega)^m$，其范数的定义可仿照以前的对应关系给出。根据前面的讨论我们有

$$H^k(\Omega)^m=W_2^k(\Omega)^m \tag{3.2.33}$$

为希尔伯特空间。

在电磁场理论中，经常遇到对场量进行旋度或散度的运算。如果有 $\nabla\times\boldsymbol{E}(\boldsymbol{r})\in L^2(\Omega)^3$，则在均匀各向同性介质中，对有限体积内能量有限的要求就应表示为

$$\int_\Omega(|\boldsymbol{E}(\boldsymbol{r})|^2+|\nabla\times\boldsymbol{E}(\boldsymbol{r})|^2)\,\mathrm{d}\Omega<\infty \tag{3.2.34}$$

如果有 $\nabla\cdot\boldsymbol{E}(\boldsymbol{r})\in L^2(\Omega)$，则能量有限的条件就应表示为

$$\int_\Omega(|\boldsymbol{E}(\boldsymbol{r})|^2+|\nabla\cdot\boldsymbol{E}(\boldsymbol{r})|^2)\,\mathrm{d}\Omega<\infty \tag{3.2.35}$$

对磁场 $\boldsymbol{H}(\boldsymbol{r})$，当然也有类似的要求。

因此，对场量的旋度和散度有类似要求的矢量函数空间在电磁理论中有重要意义。我们定义以下函数空间：

$$H(\mathrm{curl},\Omega)=\{\boldsymbol{x}(t)\mid\boldsymbol{x}(t)\in L^2(\Omega)^3,\nabla\times\boldsymbol{x}(t)\in L^2(\Omega)^3\} \tag{3.2.36}$$

$$H(\mathrm{div},\Omega)=\{\boldsymbol{x}(t)\mid\boldsymbol{x}(t)\in L^2(\Omega)^3,\nabla\cdot\boldsymbol{x}(t)\in L^2(\Omega)\} \tag{3.2.37}$$

$$H(\mathrm{curl},\mathrm{div},\Omega)=\{\boldsymbol{x}(t)\mid\boldsymbol{x}(t)\in L^2(\Omega)^3,\nabla\times\boldsymbol{x}(t)\in L^2(\Omega)^3\ \nabla\cdot\boldsymbol{x}(t)\in L^2(\Omega)\} \tag{3.2.38}$$

与上面所定义的索伯列夫空间相比，这里把对函数的微商运算符 ∂ 换成了梯度算符 ∇，它们有相互对应的作用。以上所定义的是矢量函数索伯列夫空间。

如果在上面空间中依次定义内积：

$$\langle \boldsymbol{x},\boldsymbol{y}\rangle=\int_{\Omega}[\boldsymbol{x}(\boldsymbol{t})\cdot\boldsymbol{y}^*(\boldsymbol{t})+(\nabla\times\boldsymbol{x}(\boldsymbol{t}))\cdot(\nabla\times\boldsymbol{y}(\boldsymbol{t}))^*]\mathrm{d}\Omega \tag{3.2.39}$$

$$\langle \boldsymbol{x},\boldsymbol{y}\rangle=\int_{\Omega}[\boldsymbol{x}(\boldsymbol{t})\cdot\boldsymbol{y}^*(\boldsymbol{t})+(\nabla\cdot\boldsymbol{x}(\boldsymbol{t}))(\nabla\cdot\boldsymbol{y}(\boldsymbol{t}))^*]\mathrm{d}\Omega \tag{3.2.40}$$

$$\begin{aligned}\langle \boldsymbol{x},\boldsymbol{y}\rangle=\int_{\Omega}[&\boldsymbol{x}(\boldsymbol{t})\cdot\boldsymbol{y}^*(\boldsymbol{t})+(\nabla\times\boldsymbol{x}(\boldsymbol{t}))\cdot(\nabla\times\boldsymbol{y}(\boldsymbol{t}))^*\\&+(\nabla\cdot\boldsymbol{x}(\boldsymbol{t}))(\nabla\cdot\boldsymbol{y}(\boldsymbol{t}))^*]\mathrm{d}\Omega\end{aligned} \tag{3.2.41}$$

它们就是内积空间，而且是希尔伯特空间。

考察由以上内积导出的范数可知，这些范数有限与对能量的有限要求一致。

3.3 内积空间中的正交和投影

在欧氏空间 R^2 和 R^3 中，我们早已熟悉了矢量之间的正交关系以及矢量的分解和投影等概念。这些概念可以推广到抽象空间中，从而可以在其中讨论矢量之间的正交关系，以及对矢量实施分解和投影。

3.3.1 正交性

在矢量代数中，两个非零矢量正交的充要条件是数积为零。把这一概念推广到一般抽象内积空间中，就有了关于正交性的定义。

定义 3.8（正交性） 设 X 为内积空间，x，$y\in X$，M，$N\subset X$，

(1) 若 $\langle x,y\rangle=0$，则称 x 与 y 正文，记作 $x\perp y$；

(2) 若 $\forall y\in M$ 都有 $\langle x,y\rangle=0$，则称 x 与 M 正交，记作 $x\perp M$；

(3) 若对 $\forall x\in M$ 和 $\forall y\in N$ 都有 $\langle x,y\rangle=0$，则称 M 和 N 正交，记作 $M\perp N$。

(4) 设 X 为线性空间，M 和 N 是 X 的两个子空间，若对每个 $x\in X$ 可唯一地表示成

$$x=y+z,\quad y\in M,z\in N$$

则称 X 为 M 和 N 的正交和，并表示成

$$X=M\oplus N \tag{3.3.1}$$

定义 3.9（正交补） 若 X 为内积空间，$M\subset X$，称 X 中所有与 M 正交的矢

量组成之集合为M的正交补，记作$M^{\perp}$，即

$$M^{\perp}=\{x \mid x \in X, x \perp M\}$$

根据定义显然有

$$X^{\perp}=\{\}, \ \{\}^{\perp}=X, \ M \perp M^{\perp}$$

当M为X的子空间时，有

$$M \cap M^{\perp}=\{\}$$

可以证明，$M^{\perp}$是X的闭线性子空间。事实上，对所有x，$y \in M^{\perp}$，$\alpha \in K$，有

$$\langle x+y, z\rangle=\langle x, z\rangle+\langle y, z\rangle=0, \ \forall z \in M$$

$$\langle \alpha x, z\rangle=\alpha\langle x, z\rangle=0, \ \forall z \in M$$

这说明$x+y$和αx都与M正交，即$x+y \in M^{\perp}$，$\alpha x \in M^{\perp}$，故$M^{\perp}$是X的线性子空间。

另外，设x_0为$M^{\perp}$的任聚点，则存在$x_n \in M^{\perp}$，使得$x_n \to x_0$，从而有

$$\langle x_0, z\rangle=\lim_{n \to \infty}\langle x_n, z\rangle=0, \quad \forall z \in M$$

故$x_0 \in M^{\perp}$，也就是说$M^{\perp}$包括它的所有聚点，即$M^{\perp}=\overline{M}^{\perp}$，故$M^{\perp}$又是闭的。因此$M^{\perp}$是闭的线性子空间。

我们知道，在欧氏空间中相互正交的矢量与其和矢量之间存在勾股定理所表示的关系，类似的关系也存在于内积空间的矢量之间。

定理 3.5（勾股定理）　若x_1，x_2，…，x_n为内积空间X中彼此正交的矢量组，则有

$$\left\| \sum_{k=1}^{n} x_k \right\|^2=\sum_{k=1}^{n} \| x_k \|^2 \tag{3.3.2}$$

证明　若$n=2$则有

$$\begin{aligned}\|x_1+x_2\|^2 &= \langle x_1+x_2, x_1+x_2\rangle \\ &= \langle x_1, x_1\rangle+\langle x_1, x_2\rangle+\langle x_2, x_1\rangle \\ &\quad +\langle x_2, x_2\rangle \\ &= \|x_1\|^2+\|x_2\|^2\end{aligned}$$

进而可用归纳法证明，当n当任意值时，勾股定理成立。

3.3.2　正交投影

定义 3.10（正交投影）　设M是内积空间X的线性子空间，$x \in X$，如果$x_0 \in M$，$y \perp M$，使得

$$x=x_0+y \tag{3.3.3}$$

则称x_0是x在M上的正交投影，上式也称为x的正交分解。

可以证明，如果正交投影存在，则一定是唯一的。下述定理说明了这一点。

定理 3.6（正交投影的唯一性） 设 M 为内积空间 X 的线性子空间，$x\in M$，若 x 在 M 上有正交投影，则该投影是唯一的。

证明 设 x_0 和 x_0' 均为 x 在 M 上的正交投影，则根据定义有

$$x=x_0+y,\quad y=(x-x_0)\perp M$$
$$x=x_0'+y',\quad y'=(x-x_0')\perp M$$

因此有

$$x_0-x_0'=y'-y$$

而且

$$x_0-x_0'\in M,\quad y'-y\in M^{\perp}$$

于是

$$\begin{aligned}\|x_0-x_0'\|^2&=\langle x_0-x_0',x_0-x_0'\rangle\\&=\langle x-x_0',y'-y\rangle=0\end{aligned}$$

亦即 $x_0=x_0'$，故知正交投影是唯一的。

但是，我们还没有讨论过在什么条件下正交投影一定存在，只是说如果存在一定是唯一的。由于存在性的证明比较复杂，在证明存在之前，先要证明两个引理。

引理 3.1 若 M 是希尔伯特空间 X 的一个线性闭子空间，$x\in X$，定义 x 到 M 的距离为

$$d(x,M)=\inf_{y\in M}\|x-y\|$$

则必存在 $x_0\in M$，使得

$$d(x,M)=\|x-x_0\|$$

证明 如果 $x\in M$，则根据定义必有 $d(x,M)=0$，这时只要选 $x_0=x$ 即满足 $d(x,M)=\|x-x_0\|=0$。

如果 $x\notin M$，则必然 $x\in X-M$。由于 M 是闭的，故有 $X-M=M^C$，所以 $X-M$ 为开集，于是必存在 $r>0$，使得 $B(x,r)\subset X-M$，且 $B(x,r)\cap M=\varnothing$，也就是说

$$d(x,M)\geqslant r>0$$

由下确界的定义可知，必存在 $\{x_n\}\subset M$，使得

$$d(x,M)=\lim_{n\to\infty}\|x_n-x\|$$

而且，$\{x_n\}$ 在 X 中必存在收敛点。为证明此点，只需证明 $\{x_n\}$ 是柯西序列。

在 $\{x_n\}$ 中任取两个元素 x_k 和 x_m，因 M 是线性闭子空间，故有

$$\frac{1}{2}(x_k+x_m)\in M$$

而且

$$\left\| \frac{1}{2}(x_k + x_m) - x \right\| \geqslant d(x,M)$$

由于内积空间由内积诱导的范数必须满足平行四边形公式（3.2.8），如果 x'，$y' \in X$，则有

$$\| x' + y' \|^2 + \| x' - y' \|^2 = 2(\| x' \|^2 + \| y' \|^2)$$

只要令

$$x' = \frac{1}{2}(x_m + x_k) - x$$

$$y' = \frac{1}{2}(x_m - x_k)$$

便有

$$\| x_m - x \|^2 + \| x_k - x \|^2 = 2 \left\| \frac{1}{2}(x_m + x_k) - x \right\|^2 + 2 \left\| \frac{1}{2}(x_m - x_k) \right\|^2$$

从而有

$$\begin{aligned} 2 \left\| \frac{1}{2}(x_m - x_k) \right\|^2 &= \| x_m - x \|^2 + \| x_k - x \|^2 - 2 \left\| \frac{1}{2}(x_m + x_k) - x \right\|^2 \\ &\leqslant \| x_m - x \|^2 + \| x_k - x \|^2 - 2d(x,M) \end{aligned}$$

当 m，$k \to \infty$ 时有

$$\begin{aligned} &\|x_m - x\|^2 + \|x_k - x\|^2 - 2d(x,M) \\ &\to d(x,M) + d(x,M) - 2d(x,M) = 0 \end{aligned}$$

这说明 $\{x_n\}$ 是 M 中的柯西序列。考虑到 X 是完备的度量空间，则 $\{x_n\}$ 在 X 中必收敛且其极限点 $x_0 \in X$，这样就得到

$$x_n \to x_0 \in X$$

进而考虑到 M 是闭的，因 $\{x_n\} \subset M$，故必有 $x_0 \in M$（这是因为极限点和聚点必包含在闭集中）。又由于

$$d(x,M) \leqslant \|x - x_0\| \leqslant \|x - x_n\| + \|x_n - x_0\|$$

考虑到

$$\lim_{n \to \infty} \| x_n - x_0 \| = 0$$

$$\lim_{n \to \infty} \|x - x_n\| = d(x,M)$$

则上式成为

$$d(x,M) \leqslant \|x - x_0\| \leqslant d(x,M)$$

于是必有

$$d(x,M) = \|x - x_0\|$$

这正是所要证明的。

引理 3.2 若 M 是希尔伯特空间 X 的线性闭子空间，$x \notin M$，$x_0 \in M$，使得

$$\|x - x_0\| = d(x,M)$$

则有

$$(x - x_0) \perp M$$

证明 上面的引理已经证明了满足 $\| x - x_0 \| = d(x,M)$ 的 x_0 必存在，现任取 $\lambda \in K$ 及 $z \in M$，设 $z \neq 0$，并记 $d = d(x,M)$，因 $x_0 + \lambda z \in M$，故有

$$\begin{aligned} d^2 &\leqslant \|x - (x_0 + \lambda z)\|^2 \\ &= \langle x - x_0 - \lambda z, x - x_0 - \lambda z \rangle \\ &= \|x - x_0\|^2 - \lambda \langle z, x - x_0 \rangle \\ &\quad - \lambda^* \langle x - x_0, z \rangle + | \lambda |^2 | z |^2 \end{aligned}$$

令 $\lambda = \dfrac{\langle x - x_0, z \rangle}{\|z\|^2}$，由上式可得

$$d^2 \leqslant \|x - x_0\|^2 - \frac{| \langle x - x_0, z \rangle |}{\|z\|^2}$$

由于 $\| x - x_0 \|^2 = d^2$，则上式只有在 $| \langle x - x_0, z \rangle |^2 \leqslant 0$ 时才能成立，但只能有 $| \langle x - x_0, z \rangle | = 0$，即 $\langle x - x_0, z \rangle = 0$，这要求 $(x - x_0) \perp z$。又由于 z 是 M 的任意矢量，故得知

$$x - x_0 \perp M$$

定理 3.7 设 M 是希尔伯特空间 X 的线性闭子空间，则 x 中的元素 x 在 M 中存在唯一的正交投影 x_0，即有

$$x = x_0 + y, \quad x_0 \in M, \ y \in M^{\perp} \tag{3.3.4}$$

证明 若 $x \in M$，则可取 $x_0 = x$，这时 $y = 0$，且 $y \in M^{\perp}$；若 $x \notin M$，则根据上面的两个引理可知，在 M 中必存在 x_0，使得 $x - x_0 \perp M$。令 $y = x - x_0$，则 $y \in M^{\perp}$，于是定理得证。

3.4 内积空间的标准正交基

在欧氏空间中坐标系是一个非常有用的工具，用它可以很方便地表达其空间中的任意矢量。一个坐标系由一个归一化的正交矢量组构成，称为其中的一

个正交基。这种概念可推广到任意维的抽象内积空间中，也能起到类似的作用。

3.4.1　标准正交集

定义 3.11（标准正交集）　设 X 为内积空间，$M\subset x$，若 M 中的所有元素之间都是两两正交的，就称 M 为一正交集。若 M 中的每个元素的范数都等于 1，就称这些元素是归一化的。这时，所有 x，$y\in M$ 都有

$$\langle x,y\rangle=\begin{cases}0, & x\neq y\\ 1, & x=y\end{cases} \tag{3.4.1}$$

此时，我们就称 M 为标准正交集。如果标准正交集是可数的，就可以把它表示成序列的形式，如用 $\{e_n\}$ 表示，并称之为标准正交序列。

标准正交序列具有如下一些性质：

（1）任何标准正交序列都是线性无关的。事实上，取 M 中任意有限子集

$$\{e_1,e_2,\cdots,e_n\}$$

若 $\alpha_1e_1+\alpha_2e_2+\cdots+\alpha_ne_n=0$，则对每一个 $j=1$，2，…，n，都有

$$\alpha_j=\left\langle \sum_{i=1}^{n}\alpha_ie_i,e_j\right\rangle=\sum_{i=1}^{n}\alpha_i\langle e_i,e_j\rangle=0,\quad i\neq j$$

这说明为使序列的线性组合为零，只有令所有系数都等于零，而序列是线性无关的。

（2）若 $\{e_n\}$ 是标准正交序列，则每一个 $x\in \mathrm{Span}\{e_n\}$ 都可以唯一地表示为

$$x=\sum_{i=1}^{n}\langle x,e_i\rangle e_i \tag{3.4.2}$$

事实上，由于 $\{e_n\}$ 是线性无关序列，则每一个 $x=\mathrm{Span}\{e_n\}$ 都可表示为

$$x=\sum_{i=1}^{n}a_ie_i \tag{3.4.3}$$

由于

$$\langle x,e_j\rangle=\left\langle \sum_{i=1}^{n}a_ie_i,e_j\right\rangle=\alpha_j$$

证明式（3.4.2）成立。

（3）任何一个线性无关序列都可以通过格拉姆-施密特（Gram-Schmidt）过程使其正交归一化。

3.4.2　内积空间的标准正交基

定义 3.12（内积空间的完全标准正交序列、内积空间的标准正交基）　内积

空间中的标准正交序列 $\{e_n\}$ 称为完全（或完备）的，是指在 x 中不存在与所有 e_n 正交的非零元素。亦即，如果 $x\in X$ 且 $\langle x,e_n\rangle=0$，$n=1$，2，…，只有 $x=0$。

内积空间中的完全的标准正交序列就称作空间 X 的一个完全标准正交基，并简称标准正交基。

定理 3.8（帕塞瓦尔等式） 设 $\{e_n\}$ 为希尔伯特空间 X 中的标准正交序列，$x\in X$，则公式

$$\|x\|=\sum_{k=1}^{\infty}\mid\langle x,e_k\rangle e_k\mid^2 \tag{3.4.4}$$

成立的充分必要条件是序列 $\{e_n\}$ 是完全的。式（3.4.4）称为帕塞瓦尔（Parseval）等式。

为证明该定理，先证明以下引理。

引理 3.3 设 $\{e_n\}$ 是内积空间 X 中的标准正交序列，M 是由 $\{e_n\}$ 中 m 个矢量张成的线性子空间，即 $M=\text{Span}\{e_1,e_2,e_m\}$，则对任意的 $x\in X$，级数

$$x_0=\sum_{i=1}^{m}\langle x_i,e_i\rangle e_i \tag{3.4.5}$$

是 x 在 M 上的正交投影，而且有

$$\|x_0\|^2=\sum_{i=1}^{m}\mid\langle x,e_i\rangle\mid^2 \tag{3.4.6}$$

$$\|x-x_0\|^2=\|x\|^2-\|x_0\|^2 \tag{3.4.7}$$

证明 由于 M 为 X 的有限维子空间，故为一完备的亦即闭的线性子空间，故有 $x_0\in M$，又因

$$\begin{aligned}\langle x_0,e_i\rangle&=\left\langle\sum_{k=1}^{m}\langle x,e_k\rangle e_k,e_i\right\rangle\\&=\sum_{k=1}^{m}\langle x,e_k\rangle\langle e_k,e_i\rangle\\&=\langle x,e_i\rangle,\quad i=1,2,\cdots,m\end{aligned}$$

故有

$$\langle x,e_i\rangle-\langle x_0,e_i\rangle=\langle x-x_0,e_i\rangle=0$$

由此知，对 $\forall\, y\in M$，有 $y=\sum\limits_{k=1}^{m}\alpha_k e_k$，$\alpha_k\in K$，且

$$\begin{aligned}\langle x-x_0,y\rangle&=\left\langle x-x_0,\sum_{k=1}^{m}\alpha_k e_k\right\rangle\\&=\sum_{k=1}^{m}\alpha_k^*\langle x-x_0,e_k\rangle=0\end{aligned}$$

这说明 $(x-x_0)\perp M$，即 $(x-x_0)\in M^{\perp}$。令 $z=x-x_0$，则有

$$x=x_0+z,\quad x_0\in M,\ z\in M^{\perp}$$

也就是说，x_0 为 x 在 M 上的正交投影。

由于 $e_k(k=1,2,\cdots,m)$ 彼此正交，且满足勾股公式，故有

$$\begin{aligned}\|x_0\|^2 &= \|\sum_{k=1}^{m}\langle x,e_k\rangle e_k\ |^2=\sum_{k=1}^{m}\|\langle x,e_k\rangle\|^2\\ &=\sum_{k=1}^{m}\langle\langle x,e_k\rangle e_k,\langle x,e_k\rangle e_k\rangle\\ &=\sum_{k=1}^{m}\langle x,e_k\rangle\langle x,e_k\rangle^*\langle e_k,e_k\rangle\\ &=\sum_{k=1}^{m}|\langle x,e_k\rangle|^2\end{aligned}$$

此外，由于 $x_0\perp x-x_0$，则根据勾股公式有

$$\|x_0\|^2+\|x-x_0\|^2=\|x_0+x-x_0\|^2=\|x\|^2$$

故式（3.4.7）成立。

引理 3.4　若 $\{e_k\}$ 为内积空间 X 中的标准正交序列，$M=\mathrm{Span}\{e_1,e_2,\cdots,e_m\}$，$x\in M$，则对任意的数组（$\alpha_1,\alpha_2,\cdots,\alpha_m$）有

$$\|x-\sum_{k=1}^{m}\alpha_k e_k\|\geqslant\|x-\sum_{k=1}^{m}\langle x,e_k\rangle e_k\| \tag{3.4.8}$$

证明　令

$$c_k=\langle x,e_k\rangle,\quad x_0=\sum_{k=1}^{m}c_k e_k$$

由于

$$x-x_0=x-\sum_{k=1}^{m}c_k e_k\in M^{\perp},\quad x_0'=\sum_{k=1}^{m}\alpha_k e_k\in M$$

故

$$x-x_0'=\sum_{k=1}^{m}(c_k-\alpha_k)e_k\in M$$

利用勾股公式有

$$\begin{aligned}\|x-\sum_{k=1}^{m}\alpha_k e_k\|^2 &=\|x-\sum_{k=1}^{m}c_k e_k+\sum_{k=1}^{m}(c_k-\alpha_k)e_k\|^2\\ &=\|x-\sum_{k=1}^{m}c_k e_k\|^2+\|\sum_{k=1}^{m}(c_k-\alpha_k)e_k\|^2\\ &=\|x-\sum_{k=1}^{m}c_k e_k\|^2+\sum_{k=1}^{m}|(c_k-\alpha_k)|^2\\ &\geqslant\|x-\sum_{k=1}^{m}\langle x,e_k\rangle e_k\|^2\end{aligned}$$

证明定理 3.8：

充分性：设 $\{e_n\}$ 为希尔伯特空间 X 的完全标准正交序列，$M=\text{Span}\{e_n\}$，则 $\overline{M}=X$。因为若 $M\neq X$，则必存在 $x\in X-\overline{M}$，且 $x\neq 0$，并有分解式

$$x=x_0+y$$

其中，$x_0\in\overline{M}$，$y\perp\overline{M}$。显然 $y\neq 0$，而且 $\langle y,e_k\rangle=0(k=1,2,\cdots)$ 与序列 $\{e_n\}$ 的完全性假设相矛盾，因此有 $\overline{M}=X$，即 $\overline{M}$ 在 X 中稠密。据此可知，对任意 $x\in X$，给定 $\varepsilon>0$，必存在 $y'=\sum_{k=1}^{N}\alpha_k e_k\in M$，使得

$$\| x-y' \| = \| x-\sum_{k=1}^{N}\alpha_k e_k \| <\varepsilon$$

这是因为对任意的 $x\in X$，必然 $x\in\overline{M}$，于是对任意的 $\varepsilon>0$，$B(x,\varepsilon)\cap\overline{M}\neq\varnothing$。如果 $x\in M$，只要取 $y'=x$，如果 $x\notin M$，则必为 M 的聚点，在 $B(x,\varepsilon)$ 中必有 M 中的点，记作 y'，使得

$$d(x,y')=\|x-y'\|<\varepsilon$$

由式（3.4.8）知

$$\|x-\sum_{k=1}^{N}\langle x,e_k\rangle e_k\|\leqslant\|x-\sum_{k=1}^{N}\alpha_k e_k\|<\varepsilon$$

任取 $m>N$，并由第一个引理和勾股公式可得

$$\begin{aligned}\|x-\sum_{k=1}^{m}\langle x,e_k\rangle e_k\|^2&=\|x\|^2-\sum_{k=1}^{m}|\langle x,e_k\rangle|^2\\&\leqslant\|x\|^2-\sum_{k=1}^{N}|\langle x,e_k\rangle|^2\\&=\|x-\sum_{k=1}^{N_\infty}\langle x,e_k\rangle e_k\|^2<\varepsilon^2\end{aligned}$$

从而有

$$\|x-\sum_{k=1}^{m}\langle x,e_k\rangle e_k\|\to 0,\quad m\to\infty$$

亦即帕塞瓦尔等式成立。

必要性：已知对任意的 $x\in X$，有

$$\|x\|^2=\sum_{k=1}^{\infty}|\langle x,e_k\rangle|^2$$

若 $x\neq e_k$，但 $\langle x,e_k\rangle=0(k=1,2,\cdots)$，则由上式推知必有 $\| x \| =0$，从而$x=0$，因此根据定义 3.12，序列 $\{e_n\}$ 是完全的。

定理 3.9 若 $\{e_n\}$ 为无穷维内积空间 X 中的标准正交序列，$x\in X$，则有下列贝塞尔（Bessel）不等式成立：

$$\sum_{k=1}^{\infty} |\langle x, e_k \rangle|^2 \leqslant \|x\|^2 \tag{3.4.9}$$

证明　若

$$x_0 = \sum_{k=1}^{m} |\langle x, e_k \rangle e_k|$$

则根据式（3.4.7）有

$$\|x\|^2 - \|x_0\|^2 = \|x - x_0\|^2 \geqslant 0$$

亦即

$$\|x_0\|^2 \leqslant \|x\|^2$$

于是便有

$$\|x\|^2 \geqslant \left\|\sum_{k=1}^{m} \langle x, e_k \rangle e_k\right\|^2 = \sum_{k=1}^{m} |\langle x, e_k \rangle|^2$$

当 $m \to \infty$ 时，上式就变为（3.4.9）。

定理 3.10　如果 $\{e_n\}$ 是希尔伯特空间 X 中的完全标准正交基，则对任意的 $x \in X$ 都可表示为

$$x = \sum_{k=1}^{\infty} \langle x, e_k \rangle e_k \tag{3.4.10}$$

证明　由贝塞尔不等式（3.4.9）可知，级数 $\sum_{k=1}^{\infty} |\langle x, e_k \rangle|^2$ 是收敛的，因此部分和序列

$$S_n = \sum_{k=1}^{n} \langle x, e_k \rangle e_k, \quad n = 1, 2, \cdots$$

是 X 中的柯西列。由于 X 是完备的，故 S_n 收敛于某个 $x' \in X$，即

$$x' = \sum_{k=1}^{\infty} \langle x, e_k \rangle e_k$$

但因 $\{e_n\}$ 在 X 中是完全的，故

$$\begin{aligned}
\langle x - x', e_n \rangle &= \left\langle x - \sum_{k=1}^{\infty} \langle x, e_k \rangle e_k, e_n \right\rangle \\
&= \langle x, e_n \rangle - \left\langle \sum_{k=1}^{\infty} \langle x, e_k \rangle e_k, e_n \right\rangle \\
&= \langle x, e_n \rangle - \langle x, e_n \rangle = 0
\end{aligned}$$

由此可知，$x' = x$，于是证明了式（3.4.10）成立。

习惯上，式（3.4.10）称为广义傅里叶级数，$\langle x, e_k \rangle$ 即为傅里叶系数。

例如，设 $L^2[0, 2\pi]$ 为一实的希尔伯特空间，$x(t)$，$y(t) \in L^2[0, 2\pi]$，则其内积为

$$\langle x, y \rangle = \int_0^{2\pi} x(t) y(t) \mathrm{d}t$$

其中的一个标准正交基为

$$\{e_n\} = \left\{ \frac{1}{\sqrt{2\pi}}, \frac{1}{\sqrt{\pi}}\cos t, \frac{1}{\sqrt{\pi}}\sin t, \frac{1}{\sqrt{\pi}}\cos 2t, \frac{1}{\sqrt{\pi}}\sin 2t, \cdots, \frac{1}{\sqrt{\pi}}\cos nt, \frac{1}{\sqrt{\pi}}\sin nt, \cdots \right\}$$

则对任意的 $f(t) \in L^2\ [0,\ 2\pi]$，可以表示为

$$\begin{aligned} f(t) &= \sum_{k=1}^{\infty} \langle f, e_k \rangle e_k \\ &= \frac{1}{2\pi}\int_0^{2\pi} f(t)\mathrm{d}t + \sum_{k=1}^{\infty}\left(\frac{1}{\pi}\int_0^{2\pi} f(t)\cos kt\,\mathrm{d}t\right)\cos kt \\ &\quad + \sum_{k=1}^{\infty}\left(\frac{1}{\pi}\int_0^{2\pi} f(t)\sin kt\,\mathrm{d}t\right)\sin kt \end{aligned}$$

这就是 $f(t)$ 的傅里叶级数。

由此可以看出，把函数展开为广义傅里叶级数，从几何角度来看就是把 $f(t)$ 看成希尔伯特空间 $L^2[0,2\pi]$ 中的一个矢量，在其正交坐标系中进行正交分解，傅里叶系数就是该矢量在各个坐标方向的投影。贝塞尔不等式显示，只要 $f(t) \in L^2[0,2\pi]$，那么 $f(t)$ 关于 $L^2[0,2\pi]$ 中的标准正交基的广义傅里叶级数不仅按范数收敛，而且收敛于 $f(t)$ 自身。

定理 3.11（标准正交基的存在条件） 如果 X 是一个可分的希尔伯特空间，则在 X 上一定存在可数（离散）的标准正交基。

证明 由于 X 可分，则其中必存在稠密子集 $\{x_n\}$，那么 $\{x_n\}$ 张成的子空间 M 也在 X 中稠密，即有 $\overline{M}=X$。进而，通过格拉姆-施密特正交化程序可把 $\{x_n\}$ 转化为一个标准正交序列 $\{e_n\}$，而且 $\{e_n\}$ 张成的子空间也是 M。由此可推知帕塞瓦尔等式成立，亦即 $\{e_n\}$ 是完全的，也就是说 $\{e_n\}$ 为 X 的一个标准正交基。

3.5 赋范和内积空间中的逼近问题

逼近论的研究是用一类较熟悉而又简单的函数去逼近另一类函数的问题，或用有限维空间的矢量逼近无穷维空间矢量的问题。下面我们利用关于赋范空间和内积空间的知识对逼近问题进行一些讨论，它们对实际应用有重要的指导

作用。

3.5.1　赋范空间中的逼近

在赋范空间中，逼近理论要研究的问题是某类函数空间中的函数如何用其子空间中的函数来逼近。要考虑的问题是最佳逼近的存在性和唯一性，以及按照给定的判定准则去构造最佳逼近元的问题。

定义 3.13（最佳逼近）　设 M 是赋范空间 X 的一个固定的非空子空间，对于任意给定的 $x\in X$，x 到 M 的距离为

$$\rho=d(x,M)=\inf_{y\in M}\|x-y\|$$

若存在 $y_0\in M$，使得

$$\|x-y_0\|=\rho$$

就称 y_0 为 M 中对 x 的最佳逼近。

下面看两个简单的例子。

（1）设 $X=R^3$，其中任一元素为 $x=(\xi_1,\xi_2,\xi_3)$，M 为 $\xi_3=0$ 平面。给定一点 $x_0=(\xi_{10},\xi_{20},\xi_{30})$，由初等几何可以知道，它在 M 中的最佳逼近为 $y_0=(\xi_{10},\xi_{20},0)$。$x_0$ 到 M 的距离为 $d(x_0M)=|\xi_{30}|$，这正是 x_0 到 y_0 的距离。在这一问题中最佳逼近 y_0 是唯一的。

（2）设 $X=R^2$，$x=(\xi_1,\xi_2)\in R^2$，$\|x\|=|\xi_1|+|\xi_2|$，取 M 为对角线 $\{(\eta,\ \eta),\ \eta\in R\}$。取 $x=(-1,\ 1)$，$y=(\eta,\ \eta)\in M$，则因

$$\begin{aligned}\|x-y\|&=|-1-\eta|+|1-\eta|\\&=\begin{cases}(1+\eta)+(1-\eta)=2, & |\eta|\leqslant 1\\(1+\eta)+(\eta-1)=2\eta, & \eta>1\\(-1-\eta)+(1-\eta)=-2\eta, & \eta<-1\end{cases}\end{aligned}$$

于是 $d(x,M)=2$。x 在 M 上的最佳逼近点布满线段 $\{(\eta,\eta)=|\eta|\leqslant 1\}$，这样的最佳逼近就不是唯一的。

在后面这例中若取 M 为 ξ_1 轴，则最佳逼近为一点（$-1,0$），而当 M 为 ξ_1 的正半轴（不含 0 点）时，则 $x=(-1,1)$ 在 M 上没有最佳逼近。如此看来，最佳逼近是否存在、是否唯一与子空间 M 的结构有关。

定理 3.12（最佳逼近存在定理）　设 M 为赋范空间 X 的有穷维子空间，则对每一个 $x\in X$，必存在 M 中对 x 的最佳逼近。

证明　对于给定的 $x\in X$，考虑闭球

$$\widetilde{B}=\{y\mid y\in M,\ \|y\|\leqslant 2\|x\|\}$$

显然 $0\leqslant\widetilde{B}$，所以 x 到 $\widetilde{B}$ 的距离为

$$d(x,\widetilde{B})=\inf_{y\in\widetilde{B}}\|x-y\|\leqslant\|x-0\|=\|x\|$$

若 $y\in M$，但 $y\notin\widetilde{B}$，则 $\|y\|>2\|x\|$，且

$$\|x-y\|\geqslant\|y\|-\|x\|\geqslant\|x\|\geqslant d(x,\widetilde{B}) \tag{3.5.1}$$

对于 $y\in\widetilde{B}$，显然有

$$\|x-y\|\geqslant d(x,\widetilde{B}) \tag{3.5.2}$$

综合上述结果，对于任意 $y\in M$，恒有式（3.5.1）成立。由定义得

$$d(x,M)=\inf_{y\in M}\|x-y\|\geqslant d(x,\widetilde{B}) \tag{3.5.3}$$

但因为 $\widetilde{B}\subset M$，于是

$$d(x,M)\leqslant d(x,\widetilde{B}) \tag{3.5.4}$$

故由上两式可得出结论

$$d(x,M)=d(x,\widetilde{B}) \tag{3.5.5}$$

由式（3.5.1）可知，最佳逼近如果存在，必在 $\widetilde{B}$ 中。因为 M 是有穷维的，$\widetilde{B}$ 是 M 的有界闭子集，故 $\widetilde{B}$ 是紧的。在 $\widetilde{B}$ 上定义 $f(y)=\|x-y\|$，由于范数的连续性，则 $f(y)$ 是连续的，于是 f 在 $\widetilde{B}$ 上必取最小值，即存在 $y_0\in\widetilde{B}$，使得

$$\|x-y_0\|=\inf_{y\in\widetilde{B}}\|x-y\|=d(x,M)$$

考虑空间 $C[a,b]$，对于固定的 n，令

$$M=\mathrm{Span}\{x_1,x_2,\cdots,x_n\},\quad x_k(t)=t^k$$

于是 M 为 $C[a,b]$ 中的 $n+1$ 维子空间。由存在定理可知，对于给定的 $C[a,b]$ 上的连续函数 $x(t)$，必存在多项式 $P_n(t)$，使得对每一个 $y\in M$，有

$$\max_{a\leqslant t\leqslant b}|x(t)-P_n(t)|\leqslant\max_{a\leqslant t\leqslant b}|x(t)-y(t)|$$

关于最佳逼近的唯一性问题的讨论，涉及关于集合凸性的概念，首先对此作简要讨论。

定义 3.14（凸集） 设 M 为线性空间 X 的一个子集，若对任意的 x，$y\in M$ 都有

$$W=\{z\mid z=ax+(1-a)y,0\leqslant a\leqslant 1\}\subset M$$

就称 M 为 X 中的凸集。集合 W 叫做 M 中的一个闭线段，x 和 y 叫做线段 W 的边界点，W 中的其余点叫做 W 的内点。

显然，在 R^2 中圆、椭圆和正方形等都是 R^2 中的凸集，而五角星则不是凸集。对于抽象空间而言，任何线性空间及其中的线性子空间都是凸集，赋范空间中的开球与闭球也都是凸集。

定理 3.13（最佳逼近集合的凸性）　赋范空间 X 中固定子空间 $M \subset X$，给定点 $x \in X$ 在 M 中的最佳逼近的集合 Y 是一个凸集。

证明　若 Y 是空集或单点集，则论断显而易见是成立的。假定 Y 有一个以上的点，若仍用 ρ 表示 x 到 M 的距离，则对于 $y, z \in Y$，按定义有

$$\| x - y \| = \| x - z \| = \rho$$

这将意味着

$$w = ay + (1-a)z \in Y, \quad 0 \leqslant a \leqslant 1$$

由于 $w \in M$，故 $\| x - w \| \geqslant \rho$，又由于

$$\begin{aligned} \| x - w \| &= \| a(x-y) + (1-a)(x-z) \| \\ &\leqslant a \| x - y \| + (1-a) \| x - z \| \\ &= a\rho + (1-a)\rho = \rho \end{aligned}$$

因此 $w \in Y$。由于 y，z 是任意的，所以 Y 是凸的。

定义 3.15（严格凸性）　严格凸的范数是指这样一类范数，对于所有范数为 1 的 x 和 y 且 $x \neq y$，有

$$\| x + y \| < 2$$

具有这样范数的赋范空间就称严格凸的赋范空间。

定理 3.14（最佳逼近的唯一性）　设 X 是一严格凸的赋范空间，已知子空间 $M \subset X$，则 M 中对每个给定 $x \in X$ 的最佳逼近至多有一个。

证明　采用反证法，若 M 中有两个最佳逼近 y 和 z，且 $y \neq z$，则应有

$$0 < \| y - z \| \leqslant \| y - x \| + \| x - z \| = 2\rho$$

令

$$v_1 = \frac{x-y}{\rho}, \quad v_2 = \frac{x-z}{\rho}$$

从而有

$$\| v_1 \| = \| v_2 \| = 1, \quad v_1 \neq v_2$$

由定理 3.13 知，$\frac{1}{2}(y+z)$ 是最佳逼近，因此有

$$\left\| x - \frac{1}{2}(y+z) \right\| = \rho$$

所以

$$\left\| \frac{1}{2}v_1 + \frac{1}{2}v_2 \right\| = \frac{1}{\rho} \left\| x - \frac{1}{2}(y+z) \right\| = 1$$

由此得 $\| v_1 + v_2 \| = 2$，这与 X 是严格凸的赋范空间的假设相矛盾，故 M 对 X 至多存在一个最佳逼近。

3.5.2 希尔伯特空间中的逼近

引理 3.5（希尔伯特空间的严格凸性） 希尔伯特空间是严格凸的。

证明 对于一切范数等于 1 的 x 和 y 且 $x \neq y$，不妨设 $\| x - y \| = a > 0$，则利用平行四边形公式可得

$$\begin{aligned} \| x + y \|^2 &= - \| x - y \|^2 + 2(\| x \|^2 + \| y \|^2) \\ &= -a^2 + 2(1+1) < 4 \end{aligned}$$

于是有 $\| x + y \| < 2$，这就证明了希尔伯特空间是严格凸的赋范空间。

将引理 3.5 和定理 3.14 相结合就可说明下述定理的结论。

定理 3.15（希尔伯特空间中最佳逼近的唯一性） 设 H 是一希尔伯特空间，对每个给定的 $x \in H$ 和闭子空间 $M \subset H$，则 x 在 M 中有唯一的最佳逼近。

根据投影理论可知，在希尔伯特空间中最佳逼近为 $y = Px$，其中 P 是 H 到 M 上的投影。这样可表示为

$$x = y + z, \quad y \in M, z \in M^{\perp}$$

其中，z 就反映了逼近所产生的误差。由投影定理可知

$$z = (x - y) \perp y \text{ 或 } \langle x - y, y \rangle = 0$$

如果 M 是 n 维的，若已知其中的一个基

$$\{ y_1, y_2, \cdots, y_n \}$$

则很容易求得最佳逼近 y 的表示及逼近误差的估计。

首先，y 在已知 M 的基中可唯一地表示为

$$y = \sum_{i=1}^{n} \alpha_i y_i$$

因为 $(x - y) \perp M$，故有

$$\langle y_j, x - y \rangle = \left\langle y_j, x - \sum_{i=1}^{n} \alpha_i y_i \right\rangle = 0, \quad j = 1, 2, \cdots, n$$

由此可得到确定 α_i 的 n 个方程组，由该方程组的解就可唯一地确定 y。

第 4 章
线性算子和线性泛函

我们把空间之间元素的一定映射关系称为算子，而泛函则是一类特殊的算子。算子理论对电磁理论的发展有非常重要的作用。对于线性介质而言，麦克斯韦方程组是线性的，故由它衍生出来的诸多算子也是线性的。由于在实践中绝大部分问题只涉及线性介质，所以我们主要对线性算子感兴趣。本章我们将对与电磁理论有密切关系的线性算子和线性泛函进行重点研究。

4.1 线性算子

4.1.1 线性算子的一般概念

定义 4.1（线性算子） 设 X，Y 为同数域 K 上的两个线性空间，X 与 Y 之间的映射也称为算子。如果算子 T 是从 X 到 Y 的映射，则记作 $T:X\to Y$，并且有：

（1） T 的定义域 $D(T)$ 是 X 的线性子空间，T 的值域 $R(T)$ 包含在 Y 中，即 $R(T)\subset Y$。

（2） 对于 $\forall x$，$y\in D(T)$，任意 $\alpha\in K$，有

$$T(x+y)=Tx+Ty \tag{4.1.1}$$

$$T(\alpha x)=\alpha Tx \tag{4.1.2}$$

成立，则称 T 为线性算子。

上面的定义表明，T 在下述意义下保留了线性空间的两个线性运算：先在左面进行线性空间的代数运算（加法和数乘），然后将所得矢量映射到 Y 中，而

在右边先把矢量映射到 Y 中，然后在 Y 中进行矢量之间的代数运算，其结果相等。这种线性关系又可统一地表示为

$$T(\alpha x+\beta y)=\alpha Tx+\beta Ty,\quad x,y\in D(T),\alpha,\beta\in K \tag{4.1.3}$$

下面列举几个线性算子的实例，对它们的线性特点是熟知的。

1）恒等算子

设 X 为线性空间，恒等算子 I 是一种 $X\rightarrow X$ 的映射，把 X 中的任何矢量都映射为自己，即对每个 $x\in X$ 都有 $Ix=x$。

2）零算子

设 X 和 Y 为线性空间，零算子 0 是这样一种映射，把 X 中的任何元素都映射为 Y 中的 0，即对所有 $x\in X$ 都有 $0x=0\in Y$。

3）微分算子

设 $C'[a,b]$ 为定义在区间$[a,b]$ 上至少一次可微函数全体所构成的线性空间，算子

$$Tx(t)=\frac{\mathrm{d}x}{\mathrm{d}t},\quad x\in C'[a,b] \tag{4.1.4}$$

称为微分算子。根据微分运算的线性性质很容易理解它是一个线性算子。

4）积分算子

按下式定义的从 $C[a,b]$ 到其自身的映射

$$Tx(t)=\int_a^t x(\tau)\mathrm{d}\tau \tag{4.1.5}$$

称为积分算子，显然它也是一个线性算子。

定理 4.1 设 T 为线性算子，则有：

(1) 值域 $R(T)$ 为一线性空间；

(2) 若 $\dim D(T)=n<\infty$，则 $\dim R(T)\leqslant n$；

(3) 零空间 $N(T)$ 是一线性空间。

证明 (1) 任取 y_1，$y_2\in R(T)$ 和 α，$\beta\in K$，则存在 x_1，$x_2\in D(T)$，使得 $Tx_1=y_1$，$Tx_2=y_2$。由于 $D(T)$ 是线性空间，则必有 $\alpha x_1+\beta x_2\in D(T)$。又因 T 是线性的，则必有

$$T(\alpha x_1+\beta x_2)=\alpha Tx_1+\beta Tx_2=\alpha y_1+\beta y_2\in R(T)$$

因此 $R(T)$ 是线性的。

(2) 任取 $R(T)$ 中的 $n+1$ 个矢量 y_1，y_2，…，y_n，y_{n+1}，则存在 $n+1$ 个矢量 x_1，x_2，…，x_n，$x_{n+1}\in D(T)$，使得 $Tx_1=y_1$，$Tx_2=y_2$，…，$Tx_n=y_n$，$Tx_{n+1}=y_{n+1}$，由于 $\dim D(T)=n$，故矢量组 $\{x_1, x_2, \cdots, x_n, x_{n+1}\}$ 必是线性相关的，即存在不全为零的数列 $\{\alpha_1, \alpha_2, \cdots, \alpha_n, \alpha_{n+1}\}$，使得

$$\alpha_1 x_1 + \alpha_2 x_2 + \cdots + \alpha_n x_n + \alpha_{n+1} x_{n+1} = 0$$

把 T 作用于上式就可得

$$T(\alpha_1 x_1 + \alpha_2 x_2 + \cdots + \alpha_n x_n + \alpha_{n+1} x_{n+1}) = \alpha_1 y_1 + \alpha_2 y_2 + \cdots + \alpha_n y_n + \alpha_{n+1} y_{n+1} = 0$$

这说明矢量组 $\{y_1, y_2, \cdots, y_n, y_{n+1}\}$ 也是线性相关的。这也说明 $R(T)$中任一线性无关组所包含的矢量个数都不会等于或大于 $n+1$，于是有 $\dim R(T) \leqslant n$。

（3）所谓 T 的零空间是指如下的集合：

$$N(T) = \{x \mid x \in D(T), \ T(x) = 0\} \tag{4.1.6}$$

设 $x_1, x_2 \in N(T)$，即有 $Tx_1 = Tx_2 = 0$。由于 T 是线性的，故对任意的 α，$\beta \in K$都有

$$T(\alpha x_1 + \beta x_2) = \alpha T x_1 + \beta T x_2 = 0$$

这说明 $\alpha x_1 + \beta x_2 \in N(T)$，故 $N(T)$ 为线性空间。

4.1.2　麦克斯韦方程中的算子及麦克斯韦方程的算子形式

在麦克斯韦微分形式的方程组中包含几种形式的微分算子。根据以前的分析，由于受局部空间内电磁能量有限这一根本原理的支配，对于线性介质，我们要处理的电磁场量都可认为是矢量函数构成的希尔伯特线性空间，在频域这一空间可表示成 $L^2(\Omega)^3$。

显然，麦克斯韦方程组中最简单的是对时间 t 的微分算子 $\frac{\partial}{\partial t}$，这一算子对矢量函数的作用可定义为

$$\frac{\partial}{\partial t}: L^2(\Omega, t)^3 \to L^2(\Omega, t)^3$$

麦克斯韦方程组中的另外两个算子是矢量算子，一个是旋度算子 $\nabla\times$，另一个是散度算子 $\nabla\cdot$，它们的定义可表示为

$$\nabla\times: L^2(\Omega)^3 \to L^2(\Omega)^3$$

$$\nabla\cdot: L^2(\Omega)^3 \to L^2(\Omega)$$

显然，以上三种算子都是线性的。

除了以上已知算子，还可以定义一些新的算子来表示电磁场的规律。例如，电流连续性方程就可以通过一个四元矢量算子表示。这个算子定义为

$$\boldsymbol{u} = \left(\nabla, \frac{\partial}{\partial t}\right)$$

同时定义一个四元转置矢量 $\boldsymbol{i} = (\boldsymbol{J}, \rho)^{\mathrm{T}}$，则电流连续性方程可写成

$$\boldsymbol{u} \cdot \boldsymbol{i} = 0$$

因为

$$\boldsymbol{u}\cdot\boldsymbol{i}=\left(\nabla,\frac{\partial}{\partial t}\right)\cdot\begin{pmatrix}\boldsymbol{J}\\\rho\end{pmatrix}=\nabla\cdot\boldsymbol{J}+\frac{\partial\rho}{\partial t}=0 \tag{4.1.7}$$

此外，全部麦克斯韦方程也可以表示成另一种更简洁的算子形式。如定义算子

$$\boldsymbol{V}=\begin{pmatrix}\nabla\times\bar{\bar{I}} & \bar{\bar{I}}\frac{\partial}{\partial t}\\ 0 & \nabla\end{pmatrix}$$

和转置矢量

$$\boldsymbol{e}=(\boldsymbol{E},\boldsymbol{B})^{\mathrm{T}}$$
$$\boldsymbol{h}=(\boldsymbol{H},\boldsymbol{D})^{\mathrm{T}}$$

以及

$$K=\begin{pmatrix}1 & 0\\ 0 & -1\end{pmatrix}$$

则麦克斯韦方程组成为

$$\begin{cases}\boldsymbol{V}\cdot\boldsymbol{e}=0\\ (K\boldsymbol{V}K)\cdot\boldsymbol{h}=\boldsymbol{i}\end{cases} \tag{4.1.8}$$

以上所定义的算子显然也都是线性的。

4.1.3 逆算子

算子的求逆问题从应用的角度看有更重要的意义。首先需要讨论的是其存在的条件，以及所具有的重要性质。

定义 4.2（逆算子） 设 X、Y 为线性空间，T 为其上的线性算子，即有 $T:D(T)\subset X\rightarrow R(T)\subset Y$。如果 x_1、$x_2\in D(T)$，有

$$x_1\neq x_2 \quad \text{蕴涵} \quad Tx_1\neq Tx_2$$

则称 T 为双射的。显然这一结果等价于

$$Tx_1=Tx_2 \quad \text{蕴涵} \quad x_1=x_2$$

若 T 是双射的，则存在逆映射，并定义

$$S:R(T)\rightarrow D(T) \tag{4.1.9}$$

或

$$Sy=x,\quad y\in R(T),\ x\in D(T) \tag{4.1.10}$$

则称 S 为 T 的逆算子，并记作 $T^{-1}=S$。

由定义可知

$$T^{-1}Tx=T^{-1}y=x,\quad \forall x\in D(T) \tag{4.1.11}$$

$$TT^{-1}y=Tx=y,\quad \forall y\in R(T) \tag{4.1.12}$$

故有

$$T^{-1}T = TT^{-1} = I \tag{4.1.13}$$

定理 4.2（逆算子存在的充要条件）　若 X、Y 为同一数域上的线性空间，有线性算子 T 定义为

$$T: D(T) \subset X \to R(T) \subset Y$$

则：

（1）T^{-1}：$R(T) \to D(T)$ 存在的充要条件是

$$Tx=0 \quad \text{蕴涵} \quad x=0$$

即 T 的零空间仅由零矢量组成；

（2）若 T^{-1}存在，则 T^{-1}是线性的；

（3）若 $\dim D(T)=n<\infty$，T^{-1}存在，则

$$\dim R(T) = \dim D(T)$$

证明　（1）充分性。假设 $Tx=0$ 蕴涵 $x=0$，若有 $Tx_1=Tx_2$，则有

$$T(x_1 - x_2) = Tx_1 - Tx_2 = 0$$

即有 $x_1=x_2$，这就说明 $Tx_1=Tx_2$ 蕴涵 $x_1=x_2$，因而 T 是双射，故 T^{-1}存在。

必要性：若 T^{-1}存在，则 T 是双射的，即 $Tx_1=Tx_2$ 蕴涵 $x_1=x_2$。若令 $x_2=0$　则有 $T0=0$，从而 $Tx_1=0$，$x_1=0$，这就是必要条件。

（2）假定 T^{-1}存在，任取 y_1，$y_2 \in R(T)$，则存在 x_1，$x_2 \in D(T)$，使得 $y_1=Tx_1$，$y_2=Tx_2$，亦即有 $x_1=T^{-1}y_1$，$x_2=T^{-1}y_2$，对任意 α、$\beta \in K$，由于 T 是线性的，故有

$$\alpha_1 y_1 + \beta y_2 = \alpha Tx_1 + \beta Tx_2 = T(\alpha x_1 + \beta x_2)$$

因此

$$T^{-1}(\alpha y_1 + \beta y_2) = \alpha x_1 + \beta x_2 = \alpha T^{-1} y_1 + \beta T^{-1} y_2$$

又可以证明 T^{-1}的定义域 $D(T^{-1})=R(T)$ 是线性空间，故 T^{-1}是线性的。

（3）定理 4.1 已证明，若 $\dim D(T)=n$，则 $\dim R(T) \leqslant n$，也就是说，总有

$$\dim R(T) \leqslant \dim D(T)$$

现在 T^{-1}是线性的，故同理应有

$$\dim R(T^{-1}) \leqslant \dim D(T^{-1})$$

而

$$\dim R(T^{-1}) = \dim D(T), \ \dim D(T^{-1}) = \dim R(T)$$

由此得知

$$\dim R(T) = \dim D(T)$$

4.2 有界线性算子

利用赋范空间中范数的概念可以讨论线性算子的有界性。有界线性算子是研究最多的一类算子，对其性质已经有了很充分的了解。因为无界算子在一定条件下具有与有界算子类似的性质，所以就更加突出了研究有界线性算子的重要性。

4.2.1 有界线性算子

定义 4.3（有界线性算子） 设 X、Y 是同一数域 K 上的赋范线性空间，$T:D(T)\subset X\to Y$ 为线性算子。如果存在常数 $C>0$，使得对一切 $x\in D(T)$ 有

$$\| Tx \|_Y \leqslant C \| x \|_X \tag{4.2.1}$$

那么就称 T 为有界线性算子，否则称为无界的。在式（4.2.1）中范数的下角标是指明该范数所定义的空间，在不会引起混乱的情况下这些角标往往被省略，如写成 $\| Tx \| \leqslant C \| x \|$。

由定义可知，有界线性算子是指 $D(T)$ 中有界集的像在 Y 中亦为有界集的一类算子 T，这正是有界算子这一名称的来源。算子的有界性和函数的有界性的定义是不同的，在微积分中有界函数是指值域有界。例如，函数 $f(x)=x$ 是 R 到 R 的映射，作为线性算子是有界的，但却不是 R 上的有界函数。

其他有界线性算子的例子有：

（1）恒等算子。由于满足 $Tx=x$，故有

$$\| Tx \| = \| x \|$$

因而是有界的。

（2）零算子。由于满足 $Tx=0$，故有

$$\| Tx \| = \| 0 \| = 0$$

因而也是有界的。

（3）积分算子。

$$Tx(t) = \int_a^t x(\tau)\mathrm{d}\tau, \quad \forall x \in C[a,b]$$

是 $C[a,b]$ 到自身的线性算子，按 $C[a,b]$ 中的范数定义有

$$\| x \| = \max_{a\leqslant t\leqslant b} | x(t) |$$

故知

$$\| T(x) \| = \max_{a\leqslant t\leqslant b} \left| \int_a^t x(\tau)\mathrm{d}\tau \right| \leqslant \max_{a\leqslant t\leqslant b}\int_a^t |x(\tau)| \mathrm{d}\tau$$
$$\leqslant \| x \| \int_a^b \mathrm{d}\tau = (b-a) \| x \|$$

可见这样的积分算子 T 是有界的。

下面的微分算子却是无界的。

设有算子 $T:C^1[a,b]\subset C[a,b] \to C[a,b]$，且

$$Tf=\frac{\mathrm{d}}{\mathrm{d}x}f(x), \quad f(x)\in C^1[a, b]$$

这样的算子 T 不是有界的。例如，有 $f_n(x)=\sin\left(n\pi \frac{x-a}{b-a}\right)$，因 $\| f_n \| =1$，故 $\{f_n(x)\}$ 为有界集，但

$$\|Tf_n\|=\max_{a\leqslant t\leqslant b}\left| \frac{n\pi}{b-a}\cos\left(n\pi \frac{x-a}{b-a}\right) \right|$$
$$=\frac{n\pi}{b-a}\to\infty, \quad n\to\infty$$

却是无界的，故 T 是一无界线性算子。一般来讲，无限维空间中微分算子通常都是无界的。

定理 4.3（有限维空间上的线性算子是有界的）　如果赋范空间 X 是有限维的，则 X 上的每一个线性算子都是有界的。

证明　首先，有限维线性空间上的线性算子都可以通过一个有限阶矩阵表示出来，这样的矩阵表示的算子又一定是有界的，故定理成立。

4.2.2　线性算子的连续性

关于映射（算子）的连续性已有定义，现在讨论连续的条件及其他性质。

定理 4.4（算子的连续性）　设 X，Y 是线性赋范空间，T：$D(T)\subset X\to Y$ 是线性算子。若 T 在某一点 $x_0\in D(T)$ 连续，则 T 在 $D(T)$ 上是连续的，亦即在定义域的某一点连续，则在全定义域处处连续。

证明　对任意的 $x\in D(T)$，若 $x_n\in D(T)$，$x_n\to x$，那么就有

$$x_n-x\to 0, \quad x_0+(x_n-x)\to x_0$$

又因 T 在 x_0 连续，故有

$$\| T(x_0+(x_n-x)) - Tx_0 \| \to 0$$

又因为 T 是线性的，则

$$\| T(x_n-x) \| = \| Tx_n-Tx \| \to 0$$

这说明 $x_n\to x$ 蕴涵 $Tx_n\to Tx$。由此得知，T 在 x 是连续的。因为 x 是任意的，

说明 T 在 $D(T)$ 上处处连续。

定理 4.5（连续性与有界性） 设 X，Y 是赋范线性空间，$T:D(T)\subset X\to Y$ 是线性算子，则 T 为连续的充分必要条件是 T 是有界的。

证明 必要性。设 T 在 $D(T)$ 上连续，则 T 在 $0\in D(T)$ 点必是连续的。因此，任给 $\varepsilon>0$，存在 $\delta>0$，使得满足

$$\| x-0 \| = \| x \| <\delta$$

的所有 $x\in D(T)$ 有

$$\| Tx-T0 \| = \| Tx \| <\varepsilon$$

现在任取 $y\in D(G)$，$y\neq 0$，令 $x=\frac{\delta}{2\| y \|}y$，则

$$\| x \| =\frac{\delta}{2}<\delta$$

由于 T 在 0 点是连续的，则

$$\| Tx-T0 \| = \| T\left(\frac{\delta}{2\| y \|}y\right) \| =\frac{\delta}{2\| y \|} \| Ty \| <\varepsilon$$

由此知

$$\|Ty\|\leqslant C\|y\|,\quad C=\frac{2\varepsilon}{\delta}$$

对于 $y=0$，上式显然也成立。由于 ε 和 δ 为同级无穷小量，故 C 为有界正数。所以，以上结果表明 T 是有界的。

充分性。设 T 是有界的，即存在 $C>0$，对一切 $x\in D(T)$ 有

$$\| Tx_n \| \leqslant C \| x \|$$

任取 $x_n\in D(T)$，且 $x_n\to 0$，则

$$\| Tx \| \leqslant \| Tx_n \| \to 0$$

由于 $T0=0$，即有

$$\| Tx_n-T0 \| \to 0$$

因此 T 在 $0\in D(T)$点连续，亦即 T 在 $D(T)$上连续。

定理 4.6（零空间的闭性） 设 T 是有界线性算子，则 T 的零空间 $N(T)$ 是闭的。

证明 由于对每个 $x\in N(T)$都在 $N(T)$中存在序列 $\{x_n\}$，使得 $x_n\to x$，因此

$$\| Tx_n-Tx \| = \| T(x_n-x) \| \leqslant \| T \| \| x_n-x \| \to 0$$

故有

$$Tx_n=Tx$$

也就有

$$Tx_n=0,\quad Tx=0$$

从而知 $x\in N(T)$，由于 $x\in N(T)$ 是任意的，故知 $N(T)$ 是闭的。

4.2.3 线性算子空间

如果我们把有界线性算子全体看成一个集合，并在其中定义代数运算，就可得到一个由有界算子作为元素的线性空间，进而再在该空间中定义范数，就可成为赋范空间。在这种算子空间中研究算子也会有重要收获。

定理 4.7（线性算子空间） 设 X，Y 是定义在数域 K 上的赋范线性空间，$B(X,Y)$ 是定义在全空间 X 上值域在 Y 中的有界线性算子的全体。若在$B(X,Y)$上定义如下的代数运算：

$$(T_1+T_2)x=T_1x+T_2x, \quad T_1,T_2\in B(X,Y),x\in X$$

$$(\alpha T)x=\alpha Tx, \quad \alpha\in K,T\in B(X,Y),x\in X$$

则 $B(X,Y)$ 成为一线性空间。

若再定义 T 的范数为

$$\|T\|=\sup_{\substack{x\in X\\ x\neq 0}}\frac{\|Tx\|}{\|x\|}, \quad T\in B(X,Y) \tag{4.2.2}$$

则 $B(X,Y)$ 又成为一个赋范线性空间。这样的空间称为线性算子空间。

由式（4.2.2）立即又可以得到

$$\|T\|\geqslant\frac{\|Tx\|}{\|x\|}, \quad x\neq 0 \tag{4.2.3}$$

证明 首先证明 $B(X,Y)$为线性空间，即要证明 T_1+T_2 和 αT 是 $X\to Y$ 的有界线性算子。

设 x_1，$x_2\in X$，$\alpha\in K$，根据定义有

$$\begin{aligned}(T_1+T_2)(x_1+x_2)&=T_1(x_1+x_2)+T_2(x_1+x_2)\\&=T_1x_1+T_1x_2+T_2x_1+T_2x_2\\&=(T_1+T_2)x_1+(T_1+T_2)x_2\\(T_1+T_2)(\alpha x_1)&=T_1(\alpha x_1)+T_2(\alpha x_1)\\&=\alpha T_1x_1+\alpha T_2x_1\\&=\alpha(T_1+T_2)x_1\end{aligned}$$

这就说明 T_1+T_2 和 αT 都是 X 上的线性算子。又因

$$\begin{aligned}\|(T_1+T_2)x\|&\leqslant\|T_1x\|+\|T_2x\|\\&\leqslant\|T_1\|\ \|x\|+\|T_2\|\ \|x\|\\&=(\|T_1\|+\|T_2\|)\|x\|\\\|\alpha Tx\|&=|\alpha|\ \|Tx\|\leqslant|\alpha|\ \|T\|\ \|x\|\end{aligned}$$

这又说明 T_1+T_2 和 αT 是有界的。

为证明 $B(X,Y)$ 为赋范空间，只需证明所定义的范数 $\|T\|$ 满足范数的四个条件。

由有界算子的定义可知，只要 $x\neq 0$，就有

$$\frac{\|Tx\|}{\|x\|}\leqslant C$$

其中，C 为有界的，且有

$$\|T\|=\sup_{\substack{x\in X\\ x\neq 0}}\frac{\|Tx\|}{\|x\|}\geqslant 0$$

其次，由式（4.2.2）可知，要 $\|T\|=0$，当且仅当每个 $x\in X$ 有 $\|Tx\|=0$。而要 $\|Tx\|=0$，必须且仅需 $T=0$。

另外

$$\begin{aligned}\|\alpha T\|&=\sup_{\substack{x\in X\\ \|x\|=1}}\|(\alpha T)x\|=|\alpha|\sup_{\substack{x\in X\\ \|x\|=1}}\|Tx\|\\&=|\alpha|\ \|T\|\end{aligned}$$

这是因为对于 x，$y\in X$，存在下列不等式：

$$\begin{aligned}\|T\|&=\sup_{x\neq 0}\frac{\|Tx\|}{\|x\|}\geqslant\sup_{\substack{x\neq 0\\ \|x\|\leqslant 1}}\frac{\|Tx\|}{\|x\|}\\&\geqslant\sup_{\|x\|\leqslant 1}\|Tx\|\geqslant\sup_{\|x\|=1}\|Tx\|\\&=\sup_{y\neq 0}\left\|T\frac{y}{\|y\|}\right\|\\&=\|T\|\end{aligned}$$

这说明

$$\|T\|\geqslant\sup_{\|x\|=1}\|Tx\|=\|T\|$$

$$\|T\|\geqslant\sup_{\|x\|\leqslant 1}\|Tx\|\geqslant\|T\|$$

故只能

$$\|T\|=\sup_{\|x\|=1}\|Tx\| \tag{4.2.4}$$

$$\|T\|=\sup_{\|x\|\leqslant 1}\|Tx\| \tag{4.2.5}$$

这可作为 $\|T\|$ 的不同的表示形式。

由此我们就有

$$\begin{aligned}\|T_1+T_2\|&=\sup_{\substack{x\in X\\ \|x\|=1}}\|(T_1+T_2)x\|\\&\leqslant\sup_{\substack{x\in X\\ \|x\|=1}}\|T_1x\|+\sup_{\substack{x\in X\\ \|x\|=1}}\|T_2x\|\end{aligned}$$

$$= \| T_1 \| + \| T_2 \|$$

这就证明了 $B(X,Y)$ 按给定的范数成为赋范空间。

进一步还可证明，如果 Y 是巴拿赫空间，则 $B(X,Y)$ 也是巴拿赫空间，这一点由下面的定理给出证明。

定理 4.8 ($B(X,Y)$ 的完备性)　设给定线性算子空间 $B(X,Y)$，如果 Y 是巴拿赫空间，则 $B(X,Y)$ 也是巴拿赫空间。

证明　设 $\{T_n\}$ 是 $B(X,Y)$ 中的任意柯西序列，故对于每个 $\varepsilon>0$，存在 $N>0$，使得当 m，$n>N$ 时，总有

$$| T_n - T_m | < \varepsilon$$

因此，对于任意给定的 $x \in X$ 及 $\varepsilon>0$，若 $x\neq 0$，取 $\varepsilon=\dfrac{\varepsilon'}{\| x \|}$，则有

$$\begin{aligned} \|T_n x - T_m x\| &= \|(T_n - T_m)x\| \leqslant \|T_n - T_m\|\|x\| \\ &< \varepsilon\|x\| = \varepsilon', \quad m,n>N \end{aligned} \tag{4.2.6}$$

即使 $x=0$，上式也成立。于是，$\{T_n x\}$ 是 Y 中的柯西序列。

由于 Y 完备，所以 $T_n x \to y \in Y$，y 是由 x 确定的，于是就定义了一个算子 $T:X\to Y$，即

$$y = Tx = \lim_{n\to\infty} T_n x, \quad x \in X$$

因为 T_n 是线性的，则有

$$\begin{aligned} T(\alpha x_1 + \beta x_2) &= \lim_{n\to\infty} T_n(\alpha x_1 + \beta x_2) \\ &= \alpha \lim_{n\to\infty} T_n x_1 + \beta \lim_{n\to\infty} T_n x_2 \\ &= \alpha T x_1 + \beta T x_2, \quad x_1, x_2 \in X, \quad \alpha, \beta \in K \end{aligned}$$

这说明 T 是线性的。

在式 (4.2.6) 中令 $m\to\infty$，利用范数的连续性，可得

$$\|T_n x - Tx\| \leqslant \varepsilon \|x\|, \quad n>N, \quad x \in X \tag{4.2.7}$$

由此可知，当 $n>N$ 时，$(T_n - T)$ 是有界线性算子。由于 T_n 是有界的，$B(X,Y)$ 是线性空间，所以

$$T = T_n - (T_n - T)$$

也是有界的，于是 $T\in B(X,Y)$，由式 (4.2.7) 又可得

$$\|T_n - T\| < \varepsilon, \; n>N$$

故知 T_n 按范数收敛于 T，即 $T_n \to T$。这就说明 $B(X,Y)$ 是完备的，亦即为巴拿赫空间。

4.3 有界线性泛函和对偶空间

以映射的角度看，泛函不过是值域落在 R 或 C 内的算子而已，但它具有特殊意义。正因为泛函也是一种算子，特别是当讨论有界线性泛函时，上面的定义和定理都适用。

4.3.1 有界线性泛函

定义 4.4（线性泛函） 设 X 为线性空间，f 为从 $D(f)\subset X$ 到数域 K 的线性算子，则称 f 为线性泛函。$D(f)$ 为泛函 f 的定义域，而

$$R(f)=\{f(x) \mid x\in D(f)\}$$

为 f 的值域，$R(f)\subset K$。

由定义可知，值域在数域中的算子称为泛函。如果 K 为 R，称为实泛函；若 K 为 C，则称之为复泛函。

定义 4.5（有界线性泛函） 设 X 为 K 上的赋范线性空间，f:$D(f)\subset X\to K$ 是线性泛函。如果存在常数 $C>0$，使得对所有 $x\in D(f)$ 有

$$|f(x)|\leqslant C\|x\| \tag{4.3.1}$$

则称 f 为有界线性泛函，其范数与以前对算子定义的范数相同，即

$$\begin{aligned}\|f\|&=\sup_{\substack{x\in D(f)\\ x\neq 0}}\frac{|f(x)|}{\|x\|}=\sup_{\substack{x\in D(f)\\ \|x\|=1}}|f(x)|\\&=\sup_{\substack{x\in D(f)\\ \|x\|\leqslant 1}}|f(x)|\end{aligned} \tag{4.3.2}$$

从而有

$$|f(x)|\leqslant\|f(x)\|\ \|x\|,\quad \forall x\in D(f) \tag{4.3.3}$$

下面举一些经常遇到的线性泛函的例子。

(1) R^n 中矢量的点积。设 $\alpha=(\alpha_1,\alpha_2,\cdots,\alpha_n)$ 为 R^n 中的一固定矢量，$x=(\xi_1,\xi_2,\cdots,\xi_n)$ 为 R^n 中的任意矢量，则

$$f(x)=\alpha x=\alpha_1\xi_1+\alpha_2\xi_2+\cdots+\alpha_n\xi_n$$

定义了一个泛函 f:$R^n\to R$，这样的 f 为有界线性泛函。

f 为线性是显然的，主要是要证明其有界性。事实上，利用柯西-施瓦茨不等式（2.5.6）直接可得

$$|f(x)|=|\alpha x|\leqslant|\alpha|\ \|x\|$$

这就说明 $f(x)$ 是有界的。

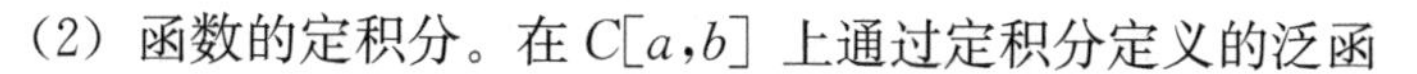

(2) 函数的定积分。在 $C[a,b]$ 上通过定积分定义的泛函

$$f(x)=\int_a^b x(t)\mathrm{d}t$$

为 $f:C[a,b]\to R$ 是线性有界的。

我们对定积分的线性关系是熟知的。由于

$$\begin{aligned}|f(x)|&=\left|\int_a^b x(t)\mathrm{d}t\right|\leqslant\int_a^b |x(t)|\mathrm{d}t\\&\leqslant(b-a)\max_{a\leqslant t\leqslant b}|x(t)|\\&=(b-a)\|x\|\end{aligned}$$

即 f 还是有界的。

(3) 线性算子所定义的泛函。设有一线性算子 $A:L^2(\Omega)\to L^2(\Omega)$，其中

$$D(A)=\{x \mid x,\ Ax\in L^2(\Omega)\}$$

若 $y(t)\in L^2(\Omega)$ 为一固定函数，则对所有 $x\in L^2(\Omega)$，以下内积定义一个 $L^2(\Omega)$ 上的有界线性泛函。

$$\langle Ax,y\rangle=\int_\Omega (Ax)(t)y^*(t)\mathrm{d}\Omega$$

(4) 矢量算子所定义的泛函。在电磁理论中经常遇到矢量微分算子 A: $L^2(\Omega)^3\to L^2(\Omega)^3$，其中

$$(A\boldsymbol{x})(\boldsymbol{t})=\nabla\times\nabla\times\boldsymbol{x}(\boldsymbol{t})$$
$$D(A)=\{\boldsymbol{x}\mid \boldsymbol{x},\nabla\times\nabla\times\boldsymbol{x}\in L^2(\Omega)^3\}$$

对于确定的 $\boldsymbol{y}(\boldsymbol{t})\in L^2(\Omega)^3$ 和所有 $\boldsymbol{x}(\boldsymbol{t})\in L^2(\Omega)^3$，内积

$$\langle A\boldsymbol{x},\boldsymbol{y}\rangle=\int_\Omega(\nabla\times\nabla\times\boldsymbol{x})\cdot\boldsymbol{y}^*\mathrm{d}\Omega$$

定义一个 $L^2(\Omega)^3$ 上的线性泛函。

当然有些泛函并不是线性的，即使它是有界的。赋范线性空间中的范数就是这样一种泛函。

设 X 为一赋范线性空间，其中定义的范数 $\|x\|$ 满足

$$f=\|x\|:X\to R,\quad \forall x\in X$$

它显然是有界的，但却不是线性的。

若取 $x\neq0$，由于 $0=x+(-x)$，若 f 是线性的，则有

$$\begin{aligned}f(0)&=f(x+(-x))\\&=f(x)+f(-x)\\&=\|x\|+\|-x\|\\&=2\|x\|\neq0\end{aligned}$$

这与 $\|0\|=0$ 相矛盾，矛盾的来源是假定 f 为线性的，所以 f 不是线性的。

由于泛函只是算子的一种，故关于线性算子的连续性的理论也适用于线性泛函。由此我们知道，在赋范线性空间 X 中定义域为 $D(f)\subset X$ 的线性泛函 f 连续的充分必要条件是 f 有界。此外，只要线性泛函 f 在 $D(f)$ 中的某一点连续，则 f 在整个 $D(f)$ 上连续。

4.3.2 对偶空间

由于线性泛函也是线性算子，故同样也可以定义线性泛函空间，并称之为对偶空间。

定义 4.6（对偶空间） 当赋范线性空间 X 上定义的线性算子空间 $B(X,Y)$ 中的元素为有界线性泛函，并按范数定义构成赋范空间时，便称之为 X 的对偶（共轭）空间，并用 X^* 表示。所以对偶空间是一种特殊的线性算子空间。

对于泛函而言，空间 Y 不是 R 就是 C，它们都是巴拿赫空间。根据定理 4.8，不管 X 是否是完备的，X^* 总是巴拿赫空间。

下面举几个常见的对偶空间的例子。

（1）R^n 的对偶空间是 R^n 自身。前面已经证明，在 R^n 中任意给定矢量

$$\alpha=(\alpha_1,\alpha_2,\cdots,\alpha_n)$$

可确定一个有界线性泛函

$$f(x)=\sum_{i=1}^{n}\alpha_i\xi_i,\quad x=(\xi_1,\xi_2,\cdots,\xi_n)\in R^n \tag{4.3.4}$$

进而又可以证明，R^n 上的任一有界线性泛函 $f(x)$ 都具有式（4.3.4）的形式。

设 $\{e_n\}$ 为 R^n 上的标准正交基，则任意的 $x\in R^n$ 都可表示成

$$x=\xi_i e_i$$

令 $f(e_i)=\alpha_i(i=1,2,\cdots,n)$，因为 f 是线性的，便有

$$f(x)=\sum_{i=1}^{n}\xi_i f(e_i)=\sum_{i=1}^{n}\alpha_i\xi_i$$

所以，这就是 R^n 上有界线性泛函的一般表示形式，它构成 R^n 上的对偶空间 $(R^n)^*$。

现在定义一映射 $T(R^n)^*\to R^n$，则

$$\begin{aligned}Tf&=(f(e_1),f(e_2),\cdots,f(e_n))\\&=(\alpha_1,\alpha_2,\cdots,\alpha_n)\\&=\alpha,\quad \alpha\in R^n,f\in(R^n)^*\end{aligned}$$

显然，这样的 T 是线性的，而且为双射。进而，由于

$$\|Tf\|=\left(\sum_{i=1}^{n}|f(e_i)|^2\right)^{\frac{1}{2}}$$

$$\|x\|=\left(\sum_{i=1}^{n}|\xi_i|^2\right)^{\frac{1}{2}}$$

$$\begin{aligned}\|f\|&=\sup_{x\neq0}\frac{|f(x)|}{\|x\|}=\sup_{x\neq0}\frac{\left|\sum_{i=1}^{n}\xi_i f(e_i)\right|}{\left(\sum_{i=1}^{n}|\xi_i|^2\right)^{\frac{1}{2}}}\\&\leqslant\sup_{x\neq0}\frac{\left(\sum_{i=1}^{n}|\xi_i|^2\right)^{\frac{1}{2}}\left(\sum_{i=1}^{n}|f(e_i)|^2\right)^{\frac{1}{2}}}{\left(\sum_{i=1}^{n}|\xi_i|^2\right)^{\frac{1}{2}}}\\&=\|Tf\|\end{aligned}\tag{4.3.5}$$

若取

$$x_0=\frac{1}{\left(\sum_{i=1}^{n}|f(e_i)|^2\right)^{\frac{1}{2}}}(f(e_1),f(e_2),\cdots,f(e_n))$$

则显然有 $\|x_0\|=1$，故利用 $\|f\|$ 的另一种表示形式，有

$$\begin{aligned}\|f\|&=\sup_{\|x\|=1}|f(x)|\geqslant|f(x_0)|\\&=\sum_{i=1}^{n}\frac{f(e_i)}{\left(\sum_{i=1}^{n}|f(e_i)|^2\right)^{\frac{1}{2}}}\cdot f(e_i)\\&=\left(\sum_{i=1}^{n}|f(e_i)|^2\right)^{\frac{1}{2}}\\&=\|Tf\|\end{aligned}\tag{4.3.6}$$

比较式（4.3.5）和式（4.3.6）可知必有

$$\|Tf\|=\|f\|$$

这种范数不变的映射称为保范映射。这样的两个赋范空间 $(R^n)^*$ 和 R^n 称为同构的赋范空间。在同构意义下便有

$$(R^n)^*=R^n$$

也正是在此意义下认为 R^n 的对偶空间就是 R^n 本身。

（2）l^p 的对偶空间是 l^q，其中 $1<p<\infty$ 且 p，q 满足

$$\frac{1}{p}+\frac{1}{q}=1\tag{4.3.7}$$

这一问题的证明省略。

（3）$L^p[a,b]$ 的对偶空间为 $L^q(a,b)$，其中 $1\leqslant p<\infty$，而且 p，q 满足式（4.3.7）。这里对偶的具体含义是，$L^p[a,b]$ 上的有界线性泛函 f 与 $L^q[a,b]$ 中的元素 y 之间有一一对应的关系，其中 f 的定义为

$$f(x)=\int_a^b x(t)y(t)\mathrm{d}t, \quad x(t)\in L^p[a,b], y(t)\in L^q[a,b]$$

并且有 $\|f\|=\|y\|$。

从上面所举的例子可以看出，除了 R^n 的对偶空间为其自身外，当 $p=2$ 时 l^2 和 $L^2[a,b]$ 的对偶空间也是它们自己。这里的 R^n、l^2 和 $L^2[a,b]$ 都是希尔伯特空间，这是否有普遍意义呢？事实上，希尔伯特空间的对偶空间就是它自己。对于这种情况，希尔伯特空间是自对偶的。若用 H 表示希尔伯特空间，则上述结论可以表示为 $H^*=H$，这样 H^* 与 H 就同一化了。

4.3.3 希尔伯特空间上泛函的一般形式

泛函分析理论告诉我们，任何一个非空的赋范线性空间一定存在着有界线性泛函，其数量不少于空间中元素的个数。也就是说，非空的赋范线性空间的对偶空间也是非空的赋范线性空间，而且其基数不少于原空间的基数。既然有界线性泛函是普遍存在的，那么它们是否有一般的表示形式呢？下面的定理将回答这一问题。

定理 4.9（里斯（Riesz）表现定理） 希尔伯特空间 H 上任一有界线性泛函 f 可由内积表示，即

$$f(x)=\langle x,z\rangle, \quad \forall x\in H \tag{4.3.8}$$

其中 $z\in H$ 依赖于 f，并由 f 唯一地确定。其范数为

$$\|z\|=\|f\| \tag{4.3.9}$$

证明 (1) 存在性。若 $f=0$，则可取 $z=0$；若 $f\neq 0$，为使式（4.3.8）成立，需 $z\neq 0$。

对所有使 $f(x)=0$ 的 x 有 $\langle x,z\rangle=0$。令

$$N(f)=\{x \mid f(x)=0, \ x\in H\}$$

称为 $f(x)$ 的零空间。它是一闭的线性空间。由于 $\langle x,z\rangle=0$，故 $z\perp N(f)$。若有 $f(x)\neq 0$，则存在 $x\notin N(f)$，故 $N(f)\neq H$。于是 $N(f)^{\perp}\neq\{\ \}$，因此存在一个 $z_0\in N(f)^{\perp}$，且 $z_0\neq 0$。设

$$v=f(x)z_0-f(z_0)x, \quad x\in H$$

则有

$$f(v)=f(x)f(z_0)-f(z_0)f(x)=0$$

这说明 $v\in N(f)$，故 $v\perp z_0$，因而有

$$\langle v,z_0\rangle=f(x)\langle z_0,z_0\rangle-f(z_0)\langle x,z_0\rangle=0$$

因为 $z_0\neq 0$，则必有 $\langle z_0,z_0\rangle=\|z_0\|^2\neq 0$。由上式解出

$$f(x)=\frac{f(z_0)}{\| z_0 \|^2}\langle x, z_0\rangle \tag{4.3.10}$$

取 $z_0=\frac{\| z_0 \|^2}{f^*(z_0)}z$，则有

$$\langle x,z_0\rangle=\left\langle x,\frac{\|z_0\|^2}{f^*(z_0)}z\right\rangle=\frac{\|z_0\|^2}{f(z_0)}\langle x, z\rangle$$

把这一结果代入式（4.3.10）就可得到

$$f(x)=\langle x,z\rangle$$

（2）唯一性。假设还有一个 z' 对所有 $x\in H$，有

$$f(x)=\langle x,z'\rangle$$

则应有

$$\langle x,z'\rangle=\langle x,z\rangle$$

于是

$$\langle x,z-z'\rangle=0$$

该式对任意的 $x\in H$ 都成立，于是可选择特殊的 $x=z-z'$，则有

$$\langle x,x\rangle=\|x\|^2=\|z-z'\|^2=0$$

由此推知，必有 $z-z'=0$，也就是 $z'=z$，即 z 是唯一的。

（3）现在证明 $\| z \| = \| f \|$。由施瓦茨不等式可得

$$| f(x) | = | \langle x,z\rangle | \leqslant\|x\|\|z\|$$

亦即

$$\| f \| \leqslant \| z \|$$

另一方面，

$$\|z\|^2= | \langle z,z\rangle | = | f(z) | \leqslant\|f\|\|z\|$$

即又有

$$\| f \| \geqslant \| z \|$$

从而只能有 $\| f \| = \| z \|$。

总结以上三点，定理 4.9 得证。

4.4　希尔伯特空间上的伴随算子

在希尔伯特空间上存在一类与线性算子伴生的算子，称为伴随算子。它是在研究矩阵方程、线性微分方程和线性积分方程等问题时提出的线性算子。除了它本身的重要性外，借助于伴随算子概念可引入自伴算子，后者在很多应用

中起到了关键的作用。

4.4.1 希尔伯特空间伴随算子

定义 4.7（希尔伯特空间上的伴随算子） 设 H_1 和 H_2 是希尔伯特空间，$T:H_1 \to H_2$ 是有界线性算子，若算子

$$T^a:H_2 \to H_1$$

对所有的 $x \in H_1$，$y \in H_2$，满足

$$\langle Tx,y\rangle = \langle x,T^a y\rangle \tag{4.4.1}$$

就称 T^a 为 T 在希尔伯特空间上的伴随或共轭算子。

定理 4.10（伴随算子的存在唯一性） 上面定义的 T^a 是存在的，而且是唯一的有界线性算子，其范数满足关系

$$\| T^a \| = \| T \| \tag{4.4.2}$$

证明 由于 $T:H_1 \to H_2$ 是希尔伯特空间上的有界线性算子，其内积 $\langle y, Tx\rangle$ 定义了一个双变元泛函

$$h:H_2 \times H_1 \to K$$

也称为定义在 $H_2 \times H_1$ 上的双线性泛函，把它记作

$$h(y,x) = \langle y,Tx\rangle \tag{4.4.3}$$

利用施瓦茨不等式我们有

$$\begin{aligned} | h(y,x) | = | \langle y,Tx\rangle | &\leqslant \|y\|\|Tx\| \\ &\leqslant \| T \| \ \| x \| \ \| y \| \end{aligned}$$

由此知 h 是有界的，而且有

$$\| h \| \leqslant \| T \| \tag{4.4.4}$$

另一方面

$$\|h\| = \sup_{\substack{x\neq 0\\ y\neq 0}} \frac{| \langle y,Tx\rangle |}{\|x\|\|y\|} \geqslant \sup_{\substack{x\neq 0\\ Tx\neq 0}} \frac{| \langle Tx,Tx\rangle |}{\|Tx\|\|x\|} = \|T\|$$

于是得到

$$\| h \| \geqslant \| T \| \tag{4.4.5}$$

考虑式（4.4.4）和式（4.4.5）所表示的结果，只能有结论

$$\| h \| = \| T \| \tag{4.4.6}$$

对于双线性泛函 h 也有相应的表示定理，即 h 可唯一地表示为

$$h(y,x) = \langle Sy,x\rangle, \quad x \in H_1, y \in H_2 \tag{4.4.7}$$

其中，$S:H_2 \to H_1$ 为一有界线性算子，并有范数

$$\| S \| = \| h \| \tag{4.4.8}$$

现在把 S 换成 T^a，就有

$$h(y,x)=\langle T^a y,x\rangle \tag{4.4.9}$$

且 $T^a:H_2\to H_1$ 是一有界线性算子，其范数为

$$\| T^a \| = \| h \| = \| T \| \tag{4.4.10}$$

这不仅证明了式（4.4.2），而且由式（4.4.3）和式（4.4.9）得到

$$\langle Tx,y\rangle=\langle x,T^a y\rangle$$

从而得知 T^a 就是 T 的伴随算子。

4.4.2　希尔伯特空间伴随算子的一些重要性质

定理 4.11（希尔伯特空间伴随算子的性质）　设 H_1 和 H_2 是希尔伯特空间，$T:H_1\to H_2$ 和 S：$H_1\to H_2$ 都是有界线性算子，任取 $\alpha\in K$，则有以下性质：

（1）$\langle T^a y,x\rangle=\langle y,Tx\rangle,\quad x\in H_1,y\in H_2$； (4.4.11)

（2）$(S+T)^a=S^a+T^a$； (4.4.12)

（3）$(\alpha T)^a=\alpha^* T^a$； (4.4.13)

（4）$(T^a)^a=T$； (4.4.14)

（5）$(ST)^a=T^aS^a$（假定 $H_1=H_2$）。 (4.4.15)

证明　（1）由式（4.4.1）知

$$\langle T^a y,x\rangle=\langle x,T^a y\rangle^*=\langle Tx,y\rangle^*=\langle y,Tx\rangle$$

因此式（4.4.11）成立。

（2）根据式（4.4.1），对于所有的 $x\in H_1$ 和 $y\in H_2$，有

$$\begin{aligned}\langle x,(S+T)^a y\rangle &=\langle (S+T)x,y\rangle \\ &=\langle Sx,y\rangle+\langle Tx,y\rangle \\ &=\langle x,S^a y\rangle+\langle x,T^a y\rangle \\ &=\langle x,(S^a+T^a)y\rangle\end{aligned}$$

于是，对所有的 y 有

$$(S+T)^a y=(S^a+T^a)y$$

这样便知式（4.4.12）成立。

（3）利用式（4.4.11）可得

$$\begin{aligned}\langle (\alpha T)^a y,x\rangle &=\langle y,(\alpha T)x\rangle=\langle y,\alpha(Tx)\rangle \\ &=\alpha^*\langle y,Tx\rangle \\ &=\alpha^*\langle T^a y,x\rangle \\ &=\langle \alpha^* T^a y,x\rangle\end{aligned}$$

亦即

$$\begin{aligned}&\langle(\alpha T^a)y,x\rangle-\langle\alpha^* T^a y,x\rangle\\&\quad=\langle((\alpha T)^a-\alpha^* T^a)y,x\rangle=0\end{aligned}$$

故有

$$(\alpha T)^a-a^* T^a=0$$

亦即式（4.4.13）成立。

（4）利用式（4.4.1）和式（4.4.11），我们有

$$\langle(T^a)^a x,y\rangle=\langle x,T^a y\rangle=\langle Tx,y\rangle,\quad x\in H_1,y\in H_2$$

故有

$$\langle(T^a)^a x,y\rangle-\langle Tx,y\rangle=\langle((T^a)^a-T)x,y\rangle=0$$

由此得

$$(T^a)^a-T=0$$

即式（4.4.14）。

（5）利用式（4.4.11）可知

$$\begin{aligned}\langle x,(ST)^a y\rangle&=\langle(ST)x,y\rangle=\langle Tx,S^a y\rangle\\&=\langle x,T^a S^a y\rangle\end{aligned}$$

亦即

$$\langle x,(ST)^a y\rangle-\langle x,T^a S^a y\rangle=\langle x,((ST)^a-T^a S^a)y\rangle=0$$

从而有

$$(ST)^a-T^a S^a=0$$

于是得到式（4.4.15）。

4.4.3 一些常见有界算子的伴随算子

（1）矩阵算子 A：$C^n\to C^n$。设 x，$y\in C^n$，且 $x=(x_1,x_2,\cdots,x_n)$，$y=(y_1,y_2,\cdots,y_n)$，可视作两个列矩阵，A 为方阵，$A=(a_{ij})$。根据矩阵运算规则，我们有

$$\begin{aligned}\langle Ax,y\rangle&=(A\cdot x)^{\mathrm T}\cdot y^*=(x^{\mathrm T}\cdot A^{\mathrm T})y^*\\&=x^{\mathrm T}\cdot(A^{*\mathrm T}\cdot y)^*=x^{\mathrm T}\cdot(A^\dagger\cdot y)^*\\&=\langle x,A^\dagger y\rangle=\langle x,A^a y\rangle\end{aligned}$$

这说明 $A^a=A^\dagger$，其中 $A^\dagger$ 表示 A 的共轭转置。

（2）积分算子 A：$L^2[a,b]\to L^2[a,b]$。其定义为

$$(Ax)(t)=\int_a^t x(s)\mathrm ds$$

因为

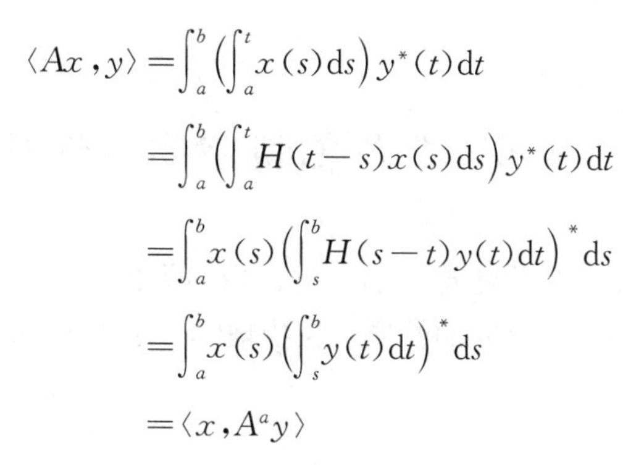

$$\begin{aligned}\langle Ax,y\rangle &=\int_a^b\left(\int_a^t x(s)\mathrm{d}s\right)y^*(t)\mathrm{d}t\\&=\int_a^b\left(\int_a^t H(t-s)x(s)\mathrm{d}s\right)y^*(t)\mathrm{d}t\\&=\int_a^b x(s)\left(\int_s^b H(s-t)y(t)\mathrm{d}t\right)^*\mathrm{d}s\\&=\int_a^b x(s)\left(\int_s^b y(t)\mathrm{d}t\right)^*\mathrm{d}s\\&=\langle x,A^a y\rangle\end{aligned}$$

其中

$$(A^a y)(t)=\int_t^b y(s)\mathrm{d}s$$

就是 A 的伴随算子的定义。

(3) 矢量积分算子 A：$L^2(\Omega)^m\to L^2(\Omega)^m$，定义为

$$(A\boldsymbol{x})(\boldsymbol{t})=\int_\Omega \bar{\bar{K}}(\boldsymbol{t},\boldsymbol{s})\cdot\boldsymbol{x}(\boldsymbol{s})\mathrm{d}\Omega$$

其中，$\Omega\subset R^n$，而$\bar{\bar{K}}(\boldsymbol{t},\boldsymbol{s})\in L^2(\Omega\times\Omega)^{m\times m}$，$\bar{\bar{K}}(\boldsymbol{t},\boldsymbol{s})$ 为积分算子的核，它是一个有界并矢。这类算子在电磁场理论中有很重要的作用，以后我们会逐渐明确它的意义。

由于

$$\begin{aligned}\langle A\boldsymbol{x},\boldsymbol{y}\rangle &=\int_\Omega\int_\Omega \bar{\bar{K}}(\boldsymbol{t},\boldsymbol{s})\cdot\boldsymbol{x}(\boldsymbol{s})\mathrm{d}\Omega_s\cdot\boldsymbol{y}^*(\boldsymbol{t})\mathrm{d}\Omega_t\\&=\int_\Omega \boldsymbol{x}(\boldsymbol{s})\cdot\left(\int_\Omega \bar{\bar{K}}^{\mathrm{T}}(\boldsymbol{t},\boldsymbol{s})\cdot\boldsymbol{y}(\boldsymbol{t})\right)^*\mathrm{d}\Omega_t\mathrm{d}\Omega_s\\&=\langle\boldsymbol{x},A^a\boldsymbol{y}\rangle\end{aligned}$$

其中

$$(A^a\boldsymbol{y})(\boldsymbol{t})=\int_\Omega \bar{\bar{K}}^{\dagger}(\boldsymbol{s},\boldsymbol{t})\cdot\boldsymbol{y}(\boldsymbol{s})\mathrm{d}\Omega$$

为伴随算子 A^a 的定义。在电磁场理论中 $\bar{\bar{K}}(\boldsymbol{t},\boldsymbol{s})$ 往往是并矢格林函数。

对于标量函数的情况，我们考虑算子 A：$L^2(\Omega)\to L^2(\Omega)$ 定义为

$$(Ax)(\boldsymbol{t})=\int_\Omega K(\boldsymbol{t},\boldsymbol{s})\cdot x(\boldsymbol{s})\mathrm{d}\Omega$$

用类似的方法可证明伴随算子 A^a 的定义为

$$(A^a y)(\boldsymbol{t})=\int_\Omega K^*(\boldsymbol{s},\boldsymbol{t})\cdot y(\boldsymbol{s})\mathrm{d}\Omega$$

4.5 希尔伯特空间自伴算子

所谓自伴算子是伴随算子的一类，指的是伴随算子就是它自己的那一类。自伴算子有很多非常重要的性质，在物理学（包括电磁理论）中扮演着非常重要的角色。

4.5.1 自伴算子

定义 4.8（希尔伯特空间自伴算子） 设 H 为希尔伯特空间，$T:H\to H$ 为有界线性算子。若 T 的伴随算子就是其自身，即满足

$$T^a=T \tag{4.5.1}$$

即有关系

$$\langle Tx,y\rangle=\langle x,Ty\rangle,\ \forall x,y\in H \tag{4.5.2}$$

则称 T 为自伴算子（也称为自共轭或埃尔米特算子）。

值得注意的是，定义中自伴算子要求满足式（4.5.1），这其中就包含着 $D(T^a)=D(T)$，如果仅满足式（4.5.2），则条件并不充分，因为满足这一条件的是更大一类的算子，称为对称算子，所以，自伴算子也是对称算子。

定理 4.12（自伴的充分必要条件） 设 H 为复希尔伯特空间，T 为 H 到自身的有界线性算子，则 T 为自伴算子的充分必要条件是，对任意的 $x\in H$，内积 $\langle Tx,x\rangle$ 为实数。

证明 必要性。设 T 为自伴算子，则对任意的 $x\in H$，根据自伴的定义和内积的运算规则有

$$\langle Tx,x\rangle^*=\langle x,Tx\rangle=\langle Tx,x\rangle$$

这样就有

$$\langle Tx,x\rangle^*=\langle Tx,x\rangle$$

也就是说，$\langle Tx,x\rangle$ 为实的。

充分性。设 $\langle Tx,x\rangle$ 是实的，由于 H 为复内积空间，则根据内积的性质有

$$\langle Tx,x\rangle=\langle Tx,x\rangle^*=\langle x,T^ax\rangle^*=\langle T^ax,x\rangle$$

也就有

$$\langle Tx,x\rangle-\langle T^ax,x\rangle=0$$

亦即

$$\langle (T-T^a)x,x\rangle=0$$

由此得知 $T^a=T$，即 T 为自伴的。

定理 4.13（算子乘积的自伴性）　设 T_1 和 T_2 为希尔伯特空间 H 上的有界自伴线性算子，则其乘积 T_1T_2 也自伴的充分必要条件是其乘积可交换，即有

$$T_1T_2=T_2T_1 \tag{4.5.3}$$

证明　必要性。若乘积 T_1T_2 是自伴的，则应该有

$$(T_1T_2)^a=T_2^aT_1^a$$

因此

$$(T_1T_2)=(T_1T_2)^a=T_2^aT_1^a=T_2T_1$$

也就是 T_1T_2 是可交换的。

充分性。设 $T_1T_2=T_2T_1$，则有

$$(T_1T_2)^a=T_2^aT_1^a=T_2T_1=T_1T_2$$

这就证明了乘积 T_1T_2 仍是自伴的。

定理 4.14（自伴算子加恒等算子的自伴性）　设 T 为希尔伯特空间 H 的自伴算子，I 为一恒等算子，λ 为实常数，则$\lambda I-T$是自伴算子。

证明　设 x，$y\in H$，则根据所设条件有

$$\begin{aligned}\langle(\lambda I-T)x,y\rangle&=\langle\lambda x,y\rangle-\langle Tx,y\rangle\\&=\langle x,\lambda y\rangle-\langle x,Ty\rangle\\&=\langle x,(\lambda I-T)y\rangle\end{aligned}$$

亦即

$$(\lambda I-T)^a=(\lambda I-T)$$

所以 $\lambda I-T$ 为自伴算子。

4.5.2　正算子和正定算子

由定理 4.12 知，如果 T 是有界自伴线性算子，则 $\langle Tx,x\rangle$ 是实数。利用这一性质在自伴算子构成的集合中引进一种排序关系，因为实数之间可以比较大小，在希尔伯特空间 H 中，若 T_1 和 T_2 均为自伴算子，当

$$\langle T_1x,x\rangle\leqslant\langle T_2x,x\rangle,\quad\forall x\in H$$

时认为算子 T_2 大于或等于 T_1，并记作 $T_1\leqslant T_2$ 或者 $T_2\geqslant T_1$。

很容易理解，上面所定义的自伴算子的偏序关系和实数中的大小关系一致，自然就存在以下性质：

（1）若既有 $T_1\leqslant T_2$ 又有 $T_2\leqslant T_1$ 的关系，则只可能

$$T_1=T_2$$

（2）若 $T_1\leqslant T_2$，则对一切自伴算子 T 有

$$T_1+T\leqslant T_2+T$$

(3) 若 $T_1\leqslant T_2$，$\alpha\in R$，则有

$$\alpha T_1\leqslant\alpha T_2$$

定义 4.9（正算子） 设 H 为复希尔伯特空间，$T:H\to H$ 为自伴算子，如果 $T\geqslant 0$，也就是

$$\langle Tx,x\rangle\geqslant 0,\quad \forall x\in H \tag{4.5.4}$$

则称 T 为正算子或非负算子。类似的道理，如果 $T<0$，自然就称负算子。

若 T 为自伴算子，则自然可推知，乘积算子 TT、TT^a 和 T^aT 都是正算子。

此外，正算子还有下列显而易见的性质：

(1) 若 T_1 和 T_2 为正算子，$\alpha\geqslant 0\in R$，则

$$T_1+T_2\geqslant 0,\quad \alpha T_1\geqslant 0$$

(2) 若 $T\geqslant 0$，$P(T)$ 为 T 的非负系数多项式，则

$$P(T)\geqslant 0$$

(3) 若 $T\geqslant 0$，那么便有

$$|\langle Tx,y\rangle|^2\leqslant\langle Tx,x\rangle\langle Ty,y\rangle,\quad \forall x,y\in H$$

该式称为广义施瓦茨不等式。

定理 4.15（正算子之积） 设 H 为希尔伯特空间，T_1：$H\to H$，T_2：$H\to H$为两个自伴算子，又是正的，并且是可交换的，即 $T_1T_2=T_2T_1$，则它们的积 T_1T_2 也是正的。

定义 4.10（正定算子） 设 T 是希尔伯特空间上的正算子，若存在常数$C>0$，使得

$$\langle Tx,x\rangle\geqslant C\|x\|,\quad \forall x\in H \tag{4.5.5}$$

则称 T 为 H 上的正定算子。

很容易证明，恒等算子 I 和零算子都存在简单的伴随算子 $I^a=I$，$0^a=0$，因此它们都是自伴算子。

此外，在 4.4 节中讨论的几个伴随算子的实例中，很容易找出自伴算子。首先对算子 A：$C^n\to C^n$ 而言，A 为方阵。由于 A 的伴随算子为 A^+，故只要 $A=A^+$，A 就是 C^n 中的自伴算子。再看算子 A：$L^2(\Omega)^m\to L^2(\Omega)^m$，其定义为

$$(A\boldsymbol{x})(\boldsymbol{t})=\int_\Omega \bar{\bar{K}}(\boldsymbol{t},\boldsymbol{s})\cdot\boldsymbol{x}(\boldsymbol{s})\mathrm{d}\Omega$$

当$\bar{\bar{K}}(\boldsymbol{t},\boldsymbol{s})=\bar{\bar{K}}^*(\boldsymbol{t},\boldsymbol{s})$ 时，A 就是自伴的。对于标量函数，算子 A：$L^2(\Omega)\to L^2(\Omega)$，定义为

$$(Ax)(\boldsymbol{t})=\int_\Omega K(\boldsymbol{t},\boldsymbol{s})x(\boldsymbol{s})\mathrm{d}\Omega$$

当 $K(t,s)=K^*(s,t)$ 时，算子就是自伴的。

4.6　伪伴随和伪对称性

上面所定义的算子的伴随、自伴和对称等特性都和内积的定义紧密联系。这种内积的定义对电磁理论的一些问题显得比较严格，若不能归入以上定义的算子的框架，也就不能直接应用所述理论解决实际问题。如果对内积的定义略加改变，并由此定义算子的伴随、自伴和对称性，则对扩大算子理论在电磁理论中的应用很有帮助。为了区别两种定义，我们在新的定义前面都加一个伪字，因此就有关于伪内积、伪伴随和伪对称算子等的讨论。

4.6.1　伪内积

定义 4.11（伪内积）　设 S 为一定义在数域 K 上的线性空间，在其中定义一映射 $\langle\cdot,\cdot\rangle_p$：$S\times S\to C$，对任意 x，y，$z\in S$ 和 $\alpha\in K$ 满足：

(1) $\langle x+y,z\rangle_p=\langle x,z\rangle_p+\langle y,z\rangle_p$；

(2) $\langle x,y\rangle_p=\langle y,x\rangle_p$；

(3) $\langle \alpha x,y\rangle_p=\alpha\langle x,y\rangle_p$；

则称 $\langle\cdot,\cdot\rangle_p$ 为 S 的伪内积，这里用 p 表明这一内积属于此定义。

伪内积与以前定义的明显区别表现在性质（2）上。伪内积中变换顺序时不需要加复共轭，因此便有 $\langle x,\alpha y\rangle_p=\alpha\langle x,y\rangle_p$。此外，也不再要求当 x 为复值时，$\langle x,x\rangle$ 为实值且大于零。当然，也就不能由伪内积诱导出范数。

对于标量函数 $x(t)$，$y(x)\in L^2[a,b]$，其伪内积为

$$\langle x,y\rangle_p=\int_a^b x(t)y(t)\mathrm{d}t \tag{4.6.1}$$

它与普通内积的差别是 $y(t)$ 没有取复共轭。显然，如果 x，y 为实值函数，则两种内积定义就没有差别了。

对于矢量函数空间 $L^2(\Omega)^m$，其中的伪内积就成为

$$\langle \boldsymbol{x},\boldsymbol{y}\rangle_p=\int_\Omega \boldsymbol{x}(\boldsymbol{t})\cdot\boldsymbol{y}(\boldsymbol{t})\mathrm{d}\Omega,\quad \boldsymbol{x},\boldsymbol{y}\in L^2(\Omega)^m \tag{4.6.2}$$

定义了伪内积的线性空间就称为伪内积空间。由于不能由伪内积诱导出范数，故不能由伪内积空间产生巴拿赫空间或希尔伯特空间，当然也就缺少正常内积的许多重要性质。但是，由于伪内积与作用概念的关系，其在电磁理论中有很多重要的应用。此外，在时域电磁场理论中，由于场量为实值函数，这时伪内

积与普遍内积就是相同的。

4.6.2 伪伴随和伪对称算子

仿照普通内积空间内定义伴随算子的方法，在伪内积空间之间也可以定义伪伴随算子。

定义 4.12（伪伴随、伪自伴和伪对称算子） 设 S_1 和 S_2 为伪内积空间，A：$S_1 \to S_2$ 为有界线性算子。定义 A 的伪伴随算子 A_p^a：$S_2 \to S_1$ 满足关系

$$\langle Ax, y\rangle_p = \langle x, A_p^a y\rangle_p, \quad x \in S_1, y \in S_2 \tag{4.6.3}$$

显然，如果 S_1 和 S_2 为实的空间，则因为伪内积就是普通的内积，从而有$A_p^a = A^a$。

现在我们考虑算子 A：$S_1 \to S_1$，并满足关系

$$\langle Ax, y\rangle_p = \langle x, Ay\rangle_p, \quad x, y \in S_1 \tag{4.6.4}$$

就称 A 为伪对称算子或形式伪自伴算子。若再满足条件 $D(A_p^a) = D(A)$，就称 A 为伪自伴算子。

现在我们以电磁理论中的积分算子为例进行一些讨论。

考虑算子 A：$L^2(\Omega) \to L^2(\Omega)$，$\Omega \in R^3$，定义为

$$(Ax)(\boldsymbol{r}) = \int_\Omega K(\boldsymbol{r}, \boldsymbol{r}')x(\boldsymbol{r}')\mathrm{d}\Omega', \quad x \in L^2(\Omega)$$

由于

$$\begin{aligned}\langle Ax, y\rangle_p &= \int_\Omega \left[\int_\Omega K(\boldsymbol{r}, \boldsymbol{r}')x(\boldsymbol{r}')\mathrm{d}\Omega'\right] y(\boldsymbol{r})\mathrm{d}\Omega \\ &= \int_\Omega x(\boldsymbol{r}')\left[\int_\Omega K(\boldsymbol{r}, \boldsymbol{r}')y(\boldsymbol{r})\mathrm{d}\Omega\right]\mathrm{d}\Omega' \\ &= \langle x, A_p^a y\rangle_p\end{aligned}$$

其中，A_p^a 的定义为

$$(A_p^a y)(\boldsymbol{r}) = \int_\Omega K_p^a(\boldsymbol{r}, \boldsymbol{r}')y(\boldsymbol{r})\mathrm{d}\Omega' \tag{4.6.5}$$

而伪自伴随核就是

$$K_p^a(\boldsymbol{r}, \boldsymbol{r}') = K(\boldsymbol{r}', \boldsymbol{r})$$

在电磁理论中 $K(\boldsymbol{r}', \boldsymbol{r})$ 往往为自由空间的标量格林函数 $g(\boldsymbol{r}, \boldsymbol{r}')$，其形式为

$$g(\boldsymbol{r}, \boldsymbol{r}') = \frac{\mathrm{e}^{-jk|\boldsymbol{r}-\boldsymbol{r}'|}}{4\pi|\boldsymbol{r}-\boldsymbol{r}'|}$$

故有 $g(\boldsymbol{r}, \boldsymbol{r}') = g(\boldsymbol{r}', \boldsymbol{r})$。作为积分核就有

$$K_p^a(\boldsymbol{r},\boldsymbol{r}')=g(\boldsymbol{r}',\boldsymbol{r})=g(\boldsymbol{r},\boldsymbol{r}')=K(\boldsymbol{r},\boldsymbol{r}')$$

这导致 $A_p^a=A$，即 A 是伪自伴的。

对于矢量算子 A：$L^2(\Omega)^3\to L^2(\Omega)^3$，定义为

$$(A\boldsymbol{x})(\boldsymbol{r})=\int_\Omega \overline{\overline{G}}(\boldsymbol{r},\boldsymbol{r}')\cdot\boldsymbol{x}(\boldsymbol{r}')\mathrm{d}\Omega'$$

由于

$$\begin{aligned}\langle A\boldsymbol{x},\boldsymbol{y}\rangle_p&=\int_\Omega\left(\int_\Omega \overline{\overline{G}}(\boldsymbol{r},\boldsymbol{r}')\cdot\boldsymbol{x}(\boldsymbol{r}')\mathrm{d}\Omega'\right)\cdot\boldsymbol{y}(\boldsymbol{r})\mathrm{d}\Omega\\&=\int_\Omega\boldsymbol{x}(\boldsymbol{r}')\cdot\left(\int_\Omega \overline{\overline{G}}^{\mathrm{T}}(\boldsymbol{r}',\boldsymbol{r})\cdot\boldsymbol{y}(\boldsymbol{r})\mathrm{d}\Omega\right)\mathrm{d}\Omega'\\&=\langle\boldsymbol{x},A_p^a\boldsymbol{y}\rangle_p\end{aligned}$$

其中，A_p^a 的定义为

$$(A_p^a\boldsymbol{y})(\boldsymbol{r})=\int_\Omega \overline{\overline{G}}(\boldsymbol{r}',\boldsymbol{r})\cdot\boldsymbol{y}(\boldsymbol{r}')\mathrm{d}\Omega'\tag{4.6.6}$$

可见，这里的伪伴随积分核就是$\overline{\overline{G}}(\boldsymbol{r}',\boldsymbol{r})$。在电磁场理论中$\overline{\overline{G}}(\boldsymbol{r},\boldsymbol{r}')$为自由空间的并矢格林函数，这时有$\overline{\overline{G}}(\boldsymbol{r}',\boldsymbol{r})=\overline{\overline{G}}(\boldsymbol{r},\boldsymbol{r}')$。由此可知，当积分核具有转置不变特性时，矢量积分算子 A 就是伪自伴的。

在电磁理论中我们可以用伪内积来表示洛伦兹互易定理。如果介质是各向异性的，其参数用并矢$\overline{\overline{\varepsilon}}$和$\overline{\overline{\mu}}$表示，则由源 $\boldsymbol{J}_{ei}(\boldsymbol{r})$ 和 $\boldsymbol{J}_{mi}(\boldsymbol{r})$ 在均匀介质空间所产生的电磁场 $\boldsymbol{E}_i(\boldsymbol{r})$和 $\boldsymbol{H}_i(\boldsymbol{r})$($i=1$，2）可表示为

$$\nabla\times\boldsymbol{E}_1(\boldsymbol{r})=-i\omega\,\overline{\overline{\mu}}\cdot\boldsymbol{H}_1(\boldsymbol{r})-\boldsymbol{J}_{m1}(\boldsymbol{r})$$

$$\nabla\times\boldsymbol{H}_1(\boldsymbol{r})=i\omega\,\overline{\overline{\varepsilon}}\cdot\boldsymbol{E}_1(\boldsymbol{r})+\boldsymbol{J}_{e1}(\boldsymbol{r})$$

$$\nabla\times\boldsymbol{E}_2(\boldsymbol{r})=-i\omega\,\overline{\overline{\mu}}\cdot\boldsymbol{H}_2(\boldsymbol{r})-\boldsymbol{J}_{m2}(\boldsymbol{r})$$

$$\nabla\times\boldsymbol{H}_2(\boldsymbol{r})=i\omega\,\overline{\overline{\varepsilon}}\cdot\boldsymbol{E}_2(\boldsymbol{r})+\boldsymbol{J}_{e2}(\boldsymbol{r})$$

如果介质是互易的，即 $\overline{\overline{\varepsilon}}=\overline{\overline{\varepsilon}}^{\mathrm{T}}$，$\overline{\overline{\mu}}=\overline{\overline{\mu}}^{\mathrm{T}}$，由以上方程就可得到

$$\nabla\cdot(\boldsymbol{E}_1\times\boldsymbol{H}_2-\boldsymbol{E}_2\times\boldsymbol{H}_1)=-\boldsymbol{H}_2\cdot\boldsymbol{J}_{m1}-\boldsymbol{E}_1\cdot\boldsymbol{J}_{e2}+\boldsymbol{H}_1\cdot\boldsymbol{J}_{m2}+\boldsymbol{E}_2\cdot\boldsymbol{J}_{e1}$$

其中用到了

$$\nabla\cdot(\boldsymbol{E}_1\times\boldsymbol{H}_2-\boldsymbol{E}_2\times\boldsymbol{H}_1)=\boldsymbol{H}_2\cdot\nabla\times\boldsymbol{E}_1-\boldsymbol{E}_1\cdot\nabla\times\boldsymbol{H}_2-\boldsymbol{H}_1\cdot\nabla\times\boldsymbol{E}_2+\boldsymbol{E}_2\cdot\nabla\times\boldsymbol{H}_1$$

和并矢的转置关系。对上式进行体积分并利用高斯定理，便可得到

$$\begin{aligned}&\oint_S(\boldsymbol{E}_1\times\boldsymbol{H}_2-\boldsymbol{E}_2\times\boldsymbol{H}_1)\cdot\mathrm{d}\boldsymbol{S}\\&=\int_V(-\boldsymbol{H}_2\cdot\boldsymbol{J}_{m1}-\boldsymbol{E}_1\cdot\boldsymbol{J}_{e2}+\boldsymbol{H}_1\cdot\boldsymbol{J}_{m2}+\boldsymbol{E}_2\cdot\boldsymbol{J}_{e1})\mathrm{d}V\end{aligned}$$

$$=-\langle \boldsymbol{H}_2,\boldsymbol{J}_{m1}\rangle_p-\langle \boldsymbol{E}_1,\boldsymbol{J}_{e2}\rangle_p+\langle \boldsymbol{H}_1,\boldsymbol{J}_{m2}\rangle_p+\langle \boldsymbol{E}_2,\boldsymbol{J}_{e1}\rangle_p \tag{4.6.7}$$

如果 S 是理想异体表面，则 $n\times\boldsymbol{E}_1=\boldsymbol{n}\times\boldsymbol{E}_2=0$，因为（$\boldsymbol{E}_1\times\boldsymbol{H}_2$）$\cdot\boldsymbol{n}=\boldsymbol{H}_2\cdot(\boldsymbol{n}\times\boldsymbol{E}_1)=0$，（$\boldsymbol{E}_2\times\boldsymbol{H}_1$）$\cdot\boldsymbol{n}=\boldsymbol{H}_1\cdot(\boldsymbol{n}\times\boldsymbol{E}_2)=0$，故由式（4.6.7）可以得到

$$\langle \boldsymbol{E}_2,\boldsymbol{J}_{e1}\rangle_p-\langle \boldsymbol{H}_2,\boldsymbol{J}_{m1}\rangle_p=\langle \boldsymbol{E}_1,\boldsymbol{J}_{e2}\rangle_p-\langle \boldsymbol{H}_1,\boldsymbol{J}_{m2}\rangle_p \tag{4.6.8}$$

这一结果也可以换一种方法获得，即假定场源的紧支撑集为有限区域，则当积分区域趋于无穷时，因辐射条件而得以上结果。式（4.6.8）说明，洛伦兹互易定理可用伪内积表示出来。

进而，如果定义

$$\boldsymbol{\Psi}_i\begin{bmatrix}\boldsymbol{J}_{ei}\\ \boldsymbol{J}_{mi}\end{bmatrix},\ \boldsymbol{F}_i=\begin{bmatrix}\boldsymbol{E}_i\\ -\boldsymbol{H}_i\end{bmatrix},\quad i=1,2$$

而且用算子构成方程

$$L\boldsymbol{\Psi}_i=\boldsymbol{F}_i,\quad i=1,2 \tag{4.6.9}$$

则式（4.6.8）又可表示成

$$\langle L\boldsymbol{\Psi}_2,\boldsymbol{\Psi}_1\rangle_p=\langle \boldsymbol{\Psi}_2,L\boldsymbol{\Psi}_1\rangle_p \tag{4.6.10}$$

由此可看出，这样的算子 L 是伪对称的。

4.7 投影算子

希尔伯特空间中的投影定理告诉我们，如果 M 是希尔伯特空间 H 的闭子空间，则对任意的 $x\in H$，必有唯一的分解 $x=x_0+y$，其中 $x_0\in M$，$y\in M^{\perp}$。我们称 x_0 为 x 在 M 上的正交投影，且 x_0 由 x 唯一地确定。把这种对应关系定义为一种算子，称之为正交投影算子。它在很多问题中有重要的作用。

4.7.1 正交投影算子

定义 4.13（正交投影算子） 设 H 为希尔伯特空间，M 是 H 的闭子空间。对任意 $x\in H$，令

$$Px=x_0$$

为 x 在 M 上的正交投影，则

$$x=Px+y,\quad Px\in M,\ y\in M^{\perp}$$

称 P 为 H 到 M 上的正交投影算子，简称为投影算子。

显然，作为一个算子，P 的定义域为 H，即 $D(P)=H$，其值域就是 M，即 $R(P)=M$，而且 P 的零空间 $N(P)$ 就是 $M^{\perp}$，故有

$$H=R(P)\oplus N(P) \tag{4.7.1}$$

此外，对任意 $x\in M$，显然有 $x=x+0$，$0\in M^{\perp}$，故这时有 $Px=x$。这表明 P 在 M 上是恒等算子。另外，由于对所有 $y\in M^{\perp}$ 都有 $Py=0$，故 P 在 $M^{\perp}$ 是一个零算子。

定理 4.16（投影算子的性质）　设 P 是希尔伯特空间 H 到其闭子空间 M 上的正交投影算子，则：

（1）正交投影算子 P 是有界线性算子，且当 $M\neq\{\}$ 时，$\|P\|=1$；

（2）正交投影算子必定是自伴算子，且为正算子；

（3）投影算子 P 是幂等算子，即 $P^2=P$。

证明　（1）根据定义，对任意的 x_1，$x_2\in H$，有

$$x_1=Px_1+y_1,\ x_2=Px_2+y_2,\quad y_1,y_2\in M^{\perp}$$

于是，对任意 α_1，$\alpha_2\in K$ 可得

$$\alpha x_1+\alpha_2 x_2=(\alpha_1 Px_1+\alpha_2 Px_2)+(\alpha_1 y_1+\alpha_2 y_2)$$

其中，$\alpha_1 Px_1+\alpha_2 Px_2\in M$，$\alpha_1 y_1+\alpha_2 y_2\in M^{\perp}$。这说明

$$P(\alpha_1 x_1+\alpha_2 x_2)=\alpha_1 Px_1+\alpha_2 Px_2$$

即 P 是线性算子。

又因对任意 $x\in H$，我们有

$$x=Px+(x-Px) \tag{4.7.2}$$

且

$$Px\perp(x-Px) \tag{4.7.3}$$

则由勾股定理可知

$$\|x\|^2=\|Px\|^2+\|x-Px\|^2\geqslant\|Px\|^2$$

亦即

$$\|Px\|\leqslant\|x\|$$

这说明 P 是有界的。

根据定义及以上结果可知

$$\|P\|=\sup_{\|x\|\neq 0}\frac{\|Px\|}{\|x\|}\leqslant 1$$

另外，当 $x_0\in M$，$x_0\neq 0$ 时，$Px_0=x_0$，故 $\|Px_0\|=\|x_0\|$。依据定义有

$$\|P\|=\sup_{\|x\|\neq 0}\frac{\|Px\|}{\|x\|}\geqslant\frac{\|Px_0\|}{\|x_0\|}=1$$

故必有

$$\|P\|=1 \tag{4.7.4}$$

(2) 因为对任意的 x_1，$x_2\in H$，我们有

$$x_1=z_1+y_1,\ x_2=z_2+y_2,\quad z_1,z_2\in M,\ y_1,y_2\in M^{\perp}$$

而且

$$Px_1=z_1,\quad Px_2=z_2$$

又因 $\langle z_1,y_2\rangle=\langle z_2,y_1\rangle=0$，故有

$$\begin{aligned}\langle Px_1,x_2\rangle&=\langle z_1,z_2+y_2\rangle=\langle z_1,z_2\rangle\\&=\langle x_1+y_1,z_2\rangle=\langle x_1,Px_2\rangle\end{aligned}$$

这就说明 P 是 H 上的自伴算子。

用 Px 对式 (4.7.2) 两边求内积，并考虑式 (4.7.3) 可得到

$$\begin{aligned}\langle Px,x\rangle&=\langle Px,Px\rangle+\langle Px,x-Px\rangle\\&=\langle Px,Px\rangle=\|Px\|^2\geqslant 0\end{aligned}$$

故知 P 是正的或非负的算子。

(3) 因为对任意 $x\in H$，我们有 $Px=z\in M$，而且有 $Pz=z$，从而得到

$$P^2x=Pz=z=Px$$

这就证明了 $P^2=P$。

定理 4.17 (P 为正交投影算子的充分必要条件) 设 H 为希尔伯特空间，P：$H\to H$ 为有界线性算子，P 为正交投影算子的充分必要条件是 P 为自伴的且幂等的。

证明 必要性。上面的 (2) 和 (3) 已证明。

充分性。如果 P 是自伴和幂等的，则有

$$P^2=P=P^a$$

且对任意 $x\in H$ 有式 (4.7.2)，于是有

$$x=Px+(x-Px)=Px+(I-P)x$$

令 x' 为 H 中的任一矢量，因为

$$\begin{aligned}\langle Px,(I-P)x'\rangle&=\langle x,P(I-P)x'\rangle\\&=\langle x,Px'-P^2x'\rangle\\&=\langle x,0\rangle=0\end{aligned}$$

这证明了

$$M=P(H)\perp(I-P)(H)$$

又因

$$(I-P)Px=Px-P^2x=0$$

由此可以看出

$$M\subset N(I-P)$$

但 $(I-P)x=0$ 意味着 $x=Px$，这表明 $M\supset N(I-P)$，也就是说 M 是 $I-P$ 的零空间，即有

$$M=N(I-P)$$

又因为有界线性算子的零空间必是闭的，故 M 的闭性已经确定。最后，如果记 $z=Px$，则因

$$Pz=P^2x=Px=z$$

说明 P 在 M 上是恒等算子。

4.7.2　复合正交投影算子

多个正交投影算子的积、和及差所构成的新算子，在一定条件下仍是正交投影算子。下面分别加以讨论。

定理 4.18（正交投影算子之积）　设 P_1 和 P_2 分别是从希尔伯特空间 H 到 M_1 和 M_2 的正交投影算子，则：

（1）$P=P_1P_2$ 是 H 上的正交投影算子，当且仅当 P_1 和 P_2 是可交换的，即 $P_1P_2=P_2P_1$，并且把 H 投影到 $M=M_1\cap M_2$ 上；

（2）H 的两个闭子空间 M_1 和 M_2 是正交的，当且仅当对应的正交投影算子 P_1 和 P_2 满足 $P_1P_2=0$。

证明　（1）如果 $P_1P_2=P_2P_1$，则根据定理 4.13 知，P 是自伴的。又因

$$P^2=(P_1P_2)(P_1P_2)=P_1^2P_2^2=P_1P_2=P$$

故 P 是幂等的。根据定理 4.17，P 是正交投影算子。由于对每个 $x\in H$ 有

$$Px=P_1(P_2x)=P_2(P_1x)$$

且 $P_1(P_2x)\in M_1$，$P_2(P_1x)\in M_2$，故知 $Px\in M_1\cap M_2$。由于 x 是任意的，这就证明了 P 把 H 投影到 $M=M_1\cap M_2$ 上。

反之，若 P 是 H 上的投影算子，则根据定理 4.17，P 是自伴的。再由定理 4.13知，$P_1P_2=P_2P_1$。

（2）若 $M_1\perp M_2$，则 $M_1\cap M_2=\{\}$，则 $P_1P_2x=0$。因此，$P_1P_2=0$；反之，若 $P_1P_2=0$，则对每个 $u\in M_1$，$v\in M_2$，可得

$$\langle u,v\rangle=\langle P_1u,P_2v\rangle=\langle u,P_1P_2v\rangle=\langle u,0\rangle=0$$

故知 $M_1\perp M_2$。

定理 4.19（正交投影算子之和）　设 P_1 和 P_2 为希尔伯特空间 H 上的正交投影算子，其值域分别为 M_1 和 M_2，则：

（1）$P=P_1+P_2$ 为 H 上的正交投影算子，当且仅当 M_1 和 M_2 是正交的；

（2）P 把 H 投影到 $M=M_1\oplus M_2$ 上。

证明 (1) 若 $P=P_1+P_2$ 是正交投影算子，则 $P=P^2$，把它展开便是

$$P_1+P_2=(P_1+P_2)^2=P_1^2+P_1P_2+P_2P_1+P_2^2$$

由于 $P_1^2=P_1$，$P_2^2=P_2$，则由上式便得

$$P_1P_2+P_2P_1=0$$

对上式分别左右乘 P_2 便得

$$P_2P_1P_2+P_2P_1=0$$
$$P_1P_2+P_2P_1P_2=0$$

综合以上三式便有

$$2P_2P_1P_2=0$$

这也就得到 $P_2P_1=0$，于是，根据定理 4.18 便知 $M_1\perp M_2$。

反之，若 $M_1\perp M_2$，则根据定理 4.18 有 $P_1P_2=P_2P_1=0$，这就意味着 $P^2=P$。又由于 P_1 和 P_2 是自伴的，所以 P 也是自伴的，于是由定理 4.17 可知，P 是一个正交投影算子。

(2) 下面来确定闭子空间 $M\subset H$，使 P 把 H 投影到 M 上。由于 $P=P_1+P_2$，故对任意 $x\in H$ 都有

$$z=Px=P_1x+P_2x$$

这里 $P_1x\in M_1$，$P_2x\in M_2$，因此 $z\in M_1\oplus M_2$，从而应有 $M\subset M_1\oplus M_2$。此外，任取 $v\in M_1\oplus M_2$，则 $v=z_1+z_2$，其中 $z_1\in M_1$，$z_2\in M_2$。用 P 作用于 v，考虑到 $M_1\perp M_2$，则得到

$$Pv=P_1(z_1+z_2)+P_2(z_1+z_2)=P_1z_1+P_2z_2=z_1+z_2=v$$

因此 $v\in M$，从而有 $M\supset M_1\oplus M_2$。

以上两种情况便证明了 $M=M_1\oplus M_2$。

定义 4.14（部分正交投影算子） 设 P_1 和 P_2 是 H 上的正交投影算子，其值域分别为 M_1 和 M_2，如果 $M_1\subset M_2$，则称 P_1 是 P_2 的部分正交投影算子。

定理 4.20（部分正交投影算子） 设 P_1 和 P_2 是 H 到 M_1 和 M_2 上的正交投影算子，则下列命题等价：

(1) P_1 是 P_2 的部分正交投影算子，即 $M_1\subset M_2$；

(2) $P_1P_2=P_2P_1=P_1$；

(3) $\|P_1x\|\leqslant\|P_2x\|$，$\forall x\in H$；

(4) $P_1\leqslant P_2$；

(5) $N(P_1)\supset N(P_2)$。

证明 (1) ⇒ (2)：因为 $M_1\subset M_2$，所以 $\forall x\in H$，$P_1x\in M_2$，故 $P_2(P_1x)=$

P_1x，从而 $P_2P_1=P_1$ 是正交投影算子。根据定理 4.18，知 P_1 和 P_2 可交换，故有

$$P_1P_2=P_2P_1=P_1$$

(2) ⇒ (3)：$\forall x\in H$，$P_2x=P_1x+(P_2x-P_1x)$，由于

$$\begin{aligned}\langle P_1x,P_2x-P_1x\rangle&=\langle P_1x,P_2x\rangle-\langle P_1x,P_1x\rangle\\&=\langle P_2P_1x,x\rangle-\langle P_1^2x,x\rangle\\&=\langle (P_2P_1-P_1)x,x\rangle=0\end{aligned}$$

所以

$$\|P_2x\|^2=\|P_1x\|^2+\|P_2x-P_1x\|^2\geqslant\|P_1x\|^2$$

(3) ⇒ (4)：$\forall x\in H$，有

$$\begin{aligned}\langle P_2x,x\rangle&=\langle P_2^2x,x\rangle=\langle P_2x,P_2x\rangle\\&=\|P_2x\|^2\geqslant\|P_1x\|^2\end{aligned}$$

而

$$\|P_1x\|^2=\langle P_1x,P_1x\rangle=\langle Px,x\rangle$$

故有 $P_2\geqslant P_1$。

(4) ⇒ (5)：$\forall x\in N(P_2)$ 有

$$\|P_1x\|^2=\langle P_1x,P_1x\rangle=\langle P_1x,x\rangle\leqslant\langle P_2x,x\rangle=0$$

所以 $x\in N(P_1)$，于是有 $N(P_2)\subset N(P_1)$。

(5) ⇒ (1)：由于 $N(P_2)\subset N(P_1)$，故

$$M_1=N(P_1)^{\perp}\subset N(P_2)^{\perp}=M_2$$

定理 4.21（正文投影算子之差）　设 P_1 和 P_2 为希尔伯特空间 H 到 M_1 和 M_2 上的正交投影算子。

(1) $P=P_2-P_1$ 是正交投影算子的充要条件是 P_1 为 P_2 的部分投影算子。

(2) 如果 $P=P_2-P_1$ 是正交投影算子，则 P 的定义域 $M=P(H)$ 是 M_2 在 M_1 中的正交补，即 $M_2=M_1\oplus M$。

证明　(1) 必要性。由于 $P=P_2-P_1$ 是正交投影算子，$P_2=P_1+P$ 也是正交投影算子。由定理 4.19 知，$M_2=M_1\oplus M$，故 $M_1\subset M_2$，即 P_1 是 P_2 的部分正交投影算子。

充分性。因为 P_1 是 P_2 的部分投影算子，所以有

$$P_1P_2=P_2P_1=P_1$$

$$(P_2-P_1)^2=P_2^2-P_1P_2-P_2P_1+P_1^2=P_2-P_1$$

$$(P_2-P_1)^a=P_2^a-P_1^a=P_2-P_1$$

故由定理 4.17 知，P_2-P_1 是正交投影算子。

(2) 由于 $P_2=P_1+(P_2-P_1)=P_1+P$，故由定理 4.19 知，

$$M_2=M_1\oplus M$$

4.8 希尔伯特空间的无界线性算子

到现在为止，我们主要讨论了有界线性算子。然而，在电磁理论的许多应用中却常常会遇到无界线性算子，例如微分算子就属于这一类。关于无界线性算子的理论要复杂得多。但是，如果无界线性算子是稠（密）定的，则其性质与有界线性算子非常接近。电磁理论中遇到的无界线性算子总可归于这一类，故我们只讨论稠（密）定无界线性算子。

4.8.1 无界线性算子基本概念

我们在讨论希尔伯特空间 H 上的有界线性算子时，假定其定义域为全空间 H，原因是任何有界线性算子的定域 $D\subset H$ 总可以扩展到全空间 H，而且保持范数不变。然而，对于无界线性算子而言，定义域却不可能是全空间的。因为有定理表明，若 $T:H\rightarrow H$ 是全空间 H 上有定义的线性算子，且满足

$$\langle Tx, y\rangle=\langle x, Ty\rangle, \quad \forall x, y \in H$$

那么，T 必定是有界线性算子。所以，对无界的自伴算子而言，其定义域不可能是全空间的，也就是说，算子的定义域与算子的有界性有重要关系。为了明确，我们对定义域不是全空间的线性算子的定义再加以讨论。

定义 4.15（希尔伯特空间线性算子） 设 H 为复希尔伯特空间，M 是 H 的线性子空间，若映射 $T:M\rightarrow H$ 具有性质：

(1) $T(x+y)=Tx+Ty$，$\forall x,y\in M\subset H$；

(2) $T(\alpha x)=\alpha(Tx)$，$\forall x\in M, \forall \alpha\in C$。

则称 T 是定义在 M 上的线性算子。M 叫做 T 的定义域，记作 $D(T)$，即$D(T)=M$。

由此定义不难得到以下结果：设 $S:D(S)\rightarrow H$ 和 $T:D(T)\rightarrow H$ 都是线性算子，那么有

$$(S+T)x=Sx+Tx, \quad \forall x\in D(S)\cap D(T)$$

即线性算子之和仍是线性算子，$S+T$ 的定义域 $D(S+T)=D(S)\cap D(T)$。另外还有

$$(ST)x=S(Tx), \quad \forall x\in D(ST)$$

其中，ST 的定义域 $D(ST)=D(T)\cap T^{-1}[D(S)]$，这里 $T^{-1}[D(S)]$ 表示集合 $D(S)$ 的原像。可以证明 ST 也是线性算子。

虽然一般无界线性算子与有界线性算子有很大区别，但稠定的无界线性算子与有界线性算子却是非常接近的。

定义 4.16（稠定线性算子）　设 H 为希尔伯特空间，$T:D(T)\subset H\to H$ 是线性算子。如果$\overline{D(T)}=H$，则称 T 为 H 上的稠定线性算子。

在电磁理论中，场量均为希尔伯特函数空间中的元素。在这种空间中使用的微分算子和旋度、散度及其组合构成的算子都可视作是希尔伯特空间上的稠定线性算子。

4.8.2　无界线性算子的伴随算子

根据以前所进行的讨论可以知道，对于有界线性算子 T，定理 4.10 论断其希尔伯特伴随算子 T^a 一定存在。如设 H 为希尔伯特空间，则对 $T^a:H\to H$ 有

$$T^a y=y^a,\quad \forall y\in H$$

其中 y^a 满足

$$\langle Tx,y\rangle=\langle x,y^a\rangle,\quad \forall x\in D(T)\subset H$$

由里斯表示定理知，y^a 一定存在且唯一。

但是，对一般的无界线性算子 $T:D(T)\to H$，如果仍用有界算子伴随算子的定义，则当$\overline{D(T)}\neq H$ 时，T 的希尔伯特空间伴随算子是不存在的。但是，如果 T 是稠定的线性算子，即有$\overline{D(T)}=H$，则这样的 T^a 就一定存在。

定理 4.22　设 H 为希尔伯特空间，$T:D(T)\to H$ 为稠定线性算子，即有$\overline{D(T)}=H$。若$\forall y\in H$，有 y^a，$y'\in H$ 使得

$$\langle Tx,y\rangle=\langle x,y^a\rangle,\quad \forall x\in D(T)$$

$$\langle Tx,y\rangle=\langle x,y'\rangle,\quad \forall x\in D(T)$$

则一定有 $y^a=y'$。

证明　根据以上假设可知

$$\langle x,y^a\rangle-\langle x,y'\rangle=\langle x,y^a-y'\rangle=0$$

这说明（y^a-y'）$\perp D(T)$，故由内积的连续性可推知

$$(y^a-y')\perp\overline{D(T)}$$

由于$\overline{D(T)}=H$，所以只能 $y^a-y'=0$，于是 $y^a=y'$。

定义 4.17（希尔伯特空间稠定线性算子的伴随算子）　设 $T:D(T)\to H$ 为稠定线性算子，令

$$G=\{y\mid \exists y^a\in H,使\langle Tx,y\rangle=\langle x,y^a\rangle,\forall x\in D(T)\}$$

称映射 $T^a:G\to H$，满足

$$T^a y=y^a,\quad \forall y\in G\tag{4.8.1}$$

为 T 的希尔伯特空间伴随算子。

这里的 G 不会是空集，至少 $0\in G$。根据定理 4.22，对任意 $y\in G$，只能有唯一的 y^a 满足

$$\langle Tx, y\rangle=\langle x, y^a\rangle, \quad \forall x \in D(T)$$

于是 $T^a y$ 是确定的。由此可知，存在 T 的希尔伯特空间伴随算子的充分必要条件是 T 是稠定线性算子。

定理 4.23（稠定线性算子的性质） 设 T，T_1 和 T_2 都是希尔伯特空间 H 的稠定线性算子，则有：

(1) $(\alpha T)^a=\alpha^* T^a$，$\forall \alpha\in C$；

(2) 若 $\overline{D(T_1+T_2)}=H$，则 $T_1^a+T_2^a\subset (T_1+T_2)^a$；

(3) 若 $\overline{D(T_1T_2)}=H$，则 $(T_1T_2)^a\supset T_1^aT_2^a$；

(4) 若 $T_1\subset T_2$，则 $T_2^a\subset T_1^a$。

4.8.3 稠定线性算子的自伴性和对称性

如果 $T:D(T)\to H$ 为希尔伯特空间 H 的有界线性算子，当 $T^a=T$ 时，就称 T 为自伴算子，这时 T 满足

$$\langle Tx, y\rangle=\langle x, Ty\rangle, \quad \forall x, y\in D(T)\subset H$$

而且，只要满足上式，有界线性算子就称为对称的。所以自伴算子一定是对称算子。但是，对无界线性算子而言，问题就没有这样简单了，不过对稠定线性算子问题就不复杂了。

定义 4.18（稠定算子的自伴性和对称性） 设 $T:D(T)\to H$ 是稠定线性算子，如果满足

$$\langle Tx, y\rangle=\langle x, Ty\rangle, \quad \forall x, y, \in D(T) \tag{4.8.2}$$

则称 T 为对称线性算子。如果 $T^a=T$，就称 T 为自伴算子。

显然，自伴算子一定是对称算子，因为对自伴算子而言，$T^a=T$，从而有

$$\langle Tx, y\rangle=\langle x, T^a y\rangle=\langle x, Ty\rangle$$

$$\forall x \in D(T), \quad \forall y \in D(T^a)=D(T)$$

即 T 满足式 (4.8.2)，故 T 是对称的。

由于自伴算子一定是对称算子，对称算子所具有的性质，自伴算子也一定具备。下面就讨论对称算子的一些重要性质。

定理 4.24（稠定线性算子为对称算子的充要条件） 设 $T:D(T)\to H$ 为稠定线性算子，T 是对称算子的充分必要条件为 $T\subset T^a$。

证明 必要性。因为 T^a 所定义的关系是对一切 $x\in D(T)$ 和一切 $y\in$

$D(T^a)$有

$$\langle Tx,y\rangle=\langle x,T^a y\rangle \tag{4.8.3}$$

而若 T 为对称的，则有

$$\langle Tx,y\rangle=\langle x,Ty\rangle,\quad \forall x,y\in D(T) \tag{4.8.4}$$

这表明 $T^a y=Ty$，$y\in D(T^a)$，故有 $D(T)\subset D(T^a)$，即 $T\subset T^a$。

充分性。若 $T\subset T^a$，则对于 $y\in D(T)$ 有 $T^a y=Ty$，所以对 x，$y\in D(T)$，式（4.8.3）变成式（4.8.4），从而 T 是对称的。

定理 4.25（稠定线性算子成为对称算子的充要条件）　设 $T:D(T)\to H$ 为稠定线性算子，则 T 为对称算子的充要条件是对一切 $x\in D(T)$ 内积 $\langle Tx,x\rangle$ 为实数。

证明　必要性。假定 T 是对称的，则有

$$\langle Tx,x\rangle=\langle x,Tx\rangle,\quad \forall x\in D(T)$$

从而有

$$\langle Tx,x\rangle=\langle Tx,x\rangle^*,\quad \forall x\in D(T)$$

亦即 $\langle Tx,x\rangle$ 为实的。

充分性。由式（3.2.10）我们有

$$\langle Tx,y\rangle=\frac{1}{4}[\langle T(x+y),x+y\rangle-\langle T(x-y),x-y\rangle$$
$$+i\langle T(x+iy),x+iy\rangle-i\langle T(x-iy),x-iy\rangle]$$

利用它可以直接验证，当 $\langle Tx,x\rangle$ 为实数时，有

$$\langle Tx,y\rangle=\langle x,Ty\rangle,\quad \forall x,y\in D(T)$$

亦即 T 为对称的。

定理 4.26（自伴算子的一些性质）　若 $T:D(T)\to H$ 为自伴算子，则：

（1）若 α 为实数，则 $T+\alpha I$ 也是自伴的；

（2）若 T^{-1}存在，则 T^{-1}是自伴的。

证明　（1）由于 αI 是有界线性算子，则根据定理 4.11 有

$$(T+\alpha I)^a=T^a+(\alpha I)^a=T+\alpha I$$

即 $T+\alpha I$ 是自伴的；

（2）若 T^{-1}存在，则可证明 $(T^{-1})^a$ 也存在，故由定理 4.11 知，

$$(T^{-1})^a=(T^a)^{-1}=T^{-1}$$

即 T^{-1}是自伴的。

4.8.4　电磁理论中常见无界线性算子

（1）标量函数一阶微分算子 $A:L^2(a,b)\to L^2(a,b)$，定义为

$$(Ax)(t)=\frac{\mathrm{d}}{\mathrm{d}t}x(t) \tag{4.8.5}$$

$$D(A)=\left\{x \mid x(t),\frac{\mathrm{d}x}{\mathrm{d}t}\in L^2(a,b),x(a)=0\right\} \tag{4.8.6}$$

因为

$$\begin{aligned}\langle Ax,y\rangle&=\int_a^b \frac{\mathrm{d}x}{\mathrm{d}t}y^*(t)\mathrm{d}t\\&=x(b)y^*(b)-x(a)y^*(a)-\int_a^b x(t)\frac{\mathrm{d}y^*}{\mathrm{d}t}\mathrm{d}t\\&=\langle x,A^a y\rangle\end{aligned} \tag{4.8.7}$$

其中

$$(A^a y)(t)=-\frac{\mathrm{d}}{\mathrm{d}t}y(t) \tag{4.8.8}$$

$$D(A^a)=\left\{y \mid y(t),\frac{\mathrm{d}y}{\mathrm{d}t}\in L^2(a,b),y(b)=0\right\} \tag{4.8.9}$$

由于 $A^a=-A$，即 $A^a\neq A$，A 不是自伴的，也不是对称的。

（2）标量函数二阶微分算子 $A:L^2(a,b)\rightarrow L^2(a,b)$，定义为

$$(Ax)(t)=\frac{\mathrm{d}^2}{\mathrm{d}t^2}x(t) \tag{4.8.10}$$

$$D(A)=\left\{x \mid x(t),\frac{\mathrm{d}}{\mathrm{d}t}x(t),\frac{\mathrm{d}^2}{\mathrm{d}t^2}x(t)\in L^2(a,b),x(a)=x(b)=0\right\} \tag{4.8.11}$$

由于

$$\begin{aligned}\langle Ax,y\rangle&=\int_a^b \frac{\mathrm{d}^2}{\mathrm{d}t^2}x(t)\cdot y^*(t)\mathrm{d}t\\&=\left[\frac{\mathrm{d}}{\mathrm{d}t}x(t)\right]y^*(t)\bigg|_a^b-x(t)\left[\frac{\mathrm{d}}{\mathrm{d}t}y^*(t)\right]\bigg|_a^b+\int_a^b x(t)\frac{\mathrm{d}^2}{\mathrm{d}t^2}y^*(t)\mathrm{d}t\\&=\langle x,A^a y\rangle\end{aligned} \tag{4.8.12}$$

其中

$$(A^a y)(t)=\frac{\mathrm{d}^2}{\mathrm{d}t^2}y(t) \tag{4.8.13}$$

$$D(A^a)=\left\{y \mid y(t),\frac{\mathrm{d}}{\mathrm{d}t}y(t),\frac{\mathrm{d}^2}{\mathrm{d}t^2}y(t)\in L^2(a,b),y(a)=y(b)=0\right\} \tag{4.8.14}$$

由此可知 $A^a=A$，即 A 为自伴的，当然也是对称的。

（3）拉普拉斯偏微分算子 $A:L^2(\Omega)-L^2(\Omega)$，定义为

$$(Ax)(\boldsymbol{t})=\nabla^2 x(\boldsymbol{t}) \tag{4.8.15}$$

$$D(A)=\{x \mid x(\boldsymbol{t}),\nabla^2 x(\boldsymbol{t})\in L^2(\Omega),x(\boldsymbol{t})|_{\Gamma}=0\} \tag{4.8.16}$$

其中，$\Omega\subset R^3$，Γ 为 Ω 的边界。

由于

$$\begin{aligned}\langle Ax,y\rangle&=\int_{\Omega}(\nabla^2 x(\boldsymbol{t}))y^*(\boldsymbol{t})\mathrm{d}\Omega\\&=\oint_{\Gamma}\left(y^*\frac{\mathrm{d}x}{\mathrm{d}n}-x\frac{\mathrm{d}y^*}{\mathrm{d}n}\right)\mathrm{d}s+\int_{\Omega}x(\boldsymbol{t})\nabla^2 y^*(\boldsymbol{t})\mathrm{d}\Omega\\&=\langle x,A^a y\rangle\end{aligned} \tag{4.8.17}$$

其中

$$(A^a y)(\boldsymbol{t})=\nabla^2 y(\boldsymbol{t}) \tag{4.8.18}$$

$$D(A^a)=\{y \mid y(\boldsymbol{t}),\nabla^2 y(\boldsymbol{t})\in L^2(\Omega),y(\boldsymbol{t})|_{\Gamma}=0\} \tag{4.8.19}$$

故有 $A^a=A$，即 ∇^2 为自伴算子。

与此相关的有亥姆霍兹（Helmholtz）算子 ∇^2+k^2，根据定理 4.26，只要 k^2 为实数，这一算子也是自伴的。但是，如果算子 $A:L^2(\Omega)\to L^2(\Omega)$，其定义改为

$$(Ax)(\boldsymbol{t})=(\nabla^2+k^2)x(\boldsymbol{t}) \tag{4.8.20}$$

$$D(A)=\left\{x \mid x(\boldsymbol{t}),\nabla^2 x(\boldsymbol{t})\in L^2(\Omega),\lim_{r\to\infty}r\left(\frac{\partial x}{\partial r}+ikx\right)=0\right\} \tag{4.8.21}$$

其中，$\Omega=R^3$，$k\in R$。由于

$$\begin{aligned}\langle Ax,y\rangle&=\int_{R^3}(\nabla^2 x+k^2 x)y^*\mathrm{d}\Omega\\&=\int_{R^3}x(\nabla^2 y^*+k^2 y^*)\mathrm{d}\Omega+\oint_{\Gamma_\infty}\left(y^*\frac{\partial x}{\partial n}-x\frac{\partial y^*}{\partial n}\right)\mathrm{d}\Gamma\end{aligned}$$

由于当 $r\to\infty$ 时，有

$$\lim_{r\to\infty}r\left(\frac{\partial y^*}{\partial n}-iky^*\right)=0$$

故在 Γ_∞ 上的积分不会消失，因此这时的算子 ∇^2+k^2 就不是自伴的了。从这里我们可以看出，一个算子的特性和它的定义域紧密相关。

(4) 双旋度矢量微分算子　$A:L^2(\Omega)^3\to L^2(\Omega)^3$，其定义为

$$(A\boldsymbol{x})(\boldsymbol{t})=\nabla\times\nabla\times\boldsymbol{x}(\boldsymbol{t}) \tag{4.8.22}$$

$$D(A)=\{\boldsymbol{x}\mid\boldsymbol{x}(\boldsymbol{t}),\nabla\times\nabla\times\boldsymbol{x}(\boldsymbol{t})\in L^2(\Omega)^3,\boldsymbol{n}\times\boldsymbol{x}(\boldsymbol{t})|_{\Gamma}=0\} \tag{4.8.23}$$

由于

$$\begin{aligned}\langle A\boldsymbol{x},\boldsymbol{y}\rangle&=\int_{\Omega}(\nabla\times\nabla\times\boldsymbol{x})\cdot\boldsymbol{y}^*\mathrm{d}\Omega\\&=\oint_{\Gamma}[\boldsymbol{n}\times\boldsymbol{x}]\cdot(\nabla\times\boldsymbol{y}^*)-(\boldsymbol{n}\times\boldsymbol{y}^*)\cdot(\nabla\times\boldsymbol{x})]\mathrm{d}s\end{aligned}$$

$$+\int_{\Omega}\boldsymbol{x}\cdot(\nabla\times\nabla\times\boldsymbol{y}^{*})\mathrm{d}\Omega$$
$$=\langle\boldsymbol{x},A^{a}\boldsymbol{y}\rangle \tag{4.8.24}$$

其中

$$(A^{a}\boldsymbol{y})(\boldsymbol{t})=\nabla\times\nabla\times\boldsymbol{y}(\boldsymbol{t}) \tag{4.8.25}$$

$$D(A^{a})=\{\boldsymbol{y}\mid\boldsymbol{y}(\boldsymbol{t}),\nabla\times\nabla\times\boldsymbol{y}(\boldsymbol{t})\in L^{2}(\Omega)^{3},\boldsymbol{n}\times\boldsymbol{y}(\boldsymbol{t})|_{\Gamma}=0\} \tag{4.8.26}$$

由此可见，$A^{a}=A$，即 A 是自伴的。

4.9 各向异性介质填充均匀波导中电磁场的算子表示[11]

导波理论是电磁理论的重要部分，波导中传导的电磁场可用适当的算子形式来表达，而且可通过对算子的研究了解波导电磁场的一些重要特性。我们只限于讨论沿波导传输的时谐电磁波。波导在纵向是均匀的，其中的介质可为各向异性。

4.9.1 麦克斯韦方程的几种算子形式

如果我们不考虑波导中的电磁场是如何建立的，而只研究其可能存在的形式，则只需考虑无源的麦克斯韦方程。麦克斯韦方程组中两个旋度方程是独立的，研究时变电磁场问题可由这两个旋度方程出发。当介质为各向异性时，其频域形式为

$$\nabla\times\boldsymbol{E}(\boldsymbol{r})=-\mathrm{i}\omega\mu_{0}\overline{\overline{\mu}}\cdot\boldsymbol{H}(\boldsymbol{r}) \tag{4.9.1a}$$

$$\nabla\times\boldsymbol{H}(\boldsymbol{r})=\mathrm{i}\omega\varepsilon_{0}\overline{\overline{\varepsilon}}\cdot\boldsymbol{E}(\boldsymbol{r}) \tag{4.9.1b}$$

设波导的纵向沿坐标 z 方向，场的传播因子为 $\mathrm{e}^{\mathrm{i}(\omega t-\beta z)}$，则有$\frac{\partial}{\partial z}\rightarrow-\mathrm{i}\beta$。若令$\nabla_{t}=\nabla-\hat{z}\frac{\partial}{\partial z}$，则麦克斯韦旋度方程又可表示为

$$\mathrm{i}\nabla_{t}\times\boldsymbol{E}(\boldsymbol{r})+\beta\hat{z}\times\boldsymbol{E}(\boldsymbol{r})=\omega\mu_{0}\overline{\overline{\mu}}\cdot\boldsymbol{H}(\boldsymbol{r}) \tag{4.9.2a}$$

$$-\mathrm{i}\nabla_{t}\times\boldsymbol{H}(\boldsymbol{r})-\beta\hat{z}\times\boldsymbol{H}(\boldsymbol{r})=\omega\varepsilon_{0}\overline{\overline{\varepsilon}}\cdot\boldsymbol{E}(\boldsymbol{r}) \tag{4.9.2b}$$

若令

$$\boldsymbol{\Psi}=\begin{bmatrix}\boldsymbol{E}\\\boldsymbol{H}\end{bmatrix} \tag{4.9.3}$$

$$A=\begin{bmatrix}\omega\varepsilon_{0}\overline{\overline{\varepsilon}}\cdot & \mathrm{i}\nabla_{t}\times\\-\mathrm{i}\nabla_{t}\times & \omega\mu_{0}\overline{\overline{\mu}}\cdot\end{bmatrix} \tag{4.9.4}$$

$$M=\begin{bmatrix}0 & -\hat{z}\times\\ \hat{z}\times & 0\end{bmatrix} \tag{4.9.5}$$

则麦克斯韦方程（4.9.2）可以表示为算子形式：

$$A\boldsymbol{\Psi}=\beta M\boldsymbol{\Psi} \tag{4.9.6}$$

其中，A 和 M 为两个线性算子。

如果令

$$B=\begin{bmatrix}-\mathrm{i}\hat{z}\times\nabla_t\times(\cdot)-\beta\hat{z}\times\hat{z}\times(\cdot) & 0\\ 0 & -\mathrm{i}\hat{z}\times\nabla_t\times(\cdot)-\beta\hat{z}\times\hat{z}\times(\cdot)\end{bmatrix} \tag{4.9.7}$$

$$K=\begin{bmatrix}0 & -\hat{z}\times\mu_0\bar{\bar{\mu}}\cdot\\ \hat{z}\times\varepsilon_0\bar{\bar{\varepsilon}}\cdot & 0\end{bmatrix} \tag{4.9.8}$$

则麦克斯韦方程又可表示成另一种算子形式：

$$B\boldsymbol{\Psi}=\omega K\boldsymbol{\Psi} \tag{4.9.9}$$

其中，B 和 K 为线性算子。

如果令

$$\boldsymbol{\Phi}=\begin{bmatrix}\boldsymbol{D}\\ \boldsymbol{B}\end{bmatrix}=\begin{bmatrix}\varepsilon_0\bar{\bar{\varepsilon}}\cdot & 0\\ 0 & \mu_0\bar{\bar{\mu}}\cdot\end{bmatrix}\boldsymbol{\Psi}$$

因

$$K=M\begin{bmatrix}\varepsilon_0\bar{\bar{\varepsilon}}\cdot & 0\\ 0 & \mu_0\bar{\bar{\mu}}\cdot\end{bmatrix}$$

则式（4.9.9）又可表示为

$$B\begin{bmatrix}\varepsilon_0\bar{\bar{\varepsilon}}\cdot & 0\\ 0 & \mu_0\bar{\bar{\mu}}\cdot\end{bmatrix}^{-1}\boldsymbol{\Phi}=\omega M\boldsymbol{\Phi} \tag{4.9.10}$$

4.9.2　有耗各向异性波导中算子的性质

前面我们已把分析各向异性波导中电磁场所依据的麦克斯韦方程表示为算子的形式，下面我们来分析这些算子的性质。

首先我们分析式（4.9.6）中的算子 M，因为它与介质参数无关，故可应用于任何性质的介质。如果令

$$\Psi_i=[\boldsymbol{E}_i,\boldsymbol{H}_i]^{\mathrm{T}},\quad \Psi_j=[\boldsymbol{E}_j,\boldsymbol{H}_j]^{\mathrm{T}}$$

则按普通内积的定义，有

$$\langle\Psi_i,\Psi_j\rangle=\int_\Omega\Psi_i\cdot\Psi_j^*\mathrm{d}\Omega$$

$$=\int_{\Omega}(\boldsymbol{E}_i\cdot\boldsymbol{E}_j^*+\boldsymbol{H}_i\cdot\boldsymbol{H}_j^*)\mathrm{d}\Omega \tag{4.9.11}$$

根据算子 M 的定义（4.9.5），我们有

$$\begin{aligned}\langle M\boldsymbol{\Psi}_i,\boldsymbol{\Psi}_j\rangle&=\int_{\Omega}(-\hat{z}\times\boldsymbol{H}_i\cdot\boldsymbol{E}_j^*+\hat{z}\times\boldsymbol{E}_i\cdot\boldsymbol{H}_j^*)\mathrm{d}\Omega\\&=\int_{\Omega}[-\hat{z}\cdot(\boldsymbol{H}_j^*\times\boldsymbol{E}_i)+\hat{z}\cdot(\boldsymbol{E}_j^*\times\boldsymbol{H}_i)]\mathrm{d}\Omega\end{aligned} \tag{4.9.12}$$

同时

$$\begin{aligned}\langle\boldsymbol{\Psi}_i,M\boldsymbol{\Psi}_j\rangle&=\int_{\Omega}(-\hat{z}\times\boldsymbol{H}_j^*\cdot\boldsymbol{E}_i+\hat{z}\times\boldsymbol{E}_j^*\cdot\boldsymbol{H}_i)\mathrm{d}\Omega\\&=\int_{\Omega}[\hat{z}\cdot(\boldsymbol{E}_i\times\boldsymbol{H}_j^*)-\hat{z}\cdot(\boldsymbol{H}_i\times\boldsymbol{E}_j^*)]\mathrm{d}\Omega\end{aligned} \tag{4.9.13}$$

由上两式可得出结论

$$\langle M\boldsymbol{\Psi}_i,\boldsymbol{\Psi}_j\rangle-\langle\boldsymbol{\Psi}_i,M\boldsymbol{\Psi}_j\rangle=0 \tag{4.9.14}$$

这就证明了算子 M 是对称的。

对由式（4.9.4）定义的算子 A 的分析要复杂一些。为了更具普遍性，我们假设所有量（包括频率 ω）都是复数。这样我们有

$$\begin{aligned}\langle A\boldsymbol{\Psi}_i,\boldsymbol{\Psi}_j\rangle=\int_{\Omega}[&\omega\varepsilon_0(\bar{\bar{\varepsilon}}\cdot\boldsymbol{E}_i)\cdot\boldsymbol{E}_j^*+\omega\mu_0(\bar{\bar{\mu}}\cdot\boldsymbol{H}_i)\cdot\boldsymbol{H}_j^*\\&+\mathrm{i}(\nabla_t\times\boldsymbol{H}_i)\cdot\boldsymbol{E}_j^*-\mathrm{i}(\nabla_t\times\boldsymbol{E}_i)\cdot\boldsymbol{H}_j^*]\mathrm{d}\Omega\end{aligned} \tag{4.9.15}$$

另外

$$\begin{aligned}\langle\boldsymbol{\Psi}_i,A\boldsymbol{\Psi}_j\rangle=\int_{\Omega}[&\omega^*\varepsilon_0(\bar{\bar{\varepsilon}}^*\cdot\boldsymbol{E}_j^*)\cdot\boldsymbol{E}_i+\omega^*\mu_0(\bar{\bar{\mu}}^*\cdot\boldsymbol{H}_j^*)\cdot\boldsymbol{H}_i\\&-\mathrm{i}(\nabla_t\times\boldsymbol{H}_j^*)\cdot\boldsymbol{E}_i+\mathrm{i}(\nabla_t\times\boldsymbol{E}_j^*)\cdot\boldsymbol{H}_i]\mathrm{d}\Omega\end{aligned} \tag{4.9.16}$$

考虑到

$$\begin{aligned}\int_{\Omega}\mathrm{i}(\nabla_t\times\boldsymbol{E}_j^*)\cdot\boldsymbol{H}_i\mathrm{d}\Omega&=\int_{\Omega}[\mathrm{i}(\nabla_t\times\boldsymbol{H}_i)\cdot\boldsymbol{E}_j^*-\mathrm{i}\nabla_t\cdot(\boldsymbol{H}_i\times\boldsymbol{E}_j^*)]\mathrm{d}\Omega\\&=\int_{\Omega}[\mathrm{i}(\nabla_t\times\boldsymbol{H}_i)\cdot E_j^*]\mathrm{d}\Omega-\mathrm{i}\int_{\partial\Omega}(\boldsymbol{H}_i\times\boldsymbol{E}_j^*)\cdot\boldsymbol{n}\mathrm{d}l\end{aligned}$$

由于

$$(\boldsymbol{H}_i\times\boldsymbol{E}_j^*)\cdot\boldsymbol{n}=-\boldsymbol{H}_i\cdot(\boldsymbol{n}\times\boldsymbol{E}_j^*)=\boldsymbol{E}_j^*\cdot(\boldsymbol{n}\times\boldsymbol{H}_i) \tag{4.9.17}$$

则根据理想波导壁的边界条件，式（4.9.17）中的线积分应该消失，于是式（4.9.16）应该成为

$$\begin{aligned}\langle\boldsymbol{\Psi}_i,A\boldsymbol{\Psi}_j\rangle=\int_{\Omega}[&\omega^*\varepsilon_0(\bar{\bar{\varepsilon}}^*\cdot\boldsymbol{E}_j^*)\cdot\boldsymbol{E}_i+\omega^*\mu_0(\bar{\bar{\mu}}^*\cdot\boldsymbol{H}_j^*)\cdot\boldsymbol{H}_i\\&-\mathrm{i}(\nabla_t\times\boldsymbol{H}_j^*)\cdot\boldsymbol{E}_i+\mathrm{i}(\nabla_t\times\boldsymbol{H}_i)\cdot\boldsymbol{E}_j^*]\mathrm{d}\Omega\end{aligned} \tag{4.9.18}$$

如果 $\bar{\bar{C}}$ 为并矢，$\boldsymbol{A}$ 和 $\boldsymbol{B}$ 为任意矢量，则有以下关系存在：

$$(\overline{\overline{C}}\cdot\boldsymbol{A})\cdot\boldsymbol{B}=\boldsymbol{A}\cdot(\overline{\overline{C}}^{\mathrm{T}}\cdot\boldsymbol{B}) \tag{4.9.19}$$

考虑到这一关系，则由式（4.9.15）和式（4.9.18）可知

$$\langle A\Psi_i,\Psi_j\rangle-\langle\Psi_i,A\Psi_j\rangle=\int_\Omega[\varepsilon_0\boldsymbol{E}_j^*\cdot(\omega\overline{\overline{\varepsilon}}-\omega^*\overline{\overline{\varepsilon}}^\dagger)\cdot\boldsymbol{E}_i+\mu_0\boldsymbol{H}_j^*\cdot(\omega\overline{\overline{\mu}}-\omega^*\overline{\overline{\mu}}^\dagger)\cdot\boldsymbol{H}_i]\mathrm{d}\Omega \tag{4.9.20}$$

由此可以看出，在一般情况下算子 A 不是对称的。但是如果满足条件

$$\overline{\overline{\varepsilon}}=\overline{\overline{\varepsilon}}^\dagger,\quad \overline{\overline{\mu}}=\overline{\overline{\mu}}^\dagger$$

而且 ω 为实值，则 A 是对称的。

如果按伪内积考察算子 M 和 A，则因

$$\langle\Psi_i,\Psi_j\rangle_p=\int_\Omega(\boldsymbol{E}_i\cdot\boldsymbol{E}_j+\boldsymbol{H}_i\cdot\boldsymbol{H}_j)\mathrm{d}\Omega \tag{4.9.21}$$

于是有

$$\langle M\Psi_i,\Psi_j\rangle_p=\langle\Psi_i,M\Psi_j\rangle_p \tag{4.9.22}$$

即 M 也是伪对称的。

对算子 A 而言有

$$\begin{aligned}&\langle A\Psi_i,\Psi_j\rangle_p-\langle\Psi_i,A\Psi_j\rangle_p\\&=\int_\Omega[\omega\varepsilon_0\boldsymbol{E}_j\cdot(\overline{\overline{\varepsilon}}-\overline{\overline{\varepsilon}}^{\mathrm{T}})\cdot\boldsymbol{E}_i+\omega\mu_0\boldsymbol{H}_j\cdot(\overline{\overline{\mu}}-\overline{\overline{\mu}}^{\mathrm{T}})\cdot\boldsymbol{H}_i]\mathrm{d}\Omega\\&\quad+2\mathrm{i}\int_\Omega[(\nabla_t\times\boldsymbol{H}_i)\cdot\boldsymbol{E}_j-(\nabla_t\times\boldsymbol{E}_i)\cdot\boldsymbol{H}_j]\mathrm{d}\Omega\end{aligned} \tag{4.9.23}$$

因此，A 不是伪对称的。

下面我们来考察另一组由式（4.9.9）表示的算子 K 和 B，其中 K 由式（4.9.8）给出。由于

$$\langle K\Psi_i,\Psi_j\rangle=\int_\Omega(-\hat{z}\times\mu_0\overline{\overline{\mu}}\cdot\boldsymbol{H}_i\cdot\boldsymbol{E}_j^*+\hat{z}\times\varepsilon_0\overline{\overline{\varepsilon}}\cdot\boldsymbol{E}_i\cdot\boldsymbol{H}_j^*)\mathrm{d}\Omega$$

$$\langle\Psi_i,K\Psi_j\rangle=\int_\Omega(-\hat{z}\times\mu_0\overline{\overline{\mu}}^*\cdot\boldsymbol{H}_j^*\cdot\boldsymbol{E}_i+\hat{z}\times\varepsilon_0\overline{\overline{\varepsilon}}^*\cdot\boldsymbol{E}_j^*\cdot\boldsymbol{H}_i)\mathrm{d}\Omega$$

则有

$$\langle K\Psi_i,\Psi_j\rangle-\langle\Psi_i,K\Psi_j\rangle\neq0 \tag{4.9.24}$$

因此算子 K 不是对称的。

为克服这一缺点，可以采用式（4.9.10）的形式，这时 M 已证明是对称的，主要是考察式（4.9.10）左边算子

$$C=B\begin{bmatrix}\varepsilon_0\overline{\overline{\varepsilon}}\cdot & 0\\0 & \mu_0\overline{\overline{\mu}}\cdot\end{bmatrix}^{-1} \tag{4.9.25}$$

的对称性问题。算子 B 由式（4.9.7）给出，可以把它表示成更紧凑的形式，如

$$B=\begin{bmatrix}-\mathrm{i}\hat{z}\times\nabla\times(\cdot) & 0\\ 0 & -\mathrm{i}\hat{z}\times\nabla\times(\cdot)\end{bmatrix}\tag{4.9.26}$$

为了知道 C 的具体表达形式，我们首先求出对角矩阵的逆，为此我们设

$$\begin{bmatrix}\varepsilon_0\bar{\bar{\varepsilon}} & 0\\ 0 & \mu_0\bar{\bar{\mu}}\end{bmatrix}^{-1}=\begin{bmatrix}\bar{\bar{a}} & 0\\ 0 & \bar{\bar{b}}\end{bmatrix}$$

亦即

$$\begin{bmatrix}\varepsilon_0\bar{\bar{\varepsilon}} & 0\\ 0 & \mu_0\bar{\bar{\mu}}\end{bmatrix}\begin{bmatrix}\bar{\bar{a}} & 0\\ 0 & \bar{\bar{b}}\end{bmatrix}=1$$

由此便可确定

$$\begin{bmatrix}\varepsilon_0\bar{\bar{\varepsilon}} & 0\\ 0 & \mu_0\bar{\bar{\mu}}\end{bmatrix}^{-1}=\begin{bmatrix}\dfrac{\bar{\bar{\varepsilon}}}{\varepsilon_0} & 0\\ 0 & \dfrac{\bar{\bar{\mu}}}{\mu_0}\end{bmatrix}$$

这样也就知道

$$C=\begin{bmatrix}-\mathrm{i}\hat{z}\times\nabla\times\bar{\bar{\varepsilon}}^{-1}/\varepsilon_0 & 0\\ 0 & -\mathrm{i}\hat{z}\times\nabla\times\bar{\bar{\mu}}^{-1}/\mu_0\end{bmatrix}\tag{4.9.27}$$

为了考虑算子 C 的对称性，需要计算两组内积，即 $\langle C\Phi_i,\Phi_j\rangle$ 和 $\langle\Phi_i,C\Phi_j\rangle$。由于计算比较繁杂，故采用分段的方法。首先考虑 $\langle C\Phi_i,\Phi_j\rangle$ 的第一部分，这时有

$$\left\langle-\mathrm{i}\hat{z}\times\nabla\times\frac{\bar{\bar{\varepsilon}}^{-1}}{\varepsilon_0}\boldsymbol{D}_i,\boldsymbol{D}_j\right\rangle=\mathrm{i}\langle\nabla\times\boldsymbol{E}_i,\hat{z}\times\boldsymbol{D}_j\rangle\tag{4.9.28}$$

适当地应用矢量恒等式可以得到

$$\begin{aligned}\mathrm{i}(\nabla\times\boldsymbol{E}_i)\cdot(\hat{z}\times\boldsymbol{D}_j^*)&=\mathrm{i}\nabla\cdot[\boldsymbol{E}_i\times(\hat{z}\times\boldsymbol{D}_j^*)]+\mathrm{i}(\boldsymbol{E}_i\cdot\nabla\times\hat{z}\times\boldsymbol{D}_j^*)\\&=\mathrm{i}\nabla\cdot[\hat{z}(\boldsymbol{E}_i\cdot\boldsymbol{D}_j^*)-(\boldsymbol{E}_i\cdot\hat{z})\boldsymbol{D}_j^*]\\&\quad+\mathrm{i}(\boldsymbol{E}_i\cdot\nabla\times\hat{z}\times\boldsymbol{D}_j^*)\end{aligned}\tag{4.9.29}$$

应用高斯定理及恒等式

$$\nabla_t\times\boldsymbol{A}_t=\nabla_t\times(\hat{z}\times\boldsymbol{A}_t\times\hat{z})=\hat{z}\nabla_t\cdot(\boldsymbol{A}_t\times\hat{z})\tag{4.9.30}$$

式（4.9.29）的最后一项又可转化为

$$\nabla\times\hat{z}\times\boldsymbol{D}_j^*=\nabla_t\times\hat{z}\times\boldsymbol{D}_{tj}^*-\mathrm{i}\beta^*\boldsymbol{D}_{tj}^*\tag{4.9.31}$$

$$\nabla_t\times\hat{z}\times\boldsymbol{D}_{tj}^*=\hat{z}\nabla_t\cdot\boldsymbol{D}_{tj}^*=-\mathrm{i}\beta^*\hat{z}\boldsymbol{D}_{zj}\tag{4.9.32}$$

把式（4.9.32）代入式（4.9.31）即得到

$$\nabla\times\hat{z}\times\boldsymbol{D}_j^*=-\mathrm{i}\beta^*\boldsymbol{D}_j^*\tag{4.9.33}$$

此外

$$\mathrm{i}\int_{\Omega}\{\nabla_t\cdot[\boldsymbol{E}_i\times(\hat{z}\times\boldsymbol{D}_j^*)]\}\mathrm{d}\Omega=\mathrm{i}\int_{\partial\Omega}[\boldsymbol{E}_i\times(\hat{z}\times\boldsymbol{D}_j^*)]\cdot\boldsymbol{n}\mathrm{d}l$$
$$=-\mathrm{i}\int_{\partial\Omega}(\boldsymbol{E}_i\cdot\hat{z})(\boldsymbol{D}_j^*\cdot\boldsymbol{n})\mathrm{d}l \tag{4.9.34}$$

这里的线积分因理想化的波导壁以及假定在无穷远处场变为零而消失。于是就只需考虑散度的纵向部分，即

$$\mathrm{i}\nabla_z\cdot[\boldsymbol{E}_i\times(\hat{z}\times\boldsymbol{D}_j^*)]=\mathrm{i}\nabla_z\cdot[\hat{z}(\boldsymbol{E}_i\cdot\boldsymbol{D}_j^*)-(\boldsymbol{E}_i\cdot\hat{z})\boldsymbol{D}_j^*]$$
$$=\beta\boldsymbol{E}_{ti}\cdot\boldsymbol{D}_{tj}^*-\beta^*\boldsymbol{E}_{ti}\cdot\boldsymbol{D}_{tj}^* \tag{4.9.35}$$

综合以上结果可得到

$$\left\langle-\mathrm{i}\hat{z}\times\nabla\times\frac{\bar{\bar{\varepsilon}}^{-1}}{\varepsilon_0}\boldsymbol{D}_i,\boldsymbol{D}_j\right\rangle=\int_{\Omega}[(\beta-\beta^*)\boldsymbol{E}_{ti}\cdot\boldsymbol{D}_{tj}^*+\beta\boldsymbol{E}_i\cdot\boldsymbol{D}_{tj}^*]\mathrm{d}\Omega$$
$$=\int_{\Omega}\left[(\beta-\beta^*)\boldsymbol{E}_{ti}\cdot\boldsymbol{D}_{tj}^*+\beta^*\frac{\bar{\bar{\varepsilon}}^{-1}}{\varepsilon_0}\boldsymbol{D}_i\cdot\boldsymbol{D}_j^*\right]\mathrm{d}\Omega$$
$$=\int_{\Omega}(\beta\boldsymbol{E}_{ti}\cdot\boldsymbol{D}_{tj}^*+\beta^*\boldsymbol{E}_{zi}\cdot\boldsymbol{D}_{zj}^*)\mathrm{d}\Omega \tag{4.9.36}$$

内积〈$C\Phi_i$，Φ_j〉的另一部分为

$$\left\langle\boldsymbol{D}_i,-\mathrm{i}\hat{z}\times\nabla\times\frac{\bar{\bar{\varepsilon}}^{-1}}{\varepsilon_0}\boldsymbol{D}_j\right\rangle=-\mathrm{i}\langle\hat{z}\times\boldsymbol{D}_i,\nabla\times\boldsymbol{E}_j\rangle \tag{4.9.37}$$

用上面类似的方法也可得到

$$\left\langle\boldsymbol{D}_i,-\mathrm{i}\hat{z}\times\nabla\times\frac{\bar{\bar{\varepsilon}}^{-1}}{\varepsilon_0}\boldsymbol{D}_j\right\rangle=\int_{\Omega}[(\beta-\beta^*)\boldsymbol{E}_{tj}^*\cdot\boldsymbol{D}_{ti}+\beta\varepsilon_0\boldsymbol{E}_j^*]\mathrm{d}\Omega$$
$$=\int_{\Omega}\left[(\beta-\beta^*)\boldsymbol{E}_{tj}^*\cdot\boldsymbol{D}_{ti}+\beta\boldsymbol{D}_i\cdot\frac{\bar{\bar{\varepsilon}}^{*-1}}{\varepsilon_0}\cdot\boldsymbol{D}_j\right]\mathrm{d}\Omega \tag{4.9.38}$$

把这一结果与式（4.9.36）相减就可得

$$\left\langle-\mathrm{i}\hat{z}\times\nabla\times\frac{\bar{\bar{\varepsilon}}^{-1}}{\varepsilon_0}\boldsymbol{D}_i,\boldsymbol{D}_j\right\rangle-\left\langle\boldsymbol{D}_i,-\mathrm{i}\hat{z}\times\nabla\times\frac{\bar{\bar{\varepsilon}}^{-1}}{\varepsilon_0}\boldsymbol{D}_j\right\rangle$$
$$=\varepsilon_0\int_{\Omega}\boldsymbol{E}_j^*\cdot(\beta^*\bar{\bar{\varepsilon}}^{\dagger}-\beta\bar{\bar{\varepsilon}})\cdot\boldsymbol{E}_i\mathrm{d}\Omega$$
$$+(\beta-\beta^*)\int_{\Omega}(\boldsymbol{E}_{ti}\cdot\boldsymbol{D}_{tj}^*-\boldsymbol{E}_{tj}^*\cdot\boldsymbol{D}_{ti})\mathrm{d}\Omega \tag{4.9.39}$$

用类似的方法还可证明

$$\left\langle-\mathrm{i}\hat{z}\times\nabla\times\frac{\bar{\bar{\mu}}^{-1}}{\mu_0}\boldsymbol{B}_i,\boldsymbol{B}_j\right\rangle-\left\langle\boldsymbol{B}_i,-\mathrm{i}\hat{z}\times\nabla\times\frac{\bar{\bar{\mu}}^{-1}}{\mu_0}\boldsymbol{B}_j\right\rangle$$
$$=\mu_0\int_{\Omega}\boldsymbol{H}_j^*\cdot(\beta^*\bar{\bar{\mu}}^{\dagger}-\beta\bar{\bar{\mu}})\cdot\boldsymbol{H}_i\mathrm{d}\Omega$$
$$+(\beta-\beta^*)\int_{\Omega}(\boldsymbol{H}_{ti}\cdot\boldsymbol{B}_{tj}^*-\boldsymbol{H}_{tj}^*\cdot\boldsymbol{B}_{ti})\mathrm{d}\Omega \tag{4.9.40}$$

可见，只有 $\bar{\bar{\varepsilon}}^{\dagger}=\bar{\bar{\varepsilon}}$，$\bar{\bar{\mu}}^{\dagger}=\bar{\bar{\mu}}$，$\beta=\beta^*$ 时，算子 C 才是对称的。

如果采用伪内积，则获得与式（4.9.39）和式（4.9.40）相对应的关系。

$$\left\langle -\mathrm{i}\hat{z}\times\nabla\times\frac{\bar{\bar{\varepsilon}}^{-1}}{\mu_0}\boldsymbol{D}_i,\boldsymbol{D}_j\right\rangle_p-\left\langle\boldsymbol{D}_i,-\mathrm{i}\hat{z}\times\nabla\times\frac{\bar{\bar{\varepsilon}}^{-1}}{\mu_0}\boldsymbol{D}_j\right\rangle_p$$

$$=\varepsilon_0\beta\int_\Omega\boldsymbol{E}_j\cdot(\bar{\bar{\varepsilon}}^{\mathrm{T}}-\bar{\bar{\varepsilon}})\cdot\boldsymbol{E}_i\mathrm{d}\Omega \tag{4.9.41}$$

$$\left\langle -\mathrm{i}\hat{z}\times\nabla\times\frac{\bar{\bar{\mu}}^{-1}}{\mu_0}\boldsymbol{B}_i,\boldsymbol{B}_j\right\rangle_p-\left\langle\boldsymbol{B}_i,-\mathrm{i}\hat{z}\times\nabla\times\frac{\bar{\bar{\mu}}^{-1}}{\mu_0}\boldsymbol{B}_j\right\rangle_p$$

$$=\mu_0\beta\int_\Omega\boldsymbol{H}_j\cdot(\bar{\bar{\mu}}^{\mathrm{T}}-\bar{\bar{\mu}})\cdot\boldsymbol{H}_i\mathrm{d}\Omega \tag{4.9.42}$$

这说明如果介质满足关系 $\bar{\bar{\varepsilon}}^{\mathrm{T}}=\bar{\bar{\varepsilon}}$，$\bar{\bar{\mu}}^{\mathrm{T}}=\bar{\bar{\mu}}$，则算子 C 是伪对称的。

第 5 章 算子方程和算子谱论

在电磁理论中经常出现的代数方程、微分方程和积分方程等是由矩阵算子、微分算子和积分算子构成的方程，因此算子方程在电磁理论中扮演着非常重要的角色。本章用统一的观点以比较抽象的形式对一般算子方程进行研究，讨论算子方程的解的存在条件、解的性质及解的方法。本章的重点是算子谱的理论。

5.1 算子方程的一般概念

算子方程解的存在和唯一性是算子方程理论的重要问题，其中不动点概念和压缩映射原理有重要作用。利用这一原理可以把求解算子方程的问题转化为求某一映射的不动点。

5.1.1 算子方程的一般形式

定义 5.1（线性算子方程） 设 X 和 Y 为赋范线性空间，D 是 X 中的一个线性子空间。

$$T: D(T) \subset X \to Y, \ x \in D(T), \ y \in Y$$

为线性算子。下面的关系

$$Tx=y \tag{5.1.1}$$

称为线性算子方程，其中 y 为给定的，x 为待求的，x 称为算子方程（5.1.1）的解，式（5.1.1）形式的方程称为确定型方程。另外一类方程

$$Tx=\lambda x \tag{5.1.2}$$

称为本征值方程，这类方程解的存在与 λ 有关，λ 称为算子 T 的本征值，如果它

使方程有解。

下面举几个简单的关于算子方程的例子。

(1) 代数方程。设 $\boldsymbol{A}$ 为一 $n\times n$ 阶矩阵，则

$$(\lambda \boldsymbol{I}-\boldsymbol{A})\boldsymbol{x}=\boldsymbol{b} \tag{5.1.3}$$

为一代数方程，其中 $\boldsymbol{I}$ 为 $n\times n$ 单位矩阵，$\boldsymbol{b}$ 是已知的 n 维矢量，λ 可复数，$\boldsymbol{x}$ 为未知的 n 维矢量。

(2) 常微分方程。以下为由常微分方程构成的边值问题：

$$\begin{cases}\dfrac{\mathrm{d}^2}{\mathrm{d}t^2}u(t)+\lambda u(t)=v(t), \quad t\in(0,1)\\ u(0)=u(1)=0\end{cases} \tag{5.1.4}$$

其中，$v(t)\in L^2(0,1)$，为给定的已知函数，λ 为复数，而 $u(t)$ 则是待求函数，要求 $\dfrac{\mathrm{d}^2}{\mathrm{d}t^2}u(t)\in L^2(0,1)$，且除了满足方程外，还要满足边界条件。

(3) 偏微分方程。下面是一个由偏微分方程构成的边值问题

$$\begin{cases}\lambda u-\dfrac{\partial^2 u}{\partial x^2}-\dfrac{\partial^2 u}{\partial y^2}=f(x,y), \quad x,y\in\Omega=(0,1)\times(0,1)\\ u(x,y)|_{\partial\Omega}=0, \quad x,y\in\partial\Omega\end{cases} \tag{5.1.5}$$

其中，$f(x,y)\in L^2(\Omega)$ 为已知函数，λ 为复数，$\partial\Omega$ 为 Ω 的边界。该问题是寻求函数 $u(x,y)$，使得 u_x，u_y，u_{xx}，$u_{yy}\in L^2(\Omega)$，且除满足偏微分方程外，还要满足边界条件。

(4) 积分方程。以下方程

$$\lambda u(t)-\int_a^b K(t,s)u(s)\mathrm{d}s=v(t) \tag{5.1.6}$$

称为积分方程，因为待求函数 u 存在于积分号内，其中 $v\in L^2(a,b)$ 为已知函数，$\lambda\in C$，$K(t,s)\in L^2((a,b)\times(a,b))$ 为已知积分核。

从上面所列举的算子方程中可以看出，由微分算子所构成的边值问题中有一个明显的特点，待求函数除了必须满足由算子构成的方程外，还要满足边界条件。也可以说，边界条件也限定了该问题算子的定义域。

5.1.2 不动点

定义 5.2（不动点） 设 X 为一集合，$T:X\to X$ 为一映射，如果存在 $x'\in X$，满足

$$Tx'=x' \tag{5.1.7}$$

则称 x' 为映射 T 的一个不动点。

在一些简单情况下，不动点是一目了然的。如平面的旋转作为一个映射，

则其旋转中心就是不动点。又如，由 R 到自身的映射 $Tx=x^2$，则只有 0 和 1 为两个不动点。但是 R 和 R^2 的平移作为映射，就没有不动点存在。

不动点概念在算子方程的求解中可发挥重要作用。例如，代数方程 $f(x)=0$ 的求解可以转变为寻找不动点的问题。方法是把原方程变为 $f(x)+x=x$，若令 $F(x)=f(x)+x$，则把原来的求解问题化作

$$F(x')=x'$$

即变为 $F(x)$ 的不动点问题。

又如，求解问题

$$\begin{cases} \dfrac{\mathrm{d}y}{\mathrm{d}x}=f(x,y) \\ y(x)|_{x=x_0}=y_0 \end{cases}$$

等价于求解以下方程：

$$y(x)=y_0+\int_{x_0}^{x} f(x,y(x))\mathrm{d}x$$

若定义一个算子 T 为

$$(Ty)(x)=y_0+\int_{x_0}^{x} f(x,y(x))\mathrm{d}x$$

则原问题变为寻找一个 y'，使

$$Ty'=y'$$

即也把原来求解微分方程问题变成一个寻找算子 T 的不动点。

这样看来，不动点概念确实与算子方程的求解有紧密联系。

5.1.3　压缩映射原理

压缩映射原理在讨论算子方程解的存在唯一性方面起着重要作用，同时也是完备距离空间的一个重要应用。

定义 5.3（压缩映射）　设 (X,d) 为一度量空间，$T: X\to X$ 为一映射。若存在 $\alpha\in R$ 且 $0<\alpha<1$，使得对所有 $x,y\in X$，有

$$d(Tx,Ty)\leqslant \alpha d(x,y) \tag{5.1.8}$$

则称 T 是一个压缩映射。

由定义可知，压缩映射使得

$$\frac{d(Tx,Ty)}{d(x,y)}\leqslant \alpha<1$$

可见，压缩映射有非常明显而且简单的几何意义，它使 X 中的任何两点 x，y 的像比该两点自身更加接近。此外，还很容易看出，压缩映射必是连续映射。事实上，对任意的 $x_n\to x$，压缩映射使得

$$d(Tx_n, Tx) \leqslant \alpha d(x_n, x)$$

根据极限定义知，当 $n \to \infty$ 时，$d(x_n, x) \to 0$，故有

$$d(Tx_n, Tx) \to 0, \quad n \to \infty$$

因而 T 是连续的映射。

下面讨论压缩映射与不动点的关系。

定理 5.1（巴拿赫不动点定理） 设 (X,d) 为非空的完备度量空间，$T: X \to X$ 为 X 上的一个压缩映射，则 T 有一个且只有一个不动点。

证明 存在性：证明的思路是，构造一个序列 $\{x_n\}$，并证明它是一个柯西序列，因而它在完备的度量空间中一定收敛，然后证明其极限就是 T 的不动点。为此，任选一点 $x_0 \in X$，并定义迭代序列 $\{x_n\}$ 如下：

$$x_0, x_1 = Tx_0, x_2 = Tx_1 = T^2 x_0, \cdots, x_n = T^n x_0, \cdots$$

由于 T 为压缩映射，则有

$$\begin{aligned} d(x_{n+1}, x_n) &= d(Tx_n, Tx_{n-1}) \\ &\leqslant \alpha d(x_n, x_{n-1}) \\ &= \alpha d(Tx_{n-1}, Tx_{n-2}) \\ &\leqslant \alpha^2 d(x_{n-1}, x_{n-2}) \\ &\cdots\cdots \\ &\leqslant \alpha^n d(x_1, x_0) \end{aligned}$$

由距离的三角不等式及几何级数的部分和公式可知，对于 $n > m$，有

$$\begin{aligned} d(x_m, x_n) &\leqslant d(x_m, x_{m+1}) + d(x_{m+1}, x_{m+2}) + \cdots + d(x_{n-1}, x_n) \\ &\leqslant (\alpha^m + \alpha^{m+1} + \cdots + \alpha^{n-1}) d(x_1, x_0) \\ &= \alpha^m (1 + \alpha + \alpha^2 + \cdots + \alpha^{n-m-1}) d(x_1, x_0) \\ &= \alpha^m \frac{1 - \alpha^{n-m}}{1 - \alpha} d(x_1, x_0) \end{aligned}$$

由于 $0 < \alpha < 1$，则 $0 < 1 - \alpha^{n-m} < 1$，因而

$$d(x_m, x_n) \leqslant \frac{\alpha^m}{1 - \alpha} d(x_1, x_0), \quad n > m$$

由此可知，只要 m 取得足够大，上式右边就可足够小，从而知 $\{x_n\}$ 为一柯西序列。

由于 X 是完备的度量空间，则 $\{x_n\}$ 收敛，即 $x_n \to x$。又因

$$\begin{aligned} d(x, Tx) &\leqslant d(x, x_m) + d(x_m, Tx) \\ &\leqslant d(x, x_m) + \alpha d(x_{m-1}, x) \to 0, \ m \to \infty \end{aligned}$$

于是有

$$d(x, Tx) = 0$$

从而知

$$Tx=x$$

也就是说，x 是 T 的不动点。

唯一性：设 x' 是 T 的另一个不动点，即

$$Tx'=x'$$

但

$$d(x,x')=d(Tx,Tx')\leqslant \alpha d(x,x')$$

因为 $0<\alpha<1$，所以只能 $d(x,x')=0$，故 $x=x'$，亦即不动点只能有一个。

5.2　算子谱的一般问题

线性算子方程的求解就是求逆算子的问题，谱论是讨论逆算子的一般性质及其与原算子的关系，它是研究算子方程解的存在和唯一性的另一种方法。线性算子的谱是有限维矩阵方程本征值概念在一般抽象空间中的推广。在这里只就最基本的概念和一些重要结论进行讨论。

5.2.1　本征值问题的一般概念

我们曾提到过一类算子方程

$$Ax=\lambda x$$

其中，A 为线性算子，$\lambda\in C$，为一参数，方程解的存在性与 λ 的值有关。使方程有非零解的 λ 值称为算子 A 的本征值。在代数方程的求解中这一概念非常容易理解。

如果 A 为 $n\times n$ 方阵，$x\in C^n$，则上面形式的方程就是一个代数方程组

$$\begin{cases} a_{11}x_1+a_{12}x_2+\cdots+a_{1n}x_n=\lambda x_1 \\ a_{21}x_1+a_{22}x_2+\cdots+a_{2n}x_n=\lambda x_2 \\ \cdots\cdots \\ a_{n1}x_1+a_{n2}x_2+\cdots+a_{nn}x_n=\lambda x_n \end{cases} \tag{5.2.1}$$

其中 $(a_{ij})=A$，该方程可以改写为

$$\begin{gathered} (a_{11}-\lambda)x_1+a_{12}x_2+\cdots+a_{1n}x_n=0 \\ a_{21}x_1+(a_{22}-\lambda)x_2+\cdots+a_{2n}x_n=0 \\ \cdots\cdots \\ a_{n1}x_1+a_{n2}x_2+\cdots+(a_{nn}-\lambda)x_n=0 \end{gathered}$$

这是一个齐次代数方程组。根据代数方程组理论我们知道，该方程存在唯一非零解的充要条件是它的系数行列式等于零，即

$$\begin{vmatrix} a_{11}-\lambda & a_{12} & \cdots & a_{1n} \\ a_{21} & a_{22}-\lambda & \cdots & a_{2n} \\ \vdots & \vdots & & \vdots \\ a_{n1} & a_{n2} & \cdots & a_{nn}-\lambda \end{vmatrix}=0 \tag{5.2.2}$$

这是一个关于λ的n次代数方程，称之为A的特征方程，它的根称为A的本征值，对应于A的一个本征值，方程（5.2.1）有一个非零解，该解称为对应于该本征值的本征矢量。

这只是有限维空间的情况，问题比较简单。在无穷维的一般抽象空间中，问题要复杂许多。本征值方程可以表示成另外一种形式

$$(\lambda I-A)x=0 \tag{5.2.3}$$

在一般算子方程理论中，常考虑更普遍的算子方程形式，即

$$(\lambda I-T)x=y \tag{5.2.4}$$

其中，T为线性算子。显然，当$y=0$时，方程（5.2.4）就变成方程（5.2.3）。如果y为已知，方程（5.2.4）就成为确定性方程的一般形式。

式（5.2.3）是算子本征值问题的标准形式，这一算子方程的解与参数λ有关。λ的某些值使方程存在唯一解，而λ的另一些值可能使方程存在解但不唯一，甚至可能根本就无解。为了区分这些不同的情形，引入谱的概念，以便对这些问题进行深入的研究。

定义 5.4（本征值） 设X是赋范线性空间，$T:D(T)\subset X\rightarrow X$为一线性算子，使齐次方程

$$(\lambda I-T)x=0 \tag{5.2.5}$$

有非零解$x\in D(T)$的λ值，称为T的本征值。这个λ所对应的非零解x称为T的本征矢量。某个特定的本征值λ所对应的本征矢量全体再加上零矢量，称为T的对应于本征值λ的本征矢量空间，记作E_λ。E_λ的维数称为本征值λ的重复度或简并次数，其含义是，对应同一个本征值λ方程（5.2.5）的线性无关解的最大数。下面再举几个例子说明本征值问题的一些特点。

（1）X上的相似算子$T=\alpha I$构成的本征值问题：

$$(\lambda I-\alpha I)x=0$$

其中，$\alpha\in C$为常数，I为单位算子。该方程可以写成

$$(\lambda-\alpha)Ix=0$$

显然，只有$\lambda=\alpha$才有非零解，也就是说，算子αI只有一个本征值。但是，所有$x\in X$都是该方程的解，于是$E_\lambda=X$。这样，E_λ的重复度就是空间X的维数。

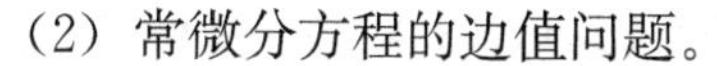

（2）常微分方程的边值问题。

$$\begin{cases}\dfrac{\mathrm{d}^2}{\mathrm{d}t^2}x(t)=-\lambda x(t), & 0<t<1\\[2ex] x(0)=x(1), & \dfrac{\mathrm{d}}{\mathrm{d}t}x\Big|_{x=0}=\dfrac{\mathrm{d}}{\mathrm{d}t}x\Big|_{t=1}\end{cases}$$

该问题的本征值为

$$\lambda=(2n\pi)^2,\quad n=0,1,2,\cdots$$

其解为

$$x(t)=a\cos(2n\pi t)+b\sin(2n\pi t)$$

其中，a，b 为任意常数。

可以看出，$\lambda=0$ 时重复度为 1，$\lambda\neq 0$ 时重复度为 2，本征值为分立的。

（3）积分方程：

$$x(t)=y(t)+\lambda\int_a^b K(t,s)x(s)\mathrm{d}s$$

其中，$K(t,s)$ 在 $a\leqslant t\leqslant b$，$a\leqslant s\leqslant b$ 中连续，$y(t)\in L^2[a,b]$ 为已知。利用压缩映射原理可以证明，当 $|\lambda|$ 充分小时，该方程有唯一解 $x(t)\in L^2[a,b]$，但当 $|\lambda|$ 不够充分小时就会出现复杂的情况，不再像上面两个例子那样简单了。也正是因为这样，才需要对算子方程的解与参数 λ 的关系进行深入的研究。

5.2.2　线性算子谱的一般概念

从前面的讨论已经知道，算子方程的解与其本征值有密切关系。为了用统一的观点对算子方程的解进行深入的更一般化的研究，特别引入谱的概念，它是本征值概念的推广。

定义 5.5（正则值）　设 X 为赋范线性空间，$T: X\to X$ 为线性算子，$\lambda\in C$。如果 $\lambda T-T$ 存在有界逆算子，就称 λ 为 T 的正则值。正则值的全体称为正则集，用 $\rho(T)$ 表示。

当 $\lambda\in\rho(T)$ 时，用 R_λ 表示 $\lambda I-T$ 的有界逆算子，即

$$R_\lambda=(\lambda I-T)^{-1}\tag{5.2.6}$$

这时非齐次算子方程（5.2.4）对任何 $y\in x$ 有唯一解，并可表示为

$$x=(\lambda I-T)^{-1}y\tag{5.2.7}$$

当不知道 $(\lambda I-T)$ 的逆算子是否存在时，$(\lambda I-T)^{-1}$ 只是一个符号，而不是逆算子本身，因此又称 $(\lambda I-T)^{-1}$ 为算子 T 的预解式。

如果 λ 不是 T 的正则值，则 $\lambda I-T$ 就没有有界逆算子，称这样的 λ 值为 T 的谱点。谱点的全体之集合称为算子 T 的谱，并用 $\sigma(T)$ 表示。

在无穷维空间中，$\sigma(T)$ 可以是离散的，也可以是连续的。一般来讲，$\sigma(T)$ 又可分为以下三种类型：

(1) 对 $\lambda\in\sigma(T)$，若方程 $(\lambda I-T)x=0$ 有非零解，亦即 $(\lambda I-T)$ 不存在有界逆算子，这时 λ 是 T 的本征值，这样的 λ 值的全体称为 T 的点谱，记作 $\sigma_p(T)$，λ 所对应的非零解就是 T 的本征矢量。如果 x 表示的是函数，就称之为本征函数。

(2) 对 $\lambda\in\sigma(T)$，方程 $(\lambda I-T)x=0$ 只有零解，即 R_λ 存在但无界，且 $D(\lambda I-T)$ 在 X 中稠密，则 λ 称为 T 的连续谱，并记作 $\sigma_c(T)$。

(3) 对于 $\lambda\in\sigma(T)$，若方程 $(\lambda I-T)x=0$ 只有零解，即 R_λ 存在，可以有界或无界，只是 $D(\lambda I-T)$ 在 X 中不稠密，这时 λ 值称为 T 的剩余谱，记作 $\sigma_r(T)$。

由上面的定义可知：

$$\rho(T)\cup\sigma(T)=C \tag{5.2.8}$$

$$\sigma(T)=\sigma_p(T)\cup\sigma_c(T)\cup\sigma_r(T) \tag{5.2.9}$$

有限维空间的有界线性算子 T 只有点谱 $\sigma_p(T)$，其连续谱 $\sigma_c(T)$ 和剩余谱均为空集。无穷维空间中有界算子的谱要复杂得多。

在电磁理论的应用中剩余谱通常不存在，故点谱和连续谱更为重要。

在 5.2.1 中的例 (1) 中算子 αI 只有一个点谱，例 (2) 中的算子有无穷个点谱，但都没有连续谱和剩余谱。

下面讨论另一个实例。设有算子 $A: L^2(a,b)\to L^2(a,b)$，其定义为

$$(Ax)(t)=f(t)x(t)$$

这是一个乘法算子，当 $|f(t)|<\infty$ 时，为有界的，由它构成的本征值方程为

$$(\lambda-f(t))x(t)=0,\quad t\in(a,b)$$

当 $f(t)=\alpha\in C$ 为常数时，只当 $\lambda=\alpha$ 时 $(\lambda-\alpha)^{-1}$ 逆算子不存在，故 $\lambda=\alpha$ 为该算子的本征值。当 $\lambda\neq\alpha$ 时逆算子存在且有界，所以 $\rho(A)=C-\alpha$，而连续谱 $\sigma_c(A)$ 和剩余谱 $\sigma_r(A)$ 均为空集。

如果 $f(t)=t$，则方程成为

$$(\lambda-t)x(t)=0,\quad t\in[a,b]$$

显然，一般地 $(\lambda-t)^{-1}$ 都存在，但在 $a<\lambda<b$ 时无界，故 $\lambda\in(a,b)$ 为连续谱。当 $\lambda\notin(a,b)$ 时逆算子存在且有界，故这时 $\rho(A)=C-(a,b)$，$\sigma_c(A)=(a,b)$，而 $\sigma_p(A)$ 和 $\sigma_r(A)$ 则为空集。

5.2.3 有界线性算子谱的某些性质

定理 5.2（有界线性算子的谱） 设 T 是赋范线性空间 X 上的有界线性算

子，$T: X \to X$，则：

（1）λ 是 T 的正则点的充分必要条件是，非齐次方程

$$(\lambda I - T)x = y \tag{5.2.10}$$

对任意 $y \in X$ 都有唯一解 $x \in X$，且存在常数 m，使得 $\|x\| \leqslant m\|y\|$。

（2）λ 不是 T 的本征值的充分必要条件是（$\lambda I - T$）是单射的，即 $(\lambda I - T)^{-1}$ 是定义在 $R(\lambda I - T)$ 上的逆算子。

（3）当 X 是有限维空间时，若 λ 不是 T 的本征值，则 $\lambda \in \rho(T)$。

证明　（1）根据定义，λ 是 $T: X \to X$ 的正则点的充分必要条件是算子（$\lambda I - T$）$: X \to X$ 存在有界的逆算子 $(\lambda I - T)^{-1}$，而有界逆算子 $(\lambda I - T)^{-1}: X \to X$ 存在的充要条件则是，（$\lambda I - T$）是双射且是下有界的。双射条件等价于方程（5.2.10）对任意 $y \in X$ 有唯一的解 x，下有界的条件则是存在常数 $C > 0$，使 $\|(\lambda I - T)x\| \geqslant C\|x\|$（$\forall x \in X$）。于是，由式（5.2.10）可得

$$\|y\| \geqslant C\|x\|$$

由此知，

$$\|x\| \leqslant \frac{1}{C}\|y\| = m\|y\|$$

（2）必要性：对 x_1，$x_2 \in X$，若 $(\lambda I - T)x_1 = (\lambda I - T)x_2$，则有 $T(x_2 - x_1) = \lambda(x_2 - x_1)$，如若 λ 不是 T 的本征值，则方程 $Tx = \lambda x$ 只有零解，故必须 $x_2 - x_1 = 0$，从而 $x_1 = x_2$，也就是（$\lambda I - T$）是单射的。

充分性：若（$\lambda I - T$）是单射的，则方程 $(\lambda I - T)x = 0$ 有且只有零解，故 λ 不是 T 的本征值。

（3）若 λ 不是 T 的本征值，则由（2）可知，（$\lambda I - T$）是单射的。如果 $(\lambda I - T)$ 又是满射的，则必存在 $(\lambda I - T)^{-1}: X \to X$。事实上，若 X 为 n 维，则 X 的一组基 e_1，e_2，…，e_n 的象 $E_i = (\lambda I - T)e_i$（$i = 1, 2, \cdots, n$）也是 $R(\lambda I - T) \subset X$ 的基，从而知 $R(\lambda I - T)$ 也是 n 维的。也就是说，$R(\lambda I - T) = X$，也就说明（$\lambda I - T$）$^{-1}$ 是定义在有限维空间 X 上的有界线性算子，从而必有 $\lambda \in \rho(T)$。

定理 5.3（巴拿赫空间上有界线性算子的谱）　若 T 是巴拿赫空间 X 上的有界线性算子，则 $\rho(T)$ 为开集，而 $\sigma(T)$ 为闭集。

证明　由定义知，$\rho(T)$ 的每一个值都是内点，所以 $\rho(T)$ 是复平面 C 上的开集。因为 $\sigma(T) = C - \rho(T)$，即 $\sigma(T)$ 是 C 上 $\rho(T)$ 的余集，从而知 $\sigma(T)$ 是 C 上的开集。

定理 5.4（本征矢量线性无关）　若 T 为巴拿赫空间 X 上的有界线性算子，则 T 的不同本征值对应的本征矢量线性无关。

证明 应用反证法，即假定对应 T 的本征值λ_1，λ_2，…，λ_n 的本征矢量x_1，x_2，…，x_n 是线性相关的，会导出矛盾。因为若 x_1，x_2，…，x_n 是线性相关的，则可令 x_m 由前面 $m-1$ 个线性无关矢量表示，即

$$x_m=\alpha_1 x_1+\alpha_2 x_2+\cdots+\alpha_{m-1}x_{m-1}$$

用算子（$\lambda_m I-T$）作用于上式两端，即得

$$\begin{aligned}(\lambda_m I-T)x_m&=\sum_{i=1}^{m-1}\alpha_i(\lambda_m I-T)x_i\\&=\sum_{i=1}^{m-1}\alpha_i(\lambda_m-\lambda_i)x_i\end{aligned}$$

由于 x_m 为对应于λ_m 的本征矢量，故有 $Tx_m=\lambda_m x_m$，由此得

$$\sum_{i=1}^{m-1}\alpha_i(\lambda_m-\lambda_i)x_i=0$$

因已设 x_1，x_2，…，x_{m-1}是线性无关的，上式的系数必须为零，即

$$\alpha_i(\lambda_m-\lambda_i)=0,\ i=1,2,\cdots,m-1$$

但已设$\lambda_i\neq\lambda_m(i=1,2,\cdots,m-1)$，故只有 $\alpha_i=0$，进而又有 $x_m=0$，这与假定的 x_m 为非零的本征矢量相矛盾。由于 m 是任意的，故 $x_i(i=1,2,\cdots,n)$ 是线性无关的。

定理 5.5（伴随算子的谱） 设 H 为希尔伯特空间，算子 A，A^α：$H\rightarrow H$ 的剩余谱$\sigma_r(A)$ 和 $\sigma_r(A^\alpha)$ 为空集。设 A 有本征值λ_n 及相对应的本征矢 x_n，亦即有 $Ax_n=\lambda_n x_n$。于是 λ_n^* 为伴随算子 A^α 的本征值，其相应的伴随本征矢 y_n，也就是 $A^\alpha y_n=\lambda_n^* y_n$，并且

$$(\lambda_n-\lambda_m)\langle x_n,y_m\rangle=0 \tag{5.2.11}$$

证明从略，详细可参考文献［30］。

5.2.4 希尔伯特空间自伴算子谱的性质

希尔伯特空间中自伴算子具有一些特殊的性质，对解决由自伴算子构成的算子方程具有重要的指导意义。虽然一个自伴算子不一定有本征值，但只要本征值存在就会具有以下定理所表述的性质。

定理 5.6（自伴算子的本征值和本征矢） 设 H 为希尔伯特空间，T：$H\rightarrow H$ 为有界线性自伴算子，则：

（1）T 的所有本征值（如果存在的话）都是实数；

（2）T 的不同本征值所对应的本征矢量相互正交。

证明 （1）因为 T 是自伴算子，故 $\langle Tx_1,x\rangle$（$x\in H$）为实数。设λ 为 T 的任一本征值，x 为λ 所对应的本征矢量，则根据定义有

$$Tx=\lambda x$$

因此

$$\langle Tx,x\rangle=\langle\lambda x,x\rangle=\lambda\langle x,x\rangle$$

因为 $\langle Tx,x\rangle$ 和 $\langle x,x\rangle$ 都是实数，故 λ 也是实数。

(2) 设 λ 和 μ 为 T 的两个不同的本征值，x 和 y 分别为 λ 和 μ 所对应的本征矢量，即

$$Tx=\lambda x,\quad Ty=\mu y$$

于是

$$\begin{aligned}\lambda\langle x,y\rangle&=\langle Tx,y\rangle=\langle x,Ty\rangle\\&=\langle x,\mu y\rangle=\mu\langle x,y\rangle\end{aligned}$$

故有

$$(\lambda-\mu)\langle x,y\rangle=0$$

因为 $\lambda\neq\mu$，故只能 $\langle x,y\rangle=0$，这说明 $x\perp y$。

定理 5.7 (自伴算子的谱点) 设 H 为希尔伯特空间，$T\in B(H,H)$ 为有界自伴线性算子，则 T 的谱点 $\sigma(T)$ 在实轴上。

证明 实际上只需证明，若 $\lambda=\alpha+i\beta$ ($i=\sqrt{-1}$，$\beta\neq0$) 就一定属于 $\rho(T)$。

令 $T_\lambda=\lambda I-T$，对任意的 $x\neq0$ 有

$$\langle T_\lambda x,x\rangle=\langle\lambda x-Tx,x\rangle=\lambda\langle x,x\rangle-\langle Tx,x\rangle\tag{5.2.12}$$

由于 $\langle x,x\rangle$ 和 $\langle Tx,x\rangle$ 都是实数，则有

$$\langle T_\lambda x,x\rangle^*=\lambda^*\langle x,x\rangle-\langle Tx,x\rangle\tag{5.2.13}$$

把式 (5.2.12) 与式 (5.2.13) 相减就可得

$$\begin{aligned}2i\,\mathrm{Im}\langle T_\lambda x,x\rangle&=\langle T_\lambda x,x\rangle-\langle T_\lambda x,x\rangle^*\\&=(\lambda-\lambda^*)\langle x,x\rangle\\&=2i\beta\|x\|^2\end{aligned}$$

对上式两端取绝对值，再利用施瓦茨不等式，又得

$$|\beta|\,\|x\|^2=|\langle T_\lambda x,\ x\rangle|\leqslant\|T_\lambda x\|\,\|x\|$$

于是有

$$\|T_\lambda x\|\geqslant|\beta|\,\|x\|$$

也就是说，只要 $\beta\neq0$，T_λ 就是下有界算子，即一定存在 T_λ^{-1}，于是 $\lambda(\beta\neq0)\in\rho(T)$。从另一方面说，只有 $\beta=0$ 时的 λ 才属于 $\sigma(T)$，因此 $\sigma(T)$ 总是在实轴上。

定理 5.8 (自伴算子谱的区间) 设 H 为希尔伯特空间，$T\in B(H,H)$ 为有界自伴线性算子，则它的谱 $\sigma(T)$ 落在实轴的闭区间 $[m,M]$ 中，其中

$$m=\inf_{\|x\|=1}\langle Tx,x\rangle,\quad M=\sup_{\|x\|=1}\langle Tx,x\rangle$$

证明 首先，由定理 5.7 已知，$\sigma(T)$ 位于实轴上。

对任意 $x\neq 0$，令

$$\upsilon=\frac{x}{\|x\|} \text{ 或 } x=\|x\|\upsilon$$

于是

$$\begin{aligned}\langle Tx,x\rangle &=\langle \|x\|T\upsilon,\|x\|\upsilon\rangle=\|x\|^2\langle T\upsilon,\upsilon\rangle\\ &\leqslant \|x\|^2\sup_{\|x\|=1}\langle T\upsilon,\upsilon\rangle=\langle x,x\rangle M\end{aligned} \tag{5.2.14}$$

因此有

$$-\langle Tx,x\rangle\geqslant-\langle x,x\rangle M$$

由施瓦茨不等式又有

$$\begin{aligned}\|T_\lambda x\|\|x\| &\geqslant\langle T_\lambda x,x\rangle=\lambda\langle x,x\rangle-\langle Tx,x\rangle\\ &\geqslant\lambda\langle x,x\rangle-M\langle x,x\rangle\\ &=(\lambda-M)\langle x,x\rangle\\ &=C\|x\|^2\end{aligned}$$

其中 $C=\lambda-M$。两边除以 $\|x\|$，得到

$$\|T_\lambda\|\geqslant C\|x\|$$

由定理 5.6 知 $\lambda\in\rho(T)$，$\lambda=M+C$。

类似地又可证明，当 $\lambda<m$ 时，$\lambda\in\rho(T)$，所以

$$\sigma(T)\subset[m,M]$$

定理 5.9（m 和 M 为谱点） 设 H 为希尔伯特空间，$T\in B(H,H)$ 为有界线性自伴算子，则定理中的 m 和 M 两个数都是谱点。

证明 首先证明 $\|T\|=\max\{|m|,|M|\}$。

设 $K=\max\{|m|,|M|\}$，任取 $x\in H$，使 $\|x\|=1$，则

$$|\langle Tx,x\rangle|\leqslant\|Tx\|\|x\|\leqslant\|T\|\|x\|^2=\|T\|$$

由此得到

$$K=\sup_{\|x\|=1}|\langle Tx,x\rangle|\leqslant\|T\| \tag{5.2.15}$$

另一方面，对任意的 $y\in H$，由式（5.2.14）又有

$$\langle Ty,y\rangle\leqslant M\|y\|^2\leqslant K\|y\|^2$$

于是，任取 $z\in H$，且 $z\neq 0$，令

$$\lambda=\left(\frac{\|Tz\|}{\|z\|}\right)^{\frac{1}{2}},\quad u=\frac{1}{\lambda}Tz$$

则可得

$$\|Tz\|^2=\langle T\lambda z,u\rangle$$

$$=\frac{1}{4}\{\langle T(\lambda z+u),\lambda z+u\rangle-\langle T(\lambda z-u),\lambda z-u\rangle\}$$

$$\leqslant\frac{1}{4}K\{\|\lambda z+u\|^2+\|\lambda z-u\|^2\}$$

$$=\frac{1}{2}K\{\|\lambda z\|^2+\|u\|^2\}$$

$$=\frac{1}{2}K\{\lambda^2\|z\|^2+\frac{1}{\lambda^2}\|Tz\|^2\}$$

$$=\frac{1}{2}K\left\{\frac{\|Tz\|}{\|z\|}\|z\|^2+\frac{\|z\|}{\|Tz\|}\|Tz\|^2\right\}$$

$$=K\|z\|\|Tz\|$$

因此

$$\|Tz\|\leqslant K\|z\|$$

从而也就有

$$\|T\|\leqslant K=\sup_{\|x\|=1}|\langle Tx,x\rangle| \tag{5.2.16}$$

综合考虑不等式（5.2.15）和（5.2.16），最后得到

$$\|T\|=\max\{|m|,|M|\}$$

由于在一般情况下可以假设

$$0\leqslant m\leqslant M$$

故由上面结果可以肯定 $M=\|T\|$。以下证明 M 是谱点。

根据定义

$$M=\sup_{\|x\|=1}\langle Tx,x\rangle,\quad x\in H$$

任取 $\delta_n>0$，当 $n\to\infty$ 时 $\delta_n\to 0$。存在点列 $\{x_n\}$，$\|x_n\|=1$，使得

$$\langle Tx_n,x_n\rangle>M-\delta_n$$

但

$$\|Tx_n\|\leqslant\|T\|\|x_n\|=\|T\|=M$$

故有

$$\begin{aligned}\|Tx_n-Mx_n\|^2&=\langle Tx_n-Mx_n,Tx_n-Mx_n\rangle\\&=\|Tx_n\|^2-2M\langle Tx_n,x_n\rangle+M^2\|x_n\|^2\\&\leqslant M^2-2M(M-\delta_n)+M^2=2M\delta_n\end{aligned}$$

这说明

$$\|Tx_n-Mx_n\|\to 0,\quad \|x_n\|=1$$

亦即 M 是 T 的谱点。

用类似的方法也可以证明 m 也是 T 的谱点。

一般来讲，无界线性算子的谱比有界线性算子的谱要更加复杂，但是无界自伴线性算子的谱与有界自伴线性算子的谱的性质却是非常接近的。无界自伴线性算子的谱也是复平面上的闭集，而且完全分布在实轴上。不同点主要表现在无界自伴线性算子的谱不再是有界集。

所以，若应用中不会引起混乱，我们不再特意区分有界线性算子和无界线性算子。

5.3 算子的本征值问题

上文我们讨论了算子谱的一般性质，从现在开始，我们将更具体地讨论不同类型算子谱的具体性质。我们将从算子的本征值问题的角度进行讨论，除了关心本征值外，也关心本征函数的性质。

5.3.1 算子本征值问题的一般概念

上文在讨论算子谱时是以下面的本征值问题为出发点的，即

$$Tx=\lambda x, \quad x\in D(T) \tag{5.3.1}$$

使方程有非零解的 λ 称为算子 T 的本征值，而非零解 x 则称为与 λ 值相应的本征函数，并把这一类本征值问题称为标准本征值问题。

在电磁理论中我们还经常遇到另一种形式的本征值问题，如

$$Ax=xBx \tag{5.3.2}$$

其中，A 和 B 均为线性算子。或者写成如下形式：

$$(A-\lambda B)x=0 \tag{5.3.3}$$

我们称这一种为广义本征值问题。显然，当 $B=I$ 时，式（5.3.2）就简化为标准形式。4.9.1 节中的式（4.9.6）和式（4.9.9）就是广义本征值问题的形式，它们表示的是波导中电磁场的关系。此外，谐振腔内的电磁场也可表示成类似的形式。如果谐振腔壁是理想导体，则谐振腔内可能存在的电磁场满足以下关系：

$$\nabla\times\boldsymbol{E}(\boldsymbol{r})=-\mathrm{i}\omega\mu\boldsymbol{H}(\boldsymbol{r})$$

$$\nabla\times\boldsymbol{H}(\boldsymbol{r})=\mathrm{i}\omega\varepsilon\boldsymbol{E}(\boldsymbol{r})$$

$$\boldsymbol{n}\times\boldsymbol{E}(\boldsymbol{r})|_{\Gamma}=0$$

其中 Γ 为谐振腔的内部边界。以上两个旋度方程可以改写为以下形式：

$$-\mathrm{i}\begin{bmatrix} 0 & \nabla\times \\ -\nabla\times & 0 \end{bmatrix}\begin{bmatrix} \boldsymbol{E} \\ \boldsymbol{H} \end{bmatrix}=\omega\begin{bmatrix} \varepsilon & 0 \\ 0 & \mu \end{bmatrix}\begin{bmatrix} \boldsymbol{E} \\ \boldsymbol{H} \end{bmatrix}$$

如果定义算子 A，$B: L^2(\Omega)^6 \rightarrow L^2(\Omega)^6$，其形式为

$$A=\begin{bmatrix} 0 & \nabla\times \\ -\nabla\times & 0 \end{bmatrix},\ B=\begin{bmatrix} \varepsilon & 0 \\ 0 & \mu \end{bmatrix}$$

$$D(A)=\{\boldsymbol{x} \mid \boldsymbol{x}, \nabla\times\boldsymbol{x} \in L^2(\Omega)^6, \boldsymbol{n}\times\boldsymbol{x}\,|_{\Gamma}=0\}$$

$$D(B)=\{\boldsymbol{x} \mid \boldsymbol{x} \in L^2(\Omega)^6\}$$

则可得到广义本征值形式的方程

$$A\boldsymbol{\Psi}=\omega B\boldsymbol{\Psi} \tag{5.3.4}$$

其中，$\boldsymbol{\Psi}=[\boldsymbol{E},\boldsymbol{H}]^{\mathrm{T}}$，$\omega$ 则是与 λ 同类的参数。

在电磁理论中还经常出现第三类本征值问题，在该问题中本征值参数出现在算子中或不能与算子简单地分离。例如，一般地表示成

$$A(\gamma)x=0 \tag{5.3.5}$$

我们把它称为非标准本征值问题，其中 γ 为非标准本征值，当 $x\neq0$ 时，就称为非标准本征矢量。也可以把式（5.1.5）表示为

$$[A(\gamma)-\lambda(\gamma)I]x=0 \tag{5.3.6}$$

于是标准本征值问题和一般本征值问题都可以看成非标准本征值问题（5.3.6）的特例。

前面我们已给出了波导系统中电磁场的广义本征值问题的表达形式。其实，对于任一个均匀传输系统中的电磁场，由于电磁场是传输模式，如果传输方向用 z 表示，传输系数为 β，则总是有 $\frac{\partial}{\partial z}=-\mathrm{i}\beta$，这样算符 ∇ 就与 β 有关。为此，这时的算符表示成 ∇_β，以示其与 β 相关，于是由算符 ∇_β 构成的算子 A 也一般地表示为 $A(\beta)$。在这种表示形式下，一般波导系统中电磁场所满足的矢量波动方程就可表示成非标准本征值问题的形式，对于电场 $\boldsymbol{E}(\boldsymbol{r})$ 就是

$$A(\beta)\boldsymbol{E}(\boldsymbol{r})=\omega^2(\beta)\boldsymbol{E}(\boldsymbol{r}) \tag{5.3.7}$$

其中 $A: L^2(\Omega)^3 \rightarrow L^2(\Omega)^3$，定义为

$$A(\beta)\boldsymbol{E}=\frac{1}{\varepsilon}\{\nabla_\beta\times\nabla_\beta\times\boldsymbol{E}-\varepsilon\nabla_\beta\nabla_\beta\cdot\varepsilon\boldsymbol{E}\}$$

$$D(A)=\{\boldsymbol{E}(\boldsymbol{r}) \mid \boldsymbol{E}(\boldsymbol{r}), \nabla_\beta\times\boldsymbol{E}, \nabla_\beta\times\nabla_\beta\times\boldsymbol{E} \in L^2(\Omega)^3$$
$$\nabla_\beta\cdot\varepsilon\boldsymbol{E} \in L^2(\Omega),\quad \boldsymbol{n}\times\boldsymbol{E}\,|_{\Gamma}=0\}$$

这里实际上已假定导波系统由理想导体构成，而其中的介质是各向同性的。

5.3.2 自伴或对称算子的广义本征值问题

关于自伴算子的标准本征值问题已经有了明确的结论，现在讨论该类算子

的广义本征值问题。

定理 5.10（对称算子的本征值） 设 A，B：$H\to H$ 为自伴（或对称）线性算子，且 $\langle Ax,x\rangle\neq 0$ 或 $\langle Bx,x\rangle\neq 0$，$x\in H$，则其广义本征值问题

$$Ax=\lambda Bx$$

中的本征值为实值。

证明 如果 $\langle Bx,x\rangle\neq 0$，则因 $Ax=\lambda Bx$，可知有

$$\langle Ax,x\rangle=\lambda\langle Bx,x\rangle$$

$$\langle x,Ax\rangle=\lambda^*\langle x,Bx\rangle$$

因为 A 和 B 是对称的，故 $\langle Ax,x\rangle=\langle x,Ax\rangle$，$\langle Bx,x\rangle=\langle x,Bx\rangle$，于是 $\lambda\langle Bx,x\rangle=\lambda^*\langle Bx,x\rangle$，亦即

$$(\lambda-\lambda^*)\langle Bx,x\rangle=0$$

由此结果和已给 $\langle Bx,x\rangle\neq 0$ 的假设可知

$$\lambda=\lambda^* \tag{5.3.8}$$

也就是 λ 为实值。并且，在得到这一结果时，$\langle Ax,x\rangle$ 的取值并不重要。从前面的结果又可以得到

$$\frac{1}{\lambda}\langle Ax,x\rangle=\frac{1}{\lambda^*}\langle Ax,x\rangle$$

或者

$$\left(\frac{1}{\lambda}-\frac{1}{\lambda^*}\right)\langle Ax,x\rangle=0$$

这又说明，如果 $\langle Ax,x\rangle\neq 0$，则 $\dfrac{1}{\lambda}=\dfrac{1}{\lambda^*}$，于是 λ 也是实值。在后一种情况下 $\langle Bx,x\rangle$ 的取值就显得不重要了。

上面的两个对算子 A 或 B 的内积不为零的假设，换一种说法就是，A 是正定或负定的或者 B 是正定或负定的。由此也可推论，只有 A 或 B 是不定的时候 λ 才有可能取复数值。

定理 5.11（对称算子的本征函数） 设 A，B：$H\to H$ 为自伴或对称线性算子，则满足方程

$$Ax_i=\lambda_i Bx_i$$

的本征值和本征矢之间有如下的正交关系：

$$(\lambda_n-\lambda_m^*)\langle Bx_n,x_m\rangle=0 \tag{5.3.9}$$

$$\left(\frac{1}{\lambda_n}-\frac{1}{\lambda_m^*}\right)\langle Ax_n,x_m\rangle=0 \tag{5.3.10}$$

证明 因为如果不同的本征值 λ_n 和 λ_m 对应的本征矢分别为 x_n 和 x_m，则应该有

$$Ax_n=\lambda_n Bx_n,\quad Ax_m=\lambda_m B\lambda_m$$

于是就有

$$\begin{cases}\langle Ax_n,x_m\rangle=\langle\lambda_n Bx_n,x_m\rangle=\lambda_n\langle Bx_n,x_m\rangle=\lambda_n\langle x_n,Bx_m\rangle\\ \langle Ax_m,x_n\rangle=\langle\lambda_m Bx_m,x_n\rangle=\lambda_m\langle Bx_m,x_n\rangle\end{cases}\tag{5.3.11}$$

对后一式取复共轭可得

$$\langle Ax_m,x_n\rangle^*=\lambda_m^*\langle x_n,Bx_m\rangle$$

但因 $\langle Ax_n,x_m\rangle=\langle x_m,Ax_n\rangle^*=\langle Ax_m,x_n\rangle^*$，又有

$$\langle Ax_n,x_m\rangle=\lambda_m^*\langle x_n,Bx_m\rangle\tag{5.3.12}$$

由式（5.1.11）与式（5.1.12）相减，并利用 B 的对称性，即可得到

$$(\lambda_n-\lambda_m^*)\langle Bx_n,x_m\rangle=0\tag{5.3.13}$$

用类似的方法也可以证明式（5.1.10）成立。因为已经假设 $\lambda_n\neq\lambda_m$，则对称算子本征矢量的正交关系应该是

$$\langle Ax_n,x_m\rangle=\langle Bx_n,x_m\rangle=0\tag{5.3.14}$$

现在我们回到理想导体谐振腔中电磁场满足的广义本征值方程（5.3.4），可以证明算子 A 和 B 均为自伴的，而且若 $\varepsilon>0$，$\mu>0$，则 B 还是正算子。因此，按定理 5.10 可知，本征值 $\lambda_n=\omega_n$ 是实的，其中 ω_n 为谐振腔的谐振频率，而且相对于 ω_n 的本征矢 $\Psi_n=\begin{bmatrix}\boldsymbol{E}_n\\ \boldsymbol{H}_n\end{bmatrix}$满足以下正交关系：

$$(\omega_n-\omega_m)\langle B\Psi_n,\ \Psi_m\rangle=(\omega_n-\omega_m)\int_\Omega(\varepsilon\boldsymbol{E}_n\cdot\boldsymbol{E}_m^*+\mu\boldsymbol{H}_n\cdot\boldsymbol{H}_m^*)\mathrm{d}\Omega=0$$

5.3.3　伴随算子和正规算子的本征值问题

很多问题与伴随算子有关，了解伴随算子本征值问题与其对应算子本征值问题的关系就有重要的理论和实际意义。正规算子是比自伴算子更大的一类算子，它的特性具有更广泛的意义。

定理 5.12（有界算子伴随算子的逆）　设 $A: H_1\rightarrow H_2$ 为有界算子，$R(A)=H_2$，若算子 A 存在有界逆，则其伴随算子也是可逆的，而且

$$(A^a)^{-1}=(A^{-1})^a\tag{5.3.15}$$

证明　设 $x\in H_1$，$y\in H_2$，则

$$\langle y,(A^{-1})^aA^ax\rangle=\langle A^{-1}y,A^ax\rangle=\langle AA^{-1}y,x\rangle=\langle y,x\rangle$$

$$\langle y,A^a(A^{-1})^ax\rangle=\langle Ay,(A^{-1})^ax\rangle\langle A^{-1}Ay,x\rangle=\langle y,x\rangle$$

由此得出结论

$$(A^{-1})^aA^ax=A^a(A^{-1})^ax$$

于是就有$(A^a)^{-1}=(A^{-1})^a$

定理 5.13（有界线性算子伴随算子的谱） 对任意有界线性算子 $A:H\to H$，有

$$\sigma(A^a)=\sigma^*(A) \tag{5.3.16}$$

证明 若 $\lambda\in\rho(A)$，则 $R(A)$ 有界，可逆算子 $(A-\lambda I)$ 的值域在 H 中稠密，则算子 $(A-\lambda I)$ 满足定理 5.12 的条件，这样 $(A-\lambda I)^a=(A^a-\lambda^* I)$ 的值域在 H 中稠密，并具有有界逆，因此 $\lambda^*\in\rho(A^a)$，并且有 $\sigma(A^a)\subseteq\sigma^*(A)$。如果以上过程是从 $\lambda\in\rho(A^a)$ 开始的，则会导致 $\rho(A^a)\subseteq\sigma^*(A)$，因此必有 $\sigma(A^a)=\sigma^*(A)$。

应该注意的是，以上结论适用于全部谱点，即 $\sigma_p(A)$、$\sigma_c(A)$ 和 $\sigma_r(A)$ 全部，而不必每一部分单独都满足。实际上是，由于非空剩余谱的存在，A 和 A^a 的本征值的关系变得复杂。算子的点谱经常与其伴随算子的点谱相关联，下面的定理就说明了这种情况。

定理 5.14（算子的点谱与其伴随算子点谱的关系） 设 $A,A^a:H\to H$ 的剩余谱为空集，A 有本征值 λ_n 及相应的本征矢 x_n，亦即 $Ax_n=\lambda_n x_n$，则 λ_n^* 是 A^a 的本征值，其对应的本征矢为 y_n，即有 $A^a y_n=\lambda_n^* y_n$，而且它们之间存在关系：

$$(\lambda_n-\lambda_m)\langle x_n,y_m\rangle=0 \tag{5.3.17}$$

证明 设 λ_n 和 x_n 为算子 $A:H\to H$ 的本征值及其相对应的本征矢，而 y 是 A^a 定义域内的任意函数，则有 $(A-x_nI)x_n=0$，$\langle y,(A-\lambda_nI)x_n\rangle=0$。由于 $\langle y,Ax\rangle=\langle A^a y,x\rangle$，我们有 $\langle(A-\lambda_nI)^a y,x_n\rangle=\langle(A^a-\lambda_n^*I)y,x_n\rangle=0$。这样，或者 $(A^a-\lambda_n^*I)y=0$，说明 y 和 λ_n^* 分别为 A^a 的本征矢及对应的本征值，或者 $(A^a-\lambda_n^*I)y=f\neq0$。如果是后者正确，$y$ 又是任意的，则对任意的 f 有 $\langle f,x_n\rangle=0$，这就意味着 $x_n=0$。因为 x_n 不可能为零，则定理所述正确。

因为已有

$$Ax_n=\lambda_n x_n,\quad A^a y_m=\lambda_m^* y_m$$

则取内积就有

$$\langle Ax_n,y_m\rangle=\langle\lambda_n x_n,y_m\rangle=\lambda_n\langle x_n,y_m\rangle$$

$$\langle A^a y_m,x_m\rangle=\langle\lambda_m^* y_m,x_n\rangle=\lambda_m^*\langle y_m,x_n\rangle$$

但因后者可写成

$$\langle x_n,A^a y_m\rangle=\lambda_m\langle x_n,y_m\rangle$$

故有

$$\langle Ax_n,y_m\rangle-\langle x_n,A^a y_m\rangle=(\lambda_n-\lambda_m)\langle x_n,y_m\rangle=0$$

这就是定理所要证明的。由此可知，如果 $\lambda_n\neq\lambda_m$，则有

$$\langle x_n,y_m\rangle=0 \tag{5.3.18}$$

这就是算子的本征矢与其伴随算子的本征矢当所对应的本征值不相等时所具有

的正交关系。

定义 5.6（正规算子）　设 H 为希尔伯特空间，$T:H\to H$ 为有界线性算子，若

$$TT^a=T^aT$$

则称 T 为正规算子。

对自伴算子而言 $T^a=T$，则显然，自伴算子一定是正规算子。

定理 5.15（正规算子的充要条件）　设 $A:H\to H$ 为有界线性算子，则 A 是正规算子的条件是且仅是 $\|Ax\|=\|A^ax\|$，所以 $x\in H$ 成立。

证明　首先假设 A 是正规算子，则对所有 $x\in H$ 有

$$\langle AA^ax,x\rangle=\langle A^ax,A^ax\rangle$$

同时

$$\langle AA^ax,x\rangle=\langle A^aAx,x\rangle=\langle Ax,Ax\rangle$$

这就说明 $\|A^ax\|=\|Ax\|$。

如果假设对所有 $x\in H$ 有 $\|A^ax\|=\|Ax\|$，则有

$$\langle A^ax,A^ax\rangle=\langle Ax,Ax\rangle$$

也就有

$$\langle AA^ax,x\rangle=\langle A^aAx,x\rangle$$

于是可得

$$\langle (AA^a-A^aA)x,x\rangle=0$$

因为 x 为任意的，故只有 $AA^a-A^aA=0$，即 $AA^a=A^aA$，于是 A 是正规算子。

定理 5.16（正规算子谱的特点）　设 $A:H\to H$ 为有界正规算子，若 λ 是 A 的本征值，$x\in H$ 为对应于 λ 的本征矢，则 λ^* 是伴随算子 A^a 的本征值，其对应的 A^a 的本征矢为 x，而且有

$$N(A-\lambda I)=N(A^a-\lambda^*I)\tag{5.3.19}$$

证明　因为 A 为正规算子，则 $A-\lambda I$ 也是正规算子，则根据定理 5.15 知，必须有

$$\|(A-\lambda I)x\|=\|(A^a-\lambda^*I)x\|,\quad x\in H$$

根据假设和范数的定义，由于 $\|(A-\lambda I)x\|=0$，故必有

$$\|(A^a-\lambda^*I)x\|=0,\quad x\in H$$

也就是

$$(A^a-\lambda^*I)x=0,\quad x\in H$$

这就说明 λ^* 为 A^a 的本征值，x 为其本征矢。

定理 5.17（正规算子的正交关系）　设 $A:H\to H$ 为正规线性算子，则

$$N(A-\lambda_nI)\perp N(A-\lambda_mI),\quad \lambda_n\neq\lambda_m\tag{5.3.20}$$

证明 设 $x_n \in N(A-\lambda_n I)$，$x_m \in N(A-\lambda_m I)$，$x_n, x_m \neq 0$，由于 $\langle Ax_n, x_m\rangle = \langle x_n, A^a x_m\rangle$，我们得到 $\langle \lambda_n x_n, x_m\rangle = \langle x_n, \lambda_m^* x_m\rangle$，于是 $(\lambda_n-\lambda_m)\langle x_n, x_m\rangle = 0$，这就意味着，若 $\lambda_n \neq \lambda_m$，则有 $\langle x_n, x_m\rangle = 0$，进一步表明式（5.3.19）成立。

定理 5.18（正规线性算子的剩余谱） 正规线性算子的剩余谱是空集。

对该定理此处不予证明，感兴趣的读者可参阅文献［21］。

5.3.4 伪内积下算子的本征值问题

在伪内积定义下的伪伴随算子和伪自伴算子在电磁理论中有重要应用，因此讨论其本征值问题很有意义。由于伪内积不能产生希尔伯特空间，故将在伪内积空间中讨论。

定理 5.19（伪伴随算子本征矢的正交性） 设 X 为伪内积空间，A_p：$X \to X$ 为线性算子，λ_n 为其本征值，x_n 为相应的本征矢，即有 $A_p x_n = \lambda_n x_n$，则 λ_n 也是伪伴随算子 A_p^a 的本征值，而与此相应的伴随本征矢为 y_n，即有 $A_p^a y_n = \lambda_n y_n$，并且

$$(\lambda_n-\lambda_m)\langle x_n, y_m\rangle_p = 0 \tag{5.3.21}$$

本定理的证明可仿照定理 5.14 的证明。事实上还有

$$\sigma(A_p) = \sigma(A_p^a)$$

定理 5.20（伪对称和伪自伴本征矢的正交性） 设 A_p，B_p：$X \to X$ 为伪自伴算子或伪对称算子，则广义本征值问题 $A_p x = \lambda B_p x$ 有如下正交关系：

$$(\lambda_n-\lambda_m)\langle B_p x_n, x_m\rangle_p = 0$$

$$\left(\frac{1}{\lambda_n}-\frac{1}{\lambda_m}\right)\langle A_p x_n, x_m\rangle_p = 0$$

显然，对后一种情况，要求 λ_n，$\lambda_m \neq 0$。

该定理的证明也可仿照以前的类似定理进行。

定理 5.21（伪伴随算子本征矢的对称性） 设 A_p^a 和 B_p^a 为算子 A_p 和 B_p 的伪伴随算子，分别有

$$A_p x_n = \lambda_n B_p x_n$$

$$A_p^a y_n = \lambda_{np}^a y_n$$

且 $\lambda_{np}^a = \lambda_n$，则有正交关系

$$(\lambda_n-\lambda_m)\langle B_p x_n, y_m\rangle_p = 0$$

$$\left(\frac{1}{\lambda_n}-\frac{1}{\lambda_m}\right)\langle A_p x_n, y_m\rangle_p = 0$$

在最后一式中要求 λ_n，$\lambda_m \neq 0$。

5.3.5　非标准本征值问题

非标准本征值问题如式（5.3.5）所示，其中 $A(\gamma)$ 可能为 γ 的比较复杂的函数。所以，这类问题的复杂程度与 $A(\gamma)$ 的函数性质有很大关系。此外也和算子的紧性以及自伴性密切相关。

定义 5.7（紧算子）　有界线性算子 A：$H_1 \to H_2$ 是紧的，如果每一有界序列 $\{x_n\} \subset H_1$ 存在一个子列 $\{x_{n_i}\}$，使得 $\{Ax_{n_i}\}$ 在 H_2 中收敛。

关于算子的紧性将在关于积分方程的章节中再进行讨论，这里仅指出，紧线性算子一定是有界的，但反过来不一定成立。值域为有限维的有界算子是紧的。

关于巴拿赫空间中的紧算子谱的性质存在以下定理[62]。

定理 5.22（弗雷德霍姆定理）　如果 $A(\gamma)$ 对于 $\gamma \in \Omega$ 为解析的且为紧的，其中 Ω 为复平面上的一个开子域，则：

（1）在 Ω 内 $(I-A(\gamma))$ 无处是可逆的；

（2）$(I-A(\gamma))^{-1}$ 在 Ω 内是半纯的。

如果第二条成立，则存在离散值 $\{\gamma_n\}$ 是逆算子的极点。在这种情况下，$[I-A(\gamma)]^{-1}$ 存在并且在点 $\gamma=\gamma_n$ 是解析的。而且，对于 $\gamma=\gamma_n$，

$$[I-A(\gamma)]x=0$$

在巴拿赫空间中有非零解。

5.4　本征函数展开

我们已经知道，在希尔伯特空间中自伴算子的本征矢，当所对应的本征值不同时是相互正交的。对于希尔伯特函数空间，如果这些本征函数能构成空间的基，将会有重要价值。事实上，如果自伴算子还是紧的，其本征函数就具有这样的特性，这在电磁理论中有重要作用。

5.4.1　紧自伴算子的谱及谱展开

一个算子如果仅是自伴的或紧的，其谱的性质还不够完美。当算子既是自伴的又是紧的时候，其谱就具有了非常完美的特性。有关这方面的理论有几个非常重要的定理。对此，以下只给予描述，不再给出证明。关于算子的紧性将在第 9 章中讨论。

定理 5.23（希尔伯特-施密特定理） 设 $A:H\to H$ 为紧自伴线性算子，H 为无限维希尔伯特空间，则存在一个正交本征矢系 $\{u_n\}$，它对应于非零本征值 $\{\lambda_n\}$，则任意 $x\in H$ 可以唯一地表示为

$$x=x_0+\sum_{n=1}^{\infty}\langle x,u_n\rangle u_n \tag{5.4.1}$$

其中，x_0 满足 $Ax_0=0$。若 $\{\lambda_n\}$ 为本征值无限集，则 $\lim\limits_{n\to\infty}\lambda_n=0$。

显然，如果把式（5.4.1）中右侧的第二项看成是由 $\{u_n\}$ 张成的一个空间 $S\subset H$，它将是 H 的一个线性闭子空间。根据正交投影定理，可把式（5.4.1）解释为，x 分解为 x_0 和 $\sum\limits_{n=1}^{\infty}\langle x,u_n\rangle u_n$ 两部分，后一部分属于子空间 S，x_0 则属于 $S^{\perp}$。

一般地讲，$\{u_n\}$ 不能构成空间 H 的基，除非 $N(A)=\{0\}$，但它可以构成 A 的值域的基，因为 $Ax_n=\lambda_n x_n$，当用 A 作用于式（5.4.1）时就得到

$$Ax=\sum_{n=1}^{\infty}\lambda_n\langle x,u_n\rangle u_n,\quad x\in H \tag{5.4.2}$$

那么，什么样的函数系才能构成希尔伯特函数空间的基呢？下面定理给予说明。

定理 5.24（紧自伴算子的谱） 设 $A:H\to H$ 是紧自伴线性算子（或更一般地是正规算子），H 为无限维希尔伯特空间，则存在一个由 A 的本征矢 $\{x_n\}$ 构成的空间 H 的正交基，与之相对应的是本征值 $\{\lambda_n\}$，使得对于任意 $x\in H$ 有

$$x=\sum_{n}\langle x,x_n\rangle x_n \tag{5.4.3}$$

和

$$Ax=\sum_{n}\lambda_n\langle x,x_n\rangle x_n \tag{5.4.4}$$

显然，该定理中的 $\{x_n\}$ 与定理 5.23 中的 $\{u_n\}$ 不同，$\{u_n\}$ 中没有包括对应于 $\lambda_n=0$ 的 $Ax=0$ 的解 $\{v_A\}$，式（5.4.1）中的 $x_0=\sum\limits_{n}\langle x,v_n\rangle v_n$，于是

$$\{x_n\}=\{u_n\}\cup\{v_n\}$$

由此我们知道，$\{u_n\}$ 不可能构成空间 H 的正交基，而只有 $\{x_n\}$ 才可能成为 H 的正交基。

5.4.2 自伴边值问题和本征函数展开

根据上面的定理我们知道，本征函数构成希尔伯特函数空间的正交基需要满足算子为紧自伴的、线性的这一严格条件。但在实际应用中，很多算子并不满足以上条件却也能由其本征函数构成本征基，重要的实例有自伴边值问题的微

分（无界）算子。也就是说，希尔伯特空间的自伴边值问题构成希尔伯特空间的本征函数基。

所谓边值问题是指微分算子方程与其解必须满足的边界条件一起所构成的定解问题。在这种问题中边界条件部分地决定算子的定义域。因此，边界条件成为算子的一部分，也影响算子的性质。如果考虑边界条件算子是自伴的，这样的问题就称为自伴边值问题。

如有边值问题

$$\begin{cases} Lx(t)=f(t), & t\in\Omega\subset R^n \\ L:L^2(\Omega)\to L^2(\Omega) \\ D(L)=\{x\mid x(t),Lx(t)\in L^2(\Omega),B(x)=0\} \end{cases} \tag{5.4.5}$$

其中 $B(x)=0$ 是 $x(t)$在 Ω 的边界 $\partial\Omega$ 满足的边界条件。如果

$$\begin{aligned} &\langle Lx,y\rangle-\langle x,Ly\rangle \\ &=\int_\Omega (Lx(t))y^*(t)\mathrm{d}\Omega-\int_\Omega y(t)(Lx(t))^*\mathrm{d}\Omega=0 \end{aligned}$$

则算子 L 为自伴的，从而以上问题就是自伴边值问题。于是，满足方程

$$Lx_n(t)=\lambda_n x_n(t)$$

的本征函数 $\{x_n\}$ 就是 $L^2(\Omega)$ 的本征基，因此就有

$$x=\sum_n\langle x,x_n\rangle x_n,\quad x\in L^2(\Omega) \tag{5.4.6}$$

其中，$\langle x,x_n\rangle$ 就是广义的傅里叶系数。

例如，$L:L^2(0,a)\to L^2(0,a)$，其定义为

$$\begin{cases} (Lx)(t)=-\dfrac{\mathrm{d}^2x}{\mathrm{d}t^2}, & t\in(0,a) \\ D(L)=\left\{x\mid x,\dfrac{\mathrm{d}^2x}{\mathrm{d}t^2}\in L^2(0,a),x(0)=x(a)=0\right\} \end{cases} \tag{5.4.7}$$

这是一个非常简单的自伴边值问题，作为本征值问题为

$$\begin{cases} \dfrac{\mathrm{d}^2x}{\mathrm{d}t^2}+\lambda x=0, & t\in(0,a) \\ x(0)=x(a)=0 \end{cases} \tag{5.4.8}$$

其解为

$$\begin{cases} \lambda_n=\dfrac{2n\pi}{a}, & n=0,\pm1,\pm2,\cdots \\ x_n=\sin\dfrac{2n\pi}{a}x \end{cases} \tag{5.4.9}$$

在电磁理论中经常遇到如下问题：

$$L:L^2(\Omega)^3\to L^2(\Omega)^3$$

$$\begin{cases}(L\boldsymbol{x})(\boldsymbol{t})=\nabla\times\nabla\times\boldsymbol{x}(\boldsymbol{t}) & \boldsymbol{t}\in\Omega\subset R^3\\ D(L)=\{\boldsymbol{x}\mid\boldsymbol{x}(\boldsymbol{t}),\nabla\times\nabla\times\boldsymbol{x}(\boldsymbol{t})\in L^2(\Omega)^3,\boldsymbol{n}\times\boldsymbol{x}(\boldsymbol{t})\mid_\Gamma=0\}\end{cases} \tag{5.4.10}$$

根据以前的证明，这也是一个自伴本征值问题，其中 Γ 为 Ω 的边界。如果 $\boldsymbol{x}$ 表示电场 $\boldsymbol{E}$，则边界条件就是理想导体边界上 $\boldsymbol{E}$ 所满足的。这一问题的本征值和本征函数满足

$$\begin{cases}\nabla\times\nabla\times\boldsymbol{x}_n(\boldsymbol{t})=\lambda_n\boldsymbol{x}_n(\boldsymbol{t})\\ \boldsymbol{n}\times\boldsymbol{x}_n\mid_\Gamma=0\end{cases}$$

于是 $\{\boldsymbol{x}_n\}$ 就是空间 $L^2(\Omega)^3$ 的本征函数基，即有

$$\boldsymbol{x}(\boldsymbol{t})=\sum_n\langle\boldsymbol{x},\boldsymbol{x}_n\rangle\boldsymbol{x}_n,\quad x\in L^2(\Omega)^3$$

5.4.3 求解算子方程的谱法

应用谱表示是求解非齐次算子方程的一种非常有效的方法。如果算子满足上面定理中所要求的条件，即算子 A 为希尔伯特空间 H 的紧自伴算子，则存在函数空间 H 的本征函数基 $\{x_n\}=\{u_n\}\cup\{v_n\}$，其中 $\{u_n\}$ 为非零本征值的本征函数，它构成 $R(A)$ 的基，而 $\{v_n\}$ 则是相对于零本征值的本征函数，即 $Av_n=0$，它构成 $N(A)$ 的基。我们可以把这些原理应用于求解非齐次算子方程。

首先考虑方程

$$Ax=y,\quad x,y\in H \tag{5.4.11}$$

如果 $N(A)=\{0\}$，则 x 和 y 可以表示为

$$x=\sum_n\langle x,u_n\rangle u_n$$

$$y=\sum_n\langle y,u_n\rangle u_n$$

和以前一样，这种级数都按范数收敛。在这种情况下，$\{u_n\}$ 为 H 的本征函数基。由于

$$Ax=\sum_n\lambda_n\langle x,u_n\rangle u_n=y=\sum_n\langle y,u_n\rangle u_n$$

则可以由此解出

$$\langle x,u_n\rangle=\frac{1}{\lambda_n}\langle y,u_n\rangle$$

这样就可得到方程（5.4.11）的唯一解

$$x=\sum_n\frac{1}{\lambda_n}\langle y,u_n\rangle u_n \tag{5.4.12}$$

因为 y 是已知的，故只要知道 λ_n 和 u_n，式（5.4.12）就是已知的。也就是说，解方程（5.4.11）的问题就变成求算子的本征值和本征函数的问题。根据级数

收敛的理论可知，只要

$$\sum_n \left| \left(\frac{1}{\lambda_n}\right) \langle y,\ u_n \rangle \right|^2 < \infty$$

级数（5.4.12）就是收敛的。

如果 $N(A) \neq \{0\}$，则方程（5.4.11）的解应表示为

$$x = x_0 + \sum_n \langle x, u_n \rangle u_n$$

其中，x_0 满足 $Ax_0 = 0$，并可表示为

$$x_0 = \sum_n \langle x_0, v_n \rangle v_n$$

由于

$$Ax = \sum_n \lambda_n \langle x, u_n \rangle u_n = y$$

而且 $\{u_n\} \perp \{v_n\}$，则 y 在 A 的值域中必与 $\{v_n\}$ 正交。如果把 y 表示成

$$y = \sum_n \langle y, u_n \rangle u_n$$
$$= \sum_n \lambda_n \langle x, u_n \rangle u_n$$

则由此可解出

$$\langle x, u_n \rangle = \frac{1}{\lambda_n} \langle y, u_n \rangle$$

这样方程（5.4.11）的解就可表示成

$$x = x_0 + \sum_n \frac{1}{\lambda_n} \langle y, u_n \rangle u_n \tag{5.4.13}$$

若算子 A 不是紧自伴的，则算子 A 的本征函数不一定相互正交或完备。在这种情况下，可以利用 A 的本征函数 $\{x_n\}$ 和 A^a 的本征函数 $\{y_n\}$，并把解表示成

$$x = \sum_n \langle x, y_n \rangle x_n$$

当 y 也表示成 $y = \sum_n \langle y, y_n \rangle x_n$ 时，就可解出上式中的系数，于是可得

$$x = x_0 + \sum_n \frac{1}{\lambda_n} \langle y, y_n \rangle u_n \tag{5.4.14}$$

这里要求 $y \perp N(A)$。

现在考虑另外一种形式的方程

$$(A - \lambda I)x = y \tag{5.4.15}$$

前面已讨论了 $\lambda = 0$ 的情况，现在假设 $\lambda \neq 0$，但 λ 不是 A 的本征值，这时 $(A - \lambda I)x$ 只有零解，也就是 $N(A - \lambda I) = \{\ \}$。对这种情况，我们应用以下展开：

$$
\begin{cases}
Ax = \sum_{n} \lambda_n \langle x, u_n \rangle u_n \\
x = x_0 + \sum_{n} \langle x, u_n \rangle u_n \\
y = y_0 + \sum_{n} \langle y, u_n \rangle u_n
\end{cases}
\tag{5.4.16}
$$

其中，x_0，$y_0 \in N(A)$。应用 $\{u_n\}$ 和 $\{v_n\}$ 的正交性质，可知

$$
(\lambda_n - \lambda)\langle x, u_n \rangle = \langle y, u_n \rangle
$$

$$
-\lambda x_0 = y_0
$$

于是，方程的解成为

$$
x = -\frac{y_0}{\lambda} + \sum_{n} \frac{1}{\lambda_n - \lambda} \langle y, u_n \rangle u_n \tag{5.4.17}
$$

这一解由于 y_0 的存在而不是唯一的，但当 $N(A) = \{0\}$ 时，解即为唯一的。

如果 λ 是 A 的一个本征值，令 $\lambda = \lambda_m$，并为简单起见，假设 λ_m 的重复度为 1，于是

$$
(A - \lambda_m I)x = 0
$$

有非零解。在这种情况下，我们仍可用展开式（5.4.16），并得到

$$
(\lambda_m - \lambda_n)\langle x, x_n \rangle = \langle y, y_n \rangle
$$

$$
-\lambda x_0 = y_0
$$

如果 $\langle y, u_m \rangle = 0$，则 $\langle x, u_m \rangle$ 为任意的。如设为 α，则有

$$
x = -\frac{y_0}{a_m} + \sum_{n \neq m} \frac{1}{\lambda_n - \lambda_m} \langle y, u_n \rangle u_n + \alpha u_m \tag{5.4.18}
$$

它显然不是唯一的。

如果 $\langle y, u_m \rangle \neq 0$，则不可能解出 $\langle x, u_m \rangle$，这时方程（5.4.15）将无解。

在以上的求解中，为了使 y 处于算子的值域中，都要求 $y \perp N(A - \lambda I)$，这时解才存在。

5.5 求解算子方程的加权余量法

虽然前面已经讨论了几种求解算子方程的方法，但真正要求得实际问题的解析解，却只有少数情况才有可能。在电磁理论发展的当代，问题变得越来越复杂，当严格解无法得到时，为了实际的需要，已发展了许多近似求解方法。尤其是计算机高度发展的今天，求得算子方程的数值解已经成为电磁理论发展的主要方向，并形成了计算电磁学。在计算电磁学中发展了很多电磁场的数值

计算方法，而大部分方法又可归于一个一般框架，这就是求解算子方程的加权余量法。

5.5.1 加权余量法的基本原理

加权余量法适用于微分算子方程和积分算子方程，对于由微分算子方程构成的边值问题，需要列出边界条件，而积分算子方程则没有这种要求。以下的叙述中我们将以微分算子所表示的边值问题为例加以说明，但所叙述的原理也适用于积分算子方程。

设有线性微分算子方程所表述的边值问题

$$\begin{cases} Au(\boldsymbol{r})=f(\boldsymbol{r}), & \boldsymbol{r}\in\Omega \\ Bu(\boldsymbol{r}_b)=g(\boldsymbol{r}_b), & r_b\in\Gamma \end{cases} \tag{5.5.1}$$

其中，Γ 为 Ω 的边界，$f(\boldsymbol{r})$ 和 $g(\boldsymbol{r}_b)$ 为已知。这是一种确定性问题的形式。如果用 $\lambda u(\boldsymbol{r})$ 代替 $f(\boldsymbol{r})$，则方程就成为标准本征值问题。

设该问题有近似解 $u^{(n)}(\boldsymbol{r})$。当用近似解代替精确解 $u(\boldsymbol{r})$ 时，则在一般情况下控制方程和边界条件都不会得到精确满足。由此产生的误差称为余量，并分别用 $R_e(\boldsymbol{r})$ 和 $R_b(\boldsymbol{r}_b)$ 表示，于是有

$$\begin{cases} R_e(\boldsymbol{r})=Au^{(n)}(\boldsymbol{r})-f(\boldsymbol{r}) \\ R_b(\boldsymbol{r})=Bu^{(n)}(\boldsymbol{r}_b)-g(\boldsymbol{r}_b) \end{cases} \tag{5.5.2}$$

显然，对精确解而言，余量都应该等于零。余量的大小反映近似解的精确程度。这里存在的问题是，应该用什么方法估计余量的大小。由于余量是 $\boldsymbol{r}$ 的函数，如果采用一般的 Ω 内各点误差的平均方法，显然不能限制局部范围内误差的最大值。现在比较通行的方法是对余量进行加权平均，所谓加权余量法就是由此而得名。

加权余量平均的做法是，在算子 A 的值域中选取一个线性无关的函数序列 $\{w_n\}$ 作为权函数，逐个对方程的余量 $R_e(\boldsymbol{r})$ 作内积，并用权函数的适当变换 $Pw_\mu(\boldsymbol{r}_b)$ 对 $R_b(\boldsymbol{r}_b)$ 作内积，令这些内积之和等于零就得到

$$\langle R_e,w_\mu\rangle_\Omega+\langle R_b,Pw_\mu\rangle_\Gamma=0,\quad \mu=1,2,\cdots,n \tag{5.5.3}$$

这就是加权余量法的基本公式。满足该式的 $u^n(\boldsymbol{r})$ 就称为所解问题的加权余量近似解。

式（5.5.3）又可分为两种情况。若所选近似解已经满足了边界条件，只是不能精确地满足控制方程，这时就有 $R_b(\boldsymbol{r}_b)=0$，只有 $R_e(\boldsymbol{r})\neq0$，在这种情况下式（5.5.3）就变成

$$\langle R_e,w_\mu\rangle_\Omega=0,\quad \mu=1,2,\cdots,n \tag{5.5.4}$$

考虑到 $R_e(\boldsymbol{r})=Au^{(n)}(\boldsymbol{r})-f(\boldsymbol{r})$，方程（5.5.4）就成为

$$\langle Au^{(n)},w_\mu\rangle_\Omega=\langle f,w_\mu\rangle_\Omega,\quad \mu=1,2,\cdots,n \tag{5.5.5}$$

这是一种内域积分形式的加权余量法，通常又称为矩量法。

如果所选的近似解已满足控制方程，只是不满足边界条件，这样就可以得到

$$\langle Bu^{(n)},Pw_\mu\rangle_\Gamma=\langle g,Pw_\mu\rangle_\Gamma,\quad \mu=1,2,\cdots,n \tag{5.5.6}$$

这是一种边界积分形式的加权余量法，通常又称为边界积分法。

5.5.2 内域积分形式的加权余量法——矩量法

如上所述，作为内域积分形式的加权余量法，所选择的近似解已经满足边界条件。近似解由算子 A 的定义域 $D(A)$ 中的线性无关序列表示。设这种序列用 $\{\varphi_n\}$ 表示，则近似解可表示为

$$u^{(n)}(\boldsymbol{r})=\varphi_0(\boldsymbol{r})+\sum_{\nu=1}^{n}C_\nu\varphi_\nu(\boldsymbol{r}) \tag{5.5.7}$$

并使得

$$\begin{cases}B\varphi_0(\boldsymbol{r}_b)=g(\boldsymbol{r}_b), & \boldsymbol{r}_b\in\Gamma\\ B\varphi_\nu(\boldsymbol{r}_b)=0, & \nu=1,2,\cdots,n;\end{cases}\quad \vec{r}_b\in\Gamma \tag{5.5.8}$$

把这一表达代入式（5.5.1）就得到

$$\sum_{\nu=0}^{n}C_\nu A\varphi_\nu(\boldsymbol{r})=f(\boldsymbol{r}) \tag{5.5.9}$$

如果选 $\{w_\mu\}$ 作为权函数，就得到

$$\sum_{\nu=0}^{n}C_\nu\langle A\varphi_\nu(\boldsymbol{r}),w_\mu(\boldsymbol{r})\rangle=\langle f(\boldsymbol{r}),w_\mu(\boldsymbol{r})\rangle,\quad \mu=1,2,\cdots,n \tag{5.5.10}$$

在该式中，c_0 为已知，还有 n 个未知系数 c_ν，$\nu=1,2,\cdots,n$ 为未知，也就是说，加权余量法把求解算子方程的问题变为一个求解 n 个代数方程的问题。

根据前面的展开理论，如果展开函数 $\{\varphi_\nu\}$ 为空间 $D(A)$ 的基，$\{w_\mu\}$ 为 $R(A)$ 的基函数，则当 $n\to\infty$ 时，由上述方法就可得到所述问题的精确解。

当然，这在实际问题中是不可能的。首先是无法求解无限个代数方程，其次很难在一般情况下获得 $D(A)$ 和 $R(A)$ 的基函数。虽然如此，以上理论却指出了获得精确解的一种途径，对获得高精度的近似解是有指导意义的。

作为一种近似方法，并不要求 $\{\varphi_\nu\}$ 和 $\{w_\mu\}$ 是相应空间的函数基，甚至没有要求它们一定是正交系。当然，不同的选择对近似程度及解的收敛速度会产生很大影响。

根据权函数选择的不同，内域积分形式的加权余量法可分为以下几种类型。

（1）点配法。只要在一些点上使方程得到满足，就称为点配法。这种情况相当于选择 δ 函数作为权函数序列，即

$$w_{\mu}(\boldsymbol{r})=\delta(\boldsymbol{r}-\boldsymbol{r}_{\mu}),\quad \mu=1,2,\cdots,n$$

根据 δ 函数的性质，式（5.5.10）就变成

$$\sum_{\nu=0}^{n} C_{\nu} A\varphi(\boldsymbol{r}_{\mu})=f(\boldsymbol{r}_{\mu}),\quad \mu=1,2,\cdots,n \tag{5.5.11}$$

显然，在现在的情况下余量 $R_{e}(\boldsymbol{r})$ 不是全解域加权平均意义下等于零，而只是在 n 个离散点上等于零，即

$$R_{e}(\boldsymbol{r}_{\mu})=0,\quad \mu=1,2,\cdots,n$$

这样，所求的近似解 $u^{(n)}(\boldsymbol{r})$ 也只是在这些离散点上能满足方程，在其他点上则可能存在误差，误差的大小显然与点的位置有关，近似解的精度与点数 n 的数量有直接关系。这种方法的优点是免去了内积的计算，但为了提高解的精度，需要取足够多的匹配点，使得上述优越性大大降低。

（2）子域法。如果把解域划分成一定数量的子域，只要求在每个子域内余量的算数平均等于零，即相当于取权函数为

$$w_{\mu}(\boldsymbol{r})=\begin{cases}1, \boldsymbol{r}\in\Delta\Omega_{\mu}\\ 0, \boldsymbol{r}\notin\Delta\Omega_{\mu}\end{cases},\quad \mu=1,2,\cdots,n$$

$$\sum_{\mu=1}^{n}\Delta\Omega_{\mu}=\Omega$$

在这种情况下，式（5.5.10）成为

$$\sum_{\nu=0}^{n} C_{\nu}\int_{\Delta\Omega\mu} A\varphi_{\nu}(\boldsymbol{r})\mathrm{d}\Omega=\int_{\Delta\Omega\mu} f(\boldsymbol{r})\mathrm{d}\Omega,\quad \mu=1,2,\cdots,n \tag{5.5.12}$$

这种方法的优点在于使内积的积分区域缩小为子域并使积分得到简化。但是，由于只要求在每个子域内余量的算术平均等于零，如果子域取得不足够小，就会明显地影响近似解的精度。

（3）伽辽金（Galerkin）法。在内域积分形式的加权余量法中，如果选权函数序列 $\{w_{\mu}\}$ 与展开函数 $\{\varphi_{\nu}\}$ 相同，即

$$\{w_{\mu}\}=\{\varphi_{\mu}\},\quad \mu=1,2,\cdots,n$$

则称之为伽辽金法。在这种情况下，式（5.5.10）就成为

$$\sum_{\nu=0}^{n} C_{\nu}\langle A\varphi_{\nu},\varphi_{\mu}\rangle=\langle f,\varphi_{\mu}\rangle,\quad \mu=1,2,\cdots,n \tag{5.5.13}$$

一般来讲，在内域积分形式的加权余量法中，权函数和展开函数的选择是相互独立的，但在伽辽金法中却是结合在一起的。如前面的讨论中已经指出的，展开函数的最佳选择是空间 $D(A)$ 的基函数，权函数的最佳选择则是 $R(A)$ 的基函数。如果已知算子 A 的值域是其定义域的子空间，而有 $R(A)\subset D(A)$，则

由这样的算子所构成的算子方程适合采用伽辽金法求其近似解。

但是，在实际情况中并不容易知道算子的值域 $R(A)$，于是需要用其他方法来判定所给算子方程是否适合用伽辽金法进行求解。一种比较简单的方法是通过算子 A 的伴随算子 A^a 的定义域 $D(A^a)$ 和值域 $R(A^a)$ 判定。由算子理论知道

$$D(A^a)=N(A^a)\oplus\overline{R(A)}$$

由此知

$$R(A)\subset D(A^a)$$

类似地还有

$$D(A)=N(A)\oplus\overline{R(A^a)}$$

也就是

$$R(A^a)\subset D(A)$$

为使方程 $Au(\boldsymbol{r})=f(\boldsymbol{r})$ 有唯一解，要求 $N(A)$ 为空集，于是有 $D(A)=\overline{R(A^a)}$。如果 $D(A)=D(A^a)$，则必有 $R(A)\subset D(A)$，这样的算子是自伴的。也就是说，由自伴算子构成的算子方程适合于用伽辽金法求解。

如果 $D(A)\neq D(A^a)$，则没有理由相信，$D(A)$ 的基函数一定也是 $R(A)$ 的基函数。在电磁理论中经常遇到 $D(A)\neq D(A^a)$ 的情形，这时对应是否采用伽辽金法需要仔细评估。

此外，内域积分形式的加权余量法用于解决由微分算子构成的边值问题时，展开函数先要满足边界条件。在实际应用中这样的展开函数不是很容易找到的。但是，由积分算子构成的方程不需要单独的边界条件，所以内域积分形式的加权余量法更适合于积分方程的求解。在电磁理论中，矩量法更多地用于求解积分方程。

5.5.3 基于加权余量法的有限元法

有限元方法是一种非常有效的求解算子方程的近似数值方法。这种方法的出发点主要有两种原理：一种是变分原理，另一种就是加权余量法。

不管哪一种有限元法，开始步骤都是对解域进行剖分，即用各类单元近似地逼近原始计算区域。当计算区域为表面时，往往采用三角单元。下面就以三角单元为例对此方法作简要说明。

假设我们讨论的是二维问题，将三角单元置于直角坐标系统中，未知标量函数用 $u(x,y)$ 表示。在三角单元内未知函数可用一线性函数表达为

$$u(x,y)=\beta_1+\beta_2 x+\beta_3 y \tag{5.5.14}$$

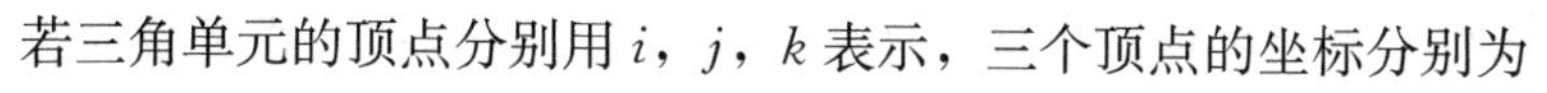

若三角单元的顶点分别用 i，j，k 表示，三个顶点的坐标分别为

$$(x_i,y_i),(x_j,y_j),(x_k,y_k)$$

则三角单元的面积 Δ 为

$$\Delta=\frac{1}{2}\begin{vmatrix}1 & x_i & y_i\\ 1 & x_j & y_j\\ 1 & x_k & y_k\end{vmatrix}$$

当用 u_i，u_j 和 u_k 表示 $u(x,y)$ 在三个顶点的值时，则根据式（5.5.14）有

$$\begin{cases}u_i=\beta_1+\beta_2x_i+\beta_3y_i\\ u_j=\beta_1+\beta_2x_j+\beta_3y_j\\ u_k=\beta_1+\beta_2x_k+\beta_3y_k\end{cases}\tag{5.5.15}$$

据此可把式（5.5.14）中的系数表示为

$$\begin{cases}\beta_1=\dfrac{1}{2\Delta}(a_iu_i+a_ju_j+a_ku_k)\\ \beta_2=\dfrac{1}{2\Delta}(b_iu_i+b_ju_j+b_ku_k)\\ \beta_3=\dfrac{1}{2\Delta}(c_iu_i+c_ju_j+c_ku_k)\end{cases}\tag{5.5.16}$$

其中

$$\begin{cases}a_i=x_jy_k-x_ky_j\\ a_j=x_ky_i-x_iy_k,\\ a_k=x_iy_j-x_jy_i\end{cases}\quad\begin{cases}b_i=y_j-y_k\\ b_j=y_k-y_i,\\ b_k=y_i-y_j\end{cases}\quad\begin{cases}c_i=x_k-x_j\\ c_j=x_i-x_k\\ c_k=x_j-x_i\end{cases}\tag{5.5.17}$$

把式（5.5.16）代入式（5.5.14）可以得到

$$u(x,y)=N_iu_i+N_ju_j+N_ku_k\tag{5.5.18}$$

其中

$$\begin{cases}N_i(x,y)=\dfrac{1}{2\Delta}(a_i+b_ix+c_iy)\\ N_j(x,y)=\dfrac{1}{2\Delta}(a_j+b_jx+c_jy)\\ N_k(x,y)=\dfrac{1}{2\Delta}(a_k+b_kx+c_ky)\end{cases}\tag{5.5.19}$$

并称它们为形函数．

由式（5.5.18）可以看出，若形函数已知，未知函数就可以通过其在三角单元上顶点的值表达出来。形函数 N_i，N_j 和 N_k 只与单元顶点的坐标有关，当解域被剖分后，三角形顶点的坐标就完全确定了。因此，对三角形单元而言，形函数只是坐标 x，y 的函数。于是，式（5.5.18）表明，只要三角形顶点的值

为已知，三角形内任一点的值就可以通过此式表达出来，通常把该式所表示的函数叫做插值函数。由此可以看出形函数起到了展开函数的作用。

如果令

$$\boldsymbol{u}=(u_i,u_j,u_k)^{\mathrm{T}}$$

$$\boldsymbol{N}=(N_i,N_j,N_k)$$

则式（5.5.18）就可表示为

$$u(x,y)=\boldsymbol{N}\cdot\boldsymbol{u} \tag{5.5.20}$$

根据式（5.5.2），在一个单元内余量 $R_e(\Delta)$ 就可表示成

$$R_e(\Delta)=A(\boldsymbol{N}\cdot\boldsymbol{u})_\Delta-f(\Delta) \tag{5.5.21}$$

若采用形函数 $\boldsymbol{N}$ 为权函数，则对一个三角单元的加权余量法就成为

$$\langle A(\boldsymbol{N}\cdot\boldsymbol{u}),\boldsymbol{N}\rangle_\Delta-\langle f,\boldsymbol{N}\rangle_\Delta=0 \tag{5.5.22}$$

如果解域中共有 N 个不涉及解域边界的单元，并用 l 表示每个单元的编号，则应有

$$\sum_{l=1}^{N}[\langle A(\boldsymbol{N}^l\cdot\boldsymbol{u}^l),\boldsymbol{N}^l\rangle_{\Delta l}-\langle f,\boldsymbol{N}^l\rangle_{\Delta l}]=0 \tag{5.5.23}$$

对涉及解域边界的三角单元，则需要考虑边界条件来处理。凡三角元顶点处于边界，则顶点的未知函数根据边界条件为已知。关于边界三角单元的处理，这里不再进行进一步讨论，可参阅有关著作。

5.5.4 边界积分形式的加权余量法——边界元法

上面讨论的都是内域积分形式的加权余量法，下面将讨论的边界元法属于边界积分形式的加权余量法。这种方法是把微分算子方程变成边界上的积分算子方程，然后把解域的边界划分为有限个单元，从而把问题转换为求解只有边界上有限点处未知量的代数方程组。

与作为内域积分的加权余量法的有限元法不同，边界元法是用满足控制方程的函数去逼近边界条件。边界单元法可以分为直接法和间接法两种基本类型。直接法是用物理意义明确的变量建立积分方程，并以控制方程的一个基本解入手，该解仅在定义域内满足控制方程，但却含有某些未知数，这些未知数是由边界条件来确定的。间接法则是用物理意义不一定很明确的参量来建立积分方程的。

边界元法的主要优点是问题的维数可以降低。这是因为它的出发点是边界积分方程，故只需定义边界上的单元，从而可使问题的维数降低一维。

第6章
广义函数（分布论）

科学技术以及数学本身的发展早已表明，古典函数的概念已经不能满足需要。最典型的例子是在力学、电磁学和信息科学中所广泛使用的δ函数，它不是普通意义下的函数。事实上，某些物理现象本身根本就不能用古典函数来描述。数学理论本身的发展也发现了古典函数概念的不足。正是在这种情况的推动下发展了广义函数理论。当今，一些问题若没有广义函数理论就很难进行深入讨论，而一些物理理论也需要建立在广义函数理论的基础之上。在电磁理论中δ函数及与其相关的格林函数扮演着重要角色，它们都需要广义函数理论的指导，才能得到正确地理解和应用。

6.1 引入广义函数概念的必要性

一个新理论的发展，主要是为了突破原理论的局限性，以便有更广泛的应用，发挥更大的作用。广义函数理论的发展也正是如此。下面先就原有函数概念的局限性加以说明。

6.1.1 古典函数概念的局限性

如果把引入广义函数概念以前的函数称为古典函数，就会发现那种认为在定义域中的每一点都有一个确定的值与之对应的古典函数概念有明显的局限性。

微积分学在科学的发展中起过极为重要的作用，它的建立被认为在数学史上是一件划时代的大事，应用它来描述自然现象取得了辉煌的成就。经典物理学、力学和电磁学等都是建立在微积分数学理论的基础之上。这些成就的取得使人们形成了一种概念，描述这些现象的函数必然是或应该是充分光滑（连续）的，只有某些点是例外，以至于我们可以对它任意地进行微分和积分，从而顺利地刻画自然现象，得到一定的合乎逻辑的结论。但是后来的发展证明，微积分的基础并不那么牢固，数学家们不得不对过去认为没有问题的数学运算加上许多限制。例如，求导运算对连续函数不能任意施行，存在一阶导数的函数不一定存在高阶导数，对于函数序列求导运算与求极限运算一般不能交换顺序。这些发现虽然使数学的严谨性和可靠性得到了很大进步，但作为代价，其直观性和灵活性也就失去了不少。

在历史上，是物理学家最先感到古典函数的局限性，为了需要创造出一些被当时的数学家认为是“病态”的函数，δ 函数就是其中一个最典型的例子。实际上，δ 函数是对相当复杂的极限过程的一种简化和抽象。由于采用了它，很多计算被大大简化，但是按照古典分析的观点，却是不能被数学家所接受的。

有很多物理现象具有这样的特点，当用函数来描述它们时，其自变量在极小范围内取值极大，而在其他部分取值却为零。例如，直线上质量集中在一点附近时的密度，力学中瞬时发生作用的冲击力，电学中点电荷的密度，数字信号中的抽样脉冲等。为了刻画这种物理现象，需要一种合适的数学模型或一种函数，该函数除一点外其余为零，在不为零的一点其值又为无限大，而整个直线上的积分只能是有限值。这种函数后来被称为 δ 函数，最早由英国工程师赫维赛德引用，后来由狄拉克（Dirac）为了量子力学的需要而“定义”，并用 $\delta(x)$ 来表示，其定义为

$$\delta(x)=\begin{cases}0, & x\neq 0\\ \infty, & x=0\end{cases} \tag{6.1.1}$$

$$\int_{-\infty}^{\infty}\delta(x)\mathrm{d}x=1 \tag{6.1.2}$$

而且认为，对任意连续函数都有

$$\int_{-\infty}^{\infty}\delta(x)\varphi(x)\mathrm{d}x=\varphi(0) \tag{6.1.3}$$

不难看出，按古典数学分析的观点，这些要求是相互矛盾的。按式（6.1.1）的规定，$\delta(x)$ 是一个“几乎处处”为零的函数，于是根据勒贝格积分的观点，一个几乎处处为零的函数之积分必然为零，这与式（6.1.2）的规定相矛盾。

赫维赛德为了描述在 $t=0$ 时断开的电路闭合，并且电流为 1 的电路中电流变化的过程，提出了一种函数 $H(t)$，它是 $\delta(x)$ 的不定积分

$$H(t)=\int_{-\infty}^{t}\delta(x)\mathrm{d}x=\begin{cases}1, & t\geqslant 0\\0, & t<0\end{cases} \tag{6.1.4}$$

而且 $H(t)$ 的微商就是 $\delta(t)$，即有

$$\frac{\mathrm{d}H(t)}{\mathrm{d}t}=\delta(t) \tag{6.1.5}$$

但是，式（6.1.3）的积分和式（6.1.5）的微商在古典微积分框架内是无法得到证明的。

尽管由物理学家提出的这些函数不符合古典函数的定义，不能像普通函数一样去理解和运算，但它们确实是实际物理现象的一种定量关系的合理抽象，并为一些物理量的复杂变化规律提供了一种方便的数学描述。这种现象促使人们的思想突破古典函数概念的束缚，发展出了广义函数（分布论）理论。

6.1.2　微分方程古典解的局限性

在古典函数的框架内，当我们求解微分算子方程时，总是要求所求的解满足一定的可微条件或足够光滑，以适合方程本身所要求的条件。例如，用分离变量法所求得的级数解开始只能称为形式解，只有当这个形式解收敛为足够光滑的函数并满足定解条件时，才被认为是原问题的真正解，我们把这种解称为古典解。因此，在以上意义下，形式解不一定是古典解。但事实上，有时形式解是有实际意义的。下面我们就以一维波动方程的柯西问题为例来说明这种现象的存在。一维波动方程柯西问题的古典提法是：

$$\begin{cases}\dfrac{\partial^2 u}{\partial t^2}-a^2\dfrac{\partial^2 u}{\partial x^2}=0, & t>0,-\infty<x<+\infty\\ u\big|_{t=0}=\varphi(x), & x\in R\\ \left.\dfrac{\partial u}{\partial t}\right|_{t=0}=\psi(x), & x\in R\end{cases} \tag{6.1.6}$$

这个问题的达朗贝尔（d'Alembert）解法如下，首先作代换

$$\xi=x-at,\quad \eta=x+at$$

则式（6.1.6）化成

$$\frac{\partial}{\partial\xi}\left(\frac{\partial u}{\partial\eta}\right)=0$$

对其进行积分即可获得方程的“通解”：

$$u(x,t)=f(x-at)+g(x+at) \tag{6.1.7}$$

进而由初始条件可得到方程的“通解”：

$$u(x,t)=\frac{1}{2}[\varphi(x-at)+\varphi(x+at)]+\frac{1}{2a}\int_{x-at}^{x+at}\varphi(\xi)\mathrm{d}\xi \tag{6.1.8}$$

如果令 $\Omega=\{(x,t)|-\infty<x<+\infty,t>0\}$，则为了使 $u(x,t)$ 满足该定解问题，要求 $u(x,t)\in C^2(\Omega)\cap C^1(\Omega)$，于是要求 $u(x,t)\in C^2(R)\cap C^1(R)$ 时式（6.1.8）所确定的 $u(x,t)$ 才是问题（6.1.6）的古典解。但由式（6.1.7）我们知道，一维波动方程的通解是以速度 a 向相反方向传播的两个扰动的叠加，它们由初始扰动 $\varphi(x)$ 和 $\psi(x)$ 决定，但是作为波的产生并没有对初始扰动提出任何光滑性的要求。实际上，经常会遇到 $\varphi(x)$ 不属于 $C^2(R)$ 及 $\psi(x)$ 不属于 $C^1(R)$ 的情况。例如，在弦线振动问题中，在区间（$-h,h$）给予集中力的初始打击所形成的初始速度可表示为

$$\psi(x)=\begin{cases}1, & -h<x<h \\ 0, & |x|\geqslant h\end{cases}$$

这在实际中是存在的，但这时的 $\psi(x)$ 是间断函数，并不属于 $C^1(R)$。这说明在实用上很有意义的一些问题并不存在古典解，也就是说古典解限制了偏微分方程求解的范围。

我们也可以设想，如能选取一个序列 $\{\varphi_n\}\subset C^2(R)$ 来逼近 $\varphi(x)$，另一个序列 $\{\psi_n\}\subset C^1(R)$ 来逼近 $\psi(x)$，使得

$$\begin{aligned}\lim_{n\to\infty}\{\varphi_n\}&=\varphi(x)\\ \lim_{n\to\infty}\{\psi_n\}&=\psi(x)\end{aligned}\tag{6.1.9}$$

建立一系列柯西问题：

$$\begin{cases}\dfrac{\partial^2 u_n}{\partial t^2}-a^2\dfrac{\partial^2 u_n}{\partial x^2}=0,\ (x,t)\in\Omega\\ u_n\big|_{t=0}=\varphi_n(x),\ x\in R\\ \dfrac{\partial u_n}{\partial t}\Big|_{t=0}=\psi_n(x),\ x\in R\\ n=1,2,\cdots\end{cases}\tag{6.1.10}$$

则由前面的讨论可知，这样的系列问题都存在古典解

$$u_n(x,t)=\frac{1}{2}[\varphi_n(x-at)+\varphi_n(x+at)]+\frac{1}{2a}\int_{x-at}^{x+at}\psi_n(\xi)\mathrm{d}\xi,\quad n=1,2,\cdots\tag{6.1.11}$$

如果存在极限

$$\lim_{n\to\infty}\{u_n(x,t)\}=u(x,t)\tag{6.1.12}$$

则可以认为 $u(x,t)$ 是对应于 $\varphi(x)$ 和 $\psi(x)$ 在某种意义下的广义解。但是，还是存在一些原则性问题需要解决。首先必须确定式（6.1.9）和式（6.1.12）中极限的确切定义，还要明确验证式（6.1.12）中极限 $u(x,t)$ 满足式（6.1.6）时所取导数的意义。这些都必须突破古典函数概念的限制，利用广义函数的理

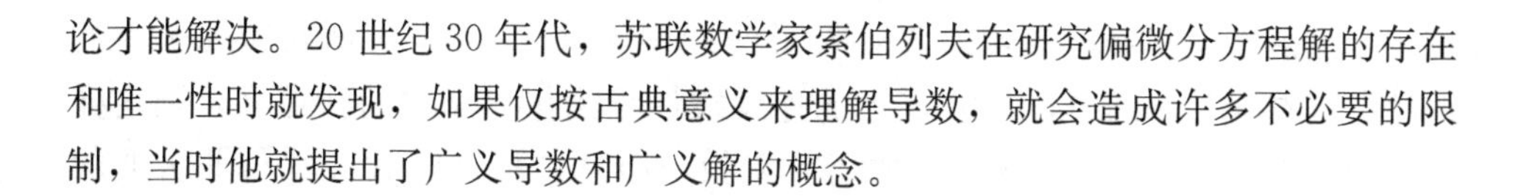

论才能解决。20 世纪 30 年代，苏联数学家索伯列夫在研究偏微分方程解的存在和唯一性时就发现，如果仅按古典意义来理解导数，就会造成许多不必要的限制，当时他就提出了广义导数和广义解的概念。

6.1.3　广义函数初步概念

通过以上分析我们看到，古典函数在很多方面已经不能满足实际需要，有必要把函数的概念及其运算加以拓展，使之有更广泛的适应性。我们也已看到，由物理学家引进的 δ 函数由于不符合古典函数的定义，不能像普通函数那样去理解它，它是一种更广泛意义上的函数。那么，应该怎样来推广函数概念及其运算法则呢？当然，我们希望“广义函数”能成为描述和研究物理世界更为一般和更为灵活方便的数学工具。广义函数理论正是在这样的背景下为了达到以上愿望而建立并发展起来的。广义函数理论是以泛函分析为基础，用泛函分析的方法把古典函数概念及其微分法则等加以扩展。广义函数除了要尽量全面地涵盖古典函数外，还要包括像 δ 函数等带有奇异性的函数，并具有严格的理论基础和灵活的运算性质。

要求 δ 函数满足的关系式（6.1.3）在定义和理解广义函数方面具有重要的意义。假定 Φ 是定义在 R 上的连续函数所构成的线性函数空间，φ 是 Φ 中的任一元素，则（6.1.3）表明 $\delta(x)$ 确定了 Φ 上的一个线性泛函。如果把这一泛函记作 $L(\varphi)$，则有 $L(C_1\varphi_1+C_2\varphi_2)=C_1L(\varphi_1)+C_2L(\varphi_2)$，这证明了它的确是线性的。反过来说，由式（6.1.3）所规定的 Φ 上的线性泛函定义了 $\delta(x)$ 这样的函数。正是在这样的理解下，可以把 $\delta(x)$ 这样的函数直接视为函数空间上的线性泛函，这比把它放在普通函数框架中更容易被人们接受。既然古典函数也要包含在广义函数之中，自然也应把古典函数看成某函数空间上的线性泛函，从而使函数的定义得到极大的推广。事实上，设函数 $f(x)\in L^1(R)$，而 Φ 是由 R 上连续的某类函数构成的线性空间，则 $f(x)$ 可规定 Φ 的一个线性泛函：

$$F(\varphi)=\int_{-\infty}^{\infty}f(x)\varphi(x)\mathrm{d}x,\quad \forall\varphi\in\Phi \tag{6.1.13}$$

一般来讲，只要空间 Φ 中包含足够多的函数，两个不同的函数 f，$g\in L^1(R)$，就不会对应于同一个线性泛函。反过来说，如果两个函数 f，$g\in L^1(R)$ 对应于同一个线性泛函，即有关系

$$\int_{-\infty}^{\infty}f(x)\varphi(x)\mathrm{d}x=\int_{-\infty}^{\infty}g(x)\varphi(x)\mathrm{d}x$$

则在 R 上 $f(x)=g(x)$，这也就说明函数 $f(x)$ 所对应的线性泛函是唯一的。但这并不是说线性空间 Φ 上的每一个线性泛函都对应一个古典函数。$\delta(x)$ 就是一

例，它也是 Φ 上的线性泛函。如果把 $L^1(R)$ 中的所有函数与它所对应的 Φ 上的线性泛函看成是一回事，并把 Φ 上的连续线性泛函作为函数的新定义，则这样定义的函数不仅包括 $L^1(R)$ 中的所有函数，而且包括 δ 函数等其他非古典的函数。

显然，这样的新的函数的定义能把函数概念推广到什么程度与空间 Φ 的选取有密切关系。由于式（6.1.3）所定义的线性泛函对任意的 $\varphi\in\Phi$ 有意义，由此不难想象，Φ 的条件越宽，即空间内所包含的函数越广泛，Φ 上的连续线性泛函可能越少，也就使函数的概念的推广更有限，在一定情况下甚至没有推广。例如，当 $\Phi=L^2(R)$ 时，它包含的函数可以在 $x=0$ 点没有定义，于是式（6.1.3）不是对所有的 $\varphi\in\Phi$ 都有意义，δ 函数就不能看成是 Φ 上的线性泛函。由于 Φ 是希尔伯特空间，是自对偶的，即 Φ 中的连续线性泛函与 Φ 中的函数有一一对应的关系，故用 Φ 上的连续线性泛函所定义的函数只是 Φ 自身所包含的函数，这对函数概念的推广没有任何作用。与此相反，如果对 Φ 中的函数要求的条件越严，则 Φ 上连续线性泛函就越多，这样函数概念就可能得到更大的推广。为了把函数概念推广得尽量广泛，通常取 Φ 为无穷次可微并由只在一个有限区域上不等于零的函数所构成，并赋予它线性运算和极限运算的结构，使 Φ 成为具有很强分析结构的线性空间，这样的空间称为基本空间，广义函数就是基本空间上的连续线性泛函。广义函数的概念、性质和基本运算是从基本空间中自然地诱导出来的。可以说，广义函数论本质上是以基本空间为基础的泛函分析。

6.2 基本空间和广义函数

上面的讨论已经明确，广义函数可以定义为基本空间上的连续线性泛函。本节我们将进一步讨论基本空间的定义以及其中应有的极限结构，并给出一些广义函数的实例，以便对基本空间有更深刻的认识。

6.2.1 $C(\Omega)$ 和 $C^m(\Omega)$ 函数空间

在对抽象空间的讨论中我们已经知道，在一个函数空间中，只要定义了距离就可以在其中建立极限的概念。赋范空间和内积空间中分别存在由范数和内积诱导出的距离的定义，从而在这两种空间中都可以讨论极限问题。但是，将要讨论的基本空间因不能定义范数而称为赋范空间，因此在其中不能定义建立在距离概念基础上的极限。为了后面的讨论易于理解，首先讨论$C(\Omega)$及$C^{\infty}(\Omega)$空间上脱开距离而具有更广泛意义的极限的概念。

设R^n为n维欧氏空间，Ω是R^n中的一个开域，$C(\Omega)$是定义在Ω上的所有连续实值（或复值）函数的集合。在本章中均假定为实值函数，称之为有界域连续函数空间。$C^m(\Omega)$则为定义在Ω上具有直到m阶连续导数的函数空间。

定义 6.1 （$C(\Omega)$上的极限）设$\{\varphi_n\}$为$C(\Omega)$中的函数序列，若在Ω中的一个紧子集K上$\{\varphi_n\}$都收敛到$C(\Omega)$中的函数φ，则称序列$\{\varphi_n\}$在$C(\Omega)$上收敛到函数φ，φ即称为序列$\{\varphi_n\}$的极限。并记作

$$\lim_{n\to\infty}\{\varphi_n\}=\varphi \text{ 或 } \varphi_n\to\varphi,\quad n\to\infty$$

这种收敛概念被称为内闭一致收敛。

我们知道，如果序列$\{\varphi_n\}$在Ω上一致收敛到φ，则必在$C(\Omega)$中收敛到φ，从而$\{\varphi_n\}$内闭一致收敛到φ，反之则不必然。由此可见，内闭一致收敛概念要弱于一致收敛概念。

下面讨论在内闭一致收敛这种极限概念下函数空间$C(\Omega)$的完备性。设$\{\varphi_n\}$在每个Ω内的紧集上都是一致收敛意义下的柯西列，看这个序列是否在$C(\Omega)$中收敛到某函数φ。为此，我们假定一个Ω内的有界闭域（紧集）序列$\{K_m\}$，而且$\{K_m\}$随m的增大而无限地逼近Ω，即有

$$K_1\subset K_2\subset\cdots\subset K_m\subset K_{m+1}\subset\cdots\subset\Omega$$

$$K_m\to\Omega,\quad m\to\infty$$

由于对每个m，K_m都是Ω中的紧集，故$\{\varphi_n\}$在K_m上一致收敛到属于$C(K_m)$的函数$\varphi^{(m)}$。考虑到函数$\varphi^{(m)}$的定义域K_m比函数$\varphi^{(m+1)}$的定义域K_{m+1}要小，K_m是共同的部分，根据极限的唯一性有

$$\varphi^{(m+1)}=\varphi^{(m)},\quad \text{在 } K_m \text{ 上}$$

设

$$\varphi(x)=\varphi^{(m)}(x),\quad x\in K_m,\ m=1,2,\cdots$$

显然$\varphi(x)\in C(\Omega)$。设K是Ω中的任一紧集，则必存在K_m，使得$K\subset K_m$。由于序列$\{\varphi_n\}$在K_m上一致收敛到φ，故在K上也一致收敛到φ，因此按定义6.1，φ是序列$\{\varphi_n\}$在$C(\Omega)$上的极限。也就是说，在这种收敛的定义下$C(\Omega)$是完备的。

下面用类似的方法讨论空间$C^m(\Omega)$上的极限及其完备性。为此我们首先规定一些记号。R^n中的点记作$x(x_1,x_2,\cdots,x_n)$，$\alpha=(\alpha_1,\alpha_2,\cdots,\alpha_n)$为多重指标，其中$\alpha_i(i=1,2,\cdots,n)$为非负整数，故

$$|\alpha|=\alpha_1+\alpha_2+\cdots+\alpha_n$$

$$\partial^{\alpha}\varphi=\frac{\partial^{|\alpha|}\varphi}{\partial^{\alpha_1}x_1\,\partial^{\alpha_2}x_2\cdots\partial^{\alpha_n}x_n} \tag{6.2.1}$$

定义 6.2 （$C^m(\Omega)$ 中的极限）设 $\{\varphi_n\}$ 为空间 $C^m(\Omega)$ 中的函数序列，φ 是 $C^m(\Omega)$ 中的函数。若在 Ω 中的任一紧集 K 上，对每个 $\alpha(|\alpha|\leqslant m)$ 函数序列 $\{\partial^{\alpha}\varphi_n\}$ 一致地收敛到函数 $\partial^{\alpha}\varphi$，则称函数序列 $\{\varphi_n\}$ 在 $C^m(\Omega)$ 中收敛到函数 φ，并称 φ 为序列 $\{\varphi_n\}$ 的极限。且记作

$$\lim_{n\to\infty}\{\varphi_n\}=\varphi \text{ 或 } \varphi_n\to\varphi,\quad n\to\infty \tag{6.2.2}$$

可以证明，在上述极限定义下 $C^m(\Omega)$ 是一完备函数空间。设 $\{\varphi_n\}$ 是 $C^m(\Omega)$ 中的一个柯西列，则 $\{\varphi_n\}$ 也是 $C(\Omega)$ 中的柯西列。由 $C(\Omega)$ 的完备性可知，存在 $\varphi\in C(\Omega)$，使得

$$\varphi_n\to\varphi,\quad n\to\infty$$

同样，所有的 $\left\{\dfrac{\partial\varphi_n}{\partial x_i}\right\}(i=1,2,\cdots,n)$ 也都是 $C(\Omega)$ 的柯西列，因此存在 $\varphi^{(i)}\in C(\Omega)$，使得

$$\frac{\partial\varphi_n}{\partial x_i}\to\varphi^{(i)},\quad n\to\infty,\quad i=1,2,\cdots,n$$

在任何紧集 K 上，这些都是一致收敛的极限，而一致收敛的序列的性质说明，导数序列若一致收敛，则必收敛到极限函数的导数，从而有

$$\frac{\partial\varphi}{\partial x_i}=\varphi^{(i)},\quad \text{在任何紧集 } K \text{ 上}$$

而且，在 Ω 上也有这样的结果，即

$$\frac{\partial\varphi_n}{\partial x_i}\to\frac{\partial\varphi}{\partial x_i},\quad n\to\infty(\text{在 } C(\Omega) \text{ 中}),\ i=1,2,\cdots,n \tag{6.2.3}$$

利用归纳法可以证明，对任何 $\alpha(|\alpha|\leqslant m)$ 都有

$$\partial^{\alpha}\varphi_n\to\partial^{\alpha}\varphi,\quad n\to\infty(\text{在 } C(\Omega) \text{ 上}) \tag{6.2.4}$$

这就表明在 $C^m(\Omega)$ 中有

$$\varphi_n\to\varphi,\quad n\to\infty$$

由此说明 $C^m(\Omega)$ 是完备的。

6.2.2 基本函数空间 $C^{\infty}(\Omega)$ 和 $C_0^{\infty}(\Omega)$

函数空间 $C^{\infty}(\Omega)$ 是定义在 $\Omega\subset R^n$ 上无穷次可微函数全体之集合，在其中可以按下面的定义建立极限概念。

定义 6.3 （$C^{\infty}(\Omega)$ 中的极限）设 $\{\varphi_n\}$ 是 $C^{\infty}(\Omega)$ 中的函数序列，φ 是 $C^{\infty}(\Omega)$ 中的函数。若在 Ω 的每个紧集 K 上对任意的 α，函数序列 $\{\partial^{\alpha}\varphi_n\}$ 都一致收敛到

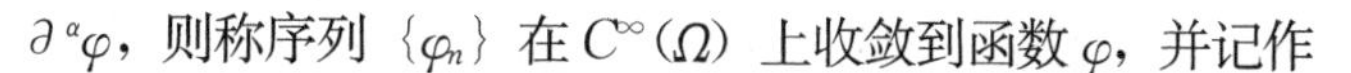
$\partial^\alpha \varphi$，则称序列 $\{\varphi_n\}$ 在 $C^\infty(\Omega)$ 上收敛到函数 φ，并记作

$$\lim_{n\to\infty}\{\varphi_n\}=\varphi \text{ 或 } \varphi_n\to\varphi,\quad n\to\infty \tag{6.2.5}$$

用对 $C^m(\Omega)$ 的类似方法可以证明，在上述极限意义下 $C^\infty(\Omega)$ 也是完备的。

$C_0^\infty(\Omega)$ 是 $C^\infty(\Omega)$ 中的子空间。为说明此点，需要关于支撑集的概念。

定义 6.4（函数的支撑集）　设 $\varphi(x)$ 是定义在 Ω 上的函数，使 $\varphi(x)\neq 0$ 的点的全体所构成之集合的闭包称为函数 $\varphi(x)$ 的支撑集，简称支集，并记作 $\operatorname{supp}\varphi(x)$，即

$$\operatorname{supp}\varphi(x)=\overline{\{x\mid x\in\Omega,\varphi(x)\neq 0\}} \tag{6.2.6}$$

如果支集在 R^n 中是紧集，则又称为紧支集。

定义 6.5（空间 $C_0^\infty(\Omega)$）　空间 $C^\infty(\Omega)$ 中具有紧支集的函数的全体所构成之集合记作 $C_0^\infty(\Omega)$，它也是一个线性空间。自然地，在其中可以采用 $C^\infty(\Omega)$ 中所定义的极限概念，并称为诱导的极限概念。当然，在空间 $C_0^\infty(\Omega)$ 中也可以引进新的极限概念，这时就称它为 $C_0^\infty(\Omega)$ 固有的极限概念。

定义 6.6（空间 $C_0^\infty(\Omega)$ 固有的极限概念）　设 $\{\varphi_n\}$ 为 $C_0^\infty(\Omega)$ 中的函数序列，φ 是 $C_0^\infty(\Omega)$ 中的函数，若：

（1）对所有的 $\varphi_n(n=1,2,\cdots,n)$ 存在一个紧集 $K\subset\Omega$，使得

$$\operatorname{supp}\varphi_n(x)\subset K,\quad x\in\Omega$$

（2）对任意 α，下述极限在 K 上一致成立

$$\partial^\alpha\varphi_n\to\partial^\alpha\varphi,\quad N\to\infty$$

则称函数序列 $\{\varphi_n\}$ 在空间 $C_0^\infty(\Omega)$ 中收敛到函数 φ。

可以证明，固有的极限概念强于诱导的极限概念。进一步还可以证明，$C_0^\infty(\Omega)$ 作为 $C^\infty(\Omega)$ 的子空间在其中是稠密的，即对于 C^∞ 中的任意函数 φ，都能在 $C_0^\infty(\Omega)$ 中找到一个函数的 $\{\varphi_n\}$，使得在 $C^\infty(\Omega)$ 中所定义极限的意义下有

$$\varphi_n\to\varphi,\quad n\to\infty$$

此外不难理解，$C_0^\infty(\Omega)$ 中的函数必是 $L^2(\Omega)$ 中的函数，但反之不必然，因此有

$$C_0^\infty(\Omega)\subset L^2(\Omega) \tag{6.2.7}$$

可以证明，当 Ω 为有界闭域时，$C^\infty(\Omega)\subset L^2(\Omega)$。而且，$C^\infty(\Omega)$ 在 $L^2(\Omega)$ 中稠密，当然 $C_0^\infty(\Omega)$ 也在 $L^2(\Omega)$ 中稠密。

定义了以上极限概念的线性函数空间 $C_0^\infty(\Omega)$ 称为基本函数空间，也称之为检验函数空间，并记作 $D(\Omega)$，$D(\Omega)$ 中的每个元素称为基本函数或检验函数。显然，对这样的函数的要求是极严的，这种函数肯定是少之又少。

那么，不免会有这样的问题，$C_0^\infty(\Omega)$ 中的函数真的存在吗？若回答这一问

题，只要举出实例就可以了。下面就是一个典型的例子，其形式为

$$\varphi(x)=\begin{cases}\exp\dfrac{|ab|}{(x-a)(x-b)}, & x\in(a,b)\\ 0, & x\notin(a,b)\end{cases}\tag{6.2.8}$$

显然它是无限可微的，而且有紧的支集。它的多维空间中的形式可表示为

$$\varphi(\boldsymbol{r})=\begin{cases}\exp\left(\dfrac{-1}{1-|\boldsymbol{r}|^2}\right), & |\boldsymbol{r}|<1\\ 0, & |\boldsymbol{r}|\geqslant 1\end{cases}\tag{6.2.9}$$

其中，$\boldsymbol{r}=(x_1,x_2,\cdots,x_n)\in R^n$，这时函数的支集变为球心在原点的闭单位球。

这样看来，实际上 $C_0^\infty(\Omega)$ 中的函数是比较丰富的。

6.2.3 广义函数和广义函数空间

定义了基本空间，就有条件正式定义广义函数了。由定义不难推知，如果在 $D(\Omega)$ 中有

$$\varphi_n\to\varphi,\quad \psi_n\to\psi$$

则对任意 α，$\beta\in K$，有

$$\alpha\varphi_n+\beta\psi_n\to\alpha\varphi+\beta\psi$$

这说明空间 $D(\Omega)$ 中线性运算的连续性。

现在我们用 $D(\Omega)$ 中的收敛概念定义 $D(\Omega)$ 上线性泛函的连续性，在此基础上就可定义广义函数了。

定义 6.7（连续线性泛函） 设基本空间 $D(\Omega)$ 上泛函 T：$D(\Omega)\to C$ 是线性的。如果对于任何 $\{\varphi_n\}\in D(\Omega)$，只要 $\varphi_n\to\varphi$，便有

$$\lim_{n\to\infty}T(\varphi_n)=T(\varphi)\tag{6.2.10}$$

则称 T 为连续线性泛函。

定义 6.8（广义函数） 基本空间 $D(\Omega)$ 上的连续线性泛函称为广义函数。$D(\Omega)$ 上的连续线性泛函全体记作 $D'(\Omega)$。

不难证明，$D'(\Omega)$ 对于线性泛函的线性运算是封闭的，即若 T_1，$T_2\in D'(\Omega)$，则对任意 α，$\beta\in K$，有 $\alpha T_1+\beta T_2\in D'(\Omega)$。

定义 6.9（广义函数空间） $D'(\Omega)$ 是线性空间，如果在其中再规定了收敛概念，我们就称它为广义函数空间。其中的收敛规定为：$D'(\Omega)$ 中的广义函数序列 $\{T_n\}$ 收敛到其中的广义函数 T 是指

$$\lim_{n\to\infty}\{T_n(\varphi)\}=T(\varphi),\quad \forall\,\varphi\in D(\Omega)\tag{6.2.11}$$

并记作

$$T_n\to T,\quad n\to\infty\tag{6.2.12}$$

我们还应指出，$D'(\Omega)$ 中的线性运算也具有连续性，即若

$$T_n \to T, \quad S_n \to S$$

则对任意 α，$\beta \in K$，有

$$\alpha T_n + \beta S_n \to \alpha T + \beta S \tag{6.2.13}$$

我们已经为赋范线性空间定义了对偶空间，现在的 $D(\Omega)$ 和 $D'(\Omega)$ 虽然都不是赋范空间，且它们都有各自的收敛定义，但习惯上我们仍把广义函数空间 $D'(\Omega)$ 称为基本空间 $D(\Omega)$ 的对偶空间。

如上所述，广义函数是对函数概念的推广，但仍有局限性。下面讨论 $D'(\Omega)$ 中包含哪些函数，为此要用到局部可积函数的概念。

定义 6.10（局部可积函数和局部可积函数空间）　设函数 f 在 Ω 上几乎处处有定义，且对任何一个有界子集 $\Omega_0 \subset \Omega$ 上均可积，亦即 $f \in L(\Omega)$，则称 f 为 Ω 上的局部可积函数。

任何两个局部可积函数的线性组合仍为局部可积函数，而局部可积函数的全体构成一个线性空间，称为局部可积函数空间，并记作 $L_{\mathrm{loc}}(\Omega)$。

对于每一个 $f \in L_{\mathrm{loc}}(\Omega)$，可以构造出一个 $C_0^\infty(\Omega)$ 上的线性连续泛函 T_f，如

$$T_f(\varphi) = \langle f, \varphi \rangle = \int_\Omega f(x)\varphi(x)\,\mathrm{d}x, \quad \forall \varphi \in C_0^\infty(\Omega) \tag{6.2.14}$$

由于

$$\left|\int_\Omega f(x)\varphi(x)\,\mathrm{d}x\right| = \left|\int_{\mathrm{supp}\varphi} f(x)\varphi(x)\,\mathrm{d}x\right|$$
$$\leqslant \max_{x \in \mathrm{supp}\varphi} |\varphi(x)| \int_{\mathrm{supp}\varphi} |f(x)|\,\mathrm{d}x$$

由于 $\mathrm{supp}\varphi$ 为有界闭集，故有

$$\left|\int_\Omega f(x)\varphi(x)\,\mathrm{d}x\right| < +\infty$$

亦即所构造的泛函是存在的。

由于泛函是由积分定义，而积分是线性的，故它是线性泛函。最后再用 $C_0^\infty(\Omega)$ 中的局限概念说明泛函的连续性。

按照 $C_0^\infty(\Omega)$ 中的极限定义，若 $\{\varphi_n\} \in C_0^\infty(\Omega)$ 和 $\varphi \in C_0^\infty(\Omega)$，$\varphi_n \to \varphi$，即存在一个 Ω 的紧子集，使得 $\mathrm{supp}\ \varphi_n \in K$，且在 K 上 $\{\varphi_n\}$ 一致收敛到 φ，或

$$\max_{x \in K} |\varphi_n(x) - \varphi(x)| \to 0, \quad n \to \infty$$

据此有

$$|\langle f, \varphi_n \rangle - \langle f, \varphi \rangle| = \left|\int_\Omega f(x)[\varphi_n(x) - \varphi(x)]\,\mathrm{d}x\right|$$
$$\leqslant \int_K |f(x)|\,|\varphi_n(x) - \varphi(x)|\,\mathrm{d}x$$

$$\leqslant \max_{x\in K}\left|\varphi_n(x)-\varphi(x)\right|\int_K |f(x)|\mathrm{d}x \to 0, \quad n\to\infty$$

这表明

$$\lim_{n\to\infty} T_f(\varphi_n)=T_f(\varphi) \tag{6.2.15}$$

即 T_f 是连续的。

由此可知，由 $f(x)\in L_{\mathrm{loc}}(\Omega)$ 按式（6.2.14）所定义的泛函 T_f 是一个广义函数。把定义这一广义函数的函数 $f(x)$ 称为广义函数 T_f 的表现，或者说 $f(x)$ 就是一个广义函数。由于每一个 $L_{\mathrm{loc}}(\Omega)$ 中的函数都对应一个广义函数，而且 $L_{\mathrm{loc}}(\Omega)$ 本身就是线性空间，所以可以说 $L_{\mathrm{loc}}(\Omega)$ 是 $D'(\Omega)$ 的一个线性子空间，即 $L_{\mathrm{loc}}(\Omega)$ 中的任何函数都是 $D'(\Omega)$ 的广义函数。

由于任何连续函数在闭区间上都是可积的，故 $C(\Omega)\subset L_{\mathrm{loc}}(\Omega)$。当然也有 $C^{\infty}(\Omega)\subset L_{\mathrm{loc}}(\Omega)$，而且 $L^p(\Omega)\subset L_{\mathrm{loc}}(\Omega)$，这样，我们已经把尽量多的普通函数认为是广义函数。由此看来，广义函数的概念确实是广泛的，$D'(\Omega)$ 中既包含了非常广泛的古典函数，又包含了非古典意义下的函数。

由广义函数的定义可知，谈不上广义函数 $f(x)$ 在某一点的值，当然也就谈不上 $f(x)$ 在某一点等于 0 这种概念。这里我们仍把广义函数 f 记作 $f(x)$，其目的是表明 x 是 Ω 中的变量，以便与其他参数或变量区分开来。虽然谈不上广义函数在某一点的值，但广义函数在某一开域的值为零却是有意义的。

定义 6.11（广义函数的零值） 若对一切基本函数 $\varphi\in C_0^{\infty}(V)$ 皆有 $\langle f,\varphi\rangle=0$，就说广义函数 f 在 V 上为零。

定义 6.12（广义函数的支集） 广义函数的支集 $\mathrm{supp}f$ 是 f 在其上为零的最大开集的余集，亦即 $\mathrm{supp}f$ 恒为闭集。

定义 6.13（广义函数相等） 如果两个广义函数 f_1，f_2 之差 $f=f_1-f_2$ 在开域 V 上为零，就说广义函数 f_1 和 f_2 在 V 上相等。

考虑到关于支集的定义，很容易理解以下结论。若 $f\in D(\Omega)$，$\varphi\in D(\Omega)$，但

$$\mathrm{supp}f\cap \mathrm{supp}\varphi=0$$

则有

$$\langle f,\varphi\rangle=0$$

6.3 广义函数的基本运算

为使广义函数能在数学分析中得以应用，就必须对它的微分、积分和极限等的基本运算加以定义。由于古典函数也基本归于广义函数，自然就得考虑将广义函数的运算与普通函数的运算衔接，使正常古典函数的运算结果与古典运算一致。

6.3.1　广义函数的导数

广义函数的导数概念实际上是普通函数概念的推广。由于广义函数是通过积分定义的，对广义函数求导数可以和普通函数的分部积分联系起来，因为分部积分能把一个函数的导数变换为对另一个函数的求导。

首先让我们先来回顾普通函数分部积分的一般概念。设 $f\in C^1(R^n)$，$\varphi\in D(R^n)$，$x=(x_1,x_2,\cdots,x_n)$，则有

$$\langle\frac{\partial f}{\partial x_i},\varphi\rangle=\int_{R^n}\frac{\partial f}{\partial x_i}\varphi\mathrm{d}x$$
$$=\int_{-\infty}^{\infty}\cdots\int_{-\infty}^{\infty}\mathrm{d}x_1\mathrm{d}x_2\cdots\mathrm{d}x_{i-1}\mathrm{d}x_{i+1}\cdots\mathrm{d}x_n\int_{-\infty}^{\infty}\frac{\partial f}{\partial x_i}\varphi\mathrm{d}x_i$$

考虑到 φ 的支集为有界闭集，故 φ 在 R^n 的某一有界闭集外恒为零，即当 $|x_i|$ 充分大时必为零。于是由普通函数的分布积分可求得

$$\int_{-\infty}^{\infty}\frac{\partial f}{\partial x_i}\varphi\mathrm{d}x_i=-\int_{-\infty}^{\infty}f\frac{\partial\varphi}{\partial x_i}\mathrm{d}x_i$$

据此可推知

$$\left\langle\frac{\partial f}{\partial x_i},\varphi\right\rangle=-\int_{R^n}f\frac{\partial\varphi}{\partial x_i}\mathrm{d}x=-\left\langle f,\frac{\partial\varphi}{\partial x_i}\right\rangle\tag{6.3.1}$$

同理，当 $\Omega\subset R^n$ 为开集时，$f\in C^1(\Omega)$，同样有

$$\left\langle\frac{\partial f}{\partial x_i},\varphi\right\rangle=\int_{\Omega}\frac{\partial f}{\partial x_i}\varphi\mathrm{d}x=-\int_{\Omega}f\frac{\partial\varphi}{\partial x_i}\mathrm{d}x=-\left\langle f,\frac{\partial\varphi}{\partial x_i}\right\rangle$$

把上面的结论用于更一般的情况，即 $f\in C^{|\alpha|}(\Omega)$，则重复使用 $|\alpha|$ 次分布积分即可得到

$$\int_{\Omega}\partial^{\alpha}f\varphi\mathrm{d}x=(-1)^{|\alpha|}\int_{\Omega}f\,\partial^{\alpha}\varphi\mathrm{d}x,\quad\forall\varphi\in D(\Omega)\tag{6.3.2}$$

有了这样的认识，则依据广义函数的导数是普通函数导数概念的推广的精神，自然地就会有以下关于广义函数导数的定义。

定义 6.14（广义函数的广义导数）　设 $T\in D'(\Omega)$，泛函 $\partial T/\partial x_i:D(\Omega)\to C$，若广义函数 $\dfrac{\partial T}{\partial x_i}\in D'(\Omega)$ 满足

$$\left\langle\frac{\partial T}{\partial x_i},\varphi\right\rangle=-\left\langle T,\frac{\partial\varphi}{\partial x_i}\right\rangle,\quad\forall\varphi\in D(\Omega)\tag{6.3.3}$$

则称 $\dfrac{\partial T}{\partial x_i}$ 为广义函数 T 对 x_i 的一阶广义导数。而对于泛函 $\partial^{\alpha}T:D(\Omega)\to C$，若有广义函数

$$\langle\partial^{\alpha}T,\varphi\rangle=(-1)^{|\alpha|}\langle T,\partial^{\alpha}\varphi\rangle,\quad\forall\varphi\in D(\Omega)\tag{6.3.4}$$

则称 $\partial^{\alpha}T$ 为广义函数 T 的 $|\alpha|$ 阶广义导数。

显然，定义式（6.3.3）是式（6.3.1）的推广，而式（6.3.4）则是式（6.3.2）的推广。因此，当把普通函数当成泛函来看待时，普通可微函数的导数与其作为广义函数的导数是一致的。

由于 $\dfrac{\partial\varphi}{\partial x_i}$ 也属于 $C_0^{\infty}(\Omega)$，故 $\langle T,\dfrac{\partial\varphi}{\partial x_i}\rangle$ 必存在，从而 $\langle\dfrac{\partial T}{\partial x_i},\varphi\rangle$ 也存在。

因为普通函数的求导运算和广义函数所对应的泛函都是线性的，故当 φ，$\psi\in C_0^{\infty}(\Omega)$，$\alpha$，$\beta\in R$ 时，我们有

$$\begin{aligned}\left\langle\frac{\partial T}{\partial x_i},\alpha\varphi+\beta\psi\right\rangle&=-\left\langle T,\frac{\partial}{\partial x_i}(\alpha\varphi+\beta\psi)\right\rangle\\&=-\left\langle T,\alpha\frac{\partial\varphi}{\partial x_i}+\beta\frac{\partial\psi}{\partial x_i}\right\rangle\\&=-\alpha\left\langle T,\frac{\partial\varphi}{\partial x_i}\right\rangle-\beta\left\langle T,\frac{\partial\psi}{\partial x_i}\right\rangle\\&=\alpha\left\langle\frac{\partial T}{\partial x_i},\varphi\right\rangle+\beta\left\langle\frac{\partial T}{\partial x_i},\psi\right\rangle\end{aligned}$$

由此知，$\left\langle\dfrac{\partial T}{\partial x_i},\varphi\right\rangle$ 也是线性的。

设在 $C_0^{\infty}(\Omega)$ 中 $\varphi_n\to\varphi$，$n\to\infty$，则在 $C_0^{\infty}(\Omega)$ 中必有

$$\frac{\partial\varphi_n}{\partial x_i}\to\frac{\partial\varphi}{\partial x_i},\quad n\to\infty$$

因 T 所对应的泛函是连续的，从而有

$$\begin{aligned}\left\langle\frac{\partial T}{\partial x_i},\varphi_n\right\rangle&=-\left\langle T,\frac{\partial\varphi_n}{\partial x_i}\right\rangle\to\left\langle T,\frac{\partial\varphi}{\partial x_i}\right\rangle\\&=\left\langle\frac{\partial T}{\partial x_i},\varphi\right\rangle,\quad n\to\infty\end{aligned}$$

亦即

$$\lim_{n\to\infty}\left\langle\frac{\partial T}{\partial x_i},\varphi_n\right\rangle=\left\langle\frac{\partial T}{\partial x_i},\varphi\right\rangle=\left\langle\frac{\partial T}{\partial x_i},\lim_{n\to\infty}\varphi_n\right\rangle$$

所以，$\left\langle\dfrac{\partial T}{\partial x_i},\varphi\right\rangle$ 是 $C_0^{\infty}(\Omega)$ 上的连续性泛函。

综上所述，$\left\langle\dfrac{\partial T}{\partial x_i},\varphi\right\rangle$ 存在而且是连续的泛函，从而属于 $D'(\Omega)$ 中的广义函数。由此可推知，广义函数无限次可导。

根据以上定义，对于二阶混合导数有

$$\left\langle\frac{\partial^2 T}{\partial x_i\,\partial x_j},\varphi\right\rangle=\left\langle T,\frac{\partial^2\varphi}{\partial x_j\,\partial x_i}\right\rangle,\quad\forall\,\varphi\in C_0^{\infty}(\Omega)\tag{6.3.5}$$

由于对 $\varphi \in C_0^\infty(\Omega)$ 总有

$$\frac{\partial^2 \varphi}{\partial x_i \partial x_j} = \frac{\partial^2 \varphi}{\partial x_j \partial x_i}$$

故有

$$\left\langle \frac{\partial^2 T}{\partial x_i \partial x_j}, \varphi \right\rangle = \left\langle \frac{\partial^2 T}{\partial x_j \partial x_i}, \varphi \right\rangle, \quad \forall \varphi \in C_0^\infty(\Omega) \tag{6.3.6}$$

也就是

$$\frac{\partial^2 T}{\partial x_i \partial x_j} = \frac{\partial^2 T}{\partial x_j \partial x_i} \tag{6.3.7}$$

这说明广义混合高阶导数与求导次序无关，这一结论对任意阶导数都成立。

由以上分析可以总结出广义导数具有以下基本性质：

（1）广义函数具有无穷可导性；

（2）求导次序可以改变；

（3）广义函数的各阶导数仍是广义函数。

这些性质告诉我们，如果在广义函数的意义下讨论问题导数就是广义函数，不必考虑它的存在性，这给实际应用带来许多方便。上述（1）和（2）两点广义函数所具有的性质，普通函数的导数未必具备。对于局部可积函数 f 而言，$\partial^\alpha f$ 可以不存在，即使存在，求导次序也不一定能够随意改变。然而 f 作为广义函数时，任何阶广义导数却都存在，而且与求导次序无关，甚至这时广义导数 $\partial^\alpha f$ 可能已不属于局部可积函数，而且有较高的奇异性。

下面举一些例子说明广义函数求导的具体过程。

（1）求函数 $\ln|x|$ 在 R 上的广义导数。由于函数 $\ln|x|$ 在 R 上是局部可积的，所以它对应一个广义函数，由于

$$\langle \ln|x|, \varphi \rangle = \int_{-\infty}^{\infty} (\ln|x|)\varphi(x)\mathrm{d}x, \quad \forall \varphi \in D(R)$$

根据定义 $\ln|x|$ 的广义导数为

$$\left\langle \frac{\partial \ln|x|}{\partial x}, \varphi \right\rangle = -\int_{-\infty}^{\infty} (\ln|x|) \frac{\partial \varphi(x)}{\partial x}\mathrm{d}x, \quad \forall \varphi \in D(R)$$

因为

$$\int_{-\infty}^{\infty} \frac{\partial \varphi}{\partial x}\ln|x|\,\mathrm{d}x = \lim_{\varepsilon \to 0}\int_{|x|\geqslant \varepsilon} \frac{\partial \varphi}{\partial x}\ln|x|\,\mathrm{d}x$$

又有

$$\begin{aligned}&\int_{|x|\geqslant \varepsilon} \frac{\partial \varphi}{\partial x}\ln|x|\,\mathrm{d}x \\ &= \int_{-\infty}^{-\varepsilon} \frac{\partial \varphi}{\partial x}\ln|x|\,\mathrm{d}x + \int_{\varepsilon}^{\infty} \frac{\partial \varphi}{\partial x}\ln|x|\,\mathrm{d}x\end{aligned}$$

$$=\varphi(-\varepsilon)\ln\varepsilon-\int_{-\infty}^{-\varepsilon}\frac{\varphi(x)}{x}\mathrm{d}x-\varphi(\varepsilon)\ln\varepsilon-\int_{\varepsilon}^{\infty}\frac{\varphi(x)}{x}\mathrm{d}x$$

$$=-\int_{|x|\geqslant\varepsilon}\frac{\varphi(x)}{x}\mathrm{d}x+[\varphi(-\varepsilon)-\varphi(\varepsilon)]\ln\varepsilon$$

当 $\varepsilon\to0$ 时，$[\varphi(-\varepsilon)-\varphi(\varepsilon)]\ \ln\varepsilon\to0$，所以

$$\int_{-\infty}^{\infty}\frac{\partial\varphi}{\partial x}\ln|x|\,\mathrm{d}x=-\lim_{\varepsilon\to0}\int_{|x|\geqslant\varepsilon}\frac{\varphi(x)}{x}\mathrm{d}x,\quad\forall\varphi\in D(R)\tag{6.3.8}$$

我们知道，在包含 $x=0$ 的任何区间上，函数 $\frac{1}{x}$ 不是勒贝格可积的，即 $\frac{1}{x}$ 不是 R 上的局部可积函数，故不能以积分形式 $\left\langle\frac{1}{x},\varphi\right\rangle=\int_{-\infty}^{\infty}\frac{\varphi(x)}{x}\mathrm{d}x$ 来确定 $D(R)$ 上的广义函数。但式（6.3.8）中左端的积分是收敛的，因而右端的极限必然也有意义。通常把这个极限称为积分 $\int_{-\infty}^{\infty}\frac{\varphi(x)}{x}\mathrm{d}x$ 的柯西积分主值，并记作 $PV\int_{-\infty}^{\infty}\frac{\varphi(x)}{x}\mathrm{d}x$，也就是

$$PV\int_{-\infty}^{\infty}\frac{\varphi(x)}{x}\mathrm{d}x=\lim_{\varepsilon\to0}\int_{|x|\geqslant\varepsilon}\frac{\varphi(x)}{x}\mathrm{d}x$$

定义泛函 $PV\left(\frac{1}{x}\right)$：$D(R)\to C$ 为

$$\left\langle PV\left(\frac{1}{x}\right),\varphi\right\rangle=PV\int_{-\infty}^{\infty}\frac{\varphi(x)}{x}\mathrm{d}x,\quad\forall\varphi\in D(R)$$

则可得到

$$\left\langle\frac{\mathrm{d}\ \ln(x)}{\mathrm{d}x},\varphi\right\rangle=\left\langle PV\left(\frac{1}{x}\right),\varphi\right\rangle,\quad\forall\varphi\in D(R)$$

于是有

$$\frac{\mathrm{d}\ \ln|x|}{\mathrm{d}x}=PV\left(\frac{1}{x}\right)\tag{6.3.9}$$

（2）作为二阶广义导数运算实例，考虑以下函数

$$f(x)=\begin{cases}x+\frac{x^2}{2}, & x<0\\ \sin x, & x\geqslant0\end{cases}$$

容易看出，$f(x)$ 是一局部可积函数，它对应一个广义函数。对任意 $\varphi\in D(R)$ 有

$$\left\langle\frac{\mathrm{d}f}{\mathrm{d}x},\varphi\right\rangle=-\left\langle f,\frac{\mathrm{d}\varphi}{\mathrm{d}x}\right\rangle=-\int_{-\infty}^{\infty}f(x)\frac{\mathrm{d}\varphi}{\mathrm{d}x}\mathrm{d}x$$

$$=-\int_{-\infty}^{0}\left(x+\frac{x^2}{2}\right)\frac{\mathrm{d}\varphi}{\mathrm{d}x}\mathrm{d}x-\int_{0}^{\infty}\sin x\frac{\mathrm{d}\varphi}{\mathrm{d}x}\mathrm{d}x$$

用分部积分法可得

$$\int_{-\infty}^{0}\left(x+\frac{x^2}{2}\right)\frac{\mathrm{d}\varphi}{\mathrm{d}x}\mathrm{d}x=\left[\left(x+\frac{x^2}{2}\right)\varphi(x)\right]_{-\infty}^{0}-\int_{-\infty}^{0}(1+x)\varphi(x)\mathrm{d}x$$

$$=-\int_{-\infty}^{0}(1+x)\varphi(x)\mathrm{d}x$$

$$\int_{0}^{\infty}\sin x\frac{\mathrm{d}\varphi}{\mathrm{d}x}\mathrm{d}x=[\sin x\varphi(x)]_0^{\infty}-\int_{0}^{\infty}\cos x\varphi(x)\mathrm{d}x$$

$$=-\int_{0}^{\infty}\cos x\varphi(x)\mathrm{d}x$$

故总起来我们有

$$\left\langle\frac{\mathrm{d}f}{\mathrm{d}x},\varphi\right\rangle=\int_{-\infty}^{0}(1+x)\varphi(x)\mathrm{d}x+\int_{0}^{\infty}\cos x\varphi(x)\mathrm{d}x$$

$$=\int_{-\infty}^{\infty}g(x)\varphi(x)\mathrm{d}x=\langle g,\varphi\rangle$$

其中

$$g(x)=\begin{cases}1+x, & x<0\\ \cos x, & x\geqslant 0\end{cases}$$

也就是

$$\frac{\mathrm{d}f}{\mathrm{d}x}=g(x)$$

下面我们求 f 的二阶导数。根据以上结果我们有

$$\left\langle\frac{\mathrm{d}^2 f}{\mathrm{d}x^2},\varphi\right\rangle=\left\langle\frac{\mathrm{d}g}{\mathrm{d}x},\varphi\right\rangle=-\left\langle g,\frac{\mathrm{d}\varphi}{\mathrm{d}x}\right\rangle$$

$$=-\int_{-\infty}^{\infty}g(x)\frac{\mathrm{d}\varphi(x)}{\mathrm{d}x}\mathrm{d}x$$

$$=-\int_{-\infty}^{0}(1+x)\frac{\mathrm{d}\varphi}{\mathrm{d}x}\mathrm{d}x-\int_{0}^{\infty}\cos x\frac{\mathrm{d}\varphi}{\mathrm{d}x}\mathrm{d}x$$

$$=-[(1+x)\varphi(x)]_{-\infty}^{0}+\int_{-\infty}^{0}\varphi(x)\mathrm{d}x$$

$$-[\cos x\varphi(x)]_0^{\infty}-\int_{0}^{\infty}\sin x\varphi(x)\mathrm{d}x$$

$$=-\varphi(0)+\int_{-\infty}^{0}\varphi(x)\mathrm{d}x+\varphi(0)-\int_{0}^{\infty}\sin x\varphi(x)\mathrm{d}x$$

$$=\int_{-\infty}^{\infty}h(x)\varphi(x)\mathrm{d}x=\langle h,\varphi\rangle$$

其中

$$h(x)=\begin{cases}1, & x<0\\ -\sin x, & x\geqslant 0\end{cases}$$

于是最后有

$$\frac{\mathrm{d}^2 f}{\mathrm{d}x^2}=h(x)$$

6.3.2 广义函数的极限

广义函数极限运算的特点是，广义函数序列的求导和求极限运算可以随意地交换。对此我们有如下的定理。

定理 6.1（广义函数的极限） 设广义函数序列$\{T_n\}(n=1,2,\cdots)\in D'(\Omega)$，广义函数 $T\in D'(\Omega)$，而且

$$T_n\to T,\quad n\to\infty$$

则有

$$\partial^\alpha T_n \to \partial^\alpha T,\quad n\to\infty \tag{6.3.10}$$

证明 根据定义 6.6，极限 $T_n\to T$ 的含义是

$$\lim_{n\to\infty}\langle T_n,\varphi\rangle=\langle T,\varphi\rangle,\quad \forall\,\varphi\in D(\Omega)$$

上面已证明，当 $\varphi\in D(\Omega)$ 时，$\partial^\alpha\varphi\in D(\Omega)$，又由广义函数导数定义知

$$\begin{aligned}\lim_{n\to\infty}\langle \partial^\alpha T_n,\varphi\rangle&=(-1)^{|\alpha|}\lim_{n\to\infty}\langle T_n,\partial^\alpha\varphi\rangle\\&=(-1)^{|\alpha|}\langle T,\partial^\alpha\varphi\rangle\\&=\langle \partial^\alpha T,\varphi\rangle\end{aligned}$$

由此得

$$\partial^\alpha T_n\to \partial^\alpha T,\quad n\to\infty$$

在普通的数学分析中，求导运算可能完全破坏了一个序列的收敛性，即普通函数序列 $\{a_n\}$ 是收敛的，但 $\{\partial^\alpha a_n\}$ 就不一定收敛了。这种情况常被说成是普通求导运算的不连续性。在广义函数论中，求导运算必然保持收敛性，相应地可以说成是广义函数求导运算的连续性。那么，这种特性是怎样获得的呢?从定理证明的过程可以看到，广义函数的求导过程是对广义函数的求导运算转移到检验函数 φ 上去了，使得求导与求极限不发生关系，这就绕过了普通数学分析中交换极限次序的困难。

6.3.3 广义函数的相乘

广义函数的加法和数乘运算是不言自明的，不予讨论，但广义函数之间的乘法运算却是一个没有完全解决的问题。已有的广义函数之间的乘法运算就是关于一般广义函数与无穷可微函数对应的广义函数之间的乘积，这种做法主要是基于以下事实。

设 $f\in C^{\infty}(\Omega)$，由于 $C^{\infty}(\Omega)\subset L_{\text{loc}}(\Omega)$，故 f 可直接看成是 $D'(\Omega)$ 中的广义函数，从而有

$$f\varphi\in D(\Omega),\quad \forall\varphi\in D(\Omega)$$

这一性质保证了下述定义是有意义的。

定义 6.15（C^{∞} 函数与广义函数的乘法） 设 $f\in C^{\infty}(\Omega)$，$T\in D'(\Omega)$，定义广义函数 fT 为

$$\langle fT,\varphi\rangle=\langle T,f\varphi\rangle,\quad \forall\varphi\in D(\Omega)\tag{6.3.11}$$

f 为 $D'(\Omega)$ 广义函数的乘子，fT 则为乘子 f 与广义函数 T 的乘积。

由此定义可以看出，当 T 是 $L_{\text{loc}}(\Omega)$ 中某个函数对应的广义函数时，它和任何乘子的乘积就是通常的函数乘积，所以该定义是按照通常的函数乘积的方式来定义乘子与广义函数的乘积的，因此，它不可能有更广泛的意义。

下面看一个例子，即求乘积 $xPV\left(\frac{1}{x}\right)$。根据定义有

$$\begin{aligned}\left\langle xPV\left(\frac{1}{x}\right),\varphi\right\rangle&=\left\langle PV\left(\frac{1}{x}\right),x\varphi\right\rangle\\&=PV\int_{-\infty}^{\infty}\frac{x\varphi(x)}{x}\mathrm{d}x\\&=\int_{-\infty}^{\infty}\varphi(x)\mathrm{d}x=\langle 1,\varphi\rangle,\quad\forall\varphi\in D(\Omega)\end{aligned}$$

故有

$$xPV\left(\frac{1}{x}\right)=1$$

6.3.4 广义函数的卷积

函数的卷积运算有着广泛的实际应用，因此对广义函数也应该定义相应的运算。在普通数学分析中，对两个 $L_{\text{loc}}(\Omega)$ 中的函数 $f(x)$ 和 $g(x)$ 定义卷积 $f*g$ 为

$$\begin{aligned}f(x)*g(x)&=\int_{-\infty}^{\infty}f(x-y)g(y)\mathrm{d}y\\&=\int_{-\infty}^{\infty}f(y)g(x-y)\mathrm{d}y\end{aligned}$$

这个定义可以推广到 $L_{\text{loc}}(R^n)$ 中的函数

$$f(x)*g(x)=\int_{R^n}f(y)g(x-y)\mathrm{d}y,\quad x,y\in R^n$$

如果把 $f(x)*g(x)$ 看成是 $D'(R^n)$ 中的广义函数，则有

$$\langle f*g,\varphi\rangle=\int_{R^n}\left[\int_{R^n}g(y)\varphi(x+y)\mathrm{d}y\right]f(x)\mathrm{d}x$$

$$=\langle f(x),\langle g(y),\varphi(x+y)\rangle\rangle,\quad \forall\varphi\in D(R^n)$$

也可以按另一种积分顺序而得到

$$\langle f*g,\varphi\rangle=\langle g(x),\langle f(y),\varphi(x+y)\rangle\rangle,\quad \forall\varphi\in D(R^n)$$

广义函数卷积的定义正是参考了以上事实而给出的，更说明它是普通函数卷积的自然推广。

定义 6.16（广义函数的卷积） 设 S 和 T 为两个广义函数，按下式定义的泛函 $S*T$

$$\langle S*T,\varphi\rangle=\langle S(x),\langle T(y),\varphi(x+y)\rangle\rangle,\quad \forall\varphi\in D(R^n) \tag{6.3.12}$$

存在，则称泛函 $S*T$ 为广义函数 S，$T\in D'(R^n)$ 的卷积。

需要注意的是，并不是任意两个广义函数的卷积都存在。关于卷积存在的条件，由下面的定理给出。

定理 6.2（广义函数卷积存在的条件） 若广义函数 S 和 T 中至少一个有紧支集，则卷积 $S*T\in D'(R^n)$。

下面给出广义函数卷积运算的一些性质。在以下的叙述中我们总是假定卷积是存在的，参与运算的都是广义函数。

(1)（可交换性）由定义知，广义函数的卷积是可交换的，即

$$S*T=T*S \tag{6.3.13}$$

这一点从前面给出的事例可以看出。

(2)（结合律）若 R，S 和 T 中至少两个有紧支集，则

$$R*(S*T)=(R*S)*T \tag{6.3.14}$$

证明 根据定义我们有

$$\begin{aligned}\langle R*(S*T),\varphi\rangle&=\langle (S*T)(y),\langle R(x),\varphi(x+y)\rangle\rangle\\&=\langle T(z),\langle S(y),\langle R(x),\varphi(x+y+z)\rangle\rangle\rangle\\\langle (R*S)*T,\varphi\rangle&=\langle T(z),\langle (R*S)(y),\varphi(y+z)\rangle\rangle\\&=\langle T(z),\langle S(y),\langle R(z),\varphi(x+y+z)\rangle\rangle\rangle\end{aligned}$$

于是证明了式（6.3.14）成立。

(3)（卷积的导数）对卷积求导，存在以下规则：

$$\partial^\alpha(S*T)=(\partial^\alpha S)*T=S*(\partial^\alpha T) \tag{6.3.15}$$

证明 对任意的 $\varphi\in D(R^n)$，有

$$\begin{aligned}\langle\partial^\alpha(S*T),\varphi\rangle&=(-1)^{|\alpha|}\langle S*T,\partial^\alpha\varphi\rangle\\&=\langle S(x),(-1)^{|\alpha|}\langle T(y),\partial^\alpha\varphi(x+y)\rangle\rangle\\&=\langle S(x),\langle\partial^\alpha T(y),\varphi(x+y)\rangle\rangle\\&=\langle S*\partial^\alpha T,\varphi\rangle\end{aligned}$$

由此可知

$$\partial^{\alpha}(S*T)=S*\partial^{\alpha}T$$

利用卷积的可交换性即可得到如下等式：

$$\partial^{\alpha}(S*T)=(\partial^{\alpha}S)*T$$

定义 6.17（平移算子）　设 $h\in R$，φ 是 R 上的一个函数，由 h 和 φ 确定一个函数 $\tau_h\varphi$ 如下：

$$\tau_h\varphi(x)=\varphi(x-h),\quad \forall x\in R$$

$\tau_h\varphi$ 称为 φ 的平移，而 τ_h 则称为平移算子。

按以上定义，有下面的内积表示：

$$\begin{aligned}\langle\tau_h\varphi,\psi\rangle&=\int_R\varphi(x-h)\psi(x)\mathrm{d}x\\&=\int_R\varphi(x)\psi(x+h)\mathrm{d}x\\&=\langle\varphi,\tau_{-h}\psi\rangle\end{aligned}$$

仿照以上结果，可以定义广义函数的平移。

定义 6.18（广义函数的平移）　设 $h\in R^n$，$T\in D'(R^n)$，由 h 和 T 确定一个广义函数如下：

$$\langle\tau_hT,\varphi\rangle=\langle T,\tau_{-h}\varphi\rangle,\quad \forall\varphi\in D(R^n) \tag{6.3.16}$$

其中，τ_hT 称为广义函数 T 的平移。

利用平移算子，可以把广义函数卷积的定义表示为

$$\langle S*T,\varphi\rangle=\langle T(y),\quad \langle S(x),\tau_{-h}\varphi\rangle\rangle \tag{6.3.17}$$

6.4　作为广义函数的 δ 函数

由于 δ 函数在电磁理论中有非常重要的作用，而且它又是一个典型的广义函数，因此有必要对它进行集中讨论。作为广义函数，可利用以上关于广义函数的理论，揭示 δ 函数的一些很有应用价值的特性。

6.4.1　δ 广义函数

本章的开始已指出，在广义函数理论建立以前，对 δ 函数所下定义中存在矛盾。这种矛盾存在的主要原因是，试图把它作为一个普通函数对待，而实际上它不是一个普通函数。人们对此早就有所认识，一直把它看成一个奇异函数，在应用中尽量避免具体过程，而保证取得合理的结果。由于对 δ 函数的本质没有透彻的认识，很难保证不会出现数学上的错误。下面把 δ 函数作为广义函数进行

一些必要的讨论。

定义 6.19（δ 广义函数） 设 $\delta(x)$，$x\in R$ 为连续线性泛函，由下式定义：

$$\langle\delta(x),\varphi(x)\rangle=\int_R\delta(x)\varphi(x)\mathrm{d}x=\varphi(0),\quad \forall\varphi\in D(R) \tag{6.4.1}$$

这样的泛函称为 δ 广义函数，按照习惯仍然简单地称为 δ 函数，但从现在开始，我们将把 δ 函数视为满足（6.4.1）的广义函数。

由定义式（6.4.1）可以看出，这里没有规定 $\delta(x)$ 在某一点的值，而只规定了一个积分结果，因此定义只涉及 $\delta(x)$ 的分布。所以，这样的 $\delta(x)$ 已经不是普通意义下的函数，故有时也称它为分布。

以上定义可以推广到多维时情况，如设

$$\boldsymbol{r}\in\Omega\subset R^n$$

则可定义 $\delta(\boldsymbol{r})$ 为

$$\langle\delta(\boldsymbol{r}),\varphi(\boldsymbol{r})\rangle=\int_\Omega\delta(\boldsymbol{r})\varphi(\boldsymbol{r})\mathrm{d}\Omega=\varphi(0),\quad \varphi(\boldsymbol{r})\in D(\Omega) \tag{6.4.2}$$

为了对这里定义的 δ 函数有更直观的理解，我们把它视为一个普通函数序列的收敛极限。考虑如下的函数列：

$$\delta_h(x)=\begin{cases}\dfrac{1}{h}, & -\dfrac{h}{2}\leqslant x\leqslant\dfrac{h}{2}\\[2mm] 0, & |x|>\dfrac{h}{2}\end{cases}$$

对任意的函数 $\varphi\in D(a,b)$，存在 $-\dfrac{h}{2}<\xi<\dfrac{h}{2}$，使得

$$\int_a^b\delta_h(x)\varphi(x)=\frac{1}{h}\int_{-h/2}^{h/2}\varphi(x)\mathrm{d}x=\varphi(\xi)$$

当 $h\to0$ 时，$\xi\to0$，从而 $\varphi(\xi)\to\varphi(0)$，于是上式又可表示为

$$\lim_{h\to0}\int_a^b\delta_h(x)\varphi(x)\mathrm{d}x=\varphi(0)=\langle\delta,\varphi\rangle \tag{6.4.3}$$

我们可以把这种概念一般化，并用下面的定理表现出来。

定理 6.3（δ 函数的序列表示） 设有 R 上局部可积函数空间中的序列 $\{u_n\}$ 满足以下条件：

（1）对任意 $M>0$，当 $|a|<M$，$|b|<M$ 时

$$\left|\int_a^b u_n(x)\mathrm{d}x\right|\leqslant C$$

其中，C 只与 M 有关。

（2）固定 a 和 b，有

$$\lim_{n\to\infty}\int_a^b u_n(x)\mathrm{d}x=\begin{cases}0, & a,b\ \text{同号}\\ 1, & a<0<b\end{cases}$$

则必有

$$\lim_{n\to\infty} u_n(x) = \delta(x) \tag{6.4.4}$$

证明　令

$$U_n(x) = \int_{-1}^{x} u_n(\xi)\mathrm{d}\xi$$

由所给条件，在任一有界区间内 $U_n(x)$ 对 n 一致有界，而且显然有

$$\lim_{n\to\infty} U_n(x) = H(x) = \begin{cases} 1, & x > 0 \\ 0, & x < 0 \end{cases}$$

利用积分号下收敛定理我们有

$$\begin{aligned} \lim_{n\to\infty}\langle U_n, \varphi\rangle &= \lim_{n\to\infty}\int U_n(x)\varphi(x)\mathrm{d}x \\ &= \int H(x)\varphi(x)\mathrm{d}x, \quad \forall \varphi \in D(R) \end{aligned}$$

又因为 $U_n'(x) = u_n(x)$，我们有

$$\langle u_n, \varphi\rangle = \langle U'_n, \varphi\rangle = -(U_n, \varphi')$$

当 $n\to\infty$ 时，我们有

$$\lim_{n\to\infty}\langle U_n, \varphi'\rangle = -\langle H, \varphi'\rangle = \langle H', \varphi\rangle = \langle \delta', \varphi\rangle$$

由此我们有 $u_n(x)\to\delta(x)$。

关于 $H' = \delta$，我们将在下面证明。

关于把 δ 函数表示为函数序列极限的事例有很多。或者说，在实际应用中 δ 函数往往以函数序列的形式表现出来。

（1）函数序列

$$U_n(x) = \frac{1}{\pi}\frac{n}{n^2x^2+1}$$

由于

$$\begin{aligned} \int_a^b U_n(x)\mathrm{d}x &= \frac{1}{\pi}\int_{na}^{nb}\frac{\mathrm{d}\xi}{\xi^2+1} \\ &= \frac{1}{\pi}\left[\arctan(nb) - \arctan(na)\right] \end{aligned}$$

所以，若 a，b 同号，其极限为零；若 $a<0<b$，其极限为 1，而且

$$\left|\int_a^b u_n(x)\mathrm{d}x\right| \leqslant \frac{1}{\pi}\int_{-\infty}^{\infty}\frac{\mathrm{d}\xi}{\xi^2+1} = 1$$

故 $u_n(x)$ 满足定理 6.3 的条件，因此有

$$\frac{1}{\pi}\frac{n}{n^2x^2+1} \to \delta(x), \quad n\to\infty \tag{6.4.5}$$

（2）函数序列

$$f_t(x)=\frac{1}{2\sqrt{\pi t}}\mathrm{e}^{-x^2/4t},\quad t>0$$

由于

$$\int_a^b f_t(x)\mathrm{d}x=\frac{1}{\sqrt{\pi}}\int_{\frac{a}{2\sqrt{t}}}^{\frac{b}{2\sqrt{t}}}\mathrm{e}^{-y^2}\mathrm{d}y$$

并考虑到

$$\int_{-\infty}^{\infty}\mathrm{e}^{-y^2}\mathrm{d}y=\sqrt{\pi}$$

故可得

$$\lim_{t\to 0}\int_a^b f_t(x)\mathrm{d}x=\begin{cases}0, & a,b\text{ 同号}\\ 1, & a<0<b\end{cases}$$

此外

$$\left|\int_a^b f_t(x)\mathrm{d}x\right|\leqslant\int_{-\infty}^{\infty}f_t(x)\mathrm{d}x=1$$

只要把$\frac{1}{t}$看成n，则上述结果符合定理 6.3 的两个条件，故有

$$\frac{1}{2\sqrt{\pi t}}\mathrm{e}^{-x^2/4t}\to\delta(x),\quad t>0 \tag{6.4.6}$$

（3）函数序列

$$f_n(x)=\frac{1}{\pi}\frac{\sin(nx)}{x}$$

由于

$$\frac{1}{\pi}\int_{-\infty}^{\infty}\frac{\sin(nx)}{x}\mathrm{d}x=\frac{1}{\pi}\int_{-\infty}^{\infty}\frac{\sin y}{y}\mathrm{d}y=1$$

以及

$$\lim_{n\to\infty}\int_a^b f_n(x)\mathrm{d}x=\begin{cases}0, & a,b\text{ 同号}\\ 1, & a<0<b\end{cases}$$

故有

$$\frac{1}{\pi}\int_{-\infty}^{\infty}\frac{\sin(nx)}{x}\to\delta(x) \tag{6.4.7}$$

6.4.2 δ 函数的简单运算

下面讨论作为广义函数，δ 函数应该遵守的某些基本运算规则。首先讨论 δ 函数的广义导数。

根据广义导数的定义我们有

$$\langle\delta',\varphi\rangle=-\langle\delta,\varphi'\rangle=-\int_{\Omega}\delta(x)\varphi'(x)\mathrm{d}x$$
$$=-\varphi'(0),\quad\forall\varphi\in D(\Omega)\tag{6.4.8}$$

下面讨论与 δ 函数有关的赫维赛德函数的广义导数。根据定义，赫维赛德函数 $H(x)$ 为

$$H(x)=\begin{cases}1, & x>0\\0, & x<0\end{cases}$$

于是 $H(x)$ 的一阶广义导数为

$$\langle H',\varphi\rangle=-\langle H,\varphi'\rangle=-\int_{0}^{\infty}\varphi'(x)\mathrm{d}x=-[\varphi(x)]_{0}^{\infty}$$

考虑到

$$\lim_{x\to\infty}\varphi(x)=0$$

我们有

$$\langle H',\varphi\rangle=\varphi(0),\quad\forall\varphi\in D(R)$$

把此结果与 $\delta(x)$ 的定义式（6.4.1）相比之可知

$$\langle H',\varphi\rangle=\langle\delta,\varphi\rangle,\quad\varphi\in R(D)$$

于是可得

$$H'(x)=\delta(x)\tag{6.4.9}$$

根据广义函数的平移法则，我们有

$$\langle\tau_a\delta,\varphi\rangle=\langle\delta,\tau_{-a}\varphi\rangle=\int_{-\infty}^{\infty}\delta(x)\varphi(x+a)\mathrm{d}x$$
$$=\int_{-\infty}^{\infty}\delta(x-a)\varphi(x)\mathrm{d}x=\varphi(a),\quad\forall\varphi\in D(R)$$

其中 $a\in R$，于是可知

$$\delta_a(x)=\tau_a\delta=\delta(x-a)\tag{6.4.10}$$

根据这一平移规则及广义函数的卷积定义，我们讨论 δ 函数与其他广义函数的卷积运算。

根据式（6.3.17）我们有

$$\delta_h*T=\tau_hT\tag{6.4.11}$$

其中，T 为广义函数。

证明　经运算可知

$$\langle\delta_h*T,\varphi\rangle=\langle T(y),\langle\delta_h,\tau_{-y}\varphi\rangle\rangle$$
$$=\langle T(y),\tau_{-y}\varphi(h)\rangle$$
$$=\langle T(y),\varphi(h+y)\rangle$$
$$=\langle\tau_hT,\varphi\rangle,\quad\forall\varphi\in D(R^n)$$

这就证明了式（6.4.11）的正确。

以上结果的一个特例是

$$\delta * T = T \tag{6.4.12}$$

6.4.3 不同坐标系中 δ 函数的表示

在电磁理论中 δ 函数的应用相当广泛，有时需要在不同坐标系中把它表示出来。为了应用方便，我们不仅把它作为普通函数加以表述，甚至运算过程有时也不加区别，只要不会由此引起麻烦。对其他广义函数，人们也经常采用这种方法。

为了导出 δ 函数在不同坐标系中的表示，我们以一个单位点源在不同坐标系中的表示而找到它们之间的关系。

首先讨论二维空间的情况，这时除了直角坐标系外，我们还经常采用极坐标。设单位点源位于直角坐标系中的 $P(x',y')$ 点。很明显，在直角坐标系中我们用 $\delta(x-x')\delta(y-y')$ 表示。如果极坐标中单位源的位置用 $P(\rho',\phi')$ 表示，则在两种坐标系中的表示有如下关系：

$$\delta(x-x')\delta(y-y') = f_1(\rho,\phi)\delta(\rho-\rho')\delta(\phi-\phi') \tag{6.4.13}$$

对上式两边在无界平面空间积分，则应有

$$\int_0^{2\pi}\int_0^{\infty} f_1(\rho,\phi)\delta(\rho-\rho')\delta(\phi-\phi')\rho\mathrm{d}\rho\mathrm{d}\phi = 1 \tag{6.4.14}$$

考虑到 δ 函数的性质，为了使上式成立，我们应选

$$f_1(\rho,\phi) = \frac{1}{\rho} \tag{6.4.15}$$

于是由式（6.4.13）就可得到

$$\delta(x-x')\delta(y-y') = \frac{\delta(\rho-\rho')\delta(\phi-\phi')}{\rho} \tag{6.4.16}$$

如果点源位于坐标原点，则有

$$\delta(x)\delta(y) = f_2(\rho)\delta(\rho)$$

因为要求

$$\int_0^{2\pi}\int_0^{\infty} f_2(\rho)\delta(\rho)\rho\mathrm{d}\rho\mathrm{d}\phi = 1$$

亦即

$$\int_0^{\infty} 2\pi\rho f_2(\rho)\delta(\rho)\mathrm{d}\rho = 1$$

故应选

$$f_2(\rho) = \frac{1}{2\pi\rho}$$

这样就得到

$$\delta(x)\delta(y)=\frac{\delta(\rho)}{2\pi\rho} \tag{6.4.17}$$

对三维问题，如果我们选择圆柱坐标系，当点源不在坐标原点时，有

$$\delta(x-x')\delta(y-y')\delta(z-z')=\frac{\delta(\rho-\rho')\delta(\phi-\phi')\delta(z-z')}{\rho} \tag{6.4.18}$$

因为两种坐标系中 z 坐标是共用的。而当点源位于原点时就得到

$$\delta(x)\delta(y)\delta(z)=\frac{\delta(\rho)\delta(z)}{2\pi\rho} \tag{6.4.19}$$

当采用球坐标时就有

$$\delta(x-x')\delta(y-y')\delta(z-z')=f_3(r,\theta,\varphi)\delta(r-r')\delta(\theta-\theta')\delta(\phi-\phi')$$

于是要求

$$\int_0^{2\pi}\int_0^{\pi}\int_0^{\infty}f_3(r,\theta,\phi)\delta(r-r')\delta(\theta-\theta'')\delta(\phi-\phi')r^2\sin\theta\mathrm{d}r\mathrm{d}\theta\mathrm{d}\phi=1$$

显然应该选择

$$f_3(r,\theta,\phi)=\frac{1}{r^2\sin\theta}$$

于是我们有

$$\delta(x-x')\delta(y-y')\delta(z-z')=\frac{\delta(r-r')\delta(\theta-\theta')\delta(\phi-\phi')}{r^2\sin\theta} \tag{6.4.20}$$

若点源处于原点，则表示为

$$\delta(x)\delta(y)\delta(z)=f_4(r)\delta(r)$$

从而有

$$\int_0^{2\pi}\int_0^{\pi}\int_0^{\infty}f_4(r)\delta(r)r^2\sin\theta\mathrm{d}r\mathrm{d}\theta\mathrm{d}\rho=1$$

故有

$$\int_0^{\infty}4\pi r^2 f_4(r)\delta(r)\mathrm{d}r=1$$

因此

$$f_4(r)=\frac{1}{4\pi r^2}$$

故有

$$\delta(x)\delta(y)\delta(z)=\frac{\delta(r)}{4\pi r^2} \tag{6.4.21}$$

如果点源处于 $z=z'$ 处，则有

$$\delta(x)\delta(y)\delta(z-z')=f_5(r,\theta)\delta(r-r')\delta(\theta)$$

这时有

$$\int_0^{2\pi}\int_0^{\pi}\int_0^{\infty} f_5(r,\ \theta)\delta(r-r')\delta(\theta)r^2\sin\theta \mathrm{d}r\mathrm{d}\theta\mathrm{d}\rho$$
$$=\int_0^{\pi}\int_0^{\infty} 2\pi r^2\sin\theta f_5(r,\ \theta)\delta(r-r')\delta(\theta)\mathrm{d}r\mathrm{d}\theta=1$$

故有

$$f_5(r,\theta)=\frac{1}{2\pi r^2\sin\theta}$$

于是可得

$$\delta(x)\delta(y)\delta(z-z')=\frac{\delta(r-r')\delta(\theta)}{2\pi r^2\sin\theta} \tag{6.4.22}$$

6.5 广义函数的傅里叶变换

傅里叶变换在包括电磁理论在内的科学技术的许多方面有着十分广泛的应用。但是，普通函数的普通傅里叶变换的适用范围是有限制的，一些很重要的函数甚至不存傅里叶变换。为了扩展傅里叶变换的应用范围，有必要借助广义函数概念来定义广义傅里叶变换。

6.5.1 速降函数和缓增广义函数

我们知道，对普通函数所施行的傅里叶变换是定义在 $L^1(\Omega)$ 中。具体讲，如果函数 f 是定义在 R 上的实值函数，且满足条件：

（1）在任何有限区间上满足狄利克雷条件；

（2）$\int_{-\infty}^{\infty}|f(x)|\mathrm{d}x<\infty$；

则下列傅里叶变换

$$F[f(x)]=\hat{f}(\omega)=\int_{-\infty}^{\infty} f(x)\mathrm{e}^{-\mathrm{i}\omega x}\mathrm{d}x \tag{6.5.1}$$

$$F^{-1}F[f(x)]=f(x)=\frac{1}{2\pi}\int_{-\infty}^{\infty}\hat{f}(\omega)\mathrm{e}^{\mathrm{i}\omega x}\mathrm{d}\omega \tag{6.5.2}$$

可以推广到多维空间 R^n。为了叙述方便，我们有时仍以 R 空间为例进行论述。

如果可把 $F[f]$ 看成一个广义函数，则按照广义函数的定义应该有

$$\langle F(f),\ \varphi\rangle=\int_R\left[\int_R f(x)\mathrm{e}^{-\mathrm{i}\omega x}\mathrm{d}x\right]\varphi(\omega)\mathrm{d}\omega$$
$$=\int_R\left[\int_R\varphi(\omega)\mathrm{e}^{-\mathrm{i}\omega x}\mathrm{d}\omega\int f(x)\mathrm{d}x\right]$$

$$=\langle f, F(\varphi)\rangle, \ \forall \varphi \in D(R) \tag{6.5.3}$$

可以看出，以上运算把对 f 的傅里叶变换转化为对 φ 施行傅里叶变换。但是，即使 $\varphi \in C(R)$，$F(\varphi)$ 也不一定存在。即使 $\varphi \in C_0^{\infty}(R)$，$F(\varphi)$ 一般也不再是 $C_0^{\infty}(R)$ 中的函数。所以，不能用式（6.5.3）的方式来定义广义函数的傅里叶变换，需要对 φ 所应归属的空间进行讨论。通常不是在函数空间 $D(R)$ 上定义广义函数的傅里叶变换，而是在被称为速降函数空间的基本函数空间上给予定义。现在我们就来讨论这种基本函数空间的定义和性质。

定义 6.20（速降函数和速降函数空间）　设 $\varphi \in C^{\infty}(R^n)$，并对任何 n 重指数 α 及自然数 m，必存在常数 C_m，使得

$$|\partial^{\alpha}\varphi(x)| \leqslant \frac{C_m}{(1+|x|^2)^m} \tag{6.5.4}$$

则称 φ 为速降函数，所有速降函数构成的线性空间称为速降函数空间，并记为 $S(R^n)$。

在 $S(R^n)$ 中按如下定义引入收敛概念：设有函数列 $\{\varphi_i\}(i=1,2,\cdots,n) \in S(R^n)$，如果存在 $\varphi \in S(R^n)$，使得函数列 $\{\partial^{\alpha}\varphi_i\}$，在 R^n 的一个紧支集上一致收敛于 $\partial^{\alpha}\varphi$，而且对任何 α 和 m，必存在与 i 无关的常数 $C_{\alpha m}$，使得

$$|\partial^{\alpha}\varphi_i(x)| \leqslant \frac{C_{\alpha m}}{(1+|x|^2)^m} \tag{6.5.5}$$

则称序列 $\{\varphi_i\}$ 收敛于 φ，并记作 $\varphi_i \to \varphi$，$i \to \infty$。

由定义可以看出，速降函数具有如下的特性，即当 $|x| \to \infty$ 时，其各阶导数都比 $1/|x|$ 的任意正数幂都更快地趋于零。由此可知，它们是一类在无穷远处急速下降的函数，这就是被称为速降函数的原因。

由于 $C_0^{\infty}(R^n)$ 是具有紧支集的函数，当然它们属于速降函数类，所以有 $D(R^n) \subset S(R^n)$。下面是关于空间 $S(R^n)$ 的一些性质的定理。

定理 6.4（函数属于 $S(R^n)$ 所需的充分必要条件）　函数 φ 属于 $S(R^n)$ 的充分必要条件是：对任何 n 重指数 α 和 β，$x^{\beta}\partial^{\alpha}\varphi$ 在 R^n 上有界，即存在常数 $C_{\alpha\beta}$，使得

$$|x^{\beta}\partial^{\alpha}\varphi| \leqslant C_{\alpha\beta}, \quad \forall x \in R^n \tag{6.5.6}$$

证明　必要性。设 $\varphi \in S(R^n)$，由于 $|x^{\beta}\partial^{\alpha}\varphi|$ 在 R^n 上连续，因而它在闭球

$$\{x \mid |x| \leqslant 1, x \in R^n\}$$

上达到最大值，记作

$$M_{\alpha\beta} = \max_{|x|\leqslant 1} |x^{\beta}\partial^{\alpha}\varphi|$$

又因，当 $|x| > 1$ 时，有

$$|x^{\beta}| = |x_1^{\beta_1}x_2^{\beta_2}\cdots x_n^{\beta_n}| \leqslant (|x|^{|\beta|})^n < (1+|x|^2)^{n|\beta|/2}$$

从而由定义 6.19 推知，对任何自然数 $m > n|\beta|/2$，必有常数 $C_{\alpha m}$，使得

$$|x^{\beta}\partial^{\alpha}\varphi| < (1+|x|^2)^{\alpha|\beta|/2}|\partial^{\alpha}\varphi|$$
$$< (1+|x|^2)^m|\partial^{\alpha}\varphi| \leqslant C_{\alpha m}$$

如果取 $C_{\alpha\beta} = \max\{M_{\alpha\beta}, C_{\alpha m}\}$，则有

$$|x^{\beta}\partial^{\alpha}\varphi| \leqslant C_{\alpha m}, \quad \forall x \in R^n$$

充分性。设所有 $x^{\beta}\partial^{\alpha}\varphi$ 在 R^n 上有界，因为对任意 α 和 m 函数 $(1+|x|^2)$ $m\partial^{\alpha}\varphi$ 可表示成有限个形如 $x^{\beta}\partial^{\alpha}\varphi$ 的线性组合，所以函数 $(1+|x|^2)^m\partial^{\alpha}\varphi$ 也在 R^n 上有界。也就是说，存在常数 $C_{\alpha m}$，使得

$$|\partial^{\alpha}\varphi(x)| \leqslant \frac{C_{\alpha m}}{(1+|x|^2)^m}$$

成立，从而有 $\varphi \in S(R^n)$.

定理 6.5（等价条件） 设 $P(x)$ 是常系数多项式，$Q(\partial)$ 是微分算子 ∂ 的常系数多项式，则下列条件等价：

(1) $\varphi \in S(R^n)$；

(2) 对任何 $P(x)$ 与 $Q(\partial)$，有 $P(x)Q(\partial)\varphi \in S(R^n)$；

(3) 对任何 $P(x)$ 与 $Q(\partial)$，有 $Q(\partial)P(x)\varphi \in S(R^n)$。

证明 因为 $P(x)Q(\partial)\varphi$ 与 $Q(\partial)P(x)\varphi$ 均可表示成若干个形如 $x^{\beta}\partial^{\alpha}\varphi$ 的线性组合，从而根据定理 6.4 可以（1）推出（2）和（3），反之（2）和（3）明显地蕴涵着条件（1）。

下面考虑函数 $\varphi \in S(R^{\sigma})$ 本身的傅里叶问题。作为普通函数，其傅里叶变换及逆变换可采用前面所给定义。

$$F[\varphi] = \int_R \varphi(x)\mathrm{e}^{-\mathrm{i}\omega x}\mathrm{d}x = \hat{\varphi}(\omega)$$

$$F^{-1}[\hat{\varphi}] = \frac{1}{2\pi}\int_R \hat{\varphi}(\omega)\mathrm{e}^{\mathrm{i}\omega x}\mathrm{d}\omega = \varphi(x)$$

由于函数 φ 满足 $\int_R |\varphi(x)|\mathrm{d}x < \infty$，又有

$$|F[\hat{\varphi}]| \leqslant \int_R |\hat{\varphi}(x)\mathrm{e}^{-\mathrm{i}\omega x}|\mathrm{d}x = \int_R |\varphi(x)|\mathrm{d}x \tag{6.5.7}$$

$$|F^{-1}[\hat{\varphi}]| = \frac{1}{2\pi}\int_R |\hat{\varphi}(\omega)\mathrm{e}^{\mathrm{i}\omega x}|\mathrm{d}\omega = \frac{1}{2\pi}\int_R |\hat{\varphi}(\omega)|\mathrm{d}\omega \tag{6.5.8}$$

所以，$F[\varphi]$ 和 $F^{-1}[\hat{\varphi}]$ 总是有意义的。由此不难推知，普通函数傅里叶变换的各项性质对 φ 当然也是成立的。

定理 6.6（φ 的傅里叶变换是 $S(R^n)$ 中的连续映射） 如果 $\varphi \in S(R^n)$，则 $F[\varphi]$，$F^{-1}[\hat{\varphi}] \in S(R^n)$，并且 F 和 F^{-1} 是 $S(R^n)$ 到 $S(R^n)$ 的连续映射。

证明 由于 $F[\varphi]$ 是无穷可微的，则对任何微分多项式 $Q(\partial)$ 有

$$Q(\partial)F(\varphi)=F[Q(-\mathrm{i}x)\varphi]$$

$$P(\omega)Q(\partial)F[\varphi]=P(\omega)F[Q(-\mathrm{i}x)\varphi]$$
$$=F[P(-\mathrm{i}\,\partial)Q(-\mathrm{i}x)\varphi] \tag{6.5.9}$$

而由定理 6.5 已知 $P(-\mathrm{i}\alpha)Q(-\mathrm{i}x)\varphi\in S(R^n)$，且不等式（6.5.7）对任何 $\varphi\in S(R)$ 都成立，所以 $F[P(-\mathrm{i}\,\partial)Q(-\mathrm{i}\,\partial)\varphi]$ 有界。于是由式（6.5.9）可知，对任意 $P(\omega)$ 和 $Q(\partial)$，$P(\omega)Q(\partial)F(\varphi)$ 也是有界的。因此，再根据定理 6.4 知道，$F[\varphi]\in S(R^n)$，按照完全类似的过程可以证明 $F^{-1}[\hat{\varphi}]\in S(R^n)$。

根据定义和积分性质可知，F 和 F^{-1}是线性的映射。需要证明的是它们的连续性。为此假设 $\varphi_i\to 0$，并对任意自然数 p 有

$$A=\int_R \frac{\mathrm{d}x}{(1+|x|^2)^p}$$

则根据定义 6.19 中给出的 $S(R^n)$ 中的收敛概念，任取 $\varepsilon>0$ 及自然数 m，存在与 i 无关的常数 C，使得对每个 φ_i 有

$$|\varphi_i(x)|\leqslant \frac{C}{(1+|x|^2)^{m+p}}$$

把上式改写成

$$|(1+|x|^2)^p\varphi_2(x)|\leqslant \frac{C}{(1+|x|^2)^m}$$

现在取常数 $r>0$，使得当 $|x|>r$ 时上式的右端小于 ε/A。又对取定的 r 存在自然数 N，使得当 $i>N$ 时上式的左端在闭球 $\{x\,|\,|x|\leqslant r,x\in R^n\}$ 内小于 ε/A。于是，当 $i>N$ 时就有

$$|(1+|x|^2)^p\varphi_i(x)|<\frac{\varepsilon}{A},\quad \forall x\in R^n$$

由此知

$$|F[\varphi_i]|\leqslant\int_{R^n}|\varphi_i(x)\mathrm{c}^{-\mathrm{i}\omega x}|\,\mathrm{d}x$$
$$\leqslant\frac{\varepsilon}{A}\int_{R^n}\frac{\mathrm{d}x}{(1+|x|^2)^p}=\varepsilon$$

由于已设在 S 中 $\varphi_i\to 0$，故可推知

$$p(-\mathrm{i}\,\partial)Q(-\mathrm{i}x)\varphi_i\to 0$$

再由式（6.5.9）立即可知 $P(\omega)Q(\partial)F[\varphi_i]$ 在 R^n 上一至趋于零。到此就证明了当 $\varphi_i\to 0$ 时，$F[\varphi_i]\to 0$，也就说明 F 是连续的。

对 F^{-1}也可用完全类似的过程证明其连续性，而且以上证明可以推广到 $S(R^n)$ 上。

到此我们就有了新的基本函数空间，这样就可以在其上定义广义函数了。

定义 6.21（$S(R^n)$ 上的广义函数） $S(R^n)$ 上的连续线性泛函全体记作 $S'(R^n)$，并称 $S'(R^n)$ 中的元素为缓增广义函数，$S'(R^n)$ 为缓增广义函数空间。下面列举一些典型的缓增广义函数。

（1）每个 $L^p(R^n)(1\leqslant p<\infty)$ 中的函数 f 确定一个缓增广义函数，并仍记作 f，即

$$\langle f,\varphi\rangle=\int_{R^n}f(x)\varphi(x)\mathrm{d}x,\quad \forall\varphi\in S(R^n) \tag{6.5.10}$$

利用不等式

$$|\langle f,\varphi\rangle|\leqslant\|f\|_p\|\varphi\|_q$$

其中，$1\leqslant p<\infty$，$q=p/(p-1)$。由此可知，$\langle f,\varphi\rangle$ 是有意义的。别外，任何序列 $\{\varphi_i\}\in S(R^n)$ 收敛于零，则它也必定在 $L^p(R^n)$ 内收敛于零。所以，每个 $f\in L^p(R^n)$ 是定义在 $S(R^n)$ 上的一个连续线性泛函。这样，我们可以把 $L^p(R^n)$ 视作 $S'(R^n)$ 的一个线性子空间。

（2）每一个定义在 R^n 上的常系数多项式 $P(x)$ 确定一个缓增广义函数，如

$$\langle P,\varphi\rangle=\int_{R^n}P(x)\varphi(x)\mathrm{d}x,\quad \forall\varphi\in S(R^n) \tag{6.5.11}$$

由定理 6.5 可知，只需 $Q(\partial)=1$，则对任何 $\varphi\in S(R^n)$，都有 $P(x)\varphi(x)\in S(R^n)$，从而有$\int_{R^n}|P(x)\varphi(x)|\mathrm{d}x<\infty$，故 $\langle P,\varphi\rangle$ 存在。又因任何序列 $\{\varphi_i\}\in S(R^n)$ 收敛于零，则相应的序列 $\{P\varphi_i\}$ 在 $L^p(R^n)$ 中也收敛于零。这样，每一个 $P(x)$ 确定 $S'(R^n)$ 中的一个元素。

（3）对 R^n 上的连续函数 f，如果存在整数 $m\geqslant0$，使得 $(1+|x|^2)^{-m}f(x)$ 在 R^n 上有界，则 f 确定一个缓增广义函数，如下：

$$\langle f,\varphi\rangle=\int_{R^n}f(x)\varphi(x)\mathrm{d}x,\quad \forall\varphi\in S(R^n) \tag{6.5.12}$$

根据假设我们有

$$\begin{aligned}|\langle f,\varphi\rangle|&\leqslant\int_{R^n}|f(x)\varphi(x)|\mathrm{d}x\\&=\int_{R^n}\left|(1+|x|^2)^{-m}f(x)(1+|x|^2)^m\varphi(x)\right|\mathrm{d}x\\&\leqslant C\int_{R^n}|(1+|x|^2)^m\varphi(x)|\mathrm{d}x\end{aligned}$$

其中，C 代表 $|(1+|x|^2)^{-m}f(x)|$ 在 R^n 上的上界。根据定理 6.5，$(1+|x|^2)^m\varphi(x)$ 也是速降函数，故 $\langle f,\varphi\rangle$ 成立。其连续性可用与上面类似的方法予以证明。

（4）缓增函数 f 的每个广义导数 $\partial^\alpha f$ 确定一个缓增广义函数，其定义为

$$\langle \partial^\alpha f, \varphi \rangle = (-1)^{|\alpha|} \int_{R^n} f(x)\, \partial^\alpha \varphi(x) \mathrm{d}x, \quad \forall \varphi \in S(R^n) \tag{6.5.13}$$

可用与上例类似的方法进行讨论。反过来也可以证明，每个缓增广义函数是某个缓增函数的广义导数。

由于 $D(R^n) \subset S(R^n)$，所以 $S(R^n)$ 上的缓增广义函数也是 $D(R^n)$ 上的广义函数，而且可以证明，$D(R^n)$ 是 $S(R^n)$ 的一个稠密子空间，且 $S'(R^n)$ 是 $D'(R^n)$ 的一个子空间。因此，我们可以在 $S'(R^n)$ 中采用 $D'(R^n)$ 中的线性运算、广义导数和收敛等概念。

6.5.2　缓增广义函数的傅里叶变换

定理 6.7　已经证明，基本空间 $S(R^n)$ 中的傅里叶变换是一个 $S(R^n)$ 到 $S(R^n)$ 的连续映射，于是可以利用对偶关系定义缓增广义函数的傅里叶变换。

定理 6.8（缓增广义函数的傅里叶变换）　设 $T \in S'(R^n)$，则

$$\langle F[T], \varphi \rangle = \langle T, F[\varphi] \rangle, \quad \forall \varphi \in S(R^n) \tag{6.5.14}$$

确定一个 $F[T] \in S'(R^n)$，且称 $F[T]$ 为 T 的傅里叶变换。同样地，

$$\langle F^{-1}[T], \varphi \rangle = \langle T, F^{-1}[\varphi] \rangle, \quad \forall \varphi \in S(R^n) \tag{6.5.15}$$

确定一个 $F^{-1}[T] \in S'(R^n)$，并称 $F^{-1}[T]$ 为 T 的傅里叶逆变换，这里的 F 和 F^{-1} 分别是 $S'(R^n)$ 到 $S'(R^n)$ 的连续线性映射，而且有

$$F^{-1}(F[T]) = F(F^{-1}[T]) = T \tag{6.5.16}$$

对于由 $S(R^n)$ 中的元素确定的缓增广义函数，这一定义与普通傅里叶变换是一致的。这一结论可通过具体计算加以证明。设 $f \in S(R^n)$，其普通傅里叶变换为

$$F[f(x)] = \int_{R^n} f(x) \mathrm{e}^{-\mathrm{i}\omega x} \mathrm{d}x$$

为了区别，我们暂时用 $\tilde{F}[f]$ 表示 f 的广义傅里叶变换，则根据定义有

$$\begin{aligned}
\langle \tilde{F}[f], \varphi \rangle &= \langle f, F[\varphi] \rangle \\
&= \int_{R^n} f(x) F[\varphi(x)] \mathrm{d}x \\
&= \int_{R^n} \left[\int_{R^n} \varphi(t) \mathrm{e}^{-\mathrm{i}xt} \mathrm{d}t \right] f(x) \mathrm{d}x \\
&= \int_{R^n} \left[\int_{R^n} f(x) \mathrm{e}^{-\mathrm{i}xt} \mathrm{d}x \right] \varphi(t) \mathrm{d}t \\
&= \langle F(f), \varphi \rangle
\end{aligned}$$

由此可知，对 $f \in S(R^n)$ 而言，广义傅里叶变换与普通傅里叶变换是一致的。对傅里叶逆变换也有这样的结果。据此不难理解，可由空间 $S(R^n)$ 的傅里叶变换

的性质自然地得出 $S'(R^n)$ 上傅里叶变换的性质。例如，下面这些公式成立。

$$F\left[\frac{\partial}{\partial x_i}T\right]=\mathrm{i}\omega_i F[T]$$

$$F^{-1}\left[\frac{\partial}{\partial x_i}T\right]=-\mathrm{i}\omega_i F^{-1}[T]$$

$$\frac{\partial}{\partial \omega_i}F[T]=F[-\mathrm{i}x_i T]$$

$$\frac{\partial}{\partial \omega_i}F^{-1}[T]=F^{-1}[\mathrm{i}x_i T]$$

$$F[P(\partial)T]=P(\mathrm{i}\omega)F(T)$$

$$F^{-1}[P(\partial)T]=P(-\mathrm{i}\omega)F^{-1}[T]$$

$$P(\partial)F[T]=F[P(-\mathrm{i}x)T]$$

$$P(\partial)F^{-1}[T]=F^{-1}[P(\mathrm{i}x)T]$$

作为实例，下面给出几类缓增广义函数的傅里叶变换。

（1）δ 函数的傅里叶变换。作为缓增广义函数的 δ 函数定义为

$$\langle \delta_a, \varphi\rangle=\varphi(a), \quad \forall \varphi \in S(R^n),\ a \in R^n$$

它的傅里变换按定义应为

$$\begin{aligned}\langle F[\delta_a],\varphi\rangle &=\langle \delta_a, F[\varphi]\rangle=\left\langle \delta_a, \int_{R^n}\varphi(x)\mathrm{e}^{-\mathrm{i}\omega x}\,\mathrm{d}x\right\rangle\\ &=\int_{R^n}\varphi(x)\mathrm{e}^{-\mathrm{i}ax}\,\mathrm{d}x\\ &=\langle \mathrm{e}^{-\mathrm{i}ax},\varphi\rangle\end{aligned}$$

由此可得

$$F[\delta_a]=\mathrm{e}^{-\mathrm{i}ax} \tag{6.5.17}$$

用类似的方法还可以证明

$$F^{-1}[\delta_a]=\frac{1}{(2\pi)^n}\mathrm{e}^{\mathrm{i}ax} \tag{6.5.18}$$

作为特例，当 $a=0$ 时有 $\delta_0(x)=\delta(x)$，因此

$$F[\delta]=1 \tag{6.5.19}$$

$$F^{-1}[\delta]=\frac{1}{(2\pi)^n}, \quad x \in R^n \tag{6.5.20}$$

利用逆变换性质，由以上两式结果又可得

$$F^{-1}[1]=\delta$$

$$F[1]=(2\pi)^n\delta$$

（2）指数函数的傅里叶变换。利用以上所得的一些结果，容易得到

$$F[\mathrm{e}^{\mathrm{i}ax}]=(2\pi)^n\delta_a$$

$$F^{-1}[\mathrm{e}^{\mathrm{i}ax}]=\delta_a$$

（3）多项式的傅里叶变换。上面已给出了包含多项式的一些傅里叶变换的性质，利用这些公式来解决一些具体的有用问题，可得出一些常用的结果：

$$F[P(-\mathrm{i}x)]=P(\partial)F[1]=(2\pi)^n P(\partial)\delta$$
$$F^{-1}[P(\mathrm{i}x)]=P(\partial)F^{-1}[1]=P(\partial)\delta$$

更具体一些又有

$$F[x^\alpha]=(\mathrm{i})^{|\alpha|}(2\pi)^n\,\partial^\alpha\delta$$
$$F^{-1}[x^\alpha]=(-\mathrm{i})^{|\alpha|}\,\partial^\alpha\delta$$

相应于此又有

$$F[\,\partial^\alpha\delta]=(\mathrm{i})^{|\alpha|}x^\alpha$$
$$F^{-1}[\,\partial^\alpha\delta]=(-\mathrm{i})^{|\alpha|}\,\frac{1}{(2\pi)^n}x^\alpha$$

（4）$\sin(a\cdot x)$ 的傅里叶变换。由于 $\sin(a\cdot x)=\frac{1}{2\mathrm{i}}(\mathrm{e}^{\mathrm{i}a\cdot x}-\mathrm{e}^{-\mathrm{i}a\cdot x})$，而且有

$$F[\mathrm{e}^{\mathrm{i}a\cdot x}]=(2\pi)^n\delta_\alpha$$
$$F[\mathrm{e}^{-\mathrm{i}a\cdot x}]=(2\pi)^n\delta_{-\alpha}$$

则可知

$$F[\sin(a\cdot x)]=\frac{(2\pi)^n}{2\mathrm{i}}(\delta_a-\delta_{-a})$$

（5）平方可积函数 $L^2(R^n)$ 的傅里叶变换。由能量有限原理，我们感兴趣的电磁场都可归于平方可积函数空间，因此我们更关心平方可积函数的傅里叶变换。

由前面的讨论已知，每个属于 $L^p(R^n)$ 空间的函数都对应一个缓增广义函数。对于 $p=2$ 的情况当然也如此，所以 $L^2(R^n)$ 可视为 $S'(R^n)$ 的一个子空间。在这样的意义下，平方可积函数的傅里叶变换也是存在的。事实上，有

$$\begin{aligned}|\langle F[f],\varphi\rangle|=|\langle f,F[\varphi]\rangle|&=\left|\int_{R^n}f\cdot F[\varphi]\mathrm{d}\omega\right|\\&\leqslant\|f\|\,\|F[\varphi]\|,\quad\forall\varphi\in S(R^n)\end{aligned}$$

又因

$$\begin{aligned}\|F[\varphi]\|^2&=\int_{R^n}|F[\varphi]|^2\mathrm{d}\omega=\int_{R^n}F[\varphi]\cdot F[\varphi]^*\,\mathrm{d}\omega\\&=\int_{R^n}\left(\int_{R^n}\varphi\mathrm{e}^{-\mathrm{i}\omega\cdot x}\mathrm{d}x\right)\cdot F[\varphi]^*\,\mathrm{d}\omega\\&=\int_{R^n}\left(\int_{R^n}F[\varphi]^*\,\mathrm{e}^{-\mathrm{i}\omega\cdot x}\mathrm{d}x\right)\varphi\mathrm{d}\omega\\&=\int_{R^n}\left(\int_{R^n}F[\varphi]\mathrm{e}^{\mathrm{i}\omega\cdot x}\mathrm{d}x\right)^*\varphi\mathrm{d}\omega\end{aligned}$$

$$=(2\pi)^n\int_{R^n}\varphi[F^{-1}(F[\varphi])]^*\,\mathrm{d}\omega$$
$$=(2\pi)^n\int_{R^n}\varphi\cdot\varphi^*\,\mathrm{d}\omega$$
$$=(2\pi)^n\,\|\varphi\|^2$$

代回上面的结果就得到

$$|\langle F[f],\varphi\rangle|\leqslant(2\pi)^{n/2}\|f\|\,\|\varphi\|,\quad\forall\varphi\in S(R^n)\tag{6.5.21}$$

考虑到 $L^2(R^n)$ 的自对偶性，$L^2(R^n)$ 上的连续线性泛函可视作 $L^2(R^n)$ 中的元素。式（6.5.21）显示，$F[f]$ 就是 $L^2(R^n)$ 上的连续线性泛函，因此有 $F[f]\in L^2(R^n)$，并满足

$$\|F[f]\|\leqslant(2\pi)^{n/2}\|f\|,\quad\forall f\in L^2(R^n)$$

对逆变换 $F^{-1}[f]$ 也可得到

$$\|F^{-1}[f]\|\leqslant(2\pi)^{-n/2}\|f\|,\quad\forall f\in L^2(R^n)$$

又由以上两个不等式容易得出

$$\|f\|=\|F^{-1}(F[f])\|\leqslant(2\pi)^{-n/2}\|F[f]\|\leqslant\|f\|$$
$$\|f\|=\|F(F^{-1}[f])\|\leqslant(2\pi)^{n/2}\|F^{-1}[f]\|\leqslant\|f\|$$

因此只能有

$$\|F[f]\|=(2\pi)^{n/2}\|f\|$$
$$\|F^{-1}[f]\|=(2\pi)^{-n/2}\|f\|\tag{6.5.22}$$

6.6 偏微分算子方程的广义解

关于算子方程普通解的局限性，我们已在前面进行过简单讨论。有了广义函数的知识后，现在可以讨论微分方程解的扩展问题了。我们把范围被扩展的解称为广义解。为此，首先应弄清广义解满足定解问题的含义，然后讨论广义解存在的条件。

6.6.1 偏微分算子方程的广义解

一个包含未知函数 $u(x)$ 的偏微分线性算子方程可以表示为以下形式：

$$\sum_{|\alpha|\leqslant m}a_\alpha(x)\,\partial^\alpha u(x)=f(x),\quad x\in\Omega\subset R^n\tag{6.6.1}$$

其中，$a_\alpha(x)$ 为系数，$f(x)$ 为自由项，二者均为已知，它们都具有必要的光滑度。为了书写和表述方便，我们令

$$A = \sum_{|\alpha| \leqslant m} a_\alpha(x)\, \partial^\alpha \tag{6.6.2}$$

并称为 m 阶线性偏微分算子。利用这一算子定义也可把方程（6.6.1）写成以下简明形式：

$$Au(x) = f(x) \tag{6.6.3}$$

显然，算子 A 是线性的，因为有

$$A(\beta_1 u + \beta_2 v) = \beta_1 Au + \beta_2 Av$$

$$\forall\, u, v \in C^m(\Omega), \quad \beta_1, \beta_2 \in K$$

不难看出，若 u 是方程 $Au = f$ 的普通解，则要求 $u \in C^m(\Omega)$，而且当 $u(x) \in C^m(\Omega)$ 时，$Au \in C(\Omega)$.

我们可以建立 $C_0^\infty(\Omega)$ 上的线性泛函

$$\langle Au, \varphi \rangle = \int_\Omega Au \cdot \varphi \mathrm{d}x, \quad \forall\, \varphi \in C_0^\infty(\Omega)$$

假设 $a_\alpha(x) \in C^m(\Omega)$，则重复使用分部积分即可得

$$\int_\Omega Au \cdot \varphi \mathrm{d}x = \int_\Omega u \cdot A^a \varphi \mathrm{d}x \tag{6.6.4}$$

其中

$$A^a \varphi = \sum_{|\alpha| \leqslant m} (-1)^{|\alpha|}\, \partial^\alpha (a_\alpha \varphi), \quad \forall\, \varphi \in C_0^\infty(\Omega)$$

经求导运算可以证明 A^a 具有以下形式：

$$A^a = \sum_{|\alpha| \leqslant m} b_\alpha(x)\, \partial^\alpha \tag{6.6.5}$$

其中，$b_\alpha(x)$ 依赖于 A 的系数 $a_\alpha(x)$；A^a 也是一个 m 阶线性偏微分算子，并称 A^a 为算子 A 的形式伴随算子。

式（6.6.4）又可以表示为

$$\langle Au, \varphi \rangle = \langle u, A^a \varphi \rangle, \forall\, \varphi \in C_0^\infty(\Omega), \quad u \in C^m(\Omega) \tag{6.6.6}$$

显然，若 u 是方程 $Au = f$ 的普通解，则对于 $f \in C(\Omega)$，下式成立：

$$\langle u, A^a \varphi \rangle = \langle f, \varphi \rangle, \quad \forall\, \varphi \in C_0^\infty(\Omega) \tag{6.6.7}$$

问题在于，如果 u 或 f 不满足上述要求，即 $u \notin C^m(\Omega)$ 或 $f \notin C(\Omega)$，则方程 $Au = f$ 在普通意义下不一定能得到满足，也就是不存在普通解。但是式（6.6.7）却在某种意义下仍能得到满足，这就需要突破普通解概念的束缚，引出方程解的新观念，以使方程在更广泛意义下仍存在解。

定义 6.22（偏微分算子方程的弱解）　设 $f \in L^2(\Omega)$，若存在 $u \in L^2(\Omega)$ 满足关系式

$$\langle u, A^a \varphi \rangle = \langle f, \varphi \rangle, \quad \forall\, \varphi \in C_0^\infty(\Omega) \tag{6.6.8}$$

则称 u 为方程 $Au = f$ 的弱解，其中 A^a 为线性偏微分算子 A 的形式伴随算子。

根据这一定义，方程 $Au=f$ 的普通解显然满足弱解的条件，即满足式(6.6.8)，反之则不一定成立。这就说明以下定义的弱解扩大了方程解的范围。根据所设的条件，可以用广义函数的观点来讨论方程的解。

若 $u(x)\in L^2(\Omega)$，而 $L^2(\Omega)\subset L_{\text{loc}}(\Omega)$，故可以把函数 $u(x)$ 看成是 $D'(\Omega)$ 中的广义函数。又因 $f\in C(\Omega)\subset L_{\text{loc}}(\Omega)$，同样也可以把 $f(x)$ 看成广义函数。于是，当 $a_\alpha(x)\in C^\infty(\Omega)$ 时，按照广义函数的运算规则，有

$$\begin{aligned}\langle u,A^a\varphi\rangle&=\left\langle u,\sum_{|\alpha|\leqslant m}(-1)^{|\alpha|}\,\partial^\alpha(a_\alpha\varphi)\right\rangle\\&=\sum_{|\alpha|\leqslant m}(-1)^{|\alpha|}\langle u,\partial^\alpha(a_\alpha\varphi)\rangle\\&=\sum_{|\alpha|\leqslant m}(-1)^{|\alpha|}(-1)^{|\alpha|}\langle\partial^\alpha u,a_\alpha\varphi\rangle\\&=\sum_{|\alpha|\leqslant m}\langle a_\alpha,\partial^\alpha u,\varphi\rangle\\&=\langle Au,\varphi\rangle,\quad\forall\varphi\in C_0^\infty(\Omega)\end{aligned}$$

考虑到式(6.6.8)就可得到

$$\langle Au,\varphi\rangle=\langle f,\varphi\rangle,\quad\forall\varphi\in C_0^\infty(\Omega)$$

这就说明在 $D'(\Omega)$ 中方程 $Au=f$ 得到满足，显然，这种解又比弱解扩大了范围，我们把这种解称为偏微分算子方程的广义解。

定义 6.23（偏微分线性算子方程的广义解） 设 $f\in D'(\Omega)$，若存在 $u\in D'(\Omega)$，在广义导数意义下满足方程

$$Au(x)=f(x)\tag{6.6.9}$$

则称广义函数 u 为方程(6.6.9)的广义解。

显然，方程 $Au=f$ 的弱解是该方程的广义解，但反之却不一定成立。这又说明广义解进一步扩大了解的范围。

6.6.2 偏微分线性算子方程弱解存在的条件

定理 6.9（变系数线性偏微分算子方程存在弱解的充要条件） 设 $\Omega\subset R^n$ 为有界区域，

$$A=\sum_{|\alpha|\leqslant m}a_\alpha(x)\,\partial^\alpha$$

为 m 阶线性偏微分算子，其中 $a_\alpha(x)$ 为 $C^m(\Omega)$ 空间中的元素，而 $f(x)$ 也属于 $L^2(\Omega)$ 空间，则方程 $Au=f$ 存在弱解的充分必要条件是：存在常数 $C>0$，使得

$$|\langle f,\varphi\rangle|\leqslant C\|A^a\varphi\|,\quad\forall\varphi\in C_0^\infty(\Omega)\tag{6.6.10}$$

其中，A^a 是 A 的形式伴随算子。

证明 必要性，设 $u\in L^2(\Omega)$是方程 $Au=f$ 的弱解，则下式成立：

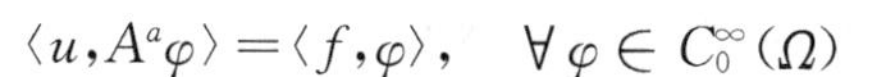

$$\langle u, A^a \varphi \rangle = \langle f, \varphi \rangle, \quad \forall \varphi \in C_0^\infty(\Omega)$$

由施瓦茨不等式，我们有

$$|\langle u, A^a \varphi \rangle| \leqslant \|u\| \cdot \|A^a \varphi\|, \quad \forall u \in L^2(\Omega), \varphi \in C_0^\infty(\Omega)$$

只要取 $C = \| u \|$，式（6.6.10）就会得到满足。

充分性，空间 $L^2(\Omega)$ 中的函数集合

$$W = \{ w \mid w \in L^2(\Omega),\ w = A^a \varphi,\ \forall \varphi \in C_0^\infty(\Omega) \}$$

是 $L^2(\Omega)$ 的一个子空间，在 W 上的线性泛函

$$F(w) = \langle f, \varphi \rangle, \quad \forall w \in W \tag{6.6.11}$$

为使其有意义，必须证明 F 只依赖于 w，而不依赖于满足 $w = A^a \varphi$ 的 φ，为此假设有 $\varphi_1, \varphi_2 \in C_0^\infty(\Omega)$ 满足

$$w = A^a \varphi_1 = A^a \varphi_2$$

如式（6.6.10）成立，则有

$$\begin{aligned} |\langle f, \varphi_1 - \varphi_2 \rangle| &\leqslant C \|A^a(\varphi_1 - \varphi_2)\| \\ &= C \|A^a \varphi_1 - A^a \varphi_2\| = 0 \end{aligned}$$

由此得

$$\langle f, \varphi_1 \rangle = \langle f, \varphi_2 \rangle$$

这说明 F 的取值只依赖于 w 而与 φ 无关。此外，所定义的 F 显然是线性的。而且，由于有式（6.6.10），则

$$\begin{aligned} |F(w)| &= |\langle f, \varphi \rangle| \\ &= C \|A^a \varphi\| = C \|w\|, \quad \forall w \in W \end{aligned}$$

这又说明泛函 $F(w)$ 是有界的或连续的。

可以证明，泛函 $F(w)$ 的定义域可延拓到整个空间 $L^2(\Omega)$ 上，仍然是连续线性泛函，并保持范数不变。由于 $L^2(\Omega)$ 是希尔伯特空间，则可应用里斯表示定理，即对于连续线性泛函 $F(w)$ 存在一个唯一的 $u \in L^2(\Omega)$，使得

$$F(w) = \langle u, w \rangle, \quad \forall w \in L^2(\Omega) \tag{6.6.12}$$

而且 $\| F \| = \| u \|$。

由定义知，若 $\varphi \in C_0^\infty(\Omega)$，则 $A^a \varphi = w \in W$，从而由 $F(w)$ 的定义式（6.6.11）及式（6.6.12）可得

$$\langle f, w \rangle = \langle u, w \rangle = \langle u, A^a \varphi \rangle$$

对比弱解的定义式（6.6.8）可知，此式表明 $u \in L^2(\Omega)$ 是方程 $Au = f$ 的弱解。

如果算子 A 中的系数 a_α 为常数，则方程 $Au = f$ 称为常系数线性偏微分算子方程。关于这类方程弱解的存在性由如下的定理加以说明。

定理 6.10（常系数线性偏微分算子方程弱解的存在条件）　设 A 为 m 阶常系数线性偏微分算子，且定义为

$$A = \sum_{|\alpha| \leqslant m} a_\alpha \partial^\alpha$$

若 $\Omega \in R^n$ 为有界区域，$f \in L^2(\Omega)$，则常系数线性偏微分算子方程

$$Au = f$$

的弱解存在。

这里还有我们感兴趣的另一个问题，即在什么条件下弱解就是普通解。这些已是弱解的正则性问题，属于偏微分算子方程比较深入的理论。这种问题以及上述定理的证明可在比较专门的著作中找到详细的论述。

关于方程存在弱解和广义解的知识，为求方程的近似解开辟了更广阔的道路。

6.6.3 偏微分算子方程的基本解

在偏微分方程的经典理论中基本解起着重要作用。对非齐次方程而言，求得基本解后，方程的实际解就可通过积分式表达出来。在求偏微分算子方程的广义解时，也有类似的情况，即先求得方程的广义基本解。

定理 6.11（常系数偏微分线性算子方程的广义基本解） 设 a_α 为常数，令

$$P(\partial) = \sum_{|\alpha| \leqslant m} a_\alpha \partial^\alpha \tag{6.6.13}$$

为 m 阶常系数线性偏微分算子。满足方程

$$P(\partial)E = \delta(x) \tag{6.6.14}$$

的广义函数 E 称为算子 $P(\partial)$ 的基本解。有时也称 E 为非齐次方程

$$P(\partial)u = f \tag{6.6.15}$$

的基本解。

把算子 $P^a(\partial) = \sum_{|\alpha| \leqslant m} (-1)^{|\alpha|} a_\alpha \partial^\alpha$ 称为 $P(\partial)$ 的形式伴随算子，则按广义导数的定义，广义函数 $E \in D'(R^n)$ 是算子 $P(\partial)$ 的基本解，当且仅当

$$\begin{aligned} \langle E, P^a(\partial)\varphi \rangle &= \langle P(\partial)E, \varphi \rangle \\ &= \langle \delta, \varphi \rangle = \varphi(0), \quad \forall \varphi \in C_0^\infty(\Omega) \end{aligned} \tag{6.6.16}$$

设 $f \in D'(R^n)$ 是广义函数，若广义函数 u 在广义导数意义下满足方程 (6.6.15)，即

$$\langle u, P^a(\partial)\varphi \rangle = \langle P(\partial)u, \varphi \rangle = \langle f, \varphi \rangle, \quad \forall \varphi \in C_0^\infty(\Omega)$$

则称 u 是方程 (6.6.15) 的广义解 .

若 E 是方程 (6.6.15) 的基本解，则

$$u = E * f \tag{6.6.17}$$

是方程 (6.6.15) 的广义解。

事实上，

$$
\begin{aligned}
P(\partial)u &= P(\partial)(E * f) = \sum_{|\alpha|\leqslant m} a_\alpha \partial^\alpha (E * f) \\
&= \sum_{|\alpha|\leqslant m} a_\alpha \langle \partial^\alpha E * f \rangle \\
&= \Big(\sum_{|\alpha|\leqslant m} a_\alpha \partial^\alpha E \Big) * f \\
&= P(\partial)E * f = \delta * f = f
\end{aligned}
$$

这一结果说明基本解在求偏微分算子方程广义解问题中的重要性。因为只要求得了基本解，广义解就很容易由基本解和方程自由项的卷积求出。

但是，算子的基本解不是唯一的。事实上，若 F 是方程（6.6.15）所对应的齐次方程的广义解，即 F 满足

$$P(\partial)F = 0$$

则有

$$P(\partial)(E+F) = P(\partial)E + P(\partial)F = \delta$$

所以 $E+F$ 也是算子 $P(\partial)$ 的基本解。若 $F\in C^\infty(\Omega)$ 是普通解，则在基本解 $E+F$ 中感兴趣的只是它的广义部分 E。

下面是几个基本原则，用以说明基本解的确切含义及其作用。

（1）一阶常系数线性常微分算子方程的基本解。这一算例主要是为了其他方程求解的需要而做的必要准备。

设待求基本解的方程为

$$\frac{\mathrm{d}y}{\mathrm{d}x} + ay = 0, \quad x \in R \tag{6.6.18}$$

其中 a 为常数，其基本解满足的方程为

$$\frac{\mathrm{d}E}{\mathrm{d}x} + aE = \delta(x) \tag{6.6.19}$$

令

$$E = \mathrm{e}^{-ax} f(x)$$

则 $f(x)$ 满足的方程为

$$\frac{\mathrm{d}f}{\mathrm{d}x} = \mathrm{e}^{ax}\delta(x)$$

由于

$$
\begin{aligned}
\langle \mathrm{e}^{ax}\delta, \varphi \rangle &= \langle \delta, \mathrm{e}^{ax}\varphi \rangle = \mathrm{e}^{ax}\varphi(x)\big|_{x=0} \\
&= \varphi(0) = \langle \delta, \varphi \rangle, \quad \forall \varphi \in C_0^\infty(R)
\end{aligned}
$$

故有

$$\mathrm{e}^{ax}\delta = \delta$$

因为 $f(x)$ 满足的方程为

$$\frac{\mathrm{d}f(x)}{\mathrm{d}x} = \delta(x) \tag{6.6.20}$$

已知 $H'(x) = \delta(x)$，则 $f(x) = H(x)$，所以方程（6.6.18）的一个基本解为

$$E = \mathrm{e}^{-ax} H(x) \tag{6.6.21}$$

（2）二维拉普拉斯算子的基本解。设有二维拉普拉斯算子

$$\Delta = \frac{\partial^2}{\partial x^2} + \frac{\partial^2}{\partial y^2}$$

由它构成的非齐次方程一般写成

$$\Delta u = -f(x, y), \quad x, y \in R^2 \tag{6.6.22}$$

并称之为泊松方程。它的基本解 E 应满足方程

$$\Delta E = \delta(x, y) \tag{6.6.23}$$

在电磁场理论中，可用 $\delta(x, y)$ 表示通过坐标原点并与 $x-y$ 平面垂直的一个无限长线源，方程即表示这一线源所产生的场。由这类线源所产生的场在 $x-y$ 平面上与角度无关，而只依赖于矢径 ρ，故只需求出依赖 ρ 的基本解，且这个基本解应该是局部可积函数。由于 ρ 只取正值，若用 R_+ 表示非负实数集合，则基本解 $E(\rho) \in L_{\mathrm{loc}}(R_+)$。在以上要求下，拉普拉斯算子可在极坐标系中表示成只与 ρ 有关的形式，这时 $E(\rho)$ 满足的微分算子方程为

$$\left(\frac{\partial^2}{\partial \rho^2} + \frac{1}{\rho}\frac{\partial}{\partial \rho}\right) E(\rho) = \delta(\rho) \tag{6.6.24}$$

为了求得广义函数 $E(\rho)$，对任何 $\varphi \in C_0^\infty(R^2)$ 作圆周平均函数

$$\tilde{\varphi}(\rho) = \frac{1}{2\pi}\int_0^{2\pi} \varphi(\rho, \phi)\mathrm{d}\phi$$

这样的 $\tilde{\varphi}(\rho) \in C_0^\infty(R_+)$，且具有性质

$$\Delta\tilde{\varphi}(\rho) = \frac{1}{2\pi}\int_0^{2\pi} \Delta\varphi(\rho, \phi)\mathrm{d}\phi = \Delta\tilde{\varphi}$$

因为要求的 $E(\rho)$ 是局部可积函数，故可把 $E(\rho)$ 看成是 $S'(R_+)$ 的广义函数，于是有

$$\begin{aligned}
\langle \Delta E, \varphi \rangle = \langle E, \Delta\varphi \rangle &= \int_{R^2} E(\rho)\Delta\varphi \mathrm{d}x\mathrm{d}y \\
&= \int_0^{2\pi}\mathrm{d}\phi \int_0^\infty E(\rho)\Delta\varphi(\rho, \phi)\rho\mathrm{d}\rho \\
&= 2\pi\int_0^\infty E(\rho)\Delta\tilde{\varphi}(\rho)\rho\mathrm{d}\rho
\end{aligned}$$

$$= 2\pi\int_0^\infty E(\rho)\,\frac{\mathrm{d}}{\mathrm{d}\rho}\left[\rho\,\frac{\mathrm{d}}{\mathrm{d}\rho}\tilde{\varphi}(\rho)\right]\mathrm{d}\rho$$

$$= 2\pi\left\{\left[E(\rho)\rho\,\frac{\mathrm{d}}{\mathrm{d}\rho}\tilde{\varphi}(\rho)\right]_0^\infty - \int_0^\infty\left[E'(\rho)\rho\,\frac{\mathrm{d}}{\mathrm{d}\rho}\tilde{\varphi}(\rho)\right]\mathrm{d}\rho\right\} \tag{6.6.25}$$

如果我们要求 $E(\rho)$ 在原点处的奇异性低于一阶，即要求

$$\lim_{\rho\to 0} E(\rho)\rho = 0 \tag{6.6.26}$$

并满足方程

$$E'(\rho)\cdot\rho = \frac{1}{2\pi} \tag{6.6.27}$$

考虑到 $\tilde{\varphi}(\rho)\in C_0^\infty(R_+)$，则有

$$\lim_{\rho\to 0} E(\rho)\cdot\rho\,\frac{\mathrm{d}}{\mathrm{d}\rho}\tilde{\varphi}(\rho) = 0$$

而由条件（6.6.26）可得

$$\lim_{\rho\to 0} E(\rho)\cdot\rho\,\frac{\mathrm{d}}{\mathrm{d}\rho}\tilde{\varphi}(\rho) = 0$$

再考虑式（6.6.27），式（6.6.25）就变成

$$\langle \Delta E, \varphi\rangle = -\int_0^\infty \frac{\mathrm{d}}{\mathrm{d}\rho}\tilde{\varphi}(\rho)\mathrm{d}\rho = -\left[\tilde{\varphi}(\rho)\right]_0^\infty$$

$$= \tilde{\varphi}(0) = \lim_{\rho\to 0}\frac{1}{2\pi}\int_0^{2\pi}\varphi(\rho,\phi)\mathrm{d}\phi$$

$$= \lim_{\rho\to 0}\varphi(\rho,\phi^*)$$

其中，ϕ^* 是 $[0,2\pi]$ 中的某个值，它与 ρ 无关。如果再回到直角坐标系，则有

$$\langle \Delta E,\varphi\rangle = \lim_{\substack{x^*\to 0\\ y^*\to 0}}\varphi(x^*,y^*) = \varphi(0,0) = \langle\delta,\varphi\rangle,\quad \forall\,\varphi\in C_0^\infty(R_+)$$

于是由此得

$$\Delta E(\rho) = \delta(\rho)$$

这说明满足上述要求的 $E(\rho)$ 正是所要求的基本解。

由于所要求的 $E(\rho)$ 满足方程（6.6.27），即有

$$E'(\rho) = \frac{1}{2\pi\rho}$$

故所要求的一个基本解为

$$E(\rho) = \frac{1}{2\pi}\ln\rho = -\frac{1}{2\pi}\ln\frac{1}{\rho} \tag{6.6.28}$$

它在直角坐标系中的形式为

$$E(x,y)=-\frac{1}{2\pi}\ln=\frac{1}{\sqrt{x^2+y^2}} \tag{6.6.29}$$

(3) 泊松方程的广义解。根据关于偏微分算子方程广义解与基本解的关系(6.6.17)，泊松方程（6.6.22）的广义解就是

$$u(x,y)=-E(x,y)*f(x,y)$$

如果 $f(x,y)$ 为普通函数，则广义解可表示为

$$u(x,y)=\frac{1}{2\pi}\int_{-\infty}^{\infty}\int_{-\infty}^{\infty}\ln\frac{1}{\sqrt{(x-\xi)^2+(y-\eta)^2}}f(\xi,\eta)\mathrm{d}\xi\mathrm{d}\eta \tag{6.6.30}$$

第7章 格林函数与边值问题

许多电磁场问题可归结为求解矢量偏微分算子方程，为了求解方便往往采用傅里叶变换隐去时间变量，变为在频域进行求解。在频域可把场量视为只是空间变量的函数。在解决实际问题时，偏微分算子方程只是泛定的，所求的解还要满足问题所给的边界条件。于是，微分算子方程与边界条件一起构成一个完整的边值问题。

在求解偏微分算子方程时往往采用分离变数法，把问题变为常微分算子方程及其相应的边值问题，又可归结为施图姆-刘维尔边值问题，而求解这类问题时可采用格林函数法，所以本章的重点是施图姆-刘维尔边值问题及其格林函数解法。

此外，如果直接求解矢量偏微分算子方程，则要用到并矢格林函数，本章也要对此进行必要的讨论。

7.1 微分算子的自伴边值问题

一个微分算子所构成的方程连同需满足的边界条件，如果使算子为自伴的，就称其为自伴边值问题。自伴边值问题在电磁理论及其他科学技术中具有非常重要的意义。二阶线性微分算子构成的自伴边值问题更是主要研究对象，因为它们在实际中是最常遇到的。

7.1.1 二阶线性偏微分算子

我们将对二维问题进行讨论，再将其结论推广到三维。

考虑二维二阶偏微分算子

$$L[u]=\frac{\partial}{\partial x}\left[p\frac{\partial u}{\partial x}\right]+\frac{\partial}{\partial y}\left[p\frac{\partial u}{\partial y}\right]+qu \tag{7.1.1}$$

其中，$u(x,\ y)\in C^2(\Omega)$，$C^2(\Omega)$ 为实函数空间。$p(x,\ y)\in C^1(\Omega)$，$q(x,\ y)\in C(\Omega)$。$C^1(\Omega)$ 和 $C(\Omega)$ 也均为实函数空间。

首先我们求出算子 L 的伴随算子 L^a，为此需要计算 $\langle L[u],v\rangle$，其中 $v(x,\ y)\in C^2(\Omega)$，这时要用到下列恒等式

$$v\left[\frac{\partial}{\partial x}\left(p\frac{\partial u}{\partial x}\right)\right]=\frac{\partial}{\partial x}\left(vp\frac{\partial u}{\partial x}\right)-p\left(\frac{\partial u}{\partial x}\frac{\partial v}{\partial x}\right)$$

$$v\left[\frac{\partial}{\partial y}\left(p\frac{\partial u}{\partial y}\right)\right]=\frac{\partial}{\partial y}\left(vp\frac{\partial u}{\partial y}\right)-p\left(\frac{\partial u}{\partial y}\frac{\partial v}{\partial y}\right)$$

以及格林公式

$$\begin{aligned}&\iint_{\Omega}\left[\frac{\partial}{\partial x}\left(vp\frac{\partial u}{\partial x}\right)+\frac{\partial}{\partial y}\left(vp\frac{\partial u}{\partial y}\right)\right]\mathrm{d}x\mathrm{d}y\\=&\oint_{\partial\Omega}vp\left[-\frac{\partial u}{\partial y}\mathrm{d}x+\frac{\partial u}{\partial x}\mathrm{d}y\right]\\=&\oint_{\partial\Omega}vp\frac{\partial u}{\partial n}\mathrm{d}s\end{aligned}$$

其中，$\partial\Omega$ 为 Ω 的边界，$\dfrac{\partial u}{\partial n}$为 $\partial\Omega$ 上的外法向导数。

由于

$$\begin{aligned}\langle L[u],v\rangle=&\iint_{\Omega}v\left[\frac{\partial}{\partial x}\left(p\frac{\partial u}{\partial x}\right)+\frac{\partial}{\partial y}\left(p\frac{\partial u}{\partial y}\right)+qu\right]\mathrm{d}x\mathrm{d}y\\=&\iint_{\Omega}\left[\frac{\partial}{\partial x}\left(vp\frac{\partial u}{\partial x}\right)+\frac{\partial}{\partial y}\left(vp\frac{\partial u}{\partial y}\right)\right]\mathrm{d}x\mathrm{d}y\\&-\iint_{\Omega}\left[p\left(\frac{\partial u}{\partial x}\frac{\partial v}{\partial x}+\frac{\partial u}{\partial y}\frac{\partial v}{\partial y}\right)-quv\right]\mathrm{d}x\mathrm{d}y\\=&\oint_{\partial\Omega}p\left(v\frac{\partial u}{\partial n}-u\frac{\partial v}{\partial n}\right)\mathrm{d}s\\&+\iint_{\Omega}u\left[\frac{\partial}{\partial x}\left(p\frac{\partial v}{\partial x}\right)+\frac{\partial}{\partial y}\left(p\frac{\partial v}{\partial y}\right)+qv\right]\mathrm{d}x\mathrm{d}y\end{aligned}$$

如果令

$$L^a[v]=\frac{\partial}{\partial x}\left(p\frac{\partial v}{\partial x}\right)+\frac{\partial}{\partial y}\left(p\frac{\partial v}{\partial y}\right)+qv \tag{7.1.2}$$

$$\left[v\frac{\partial u}{\partial n}-u\frac{\partial v}{\partial n}\right]_{\partial\Omega}=0 \tag{7.1.3}$$

则有

$$\langle L[u],v\rangle=\langle u,L^a[v]\rangle \tag{7.1.4}$$

因此，L^a 就是 L 的伴随算子，而且 $L^a=L$，所以这时的 L 是自伴的。显然，为了使式（7.1.3）成立，只需有边界条件

$$u(x,y)|_{\partial\Omega}=0 \tag{7.1.5}$$

或

$$\frac{\partial}{\partial n}u(x,y)|_{\partial\Omega}=0 \tag{7.1.6}$$

由于这两种边界条件使算子 L 成为自伴算子，所以称它们为 L 的自伴边界条件。如果利用这两种边界条件求解微分算子方程

$$L[u]=f,\quad x,y\in\Omega \tag{7.1.7}$$

则方程（7.1.7）和边界条件（7.1.5）或（7.1.6）就构成微分算子 L 的自伴边值问题。自伴算子 L 的定义域为

$$D(L)=\{u\mid u,Lu\in C^2(\Omega),u\,|_{\partial\Omega}=0\text{ 或 }\frac{\partial u}{\partial n}\,|_{\partial\Omega}=0\} \tag{7.1.8}$$

7.1.2　二阶线性常微分算子

如果问题的边界能与某个正交坐标系的坐标重合，则往往采用分离变量法把偏微分算子方程的求解问题转换为常微分算子方程的求解问题，而且，也可以把偏微分算子方程的自伴边值问题变为常微分算子方程的自伴边值问题。所以，对解决很多实际问题，常微分算子的自伴边值问题就有了更广泛的理论和实际意义。

我们从一般二阶常微分算子 L 出发进行讨论，其具体形式为

$$L[y]=p_0(x)\frac{\mathrm{d}^2y}{\mathrm{d}x^2}+p_1(x)\frac{\mathrm{d}y}{\mathrm{d}x}+p_2(x)y \tag{7.1.9}$$

其中，$y(x)\in C^2[a,b]\subset L^2[a,b]$，$p_0(x)\in C^2[a,b]$，$p_1(x)\in C^1[a,b]$，$p_2(x)\in C[a,b]$。我们先在这种一般条件下寻找 L 的伴随算子，为此要计算内积 $\langle L[y],z\rangle$，其中 $z(x)\in C^2[a,b]$。考虑到

$$\begin{aligned}\langle L[y],z\rangle&=\int_a^b\left[p_0(x)\frac{\mathrm{d}^2y}{\mathrm{d}x^2}+p_1(x)\frac{\mathrm{d}y}{\mathrm{d}x}+p_2(x)y\right]z^*(x)\mathrm{d}x\\&=\int_a^b p_0\frac{\mathrm{d}^2y}{\mathrm{d}x^2}\cdot z^*\mathrm{d}x+\int_a^b p_1\frac{\mathrm{d}y}{\mathrm{d}x}\cdot z^*\mathrm{d}x+\int_a^b p_2yz^*\mathrm{d}x\end{aligned} \tag{7.1.10}$$

而且

$$\int_a^b z^*p_0\frac{\mathrm{d}^2y}{\mathrm{d}x^2}=\int_a^b z^*p_0d\left(\frac{\mathrm{d}y}{\mathrm{d}x}\right)$$

$$=\left[z^* p_0 \frac{\mathrm{d}y}{\mathrm{d}x}\right]_a^b-\int_a^b \frac{\mathrm{d}y}{\mathrm{d}x}\mathrm{d}(z^* p_0)$$

$$=\left[z^* p_0 \frac{\mathrm{d}y}{\mathrm{d}x}\right]_a^b-\int_a^b \frac{\mathrm{d}}{\mathrm{d}x}(z^* p_0)\mathrm{d}y$$

$$=\left[z^* p_0 \frac{\mathrm{d}y}{\mathrm{d}x}\right]_a^b-\left[y\frac{\mathrm{d}}{\mathrm{d}x}(z^* p_0)\right]_a^b+\int_a^b y\frac{\mathrm{d}^2}{\mathrm{d}x^2}(z^* p_0)\mathrm{d}x$$

$$\int_a^b z^* p_1 \frac{\mathrm{d}y}{\mathrm{d}x}\mathrm{d}x=\int_a^b z^* p_1 \mathrm{d}y$$

$$=[z^* p_1 y]_a^b-\int_a^b y\frac{\mathrm{d}}{\mathrm{d}x}(z^* p_1)\mathrm{d}x$$

因此可以把式（7.1.10）写成

$$\langle L[y],z\rangle=\left[z^* p_0 \frac{\mathrm{d}y}{\mathrm{d}x}-y\frac{\mathrm{d}}{\mathrm{d}x}(p_0 z^*)+z^* p_1 y\right]_a^b$$

$$+\int_a^b\left[\frac{\mathrm{d}^2}{\mathrm{d}x^2}(z^* p_0)-\frac{\mathrm{d}}{\mathrm{d}x}(z^* p_1)+p_2 z^*\right]y\mathrm{d}x \quad (7.1.11)$$

令

$$L^a(z)=\frac{\mathrm{d}^2}{\mathrm{d}x^2}(zp_0^*)-\frac{\mathrm{d}}{\mathrm{d}x}(zp_1^*)+p_2^* z \quad (7.1.12)$$

则如果有

$$\left[z^* p_0 \frac{\mathrm{d}y}{\mathrm{d}x}-y\frac{\mathrm{d}}{\mathrm{d}x}(p_0 z^*)+z^* p_1 y\right]_a^b=0 \quad (7.1.13)$$

就有

$$\langle L[y],z\rangle=\langle y,L^a[z]\rangle$$

即在条件（7.1.13）得到满足的条件下 L^a 是算子 L 的伴随算子。

在实际应用中，我们更感兴趣的是自伴算子。下面我们将导出 L 自伴的形式及其必要条件。为符合实际情况，我们假定算子 L 中的系数 p_0，p_1 和 p_2 均为实函数。

为使 L 是自伴的，就要求 $L^a=L$，即要求

$$\frac{\mathrm{d}^2}{\mathrm{d}x^2}(p_0 y)-\frac{\mathrm{d}}{\mathrm{d}x}(p_1 y)+p_2 y=p_0\frac{\mathrm{d}^2 y}{\mathrm{d}x^2}+p_1\frac{\mathrm{d}y}{\mathrm{d}x}+p_2 y$$

与此等价的是

$$\left(\frac{\mathrm{d}^2 p_0}{\mathrm{d}x^2}-\frac{\mathrm{d}p_1}{\mathrm{d}x}\right)y+2\left(\frac{\mathrm{d}p_0}{\mathrm{d}x}-p_1\right)\frac{\mathrm{d}y}{\mathrm{d}x}=0$$

显然，只要 $p_1=\dfrac{\mathrm{d}p_0}{\mathrm{d}x}$，上式就能得到满足，也就是说，在此条件下就有 $L^a=L$，这时的 L 可由式（7.1.9）得到

$$L[y]=p_0\frac{\mathrm{d}^2y}{\mathrm{d}x^2}+\frac{\mathrm{d}p_0}{\mathrm{d}x}\frac{\mathrm{d}y}{\mathrm{d}x}+p_2y$$

$$=\frac{\mathrm{d}}{\mathrm{d}x}\left(p_0\frac{\mathrm{d}y}{\mathrm{d}x}\right)+p_2y \tag{7.1.14}$$

习惯上常令 $p_0=p$，$p_2=-q$，这时可把 $L(y)$ 写成

$$L[y]=\frac{\mathrm{d}}{\mathrm{d}x}\left(p\frac{\mathrm{d}y}{\mathrm{d}x}\right)-qy \tag{7.1.15}$$

为了使 L 真正成为自伴的，还需要使式（7.1.13）得到满足。在条件$\frac{\mathrm{d}p_0}{\mathrm{d}x}=p_1$下，式（7.1.13）变为

$$\left[p_0z^*\frac{\mathrm{d}y}{\mathrm{d}x}-p_0y\frac{\mathrm{d}z^*}{\mathrm{d}x}\right]_a^b=0 \tag{7.1.16}$$

当 $p_0(x)\neq 0$ 时，又有

$$\left[z^*\frac{\mathrm{d}y}{\mathrm{d}x}-y\frac{\mathrm{d}z^*}{\mathrm{d}x}\right]_a^b=0 \tag{7.1.17}$$

在电磁理论和其他物理问题中常遇到以下三类齐次边界条件。

（1）第一类齐次边界条件：

$$\begin{cases}y(a)=0\\y(b)=0\end{cases} \tag{7.1.18}$$

（2）第二类齐次边界条件：

$$\begin{aligned}&\frac{\mathrm{d}}{\mathrm{d}x}y(a)=0\\&\frac{\mathrm{d}}{\mathrm{d}x}y(b)=0\end{aligned} \tag{7.1.19}$$

（3）第三类齐次边界条件：

$$\begin{cases}\alpha_1y(a)+\beta_1\dfrac{\mathrm{d}}{\mathrm{d}x}y(a)=0\\\alpha_2y(b)+\beta_2\dfrac{\mathrm{d}}{\mathrm{d}x}y(b)=0\\(\alpha_1,\beta_1\text{ 和 }\alpha_2,\beta_2\text{ 不同时为零})\end{cases} \tag{7.1.20}$$

容易验证，这三类边界条件的任何一个都能使式（7.1.17）得到满足。所以，这三类边界条件称为算子 L 的自伴边界条件。同时，我们把方程

$$L[y]=f$$

与以上三类边界条件一起称为二阶常微分算子 L 的自伴边值问题。这样的算子 L 的定义域为

$$D(L)=\{y\mid y,L(y)\in C^2[a,b],B(y)|_a=B(y)|_b=0\}$$

其 $B(y)|_a$ 和 $B(y)|_b$ 为上面的三类边界条件之一。

7.1.3 非齐次微分算子方程的格林函数

在第 6 章中我们已就偏微分算子方程的基本解问题进行了一般性讨论，现在我们用尽量常规的方法对该问题再次进行讨论，这种方法就是格林函数法。设 L 为一般线性微分算子，希望求解由 L 构成的非齐次微分算子方程：

$$L[u]=f \tag{7.1.21}$$

其中，$f(x)$ 为已知连续函数，一般只要求 $f(x)$ 在解域内可积即可。这里我们虽然只在一维空间进行讨论，但很容易把结果推广到二维和三维空间。

假设 L 的逆算子 L^{-1} 存在，则可以用 L^{-1} 乘方程（7.1.21）的两边而得到

$$L^{-1}L[u]=L^{-1}f$$

而且进一步有

$$u=L^{-1}f \tag{7.1.22}$$

由于 L 是微分算子，其逆算子 L^{-1} 应该是一个积分算子。为了找出 L^{-1} 应具有的形式，我们利用 δ 函数的性质把 $f(x)$ 表示为

$$f(x)=\int\delta(x-x')f(x')\mathrm{d}x' \tag{7.1.23}$$

把这一表示代入式（7.1.22），并记住 L^{-1} 只对 x 运算，于是可得到

$$u(x)=\int f(x')L^{-1}\delta(x-x')\mathrm{d}x' \tag{7.1.24}$$

如果我们令

$$G(x,x')=L^{-1}\delta(x-x') \tag{7.1.25}$$

并称 $G(x,\ x')$ 为格林函数，则方程（7.1.22）的解（7.1.24）就可表示成

$$u(x)=\int G(x,x')f(x)\mathrm{d}x \tag{7.1.26}$$

也就是说，只要求得到了格林函数，则相应问题的解就可以用一个积分表示出来。格林函数满足方程（7.1.25），该方程又可写成

$$L[G(x,x')]=\delta(x-x') \tag{7.1.27}$$

把该方程与方程（6.6.14）对比就可发现，这里的格林函数 G 就是方程（7.1.21）的基本解。由广义函数理论可知，由于 δ 函数为广义函数，则（7.1.27）为广义函数微分方程，因此其解格林函数也是一广义函数。或者说，格林函数只是方程（7.1.27）的分布解。

我们已知道，基本解不是唯一的，对格林函数而言也是这样。如果有 G_0 满足

$$L[G_0]=0$$

则

$$G(x,x')=L^{-1}\delta(x-x')+G_0 \tag{7.1.28}$$

到现在我们还没有讨论方程解的附加条件。G_0 作为一个补充项，可用它来满足必需的附加条件，如边界条件和初始条件等。如果方程（7.1.27）的解 $G(x, x')$ 已经满足了所需的附加条件，则 G_0 可以忽略。

在以后的讨论中我们将常常用到格林函数。关于格林函数的进一步知识将在适当的地方进行更详细的讨论。

7.2　常规施图姆-刘维尔边值问题[21]

在 7.1 节中已由一般二阶变系数常微分算子方程导出了其自伴形式（7.1.15），这类算子称为施图姆-刘维尔（Sturm-Liouville）算子，它的不同形式经常出现在各种边值问题中，因此具有非常重要的意义。

7.2.1　常规施图姆-刘维尔算子自伴边值问题

为了使问题有更广泛的代表性，我们考虑更具一般性的施图姆-刘维尔边值问题，其方程为

$$-\frac{1}{w(x)}\frac{\mathrm{d}}{\mathrm{d}x}\left[p(x)\frac{\mathrm{d}u}{\mathrm{d}x}\right]+(q(x)-\lambda)u=f(x) \tag{7.2.1}$$

并需满足边界条件

$$\begin{cases} B_a(u)=\alpha_1 u(a)+\alpha_2\dfrac{\mathrm{d}}{\mathrm{d}x}u(a)=0 \\ B_b(u)=\beta_1 u(b)+\beta_2\dfrac{\mathrm{d}}{\mathrm{d}x}u(b)=0 \end{cases} \tag{7.2.2}$$

显然，这样给出的边界条件是合适的。一般来讲，少于方程阶数的边界条件不能使解完全确定，而边界条件多了会使解不存在。由于二阶导数已被方程给定，所以条件（7.2.2）只到一阶导数，而且排除了多于或等于方程阶数的条件，限定讨论这类边界条件也是因为它们在实际应用中经常发生。

为了问题的确定性，我们要对所讨论的问题加以限定。首先将方程（7.2.1）中出现的系数设定为 p，$\dfrac{\mathrm{d}p}{\mathrm{d}x}$，$q$ 和 w 均为定义在 $[a,b]\subset R$ 上的连续

（至少是分段连续）的实值函数，而且 p，$w>0$。$f(x)$ 在 $[a,b]$ 上至少是分段连续的实值或复值函数。常数 $\alpha\in C$，对于确定性问题它是已知的，对于本征值问题它是没有指定的，对于边界条件（7.2.2）我们规定 $\alpha_{1,2}$ 和 $\beta_{1,2}\in R$，而且 $\alpha_1^2+\alpha_2^2>0$，$\beta_1^2+\beta_2^2>0$

根据方程（7.2.1）的特点，我们将在加权勒贝格平方可积函数空间 $L_w^2(a,b)$ 中讨论问题，其中的函数 $u(x)$ 满足条件

$$\int_a^b |u(x)|^2 w(x)\mathrm{d}x<\infty \tag{7.2.3}$$

显然，当 $w(x)=1$ 时，它就是通常的 $L^2(a,b)$，所以，它是一个更广泛的函数空间，当然就使所讨论的问题具有更广泛的意义。

现在我们定义施图姆-刘维尔算子 $L: L_w^2(a,b)\rightarrow L_w^2(a,b)$，其具体定义为

$$L=-\frac{1}{w(x)}\frac{\mathrm{d}}{\mathrm{d}x}\left[p(x)\frac{\mathrm{d}}{\mathrm{d}x}\right]+q(x) \tag{7.2.4}$$

$$D(L)=\{u\mid u,\frac{\mathrm{d}^2u}{\mathrm{d}x^2}\in C^2(a,b)\subset L_w^2(a,b),B_a(u)=B_b(u)=0\} \tag{7.2.5}$$

在此定义下，方程（7.2.1）可以表示成

$$(L-\lambda)u(x)=f(x),\quad a<x<b \tag{7.2.6}$$

这样定义的微分算子的一个重要特点是，因为 $C^\infty[a,b]$ 是 L 算子定义域 $D(L)$ 的一个子集，且 $C^\infty[a,b]$ 在 $L_w^2(a,b)$ 中是稠密的，从而可知施图姆-刘维尔算子 L 是稠定的。此外，根据以上所做的限定，L 又是实算子。L 的以上特性对以后的讨论有重要意义。

为了使 $L_w^2(a,b)$ 成为希尔伯特空间，我们选择 $L_w^2(a,b)$ 中的内积定义为

$$\langle u,v\rangle=\int_a^b u(x)v^*(x)w(x)\mathrm{d}x,\quad u,v\in L_w^2(a,b) \tag{7.2.7}$$

并有由此诱导的范数

$$\|u\|=\langle u,u\rangle^{\frac{1}{2}}=\sqrt{\int_a^b |u(x)|^2 w(x)\mathrm{d}x} \tag{7.2.8}$$

下面我们先寻找 L 的伴随算子，由于

$$\begin{aligned}\langle L[u],v\rangle&=\int_a^b\left\{-\frac{1}{w(x)}\frac{\mathrm{d}}{\mathrm{d}x}\left[p(x)\frac{\mathrm{d}u}{\mathrm{d}x}\right]+q(x)u(x)\right\}v^*(x)w(x)\mathrm{d}x\\&=\int_a^b u(x)\left\{-\frac{1}{w(x)}\frac{\mathrm{d}}{\mathrm{d}x}\left[p(x)\frac{\mathrm{d}v^*}{\mathrm{d}x}\right]+q(x)v^*(x)\right\}w(x)\mathrm{d}x\\&\quad-\left[p(x)\left(v^*\frac{\mathrm{d}u}{\mathrm{d}x}-u\frac{\mathrm{d}v^*}{\mathrm{d}x}\right)\right]_a^b\end{aligned}$$

$$=\langle u,L^a(v)\rangle+J[u,v]_a^b \tag{7.2.9}$$

其中

$$L^a(v)=-\frac{1}{w(x)}\frac{\mathrm{d}}{\mathrm{d}x}\left[p(x)\frac{\mathrm{d}v}{\mathrm{d}x}\right]+q(x)v(x) \tag{7.2.10}$$

因为边界条件（7.2.2）使 $J[u,v]_a^b=0$，故有

$$\langle L[u],v\rangle=\langle u,L^a[v]\rangle$$

所示，式（7.2.10）中的 L^a 是算子 L 的伴随算子，如果选 L^a 的边界条件为

$$B_a^a(v)=\alpha_1 v(a)+\alpha_2\frac{\mathrm{d}v(a)}{\mathrm{d}x}=0$$

$$B_b^a(v)=\beta_1 v(b)+\beta_2\frac{\mathrm{d}v(b)}{\mathrm{d}x}=0$$

则会有 $D(L^a)=D(L)$，这样我们又有 $L^a=L$，故知 L 是自伴的。需要注意的是，L 的自伴性是在空间 $L_w^2(a,b)$ 中才具有的。所以总起来讲，方程（7.2.1）和边界条件（7.2.2）在以上所给限定条件下在空间 $L_w^2(a,b)$ 中构成一个常规自伴边值问题。

此外，由分部积分计算可知

$$\langle L[u],u\rangle=\int_a^b\left\{-\frac{1}{w(x)}\frac{\mathrm{d}}{\mathrm{d}x}\left[p(x)\frac{\mathrm{d}u}{\mathrm{d}x}\right]+q(x)u(x)\right\}u^*(x)w(x)\mathrm{d}x$$

$$=\int_a^b\left(p\left|\frac{\mathrm{d}u}{\mathrm{d}x}\right|^2+q|u|^2w\right)\mathrm{d}x-p(x)u^*(x)\frac{\mathrm{d}u}{\mathrm{d}x}\Big|_a^b$$

由于已设 p，$w>0$，边界条件使最后一项消失。当 $q>0$ 时，对于 $u\neq 0$ 有 $\langle L[u],u\rangle>0$，亦即这时算子 L 为正定的。

7.2.2　常规施图姆-刘维尔问题的格林函数解

上面所讨论的施图姆-刘维尔边值问题可以用格林函数法求解，其理论基础由以下两个定理给出。

定理 7.1（一对一算子的条件）　设 H_1 和 H_2 为希尔伯特空间，$A:H_1\to H_2$ 为线性算子，则当且仅当 $N(A)=\{0\}$ 时，A 为一对一的算子。

证明　算子 $A:H_1\to H_2$ 为一对一的含义是，在 H_1 中没有两个不同的元素映射到 H_2 中的同一个元素，于是定理可证明如下。

必要性。设 A 为一对一的算子，并让 $x\in N(A)$，则 $Ax=0$。但因为 A 是一对一的，则应该有 $x=0$，从而 $N(A)=\{0\}$。

充分性。现在假设 $N(A)=\{0\}$，我们需要证明，如果有两个点 x_1，$x_2\in H_1$ 映射为同一个 $y\in H_2$，则必然 $x_1=x_2$。的确 $Ax_1=Ax_2$ 意味着 $A(x_1-x_2)=0$，也

就意味着 $(x_1-x_2)\in N(A)=\{0\}$，所以 $x_1=x_2$。

现在我们考虑连同边界条件（7.2.2）的算子 L（7.2.4）。如果 0 不是 L 的本征值，则 $Lu=0$ 只有平凡解，也就是 $N(L)=\{0\}$。于是，根据定理 7.1，L 为一对一的算子，也就是必有定义在其值域中的逆算子 L^{-1}。由于 L 为微分算子，故 L^{-1} 为一积分算子，在此基础上我们有以下定理。

定理 7.2（格林函数存在） 设 L 为施图姆-刘维尔算子（7.2.4）连同边界条件（7.2.2）一起构成边值问题，0 不是其本征值，则存在连续实值函数 $g(x,x')=g(x',x)$，其中 $a\leqslant x$，$x'\leqslant b$，使得

$$(L^{-1}f)(x)=\int_a^b g(x,x')f(x')w(x')\mathrm{d}x' =\langle g,f^*\rangle_w,\quad \forall f\in R(L) \tag{7.2.11}$$

其中 $\langle,\rangle_w$ 为加权内积。

显然，以上定理对预解式 $(L-\lambda)^{-1}$ 也成立，这时就有

$$((L-\lambda)^{-1}f)(x)=\int_a^b g(x,x',\lambda)f(x')w(x')\mathrm{d}x' \tag{7.2.12}$$

其中，$g(x,x',\lambda)$ 称为预解核，它满足

$$(L-\lambda)g(x,x',\lambda)=\frac{\delta(x-x')}{w(x)} \tag{7.2.13}$$

这里实际已假定 $(L-\lambda)$ 是可逆的，即 $\lambda\notin\sigma_p(L)$。通常我们仍称 $g(x,x',\lambda)$ 为带参数 λ 的格林函数。

现在我们来讨论确定满足方程（7.2.13）的格林函数的方法。设它满足的边界条件为

$$\begin{cases}B_a(g)=0\\B_b(g)=0\end{cases} \tag{7.2.14}$$

由于 $\delta(x-x')$ 在 $x=x'$ 是奇异的，不能在包含这一点在内的区间直接求解该问题。为了克服这一困难，我们先把 $x=x'$ 排除在外，把区间 $[a,b]$ 分为两段，即 $[a,x')$ 和 $(x',b]$，在任一段方程（7.2.3）都变为齐次的，即有

$$(L-\lambda)g(x,x',\lambda)=0,\quad x\in[a,x')\text{ 或}(x',b] \tag{7.2.15}$$

我们将从解该方程入手，称之为直接方法，所求解的已经是常规微分算子方程。由于方程（7.2.15）为二阶常微分算子方程，每一个解包含两个待定系数。因为分两段求解，总共有四个未知系数待定。边界条件 $B_a(g)=0$ 和 $B_b(g)=0$ 分别在第一段和第二段区间提供一个决定未知系数的条件，另外两个条件要由方程（7.2.13）来提供。我们不用分布理论来详细分析这一问题，而是简单地如定理 7.2 所要求的，即在 $[a,b]$ 上格林函数是连续的，当然包括 $x=x'$ 点，于是连续性条件给出

$$g(x,x',\lambda)\Big|_{x=x'-\varepsilon}^{x=x'+\varepsilon}=0 \tag{7.2.16}$$

其中，ε 为任意小的正数，这可作为确定未定系数的第三个条件。为了得到第四个条件，我们把算子 L 的具体表达式（7.2.4）代入式（7.2.13）则有

$$\left\{-\frac{1}{w(x)}\frac{\mathrm{d}}{\mathrm{d}x}\left[p\frac{\mathrm{d}}{\mathrm{d}x}\right]+q(x)-\lambda\right\}g(x,x',\lambda)=\frac{\delta(x-x')}{w(x)}$$

对上式两边乘以 $w(x)$，再在区间（$x-\varepsilon$，$x'+\varepsilon$）上积分成为

$$-\int_{x'-\varepsilon}^{x'+\varepsilon}\frac{\mathrm{d}}{\mathrm{d}x}\left[p(x)\frac{\mathrm{d}g(x,x',\lambda)}{\mathrm{d}x}\right]\mathrm{d}x+\int_{x'-\varepsilon}^{x'+\varepsilon}(q(x)-\lambda)g(x,x',\lambda)w(x)\mathrm{d}x=1$$

由于函数 g，g' 和 w 在积分区间都是连续的，上式左侧第二个积分将随 $\varepsilon\to 0$ 而消失，于是由第一个积分就可得到

$$\frac{\mathrm{d}g(x,x',\lambda)}{\mathrm{d}x}\Big|_{x=x'-\varepsilon}^{x=x'+\varepsilon}=-\frac{1}{p(x)} \tag{7.2.17}$$

这正是所需要的第四个条件。该式反映了在 $x=x'$ 点 $g(x,x',\lambda)$ 一次微商的跳跃关系。

这样总起来我们知道，为了用直接方法确定格林函数，可分两段 $x<x'$ 和 $x>x'$ 解方程（7.2.15），然后利用以下四个条件确定未知系数：

$$\begin{cases}B_a(g)=0\\ B_b(g)=0\\ g(x,x',\lambda)\Big|_{x=x'-\varepsilon}^{x=x'+\varepsilon}=0\\ \dfrac{\mathrm{d}g(x,x',\lambda)}{\mathrm{d}x}\Big|_{x=x'-\varepsilon}^{x=x'+\varepsilon}+\dfrac{1}{p(x')}=0\end{cases} \tag{7.2.18}$$

下面用两个实例来说明这种解法的实际过程。

（1）设格林函数满足的方程及边界条件为

$$\begin{cases}\left(-\dfrac{\mathrm{d}^2}{\mathrm{d}x^2}-\gamma^2\right)g(x,x',\gamma)=\delta(x-x')\\ g(0,x',\gamma)=g(a,x',\gamma)=0\end{cases} \tag{7.2.19}$$

这相当于算子 L 中 $p(x)=w(x)=1$，$q(x)=0$，$\lambda=\gamma^2$。如果 γ 为实数，则齐次方程有解

$$g(x,x',\gamma)=\begin{cases}A\sin\gamma x+B\cos\gamma x, & x<x'\\ C\sin\gamma(a-x)+D\cos\gamma(a-x), & x>x'\end{cases} \tag{7.2.20}$$

利用式（7.2.19）中的边界条件立即可知 $B=D=0$，于是式（7.2.20）成为

$$g(x,x',\gamma)=\begin{cases}A\sin\gamma x, & x<x'\\ C\sin\gamma(a-x), & x>x'\end{cases} \tag{7.2.21}$$

再利用 g 在 $x=x'$ 的连续条件和跳跃条件又可得

$$A=\frac{\sin\gamma(a-x')}{\gamma\sin\gamma a}$$

$$C=\frac{\sin\gamma x'}{\gamma\sin\gamma a}$$

把这两结果代回到式（7.2.21）就得到

$$g(x,x',\gamma)=\frac{1}{\gamma\sin\gamma a}\begin{cases}\sin\gamma(a-x')\sin\gamma x, & x<x'\\ \sin\gamma x'\sin\gamma(a-x), & x>x'\end{cases} \tag{7.2.22}$$

如果所要解决的边值问题为

$$\begin{cases}\left(-\dfrac{\mathrm{d}^2}{\mathrm{d}x^2}-\gamma^2\right)u(x)=f(x)\\ u(0)=u(a)=0\end{cases} \tag{7.2.23}$$

则根据式（7.2.12）可知

$$u(x)=\int_0^a g(x,x',\lambda)f(x')\mathrm{d}x' \tag{7.2.24}$$

其中，$g(x,x',\lambda)$ 由式（7.2.22）给出。

（2）如果所求边值问题改为

$$\begin{cases}\left(-\dfrac{\mathrm{d}^2}{\mathrm{d}x^2}+\gamma^2\right)u(x)=f(x), & 0<x<a\\ u(0)=u(a)=0\end{cases} \tag{7.2.25}$$

则相应的格林函数满足

$$\begin{cases}\left(-\dfrac{\mathrm{d}^2}{\mathrm{d}x^2}+\gamma^2\right)g(x,x',\gamma)=\delta(x-x')\\ g(0,x',\gamma)=g(a,x',\gamma)=0\end{cases} \tag{7.2.26}$$

显然，该问题与式（7.2.19）的差别仅在于 λ 的属性。在现在的问题中 $\lambda=-\gamma^2\in C$，而上一问题中 λ 为实数，本问题中我们假设 $\mathrm{Re}\gamma>0$。正是考虑到这一差异，齐次方程

$$\left(-\frac{\mathrm{d}^2}{\mathrm{d}x^2}+\gamma^2\right)g(x,x',\gamma)=0 \tag{7.2.27}$$

的一般解应表示为

$$g(x,x',\gamma)=\begin{cases}A\sinh\gamma x+B\cosh\gamma x, & x>x'\\ C\sinh\gamma x+D\cosh\gamma x, & x<x'\end{cases} \tag{7.2.28}$$

根据双曲函数的性质，由边界条件 $g(0,x',\gamma)=0$ 可推知 $D=0$。由边界条件 $g(a,x',\gamma)=0$ 可得

$$A\sinh\gamma a+B\cosh\gamma a=0 \tag{7.2.29}$$

由连续性条件得

$$A\sinh\gamma x' + B\cosh\gamma x' = C\sinh\gamma x' \tag{7.2.30}$$

再由跳跃条件可得

$$A\cosh\gamma x' + B\sinh\gamma x' - C\cosh\gamma x' = -\frac{1}{\gamma} \tag{7.2.31}$$

由以上三个条件即可解得待定系数 A，B 和 C。从而最后得到

$$g(x,x',\gamma) = \begin{cases} \dfrac{\sinh\gamma(a-x)\sinh\gamma x'}{\gamma\sinh\gamma a}, & x > x' \\ \dfrac{\sinh\gamma(a-x')\sinh\gamma x}{\gamma\sinh\gamma a}, & x < x' \end{cases} \tag{7.2.32}$$

这样，问题（7.2.25）的解可表示为（7.2.24），其中的 $g(x,x',\gamma)$ 由式（7.2.32）给出。

7.2.3　常规施图姆-刘维尔问题解的本征函数表示

正如以前所论证的，式（7.2.1）和式（7.2.2）表示一个施图姆-刘维尔自伴本征值问题，而且算子 L 是稠定的。这样的算子的本征函数在其自伴的空间 $L_w^2(a,b)$ 中是完备的，构成一个本征函数基，所以对任意 $u(x)\in L_w^2(a,b)$ 均有本征函数展开

$$u(x) = \sum_{n=1}^{\infty} \langle u, u_n \rangle u_n$$

其中，u_n 满足

$$Lu_n = \lambda_n u_n$$

而且对任意函数 $u(x) \in D(L)$，我们又有

$$Lu = \sum_{n=1}^{\infty} \lambda_n \langle u, u_n \rangle u_n$$

其中

$$\sum_{n=1}^{\infty} \lambda_n^2 \mid \langle u, u_n \rangle \mid^2 < \infty$$

本征函数的正交性可以表示为

$$\langle u_n, u_m \rangle = \delta_{nm}$$

其中 δ_{nm} 为 Kronecker δ 函数。

现在我们把以上结果用于边值问题

$$\begin{cases} (L-\lambda)u(x) = f(x), & a < x < b \\ B_a(u) = B_b(u) = 0 \end{cases} \tag{7.2.33}$$

如果本征函数选择已使 $B_a(u_n) = B_b(u_n) = 0$，则利用 $u(x)$ 的展开式我们有

$$(L-\lambda)u=\sum_{n=1}^{\infty}\lambda_n\langle u,u_n\rangle u_n-\lambda\sum_{n=1}^{\infty}\langle u,u_n\rangle u_n=f$$

用 u_m 对上式两侧取内积即可得到

$$\langle u,u_m\rangle=\frac{\langle f,u_m\rangle}{\lambda_m-\lambda} \tag{7.2.34}$$

把这一结果再代回到 $u(x)$ 的展开式即成为

$$u(x)=\sum_{n=1}^{\infty}\frac{\langle f,u_n\rangle}{\lambda_n-\lambda}u_n(x) \tag{7.2.35}$$

这就是边值问题（7.2.33）解的本征函数表示式。

显然，以上表示当 $\lambda=\lambda_n$ 时不存在，除非有

$$\langle f,u_n\rangle=0$$

表示式（7.2.35）是一种广义傅里叶级数。

与边值问题（7.2.33）对应的格林函数问题为

$$\begin{cases}(L-\lambda)g(x,x',\lambda)=\dfrac{\delta(x-x')}{w(x)}\\ B_a(g)=B_b(g)=0\end{cases} \tag{7.2.36}$$

对比式（7.2.33）和式（7.2.36）以及表达式（7.2.35），再加上

$$\left\langle\frac{\delta(x-x')}{w(x)},u_n(x)\right\rangle=\int_0^a\delta(x-x')u_n^*(x)\mathrm{d}x$$
$$=u_n^*(x')$$

即知 g（x，x'，λ）可用 L 的本征值和本征函数表示为

$$g(x,x',\lambda)=\sum_{n=1}^{\infty}\frac{u_n^*(x')u_n(x)}{\lambda_n-\lambda} \tag{7.2.37}$$

这是一种双线性级数。

下面举例来说明这种解法。仍然考虑边值问题（7.2.25），它所对应的本征值问题为

$$\begin{cases}(L-\lambda_n)u_n=-\left(\dfrac{\mathrm{d}^2}{\mathrm{d}x^2}+\lambda_n\right)u_n(x)=0\\ u_n(0)=u_n(a)=0\end{cases} \tag{7.2.38}$$

显然 $u_n(x)$ 具有形式

$$u_n(x)=A\sin\sqrt{\lambda_n}x+B\cos\sqrt{\lambda_n}x$$

由边界条件知 $B=0$，且 $\sqrt{\lambda_n}a=n\pi$，可得

$$u_n(x)=A\sin\left(\frac{n\pi}{a}x\right)$$

$$\lambda_n=\left(\frac{n\pi}{a}\right)^2$$

经归一化成为

$$u_n(x)=\sqrt{\frac{2}{a}}\sin\left(\frac{n\pi}{a}x\right) \tag{7.2.39}$$

有了 L 的本征值和本征函数，就可以根据式（7.2.35）得出问题（7.2.25）的解为

$$u(x)=\sum_{n=1}^{\infty}\frac{\langle f,\ u_n\rangle}{\lambda_n-\lambda}u_n(x)=\sum_{n=1}^{\infty}\frac{\frac{2}{a}\int_0^a f(x)\sin\left(\frac{n\pi}{a}x\right)\mathrm{d}x}{\left(\frac{n\pi}{a}\right)^2+\gamma^2}\sin\left(\frac{n\pi}{a}x\right) \tag{7.2.40}$$

而相应的格林函数根据式（7.2.37）就是

$$g(x,x',\gamma)=\sum_{n=1}^{\infty}\frac{u_n^*(x')u_n(x)}{\lambda_n-\lambda}=\sum_{n=1}^{\infty}\frac{\frac{2}{a}\sin\left(\frac{n\pi}{a}x\right)\sin\left(\frac{n\pi}{a}x'\right)}{\left(\frac{n\pi}{a}\right)^2+\gamma^2} \tag{7.2.41}$$

显然，把式（7.2.41）代入式（7.2.24）就可得到式（7.2.40）。

到现在，我们用不同的方法得到了同一边值问题（7.2.25）的格林函数的两种表达形式，即式（7.2.32）和式（7.2.41）。根据解的唯一性，这两种形式应该相等，于是我们又有

$$g(x,x',\gamma)=\sum_{n=1}^{\infty}\frac{\frac{2}{a}\sin\left(\frac{n\pi}{a}x\right)\sin\left(\frac{n\pi}{a}x'\right)}{\left(\frac{n\pi}{a}\right)^2+\gamma^2}=\frac{\sinh\gamma(a-x_>)\sinh\gamma x_<}{\gamma\sinh\gamma a} \tag{7.2.42}$$

其中，$x_>$ 和 $x_<$ 表示 x 和 x' 中的大者或小者，例如当 $x>x'$ 时 $x_>=x$，$x_<=x'$，而当 $x<x'$ 时 $x_>=x'$，而 $x_<=x$。这样可使表达式更简单。

7.2.4　常规施图姆-刘维尔问题的完备性关系

上面我们讨论了如何用本征值和本征函数表示出格林函数。反过来看，我们也可以通过给定的格林函数来确定本征值和本征函数。由式（7.2.37）可知，格林函数作为 λ 的函数，在 $\lambda=\lambda_n$ 时在 λ 复平面上有单阶极点。当 L 为自伴时，由于本征值为实的，故极点分布在实轴上。基于以上分析，如果我们在 λ 复平面上作一闭合回路积分，使闭合回路 C 包围所有极点，如 C 可为一半径无限大的圆周，于是我们由（7.2.37）得到

$$\begin{aligned}\oint_c g(x,x',\lambda)\mathrm{d}\lambda&=\sum_{n=1}^{\infty}u_n(x)u_n^*(x')\oint\frac{\mathrm{d}\lambda}{\lambda_n-\lambda}\\&=-2\pi\mathrm{i}\sum_{n=1}^{\infty}u_n(x)u_n^*(x')\end{aligned} \tag{7.2.43}$$

这里最后一步用到了单阶极点的留数定理。这一表达式也说明可以通过考察格林函数的极点及其相关留数来得到本征函数。

此外，我们考虑 δ 函数的本征函数表示。由于 δ 函数不是平方可积的，即不属于 $L_w^2(a,b)$ 函数空间，故从经典意义上是不允许的。但是从分布的意义上这又是可以接受的，并能给出正确的结果。设表达式可以写成

$$\delta(x-x')=\sum_{n=1}^{\infty}\alpha_n(x')u_n(x) \tag{7.2.44}$$

用 $u_m(x)$ 取上式两侧的内积，由于

$$\begin{aligned}\langle\delta(x-x'),u_m(x)\rangle&=\int\delta(x-x')u_m^*(x)w(x)\mathrm{d}x\\&=u_m^*(x')w(x')\end{aligned}$$

和 u_n 的正交性，由式（7.2.44）得到

$$\alpha_m(x')=u_m^*(x')w(x')$$

把此结果代回到式（7.2.44）就有

$$\delta(x-x')=w(x')\sum_{n=1}^{\infty}u_n^*(x')u_n(x) \tag{7.2.45}$$

这是 δ 函数的谱表示，这种类型的关系称为完备性关系。由它可获得原问题的解，如同 $u(x')$ $w(x')$ 乘式（7.2.45）两侧并积分即有

$$u(x)=\sum_{n=1}^{\infty}\langle u,u_n\rangle u_n(x)$$

进而，由式（7.2.45）和式（7.2.43）又可得到

$$\frac{1}{2\pi\mathrm{i}}\oint_c g(x,x',\lambda)\mathrm{d}\lambda=-\frac{\delta(x-x')}{w(x')} \tag{7.2.46}$$

这又把 δ 函数与 $g(x,x',\lambda)$ 在 λ 复平面上的积分联系了起来。该式和式（7.2.43）把本征函数和 δ 函数与格林函数在复平面上的性质联系了起来，为理论上研究这些函数的关系提供了一种重要手段。

作为实例，我们再次回到式（7.2.25）所表示的边值问题，其本征函数已由式（7.2.39）给出。根据这一结果，我们立刻可以得到该问题的完备性关系为

$$\delta(x-x')=\frac{2}{a}\sum_{n=1}^{\infty}\sin\left(\frac{n\pi}{a}x'\right)\sin\left(\frac{n\pi}{a}x\right) \tag{7.2.47}$$

正如以前我们已指出的，这种关系在分布意义上成立。

如果我们把边值问题改为

$$\begin{cases}\left(-\dfrac{\mathrm{d}^2}{\mathrm{d}x^2}+\gamma^2\right)u(x)=f(x), & 0<x<a\\[2mm] \dfrac{\mathrm{d}}{\mathrm{d}x}u(0)=\dfrac{\mathrm{d}}{\mathrm{d}x}u(a)=0\end{cases} \tag{7.2.48}$$

则有

$$\begin{cases} u_n(x) = \sqrt{\dfrac{\varepsilon_n}{a}}\cos\left(\dfrac{n\pi}{a}x\right) \\ \lambda_n = \left(\dfrac{n\pi}{a}\right)^2, \quad n = 0,1,2,\cdots \end{cases}$$

其中

$$\varepsilon_n = \begin{cases} 1, & n=0 \\ 2, & n \neq 0 \end{cases}$$

据此我们得到

$$g(x,x',\lambda) = \sum_{n=0}^{\infty} \frac{\dfrac{\varepsilon_n}{a}\cos\left(\dfrac{n\pi}{a}x\right)\cos\left(\dfrac{n\pi}{a}x'\right)}{\left(\dfrac{n\pi}{a}\right)^2 + \gamma^2} \tag{7.2.49}$$

$$\delta(x-x') = \sum_{n=0}^{\infty} \frac{\varepsilon_n}{a}\cos\left(\frac{n\pi}{a}x\right)\cos\left(\frac{n\pi}{a}x'\right) \tag{7.2.50}$$

由式（7.2.47）和式（7.2.50）表示的 δ 函数应该同属空间 $L^2(0,\ a)$，所以它们应该是等价的。

下面我们再来考察边值问题（7.2.48）的解 $u(x)$。无论是通过格林函数（7.2.49）由式（7.2.24）求得，还是根据本征值和本征函数由式（7.2.35）求得，其结果都是

$$u(x) = \sum_{n=0}^{\infty} \frac{\varepsilon_n}{a} \frac{\displaystyle\int_0^a f(x')\cos\left(\frac{n\pi}{a}x'\right)\mathrm{d}x'}{\left(\dfrac{n\pi}{a}\right)^2 + \gamma^2}\cos\left(\frac{n\pi}{a}x\right) \tag{7.2.51}$$

如果我们把上式表示成以下形式：

$$u(x) = \sum_{n=0}^{\infty} A_n \cos\left(\frac{n\pi}{a}x\right) \tag{7.2.52}$$

其中

$$A_n = \frac{\varepsilon_n}{a\left[\left(\dfrac{n\pi}{a}\right)^2 + \gamma^2\right]}\int_0^a f(x')\cos\left(\frac{n\pi}{a}x'\right)\mathrm{d}x' \tag{7.2.53}$$

这种表示具有深层的物理含义。式（7.2.52）表示一个物理系统在外界作用的影响下所形成的稳定状态，这个状态是物理系统所独自具有的本征模式的某种组合，而这个组合的系统由式（7.2.53）决定。该式又表明，系数决定于外部作用与本征模式之间相互影响。或者说，一个系统的稳定状态取决于外部影响与本征模的相互作用。

7.3 奇异施图姆-刘维尔边值问题

上面讨论的常规施图姆-刘维尔边值问题对算子的系数和解域都加了一定的限制。如果所给边值问题不符合这些要求，就称为是奇异的。奇异施图姆-刘维尔边值问题在电磁理论中也经常遇到，但其理论要复杂得多。

7.3.1 施图姆-刘维尔问题奇异性的分类

在电磁理论中经常遇到两种情况，一种是区间为无限的或半无限的，另一种是区间是有限的，但在端点 $p(x)=0$。这样的端点称为奇异点，带有奇异点的施图姆-刘维尔边值问题称为奇异的。奇异施图姆-刘维尔边值问题会失去一些常规问题的宝贵性质。有可能存在本征函数并且是完备的，这时上面讨论的方法仍适用。在另外的情况下本征函数可能完全不存在或仅有连续谱，也可能既有离散谱也有连续谱同时存在。下面的定理将奇异施图姆-刘维尔边值问题分为两类。

定理 7.3（Weyl 定理） 考虑齐次问题

$$(L-\lambda)u(x)=0$$

其中，L 是施图姆-刘维尔算子（7.2.4），一个端点是正常的，另一个端点是奇异的，则：

（1）如果对特定的 λ 值方程 $(L-\lambda)u=0$ 的任一解在空间 $L_w^2(a,b)$ 中，则对于 λ 的其他任意值的任一解 u 就在 $L_w^2(a,b)$ 中。

（2）对 $\mathrm{Im}\neq0$ 的每一 λ 在 $L_w^2(a,b)$ 中至少存在 $(L-\lambda)u=0$ 的一个解。

Weyl 定理把奇异施图姆-刘维尔问题划分为互不包容的两类。

（a）极限圆情形：对所有 λ 所有解 u 在 $L_w^2(a,b)$ 中；

（b）极限点情形：

（i）若 $\mathrm{Im}\lambda\neq0$，精确地存在一个解 $u\in L_w^2(a,b)$；

（ii）若 $\mathrm{Im}=0$，在 $L_w^2(a,b)$ 中有一个解或没有解。

如果两端都是奇异的，则可以在区间内取点，把区间分成两部分，分别利用以上定理进行分类，中间的点总是正常的。由于极限圆和极限点是互不相容的，只要考察对单一 λ 值的方程 $(L-\lambda)u=0$ 的解就可确定其属性。

下面我们用实例来说明 Weyl 定理的应用及奇异点的特性。首先考虑以下问题：

$$\left(-\frac{\mathrm{d}^2}{\mathrm{d}x^2}+\gamma^2\right)u(x)=0,\quad 0<x<\infty \tag{7.3.1}$$

这里的问题与以前的差异是区间为半无限的，使得问题变为奇异的。显然端点 0 是正常的，主要应考察无穷远端的奇异性。因为当$\lambda=0$时，方程(7.3.1)的一般解可表示为$u(x)=Ax+B$，它们没有一项属于$L_w^2(0,\infty)$，于是根据 Weyl 定理分类，这里的奇异点属于极限点情形。

在对奇异性进行分类的讨论中没有考虑边界条件，而为了唯一地确定解，对二阶微分方程而言边界条件是必不可少的。在当前的问题中常规点的边界条件仍由式（7.2.2）的形式给出，但在极限点情形，奇异端的边界条件不是必需的，只需要求解属于 L_w^2 就可以了。如果对当前的情况设置极限条件，如

$$\lim_{x\to\infty}u(x)=0 \tag{7.3.2}$$

由此也可以确定属于 $L_w^2(0,\infty)$ 的唯一解。在这一条件下问题是自伴的，这时可以得到希尔伯特空间的本征基。

根据 Weyl 定理，对于极限点情况，当 $\mathrm{Im}\lambda\neq0$ 时存在一个解 $u\in L_w^2(0,\infty)$，下面我们讨论施图姆-刘维尔奇异边值问题：

$$\begin{cases}\left(-\dfrac{\mathrm{d}^2}{\mathrm{d}x^2}+\gamma^2\right)u(x)=f(x), & 0<x<\infty\\ u(0)=0, & \mathrm{Re}\gamma>0\end{cases} \tag{7.3.3}$$

相应的格林函数则满足

$$\begin{cases}\left(-\dfrac{\mathrm{d}^2}{\mathrm{d}x^2}+\gamma^2\right)g(x,x',\gamma)=\delta(x-x')\\ g(0,x',\gamma)=0, \quad \mathrm{Re}\gamma>0\end{cases} \tag{7.3.4}$$

对此我们可选格林函数属于 $L^2(0,\infty)$ 或满足极限条件

$$\lim_{x\to\infty}g(x,x',\gamma)=0 \tag{7.3.5}$$

和以前一样，我们先排除 $x=x'$点，这样格林函数就满足

$$\left(-\frac{\mathrm{d}^2}{\mathrm{d}x^2}+\gamma^2\right)g(x,x',\gamma)=0 \tag{7.3.6}$$

其一般解可表示为

$$g(x,x',\gamma)=\begin{cases}A\mathrm{e}^{-\gamma x}+B\mathrm{e}^{\gamma x}, & x>x'\\ C\sinh\gamma x+D\cosh\gamma x, & x<x'\end{cases} \tag{7.3.7}$$

利用边界条件 $g(0,x',\gamma)=0$ 可推知 $D=0$，利用极限条件（7.3.5）又可推知$B=0$，再利用连续和跳跃条件又可得

$$A=\frac{1}{\gamma}\sinh\gamma x',\quad C=\frac{1}{\gamma}\mathrm{e}^{-\gamma x'}$$

于是格林函数应该是

$$g(x,x',\gamma)=\frac{1}{\gamma}\mathrm{e}^{-\gamma x_>}\sinh\gamma x_< \tag{7.3.8}$$

如果问题（7.3.3）中在 0 点的边界条件为

$$\frac{\mathrm{d}}{\mathrm{d}x}u(0)=0$$

则相应的格林函数就成为

$$g(x,x',\gamma)=\frac{1}{\gamma}\mathrm{e}^{-\gamma x_>}\cosh\gamma x_< \tag{7.3.9}$$

不难发现，由于区间为半无穷，而在无穷远端只加了极限条件，使得 γ 值只要求 $\mathrm{Re}\gamma>0$，从而 γ 可以连续取值，这一点与常规问题中只能取离散值有明显区别。可连续取值的本征值称为反常本征值或连续本征值，而相应的本征函数则称为反常本征函数。

下面再考察另一个奇异边值问题：

$$\begin{cases}\left[-\dfrac{1}{x}\dfrac{\mathrm{d}}{\mathrm{d}x}\left(x\dfrac{\mathrm{d}}{\mathrm{d}x}\right)-\lambda\right]u(x)=0\\ 0<x<\infty,p(x)=0,x=0\end{cases} \tag{7.3.10}$$

这是一个零阶贝塞尔算子所构成的边值问题，在该问题中区间的两端都是奇异的。在这种情况下我们在区间的内部取一点 ξ，从而把区间分为两段，每一段只有一个奇异端点。在 $0<x<\xi$，ξ 为正常点，而由于 $x=0$ 时 $p(x)=0$，故 $x=0$ 为奇异点。因为当 $\lambda=0$ 时，方程的一般解可表示为

$$u(x)=A\ln x+B \tag{7.3.11}$$

其中两部分在区间 $(0,\xi)$ 都是平方可积的，亦即解 $u(x)\in L^2(0,\xi)$，故这是一种极限圆的情况。

再来考虑 $\xi<x<\infty$，这时 $x=\xi$ 为正常点，而 $x\to\infty$ 为奇异点。仍考虑 $\lambda=0$ 的情况，但在区间 (ξ,∞) 解（7.3.11）的两部分在该区间都不是平方可积的，亦即 $u(x)\notin L^2(\xi,\infty)$，故这是极限点的情况。

7.3.2 连续谱和反常本征函数

为了对连续谱和反常本征函数的特性作进一步的分析，我们仍以上面讨论的具体问题为例进行讨论。所讨论的边值问题描述为

$$\begin{cases}(L-\lambda)u(x)=f(x), & 0<x<\infty\\ u(0)=0, & \lim\limits_{x\to\infty}u(x)=0\end{cases} \tag{7.3.12}$$

其中，$L=-\mathrm{d}^2/\mathrm{d}x^2$，$\lambda=-\gamma^2$。为了使其解所表示的波沿 x 方向传播，并在 $x\to\infty$ 时 $u(x)\to 0$，我们选择

$$\gamma = \mathrm{i}\sqrt{\lambda}, \quad \mathrm{Im}\sqrt{\lambda} < 0$$

于是根据该问题的格林函数（7.3.8）我们有

$$g(x, x', \lambda) = \frac{1}{\sqrt{\lambda}} \mathrm{e}^{-\mathrm{i}\sqrt{\lambda}x_>} \sin\sqrt{\lambda}x_< \tag{7.3.13}$$

进而，根据式（7.2.46），对当前的问题我们可得以下关系：

$$\begin{aligned}\oint_c g(x, x', \lambda)\mathrm{d}\lambda &= \oint_c \frac{1}{\sqrt{\lambda}} \mathrm{e}^{-\mathrm{i}\sqrt{\lambda}x_>} \sin\sqrt{\lambda}x_< \, \mathrm{d}\lambda \\ &= -2\pi\mathrm{i}\delta(x - x')\end{aligned} \tag{7.3.14}$$

由于被积函数包括$\sqrt{\lambda}$，其成为多值的。为了完成以上积分，必须对 λ 复平面进行分割，并按所给条件选择适当的黎曼面和积分路径 C[21]。完成这一积分即可由式（7.3.13）得到

$$2\mathrm{i}\int_0^\infty \frac{1}{\sqrt{r}} \sin(\sqrt{r}x')\sin(\sqrt{r}x)\mathrm{d}r = 2\pi\mathrm{i}\delta(x - x') \tag{7.3.15}$$

其中 $r = |\lambda|$。

令 $v = \sqrt{r}$，则 $\mathrm{d}r = 2\sqrt{r}\,\mathrm{d}v$，上式变为

$$\delta(x - x') = \frac{2}{\pi}\int_0^\infty \sin vx' \sin vx \, \mathrm{d}v \tag{7.3.16}$$

由于

$$-\frac{\mathrm{d}^2}{\mathrm{d}x^2}\sin vx = v^2 \sin vx \tag{7.3.17}$$

对比算子的本征值问题可知，$\sin vx$ 是算子 $L = -\mathrm{d}^2/\mathrm{d}x^2$ 在相应问题（7.3.12）中的本征函数，相应的本征值则为 v^2。但是，由于 $\sin vx$ 不属于空间 $L^2(0, \infty)$，所以它不是算子 L 的常规本征函数。正是基于这一事实，我们引入反常本征函数这一概念。因此，我们称 $u(x, v) = \sin vx$ 为反常本征函数，与之相对应的本征值 $\lambda(v) = v^2$ 就称为反常本征值。正是在这种意义上，式（7.3.16）就是 δ 函数的谱表示，或称为完备性关系。与以前不同的是，现在的谱是连续的，使原来的级数变为积分.

通过与离散本征值问题的类比，对于连续（反常）本征值问题

$$Lu(x, v) = \lambda(v)u(x, v) \tag{7.3.18}$$

在加权内积的框架内，可有一系列相对应的关系。

例如，函数 $u(x)$ 的展开可表示成积分形式

$$u(x) = \int_0^\infty \langle u, u(x, v)\rangle u(x, v)\mathrm{d}v \tag{7.3.19}$$

类似地则有

$$Lu(x)=\int_0^{\infty}\lambda(v)\langle u,u(x,v)\rangle u(x,v)\mathrm{d}v \tag{7.3.20}$$

非齐次方程（7.3.12）的解为

$$u(x)=\int_v \frac{\langle f,u(x,v)\rangle}{\lambda(v)-\lambda}u(x,v)\mathrm{d}v \tag{7.3.21}$$

相应的格林函数可表示成

$$g(x,x',\lambda)=\int_v \frac{u(x,v)u^*(x',v)}{\lambda(v)-\lambda}\mathrm{d}v \tag{7.3.22}$$

在获得以上关系时，运用了反常本征函数的正交关系

$$(u(x,v),u(x,p))=\delta(v-p) \tag{7.3.23}$$

回顾上面的分析过程可以发现，从数学上看连续谱出现的原因是因为式（7.3.14）中的被积函数中存在 $\lambda=0$ 这一非极性奇点，在分割 λ 复平面时 $\lambda=0$ 是割线的一个支点。为了使积分路径闭合，又要把支点 $\lambda=0$ 排除在外，就出现了沿实轴割线上下沿的积分，这使得 $|\lambda|$ 可连续取值[21]。

在完成（7.3.14）中的积分时应用了在适当的黎曼面上当 $x\rightarrow\infty$ 时的极限条件，并要求 $\mathrm{Im}\sqrt{\lambda}<0$。在电磁理论中 $\lambda=k^2\varepsilon\mu$，$\mathrm{Im}\sqrt{\lambda}<0$ 的要求与介质存在一定的损耗相一致。例如，在导电介质中，介电常数在频域为复数，即

$$\tilde{\varepsilon}=\left(\varepsilon-\mathrm{i}\frac{\sigma}{\omega}\right)$$

这时 $\lambda=k^2=\omega^2\tilde{\varepsilon}\mu$，为复数，而且 $\mathrm{Im}\sqrt{\lambda}<0$，所以，在讨论开域问题时，可用假设介质存在小的损耗的方法，使电磁场满足所要求的极限条件。在极限情况下，我们仍认为算子是自伴的，于是本征函数（包括反常的）仍可认为能构成在所讨论问题的函数空间中的本征基.

7.3.3 无界域的施图姆-刘维尔边值问题

在电磁场理论中经常遇到无界问题，这时就会有无界或半无界域的施图姆-刘维尔边值问题出现，所以，这类问题的求解具有重要的理论和实际意义。

上面已讨论过的问题（7.3.12）是一个典型的半无界问题。我们已经求得与该问题相应的格林函数（7.3.13），并根据关系（7.3.14）通过 λ 复平面上的积分得到完备性关系（7.3.16）。又由此得知该问题中算子的本征值为连续的 $v^2\in(0,\infty)$ 和相应的反常本征函数 $\sqrt{2/\pi}\sin vx$，然后就可以根据已有理论得到该问题的格林函数

$$g(x,x',\gamma)=\frac{2}{\pi}\int_0^{\infty}\frac{\sin vx\sin vx'}{v^2+\gamma^2}\mathrm{d}v \tag{7.3.24}$$

和该问题的解

$$u(x)=\frac{2}{\pi}\int_0^{\infty}\frac{\langle f,\sin vx\rangle}{v^2+\gamma^2}\sin vx\,dv \tag{7.3.25}$$

另一种半无限问题与（7.3.12）的区别仅在于 $x=0$ 的端点条件改为 $\left.\frac{\partial u(x)}{\partial x}\right|_{x=0}=0$。对此问题直接求解即可得到

$$g(x,x',\lambda)=\frac{1}{i\sqrt{\lambda}}e^{-i\sqrt{\lambda}x_>}\cos\sqrt{\lambda}x_< \tag{7.3.26}$$

再通过式（7.2.46）在 λ 平面上的积分又有

$$\delta(x-x')=\frac{2}{\pi}\int_0^{\infty}\cos vx\cos vx'\,dv \tag{7.3.27}$$

并由此可推知，在该问题中算子的连续本征值仍为 $\lambda=v^2$，相应的反常本征函数经归一化后为 $\sqrt{2/\pi}\cos vx$，当然立即就可以给出该问题的解

$$u(x)=\frac{2}{\pi}\int_0^{\infty}\frac{\langle f,\cos vx\rangle}{v^2+\gamma^2}\cos vx\,dv \tag{7.3.28}$$

在电磁理论中也会遇到全无界的情况，这类问题可表述为

$$\begin{cases}\left(-\dfrac{d^2}{dx^2}+\gamma^2\right)u(x)=f(x), & -\infty<x<\infty\\ \lim\limits_{x\to\pm\infty}u(x)=0\end{cases} \tag{7.3.29}$$

其中，$\mathrm{Re}\gamma>0$，按奇点的分类准则，在 $x=\pm\infty$ 为极限点情形。

与式（7.3.29）相对应的格林函数 $g(x,x',\gamma)$ 满足

$$\begin{cases}\left(-\dfrac{d^2}{dx^2}+\gamma^2\right)g(x,x',\gamma)=\delta(x-x'), & -\infty<x,x'<\infty\\ \lim\limits_{x\to\pm\infty}g(x,x',\gamma)=0\end{cases} \tag{7.3.30}$$

运用通常的方法不难得知

$$g(x,x',\gamma)=\frac{1}{2\gamma}e^{-\gamma|x-x'|} \tag{7.3.31}$$

由于 $\lambda=-\gamma^2$，则又有

$$g(x,x',\lambda)=\frac{1}{2i\sqrt{\lambda}}e^{-i\sqrt{\lambda}|x-x'|} \tag{7.3.32}$$

再次利用关系

$$\int_c g(x,x',\lambda)d\lambda=-2\pi i\delta(x-x')$$

由于 $\lambda=0$ 是被积函数的支点，在适当地分割 λ 复平面后就可得到

$$\delta(x-x')=\frac{1}{2\pi}\int_{-\infty}^{\infty}e^{iv(x-x')}\,dv \tag{7.3.33}$$

其中，$\lambda=v^2\in[0,\infty)$。由此可知，本征值为连续的，它所对应的反常本征函数

的归一化形式为

$$u(x,v)=\frac{1}{\sqrt{2\pi}}\mathrm{e}^{\mathrm{i}vx} \tag{7.3.34}$$

据此可把格林函数表示为

$$g(x,x',\gamma)=\frac{1}{2\pi}\int_{-\infty}^{\infty}\frac{\mathrm{e}^{\mathrm{i}vx}\mathrm{e}^{-\mathrm{i}vx'}}{v^2+\gamma^2}\mathrm{d}v \tag{7.3.35}$$

边值问题的解成为

$$\begin{aligned}u(x)&=\int_{-\infty}^{\infty}g(x,x',\gamma)f(x')\mathrm{d}x'\\&=\frac{1}{2\pi}\int_{-\infty}^{\infty}\frac{\langle f,\mathrm{e}^{\mathrm{i}vx}\rangle}{v^2+\gamma^2}\mathrm{e}^{\mathrm{i}vx}\,\mathrm{d}v\end{aligned} \tag{7.3.36}$$

以上我们讨论的奇异施图姆-刘维尔边值问题主要是极限点情形，而且所给例子都是纯连续谱。但是，这并不是全部，也存在纯点谱的情况。顺便指出，对于极限圆的情形则总是纯点谱。

7.3.4 点谱与连续谱并存的情形

我们已经讨论了具有纯点（离散）谱和纯连续谱的边值问题。实际上还存在第三种情况，即在一个问题中既有离散谱又有连续谱，也就是两种谱共存的情况。以后我们将用实例来说明这一问题，现在只讨论这种情况的一般特点。

设有一非齐次算子方程

$$(L-\lambda)u(x)=f(x) \tag{7.3.37}$$

与某合适的条件一起构成自伴施图姆-刘维尔边值问题，其中的本征值问题既有常规的又有反常的，分别由以下方程表示：

$$\begin{cases}Lu_n=\lambda_n u_n\\Lu(v)=\lambda(v)u(v)\end{cases} \tag{7.3.38}$$

其中，$u_n=u_n(x)$，$u(v)=u(x,v)$，分别为常规本征函数和反常本征函数，它们之间具有以下正交性：

$$\begin{cases}\langle u_n,u_m\rangle=\delta_{nm}\\\langle u(v),u(p)\rangle=\delta(v-p)\\\langle u_n,u(v)\rangle=0\end{cases} \tag{7.3.39}$$

由于本征函数包括离散和连续两部分，所以所有本征函数展开也要由两部分组成。参考对常规本征值和反常本征值问题的讨论，不难理解以下结果。

对算子 L 定义空间中的任意函数 $u(x)$ 可表示为

$$u(x)=\sum_n a_n u_n(x)+\int_v a(v)u(x,v)\mathrm{d}v$$

利用正交关系（7.3.39）可得

$$u(x)=\sum_n\langle u,u_n\rangle u_n+\int_v\langle u,u(v)\rangle u(x,v)\mathrm{d}v \tag{7.3.40}$$

进而我们有

$$(L-\lambda)u=\sum_n(\lambda_n-\lambda)\langle u,u_n\rangle u_n+\int_v(\lambda(v)-\lambda)\langle u,u(v)\rangle u(v)\mathrm{d}v=f$$

借助正交关系即可得到

$$u(x)=\sum_n\frac{\langle f,u_n\rangle}{\lambda_n-\lambda}u_n(x)+\int_v\frac{\langle f,u(v)\rangle}{\lambda(v)-\lambda}u(x,v)\mathrm{d}v \tag{7.3.41}$$

利用类似的方法可以证明，该问题相应的格林函数 $g(x,\ x',\ \lambda)$ 可以表示为

$$g(x,x',\lambda)=\sum_n\frac{u_n(x)u_n^*(x')}{\lambda_n-\lambda}+\int_v\frac{u(x,v)u^*(x',v)}{\lambda(v)-\lambda}\mathrm{d}v \tag{7.3.42}$$

相应的完备性关系就成为

$$\frac{\delta(x-x')}{w(x')}=\sum_n u_n(x)u_n^*(x')+\int_v u(x,v)u^*(x',v)\mathrm{d}v \tag{7.3.43}$$

7.4　非自伴施图姆-刘维尔边值问题

在电磁理论中除了自伴施图姆-刘维尔边值问题，还经常遇到非自伴的情况。所以，研究非自伴施图姆-刘维尔边值问题的求解方法同样有非常重要的实际意义。

7.4.1　非自伴问题中的格林函数法

如果 L 仍为式（7.2.4）所表示的微分算子，但相应的边界条件改为非齐次的形式：

$$\begin{cases}B_a(u)=\alpha_1u(a)+\alpha_2\dfrac{\partial}{\partial x}u(a)=y_a\\[2ex] B_b(u)=\beta_1u(a)+\beta_2\dfrac{\partial}{\partial x}u(b)=y_b\end{cases} \tag{7.4.1}$$

其中，$\alpha_{1,2}$ 和 $\beta_{1,2}\in C$。

仍假定算子 L 中的系数 p，q，w 和 $\mathrm{d}p/\mathrm{d}x$ 在解域连续（至少分段连续），而且 $p(x)$，$w(x)>0$。

显然，如果 $\alpha_{1,2}$ 和 $\beta_{1,2}\in R$，而且 $y_{a,b}=0$，问题就回到了已经讨论过的自伴边值问题。在当前设定的条件下将构成非自伴的边值问题。

和以前一样，我们仍认为 L 定义在 $L_w^2(a,b)$ 空间中，而且首先考虑 L 的伴随算子。和以前一样，我们仍有

$$\begin{aligned}\langle Lu,v\rangle &= \int_a^b \left\{-\frac{1}{w(x)}\frac{\mathrm{d}}{\mathrm{d}x}\left[p(x)\frac{\mathrm{d}u}{\mathrm{d}x}\right]+q(x)u(x)\right\}v^*(x)w(x)\mathrm{d}x \\ &= \int_a^b u(x)\left\{-\frac{1}{w(x)}\frac{\mathrm{d}}{\mathrm{d}x}\left[p(x)\frac{\mathrm{d}v^*}{\mathrm{d}x}\right]+q(x)v^*(x)\right\}w(x)\mathrm{d}x \\ &\quad -\left\{p(x)\left[v^*(x)\frac{\mathrm{d}u}{\mathrm{d}x}-u(x)\frac{\mathrm{d}v^*}{\mathrm{d}x}\right]\right\}\Bigg|_a^b \\ &= \langle u,L^a v\rangle + J(u,v)\Big|_a^b \end{aligned} \tag{7.4.2}$$

其中，$L^a=L$，但只是形式上相等，因为还没有考虑边界条件的影响，不能确定 L 的自伴性。

式（7.4.2）中的 v 只要求属于空间 $L_w^2(a,b)$，v 所应满足的边界条件还可适当选择。为使上面定义的 L^a 确实是算子 L 的伴随算子，需要保证 $J(u,v)\Big|_a^b=0$，我们称能满足这一要求的 u 所应满足的边界条件为伴随边界条件。不难验证，只要选择

$$\begin{cases} B_a^a(v)=\alpha_1^* v(a)+\alpha_2^*\dfrac{\mathrm{d}}{\mathrm{d}x}v(a)=0 \\ B_b^a(v)=\beta_1^* v(b)+\beta_2^*\dfrac{\mathrm{d}}{\mathrm{d}x}v(b)=0 \end{cases} \tag{7.4.3}$$

就能使 $J(u,v)\Big|_a^b=0$。所以，在边界条件为（7.4.3）时，上面给出的 L^a 就是 L 的伴随算子

由以上分析可知，对于齐次边界条件（即 $y_{a,b}=0$），如果 $\alpha_{1,2}$，$\beta_{1,2}\in R$，就有 $B_{a,b}^a(v)=B_{a,b}(v)$，在这种情况下 $D(L^a)=D(L)$，于是 L 是自伴的，这就又回到了最早讨论的自伴边值问题。另外，如果在式（7.4.1）中 $y_{a,b}\neq 0$，或 $\alpha_{1,2}$，$\beta_{1,2}\notin R$，或两者同时成立，则 L 就不是自伴的。

如果所考虑的边值问题可表述为

$$(L-\lambda)u(x)=f(x),\quad a<x<b \tag{7.4.4}$$

及由 $B_a(u)$ 和 $B_b(u)$ 表示的边界条件，则相应的格林函数满足

$$\begin{cases} (L-\lambda)g(x,x',\lambda)=\dfrac{\delta(x-x')}{w(x)} \\ B_a(g)=B_b(g)=0 \end{cases} \tag{7.4.5}$$

而相应的伴随格林函数则满足

$$\begin{cases} (L-\lambda)^a g^a(x,x',\lambda)=\dfrac{\delta(x-x')}{w(x)} \\ B_a^a(g^a)=B_b^a(g^a)=0 \end{cases} \tag{7.4.6}$$

由于

$$\langle (L-\lambda)u, g^a\rangle = \int_a^b \left\{-\frac{1}{w(x)}\frac{\mathrm{d}}{\mathrm{d}x}\left[p\frac{\mathrm{d}u}{\mathrm{d}x}\right]+(q-\lambda)u\right\}(g^a)^* w(x)\mathrm{d}x$$
$$= \int_a^b \left\{-\frac{1}{w(x)}\frac{\mathrm{d}}{\mathrm{d}x}\left[p\frac{\mathrm{d}(g^a)^*}{\mathrm{d}x}\right]+(q-\lambda^*)(g^a)^*\right\}u(x)w(x)\mathrm{d}x$$
$$-\left\{p(x)\left[(g^a)^*\frac{\mathrm{d}u}{\mathrm{d}x}-u\frac{\mathrm{d}}{\mathrm{d}x}(g^a)^*\right]\right\}\Bigg|_a^b$$
$$=\langle u, (L-\lambda)^a g^a\rangle + J(u, g^a)\Big|_a^b \tag{7.4.7}$$

我们有

$$\langle (L-\lambda)g(x,x'), g^a(x,x'')\rangle$$
$$=\langle g(x,x'), (L-\lambda)^a g^a(x,x'')\rangle + J(g,g^a)\Big|_a^b \tag{7.4.8}$$

因为 g 和 g^a 都满足齐次边界条件，故上式中的 $J(g,\ g^a)\Big|_a^b$ 将消失。

由此可知

$$g^a(x',x'',\lambda)^* = g(x'',x',\lambda) \tag{7.4.9}$$

于是，为了得到 $(g^a)^*$ ，可先求得 g。

由式（9.4.6）知

$$u(x') = \langle u, (L-\lambda)^a g^a\rangle \tag{7.4.10}$$

而由式（7.4.4）可得

$$\langle (L-\lambda)^u_\lambda, g^a\rangle = (f, g^a) \tag{7.4.11}$$

把这些结果代入式（7.4.8）即可得到

$$u(x') = \int_a^b f(x) g^a(x,x',\lambda)^* w(x)\mathrm{d}x$$
$$+\left\{p(x)\left[g^a(x,x',\lambda)^*\frac{\mathrm{d}u}{\mathrm{d}x}-u(x)\frac{\mathrm{d}}{\mathrm{d}x}g^a(x,x',\lambda)^*\right]\right\}\Bigg|_a^b \tag{7.4.12}$$

这就是所求边值问题的解。

7.4.2　非自伴问题中的谱方法

在 7.2.1 中我们讨论了施图姆-刘维尔自伴边值问题，列举了需要的一些条件。在一些实际电磁场问题中所列举的条件不一定都能得到满足，这可能使问题成为非自伴的。

现在我们仍考虑（7.2.4）所定义的算子 L，以及非齐次方程

$$(L-\lambda)u(x) = f(x),\quad a < x < b \tag{7.4.13}$$

所构成的边值问题，但现在假定 p，q 和 w 为复值函数且区间（a,b）可能是无界的。在这种情况下，边值问题已经是非自伴的。

解决非自伴边值问题的谱方法的基础由定理 5.5 给出，该定理说明了一个算子的本征值和本征函数与其伴随算子的本征值和本征函数之间的关系，即算子 L 及其伴随算子 L^a 的本征值问题表示为

$$\begin{cases}Lu_n=\lambda_n u_n\\ L^a u_n^a=\lambda_n^a u_n^a\end{cases} \tag{7.4.14}$$

其中，$\lambda_n^a=\lambda_n^*$，且有正交关系

$$\langle u_n, u_m^a\rangle=\delta_{nm} \tag{7.4.15}$$

我们还可以假定，以上关系可以推广到反常本征值问题，其方程为

$$\begin{cases}Lu(v)=\lambda(v)u(v)\\ L^a u^a(v)=\lambda^a(v)u^a(v)\end{cases} \tag{7.4.16}$$

其中 $\lambda^a(v)=\lambda^*(v)$，而且有正交关系

$$\begin{cases}\langle u(v), u^a(p)\rangle=\delta(v-p)\\ \langle u_n, u^a(v)\rangle=\langle u(v), u_n^a\rangle=0\end{cases} \tag{7.4.17}$$

有了这些关系我们就可以仿照以前的谱方法解决当前的问题了。

仍然对解 $u(x)$ 进行展开

$$u=\sum_n \alpha_n u_n+\int_v \alpha(v)u(v)\mathrm{d}v$$

利用正交关系（7.4.15）和（7.4.17）可以知道

$$\begin{cases}\alpha_n=\langle u, u_n^a\rangle\\ \alpha(v)=\langle u, u^a(v)\rangle\end{cases}$$

故可把解 u 表示成

$$u=\sum_n\langle u, u_n^a\rangle u_n+\int_v\langle u, u^a(v)\rangle u(v)\mathrm{d}v \tag{7.4.18}$$

再把它代入式（7.4.13）即成为

$$\begin{aligned}(L-\lambda)u=&\sum_n(\lambda_n-\lambda)\langle u, u_n^a\rangle u_n\\ &+\int_v(\lambda(v)-\lambda)\langle u, u^a(v)\rangle u(v)\mathrm{d}v=f\end{aligned} \tag{7.4.19}$$

然后，分别用 u_m^a 和 $u^a(p)$ 对上式取内积，并考虑应有的正交关系，就有

$$\begin{cases}\langle u, u_m^a\rangle=\dfrac{1}{\lambda_m-\lambda}\langle f, u_m^a\rangle\\ \langle u, u^a(p)\rangle=\dfrac{1}{\lambda_p-\lambda}\langle f, u^a(p)\rangle\end{cases} \tag{7.4.20}$$

最后，把以上结果代回到式（7.4.18）中就得到边值问题解的谱表示形式：

$$u(x)=\sum_{n}\frac{\langle f,u_n^a\rangle}{\lambda_n-\lambda}u_n(x)+\int_v\frac{\langle f,u^a(v)\rangle}{\lambda(v)-\lambda}u(x,v)\mathrm{d}v \qquad (7.4.21)$$

用类似的方法，由方程

$$(L-\lambda)g(x,x',\lambda)=\frac{\delta(x-x')}{w(x)}$$

又可得到相应的该问题的格林函数，即

$$g(x,x',\lambda)=\sum_{n}\frac{u_n(x)u_n^a(x')^*}{\lambda_n-\lambda}+\int_v\frac{u(x,v)u^a(x',v)}{\lambda(v)-\lambda}\mathrm{d}v \qquad (7.4.22)$$

虽然非自伴边值问题的严格理论比较复杂，但下面的定理比较简单明了，对电磁理论有重要的意义[21]。

定理 7.4（非自伴施图姆-刘维尔边值问题谱方法）　设 L 为式（7.2.4）所示的施图姆-刘维尔算子，但其中的 $p(x)$，$q(x)$ 和 $w(x)$ 是连续的复值函数，并假定需满足边界条件

$$\begin{cases} B_a(u)=a_0u(a)+b_0u(b)+a_1\dfrac{\mathrm{d}}{\mathrm{d}x}u(a)+b_1\dfrac{\mathrm{d}}{\mathrm{d}x}u(b)=0 \\ B_b(u)=c_0u(a)+d_0u(b)+c_1\dfrac{\mathrm{d}}{\mathrm{d}x}u(a)+d_1\dfrac{\mathrm{d}}{\mathrm{d}x}u(b)=0 \end{cases}$$

其中，a_i，$b_i\in c(i=0,1)$，并假定以下三个条件之一成立：

(i) $a_1d_1-b_1c_1\neq 0$；

(ii) $a_1d_1-b_1c_1=0$，$|a_1|+|b_1|>0$，$2(a_1c_0+b_1d_0)\neq\pm(b_1c_0+a_1d_0)\neq 0$；

(iii) $a_1=b_1=c_1=d_1=0$，$a_0d_0+b_0c_0\neq 0$。

若伴随算子 L^a 存在且 L 的所有本征值的重复度为 1，则每一函数 $f\in L_w^2(a,b)$ 可以展成依范数收敛的级数：

$$f(x)=\sum_{n=1}^{\infty}\langle f,u_n^a\rangle u_n(x) \qquad (7.4.23)$$

其中，u_n 和 u_n^a 分别为算子 L 的本征函数及伴随算子 L^a 的本征函数，相对应的本征值为 λ_n 和 $\lambda_n^a=\lambda_n^*$，而且相应的格林函数也可以展开为

$$g(x,x',\lambda)=\sum_{n=1}^{\infty}\frac{u_n(x)u_n^a(x')^*}{\lambda_n-\lambda} \qquad (7.4.24)$$

当边界由理想导体或理想磁体构成时，电场和磁场所满足的边界条件就满足定理中所列出的对边界条件的要求。所以，该定理可成为电磁场非自伴常规施图姆-刘维尔边值问题谱方法的理论基础。

7.5 均匀填充平行板波导问题中的应用[21]

平行板波导虽然不是实用的波导系统，但其中所发生的电磁过程却能反映一般电磁传输系统的主要特性。从处理问题的数学方法方面看，也能较全面地反映解决类似电磁问题的主要方法和技巧，尤其是涉及常规和反常本征值问题以及格林函数方法。

7.5.1 平行板波导中的自然电磁模式

平行板波导由两块相互平行的无限大理想导电的金属平板构成，其中为均匀各向同性介质，其特性由 ε 和 μ 描述。我们采用直角坐标系，其原点 O 位于一个平板的内表面，x 轴与两个平板垂直，第二个平板的内表面位于 x 轴上的 a 点，y 轴和 x 轴都位于第一平板的内表面上。假设激发该系统中电磁场的源的分布与坐标 y 无关，则该系统中存在的电磁场也与 y 无关，于是就成为一个二维电磁场问题。而且，其中的电磁场在频域应满足麦克斯韦方程

$$\nabla\times\boldsymbol{E}(x,z)=-\mathrm{i}\omega\mu\boldsymbol{H}(x,z)\tag{7.5.1}$$

$$\nabla\times\boldsymbol{H}(x,z)=\mathrm{i}\omega\varepsilon\boldsymbol{E}(x,z)+\boldsymbol{J}(x,z)\tag{7.5.2}$$

这里我们假定只有电流源，考虑到对所有量都有 $\dfrac{\partial}{\partial y}=0$，故把麦克斯韦方程用分量表示就成为

$$\begin{cases}\dfrac{\partial E_y}{\partial z}=\mathrm{i}\omega\mu H_x\\[2mm] \dfrac{\partial E_y}{\partial x}=-\mathrm{i}\omega\mu H_z\\[2mm] \dfrac{\partial H_x}{\partial z}-\dfrac{\partial H_z}{\partial x}=\mathrm{i}\omega\varepsilon E_y+J_y\end{cases}\tag{7.5.3}$$

$$\begin{cases}\dfrac{\partial H_y}{\partial z}=-\mathrm{i}\omega\varepsilon E_x-J_x\\[2mm] \dfrac{\partial H_y}{\partial x}=\mathrm{i}\omega\varepsilon E_z+J_z\\[2mm] \dfrac{\partial E_x}{\partial z}-\dfrac{\partial E_z}{\partial x}=-\mathrm{i}\omega\mu H_y\end{cases}\tag{7.5.4}$$

这说明该系统中的电磁场可分为完全相互独立的两组，式（7.5.3）所表示的一

组电磁场对 z 轴而言只有横向电场，故称为横电模式，故用 TE^z 表示；又因为其中包括 z 方向的磁场，故对 z 方向也称纵磁模式，用 H 表示；类似地，式 (7.5.4) 所示的电磁场对 z 轴就是横磁模和纵电模，用 $TM^z(E)$ 表示。系统中实际传输什么模式决定于源的设置，由式 (7.5.3) 和式 (7.5.4) 可以看出，如果系统中只有 $\boldsymbol{J}$ 的 y 向分量，则只有 TE^z 模被激发，若只有 $\boldsymbol{J}$ 的 x 或 z 的分量，则只有 TM^z 模被激发。

对于 TE^z 模式，E_y 满足的算子方程为

$$\left(\frac{\partial^2}{\partial x^2}+\frac{\partial^2}{\partial z^2}+k^2\right)E_y(x,z)=\mathrm{i}\omega\mu J_y \tag{7.5.5}$$

其中，$k^2=\omega^2\varepsilon\mu$。此外，$E_y$ 还要满足 $x=0$，a 时理想导电平面的边界条件。由于解域在 $\pm z$ 方向趋于无穷远，为使电磁能量有限，还要求 E_y 满足极限条件。于是，如果令

$$L=-\left(\frac{\partial^2}{\partial x^2}+\frac{\partial^2}{\partial z^2}+k^2\right) \tag{7.5.6}$$

则需要求解的边值问题成为

$$\begin{cases}LE_y(x,z)=-\mathrm{i}\omega\mu J_y\\ E_y(0,z)=E_y(a,z)=0, \quad \lim\limits_{z\to\pm\infty}E(x,z)=0\end{cases} \tag{7.5.7}$$

如果定义

$$\Omega=\{(x,z)\mid x\in(0,a),z\in(-\infty,\infty)\}$$

则 $E_y\in L^2(\Omega)$，而 $L^2(\Omega)$ 为希尔伯特空间。根据以上讨论可知，算子 L 的定义域应为

$$\begin{aligned}D(L)=\{&E_y(x,z)\mid E_y,\quad LE_y\in L^2(\Omega),\\ &E_y(0,z)=E_y(a,z)=0,\quad \lim_{z\to\pm\infty}E_y(x,z)=0\}\end{aligned} \tag{7.5.8}$$

不难证明，这样的算子 L 是自伴的，所以式 (7.5.7) 所表示的是个自伴边值问题，当然也是施图姆-刘维尔边值问题。

本节我们主要关注该系统中可能存在的自然电磁模式，这种模式与源无关，主要由支配方程和边界条件决定。对于 TE^z 模式而言，现在的问题就归结为

$$\begin{cases}LE_y(x,z)=0\\ E_y(0,z)=E_y(a,z)=0, \quad \lim\limits_{z\to\pm\infty}E_y(x,z)=0\end{cases} \tag{7.5.9}$$

采用分离变量法，即设 $E_y(x,z)=E_y(x)E_y(z)$，就可把它变为两个与其等价的问题：

$$\begin{cases}\left(-\dfrac{\mathrm{d}^2}{\mathrm{d}x^2}-k_x^2\right)E_y(x)=0\\ E_y(x=0)=E_y(x=a)=0\end{cases} \tag{7.5.10}$$

和

$$\begin{cases}\left(-\dfrac{\mathrm{d}^2}{\mathrm{d}z^2}-k_z^2\right)E_y(z)=0\\ \lim\limits_{z\to\pm\infty}E_y(z)=0\end{cases}\tag{7.5.11}$$

其中，$k_x^2+k_z^2=k^2$，以上两个边值问题的解是熟知的，其解分别为

$$E_y(x)=A\sin\left(\frac{n\pi}{a}x\right)$$

$$k_x=\left(\frac{n\pi}{a}\right)^2$$

$$E_y(z)=B\mathrm{e}^{-\mathrm{i}k_z|z|}$$

$$k_z=\left[k^2-\left(\frac{n\pi}{a}\right)\right]^{1/2}$$

因此，本征边值问题（7.5.9）的解就可表示为

$$E_y(x,z)=c\sin\left(\frac{n\pi}{a}x\right)\mathrm{e}^{-\mathrm{i}k_z|z|}\tag{7.5.12}$$

由式（7.5.4）不难得知，对于 TM^z 模 H_y 所构成的边值问题为

$$\begin{cases}LH_y(x,z)=\dfrac{\partial J_x}{\partial z}-\dfrac{\partial J_z}{\partial x}\\ \dfrac{\partial}{\partial x}H_y(0,z)=\dfrac{\partial}{\partial x}H_y(a,z)=0,\quad \lim\limits_{z\to\pm\infty}H_y(x,z)=0\end{cases}\tag{7.5.13}$$

而自然模所构成的边值问题则是

$$\begin{cases}LH_y(x,z)=0\\ \dfrac{\partial}{\partial x}H_y(0,z)=\dfrac{\partial}{\partial x}H_y(a,z)=0,\quad \lim\limits_{z\to\pm\infty}H_y(x,z)=0\end{cases}\tag{7.5.14}$$

该问题的解可表示成

$$H_y(x,z)=A\cos\left(\frac{n\pi}{a}x\right)\mathrm{e}^{-\mathrm{i}k_x|z|}\tag{7.5.15}$$

为了使解式（7.5.12）和式（7.5.15）满足极限条件，必须假设介质存在微小损耗，但最终可假定损耗趋于零。

把式（7.5.12）和式（7.5.15）分别代回式（7.5.3）和式（7.5.4）就可得到 TE^z 和 TM^z 模其他分量在无源时的解，从而得到两种自然模式的场的空间分布。

7.5.2 平行板波导边值问题的本征函数及其与自然波导模之间的关系

如果我们用 $u(x,z)$ 既表示 E_y 也表示 H_y，则可把方程（7.5.5）和

(7.5.13) 统一表示为

$$-\left(\frac{\partial^2}{\partial x^2}+\frac{\partial^2}{\partial z^2}+k^2\right)u(x,z)=f(x,z) \tag{7.5.16}$$

其中，$f(x,z)$ 代表两方程的非齐次部分。这样，我们就可以把平行板波导的边值问题统一表示为

$$\begin{cases}Lu(x,z)=f(x,z)\\ D(L)=\{u \mid u,Lu\in L^2(\Omega),B(u)=0,\ \lim\limits_{z\to\pm\infty}u(x,z)=0\}\end{cases} \tag{7.5.17}$$

其中边界条件 $B(u)=0$ 对于 E_y 和 H_y 分别为

$$\begin{cases}u(0,z)=u(a,z)=0\\ \dfrac{\partial}{\partial x}u(0,z)=\dfrac{\partial}{\partial x}u(a,u)=0\end{cases} \tag{7.5.18}$$

现在我们讨论与其相应的本征值问题，本征值方程可表示为

$$Lu_{n,\upsilon}(x,z)=\lambda_{n,\upsilon}u_{n,\upsilon}(x,z) \tag{7.5.19}$$

其中 n 与 x 坐标对应。根据对 x 的边界条件可预知所对应的本征值为离散的，而 υ 则与 z 坐标对应，根据对 z 的边界条件可推知所对应的本征值是连续的。根据这一分析我们设

$$u_{n,\upsilon}(x,z)=u_{x,n}(x)u_{z,\upsilon}(z) \tag{7.5.20}$$

把它代入式 (7.5.19) 就可得到

$$\left(-\frac{\mathrm{d}^2}{\mathrm{d}x^2}-\lambda_{x,n}\right)u_{x,n}(x)=0 \tag{7.5.21}$$

$$\left(-\frac{\mathrm{d}^2}{\mathrm{d}z^2}-\lambda_{z,\upsilon}\right)u_{z,\upsilon}(z)=0 \tag{7.5.22}$$

其中

$$\lambda_{x,n}+\lambda_{z,\upsilon}-k^2=\lambda_{n,\upsilon} \tag{7.5.23}$$

并且需满足相应的边界条件：

$$u_{x,n}(0)=u_{x,n}(a)=0\quad 和\quad \frac{\partial}{\partial x}u_{x,n}(0)=\frac{\partial}{\partial x}u_{x,n}(a)=0 \tag{7.5.24}$$

$$\lim_{z\to\pm\infty}u_{z,\upsilon}(z)=0 \tag{7.5.25}$$

由式 (7.5.21) ～式 (7.5.26) 所表示的边值问题在前文中已有研究，由式 (7.5.21) 和式 (7.5.24) 所表示的属于常规施图姆-刘维尔自伴边值问题，而由式 (7.5.22) 和式 (7.5.25) 所表示的则为反常施图姆-刘维尔边值问题。对这些问题的解，我们可以立即给出。为了明确起见，下面我们用 h 表示 TE^z 模，而用 e 表示 TM^z 模。

对于 TE^z 模有

$$\begin{cases} u_{x,n}^{h}(x)=\sqrt{\dfrac{2}{a}}\sin\left(\dfrac{n\pi}{a}x\right) \\ \lambda_{x,n}^{h}=\left(\dfrac{n\pi}{a}\right)^{2}, \quad n=1,2,\cdots \end{cases} \tag{7.5.26}$$

对于 TM^z 模有

$$\begin{cases} u_{x,n}^{e}(x)=\sqrt{\dfrac{\varepsilon_n}{a}}\cos\left(\dfrac{n\pi}{a}x\right) \\ \lambda_{x,n}^{e}=\left(\dfrac{n\pi}{a}\right)^{2}, \quad n=0,1,2,\cdots \end{cases} \tag{7.5.27}$$

其中，ε 为 Neumann 数。

作为反常本征值问题（7.5.22）的解为

$$\begin{cases} u_{z,\upsilon}(z)=\dfrac{1}{\sqrt{2\pi}}\mathrm{e}^{\mathrm{i}\upsilon z} \\ \lambda_{z,\upsilon}=\upsilon^{2}, \quad \upsilon\in(-\infty,\infty) \end{cases} \tag{7.5.28}$$

以上本征函数已经是归一化的结果。

把以上结果代入式（7.5.20）即得本征值方程（7.5.19）的解为

$$\begin{cases} u_{n,\upsilon}^{h}(x,z,\upsilon)=\dfrac{1}{\sqrt{a\pi}}\sin\left(\dfrac{n\pi}{a}x\right)\mathrm{e}^{\mathrm{i}\upsilon z} \\ u_{n,\upsilon}^{e}(x,z,\upsilon)=\sqrt{\dfrac{\varepsilon_n}{2\pi a}}\cos\left(\dfrac{n\pi}{a}x\right)\mathrm{e}^{\mathrm{i}\upsilon z} \\ \lambda_{n,\upsilon}=\upsilon^{2}+\left(\dfrac{n\pi}{a}\right)^{2}-k^{2} \end{cases} \tag{7.5.29}$$

这些本征函数满足正交关系

$$\langle u_{n,\upsilon}^{e,h}, u_{m,p}^{e,h}\rangle=\delta_{nm}\delta(\upsilon-p) \tag{7.5.30}$$

把式（7.5.9）和式（7.5.14）与式（7.5.19）相比不难看出，前两个方程对应于式（7.5.19）中 $\lambda_{n,\upsilon}=0$ 时的情况，这说明自然波导模对应算子 L 本征值为零时的本征函数，也就是 L 的零空间中的本征函数。再由式（7.5.29）中的本征值式知，当 $\lambda_{n,\upsilon}=0$ 时得

$$\upsilon=\pm\sqrt{k^{2}-\left(\frac{n\pi}{a}\right)^{2}}$$

这说明自然波导模的传输常数只是连续本征值中的一些离散点。

7.5.3 平行板波导结构中的格林函数

为了确定特定源在平行板结构中所产生的电磁场，需要求解非齐次微分算子方程。由式（7.5.3）和式（7.5.4）可以看出，不同方向的电流源产生不同

类型的电磁模式，并且可归结为由式（7.5.17）和式（7.5.18）表示的由非齐次算子方程所构成的边值问题，这类边值问题可以用格林函数法求解。相应的格林函数问题可表示为

$$\begin{cases}-\left(\dfrac{\partial^2}{\partial x^2}+\dfrac{\partial^2}{\partial z^2}+k^2\right)g(x,z,x',z')=\delta(x-x')\delta(z-z') \\ g(0,z,x,z')=g(a,z,x',z')=0 \\ \text{或} \\ \dfrac{\partial}{\partial x}g(0,z,x',z')=\dfrac{\partial}{\partial x}g(a,z,x',z')=0 \\ \lim\limits_{z\to\pm\infty}g(x,z,x',z')=0\end{cases} \tag{7.5.31}$$

这是一个二维格林函数问题。由于在不同坐标方向上格林函数需满足不同的边界条件，不能用普通的方法直接求解。下面将采用部分本征函数展开法。

在上文中我们已求得了以 x 为变量的本征函数（7.5.26）和（7.5.27），它们分别都构成空间 $L^2(0,a)$ 的正交基。因此，作为 x 的函数可把格林函数展开为

$$g(x,z,x',z')=\sum_n a_n(z,x',z',n)u_{x,n}(x) \tag{7.5.32}$$

其中，$u_{x,n}(x)$ 代表 $u_{x,n}^e$ 和 $u_{x,n}^h$ 中的任何一种。

把式（7.5.32）代入式（7.5.30）就可得到

$$-\left(\sum_n \alpha_n \frac{\partial^2}{\partial x^2}u_{x,n}+\sum_n u_{x,n}\frac{\partial^2}{\partial z^2}\alpha_n+k^2\sum_n a_n u_{x,n}\right)=\delta(x-x')\delta(z-z') \tag{7.5.33}$$

再用 $u_{x,n}(x)$ 对上式两侧求内积又成为

$$-\left\{\frac{\partial^2}{\partial z^2}-\left[k^2-\left(\frac{n\pi}{a}\right)^2\right]\right\}\alpha_n(z,x',z',n)=u_{x,n}^*(x')\delta(z-z') \tag{7.5.34}$$

假设

$$g_z(z,x',z',n)=\frac{\alpha_n(z,x',z',n)}{u_{x,n}^*(x)}$$

则 g_z 所满足的方程和边界条件可表示为

$$\begin{cases}\left(-\dfrac{\mathrm{d}^2}{\mathrm{d}z^2}+\gamma^2\right)g_z(z,x',z',n)=\delta(z-z') \\ \lim\limits_{z\to\pm\infty}g_z=0\end{cases} \tag{7.5.35}$$

把该式与式（7.3.30）相比可知，它们具有完全类似的形式，故式（7.5.33）也应该有与式（7.3.32）完全类似的解。于是我们有

$$g_z(z,x',z',n)=\frac{\mathrm{e}^{-\mathrm{i}\sqrt{k^2-\left(\frac{n\pi}{a}\right)^2}|z-z'|}}{2\mathrm{i}\sqrt{k^2-\left(\frac{n\pi}{a}\right)^2}} \tag{7.5.36}$$

由方程和边界条件可知，以上结果对两种模式都适用，故可得公用的展开系数

$$\alpha_n(z,x',z',n)=u_{x,n}^*(x')\frac{\mathrm{e}^{-\mathrm{i}\sqrt{k^2-\left(\frac{n\pi}{a}\right)^2}|z-z'|}}{2\mathrm{i}\sqrt{k^2-\left(\frac{n\pi}{a}\right)^2}} \tag{7.5.37}$$

把式（7.5.37）代回到式（7.5.32），并代入相应于不同模式的 $u_{x,n}(x)$，就可得到相应模式的二维格林函数，其形式为

$$g^h(x,z,x',z')=\sum_{n=1}^{\infty}\frac{1}{\mathrm{i}a}\sin\left(\frac{n\pi}{a}x\right)\sin\left(\frac{n\pi}{a}x'\right)\cdot\frac{1}{\sqrt{k^2-\left(\frac{n\pi}{a}\right)^2}}\mathrm{e}^{-\mathrm{i}\sqrt{k^2-\left(\frac{n\pi}{a}\right)^2}|z-z'|} \tag{7.5.38}$$

$$g^e(x,z,x',z')=\sum_{n=0}^{\infty}\frac{\varepsilon_n}{2\mathrm{i}a}\cos\left(\frac{n\pi}{a}x\right)\cos\left(\frac{n\pi}{a}x'\right)\cdot\frac{1}{\sqrt{k^2-\left(\frac{n\pi}{a}\right)^2}}\mathrm{e}^{-\mathrm{i}\sqrt{k^2-\left(\frac{n\pi}{a}\right)^2}|z-z'|} \tag{7.5.39}$$

以上求得格林函数的过程可以换个顺序来进行，即先把格林函数用变量 z 的本征函数展开，然后求得展开系数而得到二维格林函数。由于关于变量 z 的本征值和本征函数是反常的，展开式以积分形式表示，即

$$g(x,z,x',z')=\int_{\gamma}\alpha(x,x',z',\upsilon)u_{z,\upsilon}(z)\mathrm{d}\upsilon \tag{7.5.40}$$

把该式代入式（7.5.31），然后用 $u_{z,\upsilon}^*$ 做内积，即有

$$\left[-\frac{\mathrm{d}^2}{\mathrm{d}x^2}+(\upsilon^2-k^2)\right]\alpha(x,x',z',\upsilon)=\frac{1}{\sqrt{2\pi}}\mathrm{e}^{-\mathrm{i}z'\upsilon}\delta(x-x') \tag{7.5.41}$$

令

$$g_x(x,x',z',\upsilon)=\sqrt{2\pi}\frac{\alpha(x,x',z',\upsilon)}{\mathrm{e}^{-\mathrm{i}\upsilon z'}} \tag{7.5.42}$$

则可得到 g_x 所满足的方程

$$\left(-\frac{\mathrm{d}^2}{\mathrm{d}x^2}+\gamma^2\right)g_x(x,x',z',\upsilon)=\delta(x-x') \tag{7.5.43}$$

其中 $\gamma^2=\upsilon^2-k^2$。

由于边界条件的不同，下面需要分两种情况进行讨论。对于 TE^z 模而言，应该满足以下边界条件

$$g_x^h(0,x',z',\gamma)=g_x^h(a,x',z',\gamma)=0$$

则 g_x^h 取以下形式的解：

$$g_x^h(x,x',z',\gamma)=\begin{cases}A(x')\sinh(\gamma x)+B(x')\cosh(\gamma x), & x>x'\\ C(x')\sinh(\gamma x)+D(x')\cosh(\gamma x), & x<x'\end{cases}\tag{7.5.44}$$

待定系数的确定方法与以前相同，即用边界条件确定其中的两个，另外两个由连续性条件和一次微商的跃变条件决定，在这之后可获得

$$\begin{cases}g_x^h(x,x',z',\gamma)=\dfrac{\sinh(a-x_>)\sinh(\gamma x_<)}{\gamma\sinh(\gamma a)}\\ g_x^e(x,x',z',\gamma)=\dfrac{\cosh(a-x_>)\cosh(\gamma x_<)}{\gamma\sinh(\gamma a)}\end{cases}\tag{7.5.45}$$

根据这些结果，即可由式（7.5.42）得到相应模式的展开系数，从而进一步得到两种模式的格林函数：

$$\begin{cases}g^h(x,z,x',z')=\dfrac{1}{2\pi}\displaystyle\int_{-\infty}^{\infty}\dfrac{\sinh(a-x_>)\sinh(\gamma x_<)}{\gamma\sinh(\gamma a)}e^{i\upsilon|z-z'|}d\upsilon\\ g^e(x,z,x',z')=\dfrac{1}{2\pi}\displaystyle\int_{-\infty}^{\infty}\dfrac{\cosh(a-x_>)\cosh(\gamma x_<)}{\gamma\sinh(\gamma a)}e^{i\upsilon|z-z'|}d\upsilon\end{cases}\tag{7.5.46}$$

这里我们得到了二维格林函数的两种不同的表达形式，根据解的唯一性可以肯定，两种表达形式是等价的。

7.6　无限大接地平面介质层问题中的应用

无限大理想导体平面上方存在平面分层介质，是地球表面的一种简化理想物理模型，也是由平面分层介质与导体构成的导波系统的简化电磁模型。在这一结构中发生的一些电磁现象有非常广泛的重要意义[21]。

7.6.1　接地介质层结构的本征函数

设我们将分析的系统是，在无限大理想导体平面上方覆盖着由无限大交界平面分开的两种介质，上层介质延伸到导电面上方的无限远处。如果我们仍采用直角坐标系，让 x 轴垂直于导体表面和介质分界面，原点设在交界面上，导体平面则处于 $x=-a$ 处，于是该系统可以分为两个区域。设导电平面与介质交界面之间为区域（1），交界面上方为区域（2）。设两个区域的介质都是均匀的，

其参数分别为ε_1，μ_1和ε_2，μ_2，它们均为常数。我们仍假设该系统中的电流源和电磁场都与坐标y无关，则该系统中的电磁场仍满足方程（7.5.3）和(7.5.4)，但其中的ε和μ现在是x的函数。但是，其中的电磁场仍可分为相互独立的TE^z和TM^z两种模式。

如果我们仍用$u(x,z)$表示E_y或H_y，则可导出$u(x,z)$所满足的微分算子方程

$$-\left[s\frac{\partial}{\partial x}s^{-1}\frac{\partial}{\partial x}+\frac{\partial^2}{\partial z^2}+k^2(x)\right]u(x,z)=f(x,z) \tag{7.6.1}$$

其中，$k^2(x)=\omega^2\varepsilon(x)\mu(x)$。对于$TE^z$模，$u(x,z)=E_y(x,z)$，$s=\mu(x)$，$f=-\mathrm{i}\omega\mu(x)J_y$；对于$TM^z$模，$u(x,z)=H_y(x,z)$，$s=\varepsilon(x)$，$f=\frac{\partial J_x}{\partial z}-\frac{\partial J_z}{\partial x}$。在无穷远处我们要求

$$\lim_{z\to\pm\infty}u(x,z)=0 \tag{7.6.2}$$

$$\lim_{x\to\infty}u(x,z)=0 \tag{7.6.3}$$

在$x=-a$处的边界条件分别为

$$TE^z\text{ 模}:u(-a,z)=0 \tag{7.6.4}$$

$$TM^z\text{ 模}:\frac{\partial}{\partial x}u(-a,z)=0 \tag{7.6.5}$$

如果定义

$$\Omega=\{(x,z)|x\in(-a,\infty),z\in(-\infty,\infty)\}$$

则有$u(x,z)\in L^2(\Omega)$。这样，我们可以定义算子

$$L:L^2(\Omega)\to L^2(\Omega)$$

$$L=-\left(s\frac{\partial}{\partial x}s^{-1}\frac{\partial}{\partial x}+\frac{\partial^2}{\partial z^2}+k^2(x)\right) \tag{7.6.6}$$

$$D(L)=\{u\mid u,Lu\in L^2(\Omega),B(u)=0,\lim_{z\to\pm\infty}u=\lim_{x\to\infty}u=0\} \tag{7.6.7}$$

其中的$B(u)=0$，对TE^z模是式（7.6.4），对TM^z模是式（7.6.5）。

为了求得算子L的本征函数，我们考虑本征函数所满足的方程

$$-\left(s\frac{\partial}{\partial x}s^{-1}\frac{\partial}{\partial x}+\frac{\partial^2}{\partial z^2}+k^2(x)\right)u_{\alpha\beta}(x,z)=\lambda_{\alpha\beta}u_{\alpha\beta}(x,z) \tag{7.6.8}$$

其中，α表示坐标方向，β表示本征值类型。若仍采用分离变量法，假设$u_{\alpha\beta}(x,z)=u_{x\beta}(x)u_{z\beta}(z)$，则可由方程（7.6.8）得到与其等效的两个方程

$$\left[-s\frac{\mathrm{d}}{\mathrm{d}x}s^{-1}\frac{\mathrm{d}}{\mathrm{d}x}-(k^2(x)+\lambda_x)\right]u_{x\beta}(x)=0 \tag{7.6.9}$$

$$\left(-\frac{\mathrm{d}^2}{\mathrm{d}z^2}-\lambda_z\right)u_{z\beta}(z)=0 \tag{7.6.10}$$

其中

$$\lambda_x+\lambda_z=\lambda_{\alpha\beta} \tag{7.6.11}$$

由方程（7.6.10）及相应的条件

$$\lim_{z\to\pm\infty}u_{\alpha\beta}(z)=0$$

所表示的本征值问题在7.5节中已经遇到，其解为

$$\begin{cases}u_{z\beta}(z)=u_{zv}(z)=\dfrac{1}{\sqrt{2\pi}}\mathrm{e}^{\mathrm{i}vz}\\ \lambda_z(v)=v^2,\quad v\in(-\infty,\infty)\end{cases} \tag{7.6.12}$$

它构成$L^2(-\infty,\infty)$空间的一个归一化正交基。

此外，由方程（7.6.9）及相应的条件

$$\lim_{x\to\infty}u_{x\beta}(x)=0 \tag{7.6.13}$$

$$u_{x\beta}(-a)=0\quad 或\quad \frac{\mathrm{d}}{\mathrm{d}x}u_{x\beta}(-a)=0 \tag{7.6.14}$$

构成一个施图姆-刘维尔本征值问题，但它具有自身的一些特点。

首先，如果介质是有耗的，则对应施图姆-刘维尔算子的p，q和w就不再是实值函数。这样算子L就不是自伴的。但是，如果损耗很小，只要能满足式（7.6.13），则仍可在微扰意义下认为L是自伴的。其次，由于介质在x方向是分层的，则参数不是在全域连续的。不过，介质参数在每一区域是常数，所以，如果我们分区求解，则在每一区域是连续的。在x方向，区域（1）为$-a\leqslant x\leqslant 0$，区域（2）为$0\leqslant x\leqslant\infty$。由于这一特点，在区域（1）构成常规本征值问题，在区域（2）则形成反常本征值问题。但因两区域由介质分界面连接，故两种问题相互耦合，因此，在x方向的本征值既有分立的部分又有连续的部分。为了方便，我们还要把TE^z模和TM^z模分开来进行讨论。

对于TE^z模本征值问题，可归结为

$$\left[-\frac{\mathrm{d}^2}{\mathrm{d}x^2}-(k_{1,2}^2+\lambda_x^{1,2})\right]u_{x,\beta}^{1,2}(x)=0 \tag{7.6.15}$$

$$u_{x,\beta}^1(-a)=0 \tag{7.6.16}$$

$$\lim_{x\to\infty}u_{x,\beta}^2(x)=0 \tag{7.6.17}$$

此外，在$x=0$分界面处还要满足连续性条件。由于E_y为交界面的切向分量，故有

$$u_{x,\beta}^1(0)=u_{x,\beta}^2(0) \tag{7.6.18}$$

若令 $\gamma_j = k_j^2 + \lambda_x$，$j=1$，2，其中 $k_j^2 = \omega^2 \varepsilon_j \mu_j$，则式（7.6.15）的解可表示为

$$\begin{cases} u_{x,\beta}^1(x) = A\sin[\sqrt{\gamma_1}(x+a)] + B\cos[\sqrt{\gamma_1}(x+a)] \\ u_{x,\beta}^2(x) = C\mathrm{e}^{-\mathrm{i}\sqrt{\gamma_2}x} + D\mathrm{e}^{\mathrm{i}\sqrt{\gamma_2}x} \end{cases} \tag{7.6.19}$$

为了满足边界条件（7.6.16），必须有 $B=0$。如果假定 $\mathrm{Im}\sqrt{\gamma_2}<0$，则为满足边界条件（7.6.17），又需要 $D=0$。再利用连续性条件（7.6.18）我们又有

$$A = \frac{C}{\sin(\sqrt{\gamma_1}a)} \tag{7.6.20}$$

此外，由方程（7.5.3），我们还有关系

$$\frac{\partial E_y}{\partial x} = -\mathrm{i}\omega\mu H_z$$

而 H_z 对于 $x=0$ 平面而言为切向分量，故在两侧有连续性关系。由此我们又有另一个连续性条件

$$\frac{1}{\mu_1}\frac{\mathrm{d}u_{x\beta}^1(x)}{\mathrm{d}x}\bigg|_{x=0} = \frac{1}{\mu_2}\frac{\mathrm{d}u_{x\beta}^2(x)}{\mathrm{d}x}\bigg|_{x=0} \tag{7.6.21}$$

根据这一条件我们又有

$$A = -\mathrm{i}C\frac{\mu_1}{\mu_2}\sqrt{\frac{\gamma_2}{\gamma_1}}\frac{1}{\cos(\sqrt{\gamma_1}a)} \tag{7.6.22}$$

由式（7.6.20）和式（7.6.22）我们可以得到

$$\cot(\sqrt{\gamma_1}a) = -\mathrm{i}\frac{\mu_1}{\mu_2}\sqrt{\frac{\gamma_2}{\gamma_1}} \tag{7.6.23}$$

该式称为 TE^z 模的色散方程，由此可知 λ_x 有离散值。把该类本征值记作 $\lambda_{x,n}$，它所对应的本征函数记作 $u_{x,n}$，这时有

$$\gamma_j = k_j^2 + \lambda_{x,n} \tag{7.6.24}$$

分析表明，如果设 $\varepsilon_1\mu_1 > \varepsilon_2\mu_2$，则为使式（7.6.23）有解，必须 $\gamma_1>0$ 和 $\gamma_2<0$，于是有

$$-k_1^2 < \lambda_{x,n} < -k_2^2 \tag{7.6.25}$$

令 $\sqrt{\gamma_2} = -\mathrm{i}\sqrt{-k_2^2-\lambda_{x,n}} = -\mathrm{i}\alpha$，则根据式（7.6.25）可知，$\alpha>0$。于是，对应于离散本征值的本征函数可由式（7.6.19）得到

$$u_{x,n}^1(x) = C_n\frac{\sin[\sqrt{\gamma_1}(x+a)]}{\sin(\sqrt{\gamma_1}a)}, \quad -a<x<0 \tag{7.6.26}$$

$$u_{x,n}^2(x) = C_n\mathrm{e}^{-\alpha x}, \quad x>0 \tag{7.6.27}$$

为了确定 C_n，我们利用离散本征值所对应本征函数的正交归一特性，而要求

$$\langle u_{x,n}, u_{x,n} \rangle = 1$$

则有

$$C_n^2 \left\{ \int_{-a}^{0} \left[\frac{\sin[\sqrt{\gamma_1}(x+a)]}{\sin(\sqrt{\gamma_1}a)} \right]^2 \frac{1}{\mu_1} dx + \int_0^{\infty} (e^{-\alpha x})^2 \frac{1}{\mu_2} dx \right\} = 1$$

由此可求得

$$C_n^2 = \frac{2\mu_2}{\dfrac{\mu_2}{\mu_1} \dfrac{a}{\sin^2(\sqrt{\gamma_1}a)} + i \dfrac{\gamma_2 - \gamma_1}{\gamma_1 \sqrt{\gamma_2}}} \tag{7.6.28}$$

下面再考虑 TE^z 模的反常本征值问题，这时的本征值是连续的，我们用 γ 来表示。考虑到反常本征函数 $u_x^2(x)$ 并不一定属于 $L^2(0,\infty)$，我们把该问题的解表示成

$$\begin{cases} u_{x,\upsilon}^1(x,\lambda_x) = A\sin[\sqrt{\gamma_1}(x+a)] + B\cos[\sqrt{\gamma_1}(x+a)] \\ u_{x,\upsilon}^2(x,\lambda_x) = C\sin(\sqrt{\gamma_2}x) + D\cos[\sqrt{\gamma_2}x] \end{cases} \tag{7.6.29}$$

利用上面给出的边界条件和连续性条件可知

$$B = 0$$

$$A = C \frac{\mu_1}{\mu_2} \frac{\sqrt{\gamma_2}}{\sqrt{\gamma_1}} \frac{1}{\cos(\sqrt{\gamma_1}a)}$$

$$D = C \frac{\mu_1}{\mu_2} \frac{\sqrt{\gamma_2}}{\sqrt{\gamma_1}} \tan(\sqrt{\gamma_1}a)$$

于是，反常本征函数可以表示为

$$\begin{cases} u_{x,\upsilon}^1(x,\lambda_x) = D_\upsilon \dfrac{\sin[\sqrt{\gamma_1}(x+a)]}{\sin(\sqrt{\gamma_1}a)}, \quad -a < x < 0 \\ u_{x,\upsilon}^2(x,\lambda_x) = D_\upsilon \left[\cos(\sqrt{\gamma_2}x) + \left(\dfrac{\mu_2}{\mu_1} \dfrac{\sqrt{\gamma_1}}{\sqrt{\gamma_2}} \cot\sqrt{\gamma_1}a \right) \sin(\sqrt{\gamma_2}x) \right], \ x > 0 \end{cases} \tag{7.6.30}$$

利用本征函数的正交关系可求得 D_υ 为

$$D_\upsilon = \left\{ \frac{\pi}{2} \frac{1}{\mu_2} \left[1 + \left(\frac{\mu_2}{\mu_1} \frac{\sqrt{\gamma_1}}{\sqrt{\gamma_2}} \cot\sqrt{\gamma_1}a \right)^2 \right] \right\}^{-1/2} \tag{7.6.31}$$

作为连续本征函数 $\lambda_x \in (-k_2^2, \infty)$。因为 $\upsilon = \sqrt{\gamma_2}$，而 $\gamma_2 = k_2^2 + \lambda_x$，故 $\upsilon \in (0, \infty)$。

由以上结果我们可以写出 TE^z 模的二维本征函数。为了明确，我们以 h 作为标志。

对于分立本征值，我们有

$$\begin{cases} u_{n,\upsilon}^{1h}(x,z,\upsilon)=\dfrac{C_n\sin[\sqrt{\gamma_1}(x+a)]}{\sqrt{2\pi}\sin(\sqrt{\gamma_1}a)}e^{i\upsilon z}, & -a<x<0 \\ u_{n,\upsilon}^{2h}(x,z,\upsilon)=\dfrac{C_n}{\sqrt{2\pi}}e^{-i\sqrt{\gamma_2}x}e^{i\upsilon z}, & x>0 \end{cases} \tag{7.6.32}$$

其中 $\gamma_j=k_j^2+\lambda_{x,n}$。所对应的本征值为

$$\lambda_{n,\upsilon}=\lambda_x+\lambda_z=\lambda_{x,n}+\upsilon^2 \tag{7.6.33}$$

本征函数应满足正交关系

$$\langle u_{n,\upsilon},u_{m,p}\rangle=\delta_{n,m}\delta(\upsilon-p) \tag{7.6.34}$$

对反常本征函数，我们有

$$\begin{cases} u_{v,\upsilon}^{1h}(x,z,v,\upsilon)=\dfrac{D_v\sin[\sqrt{\gamma_1}(x+a)]}{\sqrt{2\pi}\sin(\sqrt{\gamma_1}a)}e^{i\upsilon z}, -a<x<0, \\ u_{v,\upsilon}^{2h}(x,z,v,\upsilon)=\dfrac{D_v}{\sqrt{2\pi}}\left[\cos vx+\left(\dfrac{\mu_2}{\mu_1}\dfrac{\sqrt{\gamma_1}}{\sqrt{\gamma_2}}\cot\sqrt{\gamma_1}a\right)\right]\sin\sqrt{\gamma_2}xe^{i\upsilon z}, x>0 \end{cases} \tag{7.6.35}$$

$$\langle u_{v,\upsilon},u_{p,q}\rangle=\delta(v-p)\delta(\upsilon-q)$$

其中 $\gamma_j=k^2+\lambda x$，$\lambda_{v,\upsilon}=\lambda_x+\lambda_z=\lambda_x+\upsilon^2$，所以

$$\lambda_{v,\upsilon}=v^2+\upsilon^2-k_2^2,\quad v\in(0,\infty),\upsilon\in(-\infty,\infty) \tag{7.6.36}$$

利用类似的方法，我们可以得到对应于 TM^z 模的本征函数，我们将用 e 来表示。

$$\begin{cases} u_{n,\upsilon}^{1e}(x,z,\upsilon)=\dfrac{C_n\cos[\sqrt{\gamma_1}(x+a)]}{\sqrt{2\pi}\cos(\sqrt{\gamma_1}a)}e^{i\upsilon z}, & -a<x<0 \\ u_{n,\upsilon}^{2e}(x,z,\upsilon)=\dfrac{C_n}{\sqrt{2\pi}}e^{-i\sqrt{\gamma_2}x}e^{i\upsilon z}, & x>0 \end{cases} \tag{7.6.37}$$

其中

$$C_n^2=\frac{2\varepsilon_2}{\dfrac{\varepsilon_2}{\varepsilon_1}\dfrac{a}{\cos^2\sqrt{\gamma_1}a}+i\dfrac{\gamma_2-\gamma_1}{\gamma_1\sqrt{\gamma_2}}}$$

$$\begin{cases} u_{v,\upsilon}^{1e}(x,z,v,\upsilon)=\dfrac{D_v\cos[\sqrt{\gamma_1}(x+a)]}{\sqrt{2\pi}\cos(\sqrt{\gamma_1}a)}e^{i\upsilon z}, & -a<x<0 \\ u_{v,\upsilon}^{2e}(x,z,v,\upsilon)=\dfrac{D_v}{\sqrt{2\pi}}\left[\cos vx+\dfrac{\varepsilon_2}{\varepsilon_1}\dfrac{\sqrt{\gamma_1}}{\sqrt{\gamma_2}}\tan\sqrt{\gamma_1}a\sin vx\right]e^{i\upsilon z}, & x>0 \end{cases} \tag{7.6.38}$$

其中

$$D_v=\left\{\frac{\pi}{2}\frac{1}{\varepsilon_2}\left[1+\left(\frac{\varepsilon_2}{\varepsilon_1}\frac{\sqrt{\gamma_1}}{\sqrt{\gamma_2}}\tan\sqrt{\gamma_1}\,a\right)^2\right]\right\}^{-1/2}$$

所对应的本征值 $\lambda_{\alpha,\beta}$ 及正交关系与 TE^z 情况相同。

7.6.2　接地介质层中的自然波导模、表面波模、辐射模和漏模

在 7.6.1 节我们已经指出，系统的自然波导模式中的电磁场满足方程（7.6.1）的齐次形式。若用 $\varphi(x,z)$ 代表 E_y 或 H_y，则自然波导模式的电磁场满足方程

$$-\left(s\frac{\partial}{\partial x}s^{-1}\frac{\partial}{\partial x}+\frac{\partial^2}{\partial z^2}+k^2(x)\right)\varphi(x,z)=0 \tag{7.6.39}$$

其中 $k^2=\omega^2\varepsilon(x)\mu(x)$。仍然把解表示成两个单一坐标函数的乘积，$\varphi(x,z)=\varphi_x(x)\varphi_z(z)$，则经代入式（7.6.39）后得到单一变量函数满足的方程

$$\left\{-s\frac{\mathrm{d}}{\mathrm{d}x}s^{-1}\frac{\mathrm{d}}{\mathrm{d}x}-\left[k^2(x)+\lambda_x\right]\right\}\varphi_x(x)=0 \tag{7.6.40}$$

$$\left(-\frac{\mathrm{d}^2}{\mathrm{d}z^2}-\lambda_z\right)\varphi_z(z)=0 \tag{7.6.41}$$

其中 $\lambda_x+\lambda_z=0$。当然，两个函数还应满足相应的定解条件。

对于方程（7.6.41）而言，由于与平行板波导的求解条件相同，故立即知其解可表示为

$$\varphi_z(z)=A\mathrm{e}^{\mp\sqrt{\lambda_z}z} \tag{7.6.42}$$

这里仍假设 $\mathrm{Im}\sqrt{\lambda_z}<0$。

至于方程（7.6.40），由于与本征值问题（7.6.9）完全一样，因此应该有相同的解和本征值特性。也就是说，对于分立本征值 $\lambda_{x,n}$ 应满足条件（7.6.25）。由于

$$\sqrt{\lambda_z}=\sqrt{\lambda_{z,n}}=\sqrt{-\lambda_x}=\sqrt{-\lambda_{x,n}}$$

则 $\sqrt{\lambda_z}$ 取正值。所以，式（7.6.42）表示一个沿 z 单纯振荡的函数。为了使解属于 $L^2(\Omega)$，需假定存在极小损耗，以便使其满足 $z\to\pm\infty$ 时的极限条件。

根据以上分析，利用上面已有结果，我们可以直接给出方程（7.6.39）对应分立本征值时自然波导模的解。对于 TE^z 和 TM^z 分别为

$$\begin{cases}\varphi_n^{1h}(x,z)=\dfrac{A\cdot C_n\sin\left[\sqrt{\gamma_1}(x+a)\right]}{\sin(\sqrt{\gamma_1}\,a)}\mathrm{e}^{\mp\mathrm{i}\sqrt{-\lambda_{x,n}}z}, & -a<x<0\\ \varphi_n^{2h}(x,z)=A\cdot C_n\mathrm{e}^{-\mathrm{i}\sqrt{\gamma_2}x}\mathrm{e}^{\mp\mathrm{i}\sqrt{-\lambda_{x,n}}z}, & x>0\end{cases} \tag{7.6.43}$$

和

$$\begin{cases}\varphi_n^{1e}(x,z)=\dfrac{A\cdot C_n\cos[\sqrt{\gamma_1}(x+a)]}{\cos(\sqrt{\gamma_1}a)}\mathrm{e}^{\mp\mathrm{i}\sqrt{-\lambda_{x,n}}z}, & -a<x<0\\ \varphi_n^{2e}(x,z)=A\cdot C_n\mathrm{e}^{-\mathrm{i}\sqrt{\gamma_2}x}\mathrm{e}^{\mp\mathrm{i}\sqrt{-\lambda_{x,n}}z}, & x>0\end{cases} \tag{7.6.44}$$

其中，$\gamma_j=k_j^2+\lambda_{x,n}$，$j=1,2$。

由于已经假定 $k_1^2>k_2^2$，而 $\gamma_2=k_2^2+\lambda_{x,n}$，则由条件（7.6.25）知，$\sqrt{\gamma_2}$ 为纯负虚数。于是，上面的表达式表明，在 $x>0$ 区域自然波导模与分立本征值对应部分的场值沿 x 方向呈指数衰减状态。这种沿表面传播而在垂直表面的方向却按指数衰减的电磁波模称为表面波。

同样的分析可知，与反常本征值对应的自然波导模可以表示为

$$\begin{cases}\varphi_v^{1h}(x,z)=A\cdot D_v\dfrac{\sin[\sqrt{\gamma_1}(x+a)]}{\sin(\sqrt{\gamma_1}a)}\mathrm{e}^{\mp\mathrm{i}\sqrt{-\lambda_{x,v}}z}, & -a<x<0\\ \varphi_v^{2h}(x,z)=A\cdot D_v\left(\cos vx+\dfrac{\mu_2}{\mu_1}\dfrac{\sqrt{\gamma_1}}{\sqrt{\gamma_2}}\tan\sqrt{\gamma_1}a\sin vx\right)\mathrm{e}^{\mp\mathrm{i}\sqrt{-\lambda_{x,v}}z}, & x>0\end{cases} \tag{7.6.45}$$

和

$$\begin{cases}\varphi_v^{1e}(x,z)=A\cdot D_v\dfrac{\cos[\sqrt{\gamma_1}(a+x)]}{\cos(\sqrt{\gamma_1}a)}\mathrm{e}^{\mp\mathrm{i}\sqrt{-\lambda_{x,v}}z}, & -a<x<0\\ \varphi_v^{2e}(x,z)=A\cdot D_v\left(\cos vx-\dfrac{\varepsilon_2}{\varepsilon_1}\dfrac{\sqrt{\gamma_1}}{\sqrt{\gamma_2}}\cot\sqrt{\gamma_1}a\sin vx\right)\mathrm{e}^{\mp\mathrm{i}\sqrt{-\lambda_{x,v}}z}, & x>0\end{cases} \tag{7.6.46}$$

其中，$v=\sqrt{\gamma_2}$，$\lambda_{x,v}\in(-k_2^2,\ \infty)$。

分析以上解式中的所表示的场在 x 方向的分布和在 z 方向的传播因子 $\sqrt{-\lambda_{x,n}}$ 可以了解对应连续本征值部分的自然波导模在该系统中的传播特性。由式（7.6.45）和式（7.6.46）立即可以看出，这些模式在 x 方向仍然保持驻波分布，即使在 $x\to\infty$时仍然保持有界，这一点与表面波有本质上的差别。在 z 方向的特性则分为两种情况，当 $\lambda_{x,v}\in(-k_2^2,0)$ 时与 z 的关系成为 $\mathrm{e}^{\mp\mathrm{i}\sqrt{|\lambda_{x,v}|}z}$，这表示沿$\pm z$ 方向呈现无衰减的传输特性（当然是在无损耗的极限条件下）；而当 $\lambda_{x,v}\in(0,\infty)$ 时，$\mathrm{e}^{\mp\mathrm{i}\sqrt{-\lambda_{x,v}}z}=\mathrm{e}^{\pm\sqrt{\lambda_{x,v}}z}$，沿 z 方向呈指数衰减。前一种情况称为传输辐射模，后一种情况称为消失辐射模。

对 TM^z 波，我们有类似于式（7.6.23）的色散方程

$$\tan\sqrt{\gamma_1}\,a = \mathrm{i}\,\frac{\varepsilon_1}{\varepsilon_2}\frac{\sqrt{\gamma_2}}{\sqrt{\gamma_1}} \tag{7.6.47}$$

上面的分析是基于这些方程的实数解。实际上，这些方程还存在复数解，对应于复数 $\lambda_{x,n}$ 的一种模式称为漏模。

7.6.3　接地介质层的格林函数

由方程（7.6.1）可知，接地介质层结构中的格林函数应满足的算子方程为

$$\left[s\frac{\partial}{\partial x}s^{-1}\frac{\partial}{\partial x}+\frac{\partial^2}{\partial z^2}+k^2(x)\right]g(x,z,x',z') = -s(x)\delta(x-x')\delta(z-z') \tag{7.6.48}$$

当然还需满足相应的定解条件。

我们将用部分本征函数展开法求解以上二维格林函数问题，即先求得只依赖一个变量的格林函数 $g_x(x,x')$ 和 $g_z(z,z')$，然后求出相应的展开系数。对于现在所考虑的问题，一维格林函数分别满足

$$\left(-\frac{\mathrm{d}^2}{\mathrm{d}z^2}-\lambda_z\right)g_z(z,z',\lambda_z) = \delta(z-z') \tag{7.6.49}$$

$$\left\{-s\frac{\mathrm{d}}{\mathrm{d}x}s^{-1}\frac{\mathrm{d}}{\mathrm{d}x}-\left[k^2(x)+\lambda_x\right]\right\}g_x(x,x',\lambda_x) = s(x)\delta(x-x') \tag{7.6.50}$$

以及相应的定解条件。

对于 $g_z(z,z',\lambda_z)$，有极限条件

$$\lim_{z\to\pm\infty} g_z(z,z',\lambda_z) = 0 \tag{7.6.51}$$

显然，由式（7.6.49）和式（7.6.51）所构成的问题与式（7.3.30）所描述的问题相同，故立刻可以写出该问题的解为

$$g_z(z,z',\lambda_z) = \frac{1}{2\mathrm{i}\sqrt{\lambda_z}}\mathrm{e}^{-\mathrm{i}\sqrt{\lambda_z}|z-z'|} \tag{7.6.52}$$

为了获得 $g_x(x,x')$，需要求解方程（7.6.50）。和以前一样，仍把 x 方向分成两个区域，并假定源只存在于区域（2）中，于是可把方程（7.6.50）改写为

$$\left(-\frac{\mathrm{d}^2}{\mathrm{d}x^2}-\gamma_j\right)g_x^j(x,x',\gamma_j) = \begin{cases}0, & j=1\\ s(x)\delta(x-x'), & j=2\end{cases} \tag{7.6.53}$$

其中 $\gamma_j = k_j^2+\lambda_x$，$i=1$，2。当 $x\neq x'$ 时，方程的解可以表示为

$$\begin{cases}g_x^1(x,x',\gamma_1) = A\sin\sqrt{\gamma_1}(x+a)+B\cos\sqrt{\gamma_1}(x+a), & -a<x<0\\ g_x^2(x,x',\gamma_2) = C\mathrm{e}^{\mathrm{i}\sqrt{\gamma_2}x}+D\mathrm{e}^{-\mathrm{i}\sqrt{\gamma_2}x}, & 0<x<x'\\ g_x^2(x,x',\gamma_2) = E\mathrm{e}^{\mathrm{i}\sqrt{\gamma_2}x}+F\mathrm{e}^{-\mathrm{i}\sqrt{\gamma_2}x}, & x'<x\end{cases} \tag{7.6.54}$$

为了确定以上各式中的待定系数，需要应用 g_x 必须满足的各种条件。下面分两类波型分别把它们列出：

$$\begin{cases} g_x^{1h}(-a,x',\gamma_1)=0 \\ g_x^{1h}(0,x',\gamma_1)=g_x^{2h}(0,x',\gamma_2) \\ \dfrac{1}{\mu_1}\dfrac{\mathrm{d}g_x^{1h}(x,x',\gamma_1)}{\mathrm{d}x}\Big|_{x=0}=\dfrac{1}{\mu_2}\dfrac{\mathrm{d}g_x^{2h}(x,x',\gamma_2)}{\mathrm{d}x}\Big|_{x=0} \\ g_x^{2h}(x,x',\gamma_2)\Big|_{x=x'+\varepsilon}=g_x^{2h}(x,x',\gamma_2)\Big|_{x=x'-\varepsilon} \\ \dfrac{\mathrm{d}g_x^{2h}(x,x',\gamma_2)}{\mathrm{d}x}\Big|_{x=x'+\varepsilon}-\dfrac{\mathrm{d}g_x^{2h}(x,x',\gamma_2)}{\mathrm{d}x}\Big|_{x=x'-\varepsilon}=-\mu(x') \\ g_x^{2h}(x,x',\gamma_2)|_{x>x'}\in L^2(x',\infty) \end{cases} \tag{7.6.55}$$

以及

$$\frac{\mathrm{d}g_x^{1e}(x,x',\gamma_1)}{\mathrm{d}x}\Big|_{x=-a}=0$$

$$\begin{cases} g_x^{1e}(0,x',\gamma_1)=g_x^{2e}(0,x',\gamma_2) \\ \dfrac{1}{\varepsilon_1}\dfrac{\mathrm{d}g_x^{1e}(x,x',\gamma_1)}{\mathrm{d}x}\Big|_{x=0}=\dfrac{1}{\varepsilon_2}\dfrac{\mathrm{d}g_x^{2e}(x,x',\gamma_2)}{\mathrm{d}x}\Big|_{x=0} \\ g_x^{2e}(x,x',\gamma_2)\Big|_{x=x'-\varepsilon}=g_x^{2e}(x,x',\gamma_2)\Big|_{x=x'+\varepsilon} \\ \dfrac{\mathrm{d}g_x^{2e}(x,x',\gamma_2)}{\mathrm{d}x}\Big|_{x=x'-e}-\dfrac{\mathrm{d}g_x^{2e}(x,x',\gamma_2)}{\mathrm{d}x}\Big|_{x=x'+\varepsilon}=\varepsilon(x') \\ g_x^{2e}(x,x',\gamma_2)|_{x>x'}\in L^2(x',\infty) \end{cases} \tag{7.5.56}$$

根据所列条件，对于 TE^z 就可得到

$$B=E=0$$

$$A=\mu_2\frac{1}{2\sqrt{\gamma_1}}\frac{\mu_1}{\mu_2}\frac{\mathrm{e}^{-\mathrm{i}\sqrt{\gamma_2}x'}}{\cos\sqrt{\gamma_1}a}\frac{Z^h-N^h}{Z^h}$$

$$C=\mu_2\frac{\mathrm{e}^{-\mathrm{i}\sqrt{\gamma_2}x'}}{2\mathrm{i}\sqrt{\gamma_2}}$$

$$D=\mu_2\frac{\mathrm{e}^{-\mathrm{i}\sqrt{\gamma_2}x'}}{2\mathrm{i}\sqrt{\gamma_2}}\frac{N^h}{Z^h}$$

$$F=\mu_2\frac{1}{2\mathrm{i}\sqrt{\gamma_2}}\left(\mathrm{e}^{\mathrm{i}\sqrt{\gamma_2}x'}+\mathrm{e}^{-\mathrm{i}\sqrt{\gamma_2}x'}\frac{N^h}{Z^h}\right)$$

其中

$$Z^h = 1 - \mathrm{i}\frac{\mu_2}{\mu_1}\frac{\sqrt{\gamma_1}}{\sqrt{\gamma_2}}\cot\sqrt{\gamma_1}\,a$$

$$N^h = 1 + \mathrm{i}\frac{\mu_2}{\mu_1}\frac{\sqrt{\gamma_1}}{\sqrt{\gamma_2}}\cot\sqrt{\gamma_1}\,a$$

把系数代回式（7.5.54）就可得到

$$g_x^h(x,x',\lambda_x) = \begin{cases} \mu_2 \dfrac{1}{\sqrt{\gamma_1}} \dfrac{\mathrm{e}^{-\mathrm{i}\sqrt{\gamma_2}x'}}{\cos\sqrt{\gamma_1}\,a} \dfrac{Z^h - N^h}{Z^h}\sin\sqrt{\gamma_1}(x+a), & -a < x < 0 \\ \mu_2 \dfrac{1}{2\mathrm{i}\sqrt{\gamma_2}}\left(\mathrm{e}^{-\mathrm{i}\sqrt{\gamma_2}|x-x'|} + \dfrac{N^h}{Z^h}\mathrm{e}^{-\mathrm{i}\sqrt{\gamma_2}(x+x')}\right), & x > 0 \end{cases}$$

（7.6.57）

同时还有与式（7.6.23）相同的色散方程。

对于 TM^z 模，相应的系数则为

$$A = E = 0$$

$$B = -\varepsilon_2 \frac{1}{2\sqrt{\gamma_1}} \frac{\varepsilon_1}{\varepsilon_2} \frac{\mathrm{e}^{-\mathrm{i}\sqrt{\gamma_2}x'}}{\sin\sqrt{\gamma_1}\,a} \frac{Z^e - N^e}{Z^e}$$

$$C = \varepsilon_2 \frac{\mathrm{e}^{-\mathrm{i}\sqrt{\gamma_2}x'}}{2\mathrm{i}\sqrt{\gamma_2}}$$

$$D = \varepsilon_2 \frac{\mathrm{e}^{-\mathrm{i}\sqrt{\gamma_2}x'}}{2\mathrm{i}\sqrt{\gamma_2}} \frac{N^e}{Z^e}$$

$$F = \varepsilon_2 \frac{1}{2\mathrm{i}\sqrt{\gamma_2}}\left(\mathrm{e}^{\mathrm{i}\sqrt{\gamma_2}x'} + \mathrm{e}^{-\mathrm{i}\sqrt{\gamma_2}x'}\frac{N^e}{Z^e}\right)$$

其中

$$Z^e = 1 + \mathrm{i}\frac{\varepsilon_2}{\varepsilon_1}\frac{\sqrt{\gamma_1}}{\sqrt{\gamma_2}}\tan\sqrt{\gamma_1}\,a$$

$$N^e = 1 - \mathrm{i}\frac{\varepsilon_2}{\varepsilon_1}\frac{\sqrt{\gamma_1}}{\sqrt{\gamma_2}}\tan\sqrt{\gamma_1}\,a$$

则对于 TM^z 模，有相应的格林函数

$$g_x^e(x,x',\lambda_x) = \begin{cases} -\varepsilon_2 \dfrac{1}{2\sqrt{\gamma_1}} \dfrac{\varepsilon_1}{\varepsilon_2} \dfrac{\mathrm{e}^{-\mathrm{i}\sqrt{\gamma_2}x'}}{\sin\sqrt{\gamma_1}\,a} \dfrac{Z^e - N^e}{Z^e}\cos\sqrt{\gamma_1}(x+a), & -a < x < 0 \\ \varepsilon_2 \dfrac{1}{2\mathrm{i}\sqrt{\gamma_2}}\left(\mathrm{e}^{-\mathrm{i}\sqrt{\gamma_2}|x-x'|} + \dfrac{N^e}{Z^e}\mathrm{e}^{-\mathrm{i}\sqrt{\gamma_2}(x+x')}\right), & x > 0 \end{cases}$$

（7.6.58）

并有与式（7.6.47）相同的色散方程。

在用部分本征值展开法求二维格林函数时，虽然从哪一种单一坐标本征函数出发都可以，但由于两种本征函数的结构有明显差异，在求解过程的难易程度上还是有差异的。显然依赖 z 坐标的本征函数比较简单，故常采用这种展开表示的方法。这时，我们把二维格林函数展开为

$$g^{h,e}(x,z,x',z',\lambda)=\int_{\upsilon}\alpha(x,x',z')u_{z,\upsilon}(z,\upsilon)\mathrm{d}\upsilon$$

然后把它代入式（7.6.48），使得求与系数 α 有关的函数时，成为与求 $g_x(x,x',z')$类似的问题。于是我们可以直接给出问题的解：

$$g^h(x,z,x',z')=\frac{1}{2\pi}\int_{-\infty}^{\infty}\mathrm{d}\upsilon\mathrm{e}^{\mathrm{i}\upsilon(z-z')}$$

$$\begin{cases}\dfrac{\mu_2}{2\sqrt{\gamma_1}}\dfrac{\mu_1}{\mu_2}\dfrac{\mathrm{e}^{-\mathrm{i}\sqrt{\gamma_2}x'}}{\cos\sqrt{\gamma_1}a}\dfrac{Z^h-N^h}{Z^h}\sin\sqrt{\gamma_1}(x+a), & -a<x<0\\ \dfrac{\mu_2}{2\mathrm{i}\sqrt{\gamma_2}}\left[\mathrm{e}^{-\mathrm{i}\sqrt{\gamma_2}|x-x'|}+\dfrac{N^h}{Z^h}\mathrm{e}^{-\mathrm{i}\sqrt{\gamma_2}(x+x')}\right], & 0<x\end{cases}\tag{7.6.59}$$

$$g^e(x,z,x',z')=\frac{1}{2\pi}\int_{-\infty}^{\infty}\mathrm{d}\upsilon\mathrm{e}^{\mathrm{i}\upsilon(z-z')}$$

$$\begin{cases}-\dfrac{\varepsilon_2}{2\sqrt{\gamma_1}}\dfrac{\varepsilon_1}{\varepsilon_2}\dfrac{\mathrm{e}^{-\mathrm{i}\sqrt{\gamma_2}x'}}{\sin\sqrt{\gamma_1}a}\dfrac{Z^e-N^e}{Z^e}\cos\sqrt{\gamma_1}(x+a), & -a<x<0\\ \dfrac{\varepsilon_2}{2\mathrm{i}\sqrt{\gamma_2}}\left[\mathrm{e}^{-\mathrm{i}\sqrt{\gamma_2}|x-x'|}+\dfrac{N^e}{Z^e}\mathrm{e}^{-\mathrm{i}\sqrt{\gamma_2}(x+x')}\right], & 0<x\end{cases}\tag{7.6.60}$$

7.7 矢量微分算子边值问题[21,1,10]

上面所讨论的边值问题都是对标量函数进行讨论的，即使矢量问题也化作标量函数来求解。对电磁场问题，在一定条件下也可以用矢量函数表达。矢量波函数的应用就是一种被采用的形式。

7.7.1 有界域矢量微分算子的本征问题

我们已经知道，在一个有界空间中由已知源所产生的电磁场构成一个由非齐次矢量微分算子方程构成的边值问题。

现在我们考虑由理想导体围成的空间 Ω，其表面为 S，设 S 足够光滑。Ω 中的介质用 $\overline{\overline{\varepsilon}}(\boldsymbol{r})$ 和 $\overline{\overline{\mu}}(\boldsymbol{r})$ 表示，并存在源 $\boldsymbol{J}(\boldsymbol{r})$ 和 $\boldsymbol{M}(\boldsymbol{r})$，则 Ω 中的电场 $\boldsymbol{E}(\boldsymbol{r})$ 和磁场 $\boldsymbol{H}(\boldsymbol{r})$ 满足方程

$$\nabla\times\overline{\overline{\mu}}^{-1}\cdot\nabla\times\boldsymbol{E}(\boldsymbol{r})-\omega^2\overline{\overline{\varepsilon}}(\boldsymbol{r})\cdot\boldsymbol{E}(\boldsymbol{r})=-\mathrm{i}\omega\boldsymbol{J}(\boldsymbol{r})-\nabla\times\overline{\overline{\mu}}^{-1}(\boldsymbol{r})\cdot\boldsymbol{M}(\boldsymbol{r}) \tag{7.7.1}$$

$$\nabla\times\overline{\overline{\varepsilon}}^{-1}(\boldsymbol{r})\cdot\nabla\times\boldsymbol{H}(\boldsymbol{r})-\omega^2\overline{\overline{\mu}}(\boldsymbol{r})\cdot\boldsymbol{H}(\boldsymbol{r})=-\mathrm{i}\omega\boldsymbol{M}(\boldsymbol{r})+\nabla\times\overline{\overline{\varepsilon}}^{-1}(\boldsymbol{r})\cdot\boldsymbol{J}(\boldsymbol{r}) \tag{7.7.2}$$

它们与理想导体的边界条件一起构成电磁场的边值问题。

现在我们定义算子 $L_{E,H}$：$L^2(\Omega)^3\to L^2(\Omega)^3$，则可以把以上边值问题用算子表示出来，具体形式为

$$\begin{cases}L_E\boldsymbol{x}=\nabla\times\overline{\overline{\mu}}(\boldsymbol{r})^{-1}\cdot\nabla\times\boldsymbol{x}-\omega^2\overline{\overline{\varepsilon}}(\boldsymbol{r})\cdot\boldsymbol{x}\\ D(L_E)=\{\boldsymbol{x}\mid\boldsymbol{x},\ \nabla\times\overline{\overline{\mu}}(\boldsymbol{r})^{-1}\cdot\nabla\times\boldsymbol{x}\in L^2(\Omega)^3,\ B(\boldsymbol{x})=0\}\\ B(\boldsymbol{x})=\boldsymbol{n}\times\boldsymbol{x}\mid_s=0\end{cases} \tag{7.7.3}$$

$$\begin{cases}L_H\boldsymbol{x}=\nabla\times\overline{\overline{\varepsilon}}(\boldsymbol{r})^{-1}\cdot\nabla\times\boldsymbol{x}-\omega^2\overline{\overline{\mu}}(\boldsymbol{r})\cdot\boldsymbol{x}\\ D(L_H)=\{\boldsymbol{x}\mid\boldsymbol{x},\ \nabla\times\overline{\overline{\varepsilon}}(\boldsymbol{r})^{-1}\cdot\nabla\times\boldsymbol{x}\in L^2(\Omega)^3,\ B(\boldsymbol{x})=0\}\\ B(\boldsymbol{x})=\boldsymbol{n}\times\nabla\times\boldsymbol{x}\mid_s=0\end{cases} \tag{7.7.4}$$

在这种定义下，边值问题（7.7.1）和（7.7.2）的解可以形式地表示为

$$\boldsymbol{E}(\boldsymbol{r})=L_E^{-1}[-\mathrm{i}\omega\boldsymbol{J}(\boldsymbol{r})-\nabla\times\overline{\overline{\mu}}(\boldsymbol{r})^{-1}\cdot\boldsymbol{M}(\boldsymbol{r})] \tag{7.7.5}$$

$$\boldsymbol{H}(\boldsymbol{r})=L_H^{-1}[-\mathrm{i}\omega\boldsymbol{M}(\boldsymbol{r})+\nabla\times\overline{\overline{\varepsilon}}(\boldsymbol{r})^{-1}\cdot\boldsymbol{J}(\boldsymbol{r})] \tag{7.7.6}$$

其中，$L_{E,H}^{-1}$ 是 $L_{E,H}$ 的逆算子，由于直接求得逆算子很困难，通常都是先求解与该边值问题相对应的本征问题，用算子表示的一般本征方程为

$$\begin{cases}L_E\boldsymbol{u}_E(\boldsymbol{r})=\lambda_E\boldsymbol{u}_E(\boldsymbol{r})\\ L_H\boldsymbol{u}_H(\boldsymbol{r})=\lambda_H\boldsymbol{u}_H(\boldsymbol{r})\end{cases} \tag{7.7.7}$$

其中，$\lambda_{E,H}$ 为本征值，$\boldsymbol{u}_{E,H}(\boldsymbol{r})$ 则为与之对应的本征函数。

如果我们把问题视为电磁腔体问题来求解，则我们感兴趣的是其自然谐振频率和自然电磁模式，这时应设定 $\boldsymbol{J}(\boldsymbol{r})=0$ 和 $\boldsymbol{M}(\boldsymbol{r})=0$。在这种情况下，要求解的就是本征问题。如果用 $\boldsymbol{u}_n(\boldsymbol{r})$ 统一表示两种算子的本征函数，则该问题可以表示为

$$\begin{cases}L_E(\omega_n)\boldsymbol{u}_n(\boldsymbol{r})=\lambda_n(\omega_n)\boldsymbol{u}_n(\boldsymbol{r})\\ L_H(\omega_n)\boldsymbol{u}_n(\boldsymbol{r})=\lambda_n(\omega_n)\boldsymbol{u}_n(\boldsymbol{r})\end{cases} \tag{7.7.8}$$

当然，这里的 $\boldsymbol{u}_n(\boldsymbol{r})$ 还必须满足包含在 $L_{E,H}$ 定义域中的边界条件。实际上，腔体的谐振频率会使得

$$\lambda_n(\omega_n)=0 \tag{7.7.9}$$

也就是说，$L_{E,H}$ 的本征函数处于它们的零空间。这样，此时的本征值问题实际上成为

$$\begin{cases}\nabla\times\overline{\overline{\mu}}(\boldsymbol{r})^{-1}\cdot\nabla\times\boldsymbol{u}_n(\boldsymbol{r})=\lambda_n\overline{\overline{\varepsilon}}(\boldsymbol{r})\cdot\boldsymbol{u}_n(\boldsymbol{r})\\ \nabla\times\overline{\overline{\varepsilon}}(\boldsymbol{r})^{-1}\cdot\nabla\times\boldsymbol{u}_n(\boldsymbol{r})=\lambda_n\overline{\overline{\mu}}(\boldsymbol{r})\cdot\boldsymbol{u}_n(\boldsymbol{r})\end{cases} \tag{7.7.10}$$

其中 $\lambda_n=\omega_n^2$ 。根据以前的分析我们知道，只要介质是有耗的，以上方程中的算子就不是自伴的。如果介质是无耗的且是均匀各向同性的，则 ε 和 μ 为实值常数，于是方程（7.7.10）就变为统一的形式

$$\nabla\times\nabla\times\boldsymbol{u}_n(\boldsymbol{r})=\lambda_n\boldsymbol{u}_n(\boldsymbol{r}) \tag{7.7.11}$$

其中 $\lambda_n=\omega_n^2\varepsilon\mu$ 。当然，对于电场和磁场，分别要满足不同的边界条件。

根据以前的分析，算子 L：$L^2(\ell)^3\rightarrow L^2(\Omega)^3$，所构成的本征问题

$$\begin{cases}L\boldsymbol{u}_n(\boldsymbol{r})=\nabla\times\nabla\times\boldsymbol{u}_n(\boldsymbol{r})=\lambda_n\boldsymbol{u}_n(\boldsymbol{r})\\ \boldsymbol{n}\times\boldsymbol{u}_n(\boldsymbol{r})|_s=0\\ \text{或 }\boldsymbol{n}\times\nabla\times\boldsymbol{u}_n(\boldsymbol{r})|_s=0\end{cases} \tag{7.7.12}$$

是自伴的。

7.7.2 矢量波函数

在均匀各向同性介质空间中的无源电磁场问题已归结为求解方程（7.7.11）。当介质无耗时，方程中的算子为自伴的，故其本征函数构成算子定义域的基函数。这样的矢量本征函数称为矢量波函数。矢量波函数可以通过标量函数表示出来。如果用 $\Psi(\boldsymbol{r})$ 表示该标量函数，则它应满足方程

$$(\nabla^2+k^2)\Psi(\boldsymbol{r})=0 \tag{7.7.13}$$

由 $\Psi(\boldsymbol{r})$ 定义的波函数

$$\boldsymbol{M}(\boldsymbol{r})=\nabla\times[\boldsymbol{a}\Psi(\boldsymbol{r})]=0 \tag{7.7.14}$$

$$\boldsymbol{N}(\boldsymbol{r})=\frac{1}{k}\nabla\times\boldsymbol{M}(\boldsymbol{r}) \tag{7.7.15}$$

都满足方程（7.7.11），其中 $\boldsymbol{a}$ 为任意常矢量，称为导引矢量。容易用代入法证明以上结论。首先，用 $\boldsymbol{M}(\boldsymbol{r})$ 代替 $\boldsymbol{u}_n(\boldsymbol{r})$ 可由方程（7.7.11）得到

$$\begin{aligned}\nabla\times\nabla\times\boldsymbol{M}(\boldsymbol{r})-k^2\boldsymbol{M}(\boldsymbol{r})&=\nabla\times\nabla\times\nabla\times[\boldsymbol{a}\Psi(\boldsymbol{r})]-k^2\nabla\times[\boldsymbol{a}\Psi(\boldsymbol{r})]\\&=\nabla\times[\nabla\times\nabla\times(\boldsymbol{a}\Psi)-k^2(\boldsymbol{a}\Psi)]\\&=\nabla\times[-\nabla^2(\boldsymbol{a}\Psi)+\nabla\nabla\cdot(\boldsymbol{a}\Psi)-k^2(\boldsymbol{a}\Psi)]\\&=-\nabla\times(\nabla^2\Psi+k^2\Psi)\boldsymbol{a}=0\end{aligned} \tag{7.7.16}$$

这就说明 $\boldsymbol{M}$ 满足方程（7.7.11）。当把 $\boldsymbol{N}(\boldsymbol{r})$ 代入方程（7.7.11）时又可得到

$$\nabla\times\nabla\times\boldsymbol{N}-k^2\boldsymbol{N}=\frac{1}{k}\nabla\times(\nabla\times\nabla\times\boldsymbol{M}-k^2\boldsymbol{M})=0 \tag{7.7.17}$$

这就说明只要 $\boldsymbol{M}$ 满足方程（7.7.11），由式（7.7.15）表示的 $\boldsymbol{N}(\boldsymbol{r})$ 也满足方程（7.7.11）。

由式（7.7.14）和式（7.7.15）可知，矢量波函数 $\boldsymbol{M}$ 和 $\boldsymbol{N}$ 的散度等于零，亦即它们是无散的矢量函数，从而有

$$\nabla^2\begin{Bmatrix}\boldsymbol{M}\\\boldsymbol{N}\end{Bmatrix}=\nabla\nabla\cdot\begin{Bmatrix}\boldsymbol{M}\\\boldsymbol{N}\end{Bmatrix}-\nabla\times\nabla\times\begin{Bmatrix}\boldsymbol{M}\\\boldsymbol{N}\end{Bmatrix}=-\nabla\times\nabla\times\begin{Bmatrix}\boldsymbol{M}\\\boldsymbol{N}\end{Bmatrix}$$

于是由式（7.7.16）和式（7.7.17）可知 $\boldsymbol{M}$ 和 $\boldsymbol{N}$ 满足方程

$$\nabla^2\begin{Bmatrix}\boldsymbol{M}\\\boldsymbol{N}\end{Bmatrix}+k^2\begin{Bmatrix}\boldsymbol{M}\\\boldsymbol{N}\end{Bmatrix}=0 \tag{7.7.18}$$

此外，由式（7.7.16）和式（7.7.15）又有

$$\boldsymbol{M}=\frac{1}{k^2}\nabla\times\nabla\times\boldsymbol{M}=\frac{1}{k^2}\nabla\times(k\boldsymbol{N})=\frac{1}{k}\nabla\times\boldsymbol{N}$$

也就是 $\boldsymbol{M}$ 和 $\boldsymbol{N}$ 之间存在关系

$$\begin{cases}\nabla\times\boldsymbol{M}=k\boldsymbol{N}\\\nabla\times\boldsymbol{N}=k\boldsymbol{M}\end{cases} \tag{7.7.19}$$

把它们与无源麦克斯韦方程

$$\begin{cases}\nabla\times\boldsymbol{E}(\boldsymbol{r})=-\mathrm{i}\omega\mu\boldsymbol{H}(\boldsymbol{r})\\\nabla\times\boldsymbol{H}(\boldsymbol{r})=\mathrm{i}\omega\varepsilon\boldsymbol{E}(\boldsymbol{r})\end{cases}$$

进行比较可以看出，$\boldsymbol{M}$ 和 $\boldsymbol{N}$ 与 $\boldsymbol{E}$ 和 $\boldsymbol{H}$ 有某种对应关系。

由于 $\boldsymbol{M}$ 和 $\boldsymbol{N}$ 是无散度的，故也称之为无散矢量波函数，它们自然与 Ω 中的无散电磁模式相联系。但是，并不是全部电磁场都是无散的，也就是说，只用 $\boldsymbol{M}$ 和 $\boldsymbol{N}$ 这两个矢量波函数，不能描述全部电磁场，还必须有一个有散的矢量波函数。我们用 $\boldsymbol{L}$ 表示这种矢量波函数，并且定义为

$$\boldsymbol{L}(\boldsymbol{r})=\nabla\Psi(\boldsymbol{r}) \tag{7.7.20}$$

显然，这样定义的 $\boldsymbol{L}(\boldsymbol{r})$ 具有以下性质

$$\nabla\cdot\boldsymbol{L}(\boldsymbol{r})=\nabla\cdot\nabla\Psi(\boldsymbol{r})=\nabla^2\Psi(\boldsymbol{r})=-k^2\Psi(\boldsymbol{r}) \tag{7.7.21}$$

$$\nabla\times\boldsymbol{L}(\boldsymbol{r})=\nabla\times\nabla\Psi(\boldsymbol{r})=0 \tag{7.7.22}$$

也就是说，$\boldsymbol{L}(\boldsymbol{r})$ 是有散而无旋，而且由式（7.7.21）可知 $\boldsymbol{L}(\boldsymbol{r})$ 满足

$$\nabla\nabla\cdot\boldsymbol{L}(\boldsymbol{r})+k^2\boldsymbol{L}(\boldsymbol{r})=0$$

但因 $\nabla\times\nabla\times\boldsymbol{L}(\boldsymbol{r})=0$，即可知 $\boldsymbol{L}(\boldsymbol{r})$ 满足方程

$$\nabla^2\boldsymbol{L}(\boldsymbol{r})+k^2\boldsymbol{L}(\boldsymbol{r})=0 \tag{7.7.23}$$

如果用 A 表示算子 $\nabla\times\nabla\times$，则因

$$A\boldsymbol{L}(\boldsymbol{r})=0$$

可知全部 $\boldsymbol{L}(\boldsymbol{r})$ 构成 A 的零空间。显然，该空间是无穷维的。

由上面的分析可知，在适当的边界条件下，算子 $\nabla\times\nabla\times$ 是自伴的，所以 $\boldsymbol{M}$、$\boldsymbol{N}$ 和 $\boldsymbol{L}$ 构成方程（7.7.11）的本征函数集，而且成为 $L^2(\Omega)^3$ 的矢量函数基。

7.7.3　矢量波函数的正交关系

如果我们把理想导体所围成的空间 Ω 设想成一个两端封闭的任意形状的均

匀柱体，则可以证明矢量波函数间存在一定的正交关系。为此，我们首先需要知道定义矢量波函数的标量函数 $\Psi(\boldsymbol{r})$ 的正交关系。

设标量函数 $\Psi_a(\boldsymbol{r})$ 和 $\Psi_b(\boldsymbol{r})$ 对应于不同的本征值 k_a^2 和 k_b^2，并分别满足方程

$$\begin{cases}(\nabla^2+k_a^2)\Psi_a(\boldsymbol{r})=0 & (7.7.24)\\ (\nabla^2+k_b^2)\Psi_b(\boldsymbol{r})=0 & (7.7.25)\end{cases}$$

用 $\Psi_b(\boldsymbol{r})$ 乘方程（7.7.24）和用 $\Psi_a(\boldsymbol{r})$ 乘方程（7.7.25），然后相减，把结果在 Ω 上积分，再利用关系式

$$\Psi_b\nabla^2\Psi_a-\Psi_a\nabla^2\Psi_b=\nabla\cdot[\Psi_b\nabla\Psi_a-\Psi_a\nabla\Psi_b]$$

和高斯定理就有

$$\begin{aligned}\int_\Omega(\Psi_b\nabla^2\Psi_a-\Psi_a\nabla^2\Psi_b)\mathrm{d}V&=\int_S(\Psi_b\nabla\Psi_a-\Psi_a\nabla\Psi_b)\cdot\boldsymbol{n}\mathrm{d}S\\&=(k_b^2-k_a^2)\int_\Omega\Psi_a(\boldsymbol{r})\Psi_b(\boldsymbol{r})\mathrm{d}V\end{aligned}\tag{7.7.26}$$

如果在 S 上有边界条件 $\Psi(\boldsymbol{r})|_S=0$ 或 $\boldsymbol{n}\cdot\Delta\Psi(\boldsymbol{r})|_S=0$，则当 $k_a^2\neq k_b^2$ 时，我们有正交关系

$$\int_\Omega\Psi_a(\boldsymbol{r})\Psi_b(\boldsymbol{r})\mathrm{d}V=0\tag{7.7.27}$$

在此基础上进一步可以证明[10]，当 $k_a^2\neq k_b^2$ 时，存在以下正交关系：

$$\begin{cases}\int_\Omega\boldsymbol{M}_a(\boldsymbol{r})\cdot\boldsymbol{M}_b(\boldsymbol{r})\mathrm{d}V=0\\ \int_\Omega\boldsymbol{N}_a(\boldsymbol{r})\cdot\boldsymbol{N}_b(\boldsymbol{r})\mathrm{d}V=0\\ \int_\Omega\boldsymbol{L}_a(\boldsymbol{r})\cdot\boldsymbol{L}_b(\boldsymbol{r})\mathrm{d}V=0\end{cases}\tag{7.7.28}$$

以及

$$\begin{cases}\int_\Omega\boldsymbol{M}_a(\boldsymbol{r})\cdot\boldsymbol{N}_b(\boldsymbol{r})\mathrm{d}V=0\\ \int_\Omega\boldsymbol{M}_a(\boldsymbol{r})\cdot\boldsymbol{L}_b(\boldsymbol{r})\mathrm{d}V=0\\ \int_\Omega\boldsymbol{N}_a(\boldsymbol{r})\cdot\boldsymbol{L}_b(\boldsymbol{r})\mathrm{d}V=0\end{cases}\tag{7.7.29}$$

7.7.4 矢量本征函数展开

在 7.2 节中，我们讨论了微分算子非齐次方程解的本征函数表示。现在我们把这种方法应用到矢量微分算子构成的非齐次方程问题。如果待求解的方程可表示为

$$\nabla\times\nabla\times\boldsymbol{x}(\boldsymbol{r})-k^2(\boldsymbol{r})=\boldsymbol{s}(\boldsymbol{r}) \tag{7.7.30}$$

若与之对应的本征值问题写成

$$\nabla\times\nabla\times\boldsymbol{u}_n(\boldsymbol{r})=\lambda_n\boldsymbol{u}_n(\boldsymbol{r}) \tag{7.7.31}$$

而且 $\boldsymbol{u}_n(\boldsymbol{r})$ 构成 $L^2(\Omega)^3$ 的正交基，则有

$$\boldsymbol{x}(\boldsymbol{r})=\sum_n\langle\boldsymbol{x},\boldsymbol{u}_n\rangle\boldsymbol{u}_n,\quad \boldsymbol{x}(\boldsymbol{r})\in L^2(\Omega)^3$$

于是方程（7.7.30）的解就可表示为

$$\boldsymbol{x}(\boldsymbol{r})=\sum_n\frac{\langle\boldsymbol{s},\ \boldsymbol{u}_n\rangle}{\lambda_n-k^2}\boldsymbol{u}_n(\boldsymbol{r}) \tag{7.7.32}$$

其中 n 为正交基 $\{\boldsymbol{u}_n\}$ 的维数。

对于电磁场问题，当封闭空间 Ω 中的介质为均匀各向同性且无耗时，矢量波函数 $\boldsymbol{M}$、$\boldsymbol{N}$ 和 $\boldsymbol{L}$ 构成 $L^2(\Omega)^3$ 的正交基。如果这个正交基用 $\{\boldsymbol{u}_n\}$ 表示，则相应问题中的电磁场也可用 $\{\boldsymbol{u}_n\}$ 表示出来。均匀各向同性介质空间的电磁场所满足的方程可由式（7.7.1）和式（7.7.2）导出。对于电场 $\boldsymbol{E}(\boldsymbol{r})$ 而言，所满足的方程成为

$$\nabla\times\nabla\times\boldsymbol{E}(\boldsymbol{r})-k^2\boldsymbol{E}(\boldsymbol{r})=-\mathrm{i}\omega\mu\boldsymbol{J}(\boldsymbol{r})-\nabla\times\boldsymbol{M}(\boldsymbol{r})$$

该方程的解用 $\{u_n\}$ 表示就成为

$$\boldsymbol{E}(\boldsymbol{r})=\sum_n\frac{-\mathrm{i}\omega\mu\langle\boldsymbol{J},\ \boldsymbol{u}_n\rangle-\langle\nabla\times\boldsymbol{M},\ \boldsymbol{u}_n\rangle}{\lambda_n-k^2}\boldsymbol{u}_n(\boldsymbol{r}) \tag{7.7.33}$$

当把 Ω 扩展为无限大空间时，则以上本征值问题变为奇异的，本征值变为连续的。这时的电磁场解就变为积分形式。

7.8　电磁理论中的并矢格林函数

由于电磁场的矢量特性，在电磁理论中经常要求解矢量微分算子方程。对于有源问题，所对应的矢量微分算子方程是非齐次的。如果用格林函数法对这种方程进行求解，则格林函数是并矢形式。下面对这种方法和性质作简要讨论。

7.8.1　无界域电磁场并矢格林函数方程

如果在均匀各向同性介质空间中只存在电流源 $\boldsymbol{J}(\boldsymbol{r})$，它具有紧支集 v，介质参数用常数 ε 和 μ 表示，则在该无界空间中电磁场所满足的矢量微分算子方程是式（7.7.1）和式（7.7.2）的特殊情况，其形式为

$$\nabla\times\nabla\times\boldsymbol{E}(\boldsymbol{r})-k^2\boldsymbol{E}(\boldsymbol{r})=-\mathrm{i}\omega\mu\boldsymbol{J}(\boldsymbol{r}) \tag{7.8.1}$$

$$\nabla\times\nabla\times\boldsymbol{H}(\boldsymbol{r})-k^2\boldsymbol{H}(\boldsymbol{r})=\nabla\times\boldsymbol{J}(\boldsymbol{r}) \tag{7.8.2}$$

如果存在并矢格林函数，可把式（7.8.1）的解表示成

$$\boldsymbol{E}(\boldsymbol{r})=-\mathrm{i}\omega\mu\int_V\overline{\overline{G}}_e(\boldsymbol{r},\boldsymbol{r}')\cdot\boldsymbol{J}(\boldsymbol{r})\mathrm{d}V \tag{7.8.3}$$

则可把它代回式（7.8.1），并因

$$\boldsymbol{J}(\boldsymbol{r})=\int_V\overline{\overline{I}}\delta(\boldsymbol{r}-\boldsymbol{r}')\cdot\boldsymbol{J}(\boldsymbol{r})\mathrm{d}V \tag{7.8.4}$$

则可得到 $\overline{\overline{G}}_e(\boldsymbol{r},\boldsymbol{r}')$ 应满足的方程

$$\nabla\times\nabla\times\overline{\overline{G}}_e(\boldsymbol{r}-\boldsymbol{r}')-k^2\overline{\overline{G}}_e(\boldsymbol{r},\boldsymbol{r}')=\overline{\overline{I}}\delta(\boldsymbol{r}-\boldsymbol{r}') \tag{7.8.5}$$

其中，$\overline{\overline{I}}$ 为单位并矢。

显然，这种方法是把求解方程（7.8.1）的问题化为先求解方程（7.8.1），求得 $\overline{\overline{G}}_e(\boldsymbol{r},\boldsymbol{r}')$ 后，方程（7.8.1）的解就可由积分（7.8.3）给出。当然，$\boldsymbol{E}(\boldsymbol{r})$ 还必须满足无限远处的极限条件。所以，$\overline{\overline{G}}_e(\boldsymbol{r},\boldsymbol{r}')$ 也必须满足相应的极限条件。而且，因为 $\delta(\boldsymbol{r}-\boldsymbol{r}')$ 为广义函数，故 $\overline{\overline{G}}_e(\boldsymbol{r},\boldsymbol{r}')$ 也是广义函数。

对式（7.8.3）两侧求旋度可得

$$\begin{aligned}\nabla\times\boldsymbol{E}(\boldsymbol{r})&=-\mathrm{i}\omega\mu\int_V\nabla\times[\overline{\overline{G}}_e(\boldsymbol{r},\boldsymbol{r}')\cdot\boldsymbol{J}(\boldsymbol{r}')\mathrm{d}V'\\&=-\mathrm{i}\omega\mu\int_V[\nabla\times\overline{\overline{G}}_e(\boldsymbol{r},\boldsymbol{r}')]\cdot\boldsymbol{J}(\boldsymbol{r}')\mathrm{d}V'\end{aligned}$$

与式

$$\nabla\times\boldsymbol{E}(\boldsymbol{r})=-\mathrm{i}\omega\mu\boldsymbol{H}(\boldsymbol{r})$$

比较可知

$$\begin{aligned}\boldsymbol{H}(\boldsymbol{r})&=\int_V[\nabla\times\overline{\overline{G}}_e(\boldsymbol{r},\boldsymbol{r}')]\cdot\boldsymbol{J}(\boldsymbol{r}')\mathrm{d}V'\\&=\int_V\overline{\overline{G}}_m(\boldsymbol{r},\boldsymbol{r}')\cdot\boldsymbol{J}(\boldsymbol{r}')\mathrm{d}V'\end{aligned} \tag{7.8.6}$$

其中

$$\overline{\overline{G}}_m(\boldsymbol{r},\boldsymbol{r}')=\nabla\times\overline{\overline{G}}_e(\boldsymbol{r},\boldsymbol{r}') \tag{7.8.7}$$

我们称 $\overline{\overline{G}}_e(\boldsymbol{r},\ \boldsymbol{r}')$ 为电型并矢格林函数，$\overline{\overline{G}}_m(\boldsymbol{r},\ \boldsymbol{r}')$ 就称为磁型并矢格林函数。

对式（7.8.3）两侧求旋度就可以得到 $\overline{\overline{G}}_m(\boldsymbol{r},\ \boldsymbol{r}')$ 所满足的方程

$$\nabla\times\nabla\times\overline{\overline{G}}_m(\boldsymbol{r},\boldsymbol{r}')-k^2\overline{\overline{G}}_m(\boldsymbol{r},\boldsymbol{r}')=\nabla\delta(\boldsymbol{r}-\boldsymbol{r}')\times\overline{\overline{I}} \tag{7.8.8}$$

这里用到了并矢的运算关系 $\nabla\times\overline{\overline{I}}\Psi=\nabla\Psi\times\overline{\overline{I}}$。

7.8.2 无界域电磁场并矢格林函数

上面我们定义了电磁场的并矢格林函数及其所满足的矢量微分算子方程，

但这些只是形式上的相互关系，并没有给出格林函数的具体形式。下面我们用间接方法导出 $\overline{\overline{G}}_e(\boldsymbol{r},\boldsymbol{r}')$ 与标量格林函数 $G(\boldsymbol{r},\boldsymbol{r}')$ 之间的关系。

我们知道，在均匀介质空间，电场可以用矢势 $\boldsymbol{A}$ 和标量势 φ 表示为

$$E(\boldsymbol{r})=-\mathrm{i}\omega\boldsymbol{A}-\nabla\varphi(\boldsymbol{r}) \tag{7.8.9}$$

其中，$\boldsymbol{A}$ 和 φ 又分别满足

$$\nabla^2\boldsymbol{A}(\boldsymbol{r})+k^2\boldsymbol{A}(\boldsymbol{r})=-\mu\boldsymbol{J}(\boldsymbol{r}) \tag{7.8.10}$$

$$\nabla^2\varphi(\boldsymbol{r})+k^2\varphi(\boldsymbol{r})=-\rho(\boldsymbol{r})/\varepsilon \tag{7.8.11}$$

在 7.1 节中我们已求得方程（7.1.21）的解，可用式（7.1.26）表示。在三维自由空间中，式（7.1.26）中的格林函数满足方程

$$\nabla^2 G(\boldsymbol{r},\boldsymbol{r}')+k^2 G(\boldsymbol{r},\boldsymbol{r}')=-\delta(\boldsymbol{r}-\boldsymbol{r}') \tag{7.8.12}$$

该方程的解已熟知[1]，其形式为

$$G(\boldsymbol{r},\boldsymbol{r}')=\frac{\mathrm{e}^{-\mathrm{i}k|\boldsymbol{r}-\boldsymbol{r}'|}}{4\pi\,|\boldsymbol{r}-\boldsymbol{r}'|} \tag{7.8.13}$$

把一维微分算子方程格林函数解的方法推广到三维可知，格林函数（7.8.13）也适用于方程（7.8.11），于是，$\varphi(\boldsymbol{r})$ 可以表示为

$$\varphi(\boldsymbol{r})=\frac{1}{\varepsilon}\int_V G(\boldsymbol{r},\boldsymbol{r}')\rho(\boldsymbol{r}')\mathrm{d}V' \tag{7.8.14}$$

对于方程（7.8.10），可以分解为三个分量方程，然后用上面的方法得到每个分量通过与 $G(\boldsymbol{r},\boldsymbol{r}')$ 相关的积分解，再经合成后就可得到

$$\boldsymbol{A}(\boldsymbol{r})=\mu\int_V G(\boldsymbol{r},\boldsymbol{r}')\boldsymbol{J}(\boldsymbol{r}')\mathrm{d}V' \tag{7.8.15}$$

因为电场 $\boldsymbol{E}(\boldsymbol{r})$ 可以由 $\boldsymbol{A}$ 和 φ 表示为

$$\boldsymbol{E}(\boldsymbol{r})=-\mathrm{i}\omega\boldsymbol{A}-\nabla\varphi(\boldsymbol{r})$$

于是，利用以上的结果，$\boldsymbol{E}(\boldsymbol{r})$ 可以通过 $G(\boldsymbol{r},\boldsymbol{r}')$ 表示出来

$$\boldsymbol{E}(\boldsymbol{r})=-\mathrm{i}\omega\mu\int_V G(\boldsymbol{r},\boldsymbol{r}')\boldsymbol{J}(\boldsymbol{r}')\mathrm{d}V'-\frac{\nabla}{\varepsilon}\int_V G(\boldsymbol{r},\boldsymbol{r}')\rho(\boldsymbol{r}')\mathrm{d}V'$$

利用连续性方程

$$\nabla\cdot\boldsymbol{J}(\boldsymbol{r})=-\mathrm{i}\omega\rho(\boldsymbol{r})$$

又可把上式改写成

$$\boldsymbol{E}(\boldsymbol{r})=-\mathrm{i}\omega\mu\int_V G(\boldsymbol{r},\boldsymbol{r}')\boldsymbol{J}(\boldsymbol{r}')\mathrm{d}V'-\frac{\nabla}{\mathrm{i}\omega\varepsilon}\int_V G(\boldsymbol{r},\boldsymbol{r}')\nabla'\cdot\boldsymbol{J}(\boldsymbol{r}')\mathrm{d}V' \tag{7.8.16}$$

利用恒等式 $\nabla\cdot(\phi\boldsymbol{F})=\phi\nabla\cdot\boldsymbol{F}-\boldsymbol{F}\cdot\nabla\phi$ 可知

$$\nabla'\cdot[G(\boldsymbol{r},\boldsymbol{r}')\boldsymbol{J}(\boldsymbol{r}')]=G(\boldsymbol{r},\boldsymbol{r}')\nabla\cdot\boldsymbol{J}(\boldsymbol{r}')+\boldsymbol{J}(\boldsymbol{r}')\cdot\nabla'G(\boldsymbol{r},\boldsymbol{r}')$$

于是

$$\int_V G(\boldsymbol{r},\boldsymbol{r}')\nabla'\cdot\boldsymbol{J}(\boldsymbol{r}')\mathrm{d}V'=\int_V\nabla'\cdot[G(\boldsymbol{r},\boldsymbol{r}')\boldsymbol{J}(\boldsymbol{r}')]\mathrm{d}V'-\int_V\boldsymbol{J}(\boldsymbol{r}')\cdot\nabla'G(\boldsymbol{r},\boldsymbol{r}')\mathrm{d}V'$$

由高斯定理知

$$\int_V\nabla'\cdot[G(\boldsymbol{r},\boldsymbol{r}')\boldsymbol{J}(\boldsymbol{r}')]\mathrm{d}V'=\oint_S G(\boldsymbol{r},\boldsymbol{r}')\boldsymbol{J}(\boldsymbol{r}')\cdot\boldsymbol{n}\mathrm{d}S'=0$$

再考虑到

$$\nabla'G(\boldsymbol{r},\boldsymbol{r}')=-\nabla G(\boldsymbol{r},\boldsymbol{r}')$$

则式（7.8.16）变为

$$\boldsymbol{E}(\boldsymbol{r})=-\mathrm{i}\omega\mu\int_V G(\boldsymbol{r},\boldsymbol{r}')\boldsymbol{J}(\boldsymbol{r}')+\frac{\nabla}{\mathrm{i}\omega\varepsilon}\int_V\nabla G(\boldsymbol{r},\boldsymbol{r}')\cdot\boldsymbol{J}(\boldsymbol{r}')\mathrm{d}V'$$

上式中变换微分和积分的顺序后就可得到

$$\begin{aligned}\boldsymbol{E}(\boldsymbol{r})&=-\mathrm{i}\omega\mu\int_V G(\boldsymbol{r},\boldsymbol{r}')\boldsymbol{J}(\boldsymbol{r}')\mathrm{d}V+\frac{\nabla\nabla}{\mathrm{i}\omega\varepsilon}\int_V G(\boldsymbol{r},\boldsymbol{r}')\cdot\boldsymbol{J}(\boldsymbol{r}')\mathrm{d}V'\\&=-\mathrm{i}\omega\mu\int_V[\overline{\overline{I}}+\frac{\nabla\nabla}{k^2}]G(\boldsymbol{r},\boldsymbol{r}')\cdot\boldsymbol{J}(\boldsymbol{r}')\mathrm{d}V'\end{aligned}\tag{7.8.17}$$

由解的唯一性可知，式（7.8.17）的 $\boldsymbol{E}(\boldsymbol{r})$ 应该与式（7.8.3）中的 $\boldsymbol{E}(\boldsymbol{r})$ 相等，如果电流源相同，故应有

$$\overline{\overline{G}}_e(\boldsymbol{r},\boldsymbol{r}')=[\overline{\overline{I}}+\frac{\nabla\nabla}{k^2}]G(\boldsymbol{r},\boldsymbol{r}')\tag{7.8.18}$$

这样我们就把自由空间的电型并矢格林函数通过自由空间的标量格林函数表示了出来。

7.8.3 有界域中的并矢格林函数

设所考虑的有界区域为 Ω，其表面足够光滑并用 S 表示，其中的介质均匀各向同性，介质参数为 ε 和 μ 。若在其中只存在电流源，则其中的电磁场仍然满足矢量微分算子非齐次方程（7.8.1）和（7.8.2）。但是，由于是有界区域，电磁场需在 S 上满足相应的边界条件，对两种理想的情况为：

对理想电壁

$$\boldsymbol{n}\times\boldsymbol{E}(\boldsymbol{r})|_S=0\tag{7.8.19}$$

$$\boldsymbol{n}\times\nabla\times\boldsymbol{H}(\boldsymbol{r})|_S=0\tag{7.8.20}$$

对理想磁壁

$$\boldsymbol{n}\times\boldsymbol{H}(\boldsymbol{r})|_S=0\tag{7.8.21}$$

$$\boldsymbol{n}\times\nabla\times\boldsymbol{E}(\boldsymbol{r})=0\tag{7.8.22}$$

此外，电型并矢格林函数和磁型并矢格林函数所满足的方程分别仍然是（7.8.5）和（7.8.8），但是，它们也必须满足相应的边界条件。为了清晰，我

们给不同的并矢格林函数加上角标，其方法是：满足第一类齐次边界条件的加角标（1），满足第二类齐次边界条件的加角标（2）。于是，并矢格林函数需满足的边界条件为

$$\boldsymbol{n}\times\overline{\overline{G}}_e^{(1)}(\boldsymbol{r},\boldsymbol{r}')|_S=0 \tag{7.8.23}$$

$$\boldsymbol{n}\times\overline{\overline{G}}_m^{(1)}(\boldsymbol{r},\boldsymbol{r}')|_S=0 \tag{7.8.24}$$

$$\boldsymbol{n}\times\nabla\times\overline{\overline{G}}_e^{(2)}(\boldsymbol{r},\boldsymbol{r}')|_S=0 \tag{7.8.25}$$

$$\boldsymbol{n}\times\nabla\times\overline{\overline{G}}_m^{(2)}(\boldsymbol{r},\boldsymbol{r}')|_S=0 \tag{7.8.26}$$

可以证明，以上各并矢格林函数之间存在以下关系

$$\overline{\overline{G}}_m^{(1,2)}(\boldsymbol{r},\boldsymbol{r}')=\nabla\times\overline{\overline{G}}_e^{(2,1)}(\boldsymbol{r},\boldsymbol{r}') \tag{7.8.27}$$

$$\overline{\overline{G}}_e^{(1,2)}(\boldsymbol{r},\boldsymbol{r}')=\frac{1}{k^2}[\nabla\times\overline{\overline{G}}_m^{(2,1)}(\boldsymbol{r},\boldsymbol{r}')-\overline{\overline{I}}\delta(\boldsymbol{r},\boldsymbol{r}')] \tag{7.8.28}$$

此外，它们之间还满足以下对称关系：

$$\overline{\overline{G}}_e^{(1,2)}(\boldsymbol{r},\boldsymbol{r}')=[\overline{\overline{G}}_e^{(1,2)}(\boldsymbol{r}',\boldsymbol{r})]^{\mathrm{T}} \tag{7.8.29}$$

$$\overline{\overline{G}}_m^{(1,2)}(\boldsymbol{r},\boldsymbol{r}')=[\overline{\overline{G}}_m^{(2,1)}(\boldsymbol{r}',\boldsymbol{r})]^{\mathrm{T}} \tag{7.8.30}$$

$$\nabla\times\overline{\overline{G}}_e^{(1,2)}(\boldsymbol{r},\boldsymbol{r}')=[\nabla'\times\overline{\overline{G}}_e^{(2,1)}(\boldsymbol{r}',\boldsymbol{r})]^{\mathrm{T}} \tag{7.8.31}$$

$$\nabla\times\overline{\overline{G}}_m^{(1,2)}(\boldsymbol{r},\boldsymbol{r}')=[\nabla'\times\overline{\overline{G}}_m^{(1,2)}(\boldsymbol{r}',\boldsymbol{r})]^{\mathrm{T}} \tag{7.8.32}$$

实际求出并矢格林函数具体解析表达形式是一个比较复杂的过程，已有一些专著比较具体地讨论这些问题。

第 8 章
微分算子方程变分原理

变分方法在科学技术问题中的应用已经有了很长的历史，它的基础是泛函的极值问题。在早期，主要是用此法把需要解决的问题化为求解相应的微分算子方程进行求解。当代，不仅在理论上有了很多发展，在应用方面也在不断扩展。由于需要解决的问题越来越复杂，算子方程的求解越来越困难，求近似解已经成了主要方向。在计算机技术高度发展的当下，求微分算子方程的数值解成为主要研究课题，这时算子方程的变分原理具有重要作用。

8.1 泛函的极值问题

8.1.1 泛函极值问题的由来和意义

泛函的极值问题又称变分问题，它的早期发展被称为变分法，当时主要是把泛函的极值问题归于等价的微分方程的求解。随着变分法的发展，逐步形成为变分学。

在自然科学和工程技术中大量涌现的优化问题，其本质也是泛函的极值问题。电子计算机技术的发展极大地促进了泛函极值问题的研究，不仅在一般函数空间中发展了泛函的极值理论，而且还找到了求泛函极值的多种方法。

当代变分学的应用与早期不同，一方面是因为微分方程的求解只有简单情况才能得到解析解，而且极值问题的求解已变得相对容易。所以，很多复杂的微分方程问题的求解又返回来，由与它等价的变分问题作为出发点，以期用计算机技术求得其近似数值解，其中最典型的就是基于变分原理的有限元方法。

所谓优化问题，其基本内容是从各种解决问题的可能方法中选出最优的一种，在科学技术的各领域中具有重要意义。

泛函的极值问题主要可分为两大类，一类是无约束泛函极值问题，或称无条件极值问题；另一类是约束极值问题，它要求在满足一定条件的情况下求泛函的极值。约束条件又可称为等式约束和不等式约束。

在数学分析中也讨论函数的极值问题，那时的变量就是函数的变元。泛函的极值概念不同的是，其变元为函数空间中的元素。因此，泛函极值问题的现代理论建立在一般函数空间中。

8.1.2　泛函极值问题的提法

在历史上一个典型的无约束极值问题是捷线问题，其内容可概述为：在铅直平面中的不同高度上给定两点 A 和 B，A 高于 B。设一质点在初速为零且仅受重力作用的情况下沿光滑曲线由点 A 无摩擦地滑行到 B 点，问题是光滑曲线具有什么样的形状使质点滑行的时间最短。等周问题则是典型的约束极值问题，它的内容是，在平面上从长度为 l 的所有闭合光滑曲线中找出一条曲线，使它所围区域的面积最大。

由以上所举算例可以看出，所谓无约束极值并不是不考虑任何条件。在捷线问题中实际上要求曲线光滑且两端固定，被认为是规定了容许函数的类别。在等周问题中曲线的长度 l 则是一种约束条件。

下面我们给出泛函极值问题的一种简洁、概括性的一般性提法。

设 X 是一线性赋范空间，$D\subset X$，f：$D\to R$ 为一实泛函。寻求一矢量 $x'\in D$，使得

$$f(x')\leqslant f(x),\quad \forall x\in D \tag{8.1.1}$$

或

$$f(x')=\min_{x\in D}f(x) \tag{8.1.2}$$

该问题称为泛函 f 在约束集合 D 中的极小值问题。$f(x')$ 就是 f 在 D 上的极小值，x'则是 f 在 D 上的极小点。若将式（8.1.1）中等号去掉就称为严格的极小值。当 $D=X$ 时就称之为泛函的无约束极值问题，这里的 X 称为容许函数空间。因此，泛函极值问题就是在容许函数空间中选取一函数，使得相应的泛函取极值。如果对选择的函数范围再加限制，就称为约束极值问题。

在式（8.1.1）所表示的问题中，如果再加入条件，有 $x'\in D$，存在 $\varepsilon>0$，使得

$$f(x')\leqslant f(x),\quad \forall x\in B(x',\varepsilon)\cap D$$

则称泛函 f 在 x' 取局部极小值，x' 即为 f 的局部极小点。寻求这样的极小值就称为泛函的局部极值问题。

8.2 泛函的微分（变分）

为了对泛函的极值问题进行理论分析，首先要考虑极值存在的条件，这些条件将与泛函的微分特性有关。由于泛函是一种特殊的算子，所以讨论泛函的微分时可以从一般算子的微分入手。算子的微分应是函数微分概念的发展，我们将从函数概念开始讨论。

8.2.1 经典变分法中的变分概念

我们要在函数空间中讨论泛函的变分问题，因此在讨论泛函的变分时总要涉及函数改变量的描述，这就需要函数的变分概念。

函数 $y(x)$ 的变分是指在函数空间中非常靠近的两个函数 $y_1(x)$ 和 $y_2(x)$ 的差，并用 $\delta y(x)$ 表示，即

$$\delta y(x)=y_1(x)-y_2(x)=y(x)+\varepsilon\eta(x) \tag{8.2.1}$$

这里的 x 为参数，它在 $y(x)$ 的定义域中可取任意值。根据对函数差的要求不同，变分有不同的近似程度。一般要求对任意 x 两函数之差至少是一阶无穷小量。

如果容许函数类由可微函数组成，则有

$$\begin{aligned}\mathrm{d}(\delta y)&=\mathrm{d}[y_1(x)-y_2(x)]\\&=\mathrm{d}[y_1(x)]-\mathrm{d}[y_2(x)]\\&=\delta(\mathrm{d}y)\end{aligned} \tag{8.2.2}$$

即对可微函数而言微分与变分的次序是可以交换的。

以上概念可以用于泛函。设 $f(y)$ 为泛函，则由 δy 引起的泛函 $f(y)$ 的增量为

$$\Delta f=f[y(x)+\delta y(x)]-f[y(x)]$$

如果 Δf 可展开为线性泛函项和非线性泛函项，即

$$\Delta f=L[y(x),\delta y(x)]+\Phi[y(x),\delta y(x)]\cdot\varepsilon\max|\delta y(x)|$$

其中，L 为线性泛函，Φ 为非线性的且为 $\delta y(x)$ 的同阶或更高阶的无穷小量。当 $\delta y(x)$ 趋于零时，非线性项趋于零，则定义泛函的变分量等于泛函改变量的线性部分，即

$$\delta f(y)=L[y(x),\delta y(x)] \tag{8.2.3}$$

或者说，泛函的变分是泛函增量的主部。

所谓 L 对 δy 的线性就是指

$$L[y(x),C\delta y(x)]=CL[y(x),\delta y(x)]$$

$$L[y(x),\delta y(x)+\delta y_1(x)]=L[y(x),\delta y(x)]+L[y(x),\delta y_1(x)]$$

泛函的变分还有另外一种定义，由拉格朗日给出。该定义为

$$\delta f=\frac{\partial}{\partial \varepsilon}f[y(x)+\varepsilon\delta y(x)]_{\varepsilon=0} \tag{8.2.4}$$

可以证明，以上两种定义是等价的。如果 $f(y)$ 的变分存在，则其增量可表示为

$$\begin{aligned} & f[y(x)+\varepsilon\delta y(x)]-f[y(x)] \\ & =L[y(x),\ \varepsilon\delta y(x)]+\Phi[y(x),\ \varepsilon\delta y(x)]\cdot\varepsilon\max|\delta y(x)| \end{aligned} \tag{8.2.5}$$

而且，由于 L 为线性的，故有

$$L[y(x),\varepsilon\delta y(x)]=\varepsilon L[y(x),\delta y(x)]$$

于是，将式（8.2.5）两侧对 ε 求导可得

$$\begin{aligned} & \frac{\partial}{\partial \varepsilon}L[y(x)+\varepsilon\delta y(x)] \\ & =L[y(x),\delta y(x)]+\Phi[y(x),\varepsilon\delta y(x)]\cdot\max|\delta y(x)| \\ & \quad +\varepsilon\frac{\partial}{\partial \varepsilon}\{\Phi[y(x),\varepsilon\delta y(x)]\}\cdot\max|\delta y(x)| \end{aligned}$$

由此可知，当 $\varepsilon\to 0$ 时就有

$$\begin{aligned} \frac{\partial}{\partial \varepsilon}f[y(x)+\varepsilon\delta y(x)] & =L[y(x),\delta y(x)] \\ & =\delta f[y(x)] \end{aligned} \tag{8.2.6}$$

这说明上述所给泛函数变分的两种定义的确是等价的，而且后一种定义有时用起来更为方便。

8.2.2　算子的加脱微分

加脱（Gateaux）微分是数学分析中方向导数概念的推广，又与上面介绍的泛函数的变分概念相关，但它是在抽象空间中对一般算子定义的，所以具有更广泛的意义。这种微分定义的特点是条件要求比较少，不要求算子一定连续，也不要求算子的定义域是赋范空间，因此常被称为弱微分。它的应用范围较广，特别是对泛函求微分用起来很方便。

定义 8.1（加脱微分）　设 X 是一线性空间，Y 为赋范线性空间，T 是定义在 $D\subset X$ 上的算子（可以是非线性的），且 T 的值域 $R(T)\subset Y$。设 $x\in D$，任取 $h\in X$，若极限

$$\delta T(x,h)=\lim_{\alpha\to 0}\frac{1}{\alpha}[T(x+\alpha h)-T(x)] \tag{8.2.7}$$

存在，则称 $\delta T(x,h)$ 为 T 在 x 处关于 h 的加脱微分。若对每个 $h\in X$ 上述极限的存在，则称 T 在 x 处是加脱可微的。这里所谓极限存在是指在 Y 中按范数收敛。若记 $\delta T(x,h)=T'(x)\ h$，则 $T'(x)$ 称为在 x 点关于 h 的加脱导数。

这里的 x 必须充分小，以保证 $x+\alpha h\in D$，否则就没有意义了。显然，当 x 固定而让 h 变化时，加脱微分定义了一个从 X 到 Y 的算子。

当 T 为线性算子时，由于

$$T(x+\alpha h)=T(x)+\alpha T(h)$$

可得

$$\lim_{\alpha\to 0}\frac{1}{\alpha}[T(x+\alpha h)-T(x)]=\lim_{\alpha\to 0}\frac{1}{\alpha}[\alpha T(h)]=T(h)$$

从而可知，对线性算子 T 而言

$$\delta T(x,h)=T(h) \tag{8.2.8}$$

此外，由于加脱微分是按范数收敛意义下的极限存在，故加脱微分又可表示为

$$\lim_{\alpha\to 0}\left\|\frac{T(x+\alpha h)-T(x)}{\alpha}-\delta T(x,h)\right\|=0 \tag{8.2.9}$$

若 Y 是实数域 R，则 T 是 X 上的泛函。当 T 的加脱微分存在且用 f 表示该泛函时，就有

$$\delta f(x,h)=\lim_{\alpha\to 0}\frac{f(x+\alpha h)-f(x)}{\alpha} \tag{8.2.10}$$

δf 也被称为泛函 f 的一阶变分。

若令 $\varphi(\alpha)=f(x+\alpha h)$，则可知

$$\begin{aligned}\mathrm{d}f(x,h)&=\lim_{\alpha\to 0}\frac{\varphi(\alpha)-\varphi(0)}{\alpha}\\&=\left.\frac{\mathrm{d}\varphi(\alpha)}{\mathrm{d}\alpha}\right|_{\alpha=0}\\&=\left.\frac{\partial}{\partial\alpha}f(x+\alpha h)\right|_{\alpha=0}\end{aligned} \tag{8.2.11}$$

这一结果在形式上与古典变分法中关于泛函变分的定义式（8.2.4）类似，可以认为式（8.2.11）是式（8.2.4）的推广，由此可以看出二者之间的内在联系。

为了说明加脱微分的计算方法，下面给出两个算例。

例 8.1 计算 R^n 中的实函数 $f(\xi_1,\xi_{21},\cdots,\xi_n)$ 对于 R^n 中的一点 $x_\sigma=(\zeta_1,\zeta_{21},\cdots,\xi_n)$ 和 $h=(h_1,h_2,\cdots,h_n)$ 时的加脱微分。

解 根据式（8.2.11）我们有

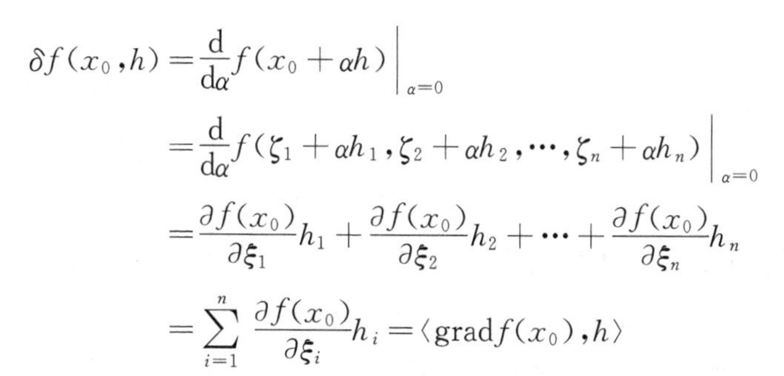

$$\begin{aligned}\delta f(x_0,h)&=\frac{\mathrm{d}}{\mathrm{d}\alpha}f(x_0+\alpha h)\Big|_{\alpha=0}\\&=\frac{\mathrm{d}}{\mathrm{d}\alpha}f(\zeta_1+\alpha h_1,\zeta_2+\alpha h_2,\cdots,\zeta_n+\alpha h_n)\Big|_{\alpha=0}\\&=\frac{\partial f(x_0)}{\partial\xi_1}h_1+\frac{\partial f(x_0)}{\partial\xi_2}h_2+\cdots+\frac{\partial f(x_0)}{\partial\xi_n}h_n\\&=\sum_{i=1}^{n}\frac{\partial f(x_0)}{\partial\xi_i}h_i=\langle \mathrm{grad}f(x_0),h\rangle\end{aligned}$$

这说明多元函数的加脱微分就是它的方向导数。

例 8.2　设$X=C[0,1]$，求定义在 X 上的泛函

$$f(x)=\int_0^1 g(x(t),t)\mathrm{d}t$$

的加脱微分。假定二元函数 $g(x,t)$ 的偏导数 $g'_x(x,t)$ 是连续的。

解　任取 $h(t)\in C[0,1]$，根据定义应有

$$\begin{aligned}\delta f(x,h)&=\frac{\mathrm{d}}{\mathrm{d}\alpha}\int_0^1 g(x(t)+\alpha h(t),t)\mathrm{d}t\Big|_{\alpha=0}\\&=\int_0^1 g'_x(x(t)+\alpha h(t),t)h(t)\mathrm{d}t\Big|_{\alpha=0}\\&=\int_0^1 g'_x(x(t)+t)h(t)\mathrm{d}t\end{aligned}$$

不难看出，这是关于 $h(t)\in C[0,1]$ 的有界线性泛函，对所有的 $x\in C[0,1]$ 成立。因此，该泛函 f 是加脱可微的。

8.2.3　算子的弗雷歇微分

上面所定义的加脱微分所要求的条件是十分弱的，它的定义没有涉及算子定义域中的范数。但是，也正是因此，加脱微分的性质不容易和算子的连续性联系起来。下面将要讨论的弗雷歇（Frechet）微分要求算子的定义域是赋范线性空间。因此，相对于加脱微分它是一种强微分。

定义 8.2（弗雷歇微分）　设 T 是定义在赋范空间 X 中的开集 D 上的算子，其值域落在赋范空间 Y 中。若对固定的 $x\in D$ 及每一个 $h\in X$ 都存在 $\mathrm{d}T(x,h)\in Y$，关于 h 是线性的且连续，并有

$$\lim_{\|h\|\to 0}\frac{\|T(x+h)-T(x)-\mathrm{d}T(x,h)\|}{\|h\|}=0$$

则称 T 在点 x 是弗雷歇可微的，并称 $\mathrm{d}T(x,h)$ 为 x 点关于 h 的弗雷歇微分，$\mathrm{d}T(x,h)=T'(x)h$，其中 $T'(x)$ 称为 T 的弗雷歇导数。

定理 8.1（弗雷歇微分的唯一性）　如果算子 T 弗雷歇可微，则其弗雷歇微

分是唯一的。

证明 设 $\mathrm{d}T(x,h)$ 和 $\mathrm{d}_1T(x,h)$ 均为算子 T 的弗雷歇微分，则根据定义有

$$\begin{aligned}\|\mathrm{d}T(x,h)-\mathrm{d}_1T(x,h)\| \leqslant &\|T(x+h)-T(x)-\mathrm{d}T(x,h)\| \\ &+\|T(x+h)-T(x)-\mathrm{d}_1T(x,h)\|\end{aligned}$$

根据弗雷歇微分的定义，上式右侧两项都是 $\|h\|$ 的高阶无穷小量，所以

$$\|\mathrm{d}T(x,h)-\mathrm{d}_1T(x,h)\|=o(\|h\|)$$

故当 $\|h\|\to 0$ 时有，$\mathrm{d}T(x,h)=\mathrm{d}_1T(x,h)$。

定理 8.2（弗雷歇可微则加脱可微） 若算子 T 在 x 处弗雷歇可微，则它在点 x 处加脱可微，且它的弗雷歇微分等于加脱微分。

证明 若 T 在 x 处的弗雷歇微分 $\mathrm{d}T(x,h)$ 存在，则由于 $\|\alpha h\|=\|\alpha\|\ \|h\|$。根据定义，对选定的 h 弗雷歇微分可表示为

$$\lim_{\alpha\to 0}\frac{1}{\alpha}\|T(x+\mathrm{d}h)-T(x)-\mathrm{d}T(x,\alpha h)\|=0$$

由于 $\mathrm{d}T(x,\alpha h)$ 关于 h 是线性的，即有

$$\mathrm{d}T(x,\alpha h)=\alpha\mathrm{d}T(x,h)$$

于是有

$$\lim_{\alpha\to 0}\left\|\frac{T(x+\alpha h)-T(x)}{\alpha}-\mathrm{d}T(x,h)\right\|=0$$

由此便得

$$\mathrm{d}T(x,h)=\lim_{\alpha\to 0}\frac{1}{\alpha}[T(x+\alpha h)-T(x)]=\delta T(x,h)$$

这说明只要弗雷歇微分存在，则加脱微分也存在，而且二者相等。

对于泛函而言，由定理 8.2 及以前的讨论可知，只要弗雷歇微分存在，则它的加脱微分也存在，因此其一阶变分也存在。

下面用实例加以说明：设有泛函 f：$R^2\to R$，且 $x=(\xi_1,\xi_2)$，定义

$$f(x)=\xi_1\xi_2+\xi_1^2$$

求 f 对 $h=(h_1,h_2)$ 的弗雷歇微分。

由于

$$\begin{aligned}f(x+h)-f(x)&=(\xi_1+h_1)(\xi_2+h_2)+(\xi_1+h_1)^2-(\xi_1\xi_2+\xi_1^2)\\&=\xi_1h_2+\xi_2h_1+2\xi_1h_1+h_1h_2+h_1^2\end{aligned}$$

则根据定义有

$$\lim_{\|h\|\to 0}\frac{\|f(x+h)-f(x)-\mathrm{d}f(x,h)\|}{\|h\|}$$

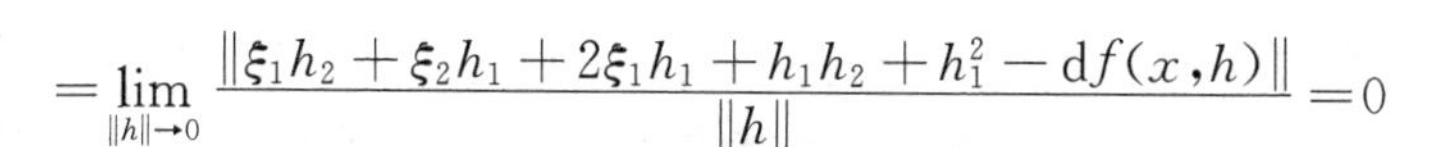

$$=\lim_{\|h\|\to 0}\frac{\|\xi_1 h_2+\xi_2 h_1+2\xi_1 h_1+h_1 h_2+h_1^2-\mathrm{d}f(x,h)\|}{\|h\|}=0$$

又由于

$$\|h\|=\sqrt{\langle h,h\rangle}=\sqrt{h_1^2+h_2^2}$$

故要 $\| h \| \to 0$，必须 $h_1\to 0$，$h_2\to 0$，所以有

$$\lim_{\| h \| \to 0}\frac{h_1 h_2+h_1^2}{\| h \|}=0$$

于是

$$\begin{aligned}\mathrm{d}f(x,h)&=\xi_1 h_2+\xi_2 h_1+2\xi_1 h_1\\&=(\xi_2+2\xi_1)h_1+\xi_1 h_2\\&=(\xi_2+2\xi_1,\xi_1)\cdot\begin{pmatrix}h_1\\h_2\end{pmatrix}\\&=\left(\frac{\partial f}{\partial \xi_1},\frac{\partial f}{\partial \xi_2}\right)\cdot\begin{pmatrix}h_1\\h_2\end{pmatrix}\\&=4f\cdot h\end{aligned}$$

由此可知，泛函 f 关于 h 的弗雷歇微分就是 f 沿 h 的方向导数。已知 f 的加脱微分也正是这种方向导数，故两者一致。

8.3　泛函的无约束极值

如前所述，在古典变分法中，如果泛函极值的变量只受容许函数空间和应有边界条件的限制，则称为无约束极值问题。这类泛函极值问题的理论比较简单和完整，下面以较现代的形式给予简要表述。

8.3.1　泛函极值及其必要条件

上文中我们已经给出了泛函极值问题的基本概念，下面主要讨论泛函取极值的必要条件。

定义 8.3（驻点）　设 f 是定义在线性空间 X 中的一个子集 $D\subset X$ 上的泛函，若存在点 $x\in D$，对一切 $h\in X$ 均有加脱微分 $\delta f(x, h)=0$，则称 x 是泛函 f 在 D 上的驻点。

定理 8.3（泛函取极值的必要条件） 设泛函 f 在线性空间 X 中的点 x_0 是加脱可微的，则 f 在 x_0 点取极值的必要条件是对一切 $h\in X$ 都有 $\delta f(x_0, h)=0$。

证明 因为泛函 f 在 x_0 处取极值，则对一切 $h\in x$ 函数 $\varphi(x)=f(x_0+\alpha h)$ 在 $\alpha=0$ 时达到其极值。由数学分析可知，$\varphi(\alpha)$ 在 $\alpha=0$ 点取极值的必要条件为 $(\mathrm{d}\varphi(x)/\mathrm{d}\alpha)\,|_{\alpha=0}=0$，但因

$$\frac{\mathrm{d}}{\mathrm{d}\alpha}f(x_0+\alpha h)\,|_{\alpha=0}=\delta f(x_0,h) \tag{8.3.1}$$

所以，这就证明泛函 f 在 x_0 处取极值的必要条件正是 $\delta f(x_0,h)=0$。

以上结果容易推广到局部极值问题。

推论（局部极值的必要条件）设泛函 f 定义在线性空间 X 中的子集 D 上，f 在 $x_0\in D$ 处加脱可微，则 f 在 x_0 处取局部极值的必要条件是对一切 $h\in x$ 都有 $\delta f(x_0,h)=0$。

8.3.2 欧拉-拉格朗日方程

泛函极值的必要条件可以通过欧拉-拉格朗日（Euler-Lagrange）方程的形式表达出来，这样就由泛函的极值问题转变为求解等价的微分算子方程问题。

如果泛函 $J(x)$ 定义为

$$J(x)=\int_{t_1}^{t_2} f\left(t,x(t),\frac{\mathrm{d}x(t)}{\mathrm{d}t}\right)\mathrm{d}t \tag{8.3.2}$$

其中，$x(t)$ 为定义在区间 $[t_1,t_2]$ 上的函数。

为了完全确定这一泛函的极值问题，需要明确 x 是属于什么样的函数类。现在假定 f 是关于 t、x 和 $\mathrm{d}x/\mathrm{d}t$ 的连续函数，而 $x\in C'[t_1,t_2]$，并假定 $x(t_1)$ 和 $x(t_2)$ 是固定的，同时有 $h\in C'[t_1,t_2]$ 和 $h(t_1)=h(t_2)=0$。

可以证明，这样定义的泛函 $J(x)$ 在 $C'[t_1,t_2]$ 上是加脱可微的，这是因为

$$\begin{aligned}\delta J(x,h)&=\frac{\mathrm{d}}{\mathrm{d}\alpha}\int_{t_1}^{t_2} f\left(t,x+\alpha h,\frac{\mathrm{d}x}{\mathrm{d}t}+\alpha\frac{\mathrm{d}h}{\mathrm{d}t}\right)\mathrm{d}t\,\bigg|_{\alpha=0}\\&=\int_{t_1}^{t_2} f_x(t,x,\dot{x})h\mathrm{d}t+\int_{t_1}^{t_2} f_{\dot{x}}(t,x,\dot{x})\dot{h}\mathrm{d}t\end{aligned} \tag{8.3.3}$$

其中，$f_x=\partial f/\partial x$，$\dot{x}=\mathrm{d}x/\mathrm{d}t$，其他类推。上式右侧的积分显然都是存在的，故知 $J(x)$ 是加脱可微的。

根据以前所述理论，$J(x)$ 在 x 处达到极值的必要条件是，对于所有 h 应该有 $\delta J(x,h)=0$。

根据必要条件，由式（8.3.3）导出欧拉-拉格朗日方程，先要证明以下三个定理。

定理 8.4（变分法的基本引理）　若 $x(t)$ 在 $[t_1,t_2]$ 上连续，并对每个 $h\in C'[t_1,t_2]$ 和 $h(t_1)=h(t_2)=0$ 都有

$$\int_{t_1}^{t_2} xh\,\mathrm{d}t=0$$

则在 $[t_1,t_2]$ 内 $x(t)\equiv 0$。

证明　采用反证法。设 $x(t)$ 在某一点 $t'\in[t_1,t_2]$ 处不等于零，例如设 $x(t')=a>0$。由 $x(t)$ 的连续性，可在 $[t_1,t_2]$ 内选出 t'的邻域 $[\bar{t}_1,\bar{t}_2]$，当 $t\in[\bar{t}_1,\bar{t}_2]$ 时 $x(t)\geqslant\frac{a}{2}$，再取

$$h(t)=\begin{cases}(t-\bar{t}_1)^2(t-\bar{t}_2)^2, & t\in[\bar{t}_1,\bar{t}_2]\\ 0, & \text{其他}\end{cases}$$

则有

$$\int_{t_1}^{t_2} x(t)h(t)\mathrm{d}t\geqslant\frac{a}{2}\int_{\bar{t}_1}^{\bar{t}_2}(t-\bar{t}_1)^2(t-\bar{t}_2)^2\mathrm{d}t>0$$

这与假设矛盾，从而必须有 $x(t)\equiv 0$。

定理 8.5（变分法的另一引理）　若 $x(t)$ 在 $[t_1,t_2]$ 上连续，并对每个 $h\in C'[t_1,t_2]$ 且 $h(t_1)=h(t_2)=0$ 都有 $\int_{t_1}^{t_2} x\dot{h}\,\mathrm{d}t=0$，则在 $[t_1,t_2]$ 内 $x(t)=C=$常数。

证明　取 C 是由 $\int_{t_1}^{t_2}[x(t)-C]\mathrm{d}t=0$ 确定的常数，再取 $h(t)=\int_{t_1}^{t}[x(\tau)-C]\mathrm{d}\tau$，它显然满足定理中提出的对 $h(t)$ 规定的条件，亦即 $h(t)\in C'[t_1,t_2]$ 和 $h(t_1)=h(t_2)=0$。对这样的 h 应具有所给的条件 $\int_{t_1}^{t_2}x(t)\dot{h}(t)\mathrm{d}t=0$。由这些条件和 $\dot{h}(t)=x(t)-C$ 可知

$$\begin{aligned}\int_{t_1}^{t_2}[x(t)-C]^2\mathrm{d}t&=\int_{t_1}^{t_2}[x(t)-C]\dot{h}(t)\mathrm{d}t\\&=\int_{t_1}^{t_2}x(t)\dot{h}(t)\mathrm{d}t-C[h(t_2)-h(t_1)]=0\end{aligned}$$

这就要求在 $[t_1,t_2]$ 上 $x(t)\equiv C$。

定理 8.6（又一个变分法引理）　若 $x(t)$ 和 $y(t)$ 都在 $[t_1,t_2]$ 上连续，并对每个 $h\in C'[t_1,t_2]$ 且 $h(t_1)=h(t_2)=0$，有

$$\int_{t_1}^{t_2}[x(t)h(t)-y(t)\dot{h}(t)]\mathrm{d}t=0$$

则 $y(t)$ 是可微的，并在 $[t_1,t_2]$ 有 $\dot{y}(t)\equiv x(t)$。

证明　定义函数 $A(t)=\int_{t_1}^{t}x(\tau)\mathrm{d}\tau$，则

$$dA=x(t)dt$$

由于每个 $h\in C'[t_1,t_2]$，且 $h(t_1)=h(t_2)=0$，则用分部积分法可得

$$\int_{t_1}^{t_2} xh\,dt=\int_{t_1}^{t_2} h\,dA=hA\Big|_{t_1}^{t_2}-\int_{t_1}^{t_2} A\,dh$$
$$=-\int_{t_1}^{t_2} A\dot{h}\,dt$$

于是有

$$\int_{t_1}^{t_2}[x(t)h(t)+A(t)\dot{h}(t)]dt=0$$

与所给的条件 $\int_{t_1}^{t_2}[x(t)h(t)-y(t)\dot{h}(t)]dt=0$ 相减，可得

$$\int_{t_1}^{t_2}[A(t)-y(t)]\dot{h}(t)dt=0$$

根据定理 8.5，存在某个常数 C，使得

$$y(t)=A(t)+C$$

两边对 t 微商，并考虑 $A(t)$ 的定义，则有

$$\dot{y}(t)\equiv x(t)$$

现在我们回到式（8.3.3）并根据定理 8.2，泛函 $J(x)$ 取极值的必要条件可表示为

$$\delta J(x,h)=\int_{t_1}^{t_2}(f_x h+f_{\dot{x}}\dot{h})dt=0$$

只要令 $x=f_x$，$y=f_{\dot{x}}$，则根据定理 8.6，由上式立即可得 $\dot{y}=x$，立即得到

$$f_x(t,x,\dot{x})-\frac{d}{dt}f_{\dot{x}}(t,x,\dot{x})=0 \tag{8.3.4}$$

这就是欧拉-拉格朗日方程。这一方程是由泛函 $J(x)$ 取极值的必要条件 $\delta J(x,h)=0$ 导出的，它是泛函取极值必要条件的另一种表达形式。这种形式为微分算子方程，说明原来求泛函的极值问题转变为求解微分算子方程的问题。

上面只讨论了单变量函数的情况。如果是多变量函数的泛函，则得到的是偏微分算子方程。此外，只讨论了边界固定的情况，实际上有许多问题的边界值不是事先给定的，这类问题归于自由边界的泛函问题。

与无约束极值问题相对应的还有约束极值问题，其理论更为复杂。由于现代的应用方向已经发生变化，不再对这方面的理论进一步讨论。

8.4 求泛函极值问题的下降法

当代用计算机技术解决泛函的极值问题已经成为解决很多问题的主要方向。

从当前应用情况看，以共轭梯度法最为有效，它是下降法的一种。我们将主要介绍函数空间中共轭梯度法的基本原理，以及与下降法相关的一些问题。

8.4.1　下降法的一般原理

求泛函极值问题的一种直接方法是采取逐步减小泛函值的迭代方法。这种方法是全局收敛的，即从任一个初始点出发都是收敛的。这种迭代方法的基本思路是：

(1) 设待求极小值的泛函为 f，先给定一个初始点 x_0，并置迭代步 $n=0$。

(2) 选定初始搜索方向 p_0。

(3) 从 x_n 出发，沿方向 p_n 进行单维搜索，使 $f(x_{n+1})$ 为沿 p_n 方向极小，即令

$$x_{n+1}=x_n+\alpha_n p_n \tag{8.4.1}$$

其中

$$\alpha_n=\min_{\alpha} f(x_n+\alpha p_n) \tag{8.4.2}$$

其中 α 称为步长因子。

(4) 判断收敛条件是否得到满足。若已满足，x_n 即为待求的极值点，否则进行下一步。

(5) 重新选定方向 p_n，并以 $n+1$ 代表 n 后返回 (3)。

这种方法给出一个递减序列 $\{f(x_n)\}$，如果 f 有下界，则迭代过程必然使泛函值趋向某个极限 $\bar{f}$。如果算法能保证 $\bar{f}$ 确实是泛函 f 极小值的近似，而且算法所确定的序列 $\{x_n\}$ 确实收敛到极小点处，则这一方法是可行的。

当然，在保证计算正确的情况下还有一个重要的收敛速度问题。上述下降方法的优劣主要取决于序列 $\{p_n\}$ 的选取，它是收敛速度的主要决定因素。因此，这一问题的研究重点是如何选取序列 $\{p_n\}$，以使收敛速度尽量加快，使整个方法具有更优良的性能。p_n 的不同选取方法，构成了各种不同的下降法。

8.4.2　最速下降法

使泛函 f 极小化的下降法中，用得最广泛的一种称为最速下降法。在 n 维欧氏空间中所定义的多值函数，梯度方向代表了函数值增长最快的方向，因而负梯度方向就是函数值下降最快的方向，故称为最速下降方向。若在上述下降法中选 p_n 为负梯度方向，就称为最速下降法。

对于定义在希尔伯特空间 H 上的泛函 f 的极值问题，若 f 是弗雷歇可微的，且以 x_n 处 f 的负梯度方向作为搜索方向 p_n，则相应的方法也称为最速下降

法。所以，下面要讨论的下降法就是欧氏空间中最速下降法的推广。

我们将以二次泛函为例讨论这种方法的原理。定义在希尔伯特空间 H 上的二次泛函的一般形式为

$$f(x)=\langle x,Qx\rangle+2\langle b,x\rangle \tag{8.4.3}$$

其中，Q 为 H 上的自伴算子，b 为常量。二次泛函的极值问题在理论上具有特殊意义，因为只有对这种问题，最速下降法以及其他迭代法才能做详细的收敛性分析。而且，这个问题可以为其他各种方法提供一种比较的基点。实际上，二次泛函问题还有其广泛且重要的应用背景。

设 m 和 M 是正的有限常数，而且

$$\begin{cases} m=\inf\limits_{x\neq 0}\dfrac{\langle x,Qx\rangle}{\langle x,x\rangle} \\ M=\sup\limits_{x\neq 0}\dfrac{\langle x,Qx\rangle}{\langle x,x\rangle} \end{cases} \tag{8.4.4}$$

在这些条件下，存在唯一的使 f 为极小的矢量 x_0，并根据驻定条件 $\delta f(x,h)=0$ 可知，它满足方程

$$Qx_0=b \tag{8.4.5}$$

这样，求泛函 f 的极小值和极小点就完全等价于解线性方程（8.4.5）。也就是说，f 的极小值点的近似值 x 可以当成方程（8.4.5）的近似解。矢量

$$r=b-Qx$$

称为剩余矢量。不难证明，r 正是 f 在 x 点处的负梯度。

当对 f 应用最速下降法时，可取如下形式的迭代关系：

$$x_{n+1}=x_n+\alpha_n r_n \tag{8.4.6}$$

我们取

$$r_n=b-Qx_n$$

并取 α_n 使得 $f(x_{n+1})$ 为极小。令

$$x_{n+1}=x_n+\alpha r_n$$

于是 α_n 的值就可由下式使 $f(x_{n+1})$ 取极值时的 α 来确定，因为

$$\begin{aligned} f(x_{n+1}) &=\langle x_n+\alpha r_n,Q(x_n+\alpha r_n)\rangle-2\langle b,x_n+\alpha r_n\rangle \\ &=\alpha^2\langle r_n,Qr_n\rangle-2\alpha\langle r_n,r_n\rangle+\langle x_n,Qx_n\rangle-2\langle b,x\rangle \end{aligned}$$

显然，当

$$\alpha_n=\alpha=\frac{\langle r_n,r_n\rangle}{\langle r_n,Qr_n\rangle}$$

时，$f(x_{n+1})$ 取极小值。于是，最速下降法的过程应按下式进行：

$$x_{n+1}=x_n+\frac{\langle r_n,r_n\rangle}{\langle r_n,Qr_n\rangle}r_n \tag{8.4.7}$$

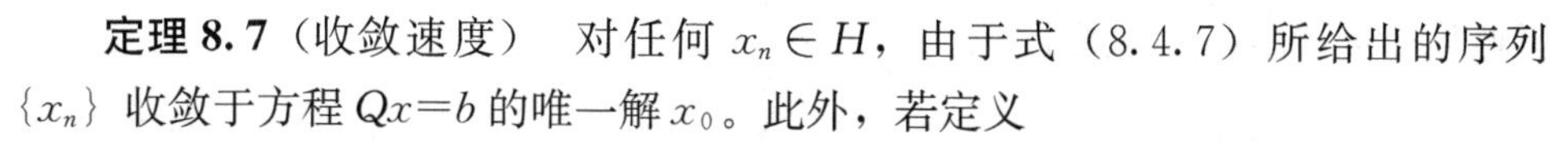

定理 8.7（收敛速度）　对任何 $x_n \in H$，由于式（8.4.7）所给出的序列 $\{x_n\}$ 收敛于方程 $Qx=b$ 的唯一解 x_0。此外，若定义

$$F(x)=\langle x-x_0, Q(x-x_0)\rangle$$

则最速下降法的收敛速度满足下面的关系

$$\begin{aligned}\langle y_n, y_n\rangle &\leqslant \frac{1}{m}F(x_n)\\ &\leqslant \frac{1}{m}\left(1-\frac{m}{M}\right)^n F(x_0)\end{aligned}$$

其中 $y_n=x_0-x_n$。

证明　由于 $Qx_0=b$，有

$$\begin{aligned}F(x) &= \langle x-x_0, Q(x-x_0)\rangle\\ &= \langle x, Qx\rangle - 2\langle x, b\rangle + \langle x_0, Qx_0\rangle\\ &= f(x) + \langle x_0, Qx_0\rangle\end{aligned}$$

所以，f 和 F 同时在点 x_0 达到最小值，而且 f 和 F 的梯度相等。

又由于

$$\frac{F(x_n)-F(x_{n+1})}{F(x_n)}=\frac{2\alpha_n\langle r_n, Qy_n\rangle-\alpha_n^2\langle r_n, Qr_n\rangle}{\langle y_n, Qy_n\rangle}$$

但因 $r_n=Qy_n$，则上式用 r_n 表示为

$$\begin{aligned}\frac{F(x_n)-F(x_{n+1})}{F(x_n)} &= \frac{\dfrac{2\langle r_n, r_n\rangle^2}{\langle r_n, Qr_n\rangle}-\dfrac{\langle r_n, r_n\rangle^2}{\langle r_n, Qr_n\rangle}}{\langle Q^{-1}r_n, r_n\rangle}\\ &= \frac{\langle r_n, r_n\rangle}{\langle r_n, Qr_n\rangle}\cdot\frac{\langle r_n, r_n\rangle}{\langle Q^{-1}r_n, r_n\rangle}\end{aligned}$$

因为 $\langle r_n, Qr_n\rangle \leqslant M\langle r_n, r_n\rangle$，根据 m 的定义又有 $\langle Q^{-1}r_n, r_n\rangle \leqslant \dfrac{1}{m}\langle r_n, r_n\rangle$，于是有

$$\frac{F(x_n)-F(x_{n+1})}{F(x_n)} \geqslant \frac{m}{M}$$

$$\frac{F(x_{n+1})}{F(x_n)} \leqslant 1-\frac{m}{M}$$

$$F(x_n) \leqslant \left(1-\frac{m}{M}\right)F(x_0)$$

最后便有

$$\langle y_n, y_n\rangle \leqslant \frac{1}{m}F(x_n) \leqslant \frac{1}{m}\left(1-\frac{m}{M}\right)^n F(x_0)$$

由此可见，最速下降法具有线性收敛速度，其收敛因子为 $1-\dfrac{m}{M}$。在这种情况下，虽然开始迭代时收敛速度较快，但由于是线性收敛速度，在接近极值点时

其收敛速度就不令人满意了。

8.4.3 共轭方向法

我们先来讨论在 n 维空间中共轭方向的概念。

定理 8.8（Q 共轭） 设

$$f(x)=\frac{1}{2}x^{\mathrm{T}}Qx+b^{\mathrm{T}}x+c \tag{8.4.8}$$

其中，$Q^{\mathrm{T}}=Q>0$ 为 $n\times n$ 阶对称正矩阵，x 为任意 n 维矢量。给定方向 p_1，并设与 p_1 平行的两条直线上 $f(x)$ 的最小点为 x_1 和 x_2，令 $p_2=x_2-x_1$，则

$$p_1^{\mathrm{T}}Qp_2=0 \tag{8.4.9}$$

并称 p_1 与 p_2 为 Q 共轭。

证明 设 g_1 和 g_2 为 $f(x)$ 在 x_1 和 x_2 点的梯度，因为

$$g_1=\nabla f(x_1)=Qx_1+b$$
$$g_2=\nabla f(x_2)=Qx_2+b$$

所以

$$g_2-g_1=Q(x_2-x_1)$$

又因为 x_1 和 x_2 为与 p_1 方向平行的直线上 $f(x)$ 的最小点，故 x_1 和 x_2 处 $f(x)$ 的方向导数为零，亦即

$$\langle p_1,g_1\rangle=0,\quad \langle p_1,g_2\rangle=0$$

或

$$p_1^{\mathrm{T}}g_1=0,\quad p_1^{\mathrm{T}}g_2=0$$

由此可得

$$p_1^{\mathrm{T}}(g_2-g_1)=0$$

于是有

$$p_1^{\mathrm{T}}(g_2-g_1)=p_1^{\mathrm{T}}Q(x_2-x_1)=p_1^{\mathrm{T}}Qp_2=0$$

这就证明 p_1 和 p_2 是 Q 共轭的。如果 Q 为单位矩阵，则 p_1 和 p_2 就是正交的，因此可以认为 Q 共轭是正交概念的推广。

人们利用这种共轭性质使下降法的收敛速度加快，就产生了共轭方向法。现在我们把 Q 共轭的概念推广到一般函数空间中，以便在函数空间中讨论泛函极值的共轭方向法。接下来讨论共轭梯度法。

定义 8.4（希尔伯特空间的 Q 共轭） 设 Q 为希尔伯特空间 H 上的自伴正算子，p，$q\in H$。如果

$$\langle p,Qq\rangle=0 \tag{8.4.10}$$

则称 p，q 是 Q 共轭或 Q 正交的。

定义 8.5（共轭序列）　对于一个希尔伯特空间 H 中的矢量序列 $\{p_n\}$，若其中每两矢量之间均是 Q 共轭的，则称此序列为 Q 共轭序列。

容易证明，由非零矢量构成的 Q 共轭序列是线性无关序列。

仍然考虑定义在希尔伯特空间 H 上的二次泛函

$$f(x)=\langle x,Qx\rangle-2\langle x,b\rangle \tag{8.4.11}$$

其中 Q 是自伴线性算子。若对所有的 $x\in H$ 及某个 M，$m>0$，Q 满足

$$\langle x,Qx\rangle\leqslant M\langle x,x\rangle$$

$$\langle x,Qx\rangle\geqslant m\langle x,x\rangle$$

则使 f 取极小值的唯一矢量 x_0 是方程

$$Qx=b$$

的唯一解。

重新定义内积和范数。对任意的 x，$y\in H$，定义

$$\langle x,y\rangle_Q=\langle x,Qy\rangle$$

$$\|x\|_Q=\sqrt{\langle x,Qx\rangle}$$

以构成新的希尔伯特空间 H_Q，在 H_Q 空间中泛函的极值问题可以看成是一个最小范数问题，因为它等价于求下式的极小值

$$\|x-x_0\|_Q^2=\langle x-x_0,Q(x-x_0)\rangle$$

设已有一个 Q 共轭序列 $\{p_n\}$，且

$$\langle p_i,Qp_i\rangle=1,\quad i=1,2,\cdots,n,\cdots \tag{8.4.12}$$

则它们在 H_Q 空间中是个归一正交序列。由于在希尔伯特空间中任何矢量都可以由该空间的任一归一正交矢量基展开为广义傅里叶级数，故在 H_Q 中矢量 x_0 可以展开为

$$x_0=\sum_{i=1}^{\infty}\langle x_0,p_i\rangle p_i \tag{8.4.13}$$

若把这一展开式的前 n 项部分和记作 x_n，由于 $\{p_n\}$ 是归一正交集，则 x_0-x_n 与由 $\{p_n\}$ 生成的闭子空间 M 是正交的。由投影定理可知，在一切 $x\in M$ 中，x_n 使 $\|x_0-x\|_Q$ 达到最小。因此，当 n 增加时，$\|x_0-x_n\|$，即 $f(x_n)$ 的值将减小。如果序列 $\{p_n\}$ 是完全的，则当 $n\to\infty$ 时，x_n 收敛于 x_0。

为了计算 x_0 关于 $\{p_n\}$ 的级数，必须设法计算内积 $\langle x_0,p_n\rangle_Q$，即使 x_0 为未知，但由于

$$\langle p_n,x_0\rangle_Q=\langle p_n,Qx_0\rangle=\langle p_n,b\rangle$$

所以这些量都是可以计算的。

定理 8.9（共轭方向法）　设 $\{p_n\}$ 是 H 空间中的一个 Q 共轭序列，而且由此序列生成的闭线性子空间就是希尔伯特空间 H，则对于任意的 $x_1\in H$，由下

面的递推式产生的序列

$$\begin{cases}x_{n+1}=x_n+\alpha_n p_n\\ \alpha_n=\dfrac{\langle p_n,r_n\rangle}{\langle p_n,Qp_n\rangle}\\ r_n=b-Qx_n\end{cases}\tag{8.4.14}$$

满足

$$\langle r_n,p_k\rangle=0,\quad k=1,2,\cdots,n-1$$

且 $x_n\to x_0$，x_0 是方程

$$Qx=b$$

的唯一解。

证明 定义 $y_n=x_n-x_1$，则递推式（8.4.14）等价于 $y_1=0$ 和

$$\begin{aligned}y_{n+1}&=y_n+p_n\frac{\langle p_n,b-Qx_1-Qy_n\rangle}{\langle p_n,Qp_n\rangle}\\&=y_n+p_n\frac{\langle p_n,Qy_0-Qy_n\rangle}{\langle p_n,Qp_n\rangle}\\&=y_n+\frac{\langle p_n,y_0-y_n\rangle_Q}{\langle p_n,p_n\rangle_Q}\end{aligned}$$

因为 y_n 是 $\{p_n\}$ 的线性组合，p_n 与它们是 Q 共轭的，故有

$$\langle p_n,Qy_n\rangle=\langle p_n,y_n\rangle_Q=0$$

于是

$$y_{n+1}=y_n+\frac{\langle p_n,y_0\rangle_Q}{\langle p_n,p_n\rangle_Q}$$

也就是

$$y_{n+1}=\sum_{k=1}^{n}\langle p_k,y_0\rangle_Q p_k,\quad \langle p_k,p_k\rangle_Q=1$$

显然，这是 y_0 的傅里叶展开的前 n 项部分和。根据对 Q 的假定，关于 $\|\cdot\|$ 的收敛性等价于关于 $\|\cdot\|_Q$ 的收敛性。因此，$y_n\to y_0$，从而有 $x_n\to x_0$。

又由于 $y_n\to y_0=x_n\to x_0$ 和子空间 $M=\mathrm{Span}\{p_i\}$ 是正交的，即

$$\langle p_k,Q(x_0-x_n)\rangle=0$$

所以

$$r_n=b-Qx_n=Qx_0-Qx_n=Q(x_0-x_n)$$

故有正交关系

$$\langle p_k,Q(x_0-x_n)\rangle=\langle p_k,r_n\rangle=0$$

到现在为止，我们还只是假定已知一个 Q 共轭序列，至于如何产生这种序列还没解决。当前存在多种产生 Q 共轭序列的方法。一般来讲，对任何一个能

生成 H 的稠密子空间的矢量序列，用格拉姆-施密特程序可以求得 Q 共轭矢量组。

当泛函 $f(x)$ 为弗雷歇可微的时，利用它的梯度信息可以比较简单地产生 Q 共轭序列，把它与下降法相结合就构成一种共轭梯度方法。

8.4.4　共轭梯度法

有关共轭梯度法原理的阐述，下面两个定理是很重要的。

定理 8.10（共轭与梯度）　设 $f(x)$ 是定义在希尔伯特空间 H 上的二次泛函，

$$f(x)=\langle x,Qx\rangle-2\langle b,x\rangle$$

它在 x_{n-1} 和 x_n 处的梯度分别为 g_{n-1} 和 g_n，则与 g_n-g_{n-1} 正交的方向 t_n 与 x_n-x_{n-1} 是 Q 共轭的，即

$$\langle t_n,r_n\rangle_Q=0$$

其中

$$\langle t_n,g_n-g_{n-1}\rangle=0$$
$$r_n=\lambda(x_n-x_{n-1})$$

反之，与 x_n-x_{n-1} Q 共轭的方向必与 g_n-g_{n-1} 正交。

证明　对 $f(x)$ 在 x_{n-1} 和 x_n 求梯度，可得

$$g_{n-1}=\nabla f(x_{n-1})=Qx_{n-1}-b$$
$$g_n=\nabla f(x_n)=Qx_n-b$$

于是有

$$g_n-g_{n-1}=Q(x_n-x_{n-1})=\frac{1}{\lambda}Qr_n$$

进而可得

$$\langle t_n,r_n\rangle_Q=\langle t_n,Qr_n\rangle=\lambda\langle t_n,g_n-g_{n-1}\rangle=0$$

另外，若方向 p 与 r_n 是 Q 共轭的，则有

$$\langle p,g_n-g_{n-1}\rangle=\frac{1}{\lambda}\langle p,Qr_n\rangle=\frac{1}{\lambda}\langle p,r_n\rangle_Q=0$$

即 p 与 g_n-g_{n-1} 是正交的。

定理 8.11（梯度与搜索方向的关系）　设泛函 $f(x)$ 是弗雷歇可微的。若从 x_0 出发沿方向 p 对 $f(x)$ 进行单维搜索得到极小值点 x_1，则 $f(x)$ 在 x_1 处的梯度 $\nabla f(x_1)$ 与方向 p 是正交的。

证明　由假设有

$$f(x_1)=\min_{\alpha}f(x_0+\alpha p)$$

因而在点 x_1 处

$$\frac{\mathrm{d}}{\mathrm{d}\alpha} f(x_0+\alpha p)|_{\alpha=\alpha'}=\delta f(x,\ p)$$
$$=\langle \nabla f(x_1),\ p\rangle=0 \tag{8.4.15}$$

于是定理得证。

在以上两个定理的基础上，把共轭梯度法用于二次泛函，可按以下步骤进行：

(1) 选取一个起始点 x_0，计算 $g_0=\nabla f(x_0)$。若 $g_0\neq 0$，则取 $-g_0$ 为第一个搜索方向，即令 $p_1=-g_0$，也正是最速下降法的第一步。

(2) 从 x_0 出发沿 p_1 方向进行搜索，得到最小值点 $x_1=x_0+\lambda_1 p_1$，计算 $g_1=\nabla f(x_1)$。若 $g_1\neq 0$，由于 x_1 是沿 p_1 方向对泛函 $f(x)$ 搜索的结果，故 g_1 与 p_1 正交，即 $\langle g_1, p_1\rangle=0$。

在由 $\{g_1, p_1\}$ 生成的子空间内寻找一个与 p_1 方向 Q 共轭的方向 p_2，令

$$p_2=-g_1+\alpha_2 p_1 \tag{8.4.16}$$

其中，α_2 是待定系数。p_1 的方向与 x_1-x_0 一致，根据定理 8.10，与 $p_1 Q$ 共轭的方向必与 g_1-g_0 正交，因此应要求

$$\langle p_2, g_1-g_0\rangle=0 \tag{8.4.17}$$

把式 (8.4.16) 代入式 (8.4.17) 使得

$$\alpha_2=\frac{\langle g_1, g_1-g_0\rangle}{\langle p_1, g_1-g_0\rangle}$$

因为 g_1 与 p_1 是正交的，且 $p_1=-g_0$，故又可得

$$\alpha_2=\frac{\langle g_1, g_1-g_0\rangle}{\|g_0\|^2}=\frac{\|g_1\|^2}{\|g_0\|^2} \tag{8.4.18}$$

(3) 类似地，从 x_1 出发沿 p_2 方向进行单维搜索，得到 $x_2=x_1+\lambda_2 p_2$。计算 $g_2=\Delta f(x_2)$，设 $g_2\neq 0$，g_2 与 p_2 正交。因 p_2 与 x_2-x_1 方向一致，故与 $p_2 Q$ 共轭的方向必与 g_2-g_1 正交。又因 p_2 与 $p_1 Q$ 共轭，则根据定理应有

$$\langle p_1, g_2-g_1\rangle=0$$

考虑到 $\langle p_1, g_1\rangle=0$，因而有 $\langle p_1, g_2\rangle=0$，因此 g_2 与 $\{p_1, p_2\}$ 生成的子空间正交，下一步需要在 $\{g_2, p_1, p_2\}$ 生成的子空间内寻找一个与 p_1，p_2 方向均 Q 共轭的方向 p_3，为此令

$$p_3=-g_2+\alpha_3 p_2+\beta_3 p_1 \tag{8.4.19}$$

其中，α_3 和 β_3 为待定系数。由于与 $p_1 Q$ 共轭的方向必与 g_1-g_0 正交，与 $p_2 Q$ 共轭的方向必与 g_2-g_1 正交，因而要求

$$\langle p_3, g_1-g_0\rangle=0 \tag{8.4.20}$$

$$\langle p_3, g_2 - g_1 \rangle = 0 \tag{8.4.21}$$

把式（8.4.19）代入式（8.4.20）和式（8.4.21），经整理后可得

$$\alpha_3 = \frac{\langle g_2, g_2 - g_1 \rangle}{\langle p_2, g_2 - g_1 \rangle}$$

$$\beta_3 = \frac{\langle g_2, g_1 - g_0 \rangle}{\langle p_1, g_1 - g_0 \rangle}$$

因为 $\langle g_2, g_1 \rangle = 0$，$\langle g_2, p_2 \rangle = 0$，$\langle g_2, g_1 \rangle = 0$，故 $\beta_3 = 0$。再把式（8.4.18）代入 α_3 的表达式中，并考虑相应的正交关系，经整理后便得到

$$\alpha_3 = \frac{\langle g_2, g_2 - g_1 \rangle}{\|g_1\|^2} = \frac{\|g_2\|^2}{\|g_1\|^2} \tag{8.4.22}$$

（4）依次做下去，可以得到一组 Q 共轭序列 $\{p_1, p_2, \cdots\}$，它们的一般关系是

$$\begin{cases} p_1 = -g_0 \\ p_{k+1} = -g_k + \alpha_{k+1} p_k, \quad k = 1, 2, \cdots \end{cases} \tag{8.4.23}$$

其中

$$\alpha_{k+1} = \frac{\| g_k \|^2}{\| g_{k-1} \|^2} \tag{8.4.24}$$

虽然共轭梯度法每次迭代所需要的计算量比最速下降法要稍微大一些，但在收敛速度方面却有明显的改进。可以证明，其收敛速度满足如下关系：

$$\| x_n - x_0 \| \leqslant \left[\left(1 - \sqrt{\frac{m}{M}}\right) \Big/ \left(1 + \sqrt{\frac{m}{M}}\right) \right]^n \tag{8.4.25}$$

这里所讨论的共轭梯度法尽管只是针对如式（8.4.3）所示的二次泛函，但实践表明，即使对非二次泛函这种方法仍然能得到比较好的效果。

8.5　算子方程的变分原理

在上文中讨论泛函的极值问题时，曾把达到极值的必要条件通过欧拉-拉格朗日方程表达出来，这样把一个泛函的极值问题转化为一个等价的微分方程的求解问题。实际上，只有比较简单的情况才能求得微分算子方程的解析精确解，这种转化并不有助于一些复杂问题的解决。在计算机技术高度发展的当代，直接求泛函的极值问题的近似解已变得更加方便。在这种情况下，把微分算子方程的求解转化为等价的泛函极值问题反而具有了更重要的意义。把算子方程转化为等价的泛函极值问题称为算子方程的变分原理。

8.5.1 自伴算子的确定性方程

设 A 为希尔伯特空间 H 中的一个自伴线性算子，其定义域为 $D(A) \subset H$，值域为 $R(A) \subset H$。对于给定的函数 $f \in R(A)$，方程

$$Au = f \tag{8.5.1}$$

称为算子 A 的确定性方程，其中 u 为待求。若 A 为正算子，则方程（8.5.1）与泛函

$$J[u] = \langle Au,\ u\rangle - \langle u,\ f\rangle - \langle f,\ u\rangle \tag{8.5.2}$$

的极小值问题等价，即方程（8.5.1）的解 u 使泛函 $J[u]$ 取极小值，反过来，使泛函 $J[u]$ 取极小值的 u 是算子方程（8.5.1）的解。这种等价性的证明可从以下几个方面进行。

首先证明方程（8.5.1）的解使泛函 $J[u]$ 取极值，为此对式（8.5.2）的两侧取变分即得

$$\delta J[u] = \langle A\delta u, u\rangle + \langle Au, \delta u\rangle - \langle \delta u, f\rangle - \langle f, \delta u\rangle$$

若 u 是方程（8.5.1）的解，就满足方程 $Au = f$，于是上式成为

$$\delta J[u] = \langle A\delta u, u\rangle + \langle f, \delta u\rangle - \langle \delta u, Au\rangle - \langle f, \delta u\rangle$$

再由 A 的自伴性知 $\langle A\delta u, u\rangle = \langle \delta u, Au\rangle$，则由上式得知

$$\delta J[u] = 0$$

这就证明了满足方程（8.5.1）的 u 使泛函 $J[u]$ 取极值。

为了确定取 $J[u]$ 的哪一种极值，是极大、极小还是驻定值，还需要具备关于算子 A 的进一步的知识。如果 A 为正算子，则 $J[u]$ 应取极小值，对此证明如下：

设 u 使 $J[u]$ 取极值，令 $v = u + \eta$，$\eta \in D(A)$，则

$$\begin{aligned}
J[v] &= \langle A(u+\eta), u+\eta\rangle - \langle u+\eta, f\rangle - \langle f, u+\eta\rangle \\
&= (\langle Au, u\rangle - \langle u, f\rangle - \langle f, u\rangle) + \langle A\eta, \eta\rangle + \langle Au, \eta\rangle - \langle f, \eta\rangle + \langle A\eta, u\rangle - \langle \eta, f\rangle \\
&= J[u] + \langle A\eta, \eta\rangle + \langle Au - f, \eta\rangle + \langle \eta, Au - f\rangle
\end{aligned}$$

由于 u 满足方程 $Au = f$，故 $\langle Au - f, \eta\rangle = \langle \eta, Au - f\rangle = 0$，故有

$$J[v] - J[u] = \langle A\eta, \eta\rangle > 0 \tag{8.5.3}$$

这说明只要 A 为正算子，u 就会使 $J[u]$ 取极小值；同理，若 A 为负算子，则 u 就会使 $J[u]$ 取极大值。

如果算子 A 使 $\langle A\eta, \eta\rangle$ 有界，则我们还可以一般地证明，使 $J[u]$ 取极小值的 u，必然是方程（8.5.1）的解，为此令 $v = u + \alpha\eta$，其中 α 为一复常数。根据上面的计算，只要把 η 换成 $\alpha\eta$，即可得

$$I=J[v]-J[u]$$
$$=\langle A\alpha\eta,\alpha\eta\rangle+\langle Au-f,\alpha\eta\rangle+\langle\alpha\eta,Au-f\rangle>0 \tag{8.5.4}$$

并且

$$\lim_{\alpha\to 0}=\min \tag{8.5.5}$$

如果取 $\alpha=a$ 为实数，则由式（8.5.4）可得

$$I=a^2\langle A\eta,\eta\rangle+a\langle Au-f,\eta\rangle+a\langle\eta,Au-f\rangle$$
$$=a^2\langle A\eta,\eta\rangle+2a\mathrm{Re}\langle Au-f,\eta\rangle \tag{8.5.6}$$

若取 $\alpha=\mathrm{i}a$ ，则有

$$I=a^2\langle A\eta,\eta\rangle-\mathrm{i}a\langle Au-f,\eta\rangle+\mathrm{i}a\langle\eta,Au-f\rangle$$
$$=a^2\langle A\eta,\eta\rangle+2a\mathrm{Im}\langle Au-f,\eta\rangle \tag{8.5.7}$$

由于有式（8.5.5），即

$$\lim_{\alpha\to 0}\frac{\partial I}{\partial\alpha}=0 \tag{8.5.8}$$

于是，对式（8.5.6）和式（8.5.7）分别对 α 求微商可得

$$\frac{\partial I}{\partial\alpha}=2a\langle A\eta,\eta\rangle+2\mathrm{Re}\langle Au-f,\eta\rangle$$

$$\frac{\partial I}{\partial\alpha}=2a\langle A\eta,\eta\rangle+2\mathrm{Im}\langle Au-f,\eta\rangle$$

因此，当 $\alpha\to 0$ 时便有

$$\mathrm{Re}\langle Au-f,\eta\rangle=0$$
$$\mathrm{Im}\langle Au-f,\eta\rangle=0$$

总起来便有

$$\langle Au-f,\eta\rangle=0$$

因为 η 为任意的，故必须有 $Au=f$。

8.5.2　对微分算子方程的应用

下面用两个实例说明以上原理的应用。

例 8.3　常微分算子构成的边值问题。

$$\begin{cases}Ly=-\dfrac{\mathrm{d}}{\mathrm{d}x}\left[p(x)\dfrac{\mathrm{d}y}{\mathrm{d}x}\right]+q(x)y(x)=f(x)\\ \alpha\dfrac{\mathrm{d}}{\mathrm{d}x}y(x_0)+\beta y(x_0)=0\\ y\dfrac{\mathrm{d}}{\mathrm{d}x}y(x_1)+\delta y(x_1)=0\end{cases} \tag{8.5.9}$$

并满足以下条件：

(1) $\mathrm{d}p/\mathrm{d}x$，$q(x)$，$f(x)\in C[x_0,x_1]$，为实函数；

(2) $p(x)>0$，$q(x)\geqslant 0$，$x\in[x_0,x_1]$；

(3) α，β，γ，δ 非负且 $\alpha^2+\beta^2\neq 0$，$\gamma^2+\delta^2\neq 0$。

又当 $\alpha\neq 0$，$\gamma\neq 0$ 时，$\beta^2+\delta^2\neq 0$。

显然，算子 L 的定义域 $D(L)$ 是二次可微的实函数集，如前所述，形如式(8.5.9)的微分算子及应满足的边界条件构成一个自伴边值问题，而且 L 是正算子。

于是，根据上面讨论的自伴正算子所构成的算子方程的变分原理可知，以上自伴边值问题等价于以下泛函的极小值问题

$$\begin{aligned}J[y]&=\langle Ly,y\rangle-2\langle y,f\rangle\\&=\int_{x_0}^{x_1}[-(py')'y+qy^2-2yf]\mathrm{d}x\end{aligned}\tag{8.5.10}$$

例 8.4 偏微分算子 L 构成的边值问题

$$\begin{cases}Lu=-\nabla^2u=f, & u\in C^2[\Omega]\\ u\mid_{\Sigma}=0\end{cases}\tag{8.5.11}$$

其中，u 为实函数，Ω 为二维空间 R^2 中的一个区域，Σ 为 Ω 的边界。已经证明，算子 $L=-\nabla^2$ 与第一类齐次边界条件构成自伴边值问题。应用格林公式

$$\iint_A(\nabla v\cdot\nabla u+u\nabla^2v)\mathrm{d}\sigma=\oint_c u\nabla v\cdot\mathrm{d}\boldsymbol{l}=\oint_c u\frac{\partial v}{\partial n}\mathrm{d}l\tag{8.5.12}$$

可得

$$\begin{aligned}\langle Lu,u\rangle&=-\iint_\Omega u\nabla^2u\mathrm{d}\sigma\\&=\iint_\Omega(\nabla u)^2\mathrm{d}\sigma-\oint_\Sigma u\frac{\partial u}{\partial n}\mathrm{d}l\end{aligned}$$

这说明对第一类齐次边界条件，上式右端的最后一项等于零，即上式已证明，算子 $L=-\nabla^2$ 为正算子。于是，根据上面所讨论的算子方程的变分原理，边值问题(8.5.10)的解 u 定使泛函

$$J[u]=-\iint_\Omega(u\nabla^2u+2uf)\mathrm{d}\sigma\tag{8.5.13}$$

取极小值。反之，使 $J[u]$ 取极小值的 u 也必满足方程(8.5.10)，利用格林公式我们有

$$J[u]=\iint_\Omega[(\nabla u)^2-2uf]\mathrm{d}\sigma-\oint_\Sigma u\frac{\partial u}{\partial n}\mathrm{d}l$$

考虑到 u 满足的边界条件，上式右侧第二项为零，于是对于 $J[u]$ 取变分使得

$$\delta J[u]=\iint_\Omega(2\nabla u\cdot\nabla\delta u-2f\delta u)\mathrm{d}\sigma$$

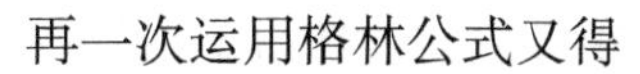
再一次运用格林公式又得

$$\delta J[u] = -2\iint_{\Omega}(\nabla^2 u + f)\delta u \mathrm{d}\sigma + 2\oint_{\Sigma} \frac{\partial u}{\partial n}\delta u \mathrm{d}l$$

由于微分与变分可交换顺序，故由边界条件可得 $\delta u|_{\Sigma}=0$，从而使上式右侧第二项为零，由此得到

$$\delta J[u] = -2\iint_{\Omega}(\nabla^2 u + f)\delta u \mathrm{d}\sigma$$

由于 u 使 $J[u]$ 取极值，故有 $\delta J[u]=0$，于是 u 必须满足

$$-\nabla^2 u = f$$

这样就证明了上述结论。

8.5.3　非自伴算子的确定性方程

若算子 A 为非自伴的，但存在伴随算子 A^a，为了求得与算子方程

$$Au = f, \quad u \in D(A) \subset H \tag{8.5.14}$$

等价的泛函极值问题，需要借助一个辅助方程

$$A^a v = g, \quad v \in D(A^a) \subset H \tag{8.5.15}$$

其中，g 为已知，H 为希尔伯特空间。

可以证明，满足方程（8.5.13）的 u 和满足方程（8.5.14）的 v 可使二元泛函

$$J[u,v] = \langle Au, v\rangle - \langle u, g\rangle - \langle f, v\rangle \tag{8.5.16a}$$

取驻值，即有

$$\delta J[u,v] = 0 \tag{8.5.16b}$$

对泛函 $J[u,v]$ 作变分运算可得

$$\begin{aligned}\delta J[u,v] &= \langle A\delta u, v\rangle + \langle Au, \delta v\rangle - \langle \delta u, g\rangle - \langle f, \delta v\rangle \\ &= \langle \delta u, A^a v\rangle - \langle \delta u, g\rangle + \langle Au, \delta v\rangle - \langle f, \delta v\rangle \\ &= \langle \delta u, A^a v - g\rangle + \langle Au - f, \delta v\rangle\end{aligned}$$

由此可知，若 u 和 v 是方程 $Au=f$ 和 $A^a v=g$ 的解，则它们使 $\delta J[u,v]=0$，也就是使 $J[u,v]$ 取极值。另外，由于 δu 和 δv 为任意的，为使 $\delta J[u,v]=0$，必须使 $Au=f$，$A^a v=g$ 成立。

由于在非自伴边值问题中，未知函数 u 还必须满足表示为算子方程 $B(u)=0$ 的边界条件，于是 u 就被限定在 $D(A)\cap D(B)$ 中。类似地，对辅助方程也有相应的边界条件 $B^a(v)=0$，于是 v 也限定在 $D(A^a)\cap D(B^2)$ 中。所以，实际上等价的泛函极值问题就要由泛函（8.5.15）和外加的边界条件构成。

初看起来，辅助方程使问题复杂化了。实际上 A^a 并不出现在泛函 $J[u,v]$

中，且 v 完全不用解出。此外，g 的选择很灵活，可以很方便地选择为 $g=f$。

有意思的是，对于自伴算子 $A^a=A$，当选 $g=f$ 时，就有 $v=u$，于是 $J[u,v]=J[u]$，这就自动地退化为自伴算子的变分原理了。

8.5.4 本征值问题

考虑一般的本征值问题

$$Au=\lambda Bu \tag{8.5.17}$$

其中，A 和 B 都是希尔伯特空间 H 中的自伴算子。在方程（8.5.17）的两侧对 u 求内积，可得

$$\langle Au,u\rangle=\lambda\langle Bu,u\rangle \tag{8.5.18}$$

由此得到泛函

$$\lambda[u]=\frac{\langle Au,u\rangle}{\langle Bu,u\rangle}=\frac{\langle u,Au\rangle}{\langle u,Bu\rangle} \tag{8.5.19}$$

可以证明，当 u 为方程（8.5.17）的本征矢量时，u 也使泛函 $\lambda[u]$ 取驻值。

由式（8.5.18）可得

$$\langle A\delta u,u\rangle+\langle Au,\delta u\rangle-\delta\lambda\langle Bu,u\rangle-\lambda\langle B\delta u,u\rangle-\lambda\langle Bu,\delta u\rangle=0$$

根据 A 和 B 的自伴性，上式可以变成

$$\langle\delta u,Au\rangle+\langle Au,\delta u\rangle-\delta\lambda\langle Bu,u\rangle-\lambda\langle Bu,\delta u\rangle-\lambda\langle\delta u,Bu\rangle=0$$

考虑到自伴算子的本征值为实数，则有

$$\lambda\langle\delta u,Bu\rangle=\langle\delta u,\lambda Bu\rangle$$

于是又得到

$$\langle\delta u,Au\rangle-\langle\delta u,\lambda Bu\rangle+\langle Au,\delta u\rangle-\langle\lambda Bu,\delta u\rangle-\delta\lambda\langle Bu,u\rangle=0$$

亦即

$$\langle\delta u,Au-\lambda Bu\rangle+\langle Au-\lambda Bu,\delta u\rangle-\delta\lambda\langle Bu,u\rangle=0$$

因为 $u\neq 0$ 时 $\langle Bu,u\rangle\neq 0$，故当 u 满足 $Au=\lambda Bu$ 时，$\delta\lambda[u]=0$，即 u 使 $\lambda[u]$ 取驻值。反之，若 u 使 $\delta\lambda[u]=0$，因 δu 为任意，则 u 必须满足方程 $Au=\lambda Bu$。

若式（8.5.17）中的算子 A 和 B 为非自伴的，则可引入辅助方程

$$A^a v=\lambda^* B^a v \tag{8.5.20}$$

其中，A^a 和 B^a 分别为 A 和 B 的伴随算子，方程（8.5.17）两侧对 v 求内积可得

$$\langle Au,v\rangle-\lambda\langle Bu,v\rangle=0 \tag{8.5.21}$$

可以证明，式（8.5.17）和式（8.5.20）的解等价于泛函

$$\lambda[u,v]=\frac{\langle Au,v\rangle}{\langle Bu,v\rangle} \tag{8.5.22}$$

的驻值问题，因为由式（8.5.21）取变分可得

$$\langle A\delta u, v\rangle + \langle Au, \delta v\rangle - \delta\lambda\langle Bu, v\rangle - \lambda\langle B\delta u, v\rangle - \lambda\langle Bu, \delta v\rangle = 0$$

考虑到

$$\langle A\delta u, v\rangle = \langle \delta u, A^a v\rangle$$

$$\langle B\delta u, v\rangle = \langle \delta u, B^a v\rangle$$

则有

$$\langle Au, \delta v\rangle + \langle \delta u, A^a v\rangle - \lambda\langle Bu, \delta v\rangle - \lambda\langle \delta u, B^a v\rangle - \delta\lambda\langle Bu, v\rangle = 0$$

又可表示成

$$\langle Au - \lambda Bu, \delta v\rangle + \langle \delta u, A^a v - \lambda^* B^a v\rangle - \delta\lambda\langle Bu, v\rangle = 0$$

一般来讲 $\langle Bu, v\rangle \neq 0$，故若 u 和 v 满足式（8.5.17）和（8.5.20），则 u 和 v 使 $\delta\lambda[u,v] = 0$；反之，使 $\delta\lambda[u,v] = 0$ 的 u 和 v 必满足方程（8.5.17）和（8.5.20）。

8.6　瑞利-里茨法

应用变分原理可把算子的边值问题转化为等价的泛函极值问题，于是如何快速精确地求解泛函的极值问题就成了重要的研究方向。瑞利-里茨法（Rayleigh-Ritz method）是一种经典的求泛函极值问题的近似方法，它是后来发展起来的其他一些数值方法的基础。所以，了解这一方法的原理还是很有意义的。

8.6.1　自伴问题的瑞利-里茨法

瑞利-里茨法是求解算了方程的泛函极值方法，出发点是与算子方程等价的变分问题。这种方法的基本思路是先把未知函数用一个完备函数序列作近似表示，一般是选一个正交基，并求得相关泛函的近似式。通过变分为零而得到展开系数的代数方程，通过求解系数而得到问题的近似解。这相当于把一个无限维空间中的问题投影到有限维空间而求近似解，而随着投影维数的不断增加，近似解逐渐逼近精确解。

设需要求解的变分问题可表示为求以下泛函的极小值

$$J[u] = \langle Au, u\rangle - \langle u, f\rangle - \langle f, u\rangle \tag{8.6.1}$$

其中 A 为自伴正算子，它对应于求解方程

$$Au = f \tag{8.6.2}$$

设已知基函数 $\{\varphi_k\}$，并把待求函数表示为

$$u^{(N)}=\sum_{k=1}^{N}a_k\varphi_k \tag{8.6.3}$$

并称为精确解 u 的 N 阶近似，其中 a_k 为待求系数。若 $\{\varphi_k\}$ 为完备序列，则当 N 增大时，$u^{(N)}$ 将逐渐逼近 u，当 $N\to\infty$ 时，式（8.6.3）所表示的 $u^{(N)}$ 也将趋于精确解 u，这是瑞利-里茨方法的一大特点。

把式（8.6.3）代入式（8.6.1）我们有

$$\begin{aligned}J[u^{(N)}]&=\left\langle A\sum_{k=1}^{N}a_k\varphi_k,\sum_{k=1}^{N}a_k\varphi_k\right\rangle-\left\langle\sum_{k=1}^{N}a_k\varphi_k,f\right\rangle-\left\langle f,\sum_{k=1}^{N}a_k\varphi_k\right\rangle\\&=\sum_{k=1}^{N}\sum_{l=1}^{N}a_ka_l^*\langle A\varphi_k,\varphi_l\rangle-\sum_{k=1}^{N}a_k\langle\varphi_k,f\rangle-\sum_{k=1}^{N}a_k^*\langle f,\varphi_k\rangle\end{aligned} \tag{8.6.4}$$

令

$$\begin{aligned}&\boldsymbol{a}^*=(a_1^*,a_2^*,\cdots,a_N^*)\\&\boldsymbol{a}^{\mathrm{T}}=(a_1,a_2,\cdots,a_N)^{\mathrm{T}}\\&A=\langle A\varphi_k,\varphi_l\rangle,\quad k,l=1,2,\cdots,N\\&\boldsymbol{f}^{\mathrm{T}}=(\langle f,\varphi_1\rangle,\langle f,\varphi_2\rangle,\cdots,\langle f,\varphi_N\rangle)^{\mathrm{T}}\end{aligned}$$

则式（8.6.4）可以表示为

$$J=\boldsymbol{a}^*\cdot A\cdot\boldsymbol{a}^{\mathrm{T}}-2\mathrm{Re}[\boldsymbol{a}^*\cdot\boldsymbol{f}^{\mathrm{T}}] \tag{8.6.5}$$

使 J 取最小值的系数 a_k 应使 J 的一阶变分为零。J 的一阶变分由式（8.6.5）可知为

$$\delta J=\delta\boldsymbol{a}^*\cdot A\cdot\boldsymbol{a}^{\mathrm{T}}+\boldsymbol{a}^*\cdot A\cdot\delta\boldsymbol{a}^{\mathrm{T}}-2\mathrm{Re}[\delta\boldsymbol{a}^*\cdot\boldsymbol{f}^{\mathrm{T}}]$$

由于 A 为自伴线性算子，则 A 为厄米矩阵，为使 $\delta J=0$，要求

$$2\mathrm{Re}[\delta\boldsymbol{a}^*\cdot A\cdot\boldsymbol{a}^{\mathrm{T}}]=2\mathrm{Re}[\delta\boldsymbol{a}^*\cdot\boldsymbol{f}^{\mathrm{T}}]$$

由于 $\delta\boldsymbol{a}^*$ 为任意的，必须有

$$A\cdot\boldsymbol{a}^{\mathrm{T}}=\boldsymbol{f}^{\mathrm{T}} \tag{8.6.6}$$

这是一个以 $\boldsymbol{a}_k$ 为未知数的代数方程组，由此解出 a_k 后代入式（8.6.3）即可得到近似解 $u^{(N)}$。

这里的问题在于，由式（8.6.2）所表示的边值问题要求 u 满足一定的边界条件，所以要求基函数 $\{\varphi_k\}$ 满足这些条件，因此这样的基函数在边界比较复杂时很难找到。

8.6.2 非自伴问题的瑞利-里茨法

与自伴问题不同，非自伴边值问题的变分原理还需要由伴随算子构成的辅

助方程，使得与其等价变分问题的泛函中除了待求函数外还包含辅助方程中的未知函数。

如果待解的方程为（8.5.13），辅助方程为（8.5.14），则待解极值问题中的泛函为式（8.5.15）。求解这类问题的瑞利-里茨法，除了需要一个基函数序列 $\{\varphi_k\}$ 以展开未知函数以外，还需要一个基函数序列 $\{\varphi_k\}$ 以展开辅助方程中的未知函数 v，即把近似解表示为

$$u^{(N)}=\sum_{k=1}^{N}a_k\varphi_k,\quad v^{(N)}=\sum_{l=1}^{N}b_l\psi_l \tag{8.6.7}$$

把这些表示式代入泛函式（8.5.15）中即有

$$\begin{aligned}J[u^{(N)},v^{(N)}]&=\left\langle A\sum_{k=1}^{N}a_k\varphi_k,\sum_{l=1}^{N}b_l\psi_l\right\rangle-\left\langle\sum_{k=1}^{N}a_k\varphi_k,g\right\rangle-\left\langle f,\sum_{l=1}^{N}b_l\psi_l\right\rangle\\&=\sum_{k=1}^{N}\sum_{l=1}^{N}a_kb_l^*\langle A\varphi_k,\psi_l\rangle-\sum_{k=1}^{N}a_k\langle\varphi_k,g\rangle-\sum_{l=1}^{N}b_l^*\langle f,\psi_l\rangle\end{aligned} \tag{8.6.8}$$

令

$$\begin{aligned}&\boldsymbol{a}^{\mathrm{T}}=(a_1,a_2,\cdots,a_N)^{\mathrm{T}}\\&\boldsymbol{b}^*=(b_1^*,b_2^*,\cdots,b_N^*)\\&A=\langle A\varphi_k,\psi_l\rangle,\quad k,l=1,2,\cdots,N\\&\boldsymbol{f}^{\mathrm{T}}=(\langle f,\psi_1\rangle,\langle f,\psi_2\rangle,\cdots,\langle f,\psi_N\rangle)^{\mathrm{T}}\\&\boldsymbol{g}=(\langle\varphi_1,g\rangle,\langle\varphi_2,g\rangle,\cdots,\langle\varphi_N,g\rangle)\end{aligned}$$

则式（8.6.8）可以表示成

$$J=\boldsymbol{b}^*\cdot A\cdot\boldsymbol{a}^{\mathrm{T}}-\boldsymbol{b}^*\cdot\boldsymbol{f}^{\mathrm{T}}-\boldsymbol{g}\cdot\boldsymbol{a}^{\mathrm{T}} \tag{8.6.9}$$

于是，J 的一阶变分即为

$$\delta J=\delta\boldsymbol{b}^*\cdot A\cdot\boldsymbol{a}^{\mathrm{T}}+\boldsymbol{b}^*\cdot A\cdot\delta\boldsymbol{a}^{\mathrm{T}}-\delta\boldsymbol{b}^*\cdot\boldsymbol{f}^{\mathrm{T}}-\boldsymbol{g}\cdot\delta\boldsymbol{a}^{\mathrm{T}}$$

由此可知，为使 $\delta J=0$，必须

$$A\cdot\boldsymbol{a}^{\mathrm{T}}=\boldsymbol{f}^{\mathrm{T}} \tag{8.6.10}$$

$$\boldsymbol{b}^*\cdot A=\boldsymbol{g} \tag{8.6.11}$$

这样就又把问题归结为求解代数方程。由于以上两个方程并不耦合，故只需解方程（8.6.10）。

8.7　电磁场问题的变分原理

当前求解复杂电磁场问题的一种有效方法是有限元法，其中大部分是基于

微分算子方程的变分原理。因此，讨论电磁场问题中常见微分算子方程的变分原理有重要的实际意义。

8.7.1 电磁场矢量波动方程变分原理

麦克斯韦方程组中的两个支配方程在频域由式（1.1.9）和式（1.1.10）给出。如果所考虑的空间 Ω 中的介质为无耗且各向同性的，其参量用 $\varepsilon(\boldsymbol{r})$ 和 $\mu(\boldsymbol{r})$ 表示，则该方程在频域成为

$$\nabla\times\boldsymbol{E}(\boldsymbol{r},\omega)=-\mathrm{i}\omega\mu\boldsymbol{H}(\boldsymbol{r},\omega)\tag{8.7.1}$$

$$\nabla\times\boldsymbol{H}(\boldsymbol{r},\omega)=\mathrm{i}\omega\varepsilon\boldsymbol{E}(\boldsymbol{r},\omega)+\boldsymbol{J}(\boldsymbol{r},\omega)\tag{8.7.2}$$

从中消去 $\boldsymbol{H}$ 或 $\boldsymbol{E}$ 就可得到 $\boldsymbol{E}$ 或 $\boldsymbol{H}$ 分别满足的微分算子方程

$$\nabla\times\mu^{-1}(\boldsymbol{r})\nabla\times\boldsymbol{E}(\boldsymbol{r},\omega)-\omega^2\varepsilon(\boldsymbol{r})\boldsymbol{E}(\boldsymbol{r},\omega)=-\mathrm{i}\omega\boldsymbol{J}(\boldsymbol{r},\omega)\tag{8.7.3}$$

$$\nabla\times\varepsilon^{-1}(\boldsymbol{r})\nabla\times\boldsymbol{H}(\boldsymbol{r},\omega)-\omega^2\mu(\boldsymbol{r})\boldsymbol{H}(\boldsymbol{r},\omega)=\nabla\times\varepsilon^{-1}(\boldsymbol{r})\boldsymbol{J}(\boldsymbol{r},\omega)\tag{8.7.4}$$

如果用 $\boldsymbol{u}(\boldsymbol{r})$ 代表 $\boldsymbol{E}(\boldsymbol{r})$ 或 $\boldsymbol{H}(\boldsymbol{r})$，$s(\boldsymbol{r})$ 代表 $\varepsilon(\boldsymbol{r})$ 或 $\mu(\boldsymbol{r})$，$\boldsymbol{f}(\boldsymbol{r})$ 代表方程的右侧，则方程（8.7.3）和（8.7.4）可以统一地表示为

$$\nabla\times s^{-1}(\boldsymbol{r})\nabla\times\boldsymbol{u}(\boldsymbol{r})-k^2s^{-1}(\boldsymbol{r})\boldsymbol{u}(\boldsymbol{r})=f(\boldsymbol{r})\tag{8.7.5}$$

其中 $k^2=\omega^2\varepsilon\mu$，为实函数。

现在我们定义算子 L 为

$$\begin{cases}L\boldsymbol{u}=\nabla\times s^{-1}(\boldsymbol{r})\nabla\times\boldsymbol{u}(\boldsymbol{r})-k^2s^{-1}(\boldsymbol{r})\boldsymbol{u}(\boldsymbol{r})\\ D(L)=\{\boldsymbol{u}\mid\boldsymbol{u},\nabla\times s^{-1}\nabla\times\boldsymbol{u}\in L^2(\Omega)^3,B(\boldsymbol{u})|_S=0\}\end{cases}\tag{8.7.6}$$

其中，$B(\boldsymbol{u})|_S=0$ 为 $\boldsymbol{n}\times\boldsymbol{u}\,|_S=0$ 或 $\boldsymbol{n}\times\nabla\times\boldsymbol{u}\,|_S=0$，$S$ 为 Ω 的表面。若 $\boldsymbol{u}_1$，$\boldsymbol{u}_2\in D(L)$，则有

$$\langle L\boldsymbol{u}_1,\boldsymbol{u}_2\rangle=\int_\Omega(\nabla\times s^{-1}\nabla\times\boldsymbol{u}_1-k^2s^{-1}\boldsymbol{u}_1)\cdot\boldsymbol{u}_2^*\mathrm{d}V$$

根据矢量性等式 $\nabla\cdot(\mathbf{A}\times\mathbf{B})=\mathbf{B}\cdot(\nabla\times\mathbf{A})-\mathbf{A}\cdot(\nabla\times\mathbf{B})$，我们有

$$\boldsymbol{u}_2^*\cdot\nabla\times s^{-1}\nabla\times\boldsymbol{u}_1=\nabla\times\boldsymbol{u}_1\cdot s^{-1}\nabla\times\boldsymbol{u}_2^*-\nabla\cdot(\boldsymbol{u}_2^*\times s^{-1}\nabla\times\boldsymbol{u}_1)$$

而且

$$\int_\Omega\nabla\cdot(\boldsymbol{u}_2^*\times s^{-1}\nabla\times\boldsymbol{u}_1\mathrm{d}V=\oint_S(s^{-1}\boldsymbol{u}_2^*\times\nabla\times\boldsymbol{u}_1)\cdot\boldsymbol{n}\mathrm{d}S=0$$

所以式（8.7.6）成为

$$\langle L\boldsymbol{u}_1,\ \boldsymbol{u}_2\rangle=\int_\Omega s^{-1}(\nabla\times\boldsymbol{u}_1)\cdot(\nabla\times\boldsymbol{u}_2^*)\mathrm{d}V-\int_\Omega s^{-1}k^2\boldsymbol{u}_1\cdot\boldsymbol{u}_2^*\,\mathrm{d}V\tag{8.7.7}$$

不难看出，上式中 $\boldsymbol{u}_1$ 和 $\boldsymbol{u}_2$ 处于对称的位置，故应该有

$$\langle L\boldsymbol{u}_1,\boldsymbol{u}_2\rangle=\langle\boldsymbol{u}_1,L\boldsymbol{u}_2\rangle\tag{8.7.8}$$

这说明以上定义的算子 L 是自伴的。因此，根据自伴问题的变分原理，由算子

L 构成的决定性边值问题（8.7.5）的解与泛函

$$J[\boldsymbol{u}]=\langle L\boldsymbol{u},\boldsymbol{u}\rangle-\langle \boldsymbol{u},f\rangle-\langle f,\boldsymbol{u}\rangle \tag{8.7.9}$$

的极值问题等价。具体地讲，对于电场问题的方程（8.7.3）的解，与泛函

$$\begin{aligned}J[\boldsymbol{E}]&=\int_\Omega \boldsymbol{E}^*(\nabla\times\mu^{-1}\nabla\times\boldsymbol{E}-\mu^{-1}k^2\boldsymbol{E})\mathrm{d}V\\&\quad-\mathrm{i}\omega\int_\Omega(\boldsymbol{E}\cdot\boldsymbol{J}^*-\boldsymbol{E}^*\cdot\boldsymbol{J})\mathrm{d}V\\&=\int_\Omega[\mu^{-1}\nabla\times\boldsymbol{E}\cdot\nabla\times\boldsymbol{E}^*-\mu^{-1}k^2\boldsymbol{E}\cdot\boldsymbol{E}^*]\mathrm{d}V\\&\quad-\mathrm{i}\omega\int_\Omega(\boldsymbol{E}\cdot\boldsymbol{J}^*-\boldsymbol{E}^*\cdot\boldsymbol{J})\mathrm{d}V\end{aligned} \tag{8.7.10}$$

的极值问题等价。

如果介质不是无耗的，s 和 k 就是复值函数，则算子 L 就不再是自伴的。这时为了求得等效的泛函极值问题，需要由 L 的伴随算子构成的辅助方程，因此我们需要知道 L 的伴随算子。为此我们考察内积 $\langle \boldsymbol{u}_1,L\boldsymbol{u}_2\rangle$，代入 L 后可知

$$\begin{aligned}\langle \boldsymbol{u}_1,L\boldsymbol{u}_2\rangle&=\int_\Omega \boldsymbol{u}_1\cdot(\nabla\times s^{-1}\nabla\times\boldsymbol{u}_2-k^2s^{-1}\boldsymbol{u}_2)^*\mathrm{d}V\\&=\int_\Omega(\nabla\times s^{-1}\nabla\times-k^2s^{-1})^*\boldsymbol{u}_1\cdot\boldsymbol{u}_2\mathrm{d}V\end{aligned}$$

显然，如果定义

$$L^a=(\nabla\times s^{-1}\nabla\times-k^2s^{-1})^*=L^* \tag{8.7.11}$$

则有

$$\langle L\boldsymbol{u}_1,\boldsymbol{u}_2\rangle=\langle \boldsymbol{u}_1,L^a\boldsymbol{u}_2\rangle$$

亦即 L^a 的确是 L 的伴随算子。

如果我们给出辅助方程

$$L^a\boldsymbol{v}=\boldsymbol{g} \tag{8.7.12}$$

则根据非自伴问题的变分原理，与所述有耗介质中的电磁场边值问题等价的极值问题中的泛函就成为

$$J[\boldsymbol{u},\boldsymbol{v}]=\langle L\boldsymbol{u},\boldsymbol{v}\rangle-\langle \boldsymbol{u},\boldsymbol{g}\rangle-\langle \boldsymbol{f},\boldsymbol{v}\rangle \tag{8.7.13}$$

8.7.2　各向异性介质中电磁场的变分原理

如果在上述问题中介质为各自异性的，则电场 $\boldsymbol{E}(\boldsymbol{r},\omega)$ 所满足的矢量波动方程就成为

$$\nabla\times\bar{\bar{\mu}}^{-1}\cdot\nabla\times\boldsymbol{E}(\boldsymbol{r},\omega)-\omega^2\bar{\bar{\varepsilon}}(\boldsymbol{r})\cdot E(\boldsymbol{r},\omega)=-\mathrm{i}\omega\boldsymbol{J}(\boldsymbol{r},\omega) \tag{8.7.14}$$

这时相应的算子 L 成为

$$L\boldsymbol{E}=\nabla\times\bar{\bar{\mu}}^{-1}\cdot\nabla\times\boldsymbol{E}-\omega^2\bar{\bar{\varepsilon}}\cdot\boldsymbol{E}$$

$$D(L)=\{\boldsymbol{E}\mid\boldsymbol{E},L\boldsymbol{E}\in L^2(\Omega)^3,B(\boldsymbol{E})=0\}$$

为了考察 L 的自伴性，若 $\boldsymbol{E}_1$，$\boldsymbol{E}_2\in D(L)$，则

$$\langle L\boldsymbol{E}_1,\boldsymbol{E}_2\rangle=\int_\Omega \boldsymbol{E}_2^*\cdot[\nabla\times\bar{\bar{\mu}}^{-1}\cdot\nabla\times\boldsymbol{E}_1-\omega^2\bar{\bar{\varepsilon}}\cdot\boldsymbol{E}_1]\mathrm{d}V$$

应用上面用到的矢量恒等式，我们有

$$\begin{aligned}\boldsymbol{E}_2^*\cdot\nabla\times\bar{\bar{\mu}}^{-1}\cdot\nabla\times\boldsymbol{E}_1=&\nabla\cdot[(\bar{\bar{\mu}}^{-1}\cdot\nabla\times\boldsymbol{E}_1)\times\boldsymbol{E}_2^*]\\&+(\bar{\bar{\mu}}^{-1}\cdot\nabla\times\boldsymbol{E}_1)\cdot(\nabla\times\boldsymbol{E}_2^*)\end{aligned}$$

于是

$$\begin{aligned}\langle L\boldsymbol{E}_1,\boldsymbol{E}_2\rangle=&\int_\Omega[(\nabla\times\boldsymbol{E}_2^*)\cdot\bar{\bar{\mu}}^{-1}\cdot(\nabla\times\boldsymbol{E}_1)-\omega^2\boldsymbol{E}_2^*\cdot\bar{\bar{\varepsilon}}\cdot\boldsymbol{E}_1]\mathrm{d}V\\&+\oint_S[(\bar{\bar{\mu}}^{-1}\cdot\nabla\times\boldsymbol{E}_1)\times\boldsymbol{E}_2^*]\cdot\boldsymbol{n}\mathrm{d}S\end{aligned}\tag{8.7.15}$$

又因

$$\begin{aligned}[(\bar{\bar{\mu}}^{-1}\cdot\nabla\times\boldsymbol{E}_1)\times\boldsymbol{E}_2^*]\cdot\boldsymbol{n}=&(\bar{\bar{\mu}}^{-1}\cdot\nabla\times\boldsymbol{E}_1)\cdot(\boldsymbol{E}_2^*\times\boldsymbol{n})\\=&\boldsymbol{E}_2^*\cdot[\boldsymbol{n}\times\bar{\bar{\mu}}^{-1}\cdot\nabla\times\boldsymbol{E}_1]\end{aligned}$$

则对两种齐次边界条件都会使用式（8.7.15）中右侧第二项积分消失，故我们得到

$$\langle L\boldsymbol{E}_1,\boldsymbol{E}_2\rangle=\int_\Omega[(\nabla\times\boldsymbol{E}_2^*)\cdot\bar{\bar{\mu}}^{-1}\cdot(\nabla\times\boldsymbol{E}_1)-\omega^2\boldsymbol{E}_2^*\cdot\bar{\bar{\varepsilon}}\cdot\boldsymbol{E}_1]\mathrm{d}V\tag{8.7.16}$$

如果介质是无耗的，则

$$\bar{\bar{\mu}}^\dagger=\bar{\bar{\mu}},\quad\bar{\bar{\varepsilon}}^\dagger=\bar{\bar{\varepsilon}}$$

其中$\dagger$表示共轭转置。于是，在式（8.7.16）中，$\boldsymbol{E}_1$ 和 $\boldsymbol{E}_2$ 处于完全对称的位置，因此有

$$\langle L\boldsymbol{E}_1,\boldsymbol{E}_2\rangle=\langle\boldsymbol{E}_1,L\boldsymbol{E}_2\rangle$$

也就是说，当介质为无耗时，算子 L 就是自伴的。

因此，与式（8.7.14）等价的变分问题中的泛函就是

$$\begin{aligned}J[\boldsymbol{E}]=&\langle L\boldsymbol{E},\boldsymbol{E}\rangle-\langle\boldsymbol{E},-\mathrm{i}\omega\boldsymbol{J}\rangle-\langle-\mathrm{i}\omega\boldsymbol{J},\boldsymbol{E}\rangle\\=&\int_\Omega\boldsymbol{E}^*\cdot(\nabla\times\bar{\bar{\mu}}^{-1}\cdot\nabla\times\boldsymbol{E}-\omega^2\bar{\bar{\varepsilon}}\cdot\boldsymbol{E})\mathrm{d}V\\&-\mathrm{i}\omega\int_\Omega(\boldsymbol{E}\cdot\boldsymbol{J}^*-\boldsymbol{E}^*\cdot\boldsymbol{J})\mathrm{d}V\\=&\int_\Omega[(\nabla\times\boldsymbol{E}^*)\cdot\bar{\bar{\mu}}^{-1}\cdot(\nabla\times\boldsymbol{E})-\omega^2\boldsymbol{E}^*\cdot\bar{\bar{\varepsilon}}\cdot\boldsymbol{E}]\mathrm{d}V\\&-\mathrm{i}\omega\int_\Omega(\boldsymbol{E}\cdot\boldsymbol{J}^*-\boldsymbol{E}^*\cdot\boldsymbol{J})\mathrm{d}V\end{aligned}\tag{8.7.17}$$

如果介质不再是无耗的，则 L 也就不是自伴的了。这时，为了构造等价的变分

问题，需求得 L 的伴随算子 L^a，为此我们要考察内积 $\langle \boldsymbol{E}_1, L\boldsymbol{E}_2\rangle$。因为

$$\begin{aligned}\langle \boldsymbol{E}_1, L\boldsymbol{E}_2\rangle &= \int_\Omega \boldsymbol{E}_1 \cdot [\nabla\times\bar{\bar{\mu}}^{-1}\cdot\nabla\times\boldsymbol{E}_2 - \omega^2\bar{\bar{\varepsilon}}\cdot\boldsymbol{E}_2]^* \mathrm{d}V \\ &= \int_\Omega [\nabla\times\boldsymbol{E}_1\cdot(\bar{\bar{\mu}}^*)^{-1}\cdot\nabla\times\boldsymbol{E}_2^* - \omega^2\boldsymbol{E}_1\cdot\bar{\bar{\varepsilon}}^*\cdot\boldsymbol{E}_2^*]\mathrm{d}V \\ &= \int_\Omega [\nabla\times\boldsymbol{E}_2^*\cdot(\bar{\bar{\mu}}^\dagger)^{-1}\cdot\nabla\times\boldsymbol{E}_1 - \omega^2\boldsymbol{E}_2\cdot\bar{\bar{\varepsilon}}^\dagger\cdot\boldsymbol{E}_1]\mathrm{d}V\end{aligned}$$

因此，如果令

$$L^a = \nabla\times(\bar{\bar{\mu}}^\dagger)^{-1}\cdot\nabla\times - \omega^2\bar{\bar{\varepsilon}}^\dagger \tag{8.7.18}$$

就有

$$\langle L\boldsymbol{E}_1, \boldsymbol{E}_2\rangle = \langle \boldsymbol{E}_1, L^a\boldsymbol{E}_2\rangle$$

到此就可以根据上面的类似方法来构造介质为各向异性且有耗时电场的变分问题。

8.7.3　标量波动方程的变分原理

在电磁场问题中有时可以把矢量电磁场问题简化为标量问题来解决。在一般情况下，我们可以用以下算子方程来表示这些标量问题：

$$L\varphi(\boldsymbol{r}) = \nabla\cdot s(\boldsymbol{r})\nabla\varphi(\boldsymbol{r}) + k^2(\boldsymbol{r})s(\boldsymbol{r})\varphi(\boldsymbol{r}) = f(\boldsymbol{r}) \tag{8.7.19}$$

其中的算子 L 为

$$L = \nabla\cdot s(\boldsymbol{r})\nabla + k^2(\boldsymbol{r})s(\boldsymbol{r})$$

$$D(L) = \{\varphi \mid \varphi, L\varphi \in L^2(\Omega), B(\varphi) = 0\}$$

其中，$B(\varphi)=0$，表示 $\varphi(\boldsymbol{r})|_s=0$ 或 $\left.\dfrac{\partial\varphi}{\partial n}\right|_S=0$。

如果介质为无耗的，则 $s(\boldsymbol{r})$ 和 $k(\boldsymbol{r})$ 均为实函数，于是有，若 φ_1，$\varphi_2\in D(L)$

$$\begin{aligned}\langle L\varphi_1, \varphi_2\rangle &= \int_\Omega [\nabla\cdot s(\boldsymbol{r})\nabla\varphi_1(\boldsymbol{r}) + k^2 s(\boldsymbol{r})\varphi_1(\boldsymbol{r})]\varphi_2^*\mathrm{d}V \\ &= \int_V \varphi_2^*\nabla\cdot s(\boldsymbol{r})\varphi_1\mathrm{d}V + \int_\Omega k^2 s(\boldsymbol{r})\varphi_1\varphi_2^*\mathrm{d}V\end{aligned}$$

因为

$$\varphi_2^*\nabla\cdot s(\boldsymbol{r})\nabla\varphi_1 = \nabla\cdot(\varphi_2^* s(\boldsymbol{r})\nabla\varphi_1) - s(\boldsymbol{r})\nabla\varphi_1\cdot\nabla\varphi_2^*$$

故有

$$\begin{aligned}\langle L\varphi_1, \varphi_2\rangle = &-\int_\Omega s(\boldsymbol{r})\nabla\varphi_1\cdot\nabla\varphi_2^* + \int_\Omega k^2 s(\boldsymbol{r})\varphi_1\varphi_2^*\mathrm{d}V \\ &+\oint_s \varphi_2^* s(\boldsymbol{r})\nabla\varphi_1\cdot\boldsymbol{n}\mathrm{d}S\end{aligned} \tag{8.7.20}$$

因为 $B(\varphi)=0$，故上式右侧的面积分消失，而 φ_1 和 φ_2 在上式中是完全对称的，

于是有

$$\langle L\varphi_1,\varphi_2\rangle=\langle\varphi_1,L\varphi_2\rangle$$

即 L 为自伴算子。根据自伴算子方程的变分原理可知，与算子方程（8.7.19）等价的变分问题中的泛函成为

$$\begin{aligned}J[\varphi]&=\langle L\varphi,\varphi\rangle-\langle\varphi,f\rangle-\langle f,\varphi\rangle\\&=-\int_\Omega s(\boldsymbol{r})|\nabla\varphi|^2\mathrm{d}V+\int_\Omega k^2s(\boldsymbol{r})|\varphi|^2\mathrm{d}V-\int_\Omega(\varphi f^*+f\varphi^*)\mathrm{d}V\end{aligned}\tag{8.7.21}$$

如果介质不是无耗的，则 $s(\boldsymbol{r})$ 和 $k(\boldsymbol{r})$ 就是复值函数，这时 L 将不是自伴的。

由于

$$\begin{aligned}\langle\varphi_1,L\varphi_2\rangle&=\int_\Omega\varphi_1[\nabla\cdot s(\boldsymbol{r})\nabla\varphi_2+k^2s(\boldsymbol{r})\varphi_2]^*\mathrm{d}V\\&=\int_\Omega(L)^*\varphi_1\varphi_2^*\mathrm{d}V\end{aligned}\tag{8.7.22}$$

因此有

$$\langle L\varphi_1,\varphi_2\rangle=\langle\varphi_1,L^*\varphi_2\rangle$$

故知 L 的伴随算子 $L^a=L^*$。在此基础上就不难构建介质有耗时的等价变分问题。

8.7.4 非齐次边界条件的修正变分原理

由上文的分析中可知，只要边界条件为齐次的，对无耗介质，无论是标量还是矢量波动方程中的算子都是自伴的。但是，只要边界条件为非齐次的，即使介质为无耗的，相应的算子也是非自伴的。下面给出一种修正方法，使得只要在齐次边界条件下算子是自伴的，也能构造出在非齐次边界条件下等价的变分问题，并把这种方法称为修正变分原理。

设有算子方程

$$L\varphi=f\tag{8.7.23}$$

对于非齐次边界条件 L 为非自伴的，在齐次边界条件下它却是自伴的。

引入一个新的未知函数 φ'：

$$\varphi'=\varphi-u\tag{8.7.24}$$

其中，u 为满足非齐次边界条件的任意函数，φ' 即为满足齐次边界条件的函数。于是，对于 φ' 而言，算子 L 是自伴的。关于 φ' 的方程可记为

$$L\varphi'=f'\tag{8.7.25}$$

其中 $f'=f-Lu$，于是与上式等价的变分问题是

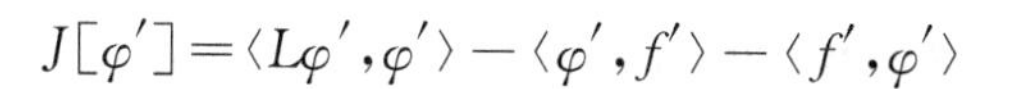

$$J[\varphi']=\langle L\varphi',\varphi'\rangle-\langle\varphi',f'\rangle-\langle f',\varphi'\rangle$$

由此可得

$$J[\varphi]=\langle L(\varphi-u),(\varphi-u)\rangle-\langle(\varphi-u),(f-Lu)\rangle$$
$$-\langle(f-Lu),(\varphi-u)\rangle$$

在变分问题中，该泛函要对 φ 取变分，故去掉与 φ 无关的项对结果没有影响。这样，上式就可简化为

$$J[\varphi]=\langle L\varphi,\varphi\rangle-\langle L\varphi,u\rangle+\langle\varphi,Lu\rangle$$
$$-\langle\varphi,f\rangle-\langle f,\varphi\rangle \tag{8.7.26}$$

其中，u 在应用边界条件后消失。于是，使上式取驻值的 φ 就是满足方程（8.7.23）和给定的非齐次边界条件的解。

首先讨论对标量波动方程的应用，比如要解的方程为（8.7.19），但边界条件改为

$$\begin{cases}\varphi=g，\text{在 } S_1 \text{ 上}，\\ \dfrac{\partial\varphi}{\partial n}=q，\text{在 } S_2 \text{ 上}，\end{cases}\quad S_1+S_2=S \tag{8.7.27}$$

其中，g 和 q 为已知函数。上文中已经证明，对无耗介质在齐次边界条件下算子 L 为自伴算子。设 u 为满足非齐次边界条件的函数，则根据以上原理，满足非齐次边界条件的解 φ 将使用下面的泛函取极值

$$J[\varphi]=\int_\Omega\varphi^*(\nabla\cdot s\nabla\varphi+k^2s\varphi)\mathrm{d}V-\int_\Omega u^*(\nabla\cdot s\nabla\varphi+k^2s\varphi)\mathrm{d}V$$
$$+\int_\Omega\varphi(\nabla\cdot s\nabla u^*-k^2su^*)\mathrm{d}V-\int_\Omega(\varphi f^*-f\varphi^*)\mathrm{d}V \tag{8.7.28}$$

考虑到关系

$$\psi(\nabla\cdot s\nabla\varphi)=\nabla\cdot(\psi s\nabla\varphi)-s\nabla\varphi\cdot\nabla\psi$$

式（8.7.28）可改写为

$$J[\varphi]=\int_\Omega s(k^2\varphi\varphi^*-\nabla\varphi\cdot\nabla\varphi^*)\mathrm{d}V-\int_\Omega(\varphi f^*-f\varphi^*)\mathrm{d}V$$
$$+\oint_S\left(\varphi s\frac{\partial\varphi}{\partial n}+\varphi s\frac{\partial u^*}{\partial n}-u^*s\frac{\partial\varphi}{\partial n}\right)\mathrm{d}S$$

考虑到边界条件，并去掉与 φ 无关的各项，最后就得到

$$J[\varphi]=\int_\Omega s(k^2\,|\,\varphi\,|^*-|\,\nabla\varphi\,|^2)\mathrm{d}V-\int_\Omega(\varphi f^*-f\varphi^*)\mathrm{d}V$$
$$+\oint_{S_2}(\varphi^*sg+\varphi sg^*)\mathrm{d}S \tag{8.7.29}$$

如果矢量波动方程（8.7.3），但边界条件改为

$$\begin{cases} \boldsymbol{n}\times\boldsymbol{E}=\boldsymbol{g}，在 S_1 上， \\ \boldsymbol{n}\times\nabla\times\boldsymbol{E}=\boldsymbol{q}，在 S_2 上， \end{cases} \quad S_1+S_2=S \tag{8.7.30}$$

前面已经证明，当介质无耗，在齐次边界条件下式（8.7.3）中的相应算子是自伴的。对非齐次边界条件（8.7.30）下与其等价的变分问题中的泛函，根据修正变分原理应成为

$$\begin{aligned} J[\boldsymbol{E}]=&\int_\Omega \boldsymbol{E}^*\cdot(\nabla\times\mu^{-1}\nabla\times\boldsymbol{E}-\mu^{-1}k^2\boldsymbol{E})\mathrm{d}V \\ &-\int_\Omega \boldsymbol{u}^*\cdot(\nabla\times\mu^{-1}\nabla\times\boldsymbol{E}-\mu^{-1}k^2\boldsymbol{E})\mathrm{d}V \\ &+\int_\Omega \boldsymbol{E}\cdot(\nabla\times\mu^{-1}\nabla\times\boldsymbol{u}^*-\mu^{-1}k^2\boldsymbol{u}^*)\mathrm{d}V \\ &-\int_\Omega(\boldsymbol{E}\cdot\mathrm{i}\omega\boldsymbol{J}^*-\mathrm{i}\omega\boldsymbol{J}\cdot\boldsymbol{E}^*)\mathrm{d}V \end{aligned} \tag{8.7.31}$$

考虑到

$$\boldsymbol{a}\cdot\nabla\times\mu^{-1}\nabla\times\boldsymbol{b}=\mu^{-1}\nabla\times\boldsymbol{a}\cdot\nabla\times\boldsymbol{b}-\nabla\cdot(\boldsymbol{a}\times\mu^{-1}\nabla\times\boldsymbol{b})$$

并运用高斯定理，就可把式（8.7.31）改写成

$$\begin{aligned} J[\boldsymbol{E}]=&\int_\Omega\mu^{-1}\nabla\times\boldsymbol{E}\cdot\nabla\times\boldsymbol{E}^*\mathrm{d}V-\int_\Omega\mu^{-1}k^2\boldsymbol{E}\cdot\boldsymbol{E}^*\mathrm{d}V \\ &-\mathrm{i}\omega\int_\Omega(\boldsymbol{E}\cdot\boldsymbol{J}^*-\boldsymbol{J}\cdot\boldsymbol{E}^*)\mathrm{d}V \\ &-\oint_S(\boldsymbol{E}^*\times\mu^{-1}\nabla\times\boldsymbol{E}+\boldsymbol{E}\times\mu^{-1}\nabla\times\boldsymbol{u}^*-\boldsymbol{u}^*\times\mu^{-1}\nabla\times\boldsymbol{E})\cdot\boldsymbol{n}\mathrm{d}S \end{aligned} \tag{8.7.32}$$

注意到

$$(\boldsymbol{a}\times\mu^{-1}\nabla\times\boldsymbol{b})\cdot\boldsymbol{n}=\boldsymbol{n}\times\boldsymbol{a}\cdot\mu^{-1}\nabla\times\boldsymbol{b}=-\boldsymbol{a}\cdot\boldsymbol{n}\times\mu^{-1}\nabla\times\boldsymbol{b}$$

以及与其类似的其他各项，再把边界条件（8.7.30）代入式（8.7.32），并去掉与 $\boldsymbol{E}$ 无关的各项，就可得到

$$\begin{aligned} J[\boldsymbol{E}]=&\int_\Omega\mu^{-1}(\nabla\times\boldsymbol{E}\cdot\nabla\times\boldsymbol{E}^*-k^2\boldsymbol{E}\cdot\boldsymbol{E}^*)\mathrm{d}V \\ &-\mathrm{i}\omega\int_\Omega(\boldsymbol{E}\cdot\boldsymbol{J}^*-\boldsymbol{J}\cdot\boldsymbol{E}^*)\mathrm{d}V \\ &+\int_{S_2}\mu^{-1}(\boldsymbol{E}^*\cdot\boldsymbol{q}+\boldsymbol{E}\cdot\boldsymbol{q}^*)\mathrm{d}S \end{aligned} \tag{8.7.33}$$

8.7.5 伪对称算子方程的广义变分原理

由前面的讨论可以发现，电磁场算子的自伴性与介质是否有耗有密切关系，只有无耗介质才能使算子具有自伴性。由于自伴算子的变分原理具有最简洁的

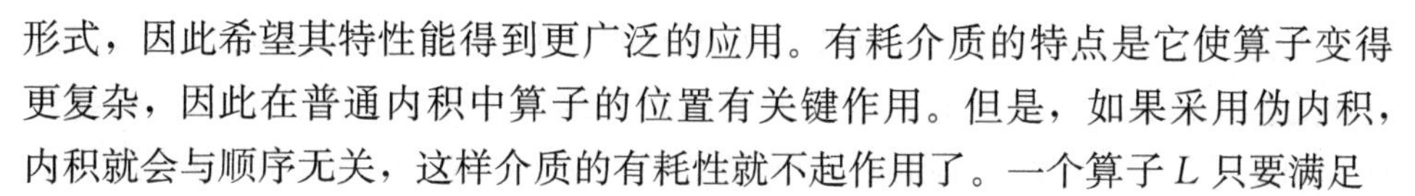
形式，因此希望其特性能得到更广泛的应用。有耗介质的特点是它使算子变得更复杂，因此在普通内积中算子的位置有关键作用。但是，如果采用伪内积，内积就会与顺序无关，这样介质的有耗性就不起作用了。一个算子 L 只要满足

$$\langle L\varphi,\psi\rangle_p=\langle\varphi,L\psi\rangle_p \tag{8.7.34}$$

其中 φ，$\psi\in L^2$（Ω），就称 L 为伪对称的。

可以证明，若算子 L 是伪对称的，则方程

$$L\varphi=f \tag{8.7.35}$$

的解 φ 使泛函

$$J[\varphi]=\langle L\varphi,\varphi\rangle_p-2\langle\varphi,f\rangle_p \tag{8.7.36}$$

取驻值，这是因为

$$\begin{aligned}\delta J[\varphi]&=\langle L\delta\varphi,\varphi\rangle_p+\langle L\varphi,\delta\varphi\rangle_p-2\langle\delta\varphi,f\rangle_p\\&=\langle L\delta\varphi,\varphi\rangle_p+\langle\varphi,L\delta\varphi\rangle_p-2\langle\delta_{\varphi},f\rangle_p\\&=2\langle\delta\varphi,L\varphi\rangle_p-2\langle\delta\varphi,f\rangle_p\end{aligned} \tag{8.7.37}$$

如果 φ 为方程（8.7.35）的解，即 $L\varphi=f$，于是

$$\delta J[\varphi]=2\langle\delta\varphi,f\rangle_p-2\langle\delta\varphi,f\rangle_p=0$$

也就是说，满足方程（8.7.35）的 φ 使泛函 $J(\varphi)$ 取驻值.

前面所讨论的方程（8.7.19）在齐次边界条件下当介质为有耗时，所对应的算子是非自伴的，但容易证明是伪对称的。于是，按广义变分原理，它所对应的取驻值的泛函为

$$\begin{aligned}J[\varphi]&=\int_\Omega\varphi(\nabla\cdot s\nabla\varphi+k^2s\varphi)\mathrm{d}V\\&=-\int_\Omega s\mid\nabla\varphi\mid^2\mathrm{d}V+\int_\Omega k^2s\mid\varphi\mid^2\mathrm{d}V-2\int_\Omega f\varphi\mathrm{d}V\end{aligned} \tag{8.7.38}$$

对矢量函数 $\boldsymbol{A}$ 和 $\boldsymbol{B}$，其伪内积定义为

$$\langle A,B\rangle_p=\int_V\boldsymbol{A}(\boldsymbol{r})\cdot\boldsymbol{B}(\boldsymbol{r})\mathrm{d}V \tag{8.7.39}$$

在这种内积定义下，矢量微分算子（8.7.6）即使对有耗介质也是伪对称的。于是，对于电场问题，方程（8.7.3）的解使以下泛函取驻值：

$$\begin{aligned}J[\boldsymbol{E}]=&\int_\Omega\mu^{-1}\mid\nabla\times\boldsymbol{E}\mid^2\mathrm{d}V-\int_\Omega\mu^{-1}k^2\mid\boldsymbol{E}\mid^2\mathrm{d}V\\&+2\mathrm{i}\omega\int_\Omega\boldsymbol{E}\cdot\boldsymbol{J}\mathrm{d}V\end{aligned} \tag{8.7.40}$$

更广泛的情况，当介质为各向异性时，只要介质是互易的，相对应的算子也是伪对称的。所以，广义变分原理在电磁场问题中有很广泛的应用。

但是，广义变分原理与经典变分原理有明显的区别。经典变分原理对应的泛函为实泛函，而广义变分原理中的泛函则是复的。实泛函往往对应一种物理量（如能量等），而复泛函则缺乏这种对应性。显然，对复泛函不能讨论最小值或最大值，而只能讨论其驻定性。

8.7.6 本征值问题的变分原理

在电磁理论中，除了经常要求解算子的确定性方程外，还有本征值问题。本征值问题主要出现在谐振和传输等问题中。谐振腔中的本征值经常是谐振频率，而在波导问题中特征值则经常是其传输常数。

先考虑谐振腔问题。设腔体为任意形状，由理想导体构成，内表面足够光滑。腔体内部空间用 Ω 表示，S 为其表面。为使问题更一般化，设 Ω 内的介质为非均匀各向异性。于是，描述其中电磁场的算子方程由（8.7.14）给出。作为谐振问题，我们主要考虑腔体内可能存在的电磁场的自然模式，即假设场源不存在，这样就成为本征值问题，所满足的算子方程对电场而言所具有的形式为

$$\nabla\times\bar{\bar{\mu}}^{-1}\cdot\nabla\times\boldsymbol{E}(\boldsymbol{r})=\omega^{2}\bar{\bar{\varepsilon}}\cdot\boldsymbol{E}(\boldsymbol{r}),\quad \boldsymbol{r}\in\Omega \tag{8.7.41}$$

且 $\boldsymbol{E}$ 在 S 表面满足第一类齐次边界条件 $\boldsymbol{n}\times\boldsymbol{E}\,|_{S}=0$。在这样的条件下，只要介质是无耗的，则算子

$$\begin{cases}A=\nabla\times\bar{\bar{\mu}}^{-1}\cdot\nabla\times\\ B=\bar{\bar{\varepsilon}}\cdot\end{cases} \tag{8.7.42}$$

都是自伴的。由此，可根据 8.5.4 节中本征值问题的变分原理知，满足方程（8.7.41）的解 $\boldsymbol{E}$ 使泛函

$$\omega^{2}(\boldsymbol{E})=\frac{\int_{\Omega}\boldsymbol{E}(\boldsymbol{r})\cdot\nabla\times\bar{\bar{\mu}}^{-1}\cdot\nabla\times\boldsymbol{E}(\boldsymbol{r})\mathrm{d}V}{\int_{\Omega}\boldsymbol{E}^{*}(\boldsymbol{r})\cdot\bar{\bar{\varepsilon}}\cdot\boldsymbol{E}(\boldsymbol{r})\mathrm{d}V} \tag{8.7.43}$$

取极值。

如果介质是有耗的，则算子（8.7.42）不再是自伴的。但如果介质是互易的，则算子是伪对称的。于是方程（8.7.41）的解使由伪内积构成的泛函

$$\omega^{2}(\boldsymbol{E})=\frac{\int_{\Omega}\boldsymbol{E}(\boldsymbol{r})\cdot\nabla\times\bar{\bar{\mu}}^{-1}\cdot\nabla\times\boldsymbol{E}(\boldsymbol{r})\mathrm{d}V}{\int_{\Omega}\boldsymbol{E}(\boldsymbol{r})\cdot\bar{\bar{\varepsilon}}\cdot\boldsymbol{E}(\boldsymbol{r})\mathrm{d}V} \tag{8.7.44}$$

取驻值。

进而，若介质是有耗的且是非互易的，则算子（8.7.42）既不是自伴的也不是伪对称的。这时需要算子 A 和 B 的伴随算子

$$
\begin{aligned}
A^a &= \nabla\times(\bar{\mu}^{\dagger})^{-1}\cdot\nabla\times \\
B^a &= \bar{\varepsilon}^{\dagger}\cdot
\end{aligned}
\tag{8.7.45}
$$

构成的辅助方程

$$\nabla\times(\bar{\mu}^{\dagger})^{-1}\cdot\nabla\times\boldsymbol{E}^a(r)=\omega^2\bar{\varepsilon}^{\dagger}\cdot\boldsymbol{E}^a$$

相应的泛函就成为

$$\omega^2(\boldsymbol{E})=\frac{\int_\Omega \boldsymbol{E}^a(\boldsymbol{r})\cdot\nabla\times(\bar{\mu}^{\dagger})^{-1}\cdot\nabla\times\boldsymbol{E}(\boldsymbol{r})\mathrm{d}V}{\int_\Omega \boldsymbol{E}^a(r)\cdot\bar{\varepsilon}^{\dagger}\cdot\boldsymbol{E}(\boldsymbol{r})\mathrm{d}V} \tag{8.7.46}$$

下面讨论非均匀各向同性介质填充的均匀波导中电磁场的变分原理。所谓均匀波导是指波导在轴向是均匀的。若将轴向取为 z 轴，则波导的尺度、形状和介质都与 z 无关。所谓非均匀介质是指其横向分布的不均匀性。

由于电磁波是沿波导的轴向传输的，故所有场量与 z 的关系都可表示为 $\mathrm{e}^{-\gamma z}$，其中 γ 称为波导的传输常数。由于波导由无自由电荷积累，则应有

$$\nabla\cdot(\varepsilon\boldsymbol{E})=0$$

若将算符 ∇ 分解为

$$\nabla=\nabla_t+\hat{z}\frac{\partial}{\partial z}$$

其中 ∇_t 为 ∇ 的横向部分，$\hat{z}$ 为 z 方向的单位矢量，则若 $\boldsymbol{E}=\boldsymbol{E}_t+\hat{z}E_z$，可得

$$E_z=(\mathrm{i}\gamma\varepsilon)^{-1}\nabla_t\cdot(\varepsilon\boldsymbol{E}_t)$$

这说明在波导中仅有电场分量是独立的，可以仅用横向场方程描述波导中的电磁场传输。

为了导出横向场方程，可把频域麦克斯韦方程改写为

$$\begin{cases}(\nabla_t-\mathrm{i}\gamma\hat{z})\times(\boldsymbol{E}_t+\hat{z}E_z)=-\mathrm{i}\omega\mu(\boldsymbol{H}_t+\hat{z}E_z)\\(\nabla_t-\mathrm{i}\gamma\hat{z})\times(\boldsymbol{H}_t+\hat{z}H_z)=\mathrm{i}\omega\varepsilon(\boldsymbol{E}_t+\hat{z}E_z)\end{cases} \tag{8.7.47}$$

其中，$\boldsymbol{E}_t$ 和 $\boldsymbol{H}_t$ 分别为电场和磁场的横向分量，以上两方程又可分解为

$$\nabla_t\times\hat{z}E_z-\mathrm{i}\gamma\hat{z}\times\boldsymbol{E}_t=-\mathrm{i}\omega\mu\boldsymbol{H}_t \tag{8.7.48}$$

$$\nabla_t\times\boldsymbol{E}_t=-\mathrm{i}\omega\mu\hat{z}H_z \tag{8.7.49}$$

$$\nabla\times\hat{z}H_z-\mathrm{i}\gamma\hat{z}\times\boldsymbol{H}_t=\mathrm{i}\omega\varepsilon\boldsymbol{E}_t \tag{8.7.50}$$

$$\nabla_t\times\boldsymbol{H}_t=\mathrm{i}\omega\varepsilon\hat{z}E_z \tag{8.7.51}$$

利用矢量恒等式

$$\nabla_t\times(\phi\boldsymbol{F})=\nabla_t\phi\times\boldsymbol{F}+\phi\nabla_t\times\boldsymbol{F}$$

由方程（8.7.48）可得

$$\boldsymbol{H}_t=\frac{\gamma}{\omega\mu}\hat{z}\times\boldsymbol{E}_t+\frac{\mathrm{i}}{\omega\mu}\nabla_t\times(\hat{z}E_z)$$

$$=\frac{\gamma}{\omega\mu}\hat{z}\times\boldsymbol{E}_t-\frac{\mathrm{i}}{\omega\mu}\hat{z}\times\nabla_t E_z$$

$$=\frac{\gamma}{\omega\mu}\hat{z}\times\boldsymbol{E}_t-\frac{\mathrm{i}}{\omega\mu}\gamma\hat{z}\times\nabla_t\varepsilon^{-1}\nabla_t\cdot\varepsilon\boldsymbol{E}_t \tag{8.7.52}$$

把式（8.7.52）和式（8.7.49）代入式（8.7.50）就可得到

$$\mu\hat{z}\times\nabla_t\times\mu^{-1}\nabla_t\times\boldsymbol{E}_t-\hat{z}\times\nabla_t\varepsilon^{-1}\nabla_t\cdot\varepsilon\boldsymbol{E}_t-k^2\hat{z}\times\boldsymbol{E}_t$$
$$=-\gamma^2\hat{z}\times\boldsymbol{E}_t \tag{8.7.53}$$

这是一个关于 $\boldsymbol{E}_t$ 的本征值方程，与标准形式比较，可以定义算子

$$\begin{cases}A=\mu\hat{z}\times\nabla_t\times\mu^{-1}\nabla_t\times(\cdot)-\hat{z}\times\nabla_t\varepsilon^{-1}\nabla_t\cdot\varepsilon(\cdot)+k^2\hat{z}\times(\cdot)\\B=\hat{z}\times(\cdot)\end{cases} \tag{8.7.54}$$

显然，算子 A 既不是自伴的，也不是伪对称的，于是对方程

$$A\boldsymbol{E}_t=-\gamma^2B\boldsymbol{E}_t \tag{8.7.55}$$

就不能依照已有的变分原理给出与方程（8.7.55）等价的变分问题中的泛函。

下面我们讨论一种新的变分原理，它依赖转置算子，而转置算子也是用伪内积定义的。

设 φ_1，$\varphi_2\in H$，H 为希尔伯特空间。若算子 L 和 L^{T} 满足关系

$$\langle\varphi_1, L\varphi_2\rangle_p=\langle\varphi_2, L^{\mathrm{T}}\varphi_1\rangle_p \tag{8.7.56}$$

则称 L^{T} 为 L 的转置算子，把式（8.7.56）与伴随算子的定义式

$$\langle L\varphi_1, \varphi_2\rangle=\langle\varphi_1, L^a\varphi_2\rangle$$

相比可以发现，L 的伴随算子与转置算子之间的关系为

$$(L^{\mathrm{T}})^*=L^a \tag{8.7.57}$$

因此，可以直接从 L^{T} 出发列出相应的泛函，如果原方程为

$$A\varphi=\lambda B\varphi \tag{8.7.58}$$

再引入辅助方程

$$A^{\mathrm{T}}\varphi^a=\lambda B^{\mathrm{T}}\varphi^a \tag{8.7.59}$$

则与方程（8.7.58）等价的变分问题中的泛函就是

$$\lambda(\varphi)=\frac{\langle A\varphi, \varphi^a\rangle_p}{\langle B\varphi, \varphi^a\rangle_p} \tag{8.7.60}$$

为证明此原理的正确性，对上式取一阶变分得

$$\delta\lambda\langle\varphi^a, B\varphi\rangle_p+\lambda\langle\delta\varphi^a, B\varphi\rangle_p+\lambda\langle\varphi^a, B\delta\varphi\rangle_p$$
$$-\langle\delta\varphi^a, A\varphi\rangle_p-\langle\varphi^a, A\delta\varphi\rangle_p=0$$

该式又可写成

$$\delta\lambda\langle\varphi^a,B\varphi\rangle_p+\langle\lambda B^{\mathrm{T}}\varphi^a-A^{\mathrm{T}}\varphi^a,\delta\varphi\rangle_p$$
$$+\langle\delta\varphi^a,\lambda B\varphi-A\varphi\rangle_p=0 \tag{8.7.61}$$

由此可知，如果 φ 和 φ^a 分别满足方程（8.7.58）和（8.7.59），且 $\langle \varphi^a, B\varphi \rangle_p \neq 0$，则必有 $\delta\lambda = 0$。

和以前一样，以上原理对矢量函数同样成立，只要改用矢量函数的内积定义即可。

为了应用这一变分原理，首先需要求出由式（8.7.54）定义的算子 A 和 B 的转置算子 A^{T} 和 B^{T}。为了求出算子 A 的转置算子，我们把它分成三部分进行讨论。由于每一部分只有横向运算，故所定义的伪内积都是横截面上的积分。利用矢量恒等式

$$\boldsymbol{a} \cdot (\boldsymbol{b} \times \boldsymbol{c}) = \boldsymbol{b} \cdot (\boldsymbol{c} \times \boldsymbol{a}) = \boldsymbol{c} \cdot (\boldsymbol{a} \times \boldsymbol{b})$$

$$\nabla \cdot (\boldsymbol{a} \times \boldsymbol{b}) = \boldsymbol{b} \cdot (\nabla \times \boldsymbol{a}) - \boldsymbol{a} \cdot (\nabla \times \boldsymbol{b})$$

并设 $\boldsymbol{E}_1$ 和 $\boldsymbol{E}_2$ 为算子 A 的定义域中任意矢量，则有

$$\begin{aligned}
&\langle \boldsymbol{E}_{t1}, \mu\hat{z} \times \nabla_t \times \mu^{-1} \nabla_t \times \boldsymbol{E}_{t2} \rangle_p \\
&= -\int_S \mu\hat{z} \times \boldsymbol{E}_{t1} \cdot \nabla_t \times \mu^{-1} \nabla_t \times \boldsymbol{E}_{t2} \mathrm{d}S \\
&= \int_S \nabla_t \cdot (\mu\hat{z} \times \boldsymbol{E}_{t1} \times \mu^{-1} \nabla_t \times \boldsymbol{E}_{t2}) \mathrm{d}S \\
&\quad - \int_S (\nabla_t \times \hat{z} \times \mu\boldsymbol{E}_{t1}) \cdot (\mu^{-1} \nabla_t \times \boldsymbol{E}_{t2}) \mathrm{d}S
\end{aligned} \tag{8.7.62}$$

应用高斯定理，上式右侧的第一个积分可化作沿 S 边界上的积分，假设波导由理想导体构成，则电场在边界上满足 $n \times E_t = 0$，从而使上述边界积分为零。再利用关系

$$\nabla_t \times \hat{z} \times \mu\boldsymbol{E}_{t1} = \hat{z} \nabla_t \cdot \mu\boldsymbol{E}_{t1}$$

$$\hat{z} \cdot \nabla_t \times \boldsymbol{E}_{t2} = -\nabla_t \cdot (\hat{z} \times \boldsymbol{E}_{t2})$$

则

$$\begin{aligned}
&\langle \boldsymbol{E}_{t1}, \mu\hat{z} \times \nabla_t \times \mu^{-1} \nabla_t \times \boldsymbol{E}_{t2} \rangle_p \\
&= -\int_S (\nabla_t \cdot \mu\boldsymbol{E}_{t1}) \mu^{-1} \hat{z} \cdot \nabla_t \times \boldsymbol{E}_{t2} \mathrm{d}S \\
&= \int_S (\nabla_t \cdot \mu\boldsymbol{E}_{t1}) \mu^{-1} \nabla_t \cdot \hat{z} \times \boldsymbol{E}_{t2} \mathrm{d}S
\end{aligned} \tag{8.7.63}$$

又由于

$$\mu^{-1} \nabla_t \cdot \hat{z} \times \boldsymbol{E}_{t2} = \nabla_t \cdot \mu^{-1} \hat{z} \times \boldsymbol{E}_{t2} - \nabla_t \mu^{-1} \cdot \hat{z} \times \boldsymbol{E}_{t2}$$

式（8.7.63）又可写成

$$\begin{aligned}
&\langle \boldsymbol{E}_{t1}, \mu\hat{z} \times \nabla_t \times \mu^{-1} \nabla_t \times \boldsymbol{E}_{t2} \rangle_p \\
&= \int_S \nabla_t \cdot (\hat{z} \times \boldsymbol{E}_{t2} \mu^{-1} \nabla_t \cdot \mu\boldsymbol{E}_{t1}) \mathrm{d}S \\
&\quad - \int_S \hat{z} \times \boldsymbol{E}_{t2} \cdot \nabla_t \mu^{-1} \nabla_t \cdot \mu\boldsymbol{E}_{t1} \mathrm{d}S
\end{aligned} \tag{8.7.64}$$

再利用一次高斯定理即可由式（8.7.64）得到

$$\begin{aligned}&\langle \boldsymbol{E}_{t1},\mu\hat{z}\times\nabla_t\times\mu^{-1}\nabla_t\times\boldsymbol{E}_{t2}\rangle_p\\&=\int_S\boldsymbol{E}_{t2}\cdot\hat{z}\times\nabla_t\mu^{-1}\nabla_t\cdot\mu\boldsymbol{E}_{t1}\mathrm{d}S\\&=\langle\boldsymbol{E}_{t2},\hat{z}\times\nabla_t\mu^{-1}\nabla_t\cdot\mu\boldsymbol{E}_{t1}\rangle_p\end{aligned}\tag{8.7.65}$$

这说明算子 A 的第一部分的转置为

$$(\mu\hat{z}\times\nabla_t\times\mu^{-1}\nabla_t\times)^{\mathrm{T}}=\hat{z}\times\nabla_t\mu^{-1}\nabla_t\cdot\mu\tag{8.7.66}$$

用类似的方法可以证明算子 A 第二部分的转置为

$$(\hat{z}\times\nabla_t\varepsilon^{-1}\nabla_t\cdot\varepsilon)^{\mathrm{T}}=\varepsilon\hat{z}\times\nabla_t\times\varepsilon^{-1}\nabla_t\times\tag{8.7.67}$$

考虑到

$$\begin{aligned}\langle\boldsymbol{E}_{t1},k^2\hat{z}\times\boldsymbol{E}_{t2}\rangle_p&=\int_S\boldsymbol{E}_{t1}\cdot(k^2\hat{z}\times\boldsymbol{E}_{t2}\mathrm{d}S)\\&=-\int_S\boldsymbol{E}_{t2}\cdot(k^2\hat{z})\times\boldsymbol{E}_{t1}\mathrm{d}S\\&=\langle\boldsymbol{E}_{t2},-k^2\hat{z}\times\boldsymbol{E}_{t1}\rangle_p\end{aligned}$$

故知算子 A 的第三部分的转置为

$$(-k^2\hat{z}\times)^{\mathrm{T}}=k^2\hat{z}\times\tag{8.7.68}$$

于是归纳起来就有

$$A^{\mathrm{T}}=\hat{z}\times\nabla_t\mu^{-1}\nabla_t\cdot\mu(\cdot)-\varepsilon\hat{z}\times\nabla_t\times\varepsilon^{-1}\nabla_t\times(\cdot)+k^2\hat{z}\times(\cdot)\tag{8.7.69}$$

由式（8.7.68）又可知

$$B^{\mathrm{T}}=-\hat{z}\times(\cdot)\tag{8.7.70}$$

为了建立所需的泛函，根据上面所建立的变分原理，我们还需要一个类似于式（8.7.59）的辅助方程。因为已经找到了 A^{T} 和 B^{T}，如选择 $\boldsymbol{H}_t$ 为辅助方程的未知量，则辅助方程可表示为

$$A^{\mathrm{T}}\boldsymbol{H}_t=\lambda B^{\mathrm{T}}\boldsymbol{H}_t\tag{8.7.71}$$

到此我们就可以给出所需变分问题中的泛函

$$\begin{aligned}\gamma^2&=\frac{\langle\boldsymbol{H}_t,\mu\hat{z}\times\nabla_t\times\mu^{-1}\nabla_t\times\boldsymbol{E}_t\rangle_p-\langle\boldsymbol{H}_t,\hat{z}\times\nabla_t\varepsilon^{-1}\nabla_t\cdot\varepsilon\boldsymbol{E}_t\rangle_p+\langle\boldsymbol{H}_t,k^2\hat{z}\times\boldsymbol{E}_t\rangle_p}{\langle\boldsymbol{H}_t,\hat{z}\times\boldsymbol{E}_t\rangle_p}\\&=\frac{\langle\hat{z}\nabla_t\cdot\mu\boldsymbol{H}_t,\mu^{-1}\nabla_t\times\boldsymbol{E}_t\rangle_p-\langle\varepsilon^{-1}\nabla_t\times\boldsymbol{H}_t,\hat{z}\nabla_t\cdot\varepsilon\boldsymbol{E}_t\rangle_p+\langle\boldsymbol{H}_t,k^2\hat{z}\boldsymbol{E}_t\rangle_p}{\langle\boldsymbol{H}_t,\hat{z}\times\boldsymbol{E}_t\rangle_p}\end{aligned}\tag{8.7.72}$$

第 9 章
积分算子方程

虽然积分算子方程只有在极少数特殊情况才能求得精确解，大部分只能求得其近似解，但由于计算机技术的发展，用数值方法求出积分算子方程近似解已经很流行，尤其是一些快速求解方法的发展，使得积分算子方程的数值解法变得更加有效。在此情况下，积分算子方程在电磁理论中的作用变得更加重要。在当前对电磁理论而言，对复杂电磁场的问题主要任务是正确地列出相应的积分算子方程，并对其性质进行深入研究，为对其进行数值求解打下良好的基础。

9.1 积分算子方程的一般概念

在讨论电磁理论中经常遇到的积分算子方程之前，先对积分算子及由其构成的方程的一般性质有所认识，可为深入了解这些方程打下必要的基础。下面讨论的重点是积分算子的紧性或全连续性，以及积分算子方程解的存在唯一性，然后简短地讨论积分算子方程的数值解法。

9.1.1 积分算子及其分类

作为线性算子的实例，在第 4 章我们已经对积分算子进行过一些讨论。这里我们先进行一些总结，再进一步讨论可能的一些类型。

作为一个算子 $A: L^2(\Omega) \to L^2(\Omega)$，其定义为

$$(Au)(\boldsymbol{x}) = \int_\Omega K(\boldsymbol{x},\boldsymbol{y})u(\boldsymbol{y})\mathrm{d}\Omega \tag{9.1.1}$$

其中 $\Omega \subset R^n$，$\boldsymbol{x}$，$\boldsymbol{y} \in \Omega$，$K(\boldsymbol{x},\boldsymbol{y}) \in L^2(\Omega \times \Omega)$。这样的算子 A 是通过一个积分

作用在函数u上，所以称之为积分算子，其中的$K(\boldsymbol{x},\boldsymbol{y})$称为算子$A$的核，它对算子$A$的性质有决定性的作用。如果

$$\|K^2\| = \int_\Omega \int_\Omega |K(\boldsymbol{x},\boldsymbol{y})|^2 \mathrm{d}\Omega_y \mathrm{d}\Omega_x < \infty$$

则有

$$\begin{aligned}\|Au\|^2 &= \int_\Omega |(Au)(\boldsymbol{x})|^2 \mathrm{d}\Omega \\ &= \int_\Omega \left| \int_\Omega K(\boldsymbol{x},\boldsymbol{y}) u(\boldsymbol{y}) \mathrm{d}\Omega_y \right|^2 \mathrm{d}\Omega_x \\ &\leqslant \int_\Omega \int_\Omega |K(\boldsymbol{x},\boldsymbol{y})|^2 \mathrm{d}\Omega_y \mathrm{d}\Omega_x \|u\|^2\end{aligned}$$

因此，算子A就是有界的。

此外，如已经证明的，A的伴随算子A^a为

$$(A^a u)(\boldsymbol{x}) = \int_\Omega K^a(\boldsymbol{y},\boldsymbol{x}) u(\boldsymbol{y}) \mathrm{d}\Omega \tag{9.1.2}$$

其中

$$K^a(\boldsymbol{x},\boldsymbol{y}) = K^*(\boldsymbol{y},\boldsymbol{x}) \tag{9.1.3}$$

称为伴随核。所以，如果

$$K^*(\boldsymbol{x},\boldsymbol{y}) = K(\boldsymbol{y},\boldsymbol{x}) \tag{9.1.4}$$

则积分算子A是自伴的。如果

$$K(\boldsymbol{x},\boldsymbol{y}) = K(\boldsymbol{y},\boldsymbol{x}) \tag{9.1.5}$$

则A还是伪对称的。

类似地，在矢量函数空间$L^2(\Omega)^m$，我们定义矢量积分算子$A: L^2(\Omega)^m \to L^2(\Omega)^m$，为

$$(A\boldsymbol{u})(\boldsymbol{x}) = \int_\Omega \overline{\overline{K}}(\boldsymbol{x},\boldsymbol{y}) \cdot \boldsymbol{u}(\boldsymbol{y}) \mathrm{d}\Omega \tag{9.1.6}$$

其中$\overline{\overline{K}}(\boldsymbol{x},\boldsymbol{y}) \in L^2(\Omega \times \Omega)^{m\times m}$为积分算子$A$的核。如果它是有界的，则积分算子$A$是有界的，在电磁场理论中它通常为一并矢。用类似于标量算子的方法可以证明矢量积分算子A的伴随算子A^a中的伴随核应为

$$\overline{\overline{K}}^a(\boldsymbol{x},\boldsymbol{y}) = \overline{\overline{K}}^\dagger(\boldsymbol{y},\boldsymbol{x}) \tag{9.1.7}$$

所以，如果有关系

$$\overline{\overline{K}}(\boldsymbol{x},\boldsymbol{y}) = \overline{\overline{K}}^\dagger(\boldsymbol{y},\boldsymbol{x}) \tag{9.1.8}$$

则A是自伴的。

上面所提到的积分算子还可以表示成更一般的形式：

$$(Au)(\boldsymbol{x}) = \int_\Omega \frac{K(\boldsymbol{x},\boldsymbol{y})}{|\boldsymbol{x}-\boldsymbol{y}|^\alpha} u(\boldsymbol{y}) \mathrm{d}\Omega \tag{9.1.9}$$

$$(A\boldsymbol{u})(\boldsymbol{x})=\int_{\Omega}\frac{\overline{\overline{K}}(\boldsymbol{x},\boldsymbol{y})}{|\boldsymbol{x}-\boldsymbol{y}|^{\alpha}}\cdot\boldsymbol{u}(\boldsymbol{y})\mathrm{d}\Omega \tag{9.1.10}$$

其中，$K(\boldsymbol{x},\boldsymbol{y})$ 和 $\overline{\overline{K}}(\boldsymbol{x},\boldsymbol{y})$ 均为有界的。显然，如果 $\alpha=0$，则式（9.1.9）和式（9.1.10）就分别变为式（9.1.1）和式（9.1.6）。在一维空间，当 $0<\alpha<1$ 时，A 称为弱奇异积分算子；当 $\alpha=1$ 时，A 称为柯西奇异积分算子。

在一元函数空间，标准的柯西奇异积分算子定义为

$$(Au)(x)=\frac{1}{\pi\mathrm{i}}\int_{\Gamma}\frac{u(y)}{y-x}\mathrm{d}y \tag{9.1.11}$$

与这类积分核相关的还有希尔伯特积分变换。设 $f(x)$，$\varphi(x)\in L^{p}(-\infty,\infty)$，其中 $1<p<\infty$，则把由 $\varphi(x)$ 变换为 $f(x)$ 的关系

$$f(x)=\frac{1}{\pi}\mathrm{P.V.}\int_{-\infty}^{\infty}\frac{\varphi(x)}{y-x}\mathrm{d}y \tag{9.1.12}$$

称为希尔伯特变换，其中 P. V. 表示积分主值。如果把式（9.1.12）的右侧看作一个积分算子，则其积分核为$\dfrac{1}{y-x}$，它显然是奇异的，这正是希尔伯特变换的一大特点。

9.1.2 积分算子方程及其分类

由积分算子构成的方程称为积分算子方程，很多电磁场问题可用积分方程表达，下一节将专门进行讨论。此外，很多由微分算子方程表示的边值问题，可以找到与其等价的积分算子方程。例如，一阶常微分方程的边值问题

$$\begin{cases}\dfrac{\mathrm{d}y}{\mathrm{d}x}=f(x,y)，f(x,y)\text{为二元连续函数}\\ y(0)=y_0\end{cases} \tag{9.1.13}$$

可以化作与其等价的积分算子方程

$$y(x)=y_0+\int_0^x f(t,y(t))\mathrm{d}t \tag{9.1.14}$$

由二阶常微分算子方程表示的边值问题

$$\begin{cases}\dfrac{\mathrm{d}^2y}{\mathrm{d}x^2}=f(x,y)\\ y(0)=\alpha,\quad y(l)=\beta\end{cases} \tag{9.1.15}$$

与其等价的积分算子方程则为

$$y(x)=F(x)-\int_0^l K(x,t)f(t,y(t))\mathrm{d}t \tag{9.1.16}$$

其中

$$F(x)=\alpha+\frac{\beta-\alpha}{l}x$$

$$K(x,t)=\begin{cases}\dfrac{t(l-x)}{l}, & o\leqslant t\leqslant x\\ \dfrac{x(l-t)}{l}, & x<t\leqslant l\end{cases}$$

作为多元函数的例子，我们考虑偏微分方程表示的边值问题

$$\begin{cases}\nabla^2 u(\boldsymbol{r})+\lambda u(\boldsymbol{r})=0, & \boldsymbol{r}\in V\subset R^3\\ u(\boldsymbol{r})|_s=0\end{cases}\tag{9.1.17}$$

与其等价的积分算子方程为

$$u(\boldsymbol{r})=\lambda\int_V G(\boldsymbol{r},\boldsymbol{r}')u(\boldsymbol{r}')\mathrm{d}V\tag{9.1.18}$$

其中 $G(\boldsymbol{r},\ \boldsymbol{r}')$ 为相应微分算子的格林函数。

关于积分算子方程的分类，当函数的定义域为（a，b）$\subset R$ 时可表示为

$$f(x)=\lambda\int_a^b K(x,y)\varphi(y)\mathrm{d}y\tag{9.1.19}$$

$$\varphi(x)=f(x)+\lambda\int_a^b K(x,y)\varphi(y)\mathrm{d}y\tag{9.1.20}$$

其中 $f(x)$ 为已知。当积分限 a 和 b 均为常数时，这类方程称为弗雷德霍姆型积分算子方程，其中式（9.1.19）称为第一类弗雷德霍姆积分算子方程，其特点是未知函数只存在于积分号内。而式（9.1.20）则为第二类弗雷德霍姆积分算子方程，其特点是未知函数同时出现在积分号内外。如果积分限中有一个是变数，则称其为伏尔泰拉型积分算子方程。

对于以多元函数或矢量函数为未知量的积分算子方程，也可以划分为类似于式（9.1.19）和式（9.1.20）形式的积分算子方程。

若方程关于未知函数是线性的，则称为线性积分算子方程，否则就是非线性的。在电磁场理论中，由于所遇到的介质绝大多数都是线性的，故所导出的积分算子方程基本上都是线性的。

除了以上分类方法外，还可根据积分算子的性质进行分类，这其中积分核起着决定性作用。依照积分核的性质，积分算子方程又可分为有界、连续、平方可积以及奇异的积分算子方程等。

9.1.3 全连续（紧）性积分算子

在第 5 章曾讨论过紧自伴算子谱的性质，已了解到紧性对算子的重要意义。紧的积分算子又称为全连续性算子，这类算子比一般算子具有更优良

的特性。

定义 9.1（线性算子的紧性）　设 X 和 Y 为赋范空间，$A: X \to Y$ 为线性算子。如果 A 对 X 的每一有界子集 M，其象 $A(M)$ 为列紧的，则称 A 为紧或全连续性算子。

全连续性算子具有下列基本性质：

(1) 全连续性算子是有界线性算子（反过来不一定成立）；

(2) 若 A 和 B 都是希尔伯特空间 H 中的全连续性算子，则 $\alpha A+\beta B$（α，β 为常数）仍是 H 中的全连续性算子；

(3) 若 A 和 B 都是全连续性算子，则 AB 和 BA 仍是 H 中的全连续性算子。

定理 9.1（全连续积分算子）　定义积分算子 A 为

$$(Ay)(s)=\int_a^b K(s,t)y(t)\mathrm{d}t$$

当积分核 $K(s,t)$ 在矩形域 $a \leqslant s \leqslant b$ 和 $a \leqslant t \leqslant b$ 上连续，而且 a，b 均为有限实数时，积分算子

$$A: C[a,b] \to C[a,b]$$

是全连续算子。

证明　首先需要明确 $C[a,b]$ 中的集合 M 为列紧的充要条件是 M 为有界集且等度连续，即任给 $\varepsilon>0$，存在 $\delta>0$，使得对任意 t_1，$t_2 \in [a,b]$，当 $|t_1-t_2|<\delta$ 时，对 M 中的每个函数 x 都有 $|x(t_1)-x(t_2)|<\varepsilon$。

由于 $K(s,t)$ 在闭矩形区域上连续，故可知 $K(s,t)$ 必有界。设 $|K(s,t)|<C<+\infty$，若 $f_n \in C[a,b]$ 为任意有界无穷序列，即

$$|f_n| \leqslant N<+\infty, \quad n=1,2,\cdots,n$$

则有

$$\begin{aligned}\|Af_n\| &\leqslant \int_a^b |K(s,t)| \cdot |f_n(t)| \mathrm{d}t \\ &\leqslant CN(b-a)<+\infty\end{aligned}$$

对一切 n 成立，即说明 Af_n 是一致有界的。又因 $K(s,t)$ 在闭矩形区域上连续，故一致连续。因而，对任意 $\varepsilon>0$，存在 $\delta>0$，使得当 $|s_1-s_2|<\delta$ 时，对一切 $t \in [a,b]$ 均有

$$|K(s_1,t)-K(s_2,t)|<\varepsilon$$

从而对一切 n 均有

$$\begin{aligned}|Af_n(s_1)-Af_n(s_2)| &\leqslant \|f_n\| \int_a^b |K(s_1,t)-K(s_2,t)| \mathrm{d}t \\ &<\varepsilon N(b-a)\end{aligned}$$

这说明 Af_n 是等度连续的，从而说明算子 A 把有界集 $\{f_n\}$ 映射为列紧集

$\{Af_n\}$，亦即 A 是 $C\,[a,b]$ 上的全连续算子。

这一定理可以扩展为：如果 $K(s,t)$ 是平方可积的，即

$$\int_a^b\int_a^b |K(s,t)|^2\mathrm{d}s\mathrm{d}t < +\infty$$

则它所定义的积分算子 A，形如

$$(Ay)(s)=\int_a^b K(s,t)y(t)\mathrm{d}t$$

是从 $L^2\,[a,b]$ 到其自身的全连续算子。

进而，如果 $K(s,t)$ 是 $L^2([0,\infty)\times[0,\infty))$ 或者 $L^2((-\infty,\infty)\times(-\infty,\infty))$ 中的平方可积核，则由它所定义的积分算子

$$(Ay)(s)=\int_0^{\infty} K(s,t)y(t)\mathrm{d}t,\quad y\in L^2[0,\infty)$$

和

$$(Ay)(s)=\int_{-\infty}^{\infty} K(s,t)y(t)\mathrm{d}t,\quad y\in L^2(-\infty,\infty)$$

是 $L^2[0,\infty)$ 或 $L^2(-\infty,\infty)$ 上的全连续算子。

如果全连续积分算子 A 又是自伴的，则称为全连续自伴算子。希尔伯特空间中全连续自伴积分算子的谱具有以下重要的性质：

（1）若 A 是非零的全连续自伴积分算子，λ 是 A 的一个非零本征值，则 A 对应于 λ 的本征矢量空间是有限维的。

（2）若 A 是非零的全连续自伴算子，则 A 至少有一个非零本征值 λ 存在，使得 $\lambda=\|A\|$ 或者 $\lambda=-\|A\|$。

（3）A 具有非零的有限或可列无限的本征值序列 λ_1，λ_2，…，λ_n，…满足

$$|\lambda_1|\geqslant|\lambda_2|\geqslant\cdots\geqslant|\lambda_n|\geqslant\cdots$$

它们所对应的本征函数构成 H 空间的完全正交函数系 φ_1，φ_2，…，φ_n，…，具有展开式

$$Af=\sum_i \lambda_i\langle f,\varphi_i\rangle\varphi_i,\quad \forall f\in H$$

（4）当零不是 A 的本征值时，有傅里叶展开式

$$f=\sum_{i=1}^{\infty}\langle f,\varphi_i\rangle\varphi_i,\quad \forall f\in H$$

以上结论不难扩展到多元和矢量函数的情况。

9.1.4 积分算子方程的逐次逼近解法

如果积分算子方程存在唯一解，则可对它施行逐次逼近求解。下面就第二

类弗雷德霍姆型积分算子方程的求解加以说明。

定理 9.2（存在唯一解）　假设积分算子方程

$$y(s)=f(s)+\lambda\int_a^b K(s,t)y(t)\mathrm{d}t \tag{9.1.21}$$

中 $f(s)\in L^2[a,b]$，$K(s,\ t)$ 是定义在 $[a,b]\times[a,b]$ 上的可测函数，且满足

$$\int_a^b\int_a^b |K(s,t)|^2\mathrm{d}t\mathrm{d}s<+\infty$$

则积分算子方程（9.1.21）在 $|\lambda|$ 充分小的情况下有唯一解 $y(s)\in L^2[a,b]$。

证明　该定理可用第 5 章中的压缩映射定理加以证明。令

$$(Ty)(s)=f(s)+\lambda\int_a^b K(s,t)y(t)\mathrm{d}t$$

则积分方程（9.1.21）可以用以下算子方程表示

$$Ty=y \tag{9.1.22}$$

求解该算子方程即是寻求 $L^2[a,b]$ 中的元素 $y(s)$，它在 T 的映射下仍是 $y(s)$，$y(s)$ 称为映射 T 在 $L^2[a,b]$ 中的不动点。在讨论压缩映射定理时我们已经知道，如果 T 是压缩映射，则 $y(s)$ 存在且唯一。因此，只需证明 T 为压缩映射。

由所给条件知，T 是 $L^2[a,b]$ 到 $L^2[a,b]$ 的一个映射，且对x，$y\in L^2[a,b]$ 有

$$\begin{aligned}\|Tx-Ty\|^2&=\lambda^2\int_a^b\left|\int_a^b K(s,t)[x(t)-y(t)]\mathrm{d}t\right|^2\mathrm{d}s\\&\leqslant\lambda^2\int_a^b\int_a^b|K(s,t)|^2\mathrm{d}s\mathrm{d}t\int_a^b|x(t)-y(t)|^2\mathrm{d}t\\&=\lambda^2\left(\int_a^b\int_a^b|K(s,t)|^2\mathrm{d}t\mathrm{d}s\right)\|x-y\|^2\end{aligned}$$

因此，只要

$$\lambda^2\left(\int_a^b\int_a^b|K(s,t)|^2\mathrm{d}t\mathrm{d}s\right)<1 \tag{9.1.23}$$

T 就是压缩映射，从而使式（9.1.21）在 $L^2(a,b)$ 中有唯一解。

由压缩定理的证明过程已知，积分算子方程的解 $y(s)$ 可通过逐次逼近法求得。下面介绍这一方法的基本步骤。

首先，取 $f(s)$ 作为方程的零次近似解，即

$$y_0(s)=f(s)$$

由此可进一步得到一次近似解

$$y_1(s)=f(s)+\lambda\int_a^b K(s,t)f(t)\mathrm{d}t$$

再把它代回积分方程，就又得到二次近似解

$$y_2(s)=f(s)+\lambda\int_a^b K(s,t)y_1(t)\mathrm{d}t$$

$$=f(s)+\lambda\int_a^b K(s,t)f(t)\mathrm{d}t$$

$$+\lambda^2\int_a^b\left[\int_a^b K(s,u)K(u,t)\mathrm{d}u\right]f(t)\mathrm{d}t$$

若令

$$K_1(s,t)=K(s,t)$$

$$K_2(s,t)=\int_a^b K(s,u)K_1(u,t)\mathrm{d}u$$

则 $y_2(s)$ 又可表示成

$$y_2(s)=f(s)+\lambda\int_a^b K_1(s,t)f(t)\mathrm{d}t+\lambda^2\int_a^b K_2(s,t)f(t)\mathrm{d}t$$

如此类推，可得到 $y_n(s)$ 为

$$y_n(s)=f(s)+\lambda\int_a^b K_1(s,t)f(t)\mathrm{d}t+\lambda^2\int_a^b K_2(s,t)f(t)\mathrm{d}t$$

$$+\cdots+\lambda^n\int_a^b K_n(s,t)f(t)\mathrm{d}t$$

其中

$$K_n(s,t)=\int_a^b K_1(s,u)K_{n-1}K(u,t)\mathrm{d}u,\quad n=2,3,\cdots$$

并称之为积分算子方程的 n 次迭核。显然，$y_n(s)$ 可以表示成级数的形式，即

$$y_n(s)=f(s)+\sum_{m=1}^{n}\lambda^m\int_a^b K_m(s,t)f(t)\mathrm{d}t \tag{9.1.24}$$

当满足解存在唯一的条件时，级数（9.1.24）将收敛到方程的解，并可表示为

$$y(s)=f(s)+\lambda\sum_{m=1}^{\infty}\lambda^{m-1}\int_a^b K_m(s,t)f(t)\mathrm{d}t \tag{9.1.25}$$

如果级数 $\sum\limits_{m=1}^{\infty}\lambda^{m-1}K_m(s,t)$ 是一致收敛的，并令

$$\Gamma(s,t,\lambda)=\sum_{m=1}^{\infty}\lambda^{m-1}K_m(s,t)$$

则积分算子方程（9.1.21）的解可以表示为积分形式

$$y(s)=f(s)+\lambda\int_a^b\Gamma(s,t,\lambda)f(t)\mathrm{d}t \tag{9.1.26}$$

而 $\Gamma(s,t,\lambda)$ 称为积分方程（9.1.21）的解核。

作为逐次逼近法的一个实例，我们求解下列非齐次第二类弗雷德霍姆积分算子方程

$$y(s)=\mathrm{e}^s+\lambda\int_0^1 ty(t)\mathrm{d}t$$

首先，设零次近似解为

$$y_0(s)=\mathrm{e}^s$$

进而得到各阶近似解为

$$y_1(s)=\mathrm{e}^s+\lambda\int_0^1 t\mathrm{e}^t\mathrm{d}t=\mathrm{e}^s+\lambda$$

$$y_2(s)=\mathrm{e}^s+\lambda\int_0^1 t(\mathrm{e}^t+\lambda)\mathrm{d}t=\mathrm{e}^s+\lambda+\frac{\lambda^2}{2}$$

$$\cdots$$

$$y_n(s)=\mathrm{e}^s+\lambda\int_0^1 ty_{n-1}(t)\mathrm{d}t$$

$$=\mathrm{e}^s+\lambda+\frac{\lambda^2}{2}+\cdots+\frac{\lambda^n}{2^{n-1}}$$

故

$$y(s)=\mathrm{e}^s+\lambda\left(1+\frac{\lambda}{2}+\cdots+\frac{\lambda^{n-1}}{2^{n-1}}+\cdots\right)$$

为满足条件（9.1.23），需要 $\lambda/2<1$，这样上式括号中的级数收敛，即得

$$y(s)=\mathrm{e}^s+\frac{2\lambda}{2-\lambda}$$

9.1.5　弗雷德霍姆定理

在一般情况下，积分算子方程很难求得精确解，往往需要各种方法求其近似解，上面的逐次逼近法是其中之一。正如上面所指出的，近似求解总是在已知解的存在唯一性的情况下进行。所以，积分算子方程的可解性的讨论是非常重要的，弗雷德霍姆定理就是这方面的研究成果。这里不能全面地介绍这一理论，只以退化核积分算子方程为例，介绍弗雷德霍姆定理的主要结论。

定义 9.2（退化核）　如果积分算子的积分核 $K(s,t)$ 可表示为有限项的和，和式中的每一项都是两个因子的乘积，其中的一个因子仅依赖于 s，而另一个因子只依赖于 t，则这样的核就称为退化核。退化核可以表示为

$$K(s,t)=\sum_{i=1}^n a_i(s)b_i(t)^* \tag{9.1.27}$$

其中，$a_i(s)$ 和 $b_i(t)$ 是两个线性无关的复值函数组。

当第二类弗雷德霍姆积分算子方程（9.1.23）为退化核时，其形式就变为

$$y(s)=f(s)+\lambda\sum_{i=1}^n a_i(s)\int_a^b b_i(t)^*y(t)\mathrm{d}t \tag{9.1.28}$$

令

$$y_i=\int_a^b b_i(t)^*y(t)\mathrm{d}t,\quad i=1,2,\cdots,n$$

则方程（9.1.28）成为

$$y(s)=f(s)+\lambda\sum_{i=1}^{n}a_i(s)y_i \tag{9.1.29}$$

当把式（9.1.29）代入式（9.1.28）后就可得到

$$\begin{aligned}\lambda\sum_{i=1}^{n}a_i(s)y_i=&\lambda\sum_{i=1}^{n}a_i(s)\int_a^b b_i(t)^*f(t)\mathrm{d}t\\&+\lambda^2\sum_{i=1}^{n}a_i(s)\left[\int_a^b\sum_{k=1}^{n}y_kb_i(t)^*a_k(t)\mathrm{d}t\right]\end{aligned} \tag{9.1.30}$$

进一步令

$$f_i=\int_a^b b_i(t)^*f(t)\mathrm{d}t$$

$$a_{ik}=\int_a^b b_i(t)^*a_k(t)\mathrm{d}t$$

由于 $a_i(s)$，$i=1,2,\cdots,n$ 是线性无关的，故式（9.1.30）两侧 $a_i(s)$ 的系数应该相等，于是有

$$y_i=f_i+\lambda\sum_{k=1}^{n}a_{ik}y_k,\quad i=1,2,\cdots,n \tag{9.1.31}$$

这是一个以 y_i 为未知数的代数方程组。由以上关系可知，如果积分算子方程（9.1.28）有连续解 $y(s)$，则

$$y_i=\int_a^b b_i(t)^*y(t)\mathrm{d}t,\quad i=1,2,\cdots,n$$

就必定是线性代数方程组（9.1.31）的解。反过来，如果代数方程组（9.1.31）有解 y_i（$i=1,2,\cdots,n$），那么由式（9.1.29）决定的 $y(s)$ 就应该是积分算子方程（9.1.28）的连续解。因此，具有退化核积分算子方程的求解问题就转化为线性代数方程组的求解。

对于齐次积分算子方程

$$y(s)=\lambda\int_a^b K(s,t)y(t)\mathrm{d}t \tag{9.1.32}$$

如果积分核具有式（9.1.27）的形式，则其解可通过求解与式（9.1.31）所对应的齐次线性方程组

$$y_i=\lambda\sum_{k=1}^{n}a_{ik}y_k,\quad i=1,2,\cdots,n \tag{9.1.33}$$

而得到。

此外，对任意的 $y(s)\in L^2[a,b]$，令

$$(Ay)(s)=\int_a^b K(s,t)y(t)\mathrm{d}t \tag{9.1.34}$$

其中 $K(s,t)$ 为矩形区域 $[a,b]\times[a,b]$ 中的二元连续函数，则 A 为$L^2[a,b]$上

的积分算子。容易证明，A 的伴随算子 A^a 定义为

$$(A^a y)(s)=\int_a^b K(s,t)^* y(t)\mathrm{d}t \tag{9.1.35}$$

我们把方程

$$y(s)=g(s)+\lambda\int_a^b K(s,t)^* y(t)\mathrm{d}t \tag{9.1.36}$$

称为方程（9.1.21）所对应的伴随方程，它的解可归纳为求式（9.1.31）的伴随代数方程组

$$y_i=g_i+\lambda^*\sum_{k=1}^{n}A_{ik}y_k,\quad i=1,2,\cdots,n \tag{9.1.37}$$

其中

$$y_i=\int_a^b a_i(t)^*\, y(t)\mathrm{d}t$$

$$g_i=\int_a^b a_i(t)^*\, g(t)\mathrm{d}t$$

$$A_{ik}=\int_a^b a_i(t)^*\, b_k(t)\mathrm{d}t$$

为了下面证明的需要，我们列出方程组（9.1.31）的系数行列式：

$$D(\lambda)=\begin{vmatrix} 1-\lambda a_{11} & -\lambda a_{12} & \cdots & -\lambda a_{1n} \\ -\lambda a_{21} & 1-\lambda a_{22} & \cdots & -\lambda a_{2n} \\ \vdots & \vdots & & \vdots \\ -\lambda a_{n1} & -\lambda a_{n2} & \cdots & 1-\lambda a_{nn} \end{vmatrix} \tag{9.1.38}$$

根据线性代数方程的知识，可以证明退化核积分算子方程的弗雷德霍姆定理。

定理 9.3（弗雷德霍姆定理）　设 $K(s,t)$ 为退化核，$f(s)\in L^2[a,b]$，则关于积分算子方程

$$y(s)=f(s)+\lambda\int_a^b K(s,t)y(t)\mathrm{d}t \tag{9.1.39}$$

的解，有如下一些结论：

（1）当且仅当齐次算子方程

$$y(s)=\lambda\int_a^b K(s,t)y(t)\mathrm{d}t \tag{9.1.40}$$

仅有零解时，原方程对任何给定的 $f(s)\in L^2[a,b]$ 有唯一解，这时对应的 λ 值满足 $D(\lambda)\neq 0$。

（2）若齐次方程（9.1.40）有非零解，当且仅当 $f(s)$ 与伴随齐次方程

$$y(s)=\lambda\int_a^b K(s,t)^* y(t)\mathrm{d}t \tag{9.1.41}$$

的任何解都正交时，原方程（9.1.39）有唯一的解。

(3) 齐次方程 (9.1.40) 与伴随齐次方程 (9.1.41) 的解空间维数相同。

证明 (1) 由上面的分析可知，退化核积分算子方程 (9.1.28) 的求解与线性代数方程 (9.1.31) 的求解是等价的，当然解的存在唯一性也是相同的。作为线性代数方程组，当且仅当 $D(\lambda)\neq 0$ 时，式 (9.1.31) 有唯一解，这时原积分算子方程 (9.1.28) 也有唯一解。齐次积分算子方程 (9.1.40) 与齐次线性代数方程 (9.1.33) 等价，故当且仅当 $D(\lambda)\neq 0$ 时仅有零解，于是 (1)成立。

(2) 如上所述，齐次积分算子方程 (9.1.40) 有非零解时 $D(\lambda)=0$，亦即 $D(\lambda)^*=0$。此时，线性代数方程组 (9.1.33) 有界的充分必要条件是 n 维矢量 $(f_1,f_2,\cdots,f_n)$ 与伴随齐次代数方程组

$$y_i=\lambda^*\sum_{k=1}^{n}A_{ik}y_k,\quad i=1,2,\cdots,n \tag{9.1.42}$$

的一切解 $(y_1,y_2,\cdots,y_n)$ 都正交，亦即

$$\sum_{i=1}^{n}f_iy_i^*=0 \tag{9.1.43}$$

由于

$$f_i=\int_a^b b_i(t)^*f(t)\mathrm{d}t,\quad i=1,2,\cdots,n$$

以及伴随积分算子方程 (9.1.41) 的连续解可表示为

$$y(t)=\lambda^*\sum_{i=1}^{n}b_i(t)y_i$$

可知

$$\begin{aligned}\langle f(t),y(t)\rangle&=\int_a^b f(t)\left[\lambda^*\sum_{i=1}^{n}b_i(t)y_i\right]^*\mathrm{d}t\\&=\lambda\int_a^b f(t)\left[\sum_{i=1}^{n}b_i(t)y_i\right]^*\mathrm{d}t\\&=\lambda\sum_{i=1}^{n}\left[\int_a^b f(t)b_i(t)^*\mathrm{d}t\right]y_i^*\\&=\lambda\sum_{i=1}^{n}f_iy_i^*\end{aligned}$$

由于 $\lambda\neq 0$，故知式 (9.1.42) 成立，这正是原积分算子方程有解的充分必要条件，于是 (2) 得证。

(3) 对于满足 $D(\lambda)=0$ 的那些 λ 值，由于齐次伴随代数方程 (9.1.42) 的系数矩阵正是齐次代数方程 (9.1.33) 系数矩阵的共轭转置，即 $A_{ik}=a_{ki}^*$，那么 λ^* 也能令式 (9.1.42) 的系数行列式为零，而且两系数矩阵的秩也是相同的。这样，两个代数方程组相应于 λ 和 λ^* 的解空间的维数相同，从而对应的齐次积分算子方程 (9.1.40) 和 (9.1.41) 解空间的维数也相同。

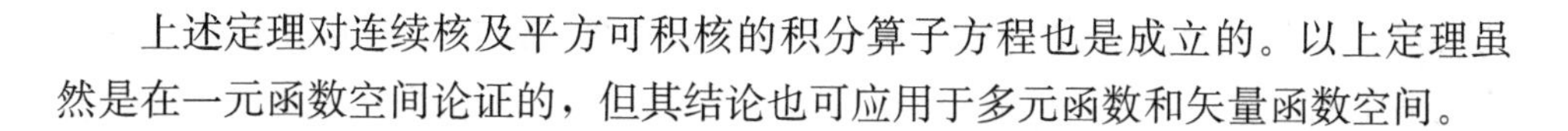
上述定理对连续核及平方可积核的积分算子方程也是成立的。以上定理虽然是在一元函数空间论证的，但其结论也可应用于多元函数和矢量函数空间。

9.1.6　积分算子方程的数值解

一般情况下，大部分积分算子方程无法求得解析解，对于积分算子方程而言，主要问题是如何求得近似解。在计算机技术高度发展的今天，求得积分算子方程的数值解更是成为一个主要方向。尤其是需要解决的科学技术问题越来越复杂，相应地描述它们的积分方程也越来越复杂，情况就更是如此。

就电磁场理论而言，由于大部分电磁介质是线性的，从而大部分支配方程是线性的，由此所导出的算子方程大部分也是线性的。所以，在电磁理论中主要遇到的也是线性算子方程，其中包括线性积分算子方程。因此，有关线性算子方程的理论和近似求解的方法对线性积分算子方程也都适用。

我们知道，电磁场方程定义在连续函数空间，连续空间由时空四维组成。由于时空变量是无限可分的，亦即电磁场及其源由无限阶自由度描述，可以把它们想象成由无数个变量描述，犹如一个无限维希尔伯特空间。

显然，在这种无限维空间中是无法用计算机进行计算的，必须对其进行近似。主要方法是对连续变量进行离散处理，使之近似为有限维空间。第 5 章中讨论的加权余量法就是这样一种近似方法。作为求解线性积分算子方程的数值法，用得最多的是内域积分形式的矩量法。

如果我们把积分算子方程写成矢量函数的形式

$$A\boldsymbol{u}=\boldsymbol{v} \tag{9.1.44}$$

其中，A 为积分算子，$\boldsymbol{v}$ 为已知，$\boldsymbol{u}$ 为待求函数。矩量法的关键问题之一是选择合适的展开函数序列$\{u_n\}$，以便把未知函数近似表示为

$$\boldsymbol{u}^N=\sum_{i=1}^{N}\alpha_i\boldsymbol{u}_i \tag{9.1.45}$$

显然，理想的情况是$\{\boldsymbol{u}_n\}$为算子 A 定义域 $D(A)$ 中某一子域的基函数，可使当 N 趋于无穷时，$\boldsymbol{u}^N$ 趋于精确的解 $\boldsymbol{u}$。

另一个关键问题是选择合适的检验函数序列$\{\boldsymbol{w}_n\}$，用以在加权意义下使控制方程的余量等于零，这时需要计算内积

$$\langle\boldsymbol{v},\boldsymbol{w}_i\rangle=\int_{\Omega}\boldsymbol{v}\cdot\boldsymbol{w}_i\mathrm{d}\Omega \tag{9.1.46}$$

因此，检验函数的选择与算子的值域相关。

经过以上步骤后，可把积分算子方程的求解问题转化为代数方程

$$\boldsymbol{Ax}=\boldsymbol{b} \tag{9.1.47}$$

的求解，其中 $\boldsymbol{x}$ 中包含式（9.1.45）中的未知系数。代数方程的求解可以由计算机来完成。

矩量法求解积分算子方程的一大缺点是，方程（9.1.47）中的矩阵 $\mathbf{A}$ 是满秩的，这使得方程的求解具有相对较大的计算量，其求解方法之一犹如前面讨论过的共轭梯度法。

在电磁理论中，积分算子方程法的一大优点是，对很多电磁场问题可以用表面积分算子方程表示，这可以使解域降低一维，从而大大减少了未知量的个数。

但是，电磁理论中的积分算子核往往由格林函数以及它的梯度等组合而成，使之总是具有某种奇异性。一般地有两种积分算子，一种为有弱奇性的积分核，其奇性级小于积分维度；另一种为奇异或高奇异核，其奇性级等于或高于积分维度。一个带弱奇异核的积分算子仍属于有界的或光滑的算子，它把一个函数映射为更光滑的函数，而一个带强奇异或超强奇异的算子则可能提升为无界算子。算子的这种奇异性为数值求解带来一定的困难。

由于积分算子方程矩量解法所存在的固有缺点和电磁理论中所列积分算子方程的一些特殊特性，用矩量法求解积分算子方程以求解电磁场问题受到很大限制，因为所需的 CPU 时间大体上与 N^3 成正比，其中 N 为未知数的个数。

20 世纪 90 年代以来，有大量的工作集中于积分算子方程的快速解法，其中最著名的是快速多极子方法以及多层快速多极子方法，这种方法 CPU 时间减少到 $N\log N$ 的量级。加速数值计算的另一个途径是矩阵的预处理技术。

加速积分算子方程数值解的第三个重要途径是计算机的并行算法，这也是计算技术本身发展的重要方向。

9.2 电磁理论中常见积分算子方程

计算电磁学的发展为电磁场的积分算子方程的数值解法提供了多项有效措施，使其求解效率不断提高，可以求解的问题也越来越复杂，电尺度越来越大，所以，电磁场问题的积分算子方程表示有了非常重要的地位。本节将列举电磁理论中常见的几种积分算子方程。

9.2.1 电磁散射问题的积分算子方程

考虑由一个光滑曲面 S 包围的均匀介质区域，其体积为 V_1，其中的介质由

参数 ε_1 和 μ_1 描述，其中的电磁场为 $\boldsymbol{E}_1$ 和 $\boldsymbol{H}_1$。设在无穷远处存在曲面 S_{inf}，它把曲面 S 包围在内，在 S 和 S_{inf} 之间的区域用 V_2 表示。V_2 中介质也是均匀的，其参数用 ε_2、μ_2 表示，其内的电磁场为 $\boldsymbol{E}_2$ 和 $\boldsymbol{H}_2$，而且电磁场源 $\boldsymbol{J}$ 和 $\boldsymbol{M}$ 只存在于 V_2 中，这是一个一般的电磁散射问题。

在区域 V_2 中电场 $\boldsymbol{E}_2$ 满足矢量波动方程：

$$\nabla\times\nabla\times\boldsymbol{E}_2(\boldsymbol{r})-k_2^2\boldsymbol{E}_2(r)=-\mathrm{i}\omega\mu_2\boldsymbol{J}(\boldsymbol{r})-\nabla\times\boldsymbol{M}(\boldsymbol{r}) \tag{9.2.1}$$

我们又知道，以 ε_2 和 μ_2 为参数的无限大均匀介质空间中的格林函数 $G_2(r,r')$ 满足方程

$$\nabla^2 G_2(\boldsymbol{r},\boldsymbol{r}')+k_2^2 G_2(\boldsymbol{r},\boldsymbol{r}')=-\delta(r-r') \tag{9.2.2}$$

上两式中的 $k_2^2=\omega^2\varepsilon_2\mu_2$。

设 $\boldsymbol{a}$ 为一任意常矢量，则有

$$\begin{aligned}\nabla\times\nabla\times(G_2\boldsymbol{a})&=\nabla\times(\nabla G_2\times\boldsymbol{a}-G_2\nabla\times\boldsymbol{a})\\&=-\boldsymbol{a}\nabla^2 G_2+(\boldsymbol{a}\cdot\nabla)\nabla G_2\\&=\boldsymbol{a}[k_2^2 G_2+\delta(\boldsymbol{r}-\boldsymbol{r}')]+\nabla(\boldsymbol{a}\cdot\nabla G_2)\end{aligned} \tag{9.2.3}$$

再利用矢量格林定理

$$\begin{aligned}&\int_V(\boldsymbol{P}\cdot\nabla\times\nabla\times\boldsymbol{Q}-\boldsymbol{Q}\cdot\nabla\times\nabla\times\boldsymbol{P})\mathrm{d}V\\&=\oint_s(\boldsymbol{Q}\times\nabla\times\boldsymbol{P}-\boldsymbol{P}\times\nabla\times\boldsymbol{Q})\cdot\boldsymbol{n}\mathrm{d}S\end{aligned}$$

就可以利用以上关系得到

$$\begin{aligned}&\int_{V_2}(G_2\boldsymbol{a}\cdot\nabla\times\nabla\times\boldsymbol{E}_2-\boldsymbol{E}_2\cdot\nabla\times\nabla\times G_2\boldsymbol{a})\mathrm{d}V\\&=\int_{V_2}\begin{bmatrix}G_2\boldsymbol{a}\cdot(-\mathrm{i}\omega\mu_2\boldsymbol{J}-\nabla\times\boldsymbol{M}+k_2^2\boldsymbol{E}_2-\boldsymbol{E}_2\cdot k_2^2 G_2\boldsymbol{a})\\-\boldsymbol{E}_2\cdot\boldsymbol{a}\delta(\boldsymbol{r}-\boldsymbol{r}')-\boldsymbol{E}_2\cdot\nabla(\boldsymbol{a}\cdot\nabla G_2)\end{bmatrix}\mathrm{d}V\\&=-\oint_{S'}[\boldsymbol{E}_2\times\nabla\times G_2\boldsymbol{a}-G_2\boldsymbol{a}\times(-\mathrm{i}\omega\mu_2\boldsymbol{H}_2-\boldsymbol{M})]\cdot\boldsymbol{n}\mathrm{d}S\end{aligned} \tag{9.2.4}$$

其中 $S'=S+S_{\text{inf}}$，$\boldsymbol{n}$ 为 S' 的内法向单位矢量，并用到方程

$$\nabla\times\boldsymbol{E}_2=-\mathrm{i}\omega\mu_2\boldsymbol{H}_2-\boldsymbol{M}$$

再利用 $\nabla\cdot\boldsymbol{E}_2=\rho/\varepsilon_2$ 和矢量恒等式：

$$\boldsymbol{F}\cdot\nabla\phi=\nabla\cdot(\phi\boldsymbol{F})-\phi\nabla\cdot\boldsymbol{F}$$

令 $\boldsymbol{F}=\boldsymbol{E}_2$，$\phi=\boldsymbol{a}\cdot\nabla G_2$，就又有

$$\int_{V_2}[\boldsymbol{E}_2\cdot\nabla(\boldsymbol{a}\cdot\nabla G_2)]\mathrm{d}V$$

$$=\int_{V_2}\{\nabla\cdot[(\boldsymbol{a}\cdot\nabla G_2)\boldsymbol{E}_2]-(\boldsymbol{a}\cdot\nabla G_2)(\nabla\cdot\boldsymbol{E}_2)\}\mathrm{d}V$$

$$=-\oint_{S'}[(\boldsymbol{a}\cdot\nabla G_2)\boldsymbol{E}_2]\cdot\boldsymbol{n}\mathrm{d}S-\boldsymbol{a}\cdot\int_{V_2}\frac{\rho}{\varepsilon_2}\nabla G_2\mathrm{d}V$$

$$=-\boldsymbol{a}\cdot\oint_{S'}\nabla G_2(\boldsymbol{n}\cdot\boldsymbol{E}_2\mathrm{d}S-\boldsymbol{a}\cdot\int_{V_2}\frac{\rho}{\varepsilon_2}\nabla G_2\mathrm{d}V \tag{9.2.5}$$

进一步利用 $\boldsymbol{n}\cdot\boldsymbol{E}_2\times(\nabla G_2\times\boldsymbol{a})=\nabla G_2\times\boldsymbol{a}\cdot\boldsymbol{n}\times\boldsymbol{E}_2$，又有

$$\oint_{S'}\boldsymbol{E}_2\times(\nabla G_2\times\boldsymbol{a})\cdot\boldsymbol{n}\mathrm{d}S$$

$$=\oint_{S'}(\nabla G_2\times\boldsymbol{a}\cdot\boldsymbol{n}\times\boldsymbol{E}_2)\mathrm{d}S$$

$$=\oint_{S'}(\boldsymbol{a}\cdot\boldsymbol{n}\times\boldsymbol{E}_2\times\nabla G_2)\mathrm{d}S$$

$$=\boldsymbol{a}\cdot\oint_{S'}\boldsymbol{n}\times\boldsymbol{E}_2\times\nabla G_2\mathrm{d}S \tag{9.2.6}$$

而且

$$\oint_{S'}(G_2\boldsymbol{a}\times\boldsymbol{M})\cdot\boldsymbol{n}\mathrm{d}S=-\int_{V_2}\nabla\cdot(G_2\boldsymbol{a}\times\boldsymbol{M})\mathrm{d}V$$

$$=-\int_{V_2}[\boldsymbol{M}\cdot(\nabla\times G_2\boldsymbol{a})-G_2\boldsymbol{a}\cdot\nabla\times\boldsymbol{M}]\mathrm{d}V$$

$$=-\int_{V_2}[\boldsymbol{M}\cdot(\nabla G_2\times\boldsymbol{a})-G_2\boldsymbol{a}\cdot\nabla\times\boldsymbol{M}]\mathrm{d}V$$

$$=-\int_{V_2}[\boldsymbol{a}\cdot(\boldsymbol{M}\times\nabla G_2)-\boldsymbol{a}\cdot(G_2\nabla\times\boldsymbol{M})]\mathrm{d}V$$

$$=-\boldsymbol{a}\cdot\int_{V_2}(\boldsymbol{M}\times\nabla G_2)-(G_2\nabla\times\boldsymbol{M})\mathrm{d}V \tag{9.2.7}$$

把式（9.2.5）～式（9.2.7）代入式（9.2.4）便得到

$$\boldsymbol{a}\cdot\int_{V_2}\left[-\mathrm{i}\omega\mu_2G_2\boldsymbol{J}-\boldsymbol{E}_2\delta(\boldsymbol{r}-\boldsymbol{r}')+\frac{\rho}{\varepsilon_2}\nabla G-\boldsymbol{M}\times\nabla G_2\right]\mathrm{d}V$$
$$=-\boldsymbol{a}\cdot\oint_{S'}[\boldsymbol{n}\cdot\boldsymbol{E}_2\nabla G_2+\boldsymbol{n}\times\boldsymbol{E}_2\times\nabla G_2+\mathrm{i}\omega\mu_2G_2\boldsymbol{H}_2\times\boldsymbol{n}]\mathrm{d}S \tag{9.2.8}$$

无界均匀介质空间格林函数方程（9.2.2）的解 $G_2(\boldsymbol{r},\boldsymbol{r}')$ 具有形式

$$G_2(\boldsymbol{r},\boldsymbol{r}')=\frac{\mathrm{e}^{-\mathrm{i}k_2|\boldsymbol{r}-\boldsymbol{r}'|}}{4\pi|\boldsymbol{r}-\boldsymbol{r}'|}$$

它满足无限远边界 $S_{\inf}$ 上的边界条件，从而使上式右侧对 $S_{\inf}$ 的面积分消失。因为 $\boldsymbol{a}$ 为任意常矢量，故去掉 $\boldsymbol{a}$ 后上式仍成立。考虑到 $G_2(\boldsymbol{r},\boldsymbol{r}')$ 的对称性质，将

$\boldsymbol{r}$ 与 $\boldsymbol{r}'$ 对调后，由式（9.2.8）便得到关于 $\boldsymbol{E}_2$ 的积分方程

$$\int_{V_2}\left[-\mathrm{i}\omega\mu_2 G_2\boldsymbol{J}(\boldsymbol{r}')-\boldsymbol{M}(\boldsymbol{r}')\times\nabla' G_2+\frac{\rho(\boldsymbol{r}')}{\varepsilon_2}\nabla' G_2\right]\mathrm{d}V'$$
$$-\int_S[\mathrm{i}\omega\mu_2 G_2\boldsymbol{n}\times\boldsymbol{H}_2(\boldsymbol{r}')-\boldsymbol{n}\times\boldsymbol{E}_2(\boldsymbol{r})\times\nabla' G_2$$
$$-\boldsymbol{n}\cdot\boldsymbol{E}_2(\boldsymbol{r}')\nabla' G_2]\mathrm{d}S'=\begin{cases}\boldsymbol{E}_2(\boldsymbol{r}'), & \boldsymbol{r}\in V_2\\ 0, & \boldsymbol{r}\in V_1\end{cases}\tag{9.2.9}$$

在上式的推导过程中利用了 δ 函数的性质。

用完全类似的方法还可得到关于 $\boldsymbol{H}_2$ 的积分算子方程

$$\int_{V_2}\left[-\mathrm{i}\omega\varepsilon_2 G_2\boldsymbol{M}(\boldsymbol{r}')+\boldsymbol{J}(\boldsymbol{r}')\times\nabla' G_2+\frac{\rho_m(\boldsymbol{r}')}{\mu_2}\nabla' G_2\right]\mathrm{d}V'$$
$$+\int_S[\mathrm{i}\omega\varepsilon_2 G_2\boldsymbol{n}\times\boldsymbol{E}_2(\boldsymbol{r}')+\boldsymbol{n}\times\boldsymbol{H}_2(\boldsymbol{r}')\times\nabla' G_2$$
$$+\boldsymbol{n}\cdot\boldsymbol{H}_2(\boldsymbol{r}')\nabla' G_2]\mathrm{d}S'=\begin{cases}\boldsymbol{H}_2(\boldsymbol{r}'), & \boldsymbol{r}\in V_2\\ 0, & \boldsymbol{r}\in V_1\end{cases}\tag{9.2.10}$$

其中，ρ_m 为磁荷。

同理，也可以导出 V_1 中 $\boldsymbol{E}_1$ 和 $\boldsymbol{H}_1$ 所满足的积分算子方程，由于 $\boldsymbol{V}_1$ 中不存在场源，故方程具有更简单的形式：

$$\int_S[\mathrm{i}\omega\mu_1\boldsymbol{n}\times\boldsymbol{H}_1(\boldsymbol{r}')-\boldsymbol{n}\times\boldsymbol{E}_1(\boldsymbol{r})\times\nabla' G_1-\boldsymbol{n}\cdot\boldsymbol{E}_1(\boldsymbol{r}')\nabla' G_1]\mathrm{d}S'$$
$$=\begin{cases}\boldsymbol{E}_1(\boldsymbol{r}'), & \boldsymbol{r}\in V_1\\ 0, & \boldsymbol{r}\in V_2\end{cases}\tag{9.2.11}$$

$$-\int_S[\mathrm{i}\omega\varepsilon_1 G_1\boldsymbol{n}\times\boldsymbol{E}_1(\boldsymbol{r}')+\boldsymbol{n}\times\boldsymbol{H}_1(\boldsymbol{r}')\times\nabla' G_1+\boldsymbol{n}\cdot\boldsymbol{H}_1(\boldsymbol{r})\nabla' G_1]\mathrm{d}S'$$
$$=\begin{cases}\boldsymbol{H}_1(\boldsymbol{r}'), & \boldsymbol{r}\in V_2\\ 0, & \boldsymbol{r}\in V_2\end{cases}\tag{9.2.12}$$

其中 $G_1(\boldsymbol{r},\boldsymbol{r}')$ 为以 ε_1 和 μ_1 为参数的无限大均匀介质空间中的格林函数。

将 S 面所包围的区域作为散射体，其中不存在场源。如果考虑的是平面波入射电磁散射问题，则场源应处于无限远处，即可设在 S_{inf} 之外，亦即 V_2 内也不存在场源。在这种情况下，式（9.2.9）和式（9.2.10）中的体积分也消失，外部源的作用通过外部表面的积分表达出来，我们将用 $\boldsymbol{E}_{\mathrm{inc}}$ 和 $\boldsymbol{H}_{\mathrm{inc}}$ 来表示。因此，对于平面电磁波入射问题，上面的方程（9.2.9）和（9.2.10）变为

$$\boldsymbol{E}_{\mathrm{inc}}(\boldsymbol{r})-\int_S[\mathrm{i}\omega\mu_2 G_2(\boldsymbol{r},\boldsymbol{r}')\boldsymbol{n}\times\boldsymbol{H}_2(\boldsymbol{r}')-\boldsymbol{n}\times\boldsymbol{E}_2(\boldsymbol{r}')\times\nabla' G_2(\boldsymbol{r},\boldsymbol{r}')$$

$$-\boldsymbol{n}\cdot\boldsymbol{E}_2(\boldsymbol{r}')\nabla'G_2(\boldsymbol{r},\boldsymbol{r}')]\mathrm{d}S'=\begin{cases}\boldsymbol{E}_2(\boldsymbol{r}), & \boldsymbol{r}\in V_2\\ 0, & \boldsymbol{r}\in V_1\end{cases} \tag{9.2.13}$$

$$\boldsymbol{H}_{\mathrm{inc}}(\boldsymbol{r})+\int_S[\mathrm{i}\omega\varepsilon_2 G_2(\boldsymbol{r},\ \boldsymbol{r}')\boldsymbol{n}\times\boldsymbol{E}_2(\boldsymbol{r}')+\boldsymbol{n}\times\boldsymbol{H}_1(\boldsymbol{r}')\times\nabla'G_2(\boldsymbol{r},\ \boldsymbol{r}')$$

$$+\boldsymbol{n}\cdot\boldsymbol{H}_2(\boldsymbol{r}')\nabla'G_2(\boldsymbol{r},\boldsymbol{r}')]\mathrm{d}S'=\begin{cases}\boldsymbol{H}_2(\boldsymbol{r}), & \boldsymbol{r}\in V_2\\ 0, & \boldsymbol{r}\in V_1\end{cases} \tag{9.2.14}$$

以上方程已把 V_2 内的电磁场通过 S 上的场和入射场表达了出来，但是由于 S 上的电磁场仍然为未知，所以这种表达还是形式上的，还不是容易求解的形式。

为了导出 S 上的场满足的积分算子方程，需要把 $\boldsymbol{r}$ 移到 S 面上，这样就会出现 $\boldsymbol{r}\to\boldsymbol{r}'$ 的情况。格林函数的奇异性可能导致表面积分的发散。为简单起见，设 S 面足够光滑。

在考虑了 $\boldsymbol{r}\to\boldsymbol{r}'$ 所造成的影响后[1,10]，方程（9.2.13）和（9.2.14）分别成为

$$\boldsymbol{E}_{\mathrm{inc}}(\boldsymbol{r})-\mathrm{P.V.}\int_S[\mathrm{i}\omega\mu_2 G_2(\boldsymbol{r},\ \boldsymbol{r}')\boldsymbol{n}\times\boldsymbol{H}_2(\boldsymbol{r}')-\boldsymbol{n}\times\boldsymbol{E}_2(\boldsymbol{r}')\times\nabla'G_2(\boldsymbol{r},\ \boldsymbol{r}')$$

$$-\boldsymbol{n}\cdot\boldsymbol{E}_2(\boldsymbol{r}')\nabla'G_2(\boldsymbol{r},\boldsymbol{r}')]\mathrm{d}S'=\frac{1}{2}\boldsymbol{E}_2(\boldsymbol{r}),\quad \boldsymbol{r}\in S \tag{9.2.15}$$

$$\boldsymbol{H}_{\mathrm{inc}}(\boldsymbol{r})+\mathrm{P.V.}\int_S[\mathrm{i}\omega\varepsilon_2 G_2(\boldsymbol{r},\ \boldsymbol{r}')\boldsymbol{n}\times\boldsymbol{E}_2(\boldsymbol{r}')+\boldsymbol{n}\times\boldsymbol{H}_2(\boldsymbol{r}')\times\nabla'G_2(\boldsymbol{r},\ \boldsymbol{r}')$$

$$+\boldsymbol{n}\cdot\boldsymbol{H}_2(\boldsymbol{r}')\nabla'G_2(\boldsymbol{r},\boldsymbol{r}')]\mathrm{d}S'=\frac{1}{2}\boldsymbol{H}_2(\boldsymbol{r}),\quad \boldsymbol{r}\in S \tag{9.2.16}$$

这样，以上两方程均取自 S 上，所以称它们为表面积分方程。式（9.2.15）称为电场表面积分方程，式（9.2.16）则称为磁场表面积分方程。

以上方程的缺点是，其中包含着场的法向分量。通过方程

$$\nabla'\times\boldsymbol{E}=-\mathrm{i}\omega\mu\boldsymbol{H},\qquad \nabla'\times\boldsymbol{H}=\mathrm{i}\omega\varepsilon\boldsymbol{E}$$

很容易得到

$$\boldsymbol{n}\cdot\boldsymbol{E}=-\frac{\mathrm{i}}{\omega\varepsilon}\boldsymbol{n}\cdot(\nabla'\times\boldsymbol{H})=\frac{\mathrm{i}}{\omega\varepsilon}\nabla'\cdot(\boldsymbol{n}\times\boldsymbol{H})$$

$$\boldsymbol{n}\cdot\boldsymbol{H}=\frac{\mathrm{i}}{\omega\mu}\boldsymbol{n}\cdot(\nabla'\times\boldsymbol{E})=-\frac{\mathrm{i}}{\omega\mu}\nabla'\cdot(\boldsymbol{n}\times\boldsymbol{E})$$

定义面电流 $\boldsymbol{J}_{S_2}=\boldsymbol{n}\times\boldsymbol{H}_2$ 和面磁流 $\boldsymbol{M}_{S_2}=-\boldsymbol{n}\times\boldsymbol{E}_2$，以上两个表面积分方程就又成为

$$\boldsymbol{E}_{\mathrm{inc}}(\boldsymbol{r})-\mathrm{P.V.}\int_S[\mathrm{i}\omega\mu_2 G_2(\boldsymbol{r},\ \boldsymbol{r}')\boldsymbol{J}_{S_2}(\boldsymbol{r}')+\boldsymbol{M}_{S_2}(\boldsymbol{r}')\times\nabla'G_2(\boldsymbol{r},\ \boldsymbol{r}')$$

$$-\frac{\mathrm{i}}{\omega\varepsilon_2}\nabla'\cdot\boldsymbol{J}_{S_2}(\boldsymbol{r}')\nabla'G_2(\boldsymbol{r},\ \boldsymbol{r}')]\mathrm{d}S'=\frac{1}{2}\boldsymbol{E}_2(\boldsymbol{r}),\qquad \boldsymbol{r}\in S \tag{9.2.17}$$

$$\boldsymbol{H}_{\text{inc}}(\boldsymbol{r})+\text{P. V.}\int_S[-\text{i}\omega\varepsilon_2 G_2(\boldsymbol{r},\ \boldsymbol{r})\boldsymbol{M}_{S_2}(\boldsymbol{r}')+\boldsymbol{J}_{S_2}(\boldsymbol{r}')\times\nabla' G_2(\boldsymbol{r},\ \boldsymbol{r}')$$
$$+\frac{\text{i}}{\omega\mu_2}\nabla'\cdot\boldsymbol{M}_{S_2}(\boldsymbol{r}')\nabla' G_2(\boldsymbol{r},\ \boldsymbol{r}')]\text{d}S'=\frac{1}{2}\boldsymbol{H}_2(\boldsymbol{r}),\quad \boldsymbol{r}\in S \tag{9.2.18}$$

类似地，我们还可以得到另外两个方程

$$\text{P. V.}\int_S[-\text{i}\omega\mu_1 G_1(\boldsymbol{r},\ \boldsymbol{r}')\boldsymbol{J}_{S_1}(\boldsymbol{r}')-\boldsymbol{M}_{S_1}(\boldsymbol{r}')\times\nabla' G_1(\boldsymbol{r},\ \boldsymbol{r}')$$
$$+\frac{\text{i}}{\omega\varepsilon_1}\nabla'\cdot\boldsymbol{J}_{S_1}(\boldsymbol{r}')\nabla' G_1(\boldsymbol{r},\ \boldsymbol{r}')]\text{d}S'=\frac{1}{2}\boldsymbol{E}_1(\boldsymbol{r}),\quad \boldsymbol{r}\in S \tag{9.2.19}$$

$$\text{P. V.}\int_S[-\text{i}\omega\varepsilon_1 G_1(\boldsymbol{r},\ \boldsymbol{r}')\boldsymbol{M}_{S_1}(\boldsymbol{r})+\boldsymbol{J}_{S_1}(\boldsymbol{r}')\times\nabla' G_1(\boldsymbol{r},\ \boldsymbol{r}')$$
$$+\frac{\text{i}}{\omega\mu_1}\nabla'\cdot\boldsymbol{M}_{S_1}(\boldsymbol{r}')\nabla' G_1(\boldsymbol{r},\ \boldsymbol{r}')]\text{d}S'=\frac{1}{2}\boldsymbol{H}_1(\boldsymbol{r}),\quad \boldsymbol{r}\in S \tag{9.2.20}$$

对于比较简单的散射体，以上方程可以得到简化。如果散射体为理想介质，则 $\mu_1=\mu_0$，场在 S 上的边界条件为

$$\boldsymbol{n}\times(\boldsymbol{E}_1-\boldsymbol{E}_2)=0,\quad \boldsymbol{n}\times(\boldsymbol{H}_1-\boldsymbol{H}_2)=0$$

据此可以得到两个表面积分算子方程

$$\boldsymbol{n}\times\boldsymbol{E}_{\text{inc}}(\boldsymbol{r})=\boldsymbol{n}\times\text{P. V.}\int_S[\text{i}\omega\mu_0\boldsymbol{J}_S(G_1+G_2)+\boldsymbol{M}_S\times\nabla'(G_1+G_2)$$
$$-\frac{\text{i}}{\omega\varepsilon_1}\nabla'\cdot\boldsymbol{J}_S\nabla'(G_1+\frac{\varepsilon_1}{\varepsilon_2}G_2)]\text{d}S',\quad \boldsymbol{r}\in S \tag{9.2.21}$$

$$\boldsymbol{n}\times\boldsymbol{H}_{\text{inc}}(\boldsymbol{r})=\boldsymbol{n}\times\text{P. V.}\int_S[\text{i}\omega\varepsilon_1\boldsymbol{M}_S(G_1+\frac{\varepsilon_2}{\varepsilon_1}G_2)-\boldsymbol{J}_S\times\nabla'(G_1+G_2)$$
$$-\frac{\text{i}}{\omega\mu_0}\nabla'\cdot\boldsymbol{M}_S\nabla'(G_1+G_2)]\text{d}S',\quad \boldsymbol{r}\in S \tag{9.2.22}$$

进而，如果散射体为理想导体，则 S 面上的边界条件改为

$$\boldsymbol{n}\times\boldsymbol{E}_1=0,\quad \boldsymbol{n}\times\boldsymbol{E}_2=0$$

而且 S 内的电磁场也为零，即 $\boldsymbol{E}_1=\boldsymbol{H}_1=0$，同样 S 面上的等效磁流也等于零，于是可得到只有 S 上等效电流为未知量的积分算子方程：

$$\boldsymbol{n}\times\boldsymbol{E}_{\text{inc}}(\boldsymbol{r})-\boldsymbol{n}\times\text{P. V.}\int_S[\text{i}\omega\mu G\boldsymbol{J}_S-\frac{\text{i}}{\omega\varepsilon}\nabla'\cdot\boldsymbol{J}_S\nabla' G]\text{d}S'=0,\quad \boldsymbol{r}\in S \tag{9.2.23}$$

$$\boldsymbol{n}\times\boldsymbol{H}_{\text{inc}}(\boldsymbol{r})+\boldsymbol{n}\times\text{P. V.}\int_S\boldsymbol{J}_S\times\nabla' G\text{d}S=\frac{1}{2}\boldsymbol{J}_S \tag{9.2.24}$$

其中，G 为 S 之外介质空间为无限大时的格林函数，显然，(9.2.23) 为电场积分算子方程，它是非齐次第一类型的弗雷德霍姆方程，而式 (9.2.24) 则是非

齐次第二类弗雷德霍姆型积分算子方程。这两个方程均以 $\boldsymbol{J}_S$ 为未知量。在已知入射波的情况下，由方程解出 $\boldsymbol{J}_S$ 后，就可以进一步求得散射电磁波。

9.2.2 并矢格林函数表示的积分算子方程

上文导出的散射问题的积分算子方程利用了自由空间的标量格林函数。下面我们将利用自由空间的并矢格林函数导出相应问题的积分算子方程，其形式将更加紧凑。

我们仍讨论上一节所讨论的同样问题，只是假定只有电流源 $\boldsymbol{J}(\boldsymbol{r})$ 存在，这时我们有两个电场所满足的矢量波动方程：

$$\nabla\times\nabla\times\boldsymbol{E}_2(\boldsymbol{r})-k_2^2\boldsymbol{E}_2(r)=-\mathrm{i}\omega\mu_2\boldsymbol{J}(\boldsymbol{r}),\quad \boldsymbol{r}\in V_2 \tag{9.2.25}$$

$$\nabla\times\nabla\times\boldsymbol{E}_1(\boldsymbol{r})-k_1^2\boldsymbol{E}_1(\boldsymbol{r})=0,\quad \boldsymbol{r}\in V_1 \tag{9.2.26}$$

为导出相应的积分算子方程，需要借助并矢格林函数 $\overline{\overline{G}}_2(\boldsymbol{r},\boldsymbol{r}')$ 和 $\overline{\overline{G}}_1(\boldsymbol{r},\boldsymbol{r}')$，它们分别满足方程

$$\nabla\times\nabla\times\overline{\overline{G}}_2(\boldsymbol{r},\boldsymbol{r}')-k_2^2\overline{\overline{G}}_2(\boldsymbol{r},\boldsymbol{r}')=\overline{\overline{I}}\delta(\boldsymbol{r}-\boldsymbol{r}') \tag{9.2.27}$$

$$\nabla\times\nabla\times\overline{\overline{G}}_1(\boldsymbol{r},\boldsymbol{r}')-k_1^2\overline{\overline{G}}_1(\boldsymbol{r},\boldsymbol{r}')=\overline{\overline{I}}\delta(\boldsymbol{r}-\boldsymbol{r}') \tag{9.2.28}$$

用 $\overline{\overline{G}}_2$ 点乘方程（9.2.25），用 $\boldsymbol{E}_2$ 点乘方程（9.2.27），然后两式相减并在 V_2 上积分即得

$$\int_{V_2}[\nabla\times\nabla\times\boldsymbol{E}_2(\boldsymbol{r})\cdot\overline{\overline{G}}_2(\boldsymbol{r},\boldsymbol{r}')-\boldsymbol{E}_2(\boldsymbol{r})\cdot\nabla\times\nabla\times\overline{\overline{G}}_2(\boldsymbol{r},\boldsymbol{r}')]\mathrm{d}V$$

$$=-\mathrm{i}\omega\mu_2\int_{V_2}\boldsymbol{J}(\boldsymbol{r})\cdot\overline{\overline{G}}_2(\boldsymbol{r},\boldsymbol{r}')\mathrm{d}V-\int_{V_2}\boldsymbol{E}_2(\boldsymbol{r})\delta(\boldsymbol{r},\boldsymbol{r}')\mathrm{d}V \tag{9.2.29}$$

由格林定理我们知道

$$\int_{V_2}[\overline{\overline{G}}_2(\boldsymbol{r},\boldsymbol{r}')\cdot\nabla\times\nabla\times\boldsymbol{E}_2(\boldsymbol{r})-\boldsymbol{E}_2(\boldsymbol{r})\cdot\nabla\times\nabla\times\overline{\overline{G}}_2(\boldsymbol{r},\boldsymbol{r}')]\mathrm{d}V$$

$$=-\oint_S[\boldsymbol{E}_2(\boldsymbol{r})\times\nabla\times\overline{\overline{G}}_2(\boldsymbol{r},\boldsymbol{r}')-\overline{\overline{G}}_2(\boldsymbol{r},\boldsymbol{r}')\times\nabla\times\overline{\overline{E}}_2(\boldsymbol{r})]\cdot\boldsymbol{n}\mathrm{d}S$$

又因

$$\int_{V_2}[\boldsymbol{E}_2(\boldsymbol{r})\delta(\boldsymbol{r}-\boldsymbol{r}')\mathrm{d}V=\boldsymbol{E}_2(\boldsymbol{r}')$$

$$\boldsymbol{E}_{\mathrm{inc}}(\boldsymbol{r}')=-\mathrm{i}\omega\mu_2\int_V\overline{\overline{G}}_2(\boldsymbol{r},\boldsymbol{r}')\cdot\boldsymbol{J}(\boldsymbol{r})$$

则式（9.2.29）成为

$$\boldsymbol{E}_2(\boldsymbol{r}')=\boldsymbol{E}_{\mathrm{inc}}(\boldsymbol{r}')+\oint_S[\nabla\times\boldsymbol{E}_2(\boldsymbol{r})\times\overline{\overline{G}}_2(\boldsymbol{r},\boldsymbol{r}')$$

$$+\boldsymbol{E}_2(\boldsymbol{r})\times\nabla\times\overline{\overline{G}}_2(\boldsymbol{r},\boldsymbol{r}')]\cdot\boldsymbol{n}\mathrm{d}S',\quad \boldsymbol{r}\in V_2 \tag{9.2.30}$$

其中，$\boldsymbol{E}_{\mathrm{inc}}$是散射体不存在时 $\boldsymbol{J}$ 在 ε_2 和 μ_2 为均匀介质的无界空间中产生的入射

电磁波中的电场。

利用并矢恒等式

$$\boldsymbol{A}\cdot\boldsymbol{B}\times\overline{\overline{C}}=\boldsymbol{A}\times\boldsymbol{B}\cdot\overline{\overline{C}}$$

和方程

$$\nabla\times\boldsymbol{E}=-\mathrm{i}\omega\mu\boldsymbol{H}$$

可知

$$\begin{aligned}\boldsymbol{n}\cdot\nabla\times\boldsymbol{E}_2(\boldsymbol{r}')\times\overline{\overline{G}}_2(\boldsymbol{r},\boldsymbol{r}')&=\boldsymbol{n}\times\nabla\times\boldsymbol{E}_2(\boldsymbol{r})\cdot\overline{\overline{G}}_2(\boldsymbol{r},\boldsymbol{r}')\\&=-\mathrm{i}\omega\mu_2\overline{\overline{G}}_2(\boldsymbol{r},\boldsymbol{r}')\cdot\boldsymbol{n}\times\boldsymbol{H}_2(\boldsymbol{r})\end{aligned}\tag{9.2.31}$$

$$\begin{aligned}\boldsymbol{n}\cdot\boldsymbol{E}_2(\boldsymbol{r})\times\nabla\times\overline{\overline{G}}_2(\boldsymbol{r},\boldsymbol{r}')&=\boldsymbol{n}\times\boldsymbol{E}_2(\boldsymbol{r})\cdot\nabla\times\overline{\overline{G}}_2(\boldsymbol{r},\boldsymbol{r}')\\&=-\nabla\times\overline{\overline{G}}_2(\boldsymbol{r},\boldsymbol{r}')\cdot\boldsymbol{n}\times\boldsymbol{E}_2(\boldsymbol{r})\end{aligned}\tag{9.2.32}$$

把以上结果代入式（9.2.30）变为

$$\begin{aligned}\boldsymbol{E}_2(\boldsymbol{r}')=\boldsymbol{E}_{\mathrm{inc}}(\boldsymbol{r}')-\int_S[&\mathrm{i}\omega\mu_2\overline{\overline{G}}_2(\boldsymbol{r},\boldsymbol{r}')\cdot\boldsymbol{n}\times\boldsymbol{H}_2(\boldsymbol{r})\\&+\nabla\times\overline{\overline{G}}_2(\boldsymbol{r},\boldsymbol{r}')\cdot\boldsymbol{n}\times\boldsymbol{E}_2(\boldsymbol{r})]\mathrm{d}S'\end{aligned}\tag{9.2.33}$$

在得到上式时考虑到了 $\overline{\overline{G}}_2$ 在 S_{inf} 的性质，使得在 S_{inf} 上的积分消失。

把（9.2.33）中的 $\boldsymbol{r}$ 和 $\boldsymbol{r}'$ 对调并注意到

$$\overline{\overline{G}}_2(\boldsymbol{r}',\boldsymbol{r})=\overline{\overline{G}}_2(\boldsymbol{r},\boldsymbol{r}')$$

就可以把（9.2.33）写成

$$\begin{aligned}&\boldsymbol{E}_{\mathrm{inc}}(\boldsymbol{r})-\int_S[\mathrm{i}\omega\mu_2\overline{\overline{G}}_2(\boldsymbol{r},\boldsymbol{r}')\cdot\boldsymbol{n}\times\boldsymbol{H}_2(\boldsymbol{r}')+\nabla'\times\overline{\overline{G}}_2(\boldsymbol{r},\boldsymbol{r}')\cdot\boldsymbol{n}\times\boldsymbol{E}_2(\boldsymbol{r}')]\mathrm{d}S'\\&=\begin{cases}\boldsymbol{E}_2(\boldsymbol{r}), & \boldsymbol{r}\in V_2\\0, & \boldsymbol{r}\in V_1\end{cases}\end{aligned}\tag{9.2.34}$$

类似地可以得到 V_1 中的场所满足的方程

$$\begin{aligned}&\int_S[\mathrm{i}\omega\mu_1\overline{\overline{G}}_1(\boldsymbol{r},\boldsymbol{r}')\cdot\boldsymbol{n}\times\boldsymbol{H}_1(\boldsymbol{r}')+\nabla'\times\overline{\overline{G}}_1(\boldsymbol{r},\boldsymbol{r}')\cdot\boldsymbol{n}\times\boldsymbol{E}_1(\boldsymbol{r}')]\mathrm{d}S'\\&=\begin{cases}\boldsymbol{E}_1(\boldsymbol{r}), & \boldsymbol{r}\in V_1\\0, & \boldsymbol{r}\in V_2\end{cases}\end{aligned}\tag{9.2.35}$$

其中，$\overline{\overline{G}}$ 为介质为 ε_1 和 μ_1 的均匀无界空间的并矢格林函数。

和以前一样，进一步需要把 $\boldsymbol{r}$ 取到 S 上，这时会出现 $|\boldsymbol{r}-\boldsymbol{r}'|\to 0$ 的情况，从而使并矢格林函数出现奇异性，对此应该妥善处理。

观察以上方程可知，应该处理的奇异积分主要有以下两种类型：

$$\boldsymbol{I}_1=\int_S\overline{\overline{G}}(\boldsymbol{r},\boldsymbol{r}')\cdot\boldsymbol{n}\times\boldsymbol{H}(\boldsymbol{r}')\mathrm{d}S'\tag{9.2.36}$$

$$\boldsymbol{I}_2=\int_S\nabla'\times\overline{\overline{G}}(\boldsymbol{r},\boldsymbol{r}')\cdot\boldsymbol{n}\times\boldsymbol{E}(\boldsymbol{r}')\mathrm{d}S'\tag{9.2.37}$$

因为 $\boldsymbol{n}\times\boldsymbol{H}(\boldsymbol{r}')$ 为等效面电流，它所产生的电场在 S 面上的连续的，故 $\boldsymbol{I}_1$ 中的

被积函数是连续的，可以用主值积分唯一地确定。$\boldsymbol{n}\times\boldsymbol{E}$ 为等效面磁流，它所产生的电场在 S 面上是不连续的，因此，$\boldsymbol{I}_2$ 的不连续性和奇异性导致它在经典意义上是不确定的。为了使之确定，需要把奇异性分离出来。

由于

$$\overline{\overline{G}}(\boldsymbol{r},\ \boldsymbol{r}')=\left(\overline{\overline{I}}+\frac{\nabla\nabla}{k^2}\right)G(\boldsymbol{r},\ \boldsymbol{r}')=\left(\overline{\overline{I}}+\frac{\nabla'\nabla'}{k^2}\right)G(\boldsymbol{r},\ \boldsymbol{r}')$$

因此

$$\nabla'\times\overline{\overline{G}}(\boldsymbol{r},\boldsymbol{r}')=\nabla'\times\overline{\overline{I}}G(\boldsymbol{r},\boldsymbol{r}')+\nabla'\times\frac{\nabla'\nabla'}{k^2}G(\boldsymbol{r},\boldsymbol{r}')$$

又由于

$$\nabla'\times\frac{\nabla'\nabla'}{k^2}G(\boldsymbol{r},\boldsymbol{r}')=(\nabla'\times\nabla')\nabla'\frac{G(\boldsymbol{r},\boldsymbol{r}')}{k^2}=0$$

$$\nabla'\times\overline{\overline{I}}G(\boldsymbol{r},\boldsymbol{r}')=\nabla'G(\boldsymbol{r},\boldsymbol{r}')\times\overline{\overline{I}}$$

故有

$$\boldsymbol{I}_2=\int_S\nabla'\boldsymbol{G}(\boldsymbol{r},\boldsymbol{r}')\times\boldsymbol{n}\times\boldsymbol{E}(\boldsymbol{r}')\mathrm{d}S'$$

由此可得

$$\boldsymbol{n}\times\boldsymbol{I}_2=\int_S\boldsymbol{n}\times\{\nabla'G(\boldsymbol{r},\boldsymbol{r}')\times[\boldsymbol{n}\times\boldsymbol{E}(\boldsymbol{r}')]\}\,\mathrm{d}S'$$

利用矢量恒等式

$$\boldsymbol{A}\times\boldsymbol{B}\times\boldsymbol{C}=(\boldsymbol{A}\cdot\boldsymbol{C})\boldsymbol{B}-(\boldsymbol{A}\cdot\boldsymbol{B})\boldsymbol{C}$$

可得

$$\nabla'G\times(\boldsymbol{n}\times\boldsymbol{E})=(\nabla'G\cdot\boldsymbol{E})\boldsymbol{n}-(\nabla'G\cdot\boldsymbol{n})\boldsymbol{E}$$

但

$$\boldsymbol{n}\times(\nabla'G\cdot\boldsymbol{E})\boldsymbol{n}=0$$

$$\boldsymbol{n}\times(\nabla'G\cdot\boldsymbol{n})\boldsymbol{E}=\boldsymbol{n}\times\boldsymbol{E}(\boldsymbol{n}\cdot\nabla'G)$$

故有

$$\boldsymbol{n}\times\boldsymbol{I}_2=-\int_S\boldsymbol{n}\times\boldsymbol{E}(\boldsymbol{r}')[\boldsymbol{n}\cdot\nabla'G(\boldsymbol{r},\boldsymbol{r}')]\mathrm{d}S' \tag{9.2.38}$$

由此便可得到[10]

$$\boldsymbol{n}\times\boldsymbol{I}_2=\frac{1}{2}\boldsymbol{n}\times\boldsymbol{E}(\boldsymbol{r})-\mathrm{P.V.}\int_S\boldsymbol{n}\times\boldsymbol{E}(\boldsymbol{r}')[\boldsymbol{n}\cdot\nabla'G(\boldsymbol{r},\boldsymbol{r}')]\mathrm{d}S' \tag{9.2.39}$$

利用这些可得到表面积分方程。

9.2.3 体积分算子方程

现在假定一有界区域 V_1 内的介质为非均匀的，其介质参数用 $\varepsilon(\boldsymbol{r})$ 和 $\mu(\boldsymbol{r})$ 表

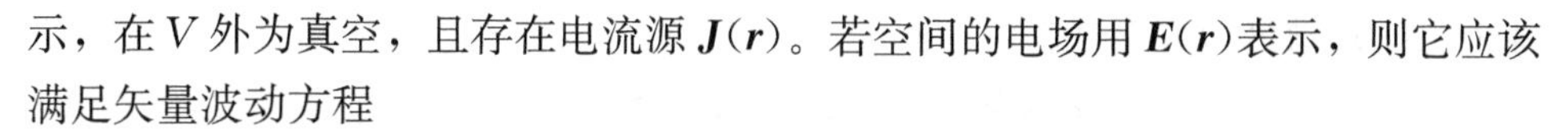

示，在 V 外为真空，且存在电流源 $\boldsymbol{J}(\boldsymbol{r})$。若空间的电场用 $\boldsymbol{E}(\boldsymbol{r})$ 表示，则它应该满足矢量波动方程

$$\nabla\times\mu^{-1}(\boldsymbol{r})\nabla\times\boldsymbol{E}_1(\boldsymbol{r})-\omega^2\varepsilon(\boldsymbol{r})\cdot\boldsymbol{E}(\boldsymbol{r})=-\mathrm{i}\omega\boldsymbol{J}(\boldsymbol{r}) \tag{9.2.40}$$

从上式两侧同减去

$$\nabla\times\mu_0^{-1}\nabla\times\boldsymbol{E}(\boldsymbol{r})-\omega^2\varepsilon_0\boldsymbol{E}(\boldsymbol{r})$$

就可得到

$$\begin{aligned}&\nabla\times[\mu^{-1}(\boldsymbol{r})-\mu_0]\nabla\times\boldsymbol{E}(\boldsymbol{r})-\omega^2[\varepsilon(\boldsymbol{r})-\varepsilon_0]\boldsymbol{E}(\boldsymbol{r})\\&=-\mathrm{i}\omega\boldsymbol{J}(\boldsymbol{r})-\nabla\times\mu_0^{-1}\nabla\times\boldsymbol{E}(\boldsymbol{r})+\omega^2\varepsilon_0\boldsymbol{E}(\boldsymbol{r})\end{aligned}$$

经整理后又可写成

$$\begin{aligned}&\nabla\times\mu_0^{-1}\nabla\times\boldsymbol{E}(\boldsymbol{r})-\omega^2\varepsilon_0\boldsymbol{E}(\boldsymbol{r})\\&=-\mathrm{i}\omega\boldsymbol{J}(\boldsymbol{r})+\omega^2[\varepsilon(\boldsymbol{r})-\varepsilon_0]\boldsymbol{E}(\boldsymbol{r})-\nabla\times[\mu^{-1}(\boldsymbol{r})-\mu_0^{-1}]\nabla\times\boldsymbol{E}(\boldsymbol{r})\end{aligned} \tag{9.2.41}$$

设 $\overline{\overline{G}}_0(\boldsymbol{r},\boldsymbol{r}')$ 为自由空间的并矢格林函数，它满足方程

$$\nabla\times\mu_0^{-1}\nabla\times\overline{\overline{G}}_0(\boldsymbol{r},\boldsymbol{r}')-\omega^2\varepsilon_0\overline{\overline{G}}_0(\boldsymbol{r},\boldsymbol{r}')=\mu_0^{-1}\overline{\overline{I}}\delta(\boldsymbol{r},\boldsymbol{r}') \tag{9.2.42}$$

利用方程（9.2.41）和（9.2.42）按推导式（9.2.30）的类似步骤即可导出

$$\begin{aligned}\boldsymbol{E}(\boldsymbol{r})=&\boldsymbol{E}_{\mathrm{inc}}(\boldsymbol{r})+\omega^2\int_V\overline{\overline{G}}_0(\boldsymbol{r},\ \boldsymbol{r}')\cdot\mu_0[\varepsilon(\boldsymbol{r}')-\varepsilon_0]\boldsymbol{E}(\boldsymbol{r}')\mathrm{d}V'\\&-\int_V\overline{\overline{G}}_0(\boldsymbol{r},\ \boldsymbol{r}')\cdot\mu_0\nabla'\times[\mu^{-1}(\boldsymbol{r}')-\mu_0^{-1}]\nabla'\times\boldsymbol{E}(\boldsymbol{r}')\mathrm{d}V'\end{aligned} \tag{9.2.43}$$

$$\boldsymbol{E}_{\mathrm{inc}}(\boldsymbol{r})=-\mathrm{i}\omega\mu_0\int_{V_S}\overline{\overline{G}}_0(\boldsymbol{r},\boldsymbol{r}')\cdot\boldsymbol{J}(\boldsymbol{r}')\mathrm{d}V'$$

这里的 V_S 为 $\boldsymbol{J}(\boldsymbol{r})$ 的支撑集。

当 $\boldsymbol{r}$ 取在 V 内时，就是以 $\boldsymbol{E}(\boldsymbol{r})$ 为未知量的体积分算子方程。也就是说，只有 V 内为均匀介质时才可能导出表面积分算子方程。

9.2.4　波导障碍物问题的积分算子方程

波导电磁理论中的复杂问题是非均匀性的分析，其中一种情况是波导内部存在有限体积的障碍物。下面我们只考虑障碍物为理想导体的情况。

设有一由理想导体构成的均匀波导，考虑其中一段，体积为 V，其表面为 S_g，在 V 中存在一障碍物为理想导体，其表面用 S_a 表示。在 V 中存在一外加电流源 $\boldsymbol{J}_{\mathrm{imp}}(\boldsymbol{r})$，它的紧支撑集为 V_{imp}。

在理想均匀波导中电流源所产生的电场满足方程

$$\nabla\times\nabla\times\boldsymbol{E}(\boldsymbol{r})-k^2\boldsymbol{E}(\boldsymbol{r})=-\mathrm{i}\omega\mu\boldsymbol{J}_{\mathrm{imp}}(\boldsymbol{r}),\quad \boldsymbol{r}\in V \tag{9.2.44}$$

其中，$\boldsymbol{E}(\boldsymbol{r})$满足边界条件：

$$\boldsymbol{n}\times\boldsymbol{E}(\boldsymbol{r})\,|_S=0,\quad S=S_g\cup S_a \tag{9.2.45}$$

$$\lim_{z\to\pm\infty}\boldsymbol{E}(\boldsymbol{r})=0 \tag{9.2.46}$$

z 为波导的纵向。

为了满足条件（9.2.46），需要假定波导中至少存在无限小的损耗，这同时也就保证了波导端不存在入射波。沿波导 z 方向传播的电磁波用传播因子 $e^{-\gamma z}$ 表示，其中 $\mathrm{Re}(\gamma)>0$。

在该问题中，如果我们定义算子 $L:L^2(V)^3\to L^2(V)^3$，其形式为

$$L[\boldsymbol{E}](\boldsymbol{r})=\nabla\times\nabla\times\boldsymbol{E}(\boldsymbol{r}) \tag{9.2.47}$$

$$D(L)=\{\boldsymbol{E}(\boldsymbol{r})\,|\,\boldsymbol{E}(\boldsymbol{r}),\ \nabla\times\nabla\times\boldsymbol{E}(\boldsymbol{r})\in L^2(V)^3 \tag{9.2.48}$$
$$\boldsymbol{n}\times\boldsymbol{E}(\boldsymbol{r})\,|_S=0,\quad \lim_{z\to\pm\infty}\boldsymbol{E}(\boldsymbol{r})=0\}$$

已经证明，这样定义的算子 L 是自伴的。如果 k 为实数，则 $L+k^2$ 也是自伴的。虽然我们已假定波导中存在无限小损耗，但我们仍把 k 假定为实数，这在微扰意义下仍然是成立的。在这种意义下可以把当前的问题视作自伴边值问题。

和以前一样，为了得到相应问题的积分算子方程，我们也要借助该问题的格林函数$\overline{\overline{G}}_e(\boldsymbol{r},\boldsymbol{r}')$。现在是有区域的问题，因此并矢格林函数要满足第一类齐次边条件，故用$\overline{\overline{G}}_e^{(1)}(r,r')$ 表示，它满足的方程和边界条件应为

$$\begin{cases}\nabla\times\nabla\times\overline{\overline{G}}_e^{(1)}(\boldsymbol{r},\boldsymbol{r}')-k^2\overline{\overline{G}}_e^{(1)}(\boldsymbol{r},\boldsymbol{r}')=\overline{\overline{I}}\delta(\boldsymbol{r}-\boldsymbol{r}')\\ \boldsymbol{n}\times\overline{\overline{G}}_e^{(1)}(\boldsymbol{r},\boldsymbol{r}')\,|_{S_g}=0\end{cases} \tag{9.2.49}$$

这样，现在的 $\overline{\overline{G}}_e^{(1)}(\boldsymbol{r},\boldsymbol{r}')$ 只满足波导壁的边界条件，与障碍物无关，使得$\overline{\overline{G}}_e^{(1)}(\boldsymbol{r},\boldsymbol{r}')$的求解要简单很多，且更具普遍性。

下面的步骤和以前类似，即用 $\overline{\overline{G}}_e^{(1)}(\boldsymbol{r},\boldsymbol{r}')$ 点乘方程（9.2.44），而用$\boldsymbol{E}(\boldsymbol{r})$点乘方程（9.2.49），然后将两式相减即可得

$$\begin{aligned}&[\nabla\times\nabla\times\boldsymbol{E}(\boldsymbol{r})]\cdot\overline{\overline{G}}_e^{(1)}(\boldsymbol{r},\boldsymbol{r}')-\boldsymbol{E}(\boldsymbol{r})\cdot[\nabla\times\nabla\times\overline{\overline{G}}_e^{(1)}(\boldsymbol{r},\boldsymbol{r}')]\\&=-\mathrm{i}\omega\mu\boldsymbol{J}_{\mathrm{imp}}(\boldsymbol{r})\cdot\overline{\overline{G}}_e^{(1)}(\boldsymbol{r},\boldsymbol{r}')-\boldsymbol{E}(\boldsymbol{r})\delta(\boldsymbol{r},\boldsymbol{r}')\end{aligned}$$

对上式应用格林定理

$$\begin{aligned}&\int_V[(\nabla\times\nabla\times\boldsymbol{A})\cdot\overline{\overline{B}}-\boldsymbol{A}\cdot(\nabla\times\nabla\times\overline{\overline{B}})]\mathrm{d}V\\&=\oint_S[\boldsymbol{A}\times\nabla\times\overline{\overline{B}}-\nabla\times\boldsymbol{A}\times\overline{\overline{B}}]\cdot\boldsymbol{n}\mathrm{d}S\end{aligned}$$

就可得到

$$\begin{aligned}\boldsymbol{E}(\boldsymbol{r}')=&-\mathrm{i}\omega\mu\int_{V_{\mathrm{imp}}}\overline{\overline{G}}_e^{(1)}(\boldsymbol{r},\boldsymbol{r}')\cdot\boldsymbol{J}_{\mathrm{imp}}(\boldsymbol{r})\mathrm{d}V\\&-\oint_S\boldsymbol{n}\cdot\{\boldsymbol{E}(r)\times\nabla\times\overline{\overline{G}}_e^{(1)}(\boldsymbol{r},\boldsymbol{r}')+[\nabla\times\boldsymbol{E}(\boldsymbol{r})]\end{aligned}$$

$$\times \overline{\overline{G}}_e^{(1)}(\boldsymbol{r},\boldsymbol{r}')\}\,\mathrm{d}S \tag{9.2.50}$$

再利用恒等式

$$(\boldsymbol{C}\times\boldsymbol{A})\cdot\boldsymbol{B}=\boldsymbol{C}\cdot(\boldsymbol{A}\times\boldsymbol{B})$$

以及边界条件等，又可把式（9.2.50）写成

$$\boldsymbol{E}(\boldsymbol{r}') = -\mathrm{i}\omega\mu\int_{V_{\mathrm{imp}}}\boldsymbol{J}_{\mathrm{imp}}(\boldsymbol{r})\cdot\overline{\overline{G}}_e^{(1)}(\boldsymbol{r},\boldsymbol{r}')\mathrm{d}V + \oint_{S_a}[\boldsymbol{n}_a\times\nabla\times\boldsymbol{E}(\boldsymbol{r})]\cdot\overline{\overline{G}}_e^{(1)}(\boldsymbol{r},\boldsymbol{r}')\mathrm{d}S \tag{9.2.51}$$

定义诱导电流

$$\boldsymbol{J}_a(\boldsymbol{r})=\boldsymbol{n}_a\times\boldsymbol{H}(\boldsymbol{r})=\frac{\mathrm{i}}{\omega\mu}\boldsymbol{n}_a\times\nabla\times\boldsymbol{E}(\boldsymbol{r}),\quad \boldsymbol{r}\in S_a$$

并利用关系

$$\boldsymbol{J}(\boldsymbol{r}')\cdot\overline{\overline{G}}_e^{(1)}(\boldsymbol{r},\boldsymbol{r}')=\overline{\overline{G}}_e^{(1)}(\boldsymbol{r},\boldsymbol{r}')^{\mathrm{T}}\cdot\boldsymbol{J}(\boldsymbol{r}') =\overline{\overline{G}}_e^{(1)}(\boldsymbol{r},\boldsymbol{r}')\cdot\boldsymbol{J}(\boldsymbol{r}')$$

且把式（9.2.51）中的 $\boldsymbol{r}$ 和 $\boldsymbol{r}'$ 交换，就又得到

$$\boldsymbol{E}(\boldsymbol{r}) = -\mathrm{i}\omega\mu\int_{V_{\mathrm{imp}}}\overline{\overline{G}}_e^{(1)}(\boldsymbol{r},\boldsymbol{r}')\cdot\boldsymbol{J}(\boldsymbol{r}')\mathrm{d}V' - \mathrm{i}\omega\mu\oint_{S_a}\overline{\overline{G}}_e^{(1)}(\boldsymbol{r},\boldsymbol{r}')\cdot\boldsymbol{J}_a(\boldsymbol{r}')\mathrm{d}S' \tag{9.2.52}$$

这种表示使我们认为，这里的 $\boldsymbol{E}(\boldsymbol{r})$ 是外加电流和障碍物表面诱导电流所产生的电场之和，其中障碍物上的诱导电流是未知的。为了求得诱导电流 $\boldsymbol{J}_a$，可用 $\boldsymbol{n}_a$ 叉乘式（9.2.52）。由于 $\boldsymbol{n}_a\times\boldsymbol{E}(\boldsymbol{r})=0$，故由此得

$$\boldsymbol{n}_a\times\oint_{S_a}\overline{\overline{G}}_e^{(1)}(\boldsymbol{r},\boldsymbol{r}')\cdot\boldsymbol{J}_a(\boldsymbol{r}')\mathrm{d}S' = \boldsymbol{n}_a\times\int_{V_{\mathrm{imp}}}\overline{\overline{G}}_e^{(1)}(\boldsymbol{r},\boldsymbol{r}')\cdot\boldsymbol{J}_{\mathrm{imp}}(\boldsymbol{r}')\mathrm{d}V' \tag{9.2.53}$$

可以认为波导中的并矢格林函数 $\overline{\overline{G}}_e^{(1)}(\boldsymbol{r},\boldsymbol{r}')$ 是已知的，故上式中右侧的积分也是已知的，所以式（9.2.53）是一个以 $\boldsymbol{J}_a$ 为未知量的积分算子方程，其积分核为 $\overline{\overline{G}}_e^{(1)}(\boldsymbol{r},\boldsymbol{r}')$，而且显然属于第一类弗雷德霍姆型。

求得电场 $\boldsymbol{E}(\boldsymbol{r})$ 后，就可以通过麦克斯韦方程求得磁场 $\boldsymbol{H}(\boldsymbol{r})$。当然也可以通过磁场满足的方程和边界条件求得另一种形式的积分算子方程，但这类方程要更加复杂[10]。

9.2.5　谐振腔电磁场的积分算子方程

设有任意形状的理想导体谐振腔，腔的体积为 V，其表面光滑并用 S 表示，其内部为均匀各向同性介质，参数为 ε，μ。即使这样，要严格地求解其中的电

磁场分布也是不可能的，只能寻求近似解，尤其是求其数值解。为此，首先把要求解的问题用积分算子方程的形式表示出来。

如果设腔内存在电流源，则腔内的电场 $\boldsymbol{E}(\boldsymbol{r})$ 满足非齐次矢量波动方程

$$\nabla\times\nabla\times\boldsymbol{E}(\boldsymbol{r})-k^2\boldsymbol{E}(\boldsymbol{r})=-\mathrm{i}\omega\mu\boldsymbol{J}(\boldsymbol{r}) \tag{9.2.54}$$

借助于自由空间的并矢格林函数 $\overline{\overline{G}}_e(\boldsymbol{r},\boldsymbol{r}')$，它满足方程

$$\nabla\times\nabla\times\overline{\overline{G}}_e(\boldsymbol{r},\boldsymbol{r}')-k^2\overline{\overline{G}}_e(\boldsymbol{r},\boldsymbol{r}')=\overline{\overline{I}}\delta(\boldsymbol{r}-\boldsymbol{r}') \tag{9.2.55}$$

用和以前类似的方法就可导出我们所需要的积分算子方程。仍然是对方程（9.2.54）和（9.2.55）分别用 $\overline{\overline{G}}_e(\boldsymbol{r},\boldsymbol{r}')$ 和 $\boldsymbol{E}(\boldsymbol{r})$ 点乘后相减，再利用矢量并矢格林定理

$$\begin{aligned}&\int_V[(\nabla\times\nabla\times\boldsymbol{A})\cdot\overline{\overline{B}}-\boldsymbol{A}\cdot(\nabla\times\nabla\times\overline{\overline{B}})]\mathrm{d}V\\=&\oint_S[(\boldsymbol{n}\times\boldsymbol{A})\cdot(\nabla\times\overline{\overline{B}})+(\boldsymbol{n}\times\nabla\times\boldsymbol{A})\cdot\overline{\overline{B}}]\mathrm{d}S\end{aligned}$$

就能得到

$$\begin{aligned}&\int_V\{[\nabla\times\nabla\times\boldsymbol{E}(\boldsymbol{r})]\cdot\overline{\overline{G}}_e(\boldsymbol{r},\boldsymbol{r}')-\boldsymbol{E}(\boldsymbol{r})\cdot[\nabla\times\nabla\times\overline{\overline{G}}_e(\boldsymbol{r},\boldsymbol{r}')]\}\,\mathrm{d}V\\=&\oint_S\{[\boldsymbol{n}\times\boldsymbol{E}(\boldsymbol{r})]\cdot\nabla\times\overline{\overline{G}}_e(\boldsymbol{r},\boldsymbol{r}')+[\boldsymbol{n}\times\nabla\times\boldsymbol{E}(\boldsymbol{r})]\cdot\overline{\overline{G}}_e(\boldsymbol{r},\boldsymbol{r}')\}\,\mathrm{d}S\end{aligned}$$

考虑到式（9.2.54）和式（9.2.55）以及 $\delta(\boldsymbol{r}-\boldsymbol{r}')$ 的性质和导体表面的边界条件

$$\boldsymbol{n}\times\boldsymbol{E}(\boldsymbol{r})|_S=0$$

即可由上式得出

$$\begin{aligned}\boldsymbol{E}(\boldsymbol{r}')=&-\mathrm{i}\omega\mu\int_\Omega\boldsymbol{J}(\boldsymbol{r})\cdot\overline{\overline{G}}_e(\boldsymbol{r},\boldsymbol{r}')\mathrm{d}\Omega\\&+\oint_S[\boldsymbol{n}\times\nabla\times\boldsymbol{E}(\boldsymbol{r})]\cdot\overline{\overline{G}}_e(\boldsymbol{r},\boldsymbol{r}')\mathrm{d}S\end{aligned} \tag{9.2.56}$$

再用 $\boldsymbol{n}$ 叉乘上式并让 $\boldsymbol{r}'$ 移到 S 上，由式（9.2.56）又可知下式成立

$$-\mathrm{i}\omega\mu\int_\Omega\boldsymbol{n}\times\overline{\overline{G}}_e(\boldsymbol{r},\boldsymbol{r}')\cdot\boldsymbol{J}(\boldsymbol{r})\mathrm{d}\Omega+\oint_S\boldsymbol{n}\times\overline{\overline{G}}_e(\boldsymbol{r},\boldsymbol{r}')\cdot[\boldsymbol{n}\times\nabla\times\boldsymbol{E}(\boldsymbol{r})]\mathrm{d}S=0,\quad \boldsymbol{r}\in S \tag{9.2.57}$$

这里利用了自由空间并矢格林函数的性质

$$\overline{\overline{G}}_e(\boldsymbol{r},\boldsymbol{r}')^{\mathrm{T}}=\overline{\overline{G}}_e(\boldsymbol{r}',\boldsymbol{r})$$

由麦克斯韦旋度方程知

$$\boldsymbol{n}\times\nabla\times\boldsymbol{E}(\boldsymbol{r})|_S=-\mathrm{i}\omega\mu\boldsymbol{n}\times\boldsymbol{H}(\boldsymbol{r})|_S$$

若令

$$\boldsymbol{n}\times\boldsymbol{H}(\boldsymbol{r})|_S=\boldsymbol{J}_s(\boldsymbol{r})|_S$$

则可把方程（9.2.57）变成

$$\oint_S \boldsymbol{n}\times\overline{\overline{G}}_e(\boldsymbol{r},\boldsymbol{r}')\cdot\boldsymbol{J}_S(\boldsymbol{r})\mathrm{d}S=-\int_\Omega \boldsymbol{n}\times\overline{\overline{G}}_e(\boldsymbol{r},\boldsymbol{r}')\cdot\boldsymbol{J}(\boldsymbol{r})\mathrm{d}\Omega \tag{9.2.58}$$

由于在该问题中 $\boldsymbol{J}(\boldsymbol{r})$为已知，故上式的右侧为已知函数，只有 $\boldsymbol{J}_s(\boldsymbol{r})$为待求量。因此，式（9.2.58）为一个非齐次第一类弗雷德霍姆积分算子方程。

如果腔体内不设外加电流源，即 $\boldsymbol{J}(\boldsymbol{r})=0$，就变成一个腔振腔的自由电磁模式问题。这时需要求解的方程就成为

$$\oint_S \boldsymbol{n}\times\overline{\overline{G}}_e(\boldsymbol{r},\boldsymbol{r}')\cdot\boldsymbol{J}_s(\boldsymbol{r})\mathrm{d}S=0 \tag{9.2.59}$$

这是第一类齐次弗雷德霍姆积分算子方程。

9.3　奇异积分算子方程

奇异积分算子方程在电磁理论中有很多应用，尤其是在微波技术领域。本节重点讨论一种积分区间带有间隙的奇异积分算子方程，并把它应用于一类微带型传输线的全波分析，以此为例显示出该分析方法的优越性。由于问题的讨论出发点涉及希尔伯特变换等的一些基本问题，故我们将从这些基本问题开始进行讨论。

9.3.1　希尔伯特变换和奇异积分算子方程

在研究一些物理系统时，我们常常利用一些复值函数，如复介电常数、复阻抗等，它们仅当自变量为实数时才具物理意义。在很多情况下，我们有可能以支配系统的基本规律出发，得到这些函数当自变量为复数时其普遍性质的某些知识。例如，在复平面的某个区域此函数是解析的。因果性是一种支配规律，它能决定复变函数的某些性质，如导出具有直接物理意义的实数量之间的关系。而这些关系就是支配规律的一种表现，希尔伯特变换就是一种实数量之间的关系，这是一种具有奇异核的积分变换，可作为讨论奇异积分算子方程的基础。

设 $g(z)$为在复平面 $z=x+\mathrm{i}y$ 的上半平面解析的复变函数，且当 $|z|\to\infty$ 时 $|g(z)|\to 0$。设 C_R 为上半平面连接 $x=-R$ 和 $x=R$ 两点，以 O 为圆心、R 为半径的半圆，C 为由 C_R 与实轴 $[-R,R]$ 段合成的闭合围道。现在在 $[-R,R]$ 段上取一点 ξ，计算 $g(z)/(z-\xi)$ 在围道 C 上的积分。为此在 z 的上半平面以 ξ 为圆心、以 δ 为半径做一个半圆 C_δ，则根据柯西定理我们有

$$\oint_C \frac{g(z)}{z-\xi}\mathrm{d}z = \int_{C_R} \frac{g(z)}{z-\xi}\mathrm{d}z + \int_{-R}^{\xi-\delta} \frac{g(z)}{z-\xi}\mathrm{d}z$$

$$+\int_{C_\delta} \frac{g(z)}{z-\xi}\mathrm{d}z + \int_{\xi+\delta}^{R} \frac{g(z)}{z-\xi}\mathrm{d}z = 0, \quad R\to\infty,\ \delta\to 0 \tag{9.3.1}$$

根据约当（Jordan）引理可知

$$\lim_{R\to\infty}\int_{C_R} \frac{g(z)}{z-\xi}\mathrm{d}z = 0$$

而

$$\lim_{\substack{R\to\infty\\ \delta\to 0}}\left(\int_{-R}^{\xi-\delta} + \int_{\xi+\delta}^{R}\right)\frac{g(z)}{z-\xi}\mathrm{d}z = \mathrm{P.\,V.}\int_{-\infty}^{\infty} \frac{f(x)}{x-\xi}\mathrm{d}x$$

其中 P. V. 表示主值积分。

由于 $g(z)$ 为上半平面的解析函数，故在 ξ 的邻域连续，在 C_δ 上 $g(z)$ 的值可表示为 $g(\xi)+\eta$，因此 C_δ 上的积分可以表示为

$$\int_{C_\delta} \frac{g(z)}{z-\xi}\mathrm{d}z = \int_{C_\delta} \frac{g(\xi)+\eta}{z-\xi}\mathrm{d}z$$

$$= g(\xi)\int_{C_R} \frac{1}{z-\xi}\mathrm{d}z + \eta\int_{C_\delta} \frac{1}{z-\xi}\mathrm{d}z$$

其中，由于 $\eta\to 0$，当 $\delta\to 0$ 时，上式右侧第二项积分为零，故

$$\int_{C_\delta} \frac{g(z)}{z-\xi}\mathrm{d}z = g(\xi)\ln(z-\xi)\Big|_{C_\delta}$$

$$= g(\xi)\ln(z-\xi)\Big|_{\delta\mathrm{e}^{\mathrm{i}\pi}}^{\delta\mathrm{e}^{\mathrm{i}0}} = -\mathrm{i}\pi g(\xi)$$

于是，总起来由式（9.3.1）得

$$\mathrm{P.\,V.}\int_{-\infty}^{\infty} \frac{g(x)}{x-\xi} = \mathrm{i}\pi g(\xi) \tag{9.3.2}$$

由于 $g(x)$ 为一复值函数，可令 $g(x)=f(x)+\mathrm{i}\varphi(x)$，故根据式（9.3.2）我们有

$$\mathrm{P.\,V.}\int_{-\infty}^{\infty} \frac{f(x)+\mathrm{i}\varphi(x)}{x-\xi}\mathrm{d}x = \mathrm{i}\pi f(\xi) - \pi\varphi(\xi) \tag{9.3.3}$$

据此就可得

$$f(\xi) = \frac{1}{\pi}\mathrm{P.\,V.}\int_{-\infty}^{\infty} \frac{\varphi(x)}{x-\xi}\mathrm{d}x \tag{9.3.4}$$

$$\varphi(x) = -\frac{1}{\pi}\mathrm{P.\,V.}\int_{-\infty}^{\infty} \frac{f(x)}{x-\xi}\mathrm{d}x \tag{9.3.5}$$

这两式就是希尔伯特变换对，可看成一个上半平面解析的函数在实轴上实部与虚部之间的关系。

希尔伯特变换可以推广到 $f(x), \varphi(x)\in L^p(-\infty,\infty)$ 的情况，其中 $1<p<\infty$，为了以后书写方便，我们把希尔伯特变换改写成

$$f(x)=\frac{1}{\pi}\text{P. V.}\int_{-\infty}^{\infty}\frac{\varphi(y)}{y-x}\mathrm{d}y \tag{9.3.6}$$

而且记作

$$f(x)=H_x[\varphi(y)] \tag{9.3.7}$$

或简记为

$$f=H[\varphi] \tag{9.3.8}$$

我们可以把以上结果总结为下面的一个定理。

定理 9.4（希尔伯特变换）　如果 $\varphi(x)\in L^p(-\infty,\infty)$，则变换（9.3.6）决定一个函数 $f(x)\in L^p(-\infty,\infty)$，而且 $f(x)$ 的希尔伯特变换为 $-\varphi(x)$，即

$$\varphi(x)=-\frac{1}{\pi}\text{P. V.}\int_{-\infty}^{\infty}\frac{f(y)}{y-x}\mathrm{d}y \tag{9.3.9}$$

可以看出，式（9.3.9）是式（9.3.6）的逆变换，这种逆变换关系可以简单地表示成

$$H[H(\varphi)]=-\varphi \tag{9.3.10}$$

定理 9.5（函数积的希尔伯特变换）　设

$$\varphi_1(x)\in L^{p_1}(-\infty,\ \infty),\quad \varphi_2(x)\in L^{p_2}(-\infty,\ \infty)$$

如果

$$\frac{1}{p_1}+\frac{1}{p_2}\leqslant 1$$

则有

$$\int_{-\infty}^{\infty}\varphi_1(x)\varphi_2(x)\mathrm{d}x=\int_{-\infty}^{\infty}H_x[\varphi_1(y)]H_x[\varphi_2(y)]\mathrm{d}x \tag{9.3.11}$$

定理 9.6（希尔伯特变换乘积）　设

$$\varphi_1(x)\in L^{p_1}(-\infty,\infty),\quad \varphi_2(x)\in L^{p_2}(-\infty,\infty)$$

如果

$$\frac{1}{p_1}+\frac{1}{p_2}<1$$

则有

$$H\{\varphi_1 H[\varphi_2]+\varphi_2 H[\varphi_1]\}=H[\varphi_1]H[\varphi_2]-\varphi_1\varphi_2 \tag{9.3.12}$$

设有奇异积分算子方程

$$\varphi(x)-\lambda\int_{-\infty}^{\infty}\frac{\varphi(y)}{y-x}\mathrm{d}y=f(x) \tag{9.3.13}$$

其中，$f(x)$ 为已知函数，λ 为常数，$\varphi(x)$ 为待求函数。现在用以上定理求解该奇异积分算子方程。

首先，对式（9.3.13）两侧施以希尔伯特变换，即

$$H_x\{\varphi(y)-\lambda\pi H_x[H_x[\varphi(y)]]\}=H_x[f(y)] \tag{9.3.14}$$

利用式（9.3.10）则上式成为

$$H_x[\varphi(y)]+\lambda\pi\varphi(x)=H_x[f(y)] \tag{9.3.15}$$

将式（9.3.13）中 $H_x[\varphi(y)]$ 代入上式即有

$$(1+\lambda^2\pi^2)\varphi(x)=f(x)+\lambda\pi H_x[f(y)]$$

由此解出 $\varphi(x)$ 即可得到方程（9.3.13）的解

$$\varphi(x)=\frac{1}{1+\lambda^2\pi^2}\left[f(y)+\lambda\int_{-\infty}^{\infty}\frac{f(y)}{y-x}\mathrm{d}y\right] \tag{9.3.16}$$

9.3.2 积分区间有限的希尔伯特变换

上面讨论的希尔伯特变换是在区间（$-\infty,\infty$）进行的。如果积分区间是有限的，则情况会大不同。

如果函数 $\varphi(x)$ 在区间$[-1,1]$之外为零，则相应于式（9.3.6）的希尔伯特变换成为

$$f(x)=\frac{1}{\pi}\int_{-1}^{1}\frac{\varphi(y)}{y-x}\mathrm{d}y \tag{9.3.17}$$

该式称为积分区间有限的希尔伯特变换。为了书写方便，我们已经隐去了主值积分的标记 P. V.，但应记住这一点。以后我们把式（9.3.17）记作

$$f(x)=T_x[\varphi(y)]=T[\varphi] \tag{9.3.18}$$

在相同的条件下也存在与式（9.3.12）类似的关系

$$T\{\varphi_1T[\varphi_2]+\varphi_2T[\varphi_1]\}=T[\varphi_1]T[\varphi_2]-\varphi_1\varphi_2 \tag{9.3.19}$$

对于积分区间有限的希尔伯特变换（9.3.17）而言，不存在像式（9.3.9）那样的希尔伯特逆变换，因为在逆变换中需要知道 $f(x)$ 在区间 $[-1,1]$ 以外的知识，而它一般并不为零。事实上，在 $L^p(p>1)$ 空间逆变换不是唯一的。

为了求得式（9.3.17）的逆变换，可借助于一个辅助函数

$$\varphi(x)=(1-x^2)^{\pm\frac{1}{2}} \tag{9.3.20}$$

的积分区间有限希尔伯特变换的特殊性质。容易验证，当 $|x|<1$ 时我们有

$$T_x[(1-y^2)^{-\frac{1}{2}}]=\frac{1}{\pi}\int_{-1}^{1}\frac{(1-y^2)^{-\frac{1}{2}}}{y-x}\mathrm{d}y=0 \tag{9.3.21}$$

$$T_x[(1-y^2)^{\frac{1}{2}}]=\frac{1}{\pi}\int_{-1}^{1}\frac{(1-y^2)^{\frac{1}{2}}}{y-x}\mathrm{d}y=-x \tag{9.3.22}$$

如果设 $\varphi_1(x)=\varphi(x)$，$\varphi_2(x)=(1-x^2)^{\frac{1}{2}}$，则由式（9.3.19）可得

$$T[-y\varphi(y)+(1-y^2)^{\frac{1}{2}}f(y)]=-xf(x)-(1-x^2)^{\frac{1}{2}}\varphi(x)$$

其中，$f(x)$为 $\varphi(x)$的积分区间有限的希尔伯特变换。

因为

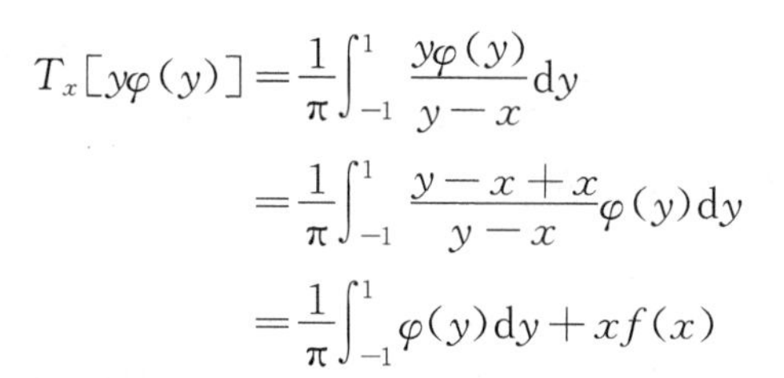

$$
\begin{aligned}
T_x[y\varphi(y)] &= \frac{1}{\pi}\int_{-1}^{1}\frac{y\varphi(y)}{y-x}\mathrm{d}y \\
&= \frac{1}{\pi}\int_{-1}^{1}\frac{y-x+x}{y-x}\varphi(y)\mathrm{d}y \\
&= \frac{1}{\pi}\int_{-1}^{1}\varphi(y)\mathrm{d}y + xf(x)
\end{aligned}
$$

故有

$$
-\frac{1}{\pi}\int_{-1}^{1}\varphi(y)\mathrm{d}y + T_x[(1-y^2)^{\frac{1}{2}}f(y)] = -(1-x^2)^{\frac{1}{2}}\varphi(y)
$$

这一结果又可写成以下形式

$$
\varphi(x) = -\frac{1}{(1-x^2)^{\frac{1}{2}}}\cdot\frac{1}{\pi}\int_{-1}^{1}\frac{(1-y^2)^{\frac{1}{2}}f(y)}{y-x}\mathrm{d}y + C(1-x^2)^{-\frac{1}{2}} \tag{9.3.23}
$$

其中

$$
C = \frac{1}{\pi}\int_{-1}^{1}\varphi(y)\mathrm{d}y \tag{9.3.24}
$$

它具有任意常数的性质。式（9.3.23）可视为式（9.3.17）的逆变换，或者说式（9.3.23）是积分区间有限的奇异积分算子方程（9.3.17）的解。

9.3.3　积分区间带有间隙的奇异积分算子方程

有一类奇异积分算子方程，其中积分算子的积分区间是间断的，即积分算子方程在积分区间的某一段甚至某几段是不成立的，我们称这类方程为积分区间带有间隙的奇异积分算子方程。首先讨论只有一段间隙的情况，然后再讨论具有任意间隙的情况。

如果积分区间只有一个间隙，则积分算子方程可表示为

$$
\begin{cases}
\dfrac{1}{\pi}\displaystyle\int\!\!\!\!\!\!-_{-1}^{1}\frac{\varphi(y)}{y-x}\mathrm{d}y = f(x) \\
-1<x<1,\text{但除去}\ \lambda<x<\mu
\end{cases} \tag{9.3.25}
$$

亦即方程只在$-1<x<\lambda$，$\mu<x<1$时方程才成立。这里用积分号上带一横道表示积分区间存在一段间隙。式（9.3.25）中的$f(x)$为已知函数，而$\varphi(x)$为待求函数。所以，从积分方程形式来看，它应属于第一类非齐次弗雷德霍姆型。

为了借助已有的知识求解如式（9.3.25）所示类型的奇异积分算子方程，我们设

$$
\tilde{\varphi}(x) = \begin{cases}
\varphi(x), & -1<x<1,\mu<x<1 \\
0, & \lambda<x<\mu
\end{cases} \tag{9.3.26}
$$

$$\tilde{f}(x)=\begin{cases} f(x), & -1<x<\lambda, \mu<x<1 \\ \psi(x), & \lambda<x<\mu \end{cases} \tag{9.3.27}$$

则有新的奇异积分算子方程

$$\frac{1}{\pi}\int_{-1}^{1}\frac{\tilde{\varphi}(y)}{y-x}\mathrm{d}y=\tilde{f}(x), \quad -1<x<1 \tag{9.3.28}$$

由于这一方程与方程（9.3.17）的类型是相同的，故其逆变换也应具有式（9.3.23）的形式，而且可以写成

$$\tilde{\varphi}(x)=\frac{1}{(1-x^2)^{\frac{1}{2}}}\left[C-\frac{1}{\pi}\int_{-1}^{1}\frac{(1-y^2)^{\frac{1}{2}}f(y)}{y-x}\mathrm{d}y\right.$$
$$\left.-\frac{1}{\pi}\int_{\lambda}^{\mu}\frac{(1-y^2)^{\frac{1}{2}}\psi(y)}{y-x}\mathrm{d}y\right] \tag{9.3.29}$$

由于在区间 $\lambda<x<\mu$ 内 $\tilde{\varphi}(x)=0$，故由上式可得

$$\frac{1}{\pi}\int_{\lambda}^{\mu}\frac{(1-y^2)^{\frac{1}{2}}\psi(y)}{y-x}\mathrm{d}y=C-\frac{1}{\pi}\int_{-1}^{1}\frac{(1-y^2)^{\frac{1}{2}}f(y)}{y-x}\mathrm{d}y \tag{9.3.30}$$

下面再作变换

$$\begin{cases} \xi=\dfrac{2}{\mu-\lambda}\left[x-\dfrac{1}{2}(\mu+\lambda)\right] \\ \eta=\dfrac{2}{\mu-\lambda}\left[y-\dfrac{1}{2}(\mu+\lambda)\right] \end{cases} \tag{9.3.31}$$

则可把式（9.3.30）改写为

$$\frac{1}{\pi}\int_{-1}^{1}\frac{(1-y^2)^{\frac{1}{2}}\psi(y)}{\eta-\xi}\mathrm{d}\eta=g(\xi), \quad -1<\xi<1 \tag{9.3.32}$$

这里的 $g(\xi)$ 代表式（9.3.30）中的右侧部分。显然，方程（9.3.31）的解则可写成

$$\psi(y)=\frac{1}{(1-y^2)^{\frac{1}{2}}(1-\eta^2)^{\frac{1}{2}}}\left[C'-\frac{1}{\pi}\int_{-1}^{1}\frac{(1-\zeta^2)^{\frac{1}{2}}g(\zeta)}{\zeta-\eta}\mathrm{d}\zeta\right] \tag{9.3.33}$$

其中 C' 为任意常数。把这一结果代回到式（9.3.29）中就能得到用 $f(x)$ 表示的 $\tilde{\varphi}$。我们考虑 $-1<x<\lambda$，$\mu<x<1$ 的情形，这样有

$$\varphi(x)=\frac{1}{(1-x^2)^{\frac{1}{2}}}\left[C-\frac{1}{\pi}\int_{-1}^{1}\frac{(1-y^2)^{\frac{1}{2}}f(y)}{y-x}\mathrm{d}y-\frac{C'}{\pi}\int_{-1}^{1}\frac{\mathrm{d}\eta}{(1-\eta^2)^{\frac{1}{2}}(\eta-\xi)}\right.$$
$$\left.+\frac{1}{\pi^2}\int_{-1}^{1}\frac{1}{(1-\eta^2)^{\frac{1}{2}}(\eta-\xi)}\left(\int_{-1}^{1}\frac{(1-\zeta^2)^{\frac{1}{2}}g(\zeta)}{\zeta-\eta}\mathrm{d}\zeta\right)\mathrm{d}\eta\right] \tag{9.3.34}$$

当 $\lambda<x<\mu$ 时，$-1<\xi<1$，而在式（9.3.34）中的条件为 $-1<x<\lambda$ 和 $\mu<x<1$，故此时有 $|\xi|>1$，于是

$$\frac{1}{\pi}\int_{-1}^{1}\frac{\mathrm{d}\eta}{(1-\eta^2)^{\frac{1}{2}}(\eta-\xi)}=T_{\xi}\left[(1-\eta^2)^{-\frac{1}{2}}\right]$$

$$=-(1-\xi^2)^{-\frac{1}{2}}\operatorname{sgn}\xi \tag{9.3.35}$$

又因

$$\frac{1}{\eta-\xi}\cdot\frac{1}{\zeta-\eta}=\frac{1}{\zeta-\xi}\left(\frac{1}{\eta-\xi}+\frac{1}{\zeta-\eta}\right)$$

故有

$$\begin{aligned}&\frac{1}{\pi}\int_{-1}^{1}\frac{1}{(1-\eta^2)^{\frac{1}{2}}(\eta-\xi)}\left[\int_{-1}^{1}\frac{(1-\zeta^2)^{\frac{1}{2}}g(\zeta)}{\zeta-\eta}\mathrm{d}\zeta\right]\mathrm{d}\eta\\&=\frac{1}{\pi}\int_{-1}^{1}\frac{(1-\zeta^2)^{\frac{1}{2}}g(\zeta)}{\zeta-\xi}\mathrm{d}\zeta\cdot\frac{1}{\pi}\int_{-1}^{1}\left[\frac{(1-\eta^2)^{-\frac{1}{2}}}{\eta-\xi}+\frac{(1-\eta^2)^{-\frac{1}{2}}}{\zeta-\eta}\right]\mathrm{d}\eta\\&=-\frac{\operatorname{sgn}\xi}{(\xi^2-1)^{\frac{1}{2}}}\cdot\frac{1}{\pi}\int_{-1}^{1}\frac{(1-\zeta^2)^{\frac{1}{2}}g(\zeta)}{\zeta-\xi}\mathrm{d}\zeta\end{aligned} \tag{9.3.36}$$

这是因为此处 $|\xi|>1$，但 $|\zeta|<1$，故有

$$T_\xi[(1-\eta^2)^{-\frac{1}{2}}]=-(\zeta^2-1)^{-\frac{1}{2}}\operatorname{sgn}\xi,\quad |\xi|>1$$

$$T_\zeta[(1-\eta^2)^{-\frac{1}{2}}]=0,\qquad |\zeta|<1$$

此外，考虑到式（9.3.30）和式（9.3.32），则式（9.3.36）中包含 $g(\zeta)$ 的积分为

$$\begin{aligned}\frac{1}{\pi}\int_{-1}^{1}\frac{(1-\zeta^2)^{\frac{1}{2}}g(\zeta)}{\zeta-\xi}\mathrm{d}\zeta=&\frac{C}{\pi}\int_{-1}^{1}\frac{(1-\zeta^2)^{\frac{1}{2}}}{\zeta-\xi}\mathrm{d}\zeta\\&-\frac{1}{\pi}\int_{-1}^{1}\frac{(1-\zeta)^{\frac{1}{2}}}{\zeta-\xi}\cdot\frac{1}{\pi}\int_{-1}^{1}\frac{(1-y^2)^{\frac{1}{2}}f(y)}{y-z}\mathrm{d}y\mathrm{d}\zeta\end{aligned} \tag{9.3.37}$$

这里的 z 相当于式（9.3.31）中的 x，与 ζ 对应。

由于

$$\frac{1}{y-x}\left(\frac{1}{\zeta-\xi}+\frac{1}{\eta-\zeta}\right)=\frac{1}{(\zeta-\xi)(y-z)}$$

则式（9.3.37）右侧的第二项可表示为

$$-\frac{1}{\pi}\int_{-1}^{1}\frac{(1-y^2)^{\frac{1}{2}}f(y)}{y-x}\cdot\frac{1}{\pi}\int_{-1}^{1}\left[\frac{(1-\zeta^2)^{\frac{1}{2}}}{\zeta-\xi}+\frac{(1-\zeta^2)^{\frac{1}{2}}}{\eta-\xi}\right]\mathrm{d}\zeta\mathrm{d}y$$

再由于

$$\frac{1}{\pi}\int_{-1}^{1}\frac{(1-\zeta^2)^{\frac{1}{2}}}{\zeta-\xi}\mathrm{d}\zeta=-\xi+(\xi^2-1)^{\frac{1}{2}}\operatorname{sgn}\xi,\quad |\xi|>1 \tag{9.3.38}$$

式（9.3.37）就成为

$$\begin{aligned}&\frac{1}{\pi}\int_{-1}^{1}\frac{(1-\zeta^2)^{\frac{1}{2}}g(\zeta)}{\zeta-\xi}\mathrm{d}\zeta=C[-\xi+(\xi^2-1)^{\frac{1}{2}}\operatorname{sgn}\xi]\\&-\frac{1}{\pi}\int_{-1}^{1}\frac{(1-y^2)^{\frac{1}{2}}f(y)}{y-x}[-\xi+(\xi^2-1)^{\frac{1}{2}}\operatorname{sgn}\xi+\eta-(\eta^2-1)^{\frac{1}{2}}\operatorname{sgn}\eta]\mathrm{d}y\end{aligned} \tag{9.3.39}$$

把式（9.3.39）、式（9.3.36）和式（9.3.35）代回到式（9.3.34），经整理后就可得到

$$\varphi(x)=-\frac{1}{\pi}\int_{-1}^{1}\frac{Y}{X}\frac{f(y)}{y-x}\mathrm{d}y+\frac{P(x)}{X} \tag{9.3.40}$$

其中

$$Y=(1-y^2)^{\frac{1}{2}}(\eta^2-1)^{\frac{1}{2}}\operatorname{sgn}\eta$$
$$X=(1-x^2)^{\frac{1}{2}}(\xi^2-1)^{\frac{1}{2}}\operatorname{sgn}\xi$$
$$P(x)=C_0(C_1+\xi)$$

而

$$C_0=C=\frac{1}{\pi}\int_{-1}^{1}\varphi(y)\mathrm{d}y$$
$$C_1=\frac{C'}{C}+\frac{2}{C(\mu-\lambda)\pi}\int_{-1}^{1}(1-y^2)^{\frac{1}{2}}f(y)\mathrm{d}y$$

式（9.3.40）就是形如式（9.3.25）的积分区间带有一个间隙的奇异积分算子方程的解，除了待定常数外，完全由已知函数 $f(x)$ 表达出来。

9.3.4 积分区间带有多个间隙的奇异积分算子方程

如果在以上问题中积分区间的间隙不止一个，则把与方程（9.3.25）类似的奇异积分算子方程表示为

$$\begin{cases}\dfrac{1}{\pi}\displaystyle\int_{-1}^{1}\dfrac{\varphi(y)}{y-x}\mathrm{d}y=f(x), & -1<x,y<1\\ \text{除去}\ \lambda_i<x,y<\mu_i, i=1,2,\cdots,n\end{cases} \tag{9.3.41}$$

这里我们用积分号上两个横道表示积分区间中存在多于一个的间隙。

当间隙只有一个时，我们得到了其解的表达形式（9.3.40）。随着间隙的增加，其解如何变化，如果有一定规律可循，问题也就解决了。现在已经证明，方程（9.3.41）的解可用一般的形式表达出来。当间隙的个数为 n 时，方程（9.3.41）的解可表示为

$$\varphi(x)=-\frac{1}{\pi}\int_{-1}^{1}\frac{Y}{X}\frac{f(y)}{y-x}\mathrm{d}y+\frac{P_n(x)}{X} \tag{9.3.42}$$

其中

$$X=(1-x^2)^{\frac{1}{2}}\prod_{r=1}^{n}(\xi_r^2-1)^{\frac{1}{2}}\operatorname{sgn}\xi_r$$
$$Y=(1-y^2)^{\frac{1}{2}}\prod_{r=1}^{n}(\eta_r^2-1)^{\frac{1}{2}}\operatorname{sgn}\eta_r$$

$$\xi_r = \frac{2}{\mu_r - \lambda_r}\left[x - \frac{1}{2}(\lambda_r + \mu_r)\right]$$

$$\eta_r = \frac{2}{\mu_r - \lambda_r}\left[y - \frac{1}{2}(\lambda_r + \mu_r)\right]$$

$$P_n(x) = C_0 \prod_{r=1}^{n} (C_r + \xi_r)$$

这里的 C_r 为任意常数。

我们将用归纳法证明以上结论的正确性。首先我们设以上结果具有一般意义，那么当存在 $n+1$ 个间隙时也是正确的。为了证明此点，我们在积分区间原有的 n 个间隙的基础上再增加一个间隙 (λ,μ)，对此情况我们设

$$\theta(y) = \begin{cases} \varphi(y), & \lambda > x, y > \mu \\ 0, & \lambda < x, y < \mu \end{cases} \tag{9.3.43}$$

则有新的方程

$$\frac{1}{\pi}⨍_{-1}^{1} \frac{\theta(y)}{y - x}\mathrm{d}y = \begin{cases} f(x), & -1 < x < 1, \text{并除去 } n \text{ 个间隙} \\ g(x), & \lambda < x, y < \mu \end{cases} \tag{9.3.44}$$

对这样一个方程而言，相当于只有原来的 n 个间隙，它的解就是式（9.3.42），故可以表示为

$$\theta(x) = -\frac{1}{\pi}⨍_{-1}^{1} \frac{Y}{X}\frac{f(y)}{y - x}\mathrm{d}y - \frac{1}{\pi}⨍_{\lambda}^{\mu} \frac{Y}{X}\frac{g(y)}{y - x}\mathrm{d}y + \frac{P_n(x)}{X} \tag{9.3.45}$$

按规定，$\theta(x)$ 在 $\lambda<x<\mu$ 时为零，因此由上式可得到

$$\frac{1}{\pi}\int_{\lambda}^{\mu} \frac{Yg(y)}{y - x}\mathrm{d}y = P_n(x) - \frac{1}{\pi}⨍_{-1}^{1} \frac{Yf(y)}{y - x}\mathrm{d}y, \quad \lambda < x < \mu \tag{9.3.46}$$

和前面一样，如式（9.3.31）所示，引入新的归一代变量 ξ，η，并用$G(\xi)$表示式（9.3.46）的右侧，则可得到关于 $g(y)$ 的积分区间有限的奇异积分算子方程

$$\frac{1}{\pi}\int_{-1}^{1} \frac{Yg(\eta)}{\eta - \xi}\mathrm{d}\eta = G(\xi) \tag{9.3.47}$$

它的解可表示为

$$g(\eta) = \frac{1}{Y(1 - \eta^2)^{\frac{1}{2}}}\left[C - \frac{1}{\pi}\int_{-1}^{1} \frac{(1 - \zeta^2)^{\frac{1}{2}}G(\zeta)}{\zeta - \eta}\mathrm{d}\zeta\right] \tag{9.3.48}$$

为了避免混淆，这里引用了新的归一化变量。

把 $g(\eta)$ 代回到式（9.3.46），其左侧的积分便是

$$\frac{1}{\pi}\int_{-1}^{1} \frac{1}{(1 - \eta^2)^{\frac{1}{2}}(\eta - \xi)}\left[C - \frac{1}{\pi}\int_{-1}^{1} \frac{(1 - \zeta^2)^{\frac{1}{2}}G(\zeta)}{\zeta - \eta}\mathrm{d}\zeta\right]\mathrm{d}\eta \tag{9.3.49}$$

下面考虑当把它代入式（9.3.45）时，x 将取(λ,μ) 以外的值，这时 $|\xi|>1$，于是上式的第一部分积分成为

$$\frac{1}{\pi}\int_{-1}^{1}\frac{\mathrm{d}\eta}{(1-\eta^2)^{\frac{1}{2}}(\eta-\xi)}=-(\xi^2-1)^{\frac{1}{2}}\operatorname{sgn}\xi$$

这样我们就有

$$\frac{1}{\pi}\int_{\lambda}^{\mu}\frac{Yg(y)}{y-x}\mathrm{d}y=-\frac{\operatorname{sgn}\xi}{(\xi^2-1)^{\frac{1}{2}}}\left[C-\frac{1}{\pi}\int_{-1}^{1}\frac{(1-\zeta^2)^{\frac{1}{2}}G(\zeta)}{\zeta-\xi}\mathrm{d}\zeta\right]\quad(9.3.50)$$

其中

$$G(\zeta)=P_n(z)-\frac{1}{\pi}⨍_{-1}^{1}\frac{Yf(y)}{y-z}\mathrm{d}y$$

这里的 z 按式（9.3.31）的关系与 ζ 对应。式（9.3.50）中包含 $P_n(z)$ 的积分可以写成

$$-\frac{1}{\pi}\int_{-1}^{1}\frac{P_n(z)-P_n(x)}{\zeta-\xi}(1-\zeta^2)\mathrm{d}\zeta-\frac{P_n(x)}{\pi}\int_{-1}^{1}\frac{(1-\zeta^2)^{\frac{1}{2}}}{\zeta-\xi}\mathrm{d}\zeta$$

现在的 $P_n(z)-P_n(x)$ 是 z 和 x 的 n 阶多项式，它含有（$z-x$）或（$\zeta-\xi$）的因子，于是第一部分积分结果是 x 的 $n-1$ 阶多项式，记作 $Q_{n-1}(x)$，而由于有式（9.3.38）这一结果，可把式（9.3.50）写成

$$\begin{aligned}\frac{1}{\pi}\int_{\lambda}^{\mu}\frac{Yg(y)}{y-x}\mathrm{d}y=&-\frac{\operatorname{sgn}\xi}{(\xi^2-1)^{\frac{1}{2}}}\Big[C+Q_{n-1}(x)+\xi P_n(x)\\&-(\xi^2-1)^{\frac{1}{2}}P_n(x)\operatorname{sgn}\xi+\frac{1}{\pi}\int_{-1}^{1}\frac{(1-\zeta^2)^{\frac{1}{2}}}{\zeta-\xi}\mathrm{d}\zeta⨍_{-1}^{1}\frac{Yf(y)}{y-z}\mathrm{d}y\Big]\end{aligned}\quad(9.3.51)$$

该式中的右侧倒数第二项将在代回到式（9.3.45）时被抵消，而前三项之和构成一个 $n+1$ 阶的多项式，可记作 $P_{n+1}(x)$，连同前面的系数，它们在式（9.3.45）中将形成一项，即

$$\frac{P_{n+1}(x)\operatorname{sgn}\xi}{(\xi^2-1)^{\frac{1}{2}}}$$

它被除以 X 就构成一个新的自由项。式（9.3.51）中右侧的最后一项将等于

$$\frac{1}{\pi}⨍_{-1}^{1}\frac{Yf(y)}{y-x}\left[-\xi+(\xi^2-1)^{-\frac{1}{2}}\operatorname{sgn}\xi+\eta-(\eta^2-1)^{\frac{1}{2}}\operatorname{sgn}\eta\right]\mathrm{d}y$$

这里第一部分是常数，将归入 $P_{n+1}(x)$，而另一部分将在代入式（9.3.45）时被抵消，能产生影响的一项是

$$-\frac{1}{\pi}⨍_{-1}^{1}\frac{Y}{X}\frac{(\eta^2-1)^{\frac{1}{2}}\operatorname{sgn}\eta f(y)}{(\xi^2-1)^{\frac{1}{2}}\operatorname{sgn}\xi(y-x)}\mathrm{d}y$$

它与式（9.3.42）相比，只是使 Y 和 X 按间隙数的增加而依规律加长到 $n+1$。这样，我们就证明了式（9.3.42）对任意间隙的奇异积分算子方程都是正确的。

9.3.5　一般屏蔽微带线中的电磁场

由于奇异积分算子方程能把导带边缘上电场和电流的奇异性自动地包含在其中，由这种方法导出的色散方程具有高速收敛的特性。因此，用奇异积分算子方程建立微带线的理论具有十分重要的实际意义。为了使分析结果有尽量广泛的应用，在分析中我们将不限制微带的条数、宽度和它们之间的距离，而只假设导带是无限薄的理想导体，衬底为均匀各向同性无耗介质，这样可使所建立的理论适用于一大类微带型屏蔽传输系统。

为了分析方便，我们把要分析的屏蔽微带线放到一个直角坐标系统中，系统沿 z 方向是均匀的且延伸至无限远。横截面为矩形，边界为理想导体。直角坐标的原点 O 置于正长方形的左下角。接地板为 $y=0$，$x=0\sim l$。顶部为 $y=h$，$x=0\sim l$，侧壁分别在 $x=0$ 和 $x=l$ 而 $y=0\sim h$。$y=d$ 为介质和空气交界面，导带即处于该交界面上。设有 N 条导带，其边界分别为 $t_{2i}<x<t_{2i+1}$，其中 $i=1,2,\cdots,\frac{N}{2}$。令 $x=0=t_0$，$x=l=t_{N+1}$衬底介质面把屏蔽微带沿 y 方向分为两个区域，衬底介质所在区域为（1），其介质参数为 $\varepsilon_1=\varepsilon_0\varepsilon_r$，$\mu=\mu_0$，其余部分为区域（2），介质参数为 $\varepsilon_2=\varepsilon_0$，$\mu_2=\mu_0$。

微带线中的电磁模式在横截面上不均匀，使得 $TE(H)$ 模和 $TM(E)$ 模是耦合的，称为混合模式，必须同时考虑两种模式。这种对电磁系统同时考虑两种可能模式的分析称为全波分析。对微带线进行全波分析是一种比较精确的分析方法。

在电磁理论中常应用一些辅助函数，使得分析过程得到一定简化。在绪论中我们提到的矢量势函数和标量势函数就是一种，这种势函数有电型和磁型两种。有时还应用另一类势函数，称为赫兹矢量，也有电型和磁型两种，这两类势函数有直接的对应关系。

电型赫兹矢量用 $\boldsymbol{\Pi}^e$表示，磁型赫兹矢量则表示为$\boldsymbol{\Pi}^h$。用这两种赫兹矢量表示的电磁场在频域具有形式

$$\begin{cases}\boldsymbol{E}=-\mathrm{i}\omega\mu\nabla\times\boldsymbol{\Pi}^h+\nabla\nabla\cdot\boldsymbol{\Pi}^e+k^2\boldsymbol{\Pi}^e\\ \boldsymbol{H}=\mathrm{i}\omega\varepsilon\boldsymbol{\Pi}^e+\nabla\nabla\cdot\boldsymbol{\Pi}^h+k^2\boldsymbol{\Pi}^h\end{cases}\tag{9.3.52}$$

表示沿 z 传输的 TE 模和 TM 模的赫兹矢量可表示为

$$\begin{cases}\boldsymbol{\Pi}^h(\boldsymbol{r},\omega)=\hat{z}\psi^h(x,y)\mathrm{e}^{-\mathrm{i}\beta z}\\ \boldsymbol{\Pi}^e(\boldsymbol{r},\omega)=\hat{z}\psi^e(x,y)\mathrm{e}^{-\mathrm{i}\beta z}\end{cases}\tag{9.3.53}$$

其中，β 为电磁场沿 z 传输的传输常数。

对于无源的传输系统中的自然电磁模式，赫兹矢量的横向函数 $\psi^e(x,y)$ 和 $\psi^h(x,y)$ 满足方程

$$\begin{cases}\nabla_t^2\psi^e(x,y)+(k^2-\beta^2)\psi^e(x,y)=0\\ \nabla_t^2\psi^h(x,y)+(k^2-\beta^2)\psi^h(x,y)=0\end{cases}\tag{9.3.54}$$

微带线中分为两个区域，不同区域的 k 和横向函数都不同。将用 $j=1$，2表示不同区域，于是微带中混合模式的电磁场的横向函数可表示为

$$\begin{cases}E_{xj}(x,y)=-\mathrm{i}\beta\dfrac{\partial\psi_j^e}{\partial x}-\mathrm{i}\omega\mu_j\dfrac{\partial\psi_j^h}{\partial y}\\ E_{yj}(x,y)=-\mathrm{i}\beta\dfrac{\partial\psi_j^e}{\partial y}+\mathrm{i}\omega\mu_j\dfrac{\partial\psi_j^h}{\partial x}\\ E_{zj}(x,y)=(k_j^2-\beta^2)\psi_j^e\end{cases}\tag{9.3.55}$$

$$\begin{cases}H_{xj}(x,y)=\mathrm{i}\omega\varepsilon_j\dfrac{\partial\psi_j^e}{\partial y}-\mathrm{i}\beta\dfrac{\partial\psi_j^k}{\partial x}\\ H_{yj}(x,y)=-\mathrm{i}\omega\varepsilon_j\dfrac{\partial\psi_j^e}{\partial x}-\mathrm{i}\beta\dfrac{\partial\psi_j^h}{\partial y}\\ H_{zj}(x,y)=(k_j^2-\beta^2)\psi_j^h\end{cases}\tag{9.3.56}$$

考虑到屏蔽微带线理想导体的边界条件，方程（9.3.54）的解可以表示成

$$\begin{cases}\psi_1^e(x,y)=\sum\limits_{n=1}^{\infty}A_n^e\mathrm{sh}\alpha_n^{(1)}y\sin k_nx\\ \psi_2^e(x,y)=\sum\limits_{n=1}^{\infty}B_n^e\mathrm{sh}\alpha_n^{(2)}(h-y)\sin k_nx\\ \psi_1^h(x,y)=\sum\limits_{n=1}^{\infty}A_n^h\mathrm{ch}\alpha_n^{(1)}y\cos k_nx\\ \psi_2^h(x,y)=\sum\limits_{n=1}^{\infty}B_n^h\mathrm{ch}\alpha_n^{(2)}(h-y)\cos k_nx\end{cases}\tag{9.3.57}$$

其中

$$\alpha_n^{(1)}=(k_n^2+\beta^2-\varepsilon_rk_0^2)^{\frac{1}{2}}$$

$$\alpha_n^{(2)}=k_n^2+\beta^2-k_0^2$$

$$k_n^2=\frac{n\pi}{l},\quad n=1,2,\cdots$$

把式（9.3.57）所示结果代入式（9.3.55）和式（9.3.56），可计算出已满足屏蔽盒边界条件的电磁场的各个分量，这些分量的交界面切向分量还需满足连续性条件和导带上的边界条件。与此有关的各项切向分量为

$$\begin{cases} E_{x_1}(x,y) = -\mathrm{i}\beta\sum_{n=1}^{\infty}A_n^e k_n \mathrm{sh}\alpha_n^{(1)} y\cos k_n x \\ \qquad\qquad -\mathrm{i}\omega\mu_1\sum_{n=1}^{\infty}A_n^h\alpha_n^{(1)}\mathrm{sh}\alpha_n^{(1)}y\cos k_n x \\ E_{z_1}(x,y) = (k_1^2-\beta^2)\sum_{n=1}^{\infty}A_n^e\mathrm{sh}\alpha_n^{(1)}y\sin k_n x \\ H_{x_1}(x,y) = \mathrm{i}\omega\varepsilon_1\sum_{n=1}^{\infty}A_n^e\alpha_n^{(1)}\mathrm{ch}\alpha_n^{(1)}y\sin k_n x \\ \qquad\qquad +\mathrm{i}\beta\sum_{n=1}^{\infty}A_n^h k_n\mathrm{ch}\alpha_n^{(1)}y\sin k_n x \\ H_{z_1}(x,y) = (k_1^2-\beta^2)\sum_{n=1}^{\infty}A_n^h\mathrm{ch}\alpha_n^{(1)}y\cos k_n x \end{cases} \tag{9.3.58}$$

$$\begin{cases} E_{x_2}(x,y) = -\mathrm{i}\beta\sum_{n=1}^{\infty}B_n^e k_n\mathrm{sh}\alpha_n^{(2)}(h-y)\cos k_n x \\ \qquad\qquad +\mathrm{i}\omega\mu_2\sum_{n=1}^{\infty}B_n^h\alpha_n^{(2)}\mathrm{sh}\alpha_n^{(2)}(h-y)\cos k_n x \\ E_{z_2}(x,y) = (k_2^2-\beta^2)\sum_{n=1}^{\infty}B_n^e\mathrm{sh}\alpha_n^{(2)}(h-y)\sin k_n x \\ H_{x_2}(x,y) = -\mathrm{i}\omega\varepsilon_2\sum_{n=1}^{\infty}B_n^e\alpha_n^{(2)}\mathrm{ch}\alpha_n^{(2)}(h-y)\sin k_n x \\ \qquad\qquad +\mathrm{i}\beta\sum_{n=1}^{\infty}B_n^h k_n\mathrm{ch}\alpha_n^{(2)}(h-y)\sin k_n x \\ H_{z_2}(x,y) = (k_2^2-\beta^2)\sum_{n=1}^{\infty}B_n^h\mathrm{ch}\alpha_n^{(2)}(h-y)\cos k_n x \end{cases} \tag{9.3.59}$$

这些场分量在区域（1）和（2）的交界面上需满足一定的连续条件和导带上的边界条件，这些条件可分为相对独立的四组，即当 $y=d$ 时

$$E_{x_1}=E_{x_2},\quad 0<x<l \tag{9.3.60}$$

$$E_{z_1}=E_{z_2},\quad 0<x<l \tag{9.3.61}$$

$$\begin{cases} E_{x_1}=0, & t_{2i-1}<x<t_{2i},\ i=1,2,\cdots,\dfrac{N}{2} \\ H_{z_1}=H_{z_2}, & t_{2i}<x<t_{2i+1},\ i=1,2,\cdots,\dfrac{N}{2} \end{cases} \tag{9.3.62}$$

$$\begin{cases} E_{z_1}=0, & t_{2i-1}<x<t_{2i},\ i=1,2,\cdots,\dfrac{N}{2} \\ H_{x_1}=H_{x_2}, & t_{2i}<x<t_{2i+1},\ i=1,2,\cdots,\dfrac{N}{2} \end{cases} \tag{9.3.63}$$

由这些条件可得到以下方程：

$$(k_1^2-\beta^2)\sum_{n=1}^{\infty}A_n^e \mathrm{sh}\alpha_n^{(1)}d\sin k_n x$$

$$=(k_2^2-\beta^2)\sum_{n=1}^{\infty}B_n^e \mathrm{sh}\alpha_n^{(2)}(h-d)\sin k_n x, \quad 0<x<l \tag{9.3.64}$$

$$\sum_{n=1}^{\infty}A_n^e k_n \mathrm{sh}\alpha_n^{(1)}d\cos k_n x+\frac{\omega\mu_0}{\beta}\sum_{n=1}^{\infty}A_n^h\alpha_n^{(1)}\mathrm{sh}\alpha_n^{(1)}d\cos k_n x$$

$$=\sum_{n=1}^{\infty}B_n^e k_n \mathrm{sh}\alpha_n^{(2)}(h-d)\cos k_n x \tag{9.3.65}$$

$$-\frac{\omega\mu_0}{\beta}\sum_{n=1}^{\infty}B_n^h\alpha_n^{(2)}\mathrm{sh}\alpha_n^{(2)}(h-d)\cos k_n x, \quad 0<x<l$$

$$\sum_{n=1}^{\infty}A_n^e \mathrm{sh}\alpha_n^{(1)}\sin k_n x=0, \quad t_{2i-1}<x<t_{2i}, \ i=1,2,\cdots,\frac{N}{2} \tag{9.3.66}$$

$$\begin{cases}\dfrac{\omega\varepsilon_0}{\beta}\displaystyle\sum_{n=1}^{\infty}A_n^e\alpha_n^{(1)}\mathrm{ch}\alpha_n^{(1)}d\sin k_n x+\sum_{n=1}^{\infty}A_n^h k_n \mathrm{ch}\alpha_n^{(1)}d\sin k_n x \\ =-\dfrac{\omega\varepsilon_0\varepsilon_r}{\beta}\displaystyle\sum_{n=1}^{\infty}B_n^e\alpha_n^{(2)}\mathrm{ch}\alpha_n^{(1)}(h-d)\sin k_n x \\ \quad+\displaystyle\sum_{n=1}^{\infty}B_n^h k_n \mathrm{ch}\alpha_n^{(2)}(h-d)\sin k_n x \\ t_{2i}<x<t_{2i+1}, \ i=0,1,2,\cdots,\dfrac{N}{2}\end{cases} \tag{9.3.67}$$

$$\begin{cases}\displaystyle\sum_{n=1}^{\infty}A_n^e k_n \mathrm{sh}\alpha_n^{(1)}d\cos k_n x+\frac{\omega\mu_0}{\beta}\sum_{n=1}^{\infty}A_n^h\alpha_n^{(1)}\mathrm{sh}\alpha_n^{(1)}d\cos k_n x=0 \\ t_{2i-1}<x<t_{2i}, \ i=1,2,\cdots,\dfrac{N}{2}\end{cases} \tag{9.3.68}$$

$$\begin{cases}(k_1^2-\beta^2)\displaystyle\sum_{n=1}^{\infty}A_n^h \mathrm{ch}\alpha_n^{(1)}d\cos k_n x=(k_2^2-\beta^2)\sum_{n=1}^{\infty}B_n^h \mathrm{ch}\alpha_n^{(2)}(h-d)\cos k_n x \\ t_{2i}<x<t_{2i+1}, \ i=0,1,2,\cdots,\dfrac{N}{2}\end{cases} \tag{9.3.69}$$

9.3.6 一般屏蔽微带线电磁场的奇异积分算子方程

为了导出所需要的奇异积分算子方程，我们先要找一些过渡性的关系。由式（9.3.66）和式（9.3.68）可直接得到

$$\begin{cases}\sum_{n=1}^{\infty}\widetilde{A}_n^e\sin k_n x=0\\ t_{2i-1}<x<t_{2i},\quad i=1,2,\cdots,\dfrac{N}{2}\end{cases}\tag{9.3.70}$$

$$\begin{cases}\sum_{n=1}^{\infty}\widetilde{A}_n^e k_n\cos k_n x+\sum_{n=1}^{\infty}\widetilde{A}_n^h k_n\cos k_n x=0\\ t_{2i-1}<x<t_{2i},\quad i=1,2,\cdots,\dfrac{N}{2}\end{cases}\tag{9.3.71}$$

其中

$$\widetilde{A}_n^e=A_n^e\operatorname{sh}\alpha_n^{(1)}d$$

$$\widetilde{A}_n^h=\frac{\omega\mu_0}{\beta}A_n^h\frac{\alpha_n^{(1)}}{k_n}\operatorname{sh}\alpha_n^{(1)}d$$

为了获得其他关系，我们将利用式（9.3.64）、式（9.3.65）和式（9.3.67）消去B_n^e和B_n^h，而只用A_n^e和A_n^h表示场量之间的关系，由此而得到

$$\begin{cases}\sum_{n=1}^{\infty}\widetilde{A}_n^e k_n P_n(\widetilde{\beta})\sin k_n x+\sum_{n=1}^{\infty}\widetilde{A}_n^h k_n T_n(\widetilde{\beta})\sin k_n x=0\\ t_{2i}<x<t_{2i+1},\ i=0,1,2,\cdots,\dfrac{N}{2}\end{cases}\tag{9.3.72}$$

其中

$$P_n(\widetilde{\beta})=\varepsilon_r\frac{\alpha_n^{(1)}}{k_n}\operatorname{cth}\alpha_n^{(1)}d+\frac{\varepsilon_r-\widetilde{\beta}^2}{1-\widetilde{\beta}^2}\frac{\alpha_n^{(2)}}{k_n}\operatorname{cth}\alpha_n^{(2)}(h-d)$$

$$+\widetilde{\beta}^2\frac{1-\varepsilon_r}{1-\widetilde{\beta}^2}\frac{k_n}{\alpha_n^{(2)}}\operatorname{cth}\alpha_n^{(2)}(h-d)$$

$$T_n\widetilde{\beta}=\widetilde{\beta}^2\frac{k_n}{\alpha_n^{(1)}}\operatorname{cth}\alpha_n^{(1)}d+\widetilde{\beta}^2\frac{k_n}{\alpha_n^{(2)}}\operatorname{cth}\alpha_n^{(2)}(h-d)$$

$$\widetilde{\beta}=\frac{\beta}{k_0}$$

用类似的方法，由式（9.3.64）、式（9.3.65）和式（9.3.69）又可得到

$$\begin{cases}\sum_{n=1}^{\infty}\widetilde{A}_n^e Q_n(\widetilde{\beta})\cos k_n x+\sum_{n=1}^{\infty}\widetilde{A}_n^h W_n(\widetilde{\beta})\cos k_n x=0\\ t_{2i}<x<t_{2i+1},\ i=0,1,2,\cdots,\dfrac{N}{2}\end{cases}\tag{9.3.73}$$

其中

$$Q_n(\tilde{\beta})=\frac{1-\varepsilon_r}{1-\tilde{\beta}^2}\frac{k_n}{\alpha_n^{(2)}}\mathrm{cth}\alpha_n^{(2)}(h-d)$$

$$W_n(\tilde{\beta})=\frac{\varepsilon_r-\tilde{\beta}^2}{1-\tilde{\beta}^2}\frac{k_n}{\alpha_n^{(1)}}\mathrm{cth}\alpha_n^{(1)}d+\frac{k_n}{\alpha_n^{(2)}}\mathrm{cth}\alpha_n^{(2)}(h-d)$$

下面我们将式（9.3.70）对 x 进行一次微商，再把所得结果代入式（9.3.71），便有下面的两个方程：

$$\begin{cases}\sum_{n=1}^{\infty}\tilde{A}_n^e k_n\cos k_n x=0\\ \sum_{k=1}^{\infty}\tilde{A}_n^h k_n\cos k_n x=0\end{cases},\ t_{2i-1}<t<t_{2i},\ i=1,2,\cdots,\frac{N}{2}\tag{9.3.74}$$

然后将方程（9.3.73）对 x 进行一次微商后乘以 T，再与乘以 W 的式（9.3.72）相减，再把相减结果除以（$PW-TQ$），最后在所得方程的两侧同加一项

$$\sum_{n=1}^{\infty}\tilde{A}_n^e k_n\sin k_n x$$

即又得另一方程

$$\begin{cases}\sum_{n=1}^{\infty}\tilde{A}_n^e k_n\sin k_n x=f(x)\\ t_{2i}<x<t_{2i+1},\quad i=0,1,\cdots,\frac{N}{2}\end{cases}\tag{9.3.75}$$

其中，P、T、Q 和 W 分别为 $P_n(\tilde{\beta})$、$T_n(\tilde{\beta})$、$Q_n(\tilde{\beta})$ 和 $W_n(\tilde{\beta})$ 当 $n\to\infty$ 时的极限，它们是

$$P=\varepsilon_r+\frac{\varepsilon_r-\tilde{\beta}^2}{1-\tilde{\beta}^2}+\tilde{\beta}^2\frac{1-\varepsilon_r}{1-\tilde{\beta}^2}$$

$$T=2\tilde{\beta}^2$$

$$Q=\frac{1-\varepsilon_r}{1-\tilde{\beta}^2}$$

$$W=\frac{\varepsilon_r-\tilde{\beta}^2}{1-\tilde{\beta}^2}+1$$

以及

$$f(x)=\sum_{n=1}^{\infty}(a_n\tilde{A}_n^e+b_n\tilde{A}_n^h)\sin k_n x$$

其中

$$a_n = k_n \left[1 - \frac{P_n(\widetilde{\beta})W - TQ_n(\widetilde{\beta})}{PW - TQ} \right]$$

$$b_n = k_n \frac{W_n(\widetilde{\beta})T - T_n(\widetilde{\beta})W}{PW - TQ}$$

完全类似地，将方程（9.3.73）对 x 进行一次微商，然后乘以 P，再与乘以 Q 的式（9.3.72）相减，最后把所得结果除以（$PW-TQ$），再在所得方程的两侧同减一项

$$\sum_{n=1}^{\infty} \widetilde{A}_n^h k_n \sin k_n x$$

就得到另一方程

$$\begin{cases} \sum\limits_{n=1}^{\infty} \widetilde{A}_n^h k_n \sin k_n x = g(x) \\ t_{2i} < x < t_{2i+1}, \ i = 0, 1, 2, \cdots, \dfrac{N}{2} \end{cases} \tag{9.3.76}$$

其中

$$g(x) = \sum_{n=1}^{\infty} (c_n \widetilde{A}_n^e + d_n \widetilde{A}_n^h) \sin k_n x$$

$$c_n = k_n \frac{P_n(\widetilde{\beta}) Q - Q_n(\widetilde{\beta}) P}{PW - TQ}$$

$$d_n = k_n \left[1 - \frac{W_n(\widetilde{\beta}) P - T_n(\widetilde{\beta}) Q}{PW - TQ} \right]$$

下面引入一组辅助函数：

$$F_1(x) = \sum_{n=1}^{\infty} \widetilde{A}_n^e \cos k_n x, \ t_{2i} < x < t_{2i+1}, \ i = 0, 1, 2, \cdots, \frac{N}{2}$$

$$F_2(x) = \sum_{n=1}^{\infty} \widetilde{A}_n^h \cos k_n x, \ t_{2i} < x < t_{2i+1}, \ i = 0, 1, 2, \cdots, \frac{N}{2} \tag{9.3.77}$$

利用三角函数的正交性，由上式便可得

$$\begin{cases} \widetilde{A}_n^e k_n = \dfrac{2}{l} \displaystyle\int_0^l F_1(x) \cos k_n x \, \mathrm{d}x \\ \widetilde{A}_n^h k_n = \dfrac{2}{l} \displaystyle\int_0^l F_2(x) \cos k_n x \, \mathrm{d}x \\ t_{2i} < x < t_{2i+1}, \ i = 0, 1, 2, \cdots, \dfrac{N}{2} \end{cases} \tag{9.3.78}$$

其中，积分号上的两道横线表示积分限不连续，在该式中表示除去 $t_{2i-1} < x < t_{2i}$，$i = 1, 2, \cdots, \frac{N}{2}$。

把式（9.3.38）代入方程（9.3.75）和（9.3.76）即可得到一组有关辅助

函数 $F_1(X)$ 和 $F_2(x)$ 的积分算子方程

$$\begin{cases}\dfrac{2}{l}\displaystyle\int_0^l F_1(x)K(x,x')\mathrm{d}x' = \sum_{n=1}^{\infty}(a_n\widetilde{A}_n^e + b_n\widetilde{A}_n^h)\sin k_n x \\ \dfrac{2}{l}\displaystyle\int_0^l F_2(x)K(x,x')\mathrm{d}x' = \sum_{n=1}^{\infty}(c_n\widetilde{A}_n^e + d_n\widetilde{A}_n^h)\sin k_n x\end{cases} \tag{9.3.79}$$

其中

$$K(x,\ x') = \sum_{n=1}^{\infty}\sin k_n x\cos k_n x' = \frac{1}{2}\frac{\sin\dfrac{\pi x}{l}}{\cos\dfrac{\pi x'}{l} - \cos\dfrac{\pi x}{l}}$$

显然，$K(x,x')$ 是奇异积分核，所以式（9.3.79）是一个奇异积分算子方程，而且其积分限上带有间隙。如果再作变量替换

$$y = \cos\frac{\pi x'}{l},\qquad z = \cos\frac{\pi x}{l}$$

则式（9.3.79）就变成

$$\begin{cases}\dfrac{1}{\pi}\displaystyle\int_{-1}^{1}\frac{F_1(x')}{(1-y^2)^{\frac{1}{2}}}\frac{\mathrm{d}y}{y-z} = \sum_{n=1}^{\infty}(a_n\widetilde{A}_n^e + b_n\widetilde{A}_n^h)G_n(z) \\ \dfrac{1}{\pi}\displaystyle\int_{-1}^{1}\frac{F_2(x')}{(1-y^2)^{\frac{1}{2}}}\frac{\mathrm{d}y}{y-z} = \sum_{n=1}^{\infty}(c_n\widetilde{A}_n^e + d_n\widetilde{A}_n^h)G_n(z)\end{cases} \tag{9.3.80}$$

积分号上的两道横线现在代表除去间隙

$$\lambda_{2i} < x < \lambda_{2i+1},\quad i = 0,1,2,\cdots,\frac{N}{2}$$

其中

$$\lambda_i = \cos\frac{\pi t_i}{l}$$

而且

$$G_n(z) = \frac{\sin(n\cos^{-1}z)}{(1-z^2)^{\frac{1}{2}}} \tag{9.3.81}$$

式（9.3.80）已经成为上面讨论过的积分限带有多个间隙的奇异积分算子方程的标准形式，我们已经知道了这种方程解的一般形式。

9.3.7 一般屏蔽微带线的色散方程

由一般屏蔽微带线中电磁场的表达式（9.3.58）和（9.3.59）可以知道，其中除了系数 A_n^e 和 A_n^h 等为未知外，还有传输常数也是未知的。决定传输常数的方程称为色散方程。因为在该传输系统中传输常数 β 与频率有关，亦即这种系

统是色散的。在对电磁场的求解过程中，首先是求得传输常数，然后再求出表达式中的各项系数，从而获得问题的全面解决。下面我们就进入建立色散方程的过程。

首先，我们可以根据方程（9.3.41）解的一般形式（9.3.42）把方程（9.3.80）的解表达成

$$F_1(x)=\frac{1}{\prod_{i=1}^{N/2}(\xi_i^2-1)^{\frac{1}{2}}\operatorname{sgn}\xi_i}\left[\sum_{i=1}^{N/2}C_i x^i-\frac{1}{\pi}\sum_{n=1}^{\infty}(a_n\widetilde{A}_n^e+b_n\widetilde{A}_n^h)\cdot⨍_{-1}^{1}\frac{(1-y^2)^{\frac{1}{2}}\prod_{i=1}^{N/2}(\eta_i^2-1)^{\frac{1}{2}}\operatorname{sgn}\eta_i G_n(y)}{y-x}\mathrm{d}y\right] \tag{9.3.82}$$

$$F_2(x)=\frac{1}{\prod_{i=1}^{N/2}(\xi_i^2-1)^{\frac{1}{2}}\operatorname{sgn}\xi_i}\left[\sum_{i=1}^{N/2}C'_i x^i-\frac{1}{\pi}\sum_{n=1}^{\infty}(c_n\widetilde{A}_n^e+d_n\widetilde{A}_n^h)\cdot⨍_{-1}^{1}\frac{(1-y^2)^{\frac{1}{2}}\prod_{i=1}^{N/2}(\eta_i^2-1)^{\frac{1}{2}}\operatorname{sgn}\eta_i G_n(y)}{y-x}\mathrm{d}y\right] \tag{9.3.83}$$

其中 C_i 和 C'_i 均为待定常数。

为了确定待定常数，可利用以下边界条件

$$\int_{t_{2i}}^{t_{2i+1}}F_1(x)\mathrm{d}x=E_{z1}\Big|_{t_{2i}}^{t_{2i+1}},\quad i=0,1,2,\cdots,\frac{N}{2} \tag{9.3.84}$$

由此可以得到确定 C_i 的$\frac{N}{2}+1$ 个方程

$$\sum_{i=0}^{N/2}C_i\int_{2i}^{2i+1}R(x)\cos^i\left(\frac{\pi x}{l}dx\right)=\sum_{n=1}^{\infty}(a_n\widetilde{A}_n^e+b_n\widetilde{A}_n^h)\int_{2i}^{2i+1}S_n(x)R(x)\mathrm{d}x,\quad i=0,1,2,\cdots,\frac{N}{2} \tag{9.3.85}$$

其中

$$R(x)=\frac{1}{\prod_{i=1}^{N/2}(\xi_i^2-1)^{\frac{1}{2}}\operatorname{sgn}\xi_i}$$

$$S_n(x)=\frac{1}{\pi}⨍_{-1}^{1}\frac{(1-y^2)^{\frac{1}{2}}\prod_{i=1}^{N/2}(\eta_i^2-1)^{\frac{1}{2}}\operatorname{sgn}\eta_i G_n(y)}{y-x}\mathrm{d}y$$

从方程（9.3.85）中解出 C_i，并表示为

$$C_i=\sum_{n=1}^{\infty}(a_n\widetilde{A}_n^e+b_n\widetilde{A}_n^h)H_n^{(i)},\quad i=0,1,2,\cdots,\frac{N}{2} \tag{9.3.86}$$

这里的 $H_n^{(i)}$ 为 $R(x)$ 和 $S_n(x)$ 在非导带段上积分组成的有理函数。

为了确定 C_i'，可考虑方程（9.3.68）在 $x-t_i$（$i=1,2,\cdots,\frac{N}{2}+1$）时成立这一事实，利用式（9.3.78）和相关的已知结果（9.3.82）、（9.3.83）和（9.3.86）可得到确定 C_i' 的方程组

$$\sum_{i=0}^{N/2} C_i' U_i^{(k)} = \sum_{n=1}^{\infty} (c_n \widetilde{A}_n^e + d_n \widetilde{A}_n^h) V_n^{(k)} - \sum_{n=1}^{\infty} (a_n \widetilde{A}_n^e + b_n \widetilde{A}_n^h) K_n^{(k)}, \quad k=1,2,\cdots,\frac{N}{2}+1 \tag{9.3.87}$$

其中

$$K_m^{(k)} = \sum_{i=0}^{N/2} H_m^{(i)} X_i^{(k)} - Y_m^{(k)}$$

$$X_i^{(k)} = Qf_i^{(k)} - \sum_{n=1}^{\infty} E_n^{(i)} \frac{\cos k_n t_k}{k_n} [Q - Q_n(\tilde{\beta})]$$

$$Y_m^{(k)} = Qg_m^{(k)} - \sum_{n=1}^{\infty} D_{mn} \frac{\cos k_n t_k}{k_n} [Q - Q_n(\tilde{\beta})]$$

$$U_i^{(k)} = Wf_i^{(k)} - \sum_{n=1}^{\infty} E_n^{(k)} \frac{\cos k_n t_k}{k_n} [W - W_n(\tilde{\beta})]$$

$$V_m^{(k)} = Wg_m^{(k)} - \sum_{n=1}^{\infty} D_{mn} \frac{\cos k_n t_k}{k_n} [W - W_n(\tilde{\beta})]$$

而且

$$E_n^{(i)} = \frac{2}{l} \fint_o^l R(x) \cos^i\left(\frac{\pi x}{l}\right) \cos k_n x \, dx$$

$$D_{mn} = \frac{2}{l} \fint_o^l R(x) S_m(x) \cos k_n x \, dx$$

$$f_i^{(k)} = \frac{2}{l} \fint_o^l R(x) K(t_k, x) \cos^i\left(\frac{\pi x}{l}\right)$$

$$g_m^{(k)} = \frac{2}{l} \fint_o^l R(x) K(t_k, x) S_m(x) \, dx$$

$$K(t_k, x) = \sum_{n=1}^{\infty} \frac{\cos k_n t_k \cos k_n x}{k_n}$$

由式（9.3.87）解出 C_i'，并可表示为

$$C_i' = \sum_{n=1}^{\infty} (a_n \widetilde{A}_n^e + b_n \widetilde{A}_n^h) M_n^{(i)} + \sum_{n=1}^{\infty} (c_n \widetilde{A}_n^e + d_n \widetilde{A}_n^h) N_n^{(i)}, \quad i=0,1,2,\cdots,\frac{N}{2} \tag{9.3.88}$$

其中，$M_n^{(i)}$ 和 $N_n^{(i)}$ 可通过 $U_i^{(k)}$、$V_m^{(k)}$ 和 $K_m^{(k)}$ 表达出来。

把确定了 C_i 和 C'_i 以后的 $F_1(x)$ 和 $F_2(x)$ 代回到式（9.3.78）中，便可得到关于 $\widetilde{A}_n^e$ 和 $\widetilde{A}_m^h$ 的代数方程组，其形式为

$$\begin{cases}\sum\limits_{m=1}^{\infty}(k_p\delta_{mp}-a_mI_{mp})\widetilde{A}_m^e-\sum\limits_{m=1}^{\infty}b_mI_{mp}\widetilde{A}_m^h=0, \quad p=1,2,\cdots \\ \sum\limits_{m=1}^{\infty}(a_mJ_{mq}+C_mK_{mq})\widetilde{A}_m^e-\sum\limits_{m=1}^{\infty}(k_q\delta_{mq}-b_mJ_{mq}-d_mK_{mq})\widetilde{A}_m^h=0,q=1,2,\cdots\end{cases} \tag{9.3.89}$$

其中

$$I_{mp}=\sum_{i=0}^{N/2}H_m^{(i)}E_p^{(i)}-D_{mp}$$

$$J_{mq}=\sum_{i=0}^{N/2}M_m^{(i)}E_q^{(i)}$$

$$K_{mq}=\sum_{i=0}^{N/2}N_m^{(i)}E_q^{(i)}-D_{mq}$$

而 δ_{mp} 和 δ_{mq} 则是克罗内克函数。

式（9.3.89）是一个关于 $\widetilde{A}_m^e\widetilde{A}_m^h$ 的无穷阶线性代数方程组，由于 $\widetilde{A}_m^e$ 和 $\widetilde{A}_m^h$ 不能同时为零，故该方程的系数行列式必须等于零，由此就可得到一个确定 β 与频率关系的方程，该方程就是待求的色散方程。

知道 β 后就可求得 $\widetilde{A}_m^e$ 和 $\widetilde{A}_m^h$ 不能同时为零，故该方程的系数行列式必须等于零，由此就可得到一个确定 β 与频率关系的方程，该方程就是待求的色散方程。

知道 β 后就可求得 $\widetilde{A}_m^e$ 和 $\widetilde{A}_m^h$，进而求出 $\widetilde{B}_m^e$ 和 $\widetilde{B}_m^h$，这样便可求得屏蔽微带线中的自然模式的场解。

实际上用这种方法求严格解是不可能的，因为我们无法求得无穷阶线性代数方程组的严格解。但是，我们可以通过求解有限阶代数方程而得到近似解，而且可通过提高方程的阶数而无限逼近严格解。

9.3.8　对称简单及耦合屏蔽微带线

如果只存在一条导带，而且处于对称位置，就成为简单对称屏蔽微带线，这时有 $N=2$。在这种情况下方程组（9.3.89）中的各个参量就成为

$$I_{mp}=H_m^{(0)}E_p^{(0)}+H_m^{(1)}E_p^{(1)}-D_{mp}$$

$$J_{mq}=M_m^{(0)}E_q^{(0)}+M_m^{(1)}E_q^{(1)}$$

$$K_{mq}=N_m^{(0)}E_q^{(0)}+N_m^{(1)}E_q^{(1)}-D_{mq}$$

其中

$$H_m^{(0)}=\frac{R_s^{(0)}R_c^{(1)}-R_s^{(1)}R_c^{(0)}}{R^{(0)}R_c^{(1)}-R^{(1)}R_c^{(0)}}$$

$$H_m^{(1)}=\frac{R_s^{(0)}R^{(1)}-R_s^{(1)}R^{(0)}}{R_c^{(0)}R^{(1)}-R_c^{(1)}R^{(0)}}$$

$$R^{(i)}=\int_{t_{2i}}^{t_{2i+1}}R(x)\mathrm{d}x$$

$$R_c^{(i)}=\int_{t_{2i}}^{t_{2i+1}}R(x)\cos\left(\frac{\pi x}{l}\right)\mathrm{d}x$$

$$R_s^{(i)}=\int_{t_{2i}}^{t_{2i+1}}R(x)S_m(x)\mathrm{d}x$$

此外还有

$$M_m^{(0)}=\frac{1}{U_0^{(1)}U_1^{(2)}-U_0^{(2)}U_1^{(1)}}[(X_0^{(2)}U_1^{(1)}-X_0^{(1)}U_1^{(2)})H_m^{(0)}+(X_1^{(2)}U_1^{(1)}+X_1^{(1)}U_1^{(2)})H_m^{(1)}+(Y_m^{(1)}U_1^{(2)}-Y_m^{(2)}U_1^{(1)})]$$

$$N_m^{(0)}=\frac{V_m^{(1)}U_1^{(2)}-V_m^{(2)}U_1^{(1)}}{U_0^{(1)}U_1^{(2)}-U_0^{(2)}U_1^{(1)}}$$

$$M_m^{(1)}=\frac{1}{U_0^{(2)}U_1^{(1)}-U_0^{(1)}U_1^{(2)}}[(X_0^{(2)}U_0^{(1)}-X_0^{(1)}U_0^{(2)})H_m^{(0)}+(X_1^{(2)}U_0^{(1)}-X_1^{(1)}U_0^{(2)})H_m^{(1)}+(Y_m^{(1)}U_0^{(2)}-Y_m^{(2)}U_0^{(1)})]$$

$$N_m^{(1)}=\frac{V_m^{(1)}U_0^{(2)}-V_m^{(2)}U_0^{(1)}}{U_0^{(2)}U_1^{(1)}-U_0^{(1)}U_1^{(2)}}$$

到此已对式（9.3.89）中所有参量都给出了具体表达形式，剩下的工作就是按步聚进行计算。大部分参量的计算因为涉及 $S_m(x)$，需要特别加以讨论。对简单对称屏蔽微带线的情况 $S_m(x)$ 的表达式为

$$S_m(x)=\frac{1}{l}\int_0^l\frac{\left(1-\cos^2\frac{\pi x'}{l}\right)^{\frac{1}{2}}(\eta^2-1)^{\frac{1}{2}}\mathrm{sgn}\eta\sin\left(m\frac{\pi x'}{l}\right)}{\cos\frac{\pi x'}{l}-\cos\frac{\pi x}{l}}\mathrm{d}x' \tag{9.3.90}$$

显然这不是一个一般形式的积分，不能按一般方法获得其积分结果，需要找到适合这种计算的特殊方法。显然，当 $m=1$ 时我们有

$$\begin{aligned}S_1(x)&=\frac{1}{\pi}\int_{-1}^1\frac{(1-y^2)^{\frac{1}{2}}(\eta^2-1)^{\frac{1}{2}}\mathrm{sgn}\eta}{y-x}\mathrm{d}y\\&=\frac{1}{\pi}\int_{-1}^1\frac{(1-y^2)(\eta^2-1)\mathrm{sgn}\eta}{(1-y^2)^{\frac{1}{2}}(\eta^2-1)^{\frac{1}{2}}(y-x)}\mathrm{d}y\end{aligned} \tag{9.3.91}$$

而当 $m>1$ 时就可归结为与此类似的积分，所以这一积分具有代表性。

展开式（9.3.91）中被积函数的分子部分可以发现，该积分可化作如下形

式的一类积分

$$J_n^{(1)}(x)=\int_{-1}^{1}\frac{y^n\operatorname{sgn}\eta}{(1-y^2)^{\frac{1}{2}}(\eta^2-1)^{\frac{1}{2}}(y-x)}\mathrm{d}y \tag{9.3.92}$$

而上式又可化为

$$\begin{aligned}J_n^{(1)}(x)&=\int_{-1}^{1}\frac{(y-x+x)y^{n-1}\operatorname{sgn}\eta}{(1-y^2)^{\frac{1}{2}}(\eta^2-1)^{\frac{1}{2}}(y-x)}\mathrm{d}y\\&=I_{n-1}^{(1)}+I_{n-2}^{(1)}x+I_{n-3}^{(1)}x^2+\cdots\end{aligned} \tag{9.3.93}$$

其中

$$I_n^{(1)}=\int_{-1}^{1}\frac{y^n\operatorname{sgn}\eta}{(1-y^2)^{\frac{1}{2}}(\eta^2-1)^{\frac{1}{2}}}\mathrm{d}y \tag{9.3.94}$$

这样，又把 $J_n^{(1)}$ 的计算归结为 $I_n^{(1)}$ 的计算。

为了完成 $I_n^{(1)}$ 的计算，我再次考虑积分区间上带有一个间隙的奇异积分算子方程

$$\begin{cases}\dfrac{1}{\pi}\displaystyle\int_{-1}^{1}\frac{H(y)}{y-x}\mathrm{d}y=f(x)\\-1<x<\lambda,\quad \mu<x<1\end{cases} \tag{9.3.95}$$

其已由式（9.3.40）给出，具体地可以表示成

$$H(x)=\frac{\operatorname{sgn}\xi}{(1-x^2)^{\frac{1}{2}}(\xi^2-1)^{\frac{1}{2}}}\cdot\left[c_0+c_1x-\frac{1}{\pi}\int_{-1}^{1}\frac{(1-y^2)^{\frac{1}{2}}(\eta^2-1)^{\frac{1}{2}}\operatorname{sgn}\eta f(y)}{y-x}\mathrm{d}y\right] \tag{9.3.96}$$

如果令 $f(x)=0$，并把这时的解式（9.3.96）代回到原方程（9.3.95）即可得到一种特别的关系

$$\int_{1}^{1}\frac{(c_0+c_1y)\operatorname{sgn}\eta}{(1-y^2)^{\frac{1}{2}}(\eta^2-1)^{\frac{1}{2}}(y-x)}=0 \tag{9.3.97}$$

只有下面两个恒等式得到满足

$$\int_{-1}^{1}\frac{\operatorname{sgn}\eta}{(1-y^2)^{\frac{1}{2}}(\eta^2-1)^{\frac{1}{2}}(y-x)}\mathrm{d}y=0 \tag{9.3.98}$$

$$\int_{-1}^{1}\frac{y\operatorname{sgn}\eta}{(1-y^2)^{\frac{1}{2}}(\eta^2-1)^{\frac{1}{2}}(y-x)}\mathrm{d}y=0 \tag{9.3.99}$$

不难看出，把式（9.3.99）与乘以 x 的式（9.3.98）相减就可得到

$$I_0^{(1)}=\int_{-1}^{1}\frac{\operatorname{sgn}\eta}{(1-y^2)^{\frac{1}{2}}(\eta^2-1)^{\frac{1}{2}}}\mathrm{d}y=0 \tag{9.3.100}$$

若令 $f(x)=1$，则方程（9.3.95）的解可表示为

$$H(x)=\frac{\operatorname{sgn}\xi}{(1-x^2)^{\frac{1}{2}}(\xi^2-1)^{\frac{1}{2}}}\cdot\{c_0+c_1x+\frac{1}{\pi}[L^2I_1^{(1)}x^2+(L^2I_2^{(1)}+2LMI_1^{(1)})x+2LMI_2^{(1)}-(L^2-M^2+1)I_1^{(1)}+L^2I_3^{(1)}]\} \tag{9.3.101}$$

其中

$$L=\frac{2}{\mu-\lambda},\quad M=\frac{\mu+\lambda}{\mu-\lambda}$$

把式（9.3.101）代回到 $f(x)=1$ 时的方程（9.3.95），把未求出的 $I_1^{(1)}$ 当作一般常数，再利用已知的恒等式就可得到

$$I_1^{(1)}=\frac{\pi}{L}$$

若令 $f(x)=x$，则按以上同样的步骤可求得 $I_n^{(1)}$。实际上，很容易找到这些参数之间的递推关系，只需计算少数几个参数即可达到。

根据 $I_n^{(1)}$ 的计算结果不难证明，$S_1(x)$ 可以表示为

$$S_1(x)=-Lx^2+Ax+B$$

其中，A 和 B 为两个常数。

对于对称的简单屏蔽微带线，可以推知 $I_{2n}^{(1)}=0$，$n=1,2,\cdots$，再考虑到其他参数的性质，将有

$$M_{2m}^{(0)}=N_{2m}^{(0)}=0,\quad M_{2m+1}^{(1)}=N_{2m+1}^{(1)}=0$$

由此可以发现，对简单的对称屏蔽微带线而言，方程（9.3.89）将分裂为相互独立的两组，一组与偶对称电磁模式相对应，另一组则对应于奇对称电磁模式。分别使这些方程组的系数行列式等于零即可得到相应电磁模式的色散方程。

现在考虑最低阶的近似情况，即令 m、p 和 q 只取到 2，可得到偶对称电磁模式所对应的近似色散方程

$$[k_1-a_1(H_1^{(0)}E_1^{(0)}-D_{11})][k_1-b_1M_1^{(0)}E_1^{(0)}-d_1(N_1^{(0)}E_1^{(0)}-D_{11})]-b_1(H_1^{(0)}E_1^{(0)}-D_{11})[a_1M_1^{(0)}E_1^{(0)}-C_1(N_1^{(0)}E_1^{(0)}-D_{11})]=0 \tag{9.3.102}$$

而奇对称电磁模式所对应的近似色散方程则是

$$[k_2-a_2(H_2^{(1)}E_2^{(1)}-D_{22})][k_2-b_2M_2^{(1)}E_2^{(1)}-d_2(N_2^{(1)}E_2^{(1)}-D_{22})]-b_2(H_2^{(1)}E_2^{(1)}-D_{22})[a_2M_2^{(1)}E_2^{(1)}-c_2(N_2^{(1)}E_2^{(1)}-D_{22})]=0 \tag{9.3.103}$$

在简单对称屏蔽微带线中偶对称的最低模式为其基模。所以，色散方程（9.3.102）的最小根为基模的传输常数。给定不同频率，由该方程解出的最小根的变化即代表在所给定微带线中基模的色散特性。色散方程依次出现的其他

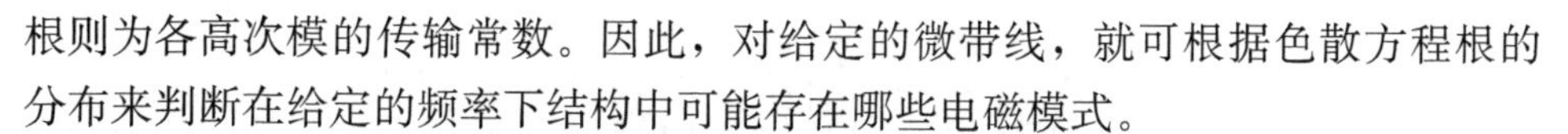
根则为各高次模的传输常数。因此，对给定的微带线，就可根据色散方程根的分布来判断在给定的频率下结构中可能存在哪些电磁模式。

实际计算证明，奇异积分方程法具有快速收敛的特性[1]。

对称耦合屏蔽微带线中的电磁场，由于结构的对称性可依电磁场纵向分量的分布分为两类模式。对称面两侧的纵向电场为偶对称分布者称为偶模，奇对称分布者称为奇模。

就奇模而言，由于在对称面处电场的切向分量总为零，故可在对称面处放置电壁，这样屏蔽对称耦合微带线就被分为两个完全相同的简单屏蔽微带线，其色散特性也就可用前面的方法进行计算。

对于偶模的情况，则可在对称面处放置磁壁，也形成两个完全一样的简单屏蔽微带线，只是其侧壁之一改为良性磁导体，这就不能直接引用前面的公式。不过，我们已建立了分析任意屏蔽微带线的一般性理论，参考这一理论方法不难解决这样的问题。

由于耦合微带线中有两条导带，故这时应该有 $N=4$，当计算各种参数时，最需要特别讨论的依然是 $S_m(x)$ 的计算。对于耦合微带线 $S_m(x)$，具有以下形式

$$\begin{cases} S_m(x)=\dfrac{1}{\pi}\fint_{-1}^{1}\dfrac{(1-y^2)^{\frac{1}{2}}(\eta_1^2-1)^{\frac{1}{2}}(\eta_2^2-1)^{\frac{1}{2}}\operatorname{sgn}\eta_1\operatorname{sgn}\eta_2 G_m(y)}{y-x}\mathrm{d}y \\ -1<y<\lambda_1,\ \mu_1<y<\lambda_2,\ \mu_2<y<1 \end{cases} \tag{9.3.104}$$

其中

$$\eta_1=\frac{2}{\mu_1-\lambda_1}\left[y-\frac{1}{2}(\mu_1+\lambda_1)\right]$$

$$\eta_2=\frac{2}{\mu_2-\lambda_2}\left[y-\frac{1}{2}(\mu_2+\lambda_2)\right]$$

由于 $G_m(y)$ 总是可以展开为 y 的多项式，故 $S_m(x)$ 的计算总是可以归结为求如下类型的积分

$$J_n^{(2)}=\fint_{-1}^{1}\frac{y^n(1-y^2)^{\frac{1}{2}}(\eta_1^2-1)^{\frac{1}{2}}(\eta_2^2-1)^{\frac{1}{2}}\operatorname{sgn}\eta_1\operatorname{sgn}\eta_2}{y-x}\mathrm{d}y \tag{9.3.105}$$

显然，这一积分又可归结为如下类型的积分

$$I_n^{(2)}=\int_{-1}^{1}\frac{y^n\operatorname{sgn}\eta_1\operatorname{sgn}\eta_2}{(1-y^2)^{\frac{1}{2}}(\eta_1^2-1)^{\frac{1}{2}}(\eta_2^2-1)^{\frac{1}{2}}}\mathrm{d}y \tag{9.3.106}$$

和计算 $I_n^{(1)}$ 的情况类似，也可以利用积分方程（9.3.95）当 $f(x)=0$ 时的解代回原方程而得出三个积分恒等式

$$\fint_{-1}^{1}\frac{\operatorname{sgn}\eta_1\operatorname{sgn}\eta_2}{(1-y^2)^{\frac{1}{2}}(\eta_1^2-1)^{\frac{1}{2}}(\eta_2^2-1)^{\frac{1}{2}}(y-x)}\mathrm{d}y=0$$

$$\fint_{-1}^{1}\frac{y\operatorname{sgn}\eta_1\operatorname{sgn}\eta_2}{(1-y^2)^{\frac{1}{2}}(\eta_1^2-1)^{\frac{1}{2}}(\eta_2^2-1)^{\frac{1}{2}}(y-x)}\mathrm{d}y=0$$

$$\fint_{-1}^{1}\frac{y^2\operatorname{sgn}\eta_1\operatorname{sgn}\eta_2}{(1-y^2)^{\frac{1}{2}}(\eta_1^2-1)^{\frac{1}{2}}(\eta_2^2-1)^{\frac{1}{2}}(y-x)}\mathrm{d}y=0$$

由这三个恒等式又可推知

$$I_0^{(2)}=\fint_{-1}^{1}\frac{\operatorname{sgn}\eta_1\operatorname{sgn}\eta_2}{(1-y^2)^{\frac{1}{2}}(\eta_1^2-1)^{\frac{1}{2}}(\eta_2^2-1)^{\frac{1}{2}}}\mathrm{d}y=0$$

$$I_1^{(2)}=\fint_{-1}^{1}\frac{y\operatorname{sgn}\eta_1\operatorname{sgn}\eta_2}{(1-y^2)^{\frac{1}{2}}(\eta_1^2-1)^{\frac{1}{2}}(\eta_2^2-1)^{\frac{1}{2}}}\mathrm{d}y=0$$

若令 $f(x)=1$，可用类似的方法及已知的结果而得到

$$I_2^{(2)}=\frac{\pi}{L_1L_2}$$

其中

$$L_1=\frac{2}{\mu_1-\lambda_1},\qquad L_2=\frac{2}{\mu_2-\lambda_2}$$

一般地，通过解方程

$$\frac{1}{\pi}\fint\frac{H(y)}{y-x}=x^{n-2}$$

求得 $I_n^{(2)}$，$n=2,3,\cdots$。

对于对称的屏蔽耦合微带线而言，具体计算与前面简单屏蔽微带线没有本质差别，也很容易利用色散方程得到它的色散特性[1]。

第10章 小波分析与电磁理论

小波分析是近年来迅速发展起来的新的数学分支，有着非常广泛的应用。它是为了克服傅里叶变换的缺点而发展起来的，其突出的特点是小波变换在时域和频域同时具有良好的局域化特性，被誉为“数学显微镜”，在数学、物理及科学技术的诸多领域都发挥着重要作用。可以说，传统上使用傅里叶分析的地方，现在都可以用小波分析，是分析工具和方法上的重大突破。在计算电磁学领域，小波分析也正在发挥着独特作用，如在电磁场算子方程的快速求解和麦克斯韦方程的直接时域求解方面都已取得了许多重要成果。本章就其基本原理作简要讨论。

10.1 窗口傅里叶变换

为了克服傅里叶变换不能同时进行时间和频率局域性分析的缺点，曾经出现过一些改进的办法，窗口傅里叶变换就是其中比较有效的一种，虽然它仍存在严重的不足，但它对小波变换概念的形成起了重要作用。因此，由此出发讨论小波变换可能更为自然和容易理解。

10.1.1 傅里叶变换的局限性

如果函数 $f(x)$ 为满足要求的一元函数，可用它描述一种一般的信号，其傅里叶变换可表示为

$$\hat{f}(\omega)=\int_{-\infty}^{\infty} f(t)\mathrm{e}^{-\mathrm{i}\omega t}\mathrm{d}t, \quad t\in R \tag{10.1.1}$$

$$f(t)=\frac{1}{2\pi}\int_{-\infty}^{\infty}\hat{f}(\omega)\mathrm{e}^{\mathrm{i}\omega t}\mathrm{d}\omega,\quad \omega\in R \tag{10.1.2}$$

它表示信号 $f(t)$ 由时域到频域和由频域到时域之间的变换。信号的傅里叶正变换给出信号的频率特性，就是进行频谱分析。由于傅里叶正变换及其逆变换具有很好的对称性，信号的重构变得很容易进行，尤其是发展了快速傅里叶变换（FFT）并与计算机技术相结合，使得信号的分析与重构都很便捷。

但是，傅里叶变换只适用于确定性的平稳信号，而且从傅里叶变换的定义可以看出，为了应用傅里叶变换去研究一个模拟信号的频谱特性，必须获得整个时域中信号的全部信息。由于 $|\mathrm{e}^{\pm\mathrm{i}\omega t}|=1$，即傅里叶变换的积分核在任何情况下其幅值均为1，故信号 $f(t)$ 的频谱 $\hat{f}(\omega)$ 的任一频点值是由 $f(t)$ 在整个时域上的贡献决定的；反之，信号 $f(t)$ 在某一时刻的状态也是由频谱 $\hat{f}(\omega)$ 在整个频域上的贡献决定的。可以说，在时域和频域傅里叶变换都不具有局域特性。因此，傅里叶变换的这一严重不足使其应用受到限制，不能满足很多方面在应用中所提出的要求。

事实上，在许多实际应用中，我们常常需要关心信号的局域特性。例如，在地震分析中需要关心的是某一时刻发生的地震波在什么位置发生什么样的反射；在图像识别中的边缘检测则关心信号突变部分的位置。类似的情况还发生在雷达探测、地球物理勘探等产生突变信号的实际过程中。在这些问题中，人们希望知道信号的突变时刻所对应的频率成分，也就是需要知道信号的局域特性。在这些方面，正是傅里叶变换所不能胜任的，从而需要发展新的分析工具。

10.1.2 窗口傅里叶变换

为了克服傅里叶变换存在的缺点，实现对信号局域特性的分析，盖博（D. Gabor）于1946年引进了窗口傅里叶变换的概念，因此也称为盖博变换。这种变换仍然是在傅里叶变换的框架中实现的，它把非平稳过程看成是一系列短时平稳信号的叠加，其短时性是通过在时域上加窗来实现的。所谓时域上加窗是选取一个窗口函数 $g(t)$ 与信号相乘。该窗口函数所具有的特性是在有限区间外恒等于零（或具有紧支撑集）或很快趋于零。为了尽可能地保持信号的局部特性，窗口函数还要满足其他一些要求。窗口函数还包含一个参数 τ，用它的平移来覆盖整个时间域，这时的窗口函数成为 $g(t-\tau)$。用窗口函数 $g(t-\tau)$ 与信号 $f(t)$ 相乘就能实现在 τ 附近开窗和平移。对这一乘积实行傅里叶变换就称为窗口傅里叶变换或短时傅里叶变换。这种变换习惯上使用的符号是 $G_f(\omega,\tau)$，亦即

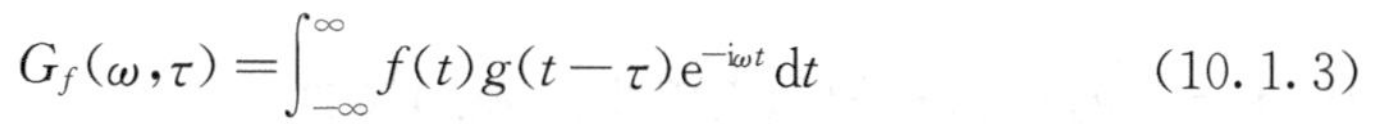

$$G_f(\omega,\tau)=\int_{-\infty}^{\infty}f(t)g(t-\tau)\mathrm{e}^{-\mathrm{i}\omega t}\mathrm{d}t \tag{10.1.3}$$

对 $g(t)$ 所提的要求主要包括：

$$g(t)\in L^1(R)\cap L^2(R)$$

$$tg(t)\in L^2(R)$$

若令 $g_{\omega,\tau}(t)=g(t-\tau)e^{\mathrm{i}\omega t}$，则式(10.1.3) 又可以表示成

$$G_f(\omega,\tau)=\int_{-\infty}^{\infty}f(t)g_{\omega,\tau}^*(t)\mathrm{d}t \tag{10.1.4}$$

显然，窗口傅里叶变换把时域上的信号映射到一个时域-频域平面（τ,ω）中的一个二维函数，该变换在 τ 点附近局部地检测出频率为 ω 的正弦信号的幅度。盖博选用高斯函数作为窗口函数，由于高斯函数的傅里叶变换仍为高斯函数，从而可保证窗口傅里叶变换在时域和频域都具有局域化功能。在窗口最小意义下高斯函数是最佳窗口函数。通常把高斯窗口函数表示为

$$g_a(t)=\frac{1}{2\sqrt{\pi a}}\mathrm{e}^{-t^2/4a}$$

其中 a 为正的常数，它决定了窗口的宽度，具有

$$\hat{g}_a(\omega)=\int_{-\infty}^{\infty}g_a(t)\mathrm{e}^{-\mathrm{i}\omega t}\mathrm{d}t=\mathrm{e}^{-a\omega^2}$$

由于

$$\begin{aligned}\int_{-\infty}^{\infty}G_f(\omega,\tau)\mathrm{d}\tau&=\int_{-\infty}^{\infty}\int_{-\infty}^{\infty}f(t)g_a(t-\tau)\mathrm{e}^{-\mathrm{i}\omega t}\mathrm{d}t\mathrm{d}\tau\\&=\int_{-\infty}^{\infty}f(t)\mathrm{e}^{-\mathrm{i}\omega t}\left(\int_{-\infty}^{\infty}\frac{1}{2\sqrt{\pi a}}\mathrm{e}^{-(t-\tau)^2/4a}\mathrm{d}\tau\right)\mathrm{d}t\\&=\int_{-\infty}^{\infty}f(t)\mathrm{e}^{-\mathrm{i}\omega t}\left(\int_{-\infty}^{\infty}\frac{1}{2\sqrt{\pi a}}\mathrm{e}^{-u^2/4a}\mathrm{d}u\right)\mathrm{d}t\\&=\int_{-\infty}^{\infty}f(t)\mathrm{e}^{-\mathrm{i}\omega t}\mathrm{d}t\\&=\hat{f}(\omega)\end{aligned}$$

可知窗口傅里叶变换不仅按窗口分解了 $f(t)$ 的频谱 $\hat{f}(\omega)$，提取出它的局部频谱信息，而且当 τ 在整个时间轴上平移时又能给出 $f(t)$ 的完整的傅里叶变换，没有损失 $f(t)$ 在频域上的任何信息。

对于 $f(t)\in L^2(R)$，其窗口傅里叶变换存在逆变换

$$f(t)=\frac{1}{2\pi}\int_{-\infty}^{\infty}G_f(\omega,\tau)g(t-\tau)\mathrm{e}^{\mathrm{i}\omega t}\mathrm{d}\omega\mathrm{d}\tau \tag{10.1.5}$$

这里要求 $\int_{-\infty}^{\infty}|g(t)|^2\mathrm{d}t=1$。这也说明 $G_f(\omega,\tau)$，ω，$\tau\in R$ 确实包含了 $f(t)$ 的全部信息。

10.1.3 窗口傅里叶变换的时-频局域性

在以上分析中着重了解了窗口傅里叶变换在时域上的局域特性。事实上，傅里叶变换在时域和频域中能量保持守恒，或者说能量在变换中是一个不变量。傅里叶变换的帕塞瓦尔公式是这一物理原理的数学表示，如果

$$\hat{g}_{\omega,\tau}(\omega)=F[g_{\omega,\tau}(t)]$$

则由帕塞瓦尔公式可得

$$\int_{-\infty}^{\infty} f(t)g_{\omega,\tau}(t)\mathrm{d}t=\frac{1}{2\pi}\int_{-\infty}^{\infty}\hat{f}(\omega)\hat{g}_{\omega,\tau}^{*}(\omega)\mathrm{d}\omega \tag{10.1.6}$$

这一物理原理的意义是，傅里叶变换的一对共轭变量具有对易关系，从而使傅里叶变换与窗口傅里叶变换具有对称性。如果选用的窗口函数既在时域也在频域具有良好的局域性，就可以断定窗口傅里叶变换能给出关于信号的时-频信息，即对信号进行时-频分析。

假定已知满足所需条件的窗口函数 $g(t)$ 及其傅里叶变换 $\hat{g}(\omega)$，我们来研究在时-频域上窗口的性质，以此反映窗口傅里叶变换的时-频特性。受量子力学中海森伯（Heisenberg）测不准原理的启发，可把 $|g(t)|^2$ 和 $|\hat{g}(\omega)|^2$ 分别视作窗口函数在时域和频域中的某种密度分布，并假定其总量归一化为 1，即有

$$\|g(t)\|_2^2=\frac{1}{2\pi}\|\hat{g}(\omega)\|_2^2=1$$

定义窗口的中心 t^0 和 ω^0 分别为

$$t^0=\frac{1}{\|g(t)\|_2^2}\int_{-\infty}^{\infty}t\,|g(t)|^2\mathrm{d}t=\int_{-\infty}^{\infty}t\,|g(t)|^2\mathrm{d}t$$

$$\omega^0=\frac{1}{\|\hat{g}(\omega)\|_2^2}\int_{-\infty}^{\infty}\omega\,|\hat{g}(\omega)|^2\mathrm{d}\omega=\frac{1}{2\pi}\int_{-\infty}^{\infty}\omega\,|\hat{g}(\omega)|^2\mathrm{d}\omega$$

且窗口的宽度 Δg 和 $\Delta\hat{g}$ 分别定义为

$$(\Delta g)^2=\frac{1}{\|g(t)\|_2^2}\int_{-\infty}^{\infty}(t-t^0)^2\,|g(t)|^2\mathrm{d}t$$

$$=\int_{-\infty}^{\infty}(t-t^0)^2\,|g(t)|^2\mathrm{d}t$$

$$(\Delta\hat{g})^2=\frac{1}{\|\hat{g}(\omega)\|_2^2}\int_{-\infty}^{\infty}(\omega-\omega^0)^2\,|\hat{g}(\omega)|^2\mathrm{d}\omega$$

$$=\frac{1}{2\pi}\int_{-\infty}^{\infty}(\omega-\omega^0)^2\,|\hat{g}(\omega)|^2\mathrm{d}\omega$$

显然，以窗口面积 $(\Delta g\cdot\Delta\hat{g})^2$ 作为衡量窗口傅里叶变换时-频特性的一个定量标准是合适的。为了计算简便，假定 $t^0=0$，$\omega^0=0$，这样就有

$$(\Delta g\Delta\hat{g})^2=\int_{-\infty}^{\infty}t^2\,|\,g(t)\,|^2\mathrm{d}t\cdot\frac{1}{2\pi}\int_{-\infty}^{\infty}\omega^2\,|\,\hat{g}(\omega)\,|^2\mathrm{d}\omega \tag{10.1.7}$$

对窗口函数 $g(t)$ 而言，下列假设成立：

$$\lim_{|t|\to\infty}t\,|\,g(t)\,|^2=0$$

故有

$$\begin{aligned}\frac{\mathrm{d}}{\mathrm{d}t}[t\,|\,g(t)\,|^2]&=|\,g(t)\,|^2+t\frac{\mathrm{d}}{\mathrm{d}t}\,|\,g(t)\,|^2\\&=|\,g(t)\,|^2+2tg(t)g'(t)\\&=0,\quad |\,t\,|\to\infty\end{aligned}$$

于是可得

$$tg(t)g'(t)=-\frac{1}{2}\,|\,g(t)\,|^2,\quad |\,t\,|\to\infty$$

又因为 $F[g'(t)]=\omega\hat{g}(\omega)$，则有如下的帕塞瓦尔公式：

$$\int_{-\infty}^{\infty}g'(t)[g'(t)]^*\mathrm{d}t=\frac{1}{2\pi}\int_{-\infty}^{\infty}\omega^2\hat{g}(\omega)\hat{g}^*(\omega)\mathrm{d}\omega$$

从而可把式（10.1.7）表示为

$$\begin{aligned}(\Delta g\Delta\hat{g})^2&=\int_{-\infty}^{\infty}t^2\,|\,g(t)\,|^2\mathrm{d}t\cdot\frac{1}{2\pi}\int_{-\infty}^{\infty}\omega^2\,|\,\hat{g}(\omega)\,|^2\mathrm{d}\omega\\&=\int_{-\infty}^{\infty}t^2\,|\,g(t)\,|^2\mathrm{d}t\cdot\int_{-\infty}^{\infty}|\,g'(t)\,|^2\mathrm{d}t\\&\geqslant\left|\int_{-\infty}^{\infty}tg(t)g'(t)\mathrm{d}t\right|^2\\&=\left|\int_{-\infty}^{\infty}-\frac{1}{2}\,|\,g(t)\,|^2\mathrm{d}t\right|^2\\&=\frac{1}{4}\left(\int_{-\infty}^{\infty}|\,g(t)\,|^2\mathrm{d}t\right)^2\\&=\frac{1}{4}\end{aligned}$$

这样我们就有

$$\Delta g\Delta\hat{g}\geqslant\frac{1}{2} \tag{10.1.8}$$

该式称为窗口傅里叶变换的海森伯不等式。该式说明傅里叶变换的时间窗宽和频率窗宽不能同时达到极小值。除此之外，窗宽的选择还要受到其他物理因素的限制。例如，信号的瞬时频率是难以测量的，频率至少要在一个周期内进行测量。当然，这并不是窗口傅里叶变换独有的问题。窗口傅里叶变换的主要缺点在于，当窗口函数 $g(t)$ 选定后，其时-频窗口就是固定不变的，这由 Δg 和 $\Delta\hat{g}$ 的定义就可以看出。正是这一缺点限制了窗口傅里叶变换的实际应用。由于实际的信号过程往往是很复杂的，为了提取高频分量或迅速变化部分的信息，时域窗宽 Δq 应尽量窄，而允许频域窗宽 $\Delta\hat{q}$ 适当宽，因为高频分量即使有较大的绝对误差，仍可使相应的相对误差变化不大。相反，对于低频分量或慢变信号，时域窗宽 Δg 则应适当加宽，以保证至少能包含一个周期的过程。同时，由于是低频分量，频域窗宽 $\Delta\hat{g}$ 就应选得小，以保证有较高的频率分辨率和较小的测频误差，使频率的相对测量误差满足提取信息的基本要求。这说明为了保证提取信息的精度，同时又能适当地限制计算量，时-频窗口最好具有自适应性。由于窗口傅里叶变换的时-频窗宽的大小是固定的，故只适用于分析所有特征尺度大致相同的过程，而不适合分析多尺度信号过程和突变过程。

对于傅里叶变换而言，由于积分核为三角函数或指数函数，它们都是一定函数空间的正交基，由此可形成相应的快速算法——快速傅里叶变换。对于窗口傅里叶变换则不存在这样的正交基，故没有相应的快速算法。

10.2 连续小波变换

虽然窗口傅里叶变换存在严重缺点，但毕竟已向实现时-频分析迈出了关键的一步。而且，通过对其局限性的分析，明确了进一步发展的方向。在前人工作的基础上，莫莱特（Morlet）和葛罗斯曼（Grossmann）于 1984 年提出了具有伸缩平移功能的小波变换，大大推动了小波理论的发展。虽然连续小波主要用于问题的分析和理论研究方面，但通过它可以更深入透彻地理解小波变换的基本性质和用于信号分析的基本方法。

10.2.1 连续小波变换

从上面对窗口傅里叶变换特性及其不足的分析中，我们已经明确了对信号分析处理过程中一些共同的基本要求，这就是窗口要具有自适应和平移的功能。为了使算法具有高效性，还需要对信号进行变换处理。盖博已经迈出了关键的一步，他的窗口傅里叶变换已经具备了平移的功能。但是，由于在变换中采用 $g(t-\tau)\mathrm{e}^{-\mathrm{i}\omega t}$ 与信号 $f(t)$ 相乘，ω 的变化不改变窗口的大小与形状，这就是窗口傅里叶变换的窗口没有伸缩性的根本原因。莫莱特等终于放弃了傅里叶变换中所使用的不衰减的正交基 $\mathrm{e}^{-\mathrm{i}\omega t}$，而代之以在窗口函数中引进使时间变量可变的参数，这一做法对创立小波变换做出了重要贡献。

定义 10.1（连续小波变换） 选择一个平方可积函数 $\psi(t)\in L^2(R)$，称之为

基本小波或小波母函数。再令

$$\psi_{a,b}(t)=|a|^{-\frac{1}{2}}\psi\left(\frac{t-b}{a}\right),\quad a,b\in R,\ a\neq 0 \tag{10.2.1}$$

其中，$\psi_{a,b}(t)$ 称为由母函数 $\psi(t)$ 生成的连续小波，它与参数 a 和 b 有密切的关系。

对函数 $f(t)\in L^2(R)$ 定义连续小波变换为

$$W_f(a,b)=\langle f,\psi_{a,b}\rangle=|a|^{-\frac{1}{2}}\int_{-\infty}^{\infty}f(t)\psi^*\left(\frac{t-b}{a}\right)\mathrm{d}t \tag{10.2.2}$$

显然，这里的连续小波 $\psi_{a,b}(t)$ 的作用与窗口傅里叶变换中的 $g(t-\tau)\mathrm{e}^{-\mathrm{i}\omega t}$ 的作用类似,其中 b 与 τ 都是起时间平移的作用，而本质差异是 a 与 ω 各自所起的作用，如对窗口傅里叶变换局域特性的分析所指出的，其窗口的形状是由窗函数 $g(t)$ 所决定的，ω 的变化只改变窗口包络内谐波的频率成分，与窗口的大小和形状无关，而 a 在连续小波变换中是一个尺度参数，它的作用是既改变窗口的大小和形状，同时也改变连续小波的频谱结构。之所以能起到这种作用，其关键是连续小波 $\psi_{a,b}(t)$ 的引入，充分利用了傅里叶变换中的如下特性，即若

$$F[f(t)]=\hat{f}(\omega)$$

则

$$F[f(at)]=\frac{1}{|a|}\hat{f}(\frac{\omega}{a})$$

据此可知，随着 a 的减小，$\psi_{a,b}(t)$ 的支撑集将变窄，而频谱 $\hat{\psi}_{a,b}(\omega)$ 却随之向高频端展宽；反之，当 a 增大时，频谱则向低频部分集中，而其支撑集也变宽。这种情形正是所需要的时-频窗口自适应性，即当信号频率增高时，时窗宽度变窄，同时频窗加宽；反之亦然。

选择归一化常数 $|a|^{-\frac{1}{2}}$ 的目的是，使得对 a 的任何尺度都保持

$$\|\psi_{a,b}\|_2^2=\int_{-\infty}^{\infty}|\psi_{a,b}(t)|^2\mathrm{d}t=\int_{-\infty}^{\infty}|\psi(t)|^2\mathrm{d}t$$

其中 $\psi(t)=\psi_{1,0}(t)$，常采用归一化

$$\int_{-\infty}^{\infty}|\psi(t)|^2\mathrm{d}t=1 \tag{10.2.3}$$

其物理意义相当于令 $\psi(t)$ 具有单位能量。

一般来讲，小波母函数的选择不是唯一的，但也不是任意的。为了达到对小波变换的要求，$\psi(t)$ 需要满足一定的条件。首先，它应具有紧支集，即在一个很小的范围之外函数为零，或者函数应具有速降特性，以使变换具有局域性；其次，还要求函数的平均值为零，即要求

$$\int_{-\infty}^{\infty}\psi(t)\mathrm{d}t=0 \tag{10.2.4}$$

甚至其高阶矩也为零，即

$$\int_{-\infty}^{\infty} t^k \psi(t)\mathrm{d}t = 0, \quad k = 1,2,\cdots,n \tag{10.2.5}$$

均值为零的条件也称作小波的容许条件，并表示为

$$C_\psi = \int_{-\infty}^{\infty} \frac{|\hat{\psi}(\omega)|^2}{|\omega|}\mathrm{d}\omega < \infty \tag{10.2.6}$$

其中，$\hat{\psi}(\omega) = F[\psi(t)]$，$C_\psi$ 为有限值这一条件要求。在 $\omega=0$ 处 $\hat{\psi}(\omega)$ 连续可积，且 $\hat{\psi}(0)=0$，这又意味着

$$\hat{\psi}(0) = \int_{-\infty}^{\infty} \psi(t)\mathrm{d}t = 0 \tag{10.2.7}$$

这正是式（10.2.4）。这种要求意味着母函数 $\psi(t)$ 的取值必须有正也有负，也就是说 $\psi(t)$ 是振荡型函数，但第一条又要求它不能是持续振荡的，需是一种快速衰减式振荡，这也正是称它为小波的原因。

定理 10.1（连续小波变换的反演） 当 $f(t)$，$\psi(t) \in L^2(R)$ 时，连续小波变换式（10.2.2）存在逆变换：

$$f(t) = \frac{1}{C_\psi}\int_{-\infty}^{\infty}\int_{-\infty}^{\infty} a^{-2} W_f(a,b)\psi_{a,b}(t)\mathrm{d}a\mathrm{d}b \tag{10.2.8}$$

证明 为了证明上式成立，我们将反复使用不同形式的帕塞瓦尔等式

$$\langle f,g\rangle = \frac{1}{2\pi}\langle \hat{f},\hat{g}\rangle$$

并利用

$$\begin{aligned}\hat{\psi}_{a,b}(\omega) &= |a|^{-\frac{1}{2}}\int_{-\infty}^{\infty}\psi\left(\frac{t-b}{a}\right)\mathrm{e}^{-\mathrm{i}\omega t}\mathrm{d}t \\ &= a|a|^{-\frac{1}{2}}\mathrm{e}^{-\mathrm{i}\omega b}\hat{\psi}(a\omega)\end{aligned}$$

这一结果，此外令

$$F(x) = \hat{f}(x)\hat{\psi}(ax), \quad F^*(x) = \hat{f}^*(x)\hat{\psi}(ax)$$
$$G(x) = \hat{g}(x)\hat{\psi}(ax), \quad G^*(x) = \hat{g}^*(x)\hat{\psi}(ax)$$

则

$$\begin{aligned}&\int_{-\infty}^{\infty} W_f(a,b)W_g^*(a,b)\mathrm{d}b \\ &= \frac{1}{|a|}\int_{-\infty}^{\infty}\left[\int_{-\infty}^{\infty} f(t)\psi^*\left(\frac{t-b}{a}\right)\mathrm{d}t \cdot \int_{-\infty}^{\infty} g^*(s)\psi\left(\frac{s-b}{a}\right)\mathrm{d}s\right]\mathrm{d}b \\ &= \frac{a^2}{|a|}\int_{-\infty}^{\infty}\left[\frac{1}{2\pi}\int_{-\infty}^{\infty}\hat{f}(x)\psi^*(ax)\mathrm{e}^{\mathrm{i}xb}\mathrm{d}x\right] \\ &\quad \cdot \left[\frac{1}{2\pi}\int_{-\infty}^{\infty}\hat{g}^*(y)\hat{\psi}(ay)\mathrm{e}^{-\mathrm{i}yb}\mathrm{d}y\right]\mathrm{d}b\end{aligned}$$

$$=\frac{a^2}{2\pi\mid a\mid}\left\{\frac{1}{2\pi}\int_{-\infty}^{\infty}\left[\int_{-\infty}^{\infty}G^*(y)\mathrm{e}^{-\mathrm{i}yb}\mathrm{d}y\cdot\int_{-\infty}^{\infty}F(x)\mathrm{e}^{\mathrm{i}xb}\mathrm{d}x\right]\mathrm{d}b\right\}$$

$$=\frac{a^2}{2\pi\mid a\mid}\left[\frac{1}{2\pi}\int_{-\infty}^{\infty}\hat{G}^*(b)\hat{F}(b)\mathrm{d}b\right]$$

$$=\frac{a^2}{2\pi\mid a\mid}\int_{-\infty}^{\infty}G^*(x)F(x)\mathrm{d}x$$

利用这一结果我们有

$$\int_{-\infty}^{\infty}\left[\int_{-\infty}^{\infty}W_f(a,b)W_g^*(a,b)\mathrm{d}b\right]\frac{\mathrm{d}a}{a^2}$$

$$=\frac{1}{2\pi\mid a\mid}\int_{-\infty}^{\infty}\left[\int_{-\infty}^{\infty}G^*(x)F(x)\mathrm{d}x\right]\mathrm{d}a$$

$$=\frac{1}{2\pi}\int_{-\infty}^{\infty}\left[\hat{f}(x)\hat{g}^*(x)\int_{-\infty}^{\infty}\frac{\mid\psi(ax)\mid^2}{\mid a\mid}\mathrm{d}a\right]\mathrm{d}x$$

$$=\frac{1}{2\pi}\int_{-\infty}^{\infty}\left\{\hat{f}(x)\hat{g}^*(x)\int_{-\infty}^{\infty}\frac{\mid\psi(y)\mid^2}{\mid y\mid}\mathrm{d}y\right]\mathrm{d}x$$

$$=C_\psi\frac{1}{2\pi}\langle\hat{f},\hat{g}\rangle$$

$$=C_\psi\langle f,g\rangle \tag{10.2.9}$$

考虑 $g(t)$ 为一具有高斯分布的函数，亦即

$$g(t)=\frac{1}{2\sqrt{\pi a}}\mathrm{e}^{-(t-t_0)^2/4\sigma}$$

并使 $\sigma\to0^+$，则有

$$g(t)\to\delta(t-t_0),\quad \sigma\to0^+$$

由于

$$\int_{-\infty}^{\infty}f(t)\delta(t-t_0)\mathrm{d}t=f(t_0)$$

t_0 又是任意的，可令其连续变化，则

$$\lim_{\sigma\to0^+}\langle f,g\rangle=\langle f,\lim_{\sigma\to0^+}g\rangle$$

$$=\langle f,\delta(\cdot-t)\rangle=f(t)$$

利用这一关系可得如下结果：

$$\lim_{\sigma\to0^+}C_\psi\langle f,g\rangle=C_\psi\langle f,\delta(\cdot-t)\rangle=C_\psi f(t)$$

$$\lim_{\sigma\to0^+}W_g^*(a,b)=\lim_{\sigma\to0^+}\langle g,\psi_{a,b}\rangle^*$$

$$=\langle\delta(\cdot-t),\psi_{a,b}\rangle=\psi_{a,b}(t)$$

把以上结果代入式 (10.2.9) 中便可得到

$$f(t)=\frac{1}{C_\psi}\int_{-\infty}^{\infty}\int_{-\infty}^{\infty}W_f(a,b)\psi_{a,b}(t)\frac{\mathrm{d}a\mathrm{d}b}{a^2} \tag{10.2.10}$$

也就是说，$f(t)$ 的小波变换完全得到重构，没有损失任何信息。

由式（10.2.9）还可以看出，如果 $g=f$，即可得到

$$\int_{-\infty}^{\infty} | f(t) |^2 \mathrm{d}t = \frac{1}{C_\psi}\int_{-\infty}^{\infty}\int_{-\infty}^{\infty} | W_f(a,b) |^2 \frac{\mathrm{d}a\mathrm{d}b}{a^2} \tag{10.2.11}$$

这表明小波变换还是守恒的。

10.2.2 小波变换的时-频特性

小波变换的最突出优点是其时-频窗口具有自适应特性，这一点已经在前面的分析中作了一般性的说明，现在对此进行更详细的讨论。仿照对窗口傅里变换的分析，我们也按相同的方法讨论小波变换的特性。首先定义窗口的中心为

$$t^0 = \frac{1}{\|\psi_{a,b}\|_2^2}\int_{-\infty}^{\infty} t | \psi_{a,b}(t) |^2 \mathrm{d}t$$

$$\omega^0 = \frac{1}{\|\hat{\psi}_{a,b}\|_2^2}\int_{-\infty}^{\infty} \omega | \hat{\psi}_{a,b}(\omega) |^2 \mathrm{d}\omega$$

窗宽则定义为

$$\Delta\psi_{a,b} = \left(\int_{-\infty}^{\infty} (t-t^0)^2 | \psi_{a,b}(t) |^2 \mathrm{d}t\right)^{\frac{1}{2}}$$

$$\Delta\hat{\psi}_{a,b} = \left(\int_{-\infty}^{\infty} (\omega-\omega^0)^2 | \hat{\psi}_{a,b}(\omega) |^2 \mathrm{d}\omega\right)^{\frac{1}{2}}$$

为了计算 t^0，我们作变量替换 $u=(t-b)/a$，于是有

$$t = au + b$$
$$\mathrm{d}t = a\mathrm{d}u$$

因此

$$t^0 = \frac{\int_{-\infty}^{\infty} t \left| \frac{1}{\sqrt{a}}\psi\left(\frac{t-b}{a}\right) \right|^2 \mathrm{d}t}{\int_{-\infty}^{\infty} \left| \frac{1}{\sqrt{a}}\psi\left(\frac{t-b}{a}\right) \right|^2 \mathrm{d}t}$$

$$= \frac{\int_{-\infty}^{\infty} (au+b) | \psi(u) |^2 \mathrm{d}u}{\int_{-\infty}^{\infty} | \psi(u) |^2 \mathrm{d}u}$$

$$= \frac{\int_{-\infty}^{\infty} au | \psi(u) |^2 \mathrm{d}u}{\int_{-\infty}^{\infty} | \psi(u) |^2 \mathrm{d}u} + \frac{\int_{-\infty}^{\infty} b | \psi(u) |^2 \mathrm{d}u}{\int_{-\infty}^{\infty} | \psi(u) |^2 \mathrm{d}u}$$

$$= a\tilde{t} + b$$

其中

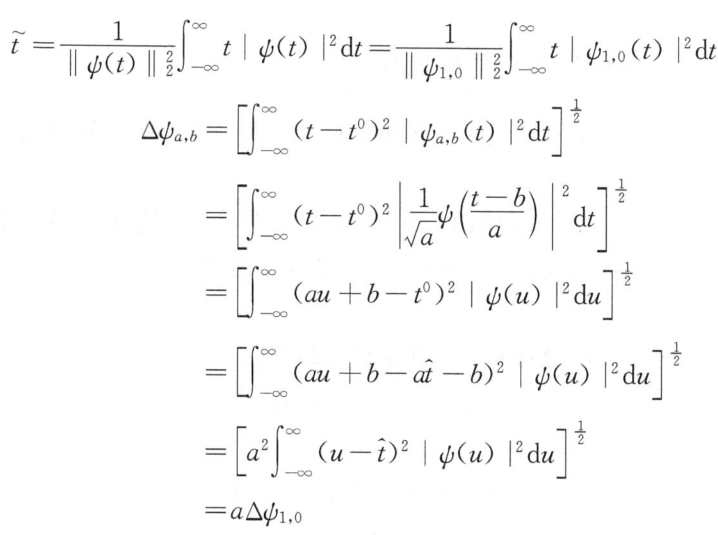

$$\tilde{t}=\frac{1}{\|\psi(t)\|_2^2}\int_{-\infty}^{\infty}t\,|\,\psi(t)\,|^2\mathrm{d}t=\frac{1}{\|\psi_{1,0}\|_2^2}\int_{-\infty}^{\infty}t\,|\,\psi_{1,0}(t)\,|^2\mathrm{d}t$$

$$\begin{aligned}\Delta\psi_{a,b}&=\left[\int_{-\infty}^{\infty}(t-t^0)^2\,|\,\psi_{a,b}(t)\,|^2\mathrm{d}t\right]^{\frac{1}{2}}\\&=\left[\int_{-\infty}^{\infty}(t-t^0)^2\left|\frac{1}{\sqrt{a}}\psi\left(\frac{t-b}{a}\right)\right|^2\mathrm{d}t\right]^{\frac{1}{2}}\\&=\left[\int_{-\infty}^{\infty}(au+b-t^0)^2\,|\,\psi(u)\,|^2\mathrm{d}u\right]^{\frac{1}{2}}\\&=\left[\int_{-\infty}^{\infty}(au+b-a\hat{t}-b)^2\,|\,\psi(u)\,|^2\mathrm{d}u\right]^{\frac{1}{2}}\\&=\left[a^2\int_{-\infty}^{\infty}(u-\hat{t})^2\,|\,\psi(u)\,|^2\mathrm{d}u\right]^{\frac{1}{2}}\\&=a\Delta\psi_{1,0}\end{aligned}$$

这样得到了 $\Delta\psi_{a,b}$ 与 $\Delta\psi_{1,0}$ 之间存在的关系：

$$\Delta\psi_{a,b}=\frac{\Delta\psi_{1,0}}{a}\tag{10.2.12}$$

用类似的方法还可以得到

$$\Delta\hat{\psi}_{a,b}=\frac{\Delta\hat{\psi}_{1,0}}{a}\tag{10.2.13}$$

其中 $\Delta\psi_{1,0}$ 和 $\Delta\hat{\psi}_{1,0}$ 是 $\Delta\psi_{a,b}$ 和 $\Delta\hat{\psi}_{a,b}$ 在 $a=1$，$b=0$ 时的值。若令

$$\tilde{\omega}=\frac{1}{\|\hat{\psi}_{1,0}\|_2^2}\int_{-\infty}^{\infty}\omega\,|\,\hat{\psi}_{1,0}(\omega)\,|^2\mathrm{d}\omega$$

则 ω^0 和 $\tilde{\omega}$ 之间存在关系：

$$\omega^0=\frac{\tilde{\omega}}{a}\tag{10.2.14}$$

从以上所得关系不难看出，随着 a 的增大，窗的频率中心向低频分量偏移，频窗变窄，而时窗则加宽；反之，当 a 减小时，窗的频率中心向高频分量偏移，窗的频宽增加，同时时窗则变窄。这种自适应性能正是提取信号的短时信息所需要的。显然，在 ω-t 相空间，围绕点（t^0,ω^0）的小波变换的时-频窗由

$$\left[(t^0\pm a\psi_{1,0})\times\left(\frac{\tilde{\omega}}{a}\pm\frac{\Delta\hat{\psi}_{1,0}}{a}\right)\right]$$

来确定。该窗的尺度大小依尺度参数 a 而变化，但窗的面积（$\Delta\psi_{a,b}\times\Delta\hat{\psi}_{a,b}$）却与尺度参数 a 及平移参数 b 无关。或者说，时-频窗在相空间中的宽度和高度在各处是不一样的，它们是尺度参数 a 的函数。这样，对小波变换而言，海森伯测不准原理就限定为一个常数。在这种情况下，时间域中高频分量的时间局域化分辨率的提高是以频率域中不确定性的增大为代价的。

10.2.3 连续小波变换的基本性质

上面我们已经讨论了连续小波变换所具有的时-频窗的自适应特性，下面再给出其他一些性质。

首先，由定义立即可以看出，连续小波变换是一种线性变换。由此可知，一个函数的小波变换等价于该函数各个分量的小波变换之和，这一点从积分算子的线性性质即可看出。

此外，连续小波变换对参数 a 和 b 具有共变性，其含义是，若

$$f(x)\longleftrightarrow W_f(a,b)$$

则

$$f(t-b_0)\longleftrightarrow W_f(a,b-b_0) \tag{10.2.15}$$

$$f(a_0 t)\longleftrightarrow \frac{1}{\sqrt{a_0}}W_f(a_0 a,a_0 b) \tag{10.2.16}$$

这些性质可通过实际计算很容易加以证明。

还有一个重要问题需要说明。从本质上讲，由于连续小波变换是将一维信号 $f(t)$ 映射到由 $W_f(a,b)$ 构成的二维空间，所以在这一变换中存在着内在信息的冗余度，即通过小波系数重构 $f(t)$ 时存在许多重构方式，或者说 $f(t)$ 的小波变换与其逆变换不是一一对应的，由母函数 $\psi(t)$ 生成的小波族 $a^{-\frac{1}{2}}\psi\left(\frac{t-b}{a}\right)$不是线性无关的，而是彼此存在某种关联。这表明小波族系数所包含的信息对重构而言有富余。

连续小波变换在二维小波空间中两点（a_1,b_1）与（a_2,b_2）之间的关联程度，可由小波 $\psi_{a,b}(t)$ 所确定的再生核 K_ψ 来度量。K_ψ 的定义为

$$K_\psi(a_1,a_2,b_1,b_2)=C_\psi^{-1}\int_{-\infty}^{\infty}a_1^{-\frac{1}{2}}\psi\left(\frac{t-b_1}{a_1}\right)\cdot a_2^{-\frac{1}{2}}\psi^*\left(\frac{t-b_2}{a_2}\right)\mathrm{d}t$$

显然，所谓再生核就是小波本身的小波变换。这里再生的意思是，将 K_ψ 作用于 $W_f(a,b)$ 仍然得到 $W_f(a,b)$，这一点通过计算就可以证明。

如

$$\begin{aligned}
W_f(a,b)&=a^{-\frac{1}{2}}\int_{-\infty}^{\infty}f(t)\psi^*\left(\frac{t-b}{a}\right)\mathrm{d}t\\
&=a^{-\frac{1}{2}}\left[C_\psi^{-1}\int_0^{\infty}\int_{-\infty}^{\infty}W_f(a',b')\psi\left(\frac{t-b'}{a'}\right)\frac{\mathrm{d}a'\mathrm{d}b'}{a'^2}\right]\psi^*\left(\frac{t-b}{a}\right)\mathrm{d}t\\
&=a^{-\frac{1}{2}}\int_{-\infty}^{\infty}\int_0^{\infty}W_f(a',b')\left[C_\psi^{-1}\int_{-\infty}^{\infty}\psi\left(\frac{t-b'}{a'}\right)\psi^*\left(\frac{t-b}{a}\right)\mathrm{d}t\right]\frac{\mathrm{d}a'\mathrm{d}b'}{a'^2}
\end{aligned}$$

$$=a'^{-\frac{1}{2}}\int_{-\infty}^{\infty}\int_{0}^{\infty}W_f(a',b')K_\psi(a',a;b',b)\,\frac{\mathrm{d}a'\mathrm{d}b'}{a'^2} \qquad (10.2.17)$$

很显然，K_ψ 与所选择的小波类型密切相关。一个平方可积函数只有满足式(10.2.17) 所表示的再生核方程时，才是某个函数的小波变换，一一对应关系才能保证。

小波变换作为一种转换信息的工具，在信息的转换和处理过程中不会造成信息的丢失，它只是给出了信息的新的等价描述。由于在选择小波母函数时只需满足容许条件，故有极其灵活的可选择性。这样在进行信号分析时，就可以通过选择不同性质的小波母函数，使相应的小波变换能够尽量地突出信号中包含的最感兴趣的某些信息，而隐藏或淡化其他信息，以保证作进一步的分析。这是小波变换的又一优点。

10.3 离散小波变换

上面讨论的连续小波变换中的尺度参数 a 和平移参数 b 是连续取值的，这种情况主要用于理论分析。在实际应用中必须对参数 a 和 b 进行离散化，这样才能进行实际计算。参数 a 和 b 离散化后就称为离散小波变换。

10.3.1 离散小波变换

为了更清楚地了解离散小波变换的本质，我们从对傅里叶级数的分析入手，由此类比地导出离散小波变换。

若 $f(t)\in L^2[0,2\pi]$，则可把它表示为傅里叶级数，

$$f(t)=\sum_{n=-\infty}^{\infty}c_n\mathrm{e}^{\mathrm{i}nt}$$

其中

$$c_n=\frac{1}{2\pi}\int_0^{2\pi}f(t)\mathrm{e}^{-\mathrm{i}nt}\mathrm{d}t$$

级数在空间 $L^2[0,\ 2\pi]$ 中收敛的含义是

$$\lim_{M,N\to\infty}\int_0^{2\pi}\left|f(t)-\sum_{n=-M}^{N}c_n\mathrm{e}^{\mathrm{i}nt}\right|^2\mathrm{d}t=0$$

这种傅里叶级数展开有两个独特的性能，其一是级数的各项之间是相互正交的，即若令 $g_n=c_n\mathrm{e}^{\mathrm{i}nt}$，则有

$$\langle g_m,g_n\rangle=0,\quad m\neq n,\quad m,n\in Z$$

也就是说，$f(t)$ 可分解为无穷多个相互正交的分量之和，或者说函数$w_n(t)=\mathrm{e}^{\mathrm{i}nt}$，$n=0,\pm1,\pm2,\cdots$是 $L^2[0,2\pi]$ 的一个正交基。其二是，这个正交基可用单个函数 $w(t)=\mathrm{e}^{\mathrm{i}t}$的“膨胀”生成，即对所有的整数有

$$w_n(t)=w(nt)$$

这种形式称为整数膨胀。这样，以上所述可以概括为每个以 2π 为周期的平方可积函数可表示为基函数 $w(t)=\mathrm{e}^{\mathrm{i}t}$的整数膨胀的线性“叠加”。

现在我们要展开的是 $L^2(R)$中的函数，$L^2(R)$与 $L^2[0,2\pi]$ 这两个空间是不同的，$L^2(R)$中的函数在$\pm\infty$必须衰减到零，这样就不能用

$$w_n(t)=\mathrm{e}^{\mathrm{i}nt}=\cos nt+\mathrm{i}\sin nt$$

这样的基函数来展开，因为它们不属于 $L^2(R)$。虽然如此，基函数通过整数膨胀产生正交基这一点还是非常有意义的。小波函数属于 $L^2(R)$，在连续小波变换中通过参数的连续变化而生成空间 $L^2(R)$，现在我们需要通过整数膨胀——整数平移和伸缩来形成 $L^2(R)$，或通过一个母函数的整数膨胀而生成 $L^2(R)$的一个正交基。

为了把连续小波变为离散小波，可把连续的 a 变为 $a=a_0^{-m}$，其中 m 为整数，a_0 为固定的伸缩步长。由于有 $\Delta\psi_{a,b}=a\Delta\varphi_{1,0}$，可选 $b=b_0na_0\mathrm{e}^{-m}$，其中 n 为整数，$b_0>0$，于是由母小波函数 $\psi(t)$ 生成的离散小波可定义为

$$\begin{aligned}\psi_{m,n}(t)&=\frac{1}{\sqrt{a_0^{-m}}}\psi\left(\frac{t-nb_0a_0^{-m}}{a_0^{-m}}\right)\\&=a_0^{\frac{m}{2}}\psi(a_0^mt-nb_0),\quad m,n\in Z\end{aligned}\tag{10.3.1}$$

根据这种离散小波的形式，可把函数 $f(t)\in L^2(R)$ 的离散小波变换表示为

$$C_f(m,n)=\int_{-\infty}^{\infty}f(t)\psi_{m,n}^*(t)\mathrm{d}t,\quad m,n\in Z\tag{10.3.2}$$

在连续小波变换中 $w_f(a,\ b)$ 能唯一地确定 $f(t)\in L^2(R)$，那么上面定义的离散小波变换（10.3.2）是否也唯一地确定 $f(t)$ 呢？这是一个需要进一步讨论的问题。

10.3.2 二进制离散小波变换

在实际应用中离散形式常选用二进制，为此我们选 $a_0=2$、$b_0=1$。在这种情况下，由母小波函数生成的离散小波（10.3.1）就成为

$$\psi_{m,n}(t)=2^{m/2}\psi(2^mt-n),\quad m,n\in Z\tag{10.3.3}$$

这就是二进制离散小波。

根据以前的分析，我们希望找到合适的母小波函数，使之通过伸缩和平移而获得的离散小波成为空间 $L^2(R)$ 中的正交基，从而可使 $L^2(R)$ 中的函数用

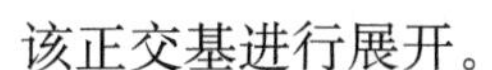

该正交基进行展开。

考虑到，如果 $\psi(t)\in L^2(R)$，则对于 $m,n\in Z$，有

$$\|\psi(2^m t-n)\|=\left[\int_{-\infty}^{\infty}|\psi(2^m t-n)|^2\mathrm{d}t\right]^{\frac{1}{2}}$$

$$=2^{-\frac{m}{2}}\|\psi(t)\|$$

如果 $\|\psi(t)\|=1$，则

$$\psi_{m,n}(t)=2^{\frac{m}{2}}\psi(2^m t-n)$$

的范数为

$$\|\psi_{m,n}\|=\|\psi\|=1,\quad m,n\in Z$$

我们希望 $\psi(t)$ 及其所生成的正交基满足以下定义的要求。

定义 10.2（二进制离散小波变换和正交小波基）　一个满足容许条件的函数 $\psi(t)\in L^2(R)$ 称为一个正交小波母函数。如果由它生成的小波函数族

$$\psi_{m,n}(t)=2^{\frac{m}{2}}\psi(2^m t-n),\quad m,n\in Z \tag{10.3.4}$$

是 $L^2(R)$ 的一个归一化正交基，即有

$$\langle\psi_{m,n},\psi_{m',n'}\rangle=\delta_{m,m'}\cdot\delta_{n,n'},\quad m,n,m',n'\in Z$$

而且，每个函数 $f(t)\in L^2(R)$ 都能展开为级数：

$$f(t)=\sum_{m,n=-\infty}^{\infty}c_{m,n}\psi_{m,n}(t) \tag{10.3.5}$$

这一级数在空间 $L^2(R)$ 中按下列方式收敛：

$$\lim_{M_1,N_1,M_2,N_2\to\infty}\|f(t)-\sum_{m=-M_1}^{N_1}\sum_{n=-M_2}^{N_2}c_{m,n}\psi_{m,n}(t)\|=0$$

则其中

$$C_{m,n}=\int_{-\infty}^{\infty}f(t)\psi_{m,n}^{*}(t)\mathrm{d}t,\quad m,n\in Z \tag{10.3.6}$$

并称式（10.3.6）为离散小波变换，$\psi_{m,n}(t)$ 称为正交小波基。

由于小波变换具有冗余度，这里所得二进制离散小波与连续小波相比并不会损失基本信息，反而由于 $\psi_{m,n}(t)$ 所具有的正交性，使得小波空间两点之间由冗余度造成的关联得以消失。

10.3.3　Haar 和 Shannon 小波基

在历史上，甚至在小波变换正式提出之前，科学家们就通过各种方法建立了一些今天称为小波基的函数系，这里先举出两个简单的例子。

首先来看一个被广泛应用且形式最简单的例子，它被称为 Haar 小波基，是数学家哈尔（A. Haar）在 20 世纪 30 年代提出的。所谓哈尔系是由母函数 $h(t)$

生成的，$h(t)$ 的具体形式为

$$h(t)=\begin{cases}1, & 0\leqslant t<\dfrac{1}{2}\\ -1, & \dfrac{1}{2}\leqslant t<1\\ 0, & \text{其他}\end{cases} \tag{10.3.7}$$

经过二进制的伸缩与平移，由 $h(t)$ 可以生成

$$\begin{aligned}h_{m,n}(t)&=2^{\frac{m}{2}}h(2^m t-n)\\&=\begin{cases}2^{\frac{m}{2}}, & \dfrac{n}{2^m}\leqslant t<\dfrac{2n+1}{2^{m+1}}\\ -2^{\frac{m}{2}}, & \dfrac{2n+1}{2^{m+1}}\leqslant t<\dfrac{n+1}{2^m}\\ 0, & \text{其他}\end{cases}\end{aligned} \tag{10.3.8}$$

可以证明，$h_{m,n}(t)$是空间 $L^2(R)$ 的一个标准正交基，因此它是一个小波正交基。Haar 系的函数都是不连续的，这是它的一个最大缺点。它的一个突出优点是其支撑集为紧的。

另一个例子是 Shannon 小波基，它出自连续信号离散化的取样定理。对信号 $f(t)$ 取样就是每隔一定的时间间隔 Δt 取 $f(t)$ 的一个样值，这些样值可记作 $f(n\Delta t)$，$n\in Z$。这里的问题是，怎样的时间间隔 Δt 可以保证由 $f(n\Delta t)$ 完全确定原连续信号 $f(t)$。在一般情况下，若不对 $f(t)$ 加以限制，则所需的 Δt 不存在。若对 $f(t)$ 的傅里叶变换 $\hat{f}(\omega)=F[f(t)]$ 加上一定的限制，则可得著名的 Shannon 定理。

若令 $B_\pi=\{f(t)\mid \hat{f}(\omega)=0,\ \omega\geqslant\pi\}$，则 B_π 是一线性空间，且 $B_\pi\in L^2(R)$。根据 Shannon 定理，对于 $f(t)\in B_\pi$ 有

$$f(t)=\sum_{n\in Z}f(n)\frac{\sin\pi(t-n)}{\pi(t-n)}$$

这说明函数

$$\varphi(t)=\frac{\sin\pi t}{\pi t}$$

的一切平移所生成的函数系 $\{\varphi(t-n)\}$，$n\in Z$ 构成 B_π 的一个基，由于

$$\int_{-\infty}^{\infty}\varphi(t-m)\varphi(t-n)\mathrm{d}t=\delta_{m,n},\quad m,n\in Z$$

又知它是一个标准正交基。注意，这个标准正交基仅由母函数经由平移而得到。

可以用伸缩的方法来扩大所讨论的空间。如作伸缩变换，$B_\pi\rightarrow B_{2\pi}$，且

$$B_{2\pi}=\{f(t)\mid \hat{f}(\omega)=o,\ \ |\omega|\geqslant 2\pi\}$$

现在，$B_{2\pi}$中的标准正交基为

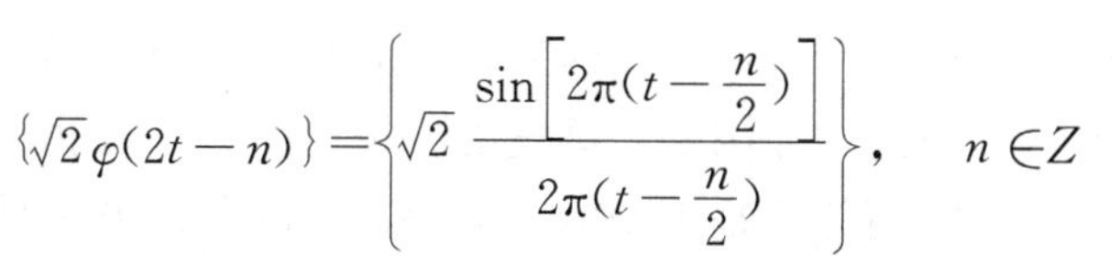

$$\{\sqrt{2}\varphi(2t-n)\}=\left\{\sqrt{2}\,\frac{\sin\left[2\pi(t-\frac{n}{2})\right]}{2\pi(t-\frac{n}{2})}\right\},\quad n\in Z$$

于是，对于 $f(t)\in B_{2\pi}$，我们有

$$f(t)=\sum_{n\in Z}f(\frac{n}{2})\frac{\sin\left[2\pi\left(t-\frac{n}{2}\right)\right]}{2\pi(t-\frac{n}{2})}$$

一般地，作伸缩变换

$$f(t)\mapsto f(2^m t),\quad m\in Z$$

则有 $B_\pi\to B_{2^m\pi}$，且有

$$B_{2^m\pi}=\{f(t)\mid\hat{f}(\omega)=0,\quad|\omega|\geqslant 2^m\pi\},\ m\in Z$$

$B_{2^m\pi}$ 中的一组标准正交基为

$$\{2^{\frac{m}{2}}\varphi(2^m t-n)\}=2^{\frac{m}{2}}\frac{\sin\left[2^m\pi\left(t-\frac{n}{2^m}\right)\right]}{2^m\pi(t-\frac{n}{2^m})},\quad m,n\in Z\qquad(10.3.9)$$

这些子空间满足下面的关系：

$$\cdots\subset B_{\frac{\pi}{4}}\subset B_{\frac{\pi}{2}}\subset B_\pi\subset B_{2\pi}\subset B_{4\pi}\subset\cdots\subset B_{2^m\pi}\subset\cdots\subset L^2(R)$$

而且

$$\bigcap_{m\in Z}B_{2^m\pi}=\{0\}$$

$$\overline{\bigcup_{m\in Z}B_{2^m\pi}}=L^2(R)$$

这就是说，若令

$$\chi_m(\omega)=\begin{cases}1, & 2^m\pi\leqslant\omega\leqslant 2^{m+1}\pi\\ 0, & 其他\end{cases}$$

则有

$$\hat{f}(\omega)=\sum_{m\in Z}\hat{f}(\omega)\chi_m(|w|)=\sum_{m\in Z}\hat{f}_m(\omega)$$

而且

$$F^{-1}[\hat{f}_m(\omega)]=f_m(t)\in B_{2^m\pi},\quad m\in Z$$

于是

$$f(t)=\sum_{m\in Z}f_m(t)$$

由于 $f_m(t)$ 可以用式（10.3.9）给出的基表示，则 $f(t)$ 可用该基的线性组合来表示，而函数系（10.3.9）是由母函数 $\varphi(t)$ 经伸缩和平移而生成的。但是，这样产生的函数系并不是 $L^2(R)$ 空间的正交基，甚至不是 $L^2(R)$ 的函数

基。通过前面的扩展过程可知，这一函数系只对平移参数 n 是正交的，对参数 m 则不是。出现这种情况的原因是，这里的各子空间并不是相互正交的，因此各子空间中的正交基之间并不是正交的。解决这一问题的方法是构造相互正交的子空间族，就像下面将要讨论的正交多分辨分析那样。

10.4 多分辨分析和小波正交基

由上面的分析已知，为使小波分析成为实用技术，关键问题是建立小波正交基。1986 年梅耶（Meyer）构造出了具有一定衰减特性的光滑函数 $\psi(t)$，它的二进制伸缩和平移所形成的函数系

$$\{\psi_{m,n}(t)\}=2^{\frac{m}{2}}\psi(2^m t-n),\quad m,n\in Z$$

构成空间 $L^2(R)$ 的标准正交基，即小波正交基。从此，小波分析的研究在国际上形成了热潮，因为在这之前人们曾认为这样的函数 $\psi(t)$ 是不存在的。到 1988 年马雷特（Mallat）提出了多分辨分析（Multi-Resolution Analysis，MRA）的概念，由它可构造出小波正交基，这一方法统一了在此之前所提出的各种小波基的构造。

10.4.1 正交多分辨分析

定义 10.3（正交多分辨分析） 满足一定条件的 $L^2(R)$ 中的一列闭子空间 $\{V_m\}$，$m\in Z$ 及一个函数 $\varphi(t)$ 称为正交多分辨分析，这些条件概括为：

(1) $V_m\subset V_{m+1}$，$\forall m\in Z$（单调性）；

(2) $\bigcap\limits_{m\in Z}V_m=\{0\}$，$\overline{\bigcup\limits_{m\in Z}V_m}=L^2(R)$（逼近性）；

(3) $u(t)\in V_m\Leftrightarrow u(2t)\in V_{m+1}$（伸缩性）；

(4) $u(t)\in V_0\Rightarrow u(t-n)\in V_0,n\in Z$（平移不变性）；

(5) $\varphi(t)\in V_0$且$\{\varphi(t-n)\}(n\in Z)$为 V_0的标准正交基，$\varphi(t)$称为尺度函数。

由以上定义容易推出，多分辨分析具有以下基本性质：

(1) 由于 $u(t)\in V_m\Leftrightarrow u(2t)\in V_{m+1}$，则显然有

$$u\left(\frac{1}{2}t\right)\in V_0\Leftrightarrow u(t)\in V_1$$

(2) 由上面的伸缩性可知，V_m 之间的元素存在一种明确的关系，只要确定了某一闭子空间，则其他闭子空间就可完全确定。例如，

$$V_m=\{u(2^m t)\mid u(t)\in V_0\},\ m\in Z$$

(3) 由于 $\{\varphi(t-n)\}$，$n\in Z$，是 V_0 的标准正交基，则 $\{2^{\frac{m}{2}}\varphi(2^m t-n)\}$，$m,n\in Z$ 构成空间 V_m 的标准正交基。

(4) 若 $u(t)\in V_m$，则 $u(t-2^{-m}n)\in V_m$，$m,n\in Z$。这是因为，若 $u(t)\in V_m$，则 $u(2^{-m}t)\in V_0$，于是根据平移不变性便有 $u(2^{-m}(t-n))\in V_0$，亦即 $u(2^{-m}t-2^{-m}n)\in V_0$，再由伸缩性即可得，$u(2^m(2^{-m}t)-2^{-m}n)\in V_m$，则最后又有 $u(t-2^{-m}n)\in V_m$。

在以上定义中，虽然每个空间 V_m 都有了自己的标准正交基，但由于 V_m 间并没有设定正交关系，亦即 $\{V_m\}$，$m\in Z$ 并不一定是 $L^2(R)$ 的正交分解，故不能指望把各子空间的标准正交基做简单的叠加就能构成整个 $L^2(R)$ 空间的标准正交基。

下面我们将从已给定的条件出发来构造 $L^2(R)$ 的正交分解子空间列，并构造 $L^2(R)$ 的标准正交基。

10.4.2　小波子空间

因为 V_m 是 $L^2(R)$ 的闭子空间，而 $L^2(R)$ 是一个希尔伯特空间，从而可以定义正交投影算子 P_m 为

$$P_m:\ L^2(R)\rightarrow V_m$$

则根据正交投影算子的性质可知

$$V_m=P_m L^2(R),\quad m\in Z \tag{10.4.1}$$

又根据定义我们有 $V_m\subset V_{m+1}$，于是根据差投影算子存在的定理知，$P_{m-1}-P_m$ 也是 $L^2(R)$ 上的正交投影算子。若用 W_m 表示该算子的值域，则有

$$W_m=(P_{m+1}-P_m)L^2(R),\quad m\in Z \tag{10.4.2}$$

而且 W_m 是 V_m 在 V_{m+1} 中的正交补，故可记作

$$V_{m+1}=W_m\oplus V_m,\quad m\in Z \tag{10.4.3}$$

W_m 是 $L^2(R)$ 的闭子空间，并称为小波子空间。这样定义的小波子空间具有下列重要性质。

(1) W_m 两两正交。任取 $m,n\in Z$，不妨设 $m>n$，对于任意的函数 $f_m(t)\in W_m$，$g_n(t)\in W_n$，则由 W_m 和 W_n 的定义可知，存在函数 $f(t)$，$g(t)\in L^2(R)$，使得

$$f_m(t)=(P_{m+1}-P_m)f(t)$$

$$g_n(t)=(P_{n+1}-P_n)g(t)$$

根据正交投影算子的自伴性，当 $V_n\subset V_m$ 时

$$P_n P_m = P_n$$

则有

$$\begin{aligned}\langle f_m, g_n\rangle &= \langle P_{m+1}f - P_m f, P_{n+1}g - P_n g\rangle \\ &= \langle P_{m+1}f, P_{n+1}g\rangle + \langle P_m f, P_n g\rangle \\ &\quad - \langle P_{m+1}f, g_n g\rangle - \langle P_m f, P_{n+1}g\rangle \\ &= \langle P_{n+1}P_{m+1}f, g\rangle + \langle P_n P_m f, g\rangle \\ &\quad - \langle P_n P_{m+1}f, g\rangle - \langle P_{n+1}P_m f, g\rangle \\ &= \langle P_{n+1}f, g\rangle + \langle P_n f, g\rangle - \langle P_n f, g\rangle - \langle P_{n+1}f, g\rangle \\ &= 0\end{aligned}$$

这就证明了 f_m 和 f_n 是正交的。因为 f_m 和 g_n 是任取的，故说明 $W_m \perp W_n$，m，$n \in Z$。

(2) $\bigoplus_{m\in Z} W_m = L^2(R)$。设 N 和 S 代表足够大的正或负的整数，则根据式(10.4.3)，有

$$\begin{aligned}V_N &= V_{N-1} \oplus W_{N-1} = V_{N-2} \oplus W_{N-2} \oplus W_{N-1} = \cdots \\ &= V_S \oplus W_S \oplus W_{S+1} \oplus \cdots \oplus W_{N-1}\end{aligned}$$

根据定义 10.3 中条件（1）和（2），当 $N\to\infty$，$S\to-\infty$ 时 $V_N \to L^2(R)$，$V_S \to \{0\}$，故有

$$L^2(R) = \bigoplus_{m\to-\infty}^{\infty} W_m \tag{10.4.4}$$

这说明 W_m 是 $L^2(R)$ 的正交分解。

(3) 由 V_m 与 V_{m+1} 之间的对应关系及 V_m 与 W_m 之间的对应关系，可推知 W_m 与 W_{m+1} 之间的对应关系为

$$u(t) \in W_m \Leftrightarrow u(2t) \in W_{m+1} \tag{10.4.5}$$

(4) 类似地还有，若 $u(t) \in W_m$，则

$$u(t - 2^{-m}n) \in W_m, \quad m, n \in Z \tag{10.4.6}$$

10.4.3 $L^2(R)$ 的小波正交基的构造

为了在 MRA 中构造正交小波基，我们首先建立双尺度方程，然后为证明正交小波基的成立准备两个引理。

定义 10.4（双尺度方程） 由于 $\varphi(t) \in V_0 \subset V_1$，而 $\{2^{\frac{1}{2}}\varphi(2t-n)\}$，$n\in Z$是 V_1 的标准正交基，则

$$\varphi(t) = \sum_{n\in Z} C_n \varphi(2t-n) \tag{10.4.7}$$

称为双尺度方程。

引理 10.1　$\{\varphi_n\}=\{\varphi(t-n)\}$，$n\in Z$ 为标准正交基$\Leftrightarrow\sum\limits_{k\in Z}|\hat{\varphi}(\omega+2k\pi)|^2=1$。

证明　令$\sum\limits_{k\in Z}|\hat{\varphi}(\omega+2k\pi)|^2=F(\omega)$，显然 $F(\omega)$ 以 2π 为周期。考虑到

$$\hat{\varphi}_n=\mathrm{e}^{-\mathrm{i}\omega n}\hat{\varphi}(\omega)$$

并利用傅里叶变换的帕塞瓦尔等式，就有

$$\begin{aligned}\langle\varphi_n,\varphi_{n'}\rangle&=\frac{1}{2\pi}\langle\hat{\varphi}_n,\hat{\varphi}_{n'}\rangle\\&=\frac{1}{2\pi}\int_{-\infty}^{\infty}|\hat{\varphi}(\omega)|^2\mathrm{e}^{-\mathrm{i}(n-n')\omega}\mathrm{d}\omega\\&=\frac{1}{2\pi}\sum_{k=-\infty}^{\infty}\int_{2k\pi}^{2(k+1)\pi}|\hat{\varphi}(\omega)|^2\mathrm{e}^{-\mathrm{i}(n-n')\omega}\mathrm{d}\omega\\&=\frac{1}{2\pi}\sum_{k=-\infty}^{\infty}\int_{0}^{2\pi}|\hat{\varphi}(\omega+2k\pi)|^2\mathrm{e}^{-\mathrm{i}(n-n')\omega}\mathrm{d}\omega\\&=\frac{1}{2\pi}\int_{0}^{2\pi}\left\{\sum_{k\in Z}|\hat{\varphi}(\omega+2k\pi)|^2\right\}\mathrm{e}^{-\mathrm{i}(n-n')\omega}\mathrm{d}\omega\\&=\frac{1}{2\pi}\int_{0}^{2\pi}F(\omega)\mathrm{e}^{-\mathrm{i}(n-n')\omega}\mathrm{d}\omega\end{aligned}$$

为使 $\{\varphi_n\}$，$n\in Z$ 成为标准正交基，必须

$$\langle\varphi_n,\varphi_{n'}\rangle=\frac{1}{2\pi}\int_{0}^{2\pi}F(\omega)\mathrm{e}^{-\mathrm{i}(n-n')\omega}\mathrm{d}\omega=\delta_{n,n'}$$

为此必须有 $F(\omega)=1$。反之，只要 $F(\omega)=1$，则有

$$\langle\varphi_n,\varphi_{n'}\rangle=\delta_{n,n'}$$

引理 10.2　若令 $H(\omega)=\frac{1}{2}\sum\limits_{n\in Z}C_n\mathrm{e}^{-\mathrm{i}\omega n}$，其中 C_n 为双尺度方程（10.4.7）中的系数，则

$$|H(\omega)|^2+|H(\omega+\pi)|^2=1$$

证明　对式（10.4.7）两边作傅里叶变换，可得

$$\begin{aligned}\hat{\varphi}(\omega)&=\frac{1}{2}\sum_{n\in Z}C_n\mathrm{e}^{-\frac{1}{2}\mathrm{i}\omega n}\hat{\varphi}\left(\frac{\omega}{2}\right)\\&=\hat{\varphi}\left(\frac{\omega}{2}\right)H\left(\frac{\omega}{2}\right)\end{aligned}\tag{10.4.8}$$

由此得

$$\hat{\varphi}(2\omega)=H(\omega)\hat{\varphi}(\omega)$$

因为已有

$$\sum_{k\in Z}|\hat{\varphi}(\omega+2k\pi)|^2=1,\qquad\forall\,\omega\in R$$

则

$$
\begin{aligned}
1 &= \sum_{k\in Z} |\hat{\varphi}(2\omega+2k\pi)|^2 = \sum_{k\in Z} |H(\omega+k\pi)|^2 |\hat{\varphi}(\omega+k\pi)|^2 \\
&= \sum_{k\in Z} |H(\omega)|^2 |\hat{\varphi}(\omega+2k\pi)|^2 \\
&\quad + \sum_{k\in Z} |H(\omega+(2k+1)\pi)|^2 |\hat{\varphi}(\omega+(2k+1)\pi)|^2 \\
&= \sum_{k\in Z} |H(\omega)|^2 |\hat{\varphi}(\omega+2k\pi)|^2 \\
&\quad + \sum_{k\in Z} |H(\omega+\pi)|^2 |\hat{\varphi}(\omega+\pi+2k\pi)|^2 \\
&= \Big(\sum_{k\in Z} |\hat{\varphi}(\omega+2k\pi)|^2\Big) \cdot (|H(\omega)|^2 + |H(\omega+\pi)|^2) \\
&\quad \cdot \Big(\sum_{k\in Z} |\hat{\varphi}(\omega+\pi+2k\pi)|^2\Big) \\
&= |H(\omega)|^2 + |H(\omega+\pi)|^2
\end{aligned}
$$

定理 10.2（正交小波基） 在建立了双尺度方程（10.4.7）之后，令

$$
\psi(t) = \sum_{n\in Z} (-1)^n C_{1-n}^* \varphi(2t-n) \tag{10.4.9}
$$

$$
\psi_{m,n}(t) = 2^{\frac{m}{2}} \psi(2^m t - n) \tag{10.4.10}
$$

则$\{\varphi_{m,n}(t)\}$，$m,n \in Z$ 是 $L^2(R)$ 的标准正交基，并当

$$
W_m = \mathrm{Span}(\psi_{m,n}),\ n \in Z \tag{10.4.11}
$$

时有

$$
W_m \perp V_m, \qquad W_m \oplus V_m = V_{m+1}
$$

证明 该定理分几步进行证明。

(1) 先证明 $\{\psi_{0,n}\}$，$n\in Z$ 为标准正交基。根据 $\psi(t)$ 的定义（10.4.9），其傅里叶变换为

$$
\begin{aligned}
\hat{\psi}(\omega) &= \frac{1}{2}\sum_{n\in Z} (-1)^n C_{1-n}^* \mathrm{e}^{-\mathrm{i}\frac{n\omega}{2}} \hat{\varphi}\left(\frac{\omega}{2}\right) \\
&= -\mathrm{e}^{-\mathrm{i}\frac{\omega}{2}} \left[\frac{1}{2}\sum_{n\in Z} (-1)^{n-1} C_{1-n}^* \mathrm{e}^{-\mathrm{i}(n-1)\frac{\omega}{2}} \hat{\varphi}\left(\frac{\omega}{2}\right)\right]
\end{aligned}
$$

又由 $H(\omega)$ 的定义知

$$
\begin{aligned}
H^*\left(\frac{\omega}{2}+\pi\right) &= \frac{1}{2}\sum_{n\in Z} C_n^* \mathrm{e}^{\mathrm{i}n(\frac{\omega}{2}+\pi)} \\
&= \frac{1}{2}\sum_{n\in Z} C_n^* \mathrm{e}^{\mathrm{i}n(\frac{\omega}{2})} (-1)^n \\
&= \frac{1}{2}\sum_{m\in Z} C_{1-m}^* \mathrm{e}^{-\mathrm{i}(m-1)\frac{\omega}{2}} (-1)^{m-1}
\end{aligned}
$$

故有

$$
\hat{\psi}(\omega) = -\mathrm{e}^{-\mathrm{i}\frac{\omega}{2}} H^*\left(\frac{\omega}{2}+\pi\right) \hat{\psi}\left(\frac{\omega}{2}\right) \tag{10.4.12}
$$

由此又可推知

$$\begin{aligned}\sum_{k\in Z}|\hat{\psi}(\omega+2k\pi)|^2&=\sum_{k\in Z}\left|\hat{\varphi}\left(\frac{\omega}{2}+k\pi\right)\right|^2\left|H\left(\frac{\omega}{2}+\pi+k\pi\right)\right|^2\\&=\sum_{k\in Z}\left|\hat{\varphi}\left(\frac{\omega}{2}+2k\pi\right)\right|^2\left|H\left(\frac{\omega}{2}+\pi\right)\right|^2\\&\quad+\sum_{k\in Z}\left|\hat{\varphi}\left(\frac{\omega}{2}+\pi+2k\pi\right)\right|^2\left|H\left(\frac{\omega}{2}\right)\right|^2\end{aligned}$$

根据引理 10.1 和 MRA 定义，$\{\varphi(t-n)\}$，$n\in Z$ 是 V_0 的标准正交基，故有

$$\sum_{k\in Z}\left|\hat{\varphi}\left(\frac{\omega}{2}+2k\pi\right)\right|^2=\sum_{k\in Z}\left|\hat{\varphi}\left(\frac{\omega}{2}+\pi+2k\pi\right)\right|^2=1$$

再考虑引理 10.2，便由上式得到

$$\sum_{k\in Z}|\hat{\psi}(\omega+2k\pi)|^2=\left|H\left(\frac{\omega}{2}\right)\right|^2+\left|H\left(\frac{\omega}{2}+\pi\right)\right|^2=1$$

再由引理 10.1 就可知 $\{\psi_{0,n}\}$，$n\in Z$ 为标准正交基。

（2）证明 $W_0\perp V_0$。根据 MRA 定义 $\{\varphi(t-n)\}$，$n\in Z$ 为 V_0 的标准正交基。亦即 V_0 由$\{\varphi(t+k)\}$，$k\in Z$ 张成。此外，W_0 由标准正交基$\{\psi(t+m)\}$，$m\in Z$ 张成。因此，要证明 $W_0\perp V_0$，即只需证明

$$\int_{-\infty}^{\infty}\varphi(t+k)\psi^*(t+m)\mathrm{d}t=0,\quad k,m\in Z$$

又因

$$\int_{-\infty}^{\infty}\varphi(t+k)\psi^*(t+m)\mathrm{d}t=\int_{-\infty}^{\infty}\varphi(u+k-m)\psi^*(u)\mathrm{d}u$$

故只需证明

$$\int_{-\infty}^{\infty}\varphi(t+k)\psi^*(t)=0,\quad k\in Z$$

由傅里叶变换的帕塞瓦尔等式和式（10.4.8）及式（10.4.12）可得

$$\begin{aligned}\int_{-\infty}^{\infty}\varphi(t+k)\psi^*(t)\mathrm{d}t&=\frac{1}{2\pi}\int_{-\infty}^{\infty}\hat{\varphi}(\omega)\hat{\psi}^*(\omega)\mathrm{e}^{\mathrm{i}k\omega}\mathrm{d}\omega\\&=-\frac{1}{2\pi}\int_{-\infty}^{\infty}H\left(\frac{\omega}{2}\right)\hat{\varphi}\left(\frac{\omega}{2}\right)\mathrm{e}^{\mathrm{i}\frac{\omega}{2}}H\left(\frac{\omega}{2}+\pi\right)\hat{\varphi}^*\left(\frac{\omega}{2}\right)\mathrm{e}^{\mathrm{i}k\omega}\mathrm{d}\omega\\&=-\frac{1}{2\pi}\int_{-\infty}^{\infty}\left|\hat{\varphi}\left(\frac{\omega}{2}\right)\right|^2H\left(\frac{\omega}{2}\right)H\left(\frac{\omega}{2}+\pi\right)\mathrm{e}^{\mathrm{i}(2k+1)\frac{\omega}{2}}\mathrm{d}\omega\\&=-\frac{1}{2\pi}\sum_{n\in Z}\int_{2n\pi}^{2(n+1)\pi}\left|\hat{\varphi}\left(\frac{\omega}{2}\right)\right|^2H\left(\frac{\omega}{2}\right)H\left(\frac{\omega}{2}+\pi\right)\mathrm{e}^{\mathrm{i}(2k+1)\frac{\omega}{2}}\mathrm{d}\omega\\&=-\frac{1}{2\pi}\int_0^{2\pi}\left[\sum_{n\in Z}\left|\hat{\varphi}\left(\frac{\omega}{2}+2n\pi\right)\right|^2H\left(\frac{\omega}{2}\right)H\left(\frac{\omega}{2}+\pi\right)\mathrm{e}^{\mathrm{i}(2k+1)\frac{\omega}{2}}\right]\mathrm{d}\omega\\&\quad+\frac{1}{2\pi}\int_0^{2\pi}\left[\sum_{n\in Z}\left|\hat{\varphi}\left(\frac{\omega}{2}+\pi+2n\pi\right)\right|^2H\left(\frac{\omega}{2}+\pi\right)H\left(\frac{\omega}{2}\right)\mathrm{e}^{\mathrm{i}(2k+1)\frac{\omega}{2}}\right]\mathrm{d}\omega\end{aligned}$$

$$=0$$

故 $W_0 \perp V_0$ 得证。

(3) 证明 $V_0 \oplus W_0 = V_1$。令

$$h_e(\omega) = \frac{1}{2}\left[H\left(\frac{\omega}{2}\right) + H\left(\frac{\omega}{2} + \pi\right)\right]$$

$$h_0(\omega) = \frac{1}{2}\left[H\left(\frac{\omega}{2}\right) - H\left(\frac{\omega}{2} + \pi\right)\right]$$

根据 $H(\omega)$ 的定义可知

$$h_e(\omega) = \frac{1}{2}\sum_{n \in Z} C_{2n}\mathrm{e}^{-\mathrm{i}n\omega}$$

$$h_0(\omega) = \frac{1}{2}\sum_{n \in Z} C_{2n+1}\mathrm{e}^{-\mathrm{i}n\omega}$$

据此有

$$\begin{aligned}
& h_e^*(\omega)\hat{\varphi}(\omega) + h_0(\omega)\hat{\psi}(\omega) \\
&= \frac{1}{2}\left[H^*\left(\frac{\omega}{2}\right) + H^*\left(\frac{\omega}{2} + \pi\right)\right]\hat{\varphi}\left(\frac{\omega}{2}\right)H\left(\frac{\omega}{2}\right) \\
&\quad - \frac{1}{2}\left[H\left(\frac{\omega}{2}\right) - H\left(\frac{\omega}{2} + \pi\right)\right]H^*\left(\frac{\omega}{2} + \pi\right)\hat{\varphi}\left(\frac{\omega}{2}\right) \\
&= \frac{1}{2}\left[\left|H\left(\frac{\omega}{2}\right)\right|^2 + H^*\left(\frac{\omega}{2} + \pi\right)H\left(\frac{\omega}{2}\right)\right]\hat{\varphi}\left(\frac{\omega}{2}\right) \\
&\quad + \frac{1}{2}\left[\left|H\left(\frac{\omega}{2} + \pi\right)\right|^2 - H\left(\frac{\omega}{2}\right)H^*\left(\frac{\omega}{2} + \pi\right)\right]\hat{\varphi}\left(\frac{\omega}{2}\right) \\
&= \frac{1}{2}\left[\left|H\left(\frac{\omega}{2}\right)\right|^2 + \left|H\left(\frac{\omega}{2} + \pi\right)\right|^2\right]\hat{\varphi}\left(\frac{\omega}{2}\right) \\
&= \frac{1}{2}\hat{\varphi}\left(\frac{\omega}{2}\right)
\end{aligned}$$

对上式进行傅里叶逆变换就得到

$$\varphi(2t) = \sum_{n \in Z}\left[C_{2n}^*\varphi(t+n) + C_{2n+1}\psi(t-n)\right] \tag{10.4.13}$$

用类似的方法还可得到

$$h_0^*(\omega)\hat{\varphi}(\omega) - \mathrm{e}^{\mathrm{i}\omega}h_e(\omega)\hat{\varphi}(\omega) = \frac{1}{2}\mathrm{e}^{\mathrm{i}\frac{\omega}{2}}\hat{\varphi}\left(\frac{\omega}{2}\right)$$

以及

$$\varphi(2t+1) = \sum_{n \in Z}\left[C_{2n+1}^*\varphi(t+n) - C_{2n}\psi(t-n+1)\right] \tag{10.4.14}$$

这说明 $\varphi(2t)$ 和 $\varphi(2t+1)$ 由 V_0 和 W_0 中的正交基的线性组合来表示。又因 V_1 是由 $\{\varphi(2t+n)\}$，$n \in Z$ 张成的，而一般地又有

$$\varphi(2t+n)=\begin{cases}\varphi(2(t+m)), & n=2m \\ \varphi(2(t+m)+1), & n=2m+1\end{cases}$$

故由式（10.4.13）和式（10.4.14）得知 $V_1=V_0\oplus W_0$.

（4）证明 $\{\psi_{m,n}\}$，$m,n\in Z$ 为 $L^2(R)$ 的标准正交基。

考虑到 V_m 之间的关系和已知的 $V_0\perp W_0$ 以及 $V_1=V_0\oplus W_0$，若保持 $V_{m+1}=V_m\oplus W_m$ 以生成 W_m，则这样的 W_m 满足

$$W_m\perp V_m,\quad W_m\perp W_{m'}$$

且 W_m 由 $\{\psi_{m,n}\},n\in Z$ 张成，从而 $\bigoplus_{m\in Z}W_m=L^2(R)$，故 $\{\psi_{m,n}\}$，$m,n\in Z$ 为 $L^2(R)$ 的标准正交基，亦即小波正交基。

10.4.4　利用 MRA 的构造 Haar 和 Shannon 小波基

在历史上，Haar 和 Shannon 小波基都是用不同方法独立给出的，现在利用 MRA 这一统一的方法重新构造这两种小波基。

对于 Haar 小波，其 MRA 的构成为

$$V_0=\{u(t)\mid u(t)=c_k,\quad k\leqslant t<k+1$$

$$\forall k\in Z,\ \sum_{k\in Z}|c_k|^2<\infty$$

而 V_m 的构成为

$$V_m=\{g(t)\mid g(t)=d_k,\quad \frac{k}{2^m}\leqslant t<\frac{k+1}{2^m}$$

其中的函数 $\varphi(t)$ 为

$$\varphi(t)=\begin{cases}1, & t\in[0,1) \\ 0, & \text{其他}\end{cases}$$

可以证明，这是一个正交 MRA，即 $\varphi(t)$ 的整数平移生成 V_0 的标准正交基，于是

$$\{2^{\frac{1}{2}}\varphi(2t-n)\},\quad n\in Z$$

成为 V_1 的标准正交基，由此可建立双尺度方程

$$\varphi(t)=\sum_{n\in Z}c_n\varphi(2t-n)$$

其中

$$c_n=\int_{-\infty}^{\infty}\varphi(t)\varphi^*(2t-n)\mathrm{d}t$$

考虑到 $\varphi(t)$ 的定义可知，$c_0=1$，$c_1=1$，其他系数均为零，于是双尺度方程成为

$$\varphi(t)=\varphi(2t)-\varphi(2t-1)\tag{10.4.15}$$

而且还显然有

$$(-1)^n c_{1-n}^* = \begin{cases} 1, & n=0 \\ -1, & n=1 \\ 0, & \text{其他} \end{cases}$$

故 Haar 小波母函数 $\psi(t)$ 便可表示为

$$\psi(t) = \varphi(2t) - \varphi(2t-1) \tag{10.4.16}$$

由 Haar 小波母函数 $\psi(t)$ 就可生成 $L^2(R)$ 空间的标准正交小波基，也就是 Haar 小波基。

对于 Shannon 小波，其 MRA 的构成为

$$V_0 = \{u(t) \mid \hat{u}(\omega) = 0, \ |\omega| \geqslant \pi\}$$

$$V_m = \{u(t) \mid \hat{u}(\omega) = 0, \ |\omega| \geqslant 2^m \pi\}$$

$$\varphi(t) = \frac{\sin \pi t}{\pi t}$$

可利用 Shannon 取样定理

$$f(t) = \sum_{n \in Z} f\left(\frac{n}{2}\right) \frac{\sin\left[2\pi\left(t - \frac{n}{2}\right)\right]}{2\pi\left(t - \frac{n}{2}\right)}$$

直接得到双尺度方程

$$\begin{aligned} \varphi(t) &= \sum_{n \in Z} c_n \varphi(2t-n) = \sum_{n \in Z} \varphi\left(\frac{n}{2}\right) \varphi(2t-n) \\ &= \sum_{n \in Z} \frac{\sin\left(\frac{n\pi}{2}\right)}{\frac{n\pi}{2}} \varphi(2t-n) \\ &= \sum_{k \in Z} \frac{2(-1)^k}{(2k+1)\pi} \varphi(2t-2k-1) + \varphi(2t) \end{aligned}$$

于是有

$$c_n = \frac{\sin\left(\frac{n\pi}{2}\right)}{\frac{n\pi}{2}} = \begin{cases} \frac{2(-1)^k}{(2k+1)\pi}, & n = 2k+1 \\ 0, & n = 2k, \ k \neq 0 \\ 1, & n = 0 \end{cases}$$

由此即可得到 Shannon 小波母函数 $\psi(t)$ 为

$$\begin{aligned} \psi(t) &= \sum_{k \in Z} (-1)^k c_{k+1} \varphi(2t+k) \\ &= \sum_{l \in Z} c_{2l+1} \varphi(2t+2l) - c_0 \varphi(2t-1) \end{aligned}$$

$$=2\sum_{l\in Z}\frac{(-1)^l}{(2l+1)\pi}\frac{\sin[\pi(2t+2l)]}{\pi(2t+2l)}-\frac{\sin\left[2\pi\left(t-\frac{1}{2}\right)\right]}{2\pi\left(t-\frac{1}{2}\right)}$$

$$=\frac{\sin\pi\left(t-\frac{1}{2}\right)-\sin\left[2\pi\left(t-\frac{1}{2}\right)\right]}{\pi\left(t-\frac{1}{2}\right)} \tag{10.4.17}$$

10.4.5　Battle-Lemarie 小波基

另一个经常用到的是 Battle-Lemarie 小波基，它是从 B-样条函数出发，利用多分辨分析构造出来的正交小波基。样条函数（Spline Function）是一类分段光滑又在各段交接处具有一定光滑性的函数。在小波分析中用得最多的是基数 B-样条（Cardinal B-Spline）函数，因为它具有最小可能的支撑集。

m 阶 B-样条是 Haar 尺度函数与其自身 m 次卷积运算所得的函数，记作 $N_m(x)$，其前三阶的形式为

$$N_1(x)=\chi_{[0,\ 1]}(x)=\begin{cases}1, & 0\leqslant x<1\\ 0, & \text{其他}\end{cases}$$

$$N_2(x)=N_1(x)*N_1(x)=\int_0^1 N_1(t)N_1(x-t)\mathrm{d}t$$

$$=\begin{cases}x, & 0\leqslant x<1\\ 2-x, & 1\leqslant x<2\\ 0, & \text{其他}\end{cases}$$

$$N_3(x)=N_2(x)*N_1(x)=xN_1(x)-(2-x)N_2(x)$$

$$=\begin{cases}\frac{1}{2}x^2, & 0\leqslant x<1\\ \frac{3}{4}-\left(x-\frac{3}{2}\right)^2, & 1\leqslant x<2\\ \frac{1}{2}(x-3)^2, & 2\leqslant x<3\\ 0, & \text{其他}\end{cases}$$

$N_1(x)$、$N_2(x)$ 和 $N_3(x)$ 分别称为一次、二次和三次 B-样条函数。由 $N_1(x)$ 构造的小波就是 Haar 小波基。由 $N_2(x)$ 不能直接构成正交多分辨分析，需要通过正交化方法来构造所需的尺度函数，该函数可表示为

$$\varphi(x)=\sqrt{3}\sum_k c_n\varphi(x-k) \tag{10.4.18}$$

其中，c_n 为 $(1+2\cos^2\frac{\xi}{2})^{1/2}$ 的傅里叶系数。小波母函数则可表示为

$$\psi(x)=\frac{\sqrt{3}}{2}\sum_k(d_{k+1}-2d_k+d_{k-1})N_2(2x-k) \tag{10.4.19}$$

其中，d_k 为 $\left[\left(1-\sin^2\frac{\xi}{4}\right)/\left(1+\cos^2\frac{\xi}{2}\right)\left(1+\cos^2\frac{\xi}{4}\right)\right]^2$ 的傅里叶系数。

由于正交化过程破坏了紧支撑性，$\varphi(x)$ 不是紧支撑的。

类似地，对于三次 B-样条函数 $N_3(x)$，也需要正交化方法构造相应的尺度函数 $\varphi(x)$ 和小波母函数 $\psi(x)$，由它们产生的正交小波基称为三次 B-样条 Battle-Lemarie 正交小波基。

尺度函数和小波母函数有时用傅里叶变换表示更为方便。三次 B-样条 Battle-Lemarie 小波基的尺度函数和小波母函数分别为

$$\hat{\varphi}(\omega)=\left[\frac{\sin\left(\frac{\omega}{2}\right)}{\frac{\omega}{2}}\right]^4\left[1-\frac{4}{3}\sin^2\left(\frac{\omega}{2}\right)+\frac{2}{5}\sin^4\left(\frac{\omega}{2}\right)-\frac{4}{315}\sin^6\left(\frac{\omega}{2}\right)\right]^{-\frac{1}{2}} \tag{10.4.20}$$

$$\hat{\psi}(\omega)=\mathrm{e}^{\mathrm{i}\frac{\omega}{2}}\frac{\hat{\varphi}(\omega+2\pi)}{\hat{\varphi}\left(\frac{\omega}{2}+2\pi\right)}\hat{\varphi}\left(\frac{\omega}{2}\right) \tag{10.4.21}$$

其中，$\varphi(x)$ 具有低通性，$\psi(x)$ 则为普通函数。

虽然 B-样条函数具有紧支撑集，但正交化过程使二次和三次 B-样条 Battle-Lemarie 小波基丧失了紧支撑性。所幸的是，这些小波基是指数衰减的。

10.5 紧支集正交小波基

在 MRA 中，正交小波基是通过双尺度方程确定的，所以正交小波基的性质与尺度函数有密切关系。从应用角度看，小波基的局域性很重要，更希望它们具有小的紧支撑集。但是，前面所提到的小波基中除 Haar 基外都不具有紧支集。下面就着手讨论如何构造具有紧支集的正交小波基。

10.5.1 有限长双尺度方程的求解

由前面的讨论已知，用 MRA 方法构造正交小波基起关键作用的是双尺度方程

$$\varphi(t)=\sum_{n\in Z}c_n\varphi(2t-n)$$

如果这一方程包含无限多项，则其系数 $\{c_n\}$ 趋于零的速度对构造正交小波基的母函数 $\psi(t)$的算法将起决定性作用。更严重的问题是，即使尺度函数具有紧支集，由此所构造出的 $\psi(t)$也不一定是紧支撑的。所幸的是，如果双尺度方程仅包含有限项，即如果双尺度方程可以表示成

$$\varphi(t)=\sum_{n=0}^{N}c_n\varphi(2t-n) \tag{10.5.1}$$

其中，N 为一有限正整数，则情况就不同了。如果 $\varphi(t)$ 是 MRA 中具有紧支集的尺度函数，则由方程（10.5.1）构造出的小波母函数 $\psi(x)$ 就一定也具有紧支集。对于有限长双尺度方程，要讨论解的存在以及如何求解的问题，还要讨论所得解是否满足 MRA 的要求，以及如何由此构造出具有紧支集的正交小波基。

首先假设已知解存在，讨论如何求解的问题。如果给定了一组常数 $c_0,c_1,c_2,\cdots,c_N$，下面给出几种求解方程（10.5.1）的方法。

方法 1　傅里叶变换法。

对式（10.5.1）两边作傅里叶变换，可得

$$\hat{\varphi}(\omega)=\frac{1}{2}\sum_{n=0}^{N}c_n\mathrm{e}^{-\mathrm{i}\frac{n\omega}{2}}\hat{\varphi}\left(\frac{\omega}{2}\right) \tag{10.5.2}$$

仍然令

$$H(\omega)=\frac{1}{2}\sum_{n=0}^{N}c_n\mathrm{e}^{-\mathrm{i}\omega n}$$

则式（10.5.2）就成为

$$\hat{\varphi}(\omega)=H\left(\frac{\omega}{2}\right)\hat{\varphi}\left(\frac{\omega}{2}\right) \tag{10.5.3}$$

用上式进行迭代，到第 k 次就成为

$$\hat{\varphi}(\omega)=\left[\prod_{j=1}^{k}H\left(\frac{\omega}{2^j}\right)\hat{\varphi}\left(\frac{\omega}{2^k}\right)\right.$$

如果无穷乘积 $\prod\limits_{j=1}^{\infty}H\left(\frac{\omega}{2^j}\right)$ 收敛，即有

$$\hat{\varphi}(\omega)=\prod_{j=1}^{\infty}H\left(\frac{\omega}{2^j}\right)\hat{\varphi}(0)$$

若

$$\prod_{j=1}^{\infty}H\left(\frac{\omega}{2^j}\right)\in L^1(R)\cap L^2(R)$$

并在归一化条件 $\hat{\varphi}(0)=1$ 下，即可得

$$\hat{\varphi}(\omega)=\prod_{j=1}^{\infty}H(2^{-j}\omega)$$

从而有

$$\varphi(t)=\frac{1}{2\pi}\int_{-\infty}^{\infty}\prod_{j=1}^{\infty}H(2^{-j}\omega)\mathrm{e}^{\mathrm{i}\omega t}\mathrm{d}\omega \tag{10.5.4}$$

这种解法看起来很简单，但困难在于对无穷乘积 $\prod_{j=1}^{\infty}H(2^{-j}\omega)$ 收敛性的验证，而且在数值计算方面几乎不可能由式（10.5.3）直接求出 $\varphi(t)$。因此，式（10.5.4）主要用于理论上的分析。

方法 2　迭代法。

对于预先给定的系数 $c_0,c_1,c_2,\cdots,c_n$ 构造迭代算子 T：

$$T\varphi(t)=\sum_{n=0}^{N}c_n\varphi(2t-n) \tag{10.5.5}$$

则对于任意选取的初始函数 $\varphi_0(t)$，迭代生成下列函数序列：

$$\varphi_1(x)=(T\varphi_0)(t)=\sum_{n=0}^{N}c_n\varphi_0(2t-n)$$

$$\varphi_2(t)=(T\varphi_1)(t)=\sum_{n=0}^{N}c_n\varphi_1(2t-n)$$

……

$$\varphi_m(t)=(T\varphi_{m-1})(t)=\sum_{n=0}^{N}c_n\varphi_{m-1}(2t-n)$$

……

如果函数列 $\varphi_m(t)$ 收敛于函数 $\varphi(t)$，因 N 为有限数，则有

$$\varphi(t)=\sum_{n=0}^{N}c_0\varphi(2t-n)$$

也就是说，这样所求得的 $\varphi(x)$ 满足双尺度方程。

看起来这一方法直接了当，只是无法判断函数列 $\varphi_m(t)$ 是否收敛。因此，该方法在实际计算中得到了较多应用，却难以用于理论分析。

方法 3　离散化法。

假设对事先给定的系数 $c_0,c_1,c_2,\cdots,c_N$，式（10.5.1）有解，并且其支集为 $[0,N]$，离散化方法是求出 $\varphi(t)$ 在二进制离散点 $2^{-m}k$ 上的函数值$\varphi(2^{-m}k)$，$k\in N$，$m\in Z$，$2^{-m}k\in[0,N]$。

由于 $\varphi(t)$ 的支集是 $[0,N]$，引入记号 $\varphi(m')=0$，$m\leqslant 0$ 或 $m'\geqslant N$。在式（10.5.1）中取 $t=1,2,\cdots,N-1$，即可得方程组

$$\varphi(1)=c_0\varphi(2)+c_1\varphi(1)$$

$$\varphi(2)=c_0\varphi(4)+c_1\varphi(3)+c_2\varphi(2)+c_3\varphi(1)$$

……

$$\varphi(N-2)=c_{N-3}\varphi(N-1)+c_{N-2}\varphi(N-2)+c_{N-1}\varphi(N-3)+c_N\varphi(N-4)$$

$$\varphi(N-1)=c_{N-1}\,\varphi(N-1)+c_N\,\varphi(N-2)$$

如果令

$$\Phi=(\varphi(1),\ \varphi(2),\ \cdots,\ \varphi(N-1))^{\mathrm{T}}$$

$$A=(a_{ij})_{(N-1)(N+1)}$$

$$a_{ij}=c_{2i-j},\ i,j=1,2,\cdots,N-1$$

则上述方程组可以简单地表示成矩阵形式

$$\Phi=A\Phi \tag{10.5.6}$$

此方程在归一化条件

$$\sum_{k=1}^{N-1}\varphi(k)=1$$

下解是唯一的。解得 $\varphi(1)$，$\varphi(2)$，…，$\varphi(N-1)$ 后，就可由方程（10.5.1）得到

$$\varphi\left(\frac{k}{2}\right)=\sum_{n=0}^{N}c_n\varphi(k-n)$$

进而求出 $\varphi\left(\frac{k}{2}\right)$，$k=2m+1$，$m=0,1,2,\cdots$。

重复上述过程即可求得 $\varphi(t)$在［$0,N$］中二进离散点 $2^{-m}k$ 上的值$\varphi(2^{-m}k)$。

10.5.2　有限长双尺度方程有解的条件

上面所给出的几种求解有限长双尺度方程的方法都有一个前提条件，即所给系数能使方程有唯一解。显然，不是任何系数都能满足这一要求。那么在什么样的条件下方程存在唯一解且其解就是 MRA 中所要求的尺度函数呢？

首先讨论方程（10.5.1）有解且其解为正交 MRA 尺度函数的必要条件。由引理 10.2 知，方程（10.5.1）的解成为正交 MRA 尺度函数的必要条件是

$$|H(\omega)|^2+|H(\omega+\pi)|^2=1 \tag{10.5.7}$$

由于按定义

$$H(\omega)=\frac{1}{2}\sum_{n=0}^{N}c_n\mathrm{e}^{-\mathrm{i}n\omega}$$

于是

$$|H(\omega)|^2=\frac{1}{4}\left[\sum_{n=0}^{N}c_n\mathrm{e}^{-\mathrm{i}n\omega}\right]\left[\sum_{n=0}^{N}c_n^*\,\mathrm{e}^{\mathrm{i}n\omega}\right]$$

$$=\frac{1}{4}\sum_{k}\left(\sum_{n}c_n c_{n-k}^*\right)\mathrm{e}^{-\mathrm{i}k\omega}$$

$$|H(\omega+\pi)|^2=\frac{1}{4}\sum_{k}(-1)^k\left(\sum_{n}c_n c_{n-k}^*\right)\mathrm{e}^{-\mathrm{i}k\omega}$$

其中 $c_l=0$，$l<0$ 或 $l>N$，从而使式（10.5.7）成为

$$\sum_{n=0}^{N} c_n c_{n-k}^* = 2\delta_{0,k} \tag{10.5.8}$$

由式（10.5.3）有

$$\hat{\varphi}(0) = H(0)\hat{\varphi}(0)$$

由于 $\hat{\varphi}(0)\neq 0$，故必有 $H(0)=1$，因而由 $H(\omega)$ 的定义可得

$$\sum_{n=0}^{N} c_n = 2 \tag{10.5.9}$$

再由式（10.5.3）我们有

$$\begin{aligned}\sum_k |\hat{\varphi}(\omega+2k\pi)|^2 &= \sum_k \left|H\left(\frac{\omega}{2}+k\pi\right)\right|^2 \cdot \left|\hat{\varphi}\left(\frac{\omega}{2}+k\pi\right)\right|^2 \\ &= \left|H\left(\frac{\omega}{2}\right)\right|^2 \sum_k \left|\hat{\varphi}\left(\frac{\omega}{2}+2k\pi\right)\right|^2 \\ &\quad + \left|H\left(\frac{\omega}{2}+\pi\right)\right|^2 \sum_k \left|\hat{\varphi}\left(\frac{\omega}{2}+\pi+2k\pi\right)\right|^2\end{aligned}$$

令 $\omega=0$ 即可得

$$|H(\pi)|^2 \sum_k |\hat{\varphi}(\pi+2k\pi)|^2 = 0$$

因

$$\sum_k |\hat{\varphi}(\pi+2k\pi)|^2 \neq 0$$

故有

$$H(\pi)=0$$

把这一结果代回到 $H(\omega)$ 的定义式即可得到

$$\sum_{n=0}^{N} c_{2n} = \sum_{n=0}^{N} c_{2n+1} = 1 \tag{10.5.10}$$

这样，式（10.5.8）~式（10.5.10）给出了双尺度方程（10.5.1）的解能成为正交 MRA 尺度函数，其系数必须满足的必要条件。但是，仅有这样的条件对实际构造尺度函数意义并不很大，真正需要的是充分条件。在这方面道比契斯（I. Daubechies）的理论有重要意义。为讨论这一理论，我们在时域引入记号

$$m(z) = \frac{1}{2}\sum_{n=0}^{N} c_n z^n$$

则有

$$H(\omega) = m(\mathrm{e}^{-\mathrm{i}\omega})$$

这样，对系数 $c_0, c_1, c_2, \cdots, c_N$ 的限制，可归结为多项式 $m(z)$ 应满足的条件。

定理 10.3（道比契斯定理） 若 $m(z)$ 可写成

$$m(z)=\left(\frac{1+z}{2}\right)^{L}Q(z) \tag{10.5.11}$$

$$Q(z)=\sum_{j=0}^{S}q_jz^j,\qquad S=N-L$$

$Q(z)$为实系数多项式，且满足

(1) $\sum\limits_{j=1}^{S}q_j=1$；

(2) $\sup\limits_{|z|=1}|Q(z)|<2^{L-1}$；

(3) $\sum\limits_{n=0}^{N}c_nc_{n-2k}^{*}=2\delta_{0,k}$，$k\in Z$。

则双尺度方程（10.5.1）迭代可解，且其解$\varphi(t)$连续并在归一化条件$\hat{\varphi}(0)=1$下成为正交 MRA 的尺度函数。

证明　在该定理中条件（3）即为式（10.5.8），它等价于（10.5.7），而式（10.5.7）又可写成

$$|m(e^{i\omega})|^2+|m(e^{i(\omega+\pi)})|=1 \tag{10.5.12}$$

由于

$$|m(e^{i\omega})|^2=\left|\frac{1+e^{i\omega}}{2}\right|^{2L}|Q(e^{i\omega})|^2$$

$$=\left|\cos^2\frac{\omega}{2}\right|^{L}|Q(e^{i\omega})|^2$$

其中，$Q(z)$是实系数多项式，则

$$Q^*(e^{i\omega})=Q(e^{-i\omega})$$

从而$|Q(e^{i\omega})|^2$是ω的偶函数。$\cos\omega$也是ω的偶函数，故可以表示成$\cos\omega$的多项式。又因

$$\cos\omega=1-2\sin\frac{\omega}{2}$$

所以$|Q(e^{i\omega})|^2$可表示成$\sin^2\frac{\omega}{2}$多项式。

令$y=\cos^2\frac{\omega}{2}$，则$|Q(e^{i\omega})|^2=P(1-y)$，

$$|m(e^{i\omega})|^2=y^2P(1-y)$$

同理

$$|\mathrm{Im}(e^{i(\omega+\pi)})|^2=\left|\sin^2\frac{\omega}{2}\right|^2P\left(\sin^2\left(\frac{\omega+\pi}{2}\right)\right)$$

$$=(1-y)^LP(y)$$

这样，条件（2）就可表示为

$$y^L P(1-y)+(1-y)^L P(y)=1 \tag{10.5.13}$$

并且

$$P(y)\geqslant 0,\quad y\in[0,1] \tag{10.5.14}$$

尚待解决的问题是，对于满足式（10.5.13）和式（10.5.14）的多项式 $P(y)$是否存在相应的实系数多项式 $Q(z)$，使

$$|Q(e^{i\omega})|^2=P\left(\sin^2\frac{\omega}{2}\right)=P\left(\frac{1}{2}(1-\cos\omega)\right)$$

这个问题由下面的黎斯引理来回答。

引理 10.3（黎斯引理） 若系数 $a_0,a_1,a_2\cdots,a_N$ 满足

$$A(\omega)=\sum_{n=0}^{N}a_n\cos n\omega\geqslant 0,\quad \omega\in R$$

则必存在实系数 b_0，b_1，b_2，…，b_N，使得多项式

$$B(\omega)=\sum_{n=0}^{N}b_n e^{in\omega},\quad \omega\in R$$

满足

$$|B(\omega)|^2=A(\omega),\quad \omega\in R$$

证明 由于

$$\cos n\omega=\frac{1}{2}(e^{in\omega}+e^{-in\omega})$$

则 $A(\omega)$ 化为

$$\begin{aligned}A(\omega)&=a_0+\frac{1}{2}\sum_{n=1}^{N}a_n(e^{in\omega}+e^{-in\omega})\\&=e^{-in\omega}\left[\frac{1}{2}\sum_{n=0}^{N-1}a_{n-N}e^{in\omega}+a_0e^{in\omega}+\frac{1}{2}\sum_{n=1}^{N}a_ne^{i(N+n)\omega}\right]\\&=e^{-in\omega}\widetilde{A}(e^{i\omega})\end{aligned}$$

其中

$$\widetilde{A}(z)=\frac{1}{2}\sum_{n=0}^{N-1}a_{N-n}z^n+a_0z^N+\frac{1}{2}\sum_{n=1}^{N}a_nz^{N+n}$$

因为 $\widetilde{A}(z)$ 是 $2N$ 次实系数多项式，所以它必有 $2N$ 个零点。又由于 $\widetilde{A}(e^{i\omega})=e^{iN\omega}A(\omega)$，所以多项式 $\widetilde{A}(z)$ 与 $z^{2N}\widetilde{A}\left(\frac{1}{2}\right)$在单位圆上取相同值。因此，

$$\widetilde{A}(z)=z^{2N}\widetilde{A}\left(\frac{1}{z}\right)$$

故知，若 z_0 为 $\widetilde{A}(z)$ 的零点，则$\frac{1}{z_0}$也是 $\widetilde{A}(z)$ 的零点。又因 $A(\omega)$ 的系数 a_n 均为实数，故

$$\widetilde{A}(z)=\widetilde{A}(z^*)$$

因此，若 z_0 为 $\widetilde{A}(z)$ 的零点，则 z_0^* 也是 $\widetilde{A}(z)$ 的零点。这样，若 z_0 是 $\widetilde{A}(z)$ 的复零点，则 z_0^{-1}、z_0^* 和 $z^{*^{-1}}$ 亦为 $\widetilde{A}(z)$ 的零点。当 r_0 为 $\widetilde{A}(z)$ 的实零点时，r_0^{-1} 也是 $\widetilde{A}(z)$ 的零点。综上所述，多项式 $\widetilde{A}(z)$ 可写成

$$\widetilde{A}(z)=\frac{1}{2}a_N\cdot\prod_{k=1}^{K}(z-r_k)(z-r_k^{-1})$$
$$\cdot\prod_{j=1}^{M}(z-z_j)(z-z_j^{-1})(z-z_j^*)(z-z_j^{*^{-1}})$$

其中，K，M 满足 $4M+2K=2N$。

由于

$$|(e^{i\omega}-z_0)(e^{i\omega}-z_0^{*^{-1}})|=|z_0|^{-1}|e^{i\omega}-z_0|^2$$

所以

$$\begin{aligned}A(\omega)&=|A(\omega)|=|\widetilde{A}(\omega)|\\&=\left[\frac{1}{2}|a_N|\prod_{k=1}^{K}|r_k|^{-1}\prod_{j=1}^{M}|z_j|^{-2}\right]\\&\quad\cdot\left|\prod_{k=1}^{K}(e^{i\omega}-r_k)\cdot\prod_{j=1}^{M}(e^{i\omega}-z_j)(e^{i\omega}-z_j^*)\right|^2\\&=|B(\omega)|^2\end{aligned}$$

其中

$$B(\omega)=\left[\frac{1}{2}|a_N|\prod_{k=1}^{K}|r_k|^{-1}\cdot\prod_{j=1}^{M}|z_j|^{-2}\right]^{-\frac{1}{2}}$$
$$\cdot\prod_{k=1}^{K}(e^{i\omega}-r_k)\cdot\prod_{j=1}^{M}(e^{i2\omega}-2e^{i\omega}\mathrm{Re}z_j+|z_j|^2)$$

它是 $e^{i\omega}$ 的最高为 N 次的实系数多项式，通过欧拉公式也就变成所求的 N 阶实系数三角函数多项式。

由此可知，只要找到了满足条件（10.5.13）和（10.5.14）的多项式 $P(y)$，就存在同阶的实系数多项式 $Q(e^{i\omega})$ 满足

$$\begin{aligned}|Q(e^{i\omega})|^2&=P\left(\sin^2\left(\frac{\omega}{2}\right)\right)\\&=P\left(\frac{1}{2}(1-\cos\omega)\right)\end{aligned}$$

也就得到了多项式

$$m(e^{i\omega})=\left[\frac{1}{2}(1+e^{i\omega})\right]^L Q(e^{i\omega})$$

满足条件（10.5.12）。如果 $Q(e^{i\omega})$ 还满足以下条件

$$\sup_{\omega} \mid Q(\mathrm{e}^{\mathrm{i}\omega}) \mid = \sup_{y\in[0,\ 1]} \mid P(y) \mid^{\frac{1}{2}} < 2^{L-1}$$

则可由此构造具有紧支集的正交小波基。

由代数运算又可证明，方程（10.5.13）的解具有如下的形式：

$$P(y) = P_L(y) + y^L P_r\left(\frac{1}{2} - y\right) \tag{10.5.15}$$

其中

$$P_L(y) = \sum_{j=0}^{L-1} D_{L-1+j}^{j} y^j$$

$$D_n^k = \frac{n!}{k!\ (n-k)!}$$

P_r 是多项式，满足条件

$$P_r\left(\frac{1}{2} - y\right) = -P_r\left(\frac{1}{2} + y\right)$$

10.5.3 紧支集正交小波基的构造

总结前面讨论的结果可知，构造紧支集正交小波基的方法是，通过构造多项式

$$m(z) = \frac{1}{2}\sum_{n=0}^{N} c_n z^n$$

来构造有限长双尺度方程

$$\varphi(t) = \sum_{n=0}^{N} c_n \varphi(2t - n)$$

这一工作可按下述步骤进行。

第一步：选定 L；

第二步：选取符合下述要求的多项式 P_r：

(1) $P_r\left(\frac{1}{2} - y\right) = -P_r\left(\frac{1}{2} + y\right)$；

(2) $P_L(y) + y^L P_r\left(\frac{1}{2} - y\right) \geqslant 0$，$0 \leqslant y \leqslant 1$；

(3) $\sup\limits_{y\in[0,\ 1]}\left[P_L(y) + y^L P_r\left(\frac{1}{2} - y\right)\right] \leqslant 2^{2(L-1)}$。

于是，所求的多项式成为

$$\begin{aligned} m(\mathrm{e}^{\mathrm{i}\omega}) &= \frac{1}{2}\sum_{n=0}^{2L-1} c_n \mathrm{e}^{\mathrm{i}n\omega} \\ &= \left[\frac{1}{2}(1 + \mathrm{e}^{\mathrm{i}\omega})\right]^L Q(\mathrm{e}^{\mathrm{i}\omega}) \end{aligned}$$

其中，$Q(\mathrm{e}^{\mathrm{i}\omega})$ 满足

$$|Q(\mathrm{e}^{\mathrm{i}\omega})|^2=\sum_{k=0}^{L-1}D_{L-1+k}^{k}\sin^2\frac{\omega}{2}+\left(\sin^2\frac{\omega}{2}\right)^L P_r\left(\frac{1}{2}\cos\omega\right)$$

在此基础上可构造出具有紧支集的正交小波母函数

$$\psi(t)=\sum_{n\in Z}c_{1-n}^{*}(-1)^n\varphi(2t-n)$$

最简单的情况是取 $P_r=0$，在这种情况下，$P_L(y)$ 是正系数多项式，故条件（2）得到满足。又因当 $y\geqslant 0$ 时 $P_L(y)$ 单调增加，故

$$\begin{aligned}\sup_{y\in[0,1]}P_L(y)&=P_L(1)=\prod_{j=0}^{L-1}D_{L-1+j}^{j}\\&=D_{2L-1}^{L-1}<\frac{1}{2}\sum_{k=0}^{2L-1}D_{2L-1}^{k}\\&=2^{2L-1}\end{aligned}$$

于是条件（3）得到满足。而条件（1）已自动得到满足。这样，根据黎斯引理可构造实系数多项式

$$Q(\mathrm{e}^{\mathrm{i}\omega})=\sum_{n=0}^{L-1}q_L(n)\mathrm{e}^{\mathrm{i}n\omega}$$

使得

$$|Q(\mathrm{e}^{\mathrm{i}\omega})|^2=P_L(\sin^2\frac{\omega}{2})=P_L\left(\frac{1}{2}(1-\cos\omega)\right)$$

同样地，依不同的选择，可构造出不同的小波正交基。

这样构造出的紧支集正交小波基虽然有局域性的优点，但也有其不足的地方，除了 Haar 小波外，一般都缺乏对称性，而且局域性与光滑性相互矛盾。

10.5.4　Daubechies 小波和 Coifman 小波

根据以上理论，Daubechies 率先构造出了一组被称作 Daubechies 小波的紧支撑正交小波基系列。正如上面所讨论的，当选 $P_r=0$ 时，尺度函数 $\varphi(x)$ 通过一个有限三角函数多项式表达出来，这时 $\varphi(x)$ 与给定的 L 相关，并记作 $\varphi_L(x)$，由其构造出的小波母函数记作 $\psi_L(x)$，把这些小波称为 Daubechies L 阶小波。可以证明，当 $L=1$ 时，$\varphi_L(x)$ 和 $\psi_L(x)$ 就退化为 Haar 尺度函数和小波母函数。当 $L>1$ 时，Daubechies 小波除了具有正交性和紧支撑性外还具有连续性。L 阶 Daubechies 小波尺度函数的支撑集为 $[0,2L-1]$，而母小波函数的支撑集则为 $[1-L,L]$，即其宽度都是 $2L-1$。因此，这类小波的阶数越高，其支撑集也就越宽，同时其光滑（连续）性也就越好。

另一类常用的紧支撑小波称为 Coifman 小波，L 阶 Coifman 小波的支集宽

度为 $3L-1$。

遗憾的是，紧支集小波基除 Haar 系外，用上述方法构造的小波基不能表示成解析形式。不过，它们的图形可以通过一种“级联算法”的程序计算到任意高的精度。

紧支撑小波基的一个共同特点是具有与其阶数相当的消失矩。对 L 阶紧支集小波而言，其小波母函数 $\psi(x)$ 满足

$$\int_{-\infty}^{\infty} x^k \psi(x)\mathrm{d}x = 0, \quad k = 0,1,2,\cdots,L-1$$

消失矩的存在对小波的应用有很高的价值，消失矩和函数的衰减速度紧密相关。在用于函数展开时，高阶消失矩使其高阶平滑部分消失；在用于矩阵压缩时，高的消失矩可使矩阵变得更加稀疏。以上这些特性对小波在电磁理论中的应用很有意义。

10.6 计算电磁学中的小波矩量法

由前几章的分析已经知道，电磁场理论总是把各种电磁场问题归结为各类算子方程的求解。在实践中只有少数具有规则边界的电磁场问题才能求得算子方程的解析解，大部分复杂电磁场问题只能求得近似解。电子计算机的发展为电磁场的近似求解提供了强大的工具，更促成了计算电磁学的发展。

10.6.1 计算电磁学和矩量法

对求解麦克斯韦方程组的近似方法和数值方法的研究可以追溯到麦克斯韦本人的研究工作。在后来众多理论家的研究工作中逐渐发展了一些有效的近似方法，如变分法、微扰法、级数展开法和渐近法等。但是，由于计算条件的限制，这些方法没能充分发挥作用，许多较复杂的电磁问题还不能得到解决。

电子计算机的出现和发展开创了电磁场计算的新时代。从 20 世纪 60 年代起，很快形成了电磁理论中的一个新方向——计算电磁学。

作为一门新兴学科，计算电磁学还没有一个权威性的定义，但可以把它看成是电磁理论、现代数学方法和计算机技术相结合的产物。随着科学技术的不断发展和电磁理论应用领域的不断扩大，越来越多、越复杂的电磁问题提了出来，从而推动了计算电磁学的迅速发展。

经过众多科学家的不懈研究，计算电磁学已经有了全新的面貌。一方面，

把计算电磁学中的各种方法建立在现代数学的雄厚基础之上，用泛函分析和算子理论进行统一描述，并把现代数学的一些研究成果迅速地引用到计算电磁学中来，小波分析在电磁场计算中的应用就是一例。另外，计算机软、硬件的发展，尤其是并行计算的应用，大大提高了计算效率，并扩大了计算电磁学的应用范围。由于计算电磁学的发展，解决了很多过去不能解决的复杂的电磁问题。

现在计算电磁学中发展的几种数值方法主要包括有限差分法、有限元法和矩量法等。所有这些方法又分频域和时域两类。

小波在计算电磁学中主要应用于两个方面，一是用于矩量法，二是用于时域多分辨分析法。下面将对这两种应用进行讨论。

矩量法是计算电磁学中最早发展起来的，主要用于数值求解积分算子方程。由以前的分析可知，有很多复杂的电磁问题，最终可用积分算子方程表达出来，首先把矩量法用于求解积分算子方程就不奇怪了。

10.6.2　矩量法原理

作为内域积分形式的加权余量法的矩量法已在第 5 章进行过原理性讨论，在此将根据后续内容的需要再作简要叙述。

用矩量法近似求解算子方程，起关键作用的是未知函数用什么样的线性无关序列对其进行近似表示。设待解算子方程为

$$Lu=f \tag{10.6.1}$$

其中，u 为待求函数，f 已知。设未知函数 u 可近似地由一序列 $\{u_n\}$ 表示为

$$u=\sum_n \alpha_n u_n \tag{10.6.2}$$

其中，$\{u_n\}$ 满足方程（10.6.1）的边界条件。在此表示下，待解方程就可表示为

$$L\sum_n \alpha_n u_n=f \tag{10.6.3}$$

设用 $\{w_n\}$ 表示权函数序列，并用其与方程（10.6.3）作内积可得

$$\sum_n \alpha_n \langle w_m, Lu_n\rangle=\langle w_m, f\rangle,\quad m,n=1,2,\cdots,N$$

该方程可表示成矩阵形式：

$$[l_{nn}]\cdot(\boldsymbol{\alpha})^{\mathrm{T}}=(\boldsymbol{f})^{\mathrm{T}} \tag{10.6.4}$$

其中

$$\boldsymbol{\alpha}=(\alpha_1,\alpha_2,\cdots,\alpha_n)$$

$$\boldsymbol{f}=(\langle w_1, f\rangle,\langle w_2, f\rangle,\cdots,\langle w_n, f\rangle)$$

$$[l_{nn}]=\begin{bmatrix}\langle w_1,Lu_1\rangle\langle w_1,Lu_2\rangle\cdots\langle w_1,Lu_n\rangle\\ \langle w_2,Lu_1\rangle\langle w_2,Lu_2\rangle\cdots\langle w_2,Lu_n\rangle\\ \cdots\cdots\\ \langle w_n,Lu_1\rangle\langle w_n,Lu_2\rangle\cdots\langle w_n,Lu_n\rangle\end{bmatrix}$$

求解方程（10.6.4）就可得到

$$(\boldsymbol{\alpha})^{\mathrm{T}}=[l_{nn}]^{-1}(\boldsymbol{f})^{\mathrm{T}} \tag{10.6.5}$$

把求得的 α_n 代回式（10.6.2）就可求得近似解。

如此看来，矩量法是把函数的线性算子方程转化为代数方程进行求解，而代数方程的求解可由计算机来完成。

这里存在的最大问题是这样所得到的矩阵 $[l_{nn}]$ 是满秩的，当 n 很大时，求得 $[l_{nn}]^{-1}$是非常费时的，这就大大限制了矩量法的应用。因此，如何使矩阵 $[l_{nn}]$ 变得稀疏，甚至对角化就成了重要的研究课题。

10.6.3 函数的小波基展开

在电磁理论中经常用到场的模式展开法，正规模是一个规则条件下的本征函数，它们是一定条件下函数空间的正交基。正规模经常是经典的正交级数系，如三角函数、勒让德函数、贝塞尔函数、埃尔米特函数以及切比雪夫函数等，但这些正交基都与问题相关。

在矩量法中，如果未知函数的展开基与权函数系相同，就称为伽辽金法。如果基函数是完备正交基，则其解会快速收敛。所以，矩量法中基函数的选择有非常重要的意义。

小波基是 $L^2(R)$ 中的标准正交基，如果用它作为矩量法中的基函数，将会有很多优良的特点。首先，因为它是一般 $L^2(R)$ 的正交基，将不再与具体问题相关，故其方法具有一般性。

由上面的分析可知，如果用 $\{\psi_{m,n}\}$，$m,n\in Z$ 表示小波基，则任意函数 $f(x)\in L^2(R)$，我们有

$$f(x)=\sum_{m=-\infty}^{\infty}\sum_{n=-\infty}^{\infty}\langle f,\psi_{m,n}\rangle\psi_{m,n}(x)$$

这一级数均匀收敛，更具局域性。与传统函数基的展开相比，可用更少的系数达到同样的精确度。

小波基展开的另一个特点是，可利用其多分辨分析特性。在同一分辨率水平的尺度函数基 $\varphi_{m,n}$是相互正交的，即

$$\langle\varphi_{m,n},\varphi_{m,\nu}\rangle=\delta_{n,\nu}$$

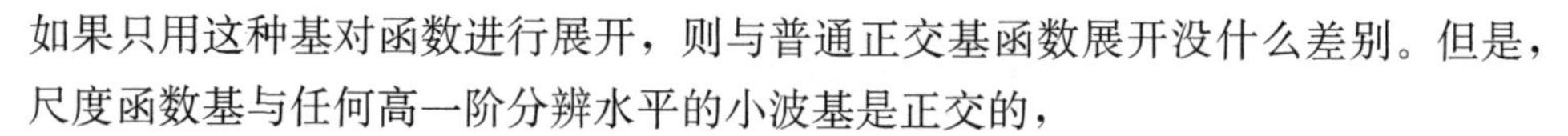

如果只用这种基对函数进行展开，则与普通正交基函数展开没什么差别。但是，尺度函数基与任何高一阶分辨水平的小波基是正交的，

$$\langle \varphi_{m,n}, \psi_{\mu,\nu} \rangle = 0, \quad m \geqslant \mu$$

同时，任意分辨率水平的小波基是相互正交的，即有

$$\langle \psi_{m,n}, \psi_{\mu,\nu} \rangle = \delta_{m,\mu}\delta_{n,\nu}$$

于是，任何 $f(x) \in L^2(R)$ 可展开为

$$f(x) = \sum_{n=-\infty}^{\infty} c_n \varphi_{m_0,n}(x) + \sum_{m=m_0+1}^{\infty} \sum_{n=-\infty}^{\infty} d_{m,n} \psi_{m,n}(x)$$

该级数一致收敛。

尺度函数的傅里叶变换是低通函数，而母小波函数的傅里叶变换则是带通的。这意味着在函数展开中，尺度函数基用于函数低频部分的取样，而小波基则用于高频部分的取样。

和傅里叶级数有快速傅里叶变换相对应，小波级数也有其快速计算方法，这一点对实际应用具有很大意义。

由于小波基具有一定的消失矩，其应用于矩量法时会使矩阵中的许多元素只有非常小的值，忽略它们并不丢失重要信息，于是在一定近似条件下可使矩阵变得非常稀疏。

10.6.4　小波矩量法原理

在矩量法中，如果待求函数用正交小波基展开，我们就称它为小波矩量法。如果权函数也选用同样的小波基，就是小波伽辽金法。所以，关键是未知函数如何用小波基展开。实际上，展开的方法可以有很多种，而且根据问题的特点可选择合适的小波基。

仍然考虑算子方程（10.6.1），则需要展开的是未知函数 $u(x)$。如果对该算子的解域均匀划分为 N 段，以此作为基础分辨率，则最简单的情况是把未知函数用单一分辨率的正交小波基展开，其形式为

$$u(x) = \sum_{k=1}^{N} d_k^j \psi_{j,k}(x) \tag{10.6.6}$$

这里的 j 与基础分辨率对应。显然，这种展开没有发挥小波基的一些优良特性。根据关系

$$V_{j+1} = V_j \oplus W_j$$

V_j 中的基为 $\varphi_{j,k}$，而 W_j 中的基为 $\psi_{j,k}$，而且两组基是相互正交的。于是又可以把 $u(x)$ 用两组基的复合式来展开，其形式为

$$u(x)=\sum_{k=1}^{N}c_k^j\varphi_{j,k}(x)+\sum_{k=1}^{N}d_k^j\psi_{j,k}(x) \tag{10.6.7}$$

根据小波理论我们知道，$\{\varphi_{j,k}\}$ 主要表示 $u(x)$ 的平滑部分，而 $\{\psi_{j,k}\}$ 则描述 $u(x)$ 的快速变化部分，所以这种表示对 $u(x)$ 的表示更为细致。当然这也增加了数值计算的复杂度。进而，如果式（10.6.7）中不仅有基础分辨率，还包含更精细的分辨率，则更增加了对 $u(x)$ 的描述精度，当然也就更进一步增加了复杂度。

为了书写方便，我们选用最简单的表达形式（10.6.6）作为未知函数的近似表示。把式（10.6.6）代入算子方程（10.6.1）便得到

$$L\sum_{k=1}^{N}d_k^j\psi_{j,k}(x)=f(x) \tag{10.6.8}$$

若权函数仍选用 $\{\psi_{j,k}\}$，则有

$$\sum_{k=1}^{N}d_k^j\langle\psi_{j,k'},L\psi_{j,k}\rangle=\langle\psi_{j,k'},f\rangle,\quad k'=1,2,\cdots,N \tag{10.6.9}$$

也可以把式（10.6.9）写成矩阵形式，如（10.6.4），这时的矩阵 $[l_{n,n}]$ 与普通矩量法中的矩阵有很大差别。由于应用的是正交小波基，正交性能使

$$\langle\psi_{j,k'},L\psi_{j,k}\rangle=0,\quad k\neq k'$$

从而使得矩阵 $[l_{n,n}]$ 成为对角形的，这就大大简化了最后的代数方程的求解，这也是小波矩量法的最突出的优点。

当然这也是最极端的情况，并不能在所有情况下都能使矩阵对角化，但是至少也会使矩阵成为带形对角化的。

在电磁问题中，矩量法主要用于积分算子方程的求解，而且这类算子方程中的积分核 $K(x,y)$ 多数为格林函数或其导数的组合，具有一定的奇异性。为了进一步发挥小波基的作用，使计算得到简化，常把积分核 $K(x,y)$ 也用小波基进行展开表示。由于 $K(x,y)$ 为二元函数，展开形式可以有多种组合，下面是一种表达形式：

$$\begin{aligned}K(x,y)=&\sum_{k}\sum_{k'}\alpha_{k,k'}^{j}\varphi_{j,k}(x)\varphi_{j,k'}(y)\\&+\sum_{k}\sum_{k'}\beta_{k,k'}^{j},\varphi_{j,k}(x)\psi_{j,k'}(y)+\sum_{k}\sum_{k'}\gamma_{k,k'}^{j}\psi_{j,k}(x)\varphi_{j,k'}(y)\end{aligned}$$

其中

$$\alpha_{k,k'}^{j}=\iint K(x,y)\varphi_{j,k}(x)\varphi_{j,k'}(y)\mathrm{d}x\mathrm{d}y$$

$$\beta_{k,k'}^{j}=\iint K(x,y)\varphi_{j,k}(x)\psi_{j,k'}(y)\mathrm{d}x\mathrm{d}y$$

$$\gamma_{k,k'}^{j}=\iint K(x,y)\psi_{j,k}(x)\varphi_{j,k'}(y)\mathrm{d}x\mathrm{d}y$$

这是一种比较简单的形式，因是只在同一个分辨水平下作的展开。在实际应用中可根据 $K(x,y)$ 的性质进行选择。

小波在矩量法的应用也可采用另一种形式，即先用普通矩量法得到一个满秩矩阵，然后由小波构造一个变换矩阵，在其作用下把原方程变换成一个带形对角矩阵的代数方程。

10.7　电磁场计算的时域多分辨分析法

直接求解时域麦克斯韦方程是计算电磁学的一个重要方向，这种方法对解决各种瞬变或宽带电磁问题具有突出的优越性。在计算电磁学中被广泛应用且比较成熟的时域计算方法叫做时域有限差分法（Finite Difference Time Domain，FDTD），它用差分方法直接离散时域麦克斯韦旋度方程并用步进方式进行求解。选择适当的小波基或其组合直接离散麦克斯韦旋度方程并在时域直接求解具有多分辨分析功能，这种方法称为时域多分辨分析法（Time Domain Schemes Based on Multiresolution Analysis，MRTD）。当选用 Haar 尺度函数时，MRTD 与 FDTD 趋于一致，故在某种意义上可把 MRTD 视作 FDTD 的一般化发展。虽然 MRTD 还不够成熟，还有许多问题待解决，但由于它具有突出的优越性，仍有必要对其进行持续深入的研究。

10.7.1　时域有限差分法基本原理

时域有限差分的原理主要有两个方面，其一是把连续函数的电磁场量用差分近似来表示，其二是把解域用网格离散化，电场和磁场的各个分量依坐标轴安置，在空间上电场和磁场交叉放置。

设 $f(x)$ 为 x 的一元连续函数，在 x 轴上每 h 长度取一个点，其中任一点用 x_i 表示。在点 x_{i+1} 处函数 $f(x)$ 的值用 $f(x_{i+1})$ 表示，并用泰勒（Taylor）级数将其表示为

$$f(x_{i+1})=f(x_i)+\frac{h}{1!}\left.\frac{\partial f(x)}{\partial x}\right|_{x=x_i}+\frac{h^2}{2!}\left.\frac{\partial^2 f(x)}{\partial^2 x}\right|_{x=x_i}+\cdots$$

由此可得

$$\begin{aligned}\frac{f(x_{i+1})-f(x_i)}{h}&=\left.\frac{\partial f(x)}{\partial x}\right|_{x=x_i}+\frac{h}{2!}\left.\frac{\partial^2 f(x)}{\partial^2 x}\right|_{x=x_i}+\cdots\\&=\left.\frac{\partial f(x)}{\partial x}\right|_{x=x_i}+O(h)\end{aligned}\tag{10.7.1}$$

同理，可得

$$\frac{f(x_i)-f(x_{i-1})}{h}=\frac{\partial f(x)}{\partial x}\bigg|_{x=x_i}+O(h) \tag{10.7.2}$$

式（10.7.1）叫做 $f(x)$ 在 x_i 点的向前微商，式（10.7.2）叫做 $f(x)$ 在 x_i 点的向后微商，用这两种微商代替 x_i 的微商时都会产生空间步长 h 的一阶近似。

但是，如果把式（10.7.1）与式（10.7.2）相加就会得到

$$\frac{f(x_{i+1})-f(x_{i-1})}{2h}=\frac{\partial f(x)}{\partial x}\bigg|_{x=x_i}+O(h^2) \tag{10.7.3}$$

这种表示叫做 $f(x)$ 在 x_i 点的中心差商。若用它来代替 x_i 的微商，只产生与空间步长 h 的平方成比例的误差，因此称它具有二阶精度。在时域有限差分法中对场量的时间和空间坐标微商就用具有二阶精度的中心差商。

一个逼近程度高的差分格式，不一定能给出一个物理问题好的近似解，一个合理的差分格式还必须与要求解的物理问题的性质相配合，也就是说，在构造差分格式时在解域要合理地配置待求物理量。

一般情况下，在时域计算电磁场要在包括时间在内的四维变量空间中进行。在建立时域有限差分法时，首先就要把问题的变量空间离散化，也就是要建立合理的网格剖分体系。所以，在四维变量空间中合理地配置场的各个分量也是一个关键问题。在时域有限差分法中时间变量采用步进形式体现出来，从而场量的配置主要在解域的空间中进行。这里配置的一个关键点是，在直角坐标系中电场和磁场的各个分量在空间的取值点被交叉地放置，使得在每个坐标平面上每个电场分量的四周由磁场分量环绕，同时每个磁场分量的四周由电场分量环绕。这样的电磁场空间配置符合电磁场的基本变化规律。在这种配置下，每个坐标轴方向上场分量间相距半个网格空间步长，而同一种场分量之间相隔正好为一个空间步长。

现在我们考虑一种最简单的情况，即一种均匀平面波沿 x 方向在无耗均匀介质中传播，它只有两个电磁分量 E_z 和 H_y，它们仅为 x 和时间变量 t 的函数，并且满足方程

$$\frac{\partial E_z(x,t)}{\partial t}=\frac{1}{\varepsilon}\frac{\partial H_y(x,t)}{\partial t} \tag{10.7.4}$$

$$\frac{\partial H_y(x,t)}{\partial t}=\frac{1}{\mu}\frac{\partial E_z(x,t)}{\partial t} \tag{10.7.5}$$

其中，ε，μ 为电磁波所在空间的电磁参数。

按照前面提到的计算空间的剖分原则，把 x 轴以 Δx 为步长作均匀划分，同时也把时间变量进行均匀划分，其间隔（或时间步长）为 Δt。若 F 代表任一场分量，则时域有限差分法中把场量表示为

$$F^k(m)=F(m\Delta x,k\Delta t)$$

依据这一表示和中心差分原理，就可以把式（10.7.4）和式（10.7.5）表示成差分形式

$$\frac{E_z^{k+\frac{1}{2}}(m)-E_z^{k-\frac{1}{2}}(m)}{\Delta t}=\frac{1}{\varepsilon}\frac{H_y^k\left(m+\frac{1}{2}\right)-H_y^k\left(m-\frac{1}{2}\right)}{\Delta x}$$

$$\frac{H_y^{k+1}\left(m+\frac{1}{2}\right)-H_y^k\left(m+\frac{1}{2}\right)}{\Delta t}=\frac{1}{\mu}\frac{E_z^{k+\frac{1}{2}}(m+1)-E_z^{k+\frac{1}{2}}(m)}{\Delta x}$$

经整理后就可得到

$$E_z^{k+\frac{1}{2}}(m)=E_z^{k-\frac{1}{2}}(m)+\frac{\Delta t}{\varepsilon\Delta x}\left[H_y^k\left(m+\frac{1}{2}\right)-H_y^k\left(m-\frac{1}{2}\right)\right] \tag{10.7.6}$$

$$H_y^{k+1}\left(m+\frac{1}{2}\right)=H_y^k\left(m+\frac{1}{2}\right)+\frac{\Delta t}{\mu\Delta x}\left[E_z^{k+\frac{1}{2}}(m+1)-E_z^{k+\frac{1}{2}}(m)\right] \tag{10.7.7}$$

这就是时域有限差分法中使用的一维平面电磁波的差分格式。这里把该格式求出来只是为下面比较使用，不再进一步讨论。

10.7.2　基于 Haar 尺度函数的 MRTD

虽然仅用 Haar 尺度函数形成基函数还不能完整地反映 MRTD 的特点，但在说明 MRTD 的基本原理及其与 FDTD 的关系方面却很有意义。为了比较方便，我们仍讨论无耗均匀介质空间中沿 x 轴传播的平面电磁波问题。和前面一样，首先也把 x 轴和时间 t 依间隔 Δx 和 Δt 作均匀分割，并把由 Haar 尺度函数 $\varphi(x)$ 经平移产生的基函数表示为 $\varphi_m(x)$，且

$$\varphi_m(x)=\varphi\left(\frac{x}{\Delta x}-m\right),\quad m\in Z \tag{10.7.8}$$

用以离散变量 x。再选用时间变量基函数 $h_k(t)$，其形式为

$$h_k(t)=h\left(\frac{t}{\Delta t}-k\right),\quad k\in Z \tag{10.7.9}$$

其中

$$h(t)=\begin{cases}1, & |t|<\dfrac{1}{2}\\ \dfrac{1}{2}, & |t|=\dfrac{1}{2}\\ 0, & |t|>\dfrac{1}{2}\end{cases} \tag{10.7.10}$$

按照MRTD的习惯表示方法，把场量 $E_z(x,t)$ 和 $H_y(x,t)$ 依上述基函数展开为

$$\begin{cases}E_z(x,t)=\sum\limits_{k,m}E^{\varphi}_{k+\frac{1}{2},m}h_{k+\frac{1}{2}}(t)\varphi_m(t)\\ H_y(x,t)=\sum\limits_{k,m}H^{\varphi}_{k,m+\frac{1}{2}}h_k(t)\ \varphi_{m+\frac{1}{2}}(t)\end{cases} \tag{10.7.11}$$

其中，E^{φ} 和 H^{φ} 为待求的展开系数。

把式（10.7.11）分别代入方程（10.7.4）和（10.7.5），然后用基函数 $\varphi_m(x)$和 $h_k(t)$ 对方程两边作内积，即可由式（10.7.4）得到

$$\begin{aligned}&\iint_{-\infty}^{\infty}\left[\sum_{k,m}E^{\varphi}_{k+\frac{1}{2},m}\varphi_m(x)\ \frac{\partial}{\partial t}h_{k+\frac{1}{2}}(t)\right]h_{k'}(t)\varphi_m(x)\mathrm{d}x\mathrm{d}t\\ &=\frac{1}{\varepsilon}\iint_{-\infty}^{\infty}\left[\sum_{k,m}H^{\varphi}_{k+\frac{1}{2},m}h_k(t)\ \frac{\partial}{\partial x}\varphi_{m+\frac{1}{2}}(x)\right]h_{k'}(t)\varphi_m(x)\mathrm{d}x\mathrm{d}t\end{aligned} \tag{10.7.12}$$

不难验证以下结果：

$$\begin{aligned}&\int_{-\infty}^{\infty}h_k(t)\ \frac{\partial}{\partial t}h_{k'+\frac{1}{2}}(t)\mathrm{d}t\\ &=\int_{-\infty}^{\infty}\left(\frac{t}{\Delta t}-k\right)\frac{\partial}{\partial t}\left[\frac{t}{\Delta t}-\left(k'+\frac{1}{2}\right)\right]\mathrm{d}t\\ &=\int_{-\infty}^{\infty}h\left(\frac{t}{\Delta t}-k\right)\frac{\partial}{\partial t}\left\{u\left[\frac{t}{\Delta t}-\left(k'+\frac{1}{2}\right)+\frac{1}{2}\right]-u\left[\frac{t}{\Delta t}-\left(k'+\frac{1}{2}\right)-\frac{1}{2}\right]\right\}\mathrm{d}t\\ &=\int_{-\infty}^{\infty}h\left(\frac{t}{\Delta t}-k\right)\frac{1}{\Delta t}\left\{\delta\left(\frac{t}{\Delta t}-k'\right)-\delta\left[\frac{t}{\Delta t}-(k'+1)\right]\right\}\mathrm{d}t\\ &=\delta_{k,k'}-\delta_{k,k'+1}\end{aligned} \tag{10.7.13}$$

$$\begin{aligned}\int_{-\infty}^{\infty}h_k(t)h_l(t)\mathrm{d}t&=\int_{-\infty}^{\infty}h(\tau-k)h(\tau-l)\Delta t d\tau\\ &=\Delta t\delta_{k,l}\end{aligned} \tag{10.7.14}$$

对于 $\varphi_m(x)$ 也具有这样的性质，故也可以利用以上结果，只要把 $h_k(t)$ 换作 $\varphi_m(x)$即可。根据这样的结果，就可把式（10.7.12）变成

$$\Delta x\sum_k E^{\varphi}_{k+\frac{1}{2},m}(\delta_{k,k'}-\delta_{k',k+1})=\frac{\Delta t}{\varepsilon}\ \sum_m H^{\varphi}_{k,m+\frac{1}{2}}(\delta_{m',m}-\delta_{m',m+1})$$

进一步由此得到

$$E^{\varphi}_{k+\frac{1}{2},m}=E^{\varphi}_{k-\frac{1}{2},m}+\frac{\Delta t}{\varepsilon\Delta x}(H^{\varphi}_{k,m+\frac{1}{2}}-H^{\varphi}_{k,m-\frac{1}{2}}) \tag{10.7.15}$$

用类似的方法，又可以由式（10.7.5）得到

$$H^{\varphi}_{k+1,m+\frac{1}{2}}=H^{\varphi}_{k,m+\frac{1}{2}}+\frac{\Delta t}{\mu\Delta x}(E^{\varphi}_{k+\frac{1}{2},m+1}-E^{\varphi}_{k+\frac{1}{2},m}) \tag{10.7.16}$$

把式（10.7.15）与式（10.7.6）及式（10.7.16）与式（10.7.7）进行比较可知，二者具有完全相同的形式，只是直接计算的量有差别。只要把这些量建立起对应关系，这两种计算格式就没有本质差别了。因此，在某种意义上可以说，基于 Haar 尺度函数的 MRTD 与 FDTD 的算法是一致的，也就是说可以把 FDTD 视为 MRTD 的一种特殊情况。

10.7.3　基于 Haar 尺度函数与小波函数组合的 MRTD

如上文所示，只用 Haar 尺度函数形成的基函数所得到的 MRTD 算式与 FDTD 相同，只是在给定的基础网格这一种离散精度上进行计算，没有显示出 MRTD 的主要特性。

为了展示 MRTD 的基本特性，需要加入小波基的作用，开始时小波基只用基础分辨率，然后给出多分辨率的趋势。为简单起见，仍用于讨论前面给出的一维电磁场问题。

假设基础网格仍为 Δx 和 Δt，时间离散函数仍用 $h(t)$ 表示，尺度函数和小波函数仍用 $\varphi(x)$ 和 $\psi(x)$ 表示，而 $\psi_m(x)$ 则表示为

$$\psi_m(x)=\psi\left(\frac{x}{\Delta x}-m\right) \tag{10.7.17}$$

现在把电磁场量按以下形式展开：

$$E_z(x,t)=\sum_{k,m}\left[E^{\varphi^0}_{k,m}h_k(t)\varphi^0_m(x)+E^{\psi^0}_{k,m}h_k(t)\psi^0_m(x)\right] \tag{10.7.18}$$

$$H_y(x,t)=\sum_{k,m}\left[H^{\varphi^0}_{k,m}h_{k+\frac{1}{2}}(t)\varphi^0_{m+\frac{1}{2}}(x)+H^{\psi^0}_{k,m}h_{k+\frac{1}{2}}(t)\psi^0_{m+\frac{1}{2}}(x)\right] \tag{10.7.19}$$

其中符号（0）用以表示基础分辨率，ψ^0_m 表示式

$$\psi_{j,m}=2^{\frac{j}{2}}\psi(2^j x-m)$$

中的 $j=0$。

把式（10.7.18）和式（10.7.19）代入式（10.7.4）和式（10.7.5），然后用以前的方法对结果作内积。考虑到正交关系和已知的积分性质，就可得到展开系数之间所满足的关系为

$$E_{k+1,m}^{\varphi^0} = E_{k,m}^{\varphi^0} + \frac{\Delta t}{\varepsilon \Delta x}(H_{k,m}^{\varphi^0} - H_{k,m}^{\psi^0} - H_{k,m-1}^{\varphi^0} + H_{k,m-1}^{\psi^0})$$

$$E_{k+1,m}^{\psi^0} = E_{k,m}^{\psi^0} + \frac{\Delta t}{\varepsilon \Delta x}(H_{k,m}^{\varphi^0} + 3H_{k,m}^{\psi^0} - H_{k,m-1}^{\varphi^0} + H_{k,m-1}^{\psi^0})$$

$$H_{k,m}^{\varphi^0} = H_{k-1,m}^{\varphi^0} + \frac{\Delta t}{\mu \Delta x}(E_{k,m+1}^{\varphi^0} + E_{k,m+1}^{\psi^0} - E_{k,m}^{\varphi^0} - E_{k,m}^{\psi^0})$$

$$H_{k,m}^{\psi^0} = H_{k-1,m}^{\psi^0} + \frac{\Delta t}{\mu \Delta x}(-E_{k,m-1}^{\varphi^0} - E_{k,m-1}^{\psi^0} + E_{k,m}^{\varphi^0} - 3E_{k,m}^{\psi^0})$$

以上结果又可以表示成矩阵形式

$$\begin{bmatrix} E_{k+1,m}^{\varphi^0} \\ E_{k+1,m}^{\psi^0} \end{bmatrix} = \begin{bmatrix} E_{k,m}^{\varphi^0} \\ E_{k,m}^{\psi^0} \end{bmatrix} + \frac{\Delta t}{\varepsilon \Delta x} \begin{bmatrix} -1 & 1 & 1 & -1 \\ -1 & 1 & 1 & 3 \end{bmatrix} \begin{bmatrix} H_{k,m-1}^{\varphi^0} \\ H_{k,m}^{\varphi^0} \\ H_{k,m-1}^{\psi^0} \\ H_{k,m}^{\psi^0} \end{bmatrix} \tag{10.7.20}$$

$$\begin{bmatrix} H_{k,m}^{\varphi^0} \\ H_{k,m}^{\psi^0} \end{bmatrix} = \begin{bmatrix} H_{k-1,m}^{\varphi^0} \\ H_{k-1,m}^{\psi^0} \end{bmatrix} + \frac{\Delta t}{\mu \Delta x} \begin{bmatrix} -1 & 1 & -1 & 1 \\ 1 & -1 & -3 & -1 \end{bmatrix} \begin{bmatrix} E_{k,m}^{\varphi^0} \\ E_{k,m+1}^{\varphi^0} \\ E_{k,m}^{\psi^0} \\ E_{k,m+1}^{\psi^0} \end{bmatrix} \tag{10.7.21}$$

在以上的表示中，表示电场和磁场的都已经增加为两个系数。虽然仍在基础分辨率上表示场量，但由于小波基的特点，已经有了比只用尺度函数更精细的描述。

为了更多地显示 MRTD 的特点，可选用更高阶分辨率的小波基，从而出现更高分辨率中的系数，也就给出场量的更多细节，同时也增加了计算的复杂度。

10.7.4 基于 Battle-Lemarie 尺度函数的 MRTD[26]

Battle-Lemarie 小波与 Haar 小波相比最主要优点是其连续性，MRTD 提出时使用的正是这种小波。如果只使用尺度函数就称为 S-MRTD。

考虑无耗无源均匀各向同性介质空间中的电磁波，它所满足的基本方程为

$$\nabla \times \boldsymbol{H}(\boldsymbol{r},t) = \varepsilon \frac{\partial}{\partial t}\boldsymbol{E}(\boldsymbol{r},t)$$

$$\nabla \times \boldsymbol{E}(\boldsymbol{r},t) = -\mu \frac{\partial}{\partial t}\boldsymbol{H}(\boldsymbol{r},t)$$

在直角坐标系中可展开为六个分量方程。

把三个坐标轴分别按长度 Δx、Δy 和 Δz 均匀划分，用 l、m、n 作为序号，分别有 $x=l\Delta x$，$y=m\Delta y$，$z=n\Delta z$；时间 t 仍按 Δt 均匀离散为 $t=k\Delta t$，尺度函数基仍表示为

$$\varphi_r(s)=\varphi\left(\frac{s}{\Delta s}-r\right) \tag{10.7.22}$$

其中，$r=l,m,n$；$s=x,y,z$。

把电磁场的六个分量分别展开为

$$E_x(\boldsymbol{r},t)=\sum_{k,l,m,n} E^{\varphi_x}_{x;k,l+\frac{1}{2},m,n} h_k(t)\varphi_{l+\frac{1}{2}}(x)\varphi_m(y)\varphi_n(z) \tag{10.7.23}$$

$$E_y(\boldsymbol{r},t)=\sum_{k,l,m,n} E^{\varphi_y}_{y;k,l,m+\frac{1}{2},n} h_k(t)\varphi_l(x)\varphi_{m+\frac{1}{2}}(y)\varphi_n(z) \tag{10.7.24}$$

$$E_z(\boldsymbol{r},t)=\sum_{k,l,m,n} E^{\varphi_z}_{z;k,l,m,n+\frac{1}{2}} h_k(t)\varphi_l(x)\varphi_m(y)\varphi_{n+\frac{1}{2}}(z) \tag{10.7.25}$$

$$H_x(\boldsymbol{r},t)=\sum_{k,l,m,n} H^{\varphi_x}_{x;k+\frac{1}{2},l,m+\frac{1}{2},n+\frac{1}{2}} h_{k+\frac{1}{2}}(t)\varphi_l(x)\varphi_{m+\frac{1}{2}}(y)\varphi_{n+\frac{1}{2}}(z) \tag{10.7.26}$$

$$H_y(\boldsymbol{r},t)=\sum_{k,l,m,n} H^{\varphi_y}_{y;k+\frac{1}{2},l+\frac{1}{2},m,n+\frac{1}{2}} h_{k+\frac{1}{2}}(t)\varphi_{l+\frac{1}{2}}(x)\varphi_m(y)\varphi_{n+\frac{1}{2}}(z) \tag{10.7.27}$$

$$H_z(\boldsymbol{r},t)=\sum_{k,l,m,n} H^{\varphi_z}_{z;k+\frac{1}{2},l+\frac{1}{2},m+\frac{1}{2},n} h_{k+\frac{1}{2}}(t)\varphi_{l+\frac{1}{2}}(x)\varphi_{m+\frac{1}{2}}(y)\varphi_n(z) \tag{10.7.28}$$

为了获得展开系数所满足的方程，仍然用以前用过的求内积的离散方法。作内积时，除了以前已用过的一些性质外，还会用到

$$\begin{aligned}
&\int_{-\infty}^{\infty}\varphi_m(x)\frac{\partial}{\partial x}\varphi_{m'+\frac{1}{2}}(x)\mathrm{d}x \\
&=\int_{-\infty}^{\infty}\left[\frac{1}{2\pi}\int_{-\infty}^{\infty}\hat{\varphi}(\omega)\mathrm{e}^{\mathrm{i}\omega m-\mathrm{i}\omega x}\mathrm{d}\omega\right]\left[\frac{1}{2\pi}\int_{-\infty}^{\infty}\frac{\partial}{\partial x}\hat{\varphi}(\omega')\mathrm{e}^{\mathrm{i}\omega'(m'+\frac{1}{2})}\mathrm{e}^{-\mathrm{i}\omega' x}\mathrm{d}\omega'\right]\mathrm{d}x \\
&=\iiint_{-\infty}^{\infty}\left[\frac{1}{2\pi}\mathrm{e}^{-\mathrm{i}(\omega+\omega')x}\right]\left[\frac{-\mathrm{i}\omega'}{2\pi}\hat{\varphi}(\omega)\hat{\varphi}(\omega')\mathrm{e}^{\mathrm{i}\omega m+\mathrm{i}\omega'(m'+\frac{1}{2})}\right]\mathrm{d}x\mathrm{d}\omega\mathrm{d}\omega' \\
&=\frac{1}{2\pi}\int_{-\infty}^{\infty}(\mathrm{i}\omega)\hat{\varphi}(\omega)\mathrm{e}^{\mathrm{i}\omega m}\hat{\varphi}(-\omega)\mathrm{e}^{-\mathrm{i}\omega(m'+\frac{1}{2})}\mathrm{d}\omega \\
&=\frac{1}{\pi}\int_{0}^{\infty}\omega\,|\,\hat{\varphi}(\omega)\,|^2\sin\left[\omega\left(m'-m+\frac{1}{2}\right)\right]\mathrm{d}\omega
\end{aligned} \tag{10.7.29}$$

上式又可表示成

$$\int_{-\infty}^{\infty}\varphi_m(x)\frac{\partial}{\partial x}\varphi_{m'+\frac{1}{2}}(x)\mathrm{d}x=\sum_{i=-\infty}^{\infty}a(i)\delta_{m+i,m'} \tag{10.7.30}$$

其中

$$a(0)=\frac{1}{\pi}\int_0^{\infty}|\hat{\varphi}(\omega)|^2\omega\sin\left(\frac{1}{2}\omega\right)\mathrm{d}\omega$$

$$a(1)=\frac{1}{\pi}\int_0^{\infty}|\hat{\varphi}(\omega)|^2\omega\sin\left(\frac{3}{2}\omega\right)\mathrm{d}\omega$$

$$a(2)=\frac{1}{\pi}\int_0^{\infty}|\hat{\varphi}(\omega)|^2\omega\sin\left(\frac{5}{2}\omega\right)\mathrm{d}\omega$$

……

当 $i<0$ 时，$a(i)$ 的值可根据对称关系

$$a(-1-i)=-a(i)$$

得到。Battle-Lemarie 尺度函数具有良好的衰减特性，使得 $a(i)$ 的值在 $i>8$ 时就已经可以忽略，故在式（10.7.30）中可只取有限项，如 $i=8$。

利用以上性质可以得到

$$\begin{aligned}&\iiiint_{-\infty}^{\infty}\frac{\partial E_x}{\partial t}\varphi_{l'+\frac{1}{2}}(x)\varphi_{m'}(y)\varphi_{n'}(z)h_{k'+\frac{1}{2}}(t)\mathrm{d}x\mathrm{d}y\mathrm{d}z\mathrm{d}t\\&=\sum_{k',l',m',n'}E^{\varphi_x}_{x;k',l'+\frac{1}{2},m',n'}\delta_{l,l'}\delta_{m,m'}\delta_{n,n'}\left[\delta_{k+1,k'}-\delta_{k,k'}\right]\Delta x\Delta y\Delta z\\&=(E^{\varphi_x}_{x;k+1,l+\frac{1}{2},m,n}-E^{\varphi_x}_{x;k,l+\frac{1}{2},m,n})\Delta x\Delta y\Delta z\end{aligned}\tag{10.7.31}$$

$$\begin{aligned}&\iiiint_{-\infty}^{\infty}\frac{\partial H_z}{\partial y}\varphi_{l'+\frac{1}{2}}(x)\varphi_{m'}(y)\varphi_{n'}(z)h_{k'+\frac{1}{2}}(t)\mathrm{d}x\mathrm{d}y\mathrm{d}z\mathrm{d}t\\&=\sum_{k',l',m',n'}H^{\varphi_z}_{z;k'+\frac{1}{2},l'+\frac{1}{2},m'+\frac{1}{2},n'}\delta_{l,l'}\delta_{n,n'}\delta_{k,k'}\sum_{i=-9}^{8}a(i)\delta_{m+i,m'}\Delta x\Delta z\Delta t\\&=\sum_{i=-9}^{8}a(i)H^{\varphi_z}_{z;k+\frac{1}{2},l+\frac{1}{2},m+i+\frac{1}{2},n}\Delta x\Delta z\Delta t\end{aligned}\tag{10.7.32}$$

对 $\frac{\partial H_y}{\partial z}$ 也可做类似的处理，于是对电磁场分量方程之一

$$\frac{\partial H_z}{\partial y}-\frac{\partial H_y}{\partial z}=\varepsilon\frac{\partial E_x}{\partial t}$$

便得到相应的 S-MRTD 方程

$$\begin{aligned}&\frac{\varepsilon}{\Delta t}(E^{\varphi_x}_{x;k+1,l+\frac{1}{2},m,n}-E^{\varphi_x}_{x;k,l+\frac{1}{2},m,n})\\&=\frac{1}{\Delta y}\sum_{i=-9}^{8}a(i)H^{\varphi_z}_{z;k+\frac{1}{2},l+\frac{1}{2},m+i+\frac{1}{2},n}\\&\quad-\frac{1}{\Delta z}\sum_{i=-9}^{8}a(i)H^{\varphi_y}_{y;k+\frac{1}{2},l+\frac{1}{2},m,n+i+\frac{1}{2}}\end{aligned}\tag{10.7.33}$$

根据同样的道理，可以把其他分量的方程变成类似的 S-MRTD 计算方程。显然，这种方法的缺点是只在同一个基础分辨率上进行计算。

为了使对场的描述更加细致，在上面场量表示中再增加小波基。小波基可以有不同的分辨率，可表现出多分辨分析的作用。但是，分辨等级越多，待求参数也就越多，会迅速增加计算的复杂度和表述的难度。为简单起见，我们限制小波基只有一固定的基础分辨率。小波基表示成

$$\psi_{m+\frac{1}{2}}(x)=\psi\left(\frac{x}{\Delta x}-m\right) \tag{10.7.34}$$

加上小波基以后场的展开形式为

$$E_x(\boldsymbol{r},t)=\sum_{k,l,m,n}\left[E^{\varphi_x}_{x;k,l+\frac{1}{2},m,n}\varphi_m(y)+E^{\psi_x}_{x;k,l+\frac{1}{2},m+\frac{1}{2},n}\psi_{m+\frac{1}{2}}(y)\right]\cdot h_k(t)\varphi_{l+\frac{1}{2}}(x)\varphi_n(z) \tag{10.7.35}$$

$$E_y(\boldsymbol{r},t)=\sum_{k,l,m,n}\left[E^{\varphi_y}_{y;k,l,m+\frac{1}{2},n}\varphi_m(y)+E^{\psi_y}_{y;k,l,m,n}\psi_m(y)\right]\cdot h_k(t)\varphi_l(x)\varphi_n(z) \tag{10.7.36}$$

$$E_z(\boldsymbol{r},t)=\sum_{k,l,m,n}\left[E^{\varphi_z}_{z;k,l,m,n+\frac{1}{2}}\varphi_m(y)+E^{\psi_z}_{z;k,l,m+\frac{1}{2},n+\frac{1}{2}}\psi_{m+\frac{1}{2}}(y)\right]\cdot h_k(t)\varphi_l(x)\varphi_{n+\frac{1}{2}}(z) \tag{10.7.37}$$

$$H_x(\boldsymbol{r},t)=\sum_{k,l,m,n}\left[H^{\varphi_x}_{x;k+\frac{1}{2},l,m+\frac{1}{2},n+\frac{1}{2}}\varphi_{m+\frac{1}{2}}(y)+H^{\psi_x}_{x;k+\frac{1}{2},l,m,n+\frac{1}{2}}\psi_m(y)\right]\cdot h_{k+\frac{1}{2}}(t)\varphi_{n+\frac{1}{2}}(z) \tag{10.7.38}$$

$$H_y(\boldsymbol{r},t)=\sum_{k,l,m,n}\left[H^{\varphi_y}_{y;k+\frac{1}{2},l+\frac{1}{2},m,n+\frac{1}{2}}\varphi_m(y)+H^{\psi_y}_{y;k+\frac{1}{2},l+\frac{1}{2},m+\frac{1}{2},n+\frac{1}{2}}\psi_{m+\frac{1}{2}}(y)\right]\cdot h_{k+\frac{1}{2}}(t)\varphi_{l+\frac{1}{2}}(x)\varphi_{n+\frac{1}{2}}(z) \tag{10.7.39}$$

$$H_z(\boldsymbol{r},t)=\sum_{k,l,m,n}\left[H^{\varphi_z}_{z;k+\frac{1}{2},l+\frac{1}{2},m+\frac{1}{2},n}\varphi_{m+\frac{1}{2}}(y)+H^{\psi_z}_{z;k+\frac{1}{2},l+\frac{1}{2},m,n}\psi_m(y)\right]\cdot h_{k+\frac{1}{2}}(t)\varphi_{l+\frac{1}{2}}(x)\varphi_n(z) \tag{10.7.40}$$

仍按前面类似的方法对式（10.7.35）～式（10.7.40）作内积，并考虑除了已知的关于尺度函数积分的性质，还有以下性质：

$$\int_{-\infty}^{\infty}\psi_m(x)\psi_{m'}(x)\mathrm{d}x=\Delta x\delta_{m,m'}$$

$$\int_{-\infty}^{\infty}\varphi_m(x)\psi_{m'+\frac{1}{2}}(x)\mathrm{d}x=0$$

以及

$$\int_{-\infty}^{\infty}\psi_m(x)\frac{\partial}{\partial x}\psi_{m'+\frac{1}{2}}(x)\mathrm{d}x=\frac{1}{\pi}\int_0^{\infty}|\hat{\psi}(\omega)|^2\omega\sin\omega\left(m'-m+\frac{1}{2}\right)\mathrm{d}\omega$$

$$\approx\sum_{i=-9}^{8}b(i)\delta_{m+i,m'}$$

$$\int_{-\infty}^{\infty}\varphi_m(x)\frac{\partial}{\partial x}\psi_{m'+\frac{1}{2}}(x)\mathrm{d}x=\frac{1}{\pi}\int_0^{\infty}\hat{\varphi}(\omega)\mid\hat{\psi}(\omega)\mid\omega\sin\omega(m'-m+1)$$

$$\approx\sum_{i=-9}^{8}c(i)\delta_{m+i,m'+1}$$

$$\int_{-\infty}^{\infty}\psi_m(x)\frac{\partial}{\partial x}\varphi_{m'}(x)\mathrm{d}x=\frac{1}{\pi}\int_0^{\infty}\hat{\varphi}(\omega)\mid\hat{\psi}(\omega)\mid\omega\sin\omega(m'-m)\mathrm{d}\omega$$

$$\approx\sum_{i=-9}^{8}c(i)\delta_{m+i,\ m'}$$

其中，$b(i)$ 和 $c(i)$ 的计算与 $a(i)$ 类似并且满足

$$b(-1-i)=-b(i),\quad c(-1-i)=-c(i)$$

这样就可以得到

$$\iiiint_{-\infty}^{\infty}\frac{\partial E_x}{\partial t}\varphi_{l'+\frac{1}{2}}(x)\varphi_{m'+\frac{1}{2}}(y)\varphi_{n'}(z)h_{k'+\frac{1}{2}}(t)\mathrm{d}x\mathrm{d}y\mathrm{d}z\mathrm{d}t$$

$$=(E^{\varphi_x}_{x;k+1,l+\frac{1}{2},m,n}-E^{\varphi_x}_{x;k,l+\frac{1}{2},m,n})\Delta x\Delta y\Delta z$$

$$\iiiint_{-\infty}^{\infty}\frac{\partial E_x}{\partial t}\varphi_{l'+\frac{1}{2}}(x)\psi_{m'+\frac{1}{2}}(y)\varphi_{n'}(z)h_{k'+\frac{1}{2}}(t)\mathrm{d}x\mathrm{d}y\mathrm{d}z\mathrm{d}t$$

$$=(E^{\psi_x}_{x;k+1,l+\frac{1}{2},m+\frac{1}{2},n}-E^{\psi_x}_{x;k,l+\frac{1}{2},m+\frac{1}{2},n})\Delta x\Delta y\Delta z$$

$$\iiiint_{-\infty}^{\infty}\frac{\partial H_z}{\partial y}\varphi_{l'+\frac{1}{2}}(x)\varphi_{m'}(y)\varphi_{n'}(z)h_{k'+\frac{1}{2}}(t)\mathrm{d}x\mathrm{d}y\mathrm{d}z\mathrm{d}t$$

$$=(\sum_{i=-9}^{8}a(i)H^{\varphi_z}_{z;k+\frac{1}{2},l+\frac{1}{2},m+i+\frac{1}{2},n}+\sum_{i=-9}^{8}c(i)H^{\psi_z}_{z;k+\frac{1}{2},l+\frac{1}{2},m+i,n})\Delta x\Delta z\Delta t$$

$$\iiiint_{-\infty}^{\infty}\frac{\partial H_z}{\partial y}\varphi_{l'+\frac{1}{2}}(x)\psi_{m'+\frac{1}{2}}(y)\varphi_{n'}(z)h_{k'+\frac{1}{2}}(t)\mathrm{d}x\mathrm{d}y\mathrm{d}z\mathrm{d}t$$

$$=(\sum_{i=-9}^{8}c(i)H^{\varphi_z}_{z;k+\frac{1}{2},l+\frac{1}{2},m+i+\frac{1}{2},n}+\sum_{i=-9}^{8}b(i)H^{\psi_z}_{z;k+\frac{1}{2},l+\frac{1}{2},m+i+1,n})\Delta x\Delta z\Delta t$$

再对$\frac{\partial H_y}{\partial z}$作类似的处理后，就可以由相应的电磁场方程得到相应的 MRTD 方程

$$\frac{\varepsilon}{\Delta t}(E^{\varphi_x}_{x;k+1,l+\frac{1}{2},m,n}-E^{\varphi_x}_{x;k,l+\frac{1}{2},m,n})=\frac{1}{\Delta y}\sum_{i=-9}^{8}a(i)H^{\varphi_z}_{z;k+\frac{1}{2},l+\frac{1}{2},m+i+\frac{1}{2},n}$$

$$+\frac{1}{\Delta y}\sum_{i=-9}^{8}c(i)H^{\psi_z}_{z;k+\frac{1}{2},l+\frac{1}{2},m+i,n}-\frac{1}{\Delta z}\sum_{i=-9}^{8}a(i)H^{\varphi_y}_{y,k+\frac{1}{2},l+\frac{1}{2},m,n+i+\frac{1}{2}}\quad(10.7.41)$$

$$\frac{1}{\Delta t}(E^{\psi_x}_{x;k+1,l+\frac{1}{2},m+\frac{1}{2},n}-E^{\psi_x}_{x;k,l+\frac{1}{2},m+\frac{1}{2},n})=\frac{1}{\Delta y}\sum_{i=-9}^{8}c(i)H^{\varphi_z}_{z;k+\frac{1}{2},l+\frac{1}{2},m+i+\frac{1}{2},n}$$

$$+\frac{1}{\Delta y}\sum_{i=-9}^{8}b(i)H^{\psi_z}_{z;k+\frac{1}{2},l+\frac{1}{2},m+i+1,n}-\frac{1}{\Delta z}\sum_{i=-9}^{8}c(i)H^{\psi_y}_{y;k+\frac{1}{2},l+\frac{1}{2},m+\frac{1}{2},n+i+\frac{1}{2}}$$

(10.7.42)

其他分量的方程也可用类似的方法得到。

加入了小波母函数生成的基函数后的多分辨分析称为 W-MRTD。如果加入小波基的更高阶分辨率的基函数，则能更清楚地反映出多分辨分析的特性。随着小波函数更多阶分辨率的加入，待求的参数随之增加，相应的计算方程就更复杂。这种方法的一大优点是，不同网格点的高阶分辨系数与该点场的特性相关。如果系数值很小，就表示其作用很小，忽略这种系数的影响不会带来明显的误差，即对计算精度影响不大。是否可忽略可设置阈值，于是就有了自适应能力。

由所得到的多分辨分析的方程不难看出，这些方程的计算和 FDTD 类似，可由步进法推进完成，而且系数之间的关系也可以用类似的网格来表示，这就更进一步反映出两种方法的内在联系。它们之间的最大差别是，FDTD 直接计算场量，而 MRTD 首先计算场量的展开系数，最后还需要还原场量。

10.7.5　基于双正交基的 MRTD[26]

由于 MRTD 法具有自适应多分辨的特性，计算的初始网格取得比较大。但是一个节点的场值要由自身及邻近点的多个系数值来决定，其计算复杂度比 FDTD 法有所增加。以上缺点与展开基函数的支撑集大小有关。对于 Battle-Lemarie B-样条小波基而言，其支撑集为整个实轴，尽管衰减很快，也决定了必然具有较大的计算复杂度。为了降低计算复杂度，要求小波基应具有尽量小的支撑集和尽量高阶的消失矩。遗憾的是，这两种要求是相互矛盾的，不能同时达到。克服这一矛盾的途径之一是采用双正交基，可以在支撑集和连续性之间取得平衡。

设有 $\psi(x)$，$\tilde{\psi}(x) \in L^2(R)$，且

$$\begin{cases}\psi_{j,k}(x)=2^{j/2}\psi(2^j x-k), \\ \tilde{\psi}_{j,k}(x)=2^{j/2}\tilde{\psi}(2^j x-k),\end{cases} \quad j,k\in Z \tag{10.7.43}$$

如果 $\{\psi_{j,k}\}_{j,k\in Z}$ 和 $\{\tilde{\psi}_{j,k}\}_{j,k\in Z}$ 均为 $L^2(R)$ 的里斯（Riesz）基，且有

$$\langle \psi_{j,k},\ \tilde{\psi}_{j',k'}\rangle=\delta_{j,j'}\delta_{k,k'},\quad j,k,j',k'\in Z \tag{10.7.44}$$

则称 $\psi(x)$ 是一个双正交小波函数，$\tilde{\psi}$ 为 ψ 的对偶小波函数，而 $\{\psi_{j,k}\}$ 和 $\{\tilde{\psi}_{j,k}\}$ 则称为 $L^2(R)$ 的一对双正交对偶小波基。

如果 $f(x)\in L^2(R)$，则根据以上特性可以得到

$$f(x)=\sum_{j,\ k\in Z}\langle f,\ \psi_{j,k}\rangle\tilde{\psi}_{j,k}(x)=\sum_{j,\ k\in Z}\langle f,\ \tilde{\psi}_{j,k}\rangle\psi_{j,k}(x) \tag{10.7.45}$$

因为标准正交基一定是里斯基，所以当 $\psi(x)=\tilde{\psi}(x)$时，$\psi(x)$就是标准正交小波

基的母函数。由此可知，双正交小波基是标准正交小波基的推广。双正交小波基可以从两个对偶的多分辨分析出发来构造。由于比构造标准正交基的自由度增加，从而可以在支撑性、对称性和正则性之间找到平衡。

根据 MRTD 的需要，我们希望展开基函数具有取样特性，从而可大大简化所得方程，为此，可利用双正交小波基的思路，构造一组虽不具标准正交性但有取样性的基函数作为展开函数，再选一组与其标准正交的基函数作为检验（加权）函数。由这样一组双正交基构成的 MRTD 一定具有预期的优越性。

由于 Daubechies 小波具有良好的紧支撑性和正则性，可以用 $N=2$ 时 Daubechies 尺度函数构造所期望的展开基函数。若 $\varphi(x)$ 为 $N=2$ 时 Daubechies 尺度函数，则可证明如下定义的函数 $S(x)$ 的平移序列 $S_m(x)$ 具有取样特性，其中

$$S(x)=\frac{1}{\varphi(1)}\sum_{k=0}^{\infty}\left[\left(\frac{|\varphi(2)|}{\varphi(1)}\right)^k\varphi(x-k+1)\right] \tag{10.7.46}$$

$$S_m(x)=\frac{1}{\varphi(1)}\sum_{k=0}^{\infty}\left[\left(\frac{|\varphi(2)|}{\varphi(1)}\right)^k\varphi(x-m-k+1)\right] \tag{10.7.47}$$

$S_m(x)$ 的取样特性为

$$S_m(n)=\delta_{m,n} \tag{10.7.48}$$

由 Daubechies 尺度函数的支撑集特性可知，当 $N=2$ 时，$\varphi(x)$ 的支撑集为 [0，3]，于是式（10.7.47）的右方，当 $x=2$ 时只有两项不为零，即

$$n-m-k+1=\begin{cases}1\\2\end{cases}$$

也就是

$$k=\begin{cases}n-m\\n-m-1\end{cases}$$

于是有

$$S_m(n)=\frac{1}{\varphi(1)}\left[\left(\frac{|\varphi(2)|}{\varphi(1)}\right)^{n-m}\varphi(1)+\left(\frac{|\varphi(2)|}{\varphi(1)}\right)^{n-m-1}\varphi(2)\right] \tag{10.7.49}$$

当 $n=m$ 时，k 取值 0，-1，由于式（10.7.4）中的 k 是从 $k=0$ 开始，$k=-1$ 不在取值范围，故式（10.7.49）中的第二项应该舍去，于是有

$$S_m(m)=\frac{1}{\varphi(1)}\left[\left(\frac{|\varphi(2)|}{\varphi(1)}\right)^0\varphi(1)\right]=1 \tag{10.7.50}$$

而当 $n\neq m$ 时，由于 $\varphi(2)$ 是负值，故有

$$S_m(n)=\left[-\frac{|\varphi(2)|^{n-m}}{\varphi(1)^{n-m-1}}+\frac{|\varphi(2)|^{n-m}}{\varphi(1)^{n-m-1}}\right]=0 \tag{10.7.51}$$

综合式（10.7.50）和式（10.7.51）就得到式（10.7.48）。遗憾的是，$S(x)$ 的

平移系并不构成 $L^2(R)$ 的标准正交基，即

$$\int_{-\infty}^{\infty} S_m(x)S_n(x)\mathrm{d}x \neq \delta_{m,n}$$

不过，函数序列

$$Q_n(x) = \sum_{p\in Z}\varphi(n-p)\varphi(x-p),\quad n\in Z \tag{10.7.52}$$

却是与 $S_m(x)$ 标准正交的，即

$$\int_{-\infty}^{\infty} S_m(x)Q_n(x)\mathrm{d}x = \delta_{m,n} \tag{10.7.53}$$

也就是说，序列 $\{S_m(x)\}$ 和 $\{Q_n(x)\}$ 是一组双正交基。下面对式（10.7.53）给予证明。

由于 $\varphi(x)$ 是紧支集的，$Q_n(x)$ 可以表示为

$$Q_n(x) = \varphi(1)\varphi(x-n+1)+\varphi(2)\varphi(x-n+2) \tag{10.7.54}$$

由此可知，$Q_n(x)$ 的支集为 $[n-2,\ n+2]$，于是

$$\int_{-\infty}^{\infty} S_m(x)Q_n(x)\mathrm{d}x = \frac{1}{\varphi(1)}\sum_{k=0}^{\infty}\left(\frac{|\varphi(2)|}{\varphi(1)}\right)^k$$

$$\int_{-\infty}^{\infty}\varphi(x-m-k+1)[\varphi(1)\varphi(x-n+1)+\varphi(2)\varphi(x-n+2)]\mathrm{d}x$$

$$=\frac{1}{\varphi(1)}\left[\left(\frac{|\varphi(2)|}{\varphi(1)}\right)^{n-m}\varphi(1)+\left(\frac{|\varphi(2)|}{\varphi(1)}\right)^{n-m-1}\varphi(2)\right] \tag{10.7.55}$$

在最后一步中用到了 Daubechies 尺度函数的标准正交特性，即

$$\int_{-\infty}^{\infty}\varphi(x-k)\varphi(x-l)\mathrm{d}x = \delta_{k,l}$$

由于式（10.7.55）与式（10.7.49）是相同的，故式（10.7.53）得到了证明。

在基于 Battle-Lemarie 小波基的 MRTD 中曾用到尺度函数的性质(10.7.30)，对双正交函数 $S(x)$和 $Q(x)$也有类似的结果

$$\int_{-\infty}^{\infty} Q_l(x)\ \frac{\partial}{\partial x}S_{l'+\frac{1}{2}}(x)\mathrm{d}x = \sum_{i=-3}^{2}c(i)\delta_{l+i,l'}$$

其中

$$\begin{aligned}c(i) &= \int_{-\infty}^{\infty} Q_{-i}(x)\ \frac{\mathrm{d}}{\mathrm{d}x}S_{\frac{1}{2}}(x)\mathrm{d}x\\ &= \int_{-\infty}^{\infty}\varphi_{-i}(x)\ \frac{\mathrm{d}}{\mathrm{d}x}\varphi_{\frac{1}{2}}(x)\mathrm{d}x\\ &= \frac{1}{\pi}\int_{-\infty}^{\infty}\omega\ |\hat{\varphi}(\omega)|^2\sin\left[\omega\left(i+\frac{1}{2}\right)\right]\mathrm{d}\omega\end{aligned} \tag{10.7.56}$$

而且

$$c(-1-i)=-c(i), \quad i=0,1,2$$

按类似的步骤，利用上面构造的双正交基也可构造一种电磁场计算的MRTD，这种方法也称作取样双正交基时域方法（Sampling Biorthogonal Time Domain Method，SBTD）。

在SBTD中展开函数为

$$S_m(u)=S\left(\frac{u}{\Delta u}-m\right), \quad u=x,y,z \tag{10.7.57}$$

检验函数则取为

$$q_n(u)=Q\left(\frac{u}{\Delta u}-n\right), \quad u=x,y,z \tag{10.7.58}$$

而时间离散函数取作

$$h_k(t)=h\left(\frac{t}{\Delta t}-k+\frac{1}{2}\right) \tag{10.7.59}$$

仍把该方法用于上面用过的电磁场方程，三个分量展开为

$$E_x(\boldsymbol{r},t)=\sum_{k,l,m,n} {}_kE^x_{l+\frac{1}{2},m,n}h_k(t)S_{l+\frac{1}{2}}(x)S_m(y)S_n(z)$$

$$H_y(\boldsymbol{r},t)=\sum_{k,l,m,n} {}_{k+\frac{1}{2}}H^y_{l+\frac{1}{2},m,n+\frac{1}{2}}h_{k+\frac{1}{2}}(t)S_{l+\frac{1}{2}}(x)S_m(y)S_{n+\frac{1}{2}}(z)$$

$$H_z(\boldsymbol{r},t)=\sum_{k,l,m,n} {}_{k+\frac{1}{2}}H^z_{l+\frac{1}{2},m+\frac{1}{2},n}h_{k+\frac{1}{2}}(t)S_{l+\frac{1}{2}}(x)S_{m+\frac{1}{2}}(y)S_n(z)$$

把这些表示式代入所考虑的电磁方程

$$\frac{\partial E_x}{\partial t}=\frac{1}{\varepsilon}\left(\frac{\partial H_z}{\partial y}-\frac{\partial H_y}{\partial z}\right) \tag{10.7.60}$$

然后用 $q_{l'+\frac{1}{2}}(x)$、$q_{m'}(y)$、$q_{n'}(z)$ 和 $h_{k'+\frac{1}{2}}(t)$ 对两侧求内积，则由方程的左侧得到

$$\begin{aligned}&\sum_{k,l,m,n}\left[\int_{-\infty}^{\infty}h_{k'+\frac{1}{2}}(t)\frac{\partial}{\partial t}h_k(t)\mathrm{d}t\right]\cdot\left[\int_{-\infty}^{\infty}q_{l'+\frac{1}{2}}(x)S_{l+\frac{1}{2}}(x)\mathrm{d}x\right]\\&\cdot\left[\int_{-\infty}^{\infty}q_{m'}(y)S_m(y)\mathrm{d}y\right]\cdot\left[\int_{-\infty}^{\infty}q_{n'}(z)S_n(z)\mathrm{d}z\right]\\&=\left({}_{k+1}E^x_{l+\frac{1}{2},m,n}-{}_kE^x_{l+\frac{1}{2},m,n}\right)\Delta x\Delta y\Delta z\end{aligned} \tag{10.7.61}$$

其中用到了

$$\int_{-\infty}^{\infty}h_{k'+\frac{1}{2}}(t)\frac{\partial}{\partial t}h_k(t)\mathrm{d}t=\delta_{k,k'+1}-\delta_{k,k'}$$

$$\int_{-\infty}^{\infty}q_{m'}(u)S_m(u)\mathrm{d}u=\delta_{m,m'}\Delta u, \quad u=x,y,z$$

由方程（10.7.60）右侧第一项得到

$$\sum_{k,l,m,n} {}_{k+\frac{1}{2}}H^z_{l+\frac{1}{2},m+\frac{1}{2},n}\left[\int_{-\infty}^{\infty} h_{k+\frac{1}{2}}(t)h_{k'+\frac{1}{2}}(t)\mathrm{d}t\right]\cdot\left[\int_{-\infty}^{\infty} S_{l+\frac{1}{2}}(x)S_{l'+\frac{1}{2}}(x)\mathrm{d}x\right]$$
$$\cdot\left[\int_{-\infty}^{\infty} q_{m'}(y)\frac{\partial}{\partial y}S_{m+\frac{1}{2}}(y)\mathrm{d}y\right]\cdot\left[\int_{-\infty}^{\infty} q_{n'}(z)S_n(z)\mathrm{d}z\right]$$
$$=\sum_{i=-3}^{2}c(i)\ {}_{k+\frac{1}{2}}H^z_{l+\frac{1}{2},m+\frac{1}{2},n}\Delta t\Delta x\Delta z \tag{10.7.62}$$

再用类似的方法处理方程（10.7.60）右侧的第二项，然后把所有结果代回到方程（10.7.60），最后得到方程（10.7.60）所对应的 SBTD 方程

$$\begin{aligned}{}_{k+1}E^x_{l+\frac{1}{2},m,n}={}_kE^x_{l+\frac{1}{2},m,n}+\frac{\Delta t}{\varepsilon_{l+\frac{1}{2},m,n}}\Bigg[&\frac{1}{\Delta y}\sum_{i=-3}^{2}c(i)\ {}_{k+\frac{1}{2}}H^z_{l+\frac{1}{2},m+i+\frac{1}{2},n}\\&-\frac{1}{\Delta z}\sum_{i=-3}^{2}c(i)\ {}_{k+\frac{1}{2}}H^y_{l+\frac{1}{2},m,n+i+\frac{1}{2}}\Bigg]\end{aligned} \tag{10.7.63}$$

当然，以上方法也可以用于其他电磁场分量的 SBTD 方程。由最后结果可以看出，因为所用基函数的取样特性，最后的计算方程得到一定程度的简化，而且仍然保持了 FDTD 差分格式的一些主要特性。

参 考 文 献

[1] 王长清，李明之．现代电磁理论基础．北京：科学出版社，2017
[2] Stratton J A. Electromagnetic Theory. New York：McGraw-Hill，1941
[3] Harrington R F. Time-Harmonic Electromagnetic Fields. New York：MacGraw-Hill，1960
[4] Collin R E. Theory of Guided Waves. New York：MacGraw-Hill，1960
[5] Jackson J D. Classical Electromagnetics. John Wiley & Sons，1975
[6] Bladel J V. Electromagnetic Fields. New York：MacGraw-Hill，1964
[7] Kong J A. Theory of Electromagnetic Wave. Wiley，1986
[8] Jones D S. The Theory of Electromagnetism. Oxford：Pergaman Press，1964
[9] Lewin L. Theory of Waveguides. Newnes Butterworths，1975
[10] Chew W C. Waves and Fields in Inhomogeneous Media. New York：Van Nostrand Reinhold，1990
[11] Mrazowski M. Guided Electromagnetic Waves. New Jersey：Wiley，1997
[12] Jin J M. Theory and Computation of Electromagnetic Fields. New York：IEEE Press，2010
[13] Van Bladel J. Singular Fields and Sources. New York：IEEE Press，1991
[14] 宋文淼．矢量偏微分算子：现代电磁场理论的数学基础．北京：科学出版社，1999
[15] 文舸一．电磁理论的新进展．北京：国防工业出版社，1999
[16] 陈秉乾，舒幼生，胡生雨．电磁学专题研究．北京：高等教育出版社，2001
[17] 鲁述，徐鹏根．电磁场边值问题解析方法．武汉：武汉大学出版社，2005
[18] 张善杰．工程电磁理论．北京：科学出版社，2009
[19] 曹昌祺．经典电动力学．北京：科学出版社，2009
[20] 斯廷逊．电磁学中的数学．北京：国防工业出版社，1982
[21] Hanson G W，Yakovlev A B. Operator Theory for Electromagnetics. Berlin：Springer，2002
[22] Dadley D G. Mathematical Foundations for Electromagnetic Theory. New York：IEEE Press，1994
[23] 章文勋．电磁场工程中的泛函方法．上海：上海科学技术文献出版社，1985
[24] 任朗．天线理论基础．北京：人民邮电出版社，1980
[25] 连汉雄．电磁理论的数学方法．北京：北京理工大学出版社，1990
[26] 王长清，祝西里．瞬变电磁场——理论和计算．北京：北京大学出版社，2011
[27] Jones D S. Methods in Electromagnetic Wave Propagation. Oxford：Clarendon Press，1979
[28] 王长清．近代解析应用数学基础．西安：西安电子科技大学出版社，2001
[29] 杜珣．现代数学引论．北京：北京大学出版社，1996
[30] 刘树琪，徐红梅．泛函分析入门及题解．天津：天津科学技术出版社，1988

[31] Debnath L, Mikusinski P. Introduction to Hilbert Spaces with Application. San Diego: Academic Press, 1999

[32] Naylor A W, Sell G R. Linear Operator Theory in Engineering and Science. New York: Springer-Verlag, 1982

[33] Naimark M A. Linear Differential Operator. New York: Frederick Ungar, 1967

[34] Coddington E A, Levinson N. Theory of Ordinary Differential Equations. Malalar: Rotert E Krieger, 1984

[35] Stakgald I. Boundary Value Problem of Mathematical Physics. New York: Micmillan, 1967

[36] Stakgold I. Green's Function and Boundary Value Problems. New York: John Wiley and Sons, 1999

[37] Muller C. Foundation of the Mathematical Theory of Electromagnetic Waves. Berlin: Springer-Verlag, 1969

[38] 康盛亮，桂子鹏．数学物理方程中的近代分析方法．上海：同济大学出版社，1991

[39] 何淑芷，刁元胜，周佐衡，等．数学物理方程中的近代分析方法．广州：华南理工大学出版社，1995

[40] 齐民友，吴方同．广义函数与数学物理方程．北京：高等教育出版社，1999

[41] 叶庆凯，郑应平．变分法及其应用．北京：国防工业出版社，1991

[42] 王怀玉．物理学中的数学方法．北京：科学出版社，2013

[43] 程建春．数学物理方程及其近似方法．北京：科学出版社，2016

[44] 方大纲．电磁理论中的谱域方法．合肥：安徽教育出版社，1995

[45] 戴振铎，鲁述．电磁理论中的并矢格林函数．武汉：武汉大学出版社，1996

[46] 王长清．现代计算电磁学基础．北京：北京大学出版社，2005

[47] 王长清，祝西里．电磁场计算中的时域有限差分法. 第二版．北京：北京大学出版社，2014

[48] Chew W C, Tong M S, Hu B. Integral Equation Methods for Electromagnetic and Elastic Waves. Morgan & Claypool Publishers, 2009

[49] Valakis J C, Sertel K. Integral Equation Methods for Electromagnetics. Ralcigh: SciTech, 2012

[50] Harrington R F. Field Computation by Moment Methods. New Youk: Macmillon, 1968

[51] Morita N, Kumagai N, Mautz J R. Integral Equation Method for Electromagnetics. Boston: Artech House, 1987

[52] Tricomi F G. Integral Equations. New York: Wiley, 1957

[53] Lewin L. The use of Singular Integral Equations in the Solution of Waveguide Problems. Advanced in Microwaves, 1966: 211-284

[54] 王长清．奇异积分方程在微波问题中的应用．无线电电子学汇刊，1981，3-4：105-149

[55] Nornsby J S, Gopinath A. Numerical analysis of a dielectric loaded waveguide with a microstrip line-finite difference method. IEEE Trans. Microwave Theory Tech., 1969,

17：684 - 690

[56] Nornsby J S，Gopinath A. Fourier analysis of a loaded waveguide with a microstrip. Electron Lett，1969，5：265 - 267

[57] 王长清．屏蔽微带线的色散特性．无线电电子学汇刊，1982，2：29 - 43

[58] 王长清，岳凤花．屏蔽微带线的色散特性和高次模的计算．无线电电子学汇刊，1983，4：33 - 44

[59] 王长清，史美琪．对称屏蔽耦合微带线的色散特性和高次模．无线电电子学汇刊，1983，3：60 - 69

[60] 王长清．屏蔽耦合微带线的混合模分析．无线电电子学汇刊，1983，4：45 - 55

[61] 王长清，岳凤花．屏蔽微带线及耦合微带的色散特性和高次模．通信学报，1986，7 (1)：44 - 51

[62] Reed M，Simon B. Method of Mathematical Physics 1：Functional Analysis. San Diego：Academic Press，1980

[63] Taflove A，Hogness S C. Computational Electromagnetics Dynamic：The Finite-Difference Time-Domain Method，(Third Ed). Artech House，2005

[64] Daubechies I，李建平．小波十讲．杨万年译．北京：国防工业出版社，2004

[65] 冉启文．小波分析方法及其应用．哈尔滨：哈尔滨工业大学出版社，1995

[66] 程正兴．小波分析算法与应用．西安：西安交通大学出版社，1998

[67] 崔锦泰．小波分析导论．程正兴译．西安：西安交通大学出版社，1995

[68] 成礼智，郭汉伟．小波与离散变换理论及工程实践．北京：清华大学出版社，2005

[69] Pan G W. Wavelets in Electromagnetics and Device Modeling. Wiley-Interscience，2003

《现代物理基础丛书》已出版书目

（按出版时间排序）

1. 现代声学理论基础	马大猷 著	2004.03
2. 物理学家用微分几何（第二版）	侯伯元，侯伯宇 著	2004.08
3. 数学物理方程及其近似方法	程建春 编著	2004.08
4. 计算物理学	马文淦 编著	2005.05
5. 相互作用的规范理论（第二版）	戴元本 著	2005.07
6. 理论力学	张建树，等 编著	2005.08
7. 微分几何入门与广义相对论（上册・第二版）	梁灿彬，周彬 著	2006.01
8. 物理学中的群论（第二版）	马中骐 著	2006.02
9. 辐射和光场的量子统计	曹昌祺 著	2006.03
10. 实验物理中的概率和统计（第二版）	朱永生 著	2006.04
11. 声学理论与工程应用	何　琳 等 编著	2006.05
12. 高等原子分子物理学（第二版）	徐克尊 著	2006.08
13. 大气声学（第二版）	杨训仁，陈宇 著	2007.06
14. 输运理论（第二版）	黄祖洽 著	2008.01
15. 量子统计力学（第二版）	张先蔚 编著	2008.02
16. 凝聚态物理的格林函数理论	王怀玉 著	2008.05
17. 激光光散射谱学	张明生 著	2008.05
18. 量子非阿贝尔规范场论	曹昌祺 著	2008.07
19. 狭义相对论（第二版）	刘　辽 等 编著	2008.07
20. 经典黑洞与量子黑洞	王永久 著	2008.08
21. 路径积分与量子物理导引	侯伯元 等 著	2008.09
22. 量子光学导论	谭维翰 著	2009.01
23. 全息干涉计量——原理和方法	熊秉衡，李俊昌 编著	2009.01
24. 实验数据多元统计分析	朱永生 编著	2009.02
25. 微分几何入门与广义相对论（中册・第二版）	梁灿彬，周彬 著	2009.03
26. 中子引发轻核反应的统计理论	张竞上 著	2009.03
27. 工程电磁理论	张善杰 著	2009.08
28. 微分几何入门与广义相对论（下册・第二版）	梁灿彬，周彬 著	2009.08
29. 经典电动力学	曹昌祺 著	2009.08
30. 经典宇宙和量子宇宙	王永久 著	2010.04

31. 高等结构动力学（第二版）	李东旭 著	2010.09
32. 粉末衍射法测定晶体结构（第二版·上、下册）	梁敬魁 编著	2011.03
33. 量子计算与量子信息原理	Giuliano Benenti 等 著	
——第一卷：基本概念	王文阁，李保文 译	2011.03
34. 近代晶体学（第二版）	张克从 著	2011.05
35. 引力理论（上、下册）	王永久 著	2011.06
36. 低温等离子体	B. M. 弗尔曼，И. M. 扎什京 编著	
——等离子体的产生、工艺、问题及前景	邱励俭 译	2011.06
37. 量子物理新进展	梁九卿，韦联福 著	2011.08
38. 电磁波理论	葛德彪，魏　兵 著	2011.08
39. 激光光谱学	W. 戴姆特瑞德 著	
——第1卷：基础理论	姬　扬 译	2012.02
40. 激光光谱学	W. 戴姆特瑞德 著	
——第2卷：实验技术	姬　扬 译	2012.03
41. 量子光学导论（第二版）	谭维翰 著	2012.05
42. 中子衍射技术及其应用	姜传海，杨传铮 编著	2012.06
43. 凝聚态、电磁学和引力中的多值场论	H. 克莱纳特 著	
	姜　颖 译	2012.06
44. 反常统计动力学导论	包景东 著	2012.06
45. 实验数据分析（上册）	朱永生 著	2012.06
46. 实验数据分析（下册）	朱永生 著	2012.06
47. 有机固体物理	解士杰，等 著	2012.09
48. 磁性物理	金汉民 著	2013.01
49. 自旋电子学	翟宏如，等 编著	2013.01
50. 同步辐射光源及其应用（上册）	麦振洪，等 著	2013.03
51. 同步辐射光源及其应用（下册）	麦振洪，等 著	2013.03
52. 高等量子力学	汪克林 著	2013.03
53. 量子多体理论与运动模式动力学	王顺金 著	2013.03
54. 薄膜生长（第二版）	吴自勤，等 著	2013.03
55. 物理学中的数学方法	王怀玉 著	2013.03
56. 物理学前沿——问题与基础	王顺金 著	2013.06
57. 弯曲时空量子场论与量子宇宙学	刘　辽，黄超光 著	2013.10
58. 经典电动力学	张锡珍，张焕乔 著	2013.10
59. 内应力衍射分析	姜传海，杨传铮 编著	2013.11
60. 宇宙学基本原理	龚云贵 著	2013.11
61. B介子物理学	肖振军 著	2013.11
62. 量子场论与重整化导论	石康杰，等 编著	2014.06